AF410721

DICTIONNAIRE

DES

SCIENCES NATURELLES.

TOME LVI.

TUA = VAZ.

DICTIONNAIRE

DES

SCIENCES NATURELLES,

DANS LEQUEL *50406.*

ON TRAITE MÉTHODIQUEMENT DES DIFFÉRENS ÊTRES DE LA NATURE, CONSIDÉRÉS SOIT EN EUX-MÊMES, D'APRÈS L'ÉTAT ACTUEL DE NOS CONNOISSANCES, SOIT RELATIVEMENT A L'UTILITÉ QU'EN PEUVENT RETIRER LA MÉDECINE, L'AGRICULTURE, LE COMMERCE ET LES ARTS.

SUIVI D'UNE BIOGRAPHIE DES PLUS CÉLÈBRES NATURALISTES.

Ouvrage destiné aux médecins, aux agriculteurs, aux commerçans, aux artistes, aux manufacturiers, et à tous ceux qui ont intérêt à connoître les productions de la nature, leurs caractères génériques et spécifiques, leur lieu natal, leurs propriétés et leurs usages.

PAR

Plusieurs Professeurs du Jardin du Roi, et des principales Écoles de Paris.

TOME CINQUANTE-SIXIÈME.

F. G. LEVRAULT, Editeur, à STRASBOURG, et rue de la Harpe, N.º 81, à PARIS.

LE NORMANT, rue de Seine, N.º 8, à PARIS.

1828.

Liste des Auteurs par ordre de Matières.

Physique générale.

M. LACROIX, membre de l'Académie des Sciences et professeur au Collége de France. (L.)

Chimie.

M. CHEVREUL, Membre de l'Académie des sciences, professeur au Collége royal de Charlemagne. (Ch.)

Minéralogie et Géologie.

M. Alexand. BRONGNIART, membre de l'Académie royale des Sciences, professeur de Minéralogie au Jardin du Roi. (B.)

M. BROCHANT DE VILLIERS, membre de l'Académie des Sciences. (B. de V.)

M. DEFRANCE, membre de plusieurs Sociétés savantes. (D. F.)

Botanique.

M. DESFONTAINES, membre de l'Académie des Sciences. (Desf.)

M. DE JUSSIEU, membre de l'Académie des Sciences, prof. au Jardin du Roi. (J. J.)

M. MIRBEL, membre de l'Académie des Sciences, professeur à la Faculté des Sciences. (B. M.)

M. HENRI CASSINI, associé libre de l'Académie des Sciences, membre étranger de la Société Linnéenne de Londres. (H. Cass.)

M. LEMAN, membre de la Société philomatique de Paris. (Lem.)

M. LOISELEUR DESLONGCHAMPS, Docteur en médecine, membre de plusieurs Sociétés savantes. (L. D.)

M. MASSEY. (Mass.)

M. POIRET, membre de plusieurs Sociétés savantes et littéraires, continuateur de l'Encyclopédie botanique. (Poir.)

M. DE TUSSAC, membre de plusieurs Sociétés savantes, auteur de la Flore des Antilles. (De T.)

Zoologie générale, Anatomie et Physiologie.

M. G. CUVIER, membre et secrétaire perpétuel de l'Académie des Sciences, prof. au Jardin du Roi, etc. (G. C. ou CV. ou C.)

M. FLOURENS. (F.)

Mammifères.

M. GEOFFROY SAINT-HILAIRE, membre de l'Académie des Sciences, prof. au Jardin du Roi. (G.)

Oiseaux.

M. DUMONT DE S.te CROIX, membre de plusieurs Sociétés savantes. (Ch. D.)

Reptiles et Poissons.

M. DE LACÉPÈDE, membre de l'Académie des Sciences, prof. au Jardin du Roi. (L. L.)

M. DUMÉRIL, membre de l'Académie des Sciences, professeur au Jardin du Roi et à l'École de médecine. (C. D.)

M. CLOQUET, Docteur en médecine. (H. C.)

Insectes.

M. DUMÉRIL, membre de l'Académie des Sciences, professeur au Jardin du Roi et à l'École de médecine (C. D.)

Crustacés.

M. W. E. LEACH, membre de la Société roy. de Londres, Correspond. du Muséum d'histoire naturelle de France. (W. E. L.)

M. A. G. DESMAREST, membre titulaire de l'Académie royale de médecine, professeur à l'école royale vétérinaire d'Alfort, membre correspondant de l'Académie des sciences, etc.

Mollusques, Vers et Zoophytes.

M. DE BLAINVILLE, membre de l'Académie des Sciences, professeur à la Faculté des Sciences. (De B.)

M. TURPIN, naturaliste, est chargé de l'exécution des dessins et de la direction de la gravure.

MM. DE HUMBOLDT et RAMOND donneront quelques articles sur les objets nouveaux qu'ils ont observés dans leurs voyages, ou sur les sujets dont ils se sont plus particulièrement occupés. M. DE CANDOLLE nous a fait la même promesse.

M. PRÉVOT a donné l'article *Océan*; M. VALENCIENNES plusieurs articles d'Ornithologie; M. DESPORTES l'article *Pigeon domestique*, et M. LESSON l'article *Pluvier*.

M. F. CUVIER, membre de l'Académie des sciences, est chargé de la direction générale de l'ouvrage, et il coopérera aux articles généraux de zoologie et à l'histoire des mammifères. (F. C.)

DICTIONNAIRE

DES

SCIENCES NATURELLES.

TUB

TUA. (*Bot.*) Nom sous lequel Théophraste désignoit le *thuya*, suivant Adanson. Il dit aussi que c'est le *tragetes* d'Homère. (J.)

TUA. (*Mamm.*) Nom tschuwache du chameau ordinaire ou de Bactriane. (DESM.)

TUABBA ou NABBA. (*Mamm.*) Nom du rhinocéros d'Afrique ou rhinocéros bicorne chez diverses peuplades des environs du cap de Bonne-Espérance. (DESM.)

TUACH. (*Mamm.*) Anderson cite ce nom comme étant celui qui sert aux Groënlandois à désigner un écureuil, sans doute le petit gris, *sciurus vulgaris*, Linn. (LESSON.)

TUANSPOL. (*Ichthyol.*) Un des noms suédois de la *truite saumonée*. Voyez TRUITE. (H. C.)

TUATUA. (*Bot.*) Nom du *jatropha gossypifolia*, aux environs de Cumana en Amérique, cité par M. Kunth. (J.)

TUBA. (*Bot.*) Rumph, dans son *Herb. Amb.*, désigne plusieurs plantes sous ce nom, suivi d'un autre spécifique. Son *tuba baccifera*, *tuba-bidji* des Malais, est le *menispermum lacunosum* de M. de Lamarck; le *tuba flava*, *daun balang* des Malais, est le *menispermum flavescens* du même; le *tuba siliquosa*, *peram-pœam* des Malais, est le *menispermum glaucum* du même. Ces trois espèces sont reportées par M. De Candolle à son genre *Cocculus*. On ne peut déterminer le genre du *Tuba ra-*

5G.

dicum, *Tuba-ackar* des Malais, dont on n'a vu ni la fleur ni le fruit. On trouve cité par C. Bauhin un *tuba amoris* de Fragosa, qui est le grand soleil, *helianthus annuus*. (J.)

TUBAKIWILA. (*Bot.*) Nom du *momordica charantia* à Ceilan, suivant Hermann et Linnæus. (J.)

TUBANTHERA. (*Bot.*) Ce genre de plantes de Ventenat a été réuni au *Ceanothus*. (Lem.)

TUBARON. (*Ichthyol.*) Sloane a parlé du requin sous ce nom. Voyez Carcharias. (H. C.)

TUBB-ÆJNI, KÆHBLI. (*Bot.*) Noms égyptiens, suivant Forskal, du souci des jardins, qui est le *zohejde* des Arabes. (J.)

TUBBUTHU. (*Bot.*) Nom du *solanum sodomeum* à Ceilan, suivant Hermann. Linnæus l'écrit *tibbuthu*. (J.)

TUBE [du calice, de la corolle]. (*Bot.*) Partie indivise et non étalée du calice monosépale ou de la corolle monopétale. (Mass.)

TUBER. (*Bot.*) Nom latin des Truffes. Voyez ce mot. (Lem.)

TUBERARIA. (*Bot.*) La plante citée sous ce nom par Daléchamps, est le *cistus tuberaria* de Linnæus, reporté au genre *Helianthemum*. (J.)

TUBERASTER. (*Bot.*) Voyez Pierre a champignon. (Lem.)

TUBERCULARIA [Tuberculaire]. (*Bot.*) Genre de la famille des champignons établi par Tode et reconnu par les botanistes. Ce sont de petits champignons en forme de tubercules ou de petits boutons le plus souvent rétrécis à leur base, charnus, gélatinoso-vésiculeux, recouverts d'une couche épaisse de sporidies infiniment petites, presque globuleuses, en masse d'abord compacte, puis un peu farineuse.

Les espèces sont assez nombreuses. Link en décrit treize, et Sprengel les porte à vingt; mais il est vrai que ce naturaliste a réuni au *Tubercularia* des espèces du genre *Agyrium* de Fries, Greville, etc., et quelques espèces d'*ægerita*, Pers. Les plus anciennes connues ont été données pour des espèces de *tremella*.

Les *tubercularia* croissent particulièrement sur les écorces et les bois des arbres, et y forment généralement de petits boutons ou tubercules rouges, roses ou lilas, d'une ligne au plus de diamètre, très-convexes et assez multipliés, simples ou composés, solitaires ou rapprochés. Ces boutons ne répandant point de poussière, il paroît que les graines s'écoulent avec le liquide épais qui est dans l'intérieur. Dans quelques espèces on observe que les tubercules sont recouverts dans leur jeunesse de petits flocons, et même qu'ils naissent dans un tissu floconneux. Presque toutes les espèces connues croissent en Europe. Nous ferons remarquer les suivantes.

1. Le TUBERCULARIA COMMUN : *Tubercularia vulgaris*, Tode, *Fung. Meckl.*, 1, p. 18, pl. 4, fig. 30 ; Bull., Champ., p. 216, pl. 284 ; Link, *in* Willd., *Sp. pl.*, 6, 2, p. 99 ; *Tremella purpurea*. Linn.. *Sp.*, 1625 ; Hoffm., *Veget. crypt.*, 1, pl. 6, fig. 2 ; *Sphæria miniata*, Bolt., *Fung.*, pl. 127, fig. 1 ; *Sphæria tremelloides*, Weigel, *Obs. bot.*, pl. 3, fig. 1. En boutons d'un beau rouge, assez grands, enfoncés un peu dans l'écorce, légèrement rétrécis à la base, arrondis, entiers. souvent marqués de quelques sillons. Cette jolie espèce croit abondamment, mais éparse, sur les troncs et les branches des jeunes arbres morts ou mourans, notamment sur les groseillers, les rosiers, les érables. Ces boutons ont une demi-ligne de diamètre ; ils sont d'un beau rouge écarlate. Link, qui nomme *sporidochium* le noyau de ces champignons, fait observer qu'il est recouvert d'une couche blanche d'un tissu fongueux, et revêtu ensuite de la couche rouge qui contient les sporidies.

2. Le TUBERCULARIA PETIT : *Tubercularia minor*, Link, *loc. cit.*. p. 100 ; *T. acaciæ*, Fries, *Obs.*, 1, p. 307 ; *Tuberculariæ confluens, castaneæ* et *discoidea*, Persoon. Cette espèce est plus petite de moitié que la précédente. et en diffère essentiellement par ses tubercules d'un rouge de brique ou roses, et sa surface lisse. point mamelonnée. On la trouve sur les écorces des érables. des châtaigniers, etc.

3. Le TUBERCULARIA GRANULÉ : *Tubercularia granulata*, Pers., *Synops.*, p. 113 ; Link. *loc. cit.*, p. 101. En tubercules d'un rouge sale et qui noircissent ensuite ; ayant le centre blanc et la surface bosselée. ridée ou chargée de petites proéminences noires. qu'on prendroit. d'après l'observation de M. De Candolle. pour un *sphæria parasite*. Le *tubercularia granulata* se plait sur les branches des arbres et des arbrisseaux. Il est infiniment plus petit que le *tubercularia vulgaris*.

4. Le Tubercularia noircissant : *Tuberc. nigricans*, Gmel.; Dec., Fl. franç., 2. p. 276 ; Link, *loc. cit.*, p. 102 ; *Tremella nigricans*, Bull., Champ., p. 217, pl. 455, fig. 1. En boutons assez gros, enfoncés, rouges d'abord, puis noircissant, naissant d'une base floconneuse, dans laquelle même ils sont d'abord enfoncés. On trouve cette espèce sur les rameaux dans le midi de la France, et aussi en Portugal, où elle a été recueillie par Link.

5. Le Tubercularia cilié : *Tubercularia ciliata*, Ditmar, *in* Sturm, *Pilz.*, 1, p. 29, pl. 14 : Link, *loc. cit.*, p. 103. En tubercules resserrés dans le milieu, un peu enfoncés, bruns, ayant le bord cilié ; écorce sporidifère, convexe, rouge, lisse. Cette espèce, qui imite un petit *peziza* rouge, élégamment bordé de blanc, se trouve en Allemagne, sur les branches desséchées des arbres. On ne doit pas la confondre avec le *tubercularia ciliata*, Alb., Schw. et Dec., qui est maintenant le *fusarium ciliatum*, Link.

6. Le Tubercularia des herbes : *Tubercularia herbarum*, Fries. *Obs. myc.*, 1, p. 208 ; Link, *loc. cit.* En tubercules presque globuleux, assez grands, d'un rouge pâle, humides et gélatineux à l'intérieur dans la jeunesse, puis secs et farineux. Cette espèce, qui ressemble au *tremella urticæ*, Pers., se trouve sur les tiges des herbes desséchées, en Suède et en Danemarck. Selon Curt Sprengel, les *tubercularia sarmentosa* et *menispermi* de Fries ne diffèrent point du *tubercularia herbarum*.

Il est à observer : 1.° que le *tubercularia rosea*, Pers., est maintenant une espèce de *palmella*, suivant Lyngbye : c'est son *palmella rosea*, le *lepraria rosea*, Ach., et les *sclerotium granulatum* et *versicolor*, Schum.

2.° Que les *tubercularia flavescens* de Rebentisch, *sulcata* et *volvata* de Tode, *pini*, Schum., rentrent dans le genre *Ditiola* de Fries.

3.° Que le *tubercularia fasciculata*, Tode, est le *peziza carpinea*, Ehrh.

Link (*in* Willd., *Spec.*, 2, p. 104) fait remarquer que le genre *Tubercularia* renferme encore beaucoup d'espèces douteuses et mal définies, et il en cite un certain nombre d'exemples. (Lem.)

TUBERCULARIA. (*Bot.*) Genre de la famille des lichens,

établi par Hoffmann et Wiggers, et qui n'a pas été adopté. Il comprenoit des espèces des genres *Bæomyces* et *Cenomyce*, actuellement admis. Hoffmann y plaçoit les *cenomyce cæspiticia* et *delicata*, Ach.; et Wiggers les *bæomyces roseus* et *rupestris*, Ach. (Lem.)

TUBERCULARIA. (*Bot.*) Genre de la famille des algues, établi par Stackhouse. qui le caractérise ainsi : Fronde cylindrique, filiforme, presque diaphane, à rameaux trèsalongés, flexueux; des tubercules caulinaires plus grands; extrémités des rameaux souvent terminées par de petites ramules ou cirrhes. Stackhouse y rapporte le *fucus purpurascens*, Turn., qui est le *gigartina purpurescens*, Lamk., ou *sphærococcus*, Agardh. Il y rapporte aussi une autre espèce, son *tubercularia pusilla*, qui est le *fucus pusillus* de Turner et le *gelidium clavatum*, Lamx. (Lem.)

TUBERCULARIUS. (*Bot.*) Ce genre, fondé par Roucel (Fl. du Calv.) pour placer le *fucus agarum*, Gmel., rentre dans le *Laminaria* de Lamouroux. Cette plante est le *laminaria agarum*, Lamx., Agardh. Elle est caractérisée par sa fronde criblée de petits trous et traversée par une côte longitudinale. (Lem.)

TUBERCULE. (*Bot.*) Les tubercules, qui ont fait donner le nom de *tubéreuses* à certaines racines, sont des renflemens charnus, souvent arrondis, masses de tissu cellulaire, que parcourent quelques vaisseaux qui se rendent vers tous les points de la surface, d'où doivent partir les filets radicaux et les turions. Les poches du tissu cellulaire des tubercules sont remplies d'une fécule amilacée.

Le caudex descendant se développe dans certaines espèces en une racine tubéreuse, comme on peut le voir par la germination du *cyclamen* et de beaucoup d'orchidées.

Le tubercule du *cyclamen* survit à la chute des feuilles, grossit d'année en année et donne naissance à de nouveaux turions.

Les orchis, les *satyrium*, etc.. produisent chaque année, de la partie latérale de leur collet, un nouveau tubercule, qui pousse une tige au printemps suivant, à quelques millimètres de la place que l'ancienne tige occupoit. Celle-ci a disparu pendant l'hiver; son tubercule, qui s'est épuisé pour la nourrir, n'est plus , au retour de la belle saison , qu'une masse celluleuse , ridée, desséchée et sans vie. Il est à remarquer que les filets radicaux des orchidées naissent ordinaïrement de leur collet et que leurs tubercules ne s'enracinent point. Aussi doit-on soupçonner que ces tubercules ne tirent que peu de nourriture de la terre.

Les ramifications des racines se renflent en tubercules dans une multitude d'espèces. Les pommes de terre, les patates , les ignames, les *nodus* de la filipendule, etc., n'ont pas une autre origine. Mirbel, *Élém.* (Mass.)·

TUBERCULÉ. (*Bot.*) Offrant de petites éminences ou bosses; exemples : tige du *genista pilosa*, du *cotyledon tuberculosa*, du *malpighia tuberculata*, etc.; placentaire du *stramonium* ; clinanthe du *conyza squarrosa*; graines du *vicia lathyroides*, etc. (Mass.)

TUBERCULÉ. (*Ichthyol.*) Nom spécifique d'un Sphéroïde et d'un Coffre. Voyez ces mots. (H. C.)

TUBERCULÉE. (*Ichthyol.*) Voyez Raie tuberculée. (H. C.)

TUBERCULEUX. (*Ichthyol.*) Nom spécifique d'un baliste, *balistes verrucosus*. Voyez Baliste. (H. C.)

TUBÉREUSE, *Polyanthes*. (*Bot.*) Genre de plantes monocotylédones, à fleurs incomplètes, de la famille des *liliacées*, de l'*hexandrie monogynie* de Linné , offrant pour caractère essentiel : Une corolle en forme d'entonnoir; le tube un peu courbé ; le limbe à six lobes ouverts; point de calice; six étamines insérées à l'orifice du tube; les authères linéaires, plus longues que les filamens; un ovaire placé dans le fond de la corolle; un style; un stigmate à trois lobes épais; une capsule recouverte par la base de la corolle, à trois loges polyspermes, à trois valves; les semences planes, disposées sur deux rangs.

Dans le courant du seizième siècle les Indes orientales ont enrichi l'Europe de la Tubéreuse indienne, *Polyanthes tuberosa*, Linn., *Spec.*; Lamk., *Ill.*, t. 45 ; Red., Liliac., t. 147 ; *Amica nocturna*, Rumph, *Amb.*, 5 , tab. 98. L'Écluse a, le premier, mentionné cette belle plante; mais il ne nous en a donné qu'une figure très-médiocre (Hist., 1, page 176, fig. 1). Cette plante a pour racine un tubercule un peu globuleux, garni en dessous de fibres grêles, simples et charnues. Il s'en élève une tige droite, cylindrique, point rameuse, qui atteint quelquefois la hauteur de trois ou quatre pieds. Les feuilles radicales et inférieures sont longues, presque ensiformes, sessiles, entières, un peu amplexicaules, très-aiguës; les supérieures courtes, alternes, presque en forme d'écailles. Les fleurs sont disposées, à la partie supérieure des tiges, en un bel épi simple, plus ou moins alongé : ces fleurs sont sessiles, grandes, alternes, tubulées, d'un très-beau blanc. Le tube est oblong, un peu courbé; légèrement évasé à son orifice, divisé à son limbe en six lobes ovales, obtus : les étamines sont plus courtes que le limbe, attachées à son orifice; à la base de chaque fleur est une bractée courte, membraneuse, aiguë. Le fruit est une capsule un peu arrondie, presque à trois faces, enveloppée par la partie inférieure du tube de la corolle, à trois loges, s'ouvrant en trois valves; les semences sont nombreuses, planes, à demi orbiculaires, placées sur deux rangs les unes sur les autres. Cette plante croît dans les Indes, à Ceilan, à Java.

Cette plante fournit aux fleuristes plusieurs variétés remarquables : une, à fleurs beaucoup plus petites, à tige moins élevée; d'autres, à fleurs doubles, à feuilles panachées. Les curieux relèvent par artifice la blancheur des fleurs, en y introduisant une légère nuance de rouge, qui les embellit et trompe l'œil. Pour l'obtenir, il suffit de plonger les tiges dans le suc des baies du *phytolacca*, étendues dans une quantité d'eau suffisante.

La tubéreuse a d'abord été cultivée en Italie et de là dans les autres contrées méridionales de l'Europe, dans les départemens du midi de la France, où il s'en fait un commerce assez lucratif, et de nombreux envois dans les pays où ses racines ne peuvent être multipliées sans beaucoup de peines et de soins. Cette plante aime le chaud : elle doit être, dans les climats tempérés et froids, élevée sur couche. Une terre très-substantielle et beaucoup de chaleur lui sont nécessaires. Il faut la tenir en pot toute l'année, et dans une serre chaude ou sous châssis au moins pendant les premiers mois de sa végétation : après la floraison la tige et les feuilles se dessèchent. Alors on ôte les bulbes de terre pour les conserver dans un lieu sec, sans en séparer les caïeux. Au printemps suivant on enlève les caïeux, on les plante dans d'autres pots, qu'on place dans la serre, où ils restent pendant plusieurs années, jusqu'à ce qu'ils soient devenus assez gros pour fleurir. Ses fleurs ont l'avantage de ne s'épanouir que les unes après les autres, de telle sorte qu'elles durent presque trois mois. Les personnes qui ont les nerfs sensibles, en peuvent être péniblement affectées, et l'on cite des accidens graves qui ont eu lieu pour avoir gardé ces fleurs pendant la nuit dans une chambre à coucher. Les parfumeurs emploient, pour la pommade et les eaux de senteur, son huile essentielle, que l'on obtient, comme celle du jasmin, non par distillation, mais en imbibant les cotons d'huile de ben (*guilandina moringa*, Linn.). On met alternativement un lit de coton et un lit de fleurs; le coton s'imprègne de leur odeur : on le met à la presse, et il laisse couler l'huile ; on verse ensuite sur cette huile de l'esprit de vin, qui s'empare de la partie aromatique. (Poir.)

TUBÉREUSE [Racine]. (*Bot.*) Formée d'un ou de plusieurs tubercules (voyez Tubercule) ; exemples : *cyclamen, bryonia, solanum tuberosum, orchis maculata*, etc. On nomme *bulbe tubéreuse*, celle dont la masse est homogène (*colchicum, crocus, gladiolus*, etc.), et *bulbe tuniqueuse*, celle qui est composée de tuniques ou écailles distinctes, comme par exemple celle de l'oignon, de la jacinthe, etc. (Mass.)

TUBÉREUSE BLEUE DU CAP. (*Bot.*) C'est le *crinum africanum*, Linn., dont on a fait le genre *Agapanthus*. (Lem.)

TUBÉROÏDE. (*Bot.*) Duhamel désigne ainsi la truffe du safran. Voyez Rhizoctonia. (Lem.)

TUBEROSA. (*Bot.*) Suivant Adanson, Heister nommoit ainsi le *pothos* de Théophraste, qui est la tubéreuse, *polyanthes* de Linnæus. (J.)

TUBES. (*Chim.*) Les tubes sont des cylindres creux de verre, de porcelaine, de fer, de plomb ou de platine, qu'on emploie très-fréquemment dans les laboratoires de chimie.

Les tubes de verre droits ou courbés de diverses manières, servent à établir une communication entre les différens vases qui composent un appareil.

Il y en a qu'on appelle *tubes de sûreté*, parce qu'ils sont destinés à prévenir les absorptions, c'est-à-dire, à empêcher

que le liquide contenu dans un vase ne passe dans un autre
vase qui communique au premier, si par une cause quelconque la force élastique de l'atmosphère renfermée dans le second, devenoit moindre d'une certaine quantité que la pression extérieure de l'air qui agit immédiatement sur le liquide du premier vase. Sous ce rapport rien n'est plus ingénieux que le *tube de Welter*.

C'est à Woulf que l'on doit l'usage des tubes de sûreté dans les appareils.

On emploie des tubes de verre, des tubes de porcelaine, nus ou lutés avec de la terre glaise mêlée de sable, pour y faire passer des fluides élastiques qu'on veut simplement soumettre à l'action de la chaleur, ou qu'on veut faire agir sur des matières fixes renfermées dans ces tubes.

Les tubes de plomb, de fer, de platine, ne s'emploient que pour certaines opérations, et ils sont conséquemment moins fréquemment employés que les tubes de verre. (Ch.)

TUBES CAPILLAIRES. (*Phys.*) Tubes d'un très-petit diamètre, dans lesquels l'équilibre des fluides présente des phénomènes remarquables. On sait qu'un fluide contenu dans un siphon renversé et ouvert à ses extrémités, s'élève au même niveau dans les deux branches (voyez Fluide); mais il n'en sera plus ainsi, quand l'une des branches du siphon sera très-étroite. L'eau montera plus haut dans cette branche que dans l'autre; et le contraire aura lieu si le liquide est du mercure et que le siphon soit de verre : ce sera dans la branche la plus large que le liquide s'élèvera le plus. Au lieu d'employer un siphon dans ces expériences, on peut se borner à plonger un tube droit dans un vase contenant ce liquide. Si ce tube a un diamètre assez grand, comme 1 centimètre (4 à 5 lignes), le liquide se tiendra au même niveau dans l'intérieur qu'à l'extérieur; mais, si le diamètre du tube est moindre que 3 à 4 millimètres ($1^{\text{lig}}\frac{1}{2}$ à 2^{lig}), la surface du liquide sera plus haute ou plus basse dans le tube qu'au dehors.

Une expérience faite par Haüy sur un tube de 2^{mill} (1 lig.) avec de l'eau, a donné $6^{\text{mill}},75$ (3 lignes) de différence entre le niveau intérieur et le niveau extérieur. Newton, en se servant d'un tube de $0^{\text{mill}},51$ ($\frac{1}{50}$ de pouce anglois), a obtenu dans l'intérieur une élévation de $25^{\text{mill}},4$ (1 pouce anglois).

En comparant ces deux expériences, qui ne diffèrent que par les diamètres des tubes, on trouve que les élévations du liquide, dans ces tubes, sont sensiblement en raison inverse de leurs diamètres, loi qui a été vérifiée sur un grand nombre d'observations.

L'espèce du fluide influe sur la grandeur du phénomène. Dans un tube de $1^{mill},33$ de diamètre ($0^l,58$) l'eau s'élevoit à 10 millimètres environ ($4\frac{1}{2}$) au-dessus du niveau extérieur, et l'huile d'orange à la moitié seulement.

Dans un tube de 2 millimètres (1 ligne) le mercure s'abaissoit de $3^{mill},66$ ($1\frac{1}{2}$) au-dessous du niveau extérieur; et il descendoit jusqu'à $5^{mill},5$ ($2\frac{1}{2}$) dans un tube de $1^{mill},33$ (un peu plus de $\frac{1}{2}$ ligne).

Entre les fluides qui s'élèvent au-dessus du niveau extérieur, dans les tubes étroits, et ceux qui s'abaissent au-dessous, on remarque tout de suite cette différence : les premiers présentent une surface concave plus haute vers ses bords que dans son milieu, et, s'attachant aux parois du tube, les *mouillent*, tandis que les autres liquides, le mercure par exemple, prennent une surface convexe et ne *mouillent* pas les parois.

On a reconnu que cette dernière circonstance étoit due, par rapport au mercure, à une légère couche d'humidité attachée aux parois du tube, et qu'il est très-difficile de faire disparoître. Quand on y réussit par le desséchement bien complet du tube et du mercure, la surface de ce liquide devient concave, et il s'élève au-dessus du niveau extérieur. On produit sur l'eau l'effet contraire, lorsqu'on enduit d'abord les parois intérieures du tube avec de l'huile ou une matière grasse; la surface de l'eau y devient convexe et s'abaisse au-dessous du niveau extérieur.

Il se produit des phénomènes semblables entre deux plaques parallèles, des glaces, par exemple, plongées dans un fluide, à une très-petite distance l'une de l'autre. Suivant sa nature, le liquide s'élève ou s'abaisse entre ces glaces et y prend une surface concave ou convexe. La forme de cette surface devient bien remarquable, lorsque les glaces, au lieu d'être parallèles, sont jointes par un de leurs côtés verticaux ou par une charnière, et forment un petit angle. L'intervalle qui les séparc se rétrécissant de plus en plus vers leur ligne de jonction. elles présentent ainsi comme une suite de tubes, dont les diamètres décroissent continuellement ; et le fluide, s'élevant en raison inverse de ces diamètres, trace sur chaque glace une courbe qui ressemble à celle que les géomètres nomment *hyperbole équilatère*, et située de manière que l'une de ses asymptotes est verticale.

Un autre fait également curieux, c'est le mouvement que prend une petite portion de liquide introduite dans un tube dont l'intérieur est conique et dont l'axe est horizontal. Si le fluide mouille les parois de ce tube, la petite masse liquide s'avance vers la partie étroite du tube ; elle tendroit vers le bout le plus large. si elle ne mouilloit pas le tube.

On s'est assuré premièrement que ce genre de phénomènes ne dépendoit pas de la pression de l'air, puisqu'ils ont lieu également dans le vide ; mais on les a expliqués de diverses manières jusqu'à ce que la théorie de l'attraction ait été généralement adoptée. Newton, qui l'a mise hors de doute dans les mouvemens célestes (voyez Système du monde, tom. LII, page 25), a bien vu tout de suite que la loi qui régissoit ces mouvemens, ne pouvoit pas s'appliquer aux phénomènes des tubes capillaires, et que les attractions qui se manifestent avec énergie au contact, deviennent nulles dès que la distance des corps est sensible. Le décroissement de la force, en raison inverse du carré de la distance, n'étant pas assez rapide pour satisfaire à cette condition, Newton distingua deux sortes d'attraction : l'une qui s'exerce à des distances même considérables, et l'autre dont la sphère d'activité n'a qu'un très-petit rayon. (Voyez son *Optique*, liv. 3, quest. 31.)

En effet. l'adhérence des liquides aux corps qu'ils mouillent et qui fait prendre à leur surface la forme concave vers ses bords. toujours plus élevés que le milieu, ne dépend point de l'épaisseur des vases où le fluide est contenu ; et que l'on plonge dans un liquide une boule de verre creuse ou massive. mais de même surface. puis qu'on la sorte ensuite, elle enlevera toujours la même quantité de ce liquide : l'attraction des couches extérieures du vase dans le premier cas, et celle des couches intérieures de la boule dans le second, ne produisent donc aucun effet appréciable.

En s'appuyant sur cette considération, Clairaut fut le premier qui entreprit de soumettre au calcul les phénomènes dus à la capillarité des tubes. Il analysa les effets des trois forces qui paroissent devoir concourir à la production de ces phénomènes, savoir : la pesanteur du liquide, l'attraction réciproque de ses molécules, et l'attraction que celles qui sont très-près des parois du tube en éprouvent. Cette dernière, lorsqu'elle n'est pas moindre que la moitié de l'attraction réciproque des molécules du liquide, faisant prendre à la surface supérieure une forme concave, produit une sorte de bourrelet, ou *ménisque*, et agissant, de proche en proche, jusqu'aux molécules situées dans l'axe du tube, tend à soulever le fluide inférieur, ce qui diminue la pesanteur de la colonne, laquelle doit par conséquent s'alonger pour faire équilibre à la pression que transmettent à sa partie inférieure les colonnes extérieures au tube.

Quand au contraire la surface supérieure prend dans le tube une forme convexe, il y a vers les bords un vide, et l'attraction du ménisque conspire avec la pesanteur de la colonne, ce qui augmente par conséquent la pression qu'elle exerce de haut en bas : cette colonne doit donc s'abaisser pour être en équilibre avec celles du dehors. Clairaut, qui n'avoit limité en aucune manière la loi des attractions bornées à de petites distances, a trouvé qu'une infinité de lois pouvoient s'accorder avec l'élévation et l'abaissement des fluides en raison inverse du diamètre des tubes, comme le montre l'expérience.

Laplace reprit cette théorie, en donnant au principe employé par Clairaut une énonciation plus absolue : il supposa que les *attractions moléculaires* dans le fluide et aux parois du tube, décroissoient avec une telle rapidité, qu'elles étoient nulles pour toute distance appréciable, de manière qu'il étoit indifférent de prendre, soit dans l'étendue du rayon de leur sphère d'activité ou jusqu'à une distance infinie, la valeur des formules qui exprimoient leur effet. Cette dernière supposition simplifie considérablement le problème, en transformant en quantités constantes, qui peuvent être déterminées par l'observation, des formules dont le calcul direct s'eroit impossible à effectuer dans l'état actuel des choses. Voilà tout ce qu'on

peut dire ici sur la partie mathématique de ces recherches,
dans lesquelles l'auteur s'est appuyé sur la théorie savante
qu'il a donnée des attractions que les corps exercent d'après
leur forme (*Mécanique céleste*, second volume). L'application spéciale à l'attraction capillaire est l'objet de deux sup-
plémens, et se trouve exposée, avec une grande clarté,
dans le 16.ᵉ cahier du *Journal de l'École polytechnique*, par
feu Petit, enlevé bien jeune aux sciences mathématiques et
physiques, qu'il professoit avec beaucoup de succès.

Laplace a tiré de ses formules des résultats précis que l'observation a pleinement confirmés, et de plus elles l'ont conduit à expliquer d'autres phénomènes qui n'avoient pas encore été rapportés à l'action capillaire; par exemple, les mouvemens que des corps légers. placés à de petites distances
sur un fluide, exécutent pour se rapprocher dans certains
cas, et pour s'éloigner dans d'autres.

La résistance qu'opposent à leur séparation deux plans de
verre appliqués horizontalement l'un sur l'autre, après l'in-
terposition d'une couche d'eau très-mince; l'élévation des
fluides dans les éponges, dans un morceau de sucre, dans
les vaisseaux d'un végétal, et beaucoup d'autres faits dont les
conséquences sont très-importantes, résultent évidemment
des forces qui produisent l'ascension ou l'abaissement des
fluides dans les tubes capillaires.

Postérieurement aux recherches de Laplace, M. Girard a
fait sur l'écoulement des fluides, par les tubes capillaires,
en variant la pression à l'un des orifices. la température et
même la matière du tube, des expériences qui lui ont donné de
curieux résultats. Il a d'abord vérifié ce qui avoit déjà été
annoncé, que l'élévation de la température facilitoit en général l'écoulement, en diminuant l'épaisseur de la couche
du liquide attachée aux parois et élargissant en conséquence
le canal dans lequel a réellement lieu le mouvement. Ensuite,
quand le liquide n'est pas de nature à mouiller le tube et que
ce tube a une longueur convenable, la résistance à l'écoulement devient assez forte pour l'arrêter tout-a-fait, ce qui établit une relation entre cette résistance et la pression qui chasse
le liquide dans le tube. Mais ce qui paroît surtout digne de
remarque, c'est l'influence que la matière du tube exerce

sur la rapidité de l'écoulement, lors même que le liquide peut le mouiller. Dans des circonstances pareilles l'eau a coulé trois à quatre fois plus lentement par un tube de verre que par un tube de cuivre. Ne semble-t-il pas suivre de là que l'action du tube s'étend plus loin que la couche liquide qui le touche immédiatement? (Voyez les *Mémoires de la classe des sciences mathématiques et physiques de l'Institut*, années 1813, 1814 et 1815, page 265 — 289, et 1816, page 196.)

Quoi qu'il en soit, la considération des petites forces d'attraction et de répulsion, dont la sphère d'activité n'a pas un rayon sensible, a reçu encore d'autres applications. C'est par leur moyen que Laplace a formé de nouveau les équations du mouvement de la chaleur dans les corps, données pour la première fois par M. Fourrier, et qu'il a essayé de représenter par des formules d'analyse la constitution intérieure des fluides élastiques (Supplément au 12.e livre de la *Mécanique céleste*, p. 87). C'est aussi sur les mêmes principes que MM. Navier, Cauchy et Poisson établissent maintenant la théorie du mouvement des corps élastiques et celle du choc des corps, en considérant que leurs molécules ne sont pas en contact, mais seulement maintenues à de petites distances par des forces qui se contre-balancent, savoir : leurs attractions tant entre elles qu'avec le calorique, et la répulsion des molécules de celui-ci; toutes forces qui n'agissent qu'à des distances si petites qu'elles ne peuvent entrer en comparaison avec les quantités appréciables, sans néanmoins pouvoir être regardées comme tout-à-fait nulles. (L. C.)

TUBES FULMINAIRES. (*Phys.*) Ce sont des tuyaux de sable aggloméré sur une longueur plus ou moins grande, et dont la formation est due au passage de la foudre à travers l'espace qui les contient. Leur intérieur est lisse, comme ayant éprouvé un commencement de fusion ; l'extérieur est scabreux : il présente les aspérités des grains que la décharge électrique a soudés entre eux. Les premiers ont été découverts en 1711, dans la Silésie; on en a trouvé ensuite dans beaucoup de terrains sablonneux : leur longueur s'élevoit quelquefois à près de 10 mètres (30 pieds); leur diamètre total étoit de 7 centimètres (2$^{\text{pou}}\frac{1}{2}$), et celui de l'ouverture,

;o millimètres (7 lignes) à l'entrée, et décroissoit ensuite. Souvent ils se terminent en pointe.

On a rassemblé, dans les *Annales de chimie et de physique* (tom. 19, pag. 290), un grand nombre d'observations curieuses sur ces tubes et sur des effets analogues, produits par la chute du tonnerre sur les roches. De nouveaux échantillons de ces tubes ont été présentés cette année à l'Académie des sciences, par M. Arago, de la part de M. Fiedler, de Berlin, qui en possède un, ayant 6^{met},2 (19 pieds) de longueur.

Cette annonce a suggéré à MM. Beudant et Hachette l'idée de chercher à produire le même phénomène avec une forte batterie électrique. (Voyez Électricité, tom. XIV, p. 306).

En se servant de celle de Charles, déposée au Conservatoire des arts et métiers, et faisant passer la décharge dans une masse de verre pilé, mêlé à du chlorure de sodium, ils sont parvenus à former un tube fulminaire de 30 millimètres (13 lignes) de longueur, et 2 millimètres (1 ligne) de diamètre intérieur. En n'employant que du verre pilé seul, le tube produit avoit seulement 25 millimètres (près de 1 pouce) de longueur, et $\frac{1}{2}$ millimètre ($\frac{1}{4}$ de ligne) de diamètre intérieur. La petitesse de ces dimensions est bien évidemment due à la disproportion entre la force de l'électricité artificielle et celle de l'électricité naturelle ; mais du moins l'origine des tubes fulminaires est maintenant bien constatée. Voyez *Annales de chimie et de physique*, tome 37, page 319. (L. C.)

TUB-FISH, SAPPHIRINE GURNARD. (*Ichthyol.*) Noms anglois du perlon, *trigla hirundo*. Voyez Trigle. (H. C.)

TUBICINELLE, *Tubicinella*. (*Nematopod.*) Genre démembré des balanes de Bruguière par MM. Dufresne et de Lamarck pour une espèce qui s'enfonce dans la peau des baleines et dont le têt coronaire s'alonge en une espèce de tube, d'où son nom a été tiré. Les caractères de ce genre peuvent être exprimés ainsi : Animal comme dans les balanides : coquille tubulaire, subcylindrique, à parois minces et crénelées, composée de six pièces régulièrement disposées, formant des aires presque quadrilatères, dont les inférieures sont beaucoup plus étroites que les autres ; ouvertures arrondies, rondes, égales ; la supérieure fermée par une membrane formant une sorte de tube entre les quatre valves de l'opercule, qui sont presque égales.

On ne connoît encore qu'une seule espèce de tubicinelle, que M. de Lamarck a nommée la T. DES BALEINES, *T. balœnarum*, Ann. du Mus., tome 1, page 461, pl. 30, fig. 2 — 4, et qui a été observée par M. Dufresne dans la collection de Hunter à Londres. J'en ai donné une bonne figure dans les planches du Dictionnaire des sciences naturelles : c'est une coquille d'un pouce de long environ, subcylindrique, finement striée verticalement et avec quelques ondes transverses, indiquant les époques d'accroissement; sa couleur est toute blanche. L'animal auquel elle appartient, et qui très-probablement ne diffère pas de celui des coronules, vit d'abord à la surface de la peau des baleines; mais à mesure qu'il croît, il s'y enfonce et finit par ne plus offrir à l'extérieur que l'orifice supérieur de la coquille avec sa partie operculaire. Voyez CORONULE, BALANE et le *Genera* à l'article MOLLUSQUES. (DE B.)

TUBICOLAIRE, *Tubicolaria*. (*Polyp.*) Genre établi par M. de Lamarck, dans la nouvelle édition de ses Animaux sans vertèbres, tom. 11, pag. 53, pour de très-petits animaux encore assez mal connus, que l'on a regardés comme des espèces de polypes, mais bien à tort, et sur lesquels M. Dutrochet a fait un travail fort intéressant, en leur donnant le nom de *rotifères* (Ann. du Mus., tom. 19). D'après ses observations, ces animaux seroient pourvus d'yeux pédonculés, d'organes rotatoires, de deux filets opposés et tentaculaires en dessous, ainsi que de deux corpuscules saillans et rapprochés plus bas, et enfin d'un anus; et cependant il prétend qu'il faut les ranger parmi les mollusques. Il me semble plus probable qu'ils seroient plus heureusement rapprochés des entomozoaires ou animaux articulés, et peut-être même des chétopodes à fourreau. Malheureusement il m'a été impossible jusqu'ici d'observer ces tubicolaires. M. de Lamarck, malgré les observations positives de M. Dutrochet, n'en pense pas moins que ce sont des animaux de son ordre de la classe des polypes, division des polypes ciliés, section des rotifères, dans laquelle il place les vorticelles, et cela après les hydres vertes. Sa définition du genre a été influencée par cette place, puisqu'elle

est exprimée ainsi : Corps contractile, oblong, contenu dans
un tube fixé sur les corps aquatiques ; bouche terminale, infundibuliforme, munie d'un organe rétractile, cilié et ro-
tatoire.

D'après l'excellente dissertation de Schæffer sur l'espèce
principale de ce genre, d'après ce que M. Dutrochet nous a ap-
pris des deux espèces qu'il a observées, et même d'après ce
que j'ai vu moi-même sur ce qu'on nomme vulgairement les
rotifères, je définirai ainsi ce genre : Corps symétrique, plus
ou moins alongé, subvermiforme, sans articulations visibles,
pourvu en avant d'une paire de courts tentacules, d'yeux
pédiculés, d'une bouche antérieure, terminale, avec deux
paires d'appendices auriculés, ciliés sur les bords, et terminé
en arrière par un anus médian et par une paire de petits
appendices ou de crochets ; contenu sans adhérence dans un
tube ou fourreau artificiel, conique, ouvert aux deux bouts.

Selon ce que Schæffer et M. Dutrochet nous disent de ce
qu'on appelle les organes rotatoires dans ces animaux, il est
probable que ce sont des organes de respiration et propres
à la fois, peut-être, à faire arriver les molécules nutritives
dans la cavité buccale.

M. de Lamarck compte trois espèces de tubicolaires.

La Tubicolaire quadrilobée : *T. quadrilobata ;* Rotifère qua-
dricirculaire, Dutrochet, Annal., tom. 19, pl. 18, fig. 1 — 4 ;
Polype a fleur, Schæff., *Ins.*, 1, p. 333, tab. 1, fig. 1 — 10,
et tab. 2, fig. 1 — 11. Appendices de la bouche au nombre de
deux paires inégales ; tube roussâtre.

Dans les eaux douces d'Europe, sur les racines de la renoncule aquatique.

La T. blanche : *T. alba ;* Rotifère a tube blanc, Dutroch.,
loc. cit., pl. 18, fig. 10. Appendices rotatoires de la bouche
inclinés sur le côté et subsinueux ; fourreau blanc.

Dans les eaux douces d'Europe.

La T. confervicole : *T. confervicula ;* Rotifère confervicole, Dutrochet, *ibid.*, fig. 11. Appendices rotatoires indivis ;
fourreau couvert de tronçons de conferves.

Dans les eaux douces, sur les conferves.

M. de Lamarck ajoute à ces trois espèces que les *vorticella
limacina, fraxinina* et *cratægara*, de Muller, pourroient bien

être aussi des tubicolaires ; mais cela me paroît extrêmement douteux. (De B.)

TUBICOLÉES, *Tubicoleæ.* (*Conch.*) Nom de la dernière famille de la classe des conques dans la Méthode de malacologie de M. de Lamarck, et qui est ainsi définie : Coquille soit contenue dans un fourreau testacé distinct de ses valves, soit incrustée entièrement ou en partie dans la paroi de ce fourreau, soit saillante au dehors. Elle contient les genres Arrosoir, Clavagelle, Cloisonnaire, Fistulaire, Taret et Térédine. Voyez ces différens mots et l'article Mollusques. (De B.)

TUBICOLES, *Tubicolæ.* (*Chétop.*) Dénomination sous laquelle M. Cuvier (Règne animal, tom. 2, p. 517) désigne le premier ordre qu'il établit dans la classe des chétopodes ou des annélides de M. de Lamarck, et qui comprend tous les genres qui se forment un tube de quelque nature qu'il soit, comme les Amphitrites, Sabelles, Serpules, Térébelles, avec lesquelles il croit aussi devoir placer, mais bien à tort, les Arrosoirs, les Dentales et les Siliquaires. Voyez ces différens mots, et *Vers à sang rouge* à l'article Vers. (De B.)

TUBIFERA, Gmelin. (*Bot.*) Voyez Tubulina. (Lem.)

TUBIFEX, *Tubifex.* (*Chétopodes.*) Genre établi par M. de Lamarck (Système des anim. sans vert., tome 3, page 224) pour deux animaux décrits par Muller et placés par lui parmi les lombrics, mais qui, du reste, sont assez mal connus. Les caractères que M. de Lamarck assigne à ce genre sont les suivans : Corps filiforme, transparent, annelé ou subarticulé, muni de spinules latérales, vivant dans un tube ; bouche et anus terminaux.

Ces petites espèces de vers, peut-être en effet plus rapprochées des naïs que des lombrics, vivent enfouies dans la vase ou dans le sable. Je ne les crois pas encore suffisamment connues. Les deux animaux que M. de Lamarck rapporte à ce genre, sont :

Le Tubifex des ruisseaux : *T. rivulorum ; Lumbricus tubifex,* Linn., Gmel., p. 3084, n.° 5 ; Muller, *Zool. Dan.,* p. 4, tab. 84, fig. 1 — 3 ; cop. dans l'Enc. méth., pl. 34, fig. 4. Ver très-petit, pellucide, très-simple, de couleur roussâtre, avec deux séries d'aiguillons de chaque côté.

Cette espèce vit enfouie verticalement dans la vase, au fond des ruisseaux, des étangs, dans toute l'Europe.

Le Tubifex marin : *T. marinus; Lumbricus tubicola*, Linn., Gmel.. p. 3085, n.° 8, d'après Muller, *Zool. Dan.*, 2, tab. 75; cop. dans l'Enc. méth., pl. 55, fig. 1 et 2. Corps évidemment composé de vingt-sept articulations fort longues, armées chacune de deux épines courtes de chaque côté, de couleur blanche, et contenu dans un tube membraneux, revêtu de limon.

Des bords de la mer de Norwége. (De B.)

TUBIFLORA. (*Bot.*) Gmelin donne ce nom au *justicia acaulis* de Linnæus, séparé aussi par Michaux sous celui d'*elytraria*, qui a été adopté. (J.)

TUBILION, *Tubilium.* (*Bot.*) Ce genre de plantes, que nous avons proposé dans le Bulletin des sciences d'Octobre 1817 (page 155), appartient à l'ordre des Synanthérées, à notre tribu naturelle des Inulées, à la section des Inulées-Prototypes. et à la sous-section des Inulées-Prototypes vraies, dans laquelle nous l'avons placé entre les deux genres *Pulicaria* et *Jasonia*. (Voyez notre tableau des Inulées, tome XXIII, pag. 565 : tome XLIX, p. 224.)

Voici les caractères du genre *Tubilium*.

Calathide quasiradiée : disque multiflore, régulariflore, androgyniflore ; couronne unisériée, continue, tubuliflore, féminiflore. Péricline égal aux fleurs de la couronne, subcampanulé. formé de squames très-nombreuses, très-inégales, plurisériées. irrégulièrement imbriquées, appliquées, linéaires-subulées. foliacées, uninervées. Clinanthe large, plan, nu, un peu fovéolé. *Fleurs du disque:* Ovaire oblong, cylindrique. velu, muni d'un petit bourrelet basilaire cartilagineux, et portant une aigrette double : l'extérieure trèscourte. stéphanoïde. membraneuse, continue, découpée supérieurement; l'intérieure longue, composée d'environ dix squamellules unisériées, distancées, inégales, filiformes, à peine barbellulées. Corolle plus longue que l'aigrette, glabre, infundibulée, à cinq divisions courtes, dressées, aiguës. Étamines à filets laminés. larges; à anthères plus ou moins exsertes, munies d'appendices apicilaires longs, aigus, et d'appendices basilaires très-longs. filiformes, barbus, Style à deux stigmatophores (d'Inulée-Prototype) exserts. *Fleurs de la couronne* : Ovaire et aigrette comme dans les fleurs du disque. Corolle notablement plus longue, aussi large et plus colorée que celle des fleurs du disque, un peu arquée en dehors, tubuleuse, glabre, un peu enflée en sa partie moyenne, découpée au sommet en trois, quatre ou cinq lanières presque linéaires, aiguës, étalées en tous sens, arquées en dehors. Trois, quatre ou cinq fausses étamines, analogues aux étamines du disque, mais imparfaites, stériles, et entièrement incluses dans la corolle. Style à deux stigmatophores analogues à ceux du disque, mais inclus.

Nous ne connoissons qu'une seule espèce de ce genre.

Tubilion a feuilles étroites : *Tubilium angustifolium*, H. Cass.; *Erigeron inuloides*, Poir., Encycl., Suppl., tome 5. C'est une plante herbacée, dont la tige, haute d'un pied (dans l'échantillon incomplet que nous décrivons), est droite, cylindrique, striée, très-rameuse, un peu velue ou légèrement pubescente; les feuilles caulinaires sont alternes, sessiles, longues d'environ deux pouces et demi, larges d'environ trois lignes, oblongues, linéaires, un peu auriculées à la base, obtuses au sommet, presque glabres ou parsemées de quelques poils sur les deux faces, tantôt très-entières, tantôt à peine sinuées-dentées sur les bords, qui n'offrent que quelques dents écartées, à peine saillantes, obtuses; les calathides, composées de fleurs jaunes, sont disposées en petites panicules ou en petits corymbes irréguliers au sommet de la tige et des rameaux; chaque calathide est portée sur un pédoncule plus ou moins long, et qui est très-velu, ainsi que le péricline.

Nous avons fait cette description spécifique, et celle des caractères génériques, sur un échantillon sec, recueilli dans les îles Canaries par Broussonnet, et qui se trouve dans l'herbier de M. Desfontaines, où il avoit déjà été observé par M. Poiret, qui l'a décrit en 1817 dans l'Encyclopédie, sous le nom d'*Erigeron inuloides*.

Cette plante ne peut, sous aucun rapport, être convenablement associée au genre *Erigeron*, qui est de la tribu des Astérées : mais elle constitue un genre particulier, de la tribu des Inulées, immédiatement voisin du genre *Pulicaria*,

dont il se distingue par les corolles de la couronne, qui,
au lieu d'être ligulées, sont tubuleuses. Ces corolles tubuleuses de la couronne du *Tubilium* méritent l'attention des
botanistes, parce qu'elles sont radiantes, très-apparentes,
plus longues, aussi larges et plus colorées que les corolles
du disque, qu'elles contiennent de fausses étamines, et que
les stigmatophores se trouvent inclus à cause de la longueur et de la forme de la corolle. Tous ces caractères sont
fort rares dans les corolles tubuleuses de la couronne des
Synanthérées : et l'on ne conçoit pas facilement comment
peut s'opérer ici la fécondation des fleurs de la couronne,
à moins de supposer que leur corolle étoit plus courte,
droite, et les stigmatophores exserts, au commencement de
la fleuraison du disque. Nous avions cru d'abord que ces
corolles tubuleuses n'étoient qu'une monstruosité assez analogue à celle que nous avons observée dans l'*Aster chinensis*
(Opusc. phytol., tom. 2, p. 92) ; mais un examen attentif
nous a convaincu que cette singulière structure n'étoit point
accidentelle.

Nous allons décrire deux nouveaux genres, qui appartiennent au même groupe naturel que le *Tubilium*.

ALLAGOPAPPUS, H. Cass. Calathide incouronnée, équaliflore, multiflore, régulariflore, androgyniflore. Péricline
inférieur aux fleurs, probablement campanulé ; formé de
squames nombreuses, inégales, plurisériées, imbriquées,
appliquées, oblongues, aiguës, coriaces, frangées vers le
sommet : les intérieures graduellement plus longues, un peu
élargies supérieurement. Clinanthe plan, absolument nu.
Ovaire ou fruit oblong, pentagone, hispidule sur les angles,
muni d'un petit bourrelet basilaire ; aigrette persistante,
composée de dix squamellules unisériées, contiguës, dont
cinq très-longues, égales, filiformes, droites, roides, très-
barbellulées, correspondant aux cinq angles du fruit, et
cinq très-courtes, souvent inégales, irrégulières, variables,
paléiformes, membraneuses, correspondant aux cinq faces
du fruit, et par conséquent alternes avec les cinq autres
squamellules. Corolle un peu plus longue que l'aigrette,
cylindracée, glabre, à limbe peu ou point distinct du tube,
découpé au sommet en cinq divisions courtes, aiguës, dres-

sées. Etamines à filets libérés à peu de distance au-dessus de la base de la corolle ; tube anthéral muni de cinq appendices apicilaires presque aigus, et de dix appendices basilaires libres, très-longs, filiformes, barbus ou plumeux. Style à deux stigmatophores d'Inulée - Prototype.

Allagopappus dichotomus, H. Cass. Tige ligneuse ; jeunes rameaux cylindriques, couverts d'une sorte de duvet glanduleux, très-garnis de feuilles rapprochées, caduques, alternes, sessiles, longues d'environ dix lignes, larges de près de deux lignes, oblongues, uninervées, étrécies vers la base, un peu obtuses au sommet, entières ou à peine dentées sur les bords, glabres sur les deux faces ; calathides très-nombreuses, disposées au sommet des rameaux en corymbes solitaires, réguliers, privés de vraies feuilles, à ramifications simples, longues, droites, grêles, pédonculiformes, garnies de bractées nombreuses, linéaires-aiguës, et terminées chacune par une calathide ; après la fleuraison du corymbe terminant un rameau, deux nouveaux rameaux presque opposés naissent sous la base de ce corymbe, qui se dessèche alors et finit par se détruire, en sorte que l'arbrisseau devient successivement toujours de plus en plus dichotome ; péricline plus ou moins garni d'une sorte de duvet glanduleux ; corolles jaunes.

Nous avons fait cette description, générique et spécifique, sur un échantillon sec, en très-mauvais état, qui paroît avoir été recueilli dans l'Isle-de-France, et qui se trouvoit parmi les synanthérées innommées de l'herbier de M. Mérat. Quoique les calathides fussent demi-pourries, nous sommes à peu près certain qu'elles sont incouronnées ; et aucun doute ne peut exister à l'égard de tous les autres caractères génériques.

Ainsi cette plante doit constituer un nouveau genre, qui sera bien placé parmi les Inulées-Prototypes vraies, entre le *Limbarda* et le *Francœuria* [1], dont il se distingue principalement par sa calathide incouronnée, par ses fruits pentagones,

---

[1] On pourroit également placer l'*Allagopappus* entre le *Columellea* et le *Pentanema* ; ou bien encore, soit auprès du *Chiliadenus*, soit auprès de l'*Iphiona*.

et par leur aigrette de dix squamellules alternativement longues. filiformes. et courtes, paléiformes. Le nom d'*Alla-gopappus*, qui signifie *aigrette alternative*, fait allusion à ce dernier caractère.

Schizogyne, H. Cass. Calathide oblongue. discoïde : disque multiflore, régulariflore, androgyniflore; couronne unisériée, ambiguiflore. féminiflore. Péricline inférieur aux fleurs, subcylindracé. formé de squames inégales, plurisériées, régulièrement imbriquées. appliquées. demi-scarieuses; les extérieures courtes, ovales, subcoriaces : les intérieures longues, lancéolées. submembraneuses. Clinanthe plan, irrégulièrement alvéolé, à cloisons basses, découpées en lanières aiguës. *Fleurs du disque :* Ovaire oblong, parsemé de quelques poils, et muni d'un petit bourrelet basilaire cartilagineux; aigrette longue, irrégulière, composée de squamellules nombreuses, très-inégales. unisériées, contiguës, filiformes, très-barbellulées. Corolle plus longue que l'aigrette, infundibulée, glabre, à tube beaucoup plus court que le limbe, à cinq divisions presque acuminées. Étamines à filets laminés, larges; tube anthéral demi-exsert, muni de cinq appendices apicilaires très-aigus, et de dix appendices basilaires très-longs, sétiformes. Style à deux stigmatophores arrondis au sommet. *Fleurs de la couronne :* Ovaire et aigrette comme dans les fleurs du disque. Corolle plus courte et plus étroite que celle des fleurs du disque. anomale, variable, glabre, à limbe ordinairement liguliforme, dressé, non étalé, tridenté, ayant trois incisions, dont deux extérieures courtes, et une intérieure profonde. Point d'étamines rudimentaires. Style et stigmatophores à peu près comme dans les fleurs du disque.

Schizogyne obtusifolia, H. Cass. Tige ligneuse. épaisse, très-rameuse, cylindrique, tomenteuse, blanchâtre : feuilles la plupart alternes, quelques - unes opposées, sessiles. longues, étroites. linéaires. étrécies à la base, obtuses au sommet, très-entières sur les bords, plus ou moins tomenteuses et blanchâtres sur les deux faces: calathides longues d'environ deux lignes et demie, très-nombreuses, disposées en petites panicules ou en petits corymbes irréguliers. au sommet des rameaux; chaque calathide portée par un court pédoncule grêle, tomenteux. tantôt nu. tantôt garni de quelques bractées squamiformes ; péricline glabriuscule , lisse, un peu luisant, jaunâtre et roussâtre ; disque composé d'environ vingt fleurs ; couronne de dix à douze fleurs ; corolles jaunâtres ; aigrettes grisâtres.

Nous avons fait cette description, générique et spécifique, sur plusieurs échantillons secs, qui se trouvoient parmi les *Conyza* de l'herbier de M. Mérat. Ce botaniste croit qu'ils ont été recueillis, soit dans l'Isle-de-France, soit dans celle de Ténériffe, ou peut-être au cap de Bonne-Espérance.

Le genre *Schizogyne* appartient à la tribu des Inulées, à la section des Inulées-Gnaphaliées, et à la sous-section des Gnaphaliées vraies, au commencement de laquelle nous le rangeons, en le plaçant immédiatement avant le genre *Phagnalon* décrit dans ce Dictionnaire (tome XXXIX, p. 400). Le *Schizogyne* est en effet très-analogue au *Phagnalon*; mais il s'en distingue bien suffisamment par la couronne unisériée, le péricline inférieur aux fleurs, les aigrettes autrement construites. les corolles de la couronne d'une forme différente, celles du disque à tube court, les anthères longuement appendiculées à la base, les calathides corymbées, etc. Le nom de *Schizogyne* signifie *femelle fendue*, et fait allusion à la corolle des fleurs femelles, qui est fendue en haut sur la face intérieure. (H. Cass.)

TUBILOMBRIC, *Tubilumbricus*. (*Chélop.*) Dénomination composée. employée par M. de Blainville, dans son Système de classification et de nomenclature, pour désigner les espèces de lombrics de Linné qui vivent dans un tube ou fourreau qu'ils se forment, et dont en outre le corps n'est composé que d'un petit nombre d'articulations, comme les L. tubuleux et sabellaire. Voyez Lombric et Tubifex, noms sous lesquels M. de Lamarck a établi le même genre. (De B.)

TUBINARES. (*Ornith.*) Illiger a proposé sous ce nom sa trente-septième famille de son huitième ordre des *natatores*, pour comprendre les oiseaux dont les narines sont en forme de tube, tels que tous ceux qui appartiennent aux genres *Procellaria* et *Diomœdea*. (Ch. D. et L.)

TUBIPORE, *Tubipora*. (*Polyp.*) Genre de polypes établi par Linné, principalement pour un singulier corps organisé, dont on n'a connu long-temps que la partie calcaire ou le polypier, et dont l'animal a été observé pour la première fois d'une manière satisfaisante par MM. Quoy et Gaimard, naturalistes de l'expédition de M. de Freycinet. Imperati qui, le premier, en a parlé, et beaucoup d'auteurs avant Linné, lui avoient donné le nom de *Tubulaire* ou même celui d'*Alcyon*. Pallas, en adoptant ce genre dans son ouvrage sur les zoophytes, l'a purgé avec raison de plusieurs espèces que Linné y avoit introduites à tort : cela n'a pas empêché Gmelin d'y placer de nouveau des corps organisés qui n'ont absolument aucun rapport avec les véritables tubipores. La caractéristique de ce genre peut être ainsi exprimée : Polypes simples, cylindriques, terminés supérieurement par une couronne de huit tentacules pinnés, assez courts, au centre de laquelle est la bouche, et contenus, sans communication les uns avec les autres, dans une enveloppe ou loge membraneuse doublant un tube calcaire cylindrique, vertical, dont l'orifice arrondi, simple, garni d'un rebord, en se réunissant avec d'autres, forme des espèces de cloisons transverses, et par suite une masse plus ou moins considérable, convexe et poreuse en dessus et composée de tuyaux comme articulés. D'après cette définition il est certain que ce genre est fort éloigné de la famille des madrépores, soit que l'on considère l'animal, ou ce qu'on nomme son polypier. Il paroît plus voisin des tubulaires, puisqu'en effet ce sont des animaux polypiformes, indépendans les uns des autres et contenus dans une enveloppe tubiforme ; mais cette enveloppe est membranoso-calcaire, et d'ailleurs les différens individus qui constituent la masse totale ne sont pas seulement agglomérés comme les tubulaires, mais tiennent entre eux par des espèces de cloisons, formées par la réunion des rebords des tubes. En outre, la disposition et la structure des tentacules diffèrent de ce qui se remarque dans les tubulaires, pour se rapprocher des alcyons, en sorte que les tubipores forment réellement, à ce qu'il me semble, une petite famille particulière.

On ne connoît encore dans ce genre qu'une seule espèce :

Le Tubipore musique : *T. musica*, Linn., Gmel., pag. 3755, n.° 1 ; *T. purpurea*, Pallas, *Elench. zooph.*, p. 339 ; Quoy et Gaimard, Voyage de l'Uranie, Zoolog., pl. 88, fig. *A a M*. Polypes d'un beau vert, contenus dans des tubes d'un beau rouge pourpre, composant par leur réunion des masses souvent considérables, convexes en dessus et adhérentes par leur partie inférieure aux rochers sous-marins.

Cette singulière espèce de polypiaires se trouve communément dans les mers de l'Inde, mais surtout dans la mer Rouge, où elle atteint, à ce qu'il paroît, un volume considérable. Seroit-ce à cela que cette mer a dû son nom? On dit aussi qu'elle existe dans les mers d'Amérique.

Les Indiens emploient, dit-on, la partie calcaire réduite en poudre contre la strangurie et contre la morsure des animaux vénéneux.

MM. Quoy et Gaimard ayant eu la complaisance de me donner une petite portion du tubipore musique avec les animaux en assez bon état de conservation dans l'esprit de vin, j'ai pu en tirer la caractéristique du genre, telle que je l'ai donnée plus haut, et de plus quelques détails sur leur organisation. Le petit animal est, comme il a été dit plus haut, tout-à-fait cylindrique et composé de deux parties, l'abdomen et la tête, y compris la masse tentaculaire. L'abdomen, plus court que celle-ci, est en forme de bourse alongée, arrondie en arrière et un peu rétrécie vers sa jonction avec la tête. Il est fortifié en dehors par huit filets blancs, longitudinaux, qui m'ont paru creux et dont la cavité communique avec celle de l'axe des tentacules. La tête forme une espèce de petit plateau circulaire, au milieu duquel est l'orifice de la bouche, et de la circonférence octolobée duquel partent les tentacules; ceux-ci, au nombre de huit, parfaitement égaux, sont, dans l'état de contraction où je les ai vus, triangulaires, arrondis cependant à leur sommet, traversés dans leur longueur par une côte médiane, creuse; ils sont garnis de chaque côté de leur face supérieure par un assez grand nombre de papilles coniques sur plusieurs rangs, qui les rendent comme pinnés : c'est à l'endroit de l'union de l'abdomen et de la couronne tentaculaire que prend naissance la membrane qui constitue le tube ou la loge du polype. Le tube, quand l'animal est rentré, forme une sorte de cavité, dont les bords doubles sont divisés en huit festons et forment la circonférence de la loge ; au-delà vient le tube proprement dit, formé en dedans par une membrane très-mince. et en dehors par un tube calcaire composé de granules très-fins, confondus ou adhérens l'un à l'autre en haut, et se détachant d'autant plus qu'on les examine davantage à leur partie inférieure. Dans son état de perfection annuelle ce tube présente à son orifice supérieur une sorte de rebord aplati, formé probablement par la base des tentacules. C'est par ce rebord que les différens individus arrivés au même degré de développement adhérent entre eux ; mais dans le moment du mouvement annuel d'accroissement il y a une partie plus ou moins considérable de tube au-dessus de la rondelle. Dans cette hypothèse ce seroit le même individu qui construiroit les différens étages du même tube, et les gemmes produits par chaque animal serviroient à l'accroissement de la masse totale. Quoi qu'il en soit, on trouve aisément ces gemmes arrondis tapissant toute la surface interne de la cavité abdominale ; ce qui rend probable que leur sortie a lieu par l'orifice buccal, comme les féces. (De B.)

TUBIPORE. (*Foss.*) On trouve à Chieri en Piémont, dans un sable endurci, le tubipore auquel Tournefort avoit donné le nom de *tubularia*, qui paroît être la même espèce à laquelle Linné a donné celui de *tubipora musica* (Borson, Oryct. du Piémont. pag. 42).

On voit dans l'ouvrage de Knorr, sur les Pétrifications (pl. 165. fig. 1). la figure d'un polypier fossile qui paroit avoir de grands rapports avec le *tubipora musica ;* mais on n'est pas certain qu'il dépende de cette espèce. Il paroit qu'on trouve des fossiles semblables dans la montagne de Saint-Pierre de Maëstricht. (D. F.)

TUBIPORUS. (*Bot.*) Paulet proposoit de donner ce nom générique aux espèces de *boletus* qui ont leur partie inférieure garnie de tubes poreux. Il citoit pour exemple les cèpes. Ce genre auroit compris des champignons des genres *Boletus* et *Polyporus*, actuellement admis. (Lem.)

TUBISPIRANTIA. (*Malac.*) Nom proposé par M. Duméril comme équivalent à celui de *syphonobranchiata* ou syphonobranches. (Desm.)

TUBITÈLES, *Tubulariæ.* (*Ent.*) Nom donné par M. Walckenaër, et ensuite par M. Latreille, à un groupe ou tribu d'araignées fileuses, dont les filières sont cylindriques, dirigées en arrière, avec les pattes de devant et de derrière plus longues que les autres. (C. D.)

TUBU et CALAPPA-TUBU. (*Bot.*) Nom du cocotier dans les îles Malaises. Voyez TEBU. (LEM.)

TUBUKARUWILA. (*Bot.*) Nom du *momordica charantia* à Ceilan, cité par Hermann. (J.)

TUBULAIRE, *Tubularia.* (*Polyp.*) Genre de polypiaires, établi par Pallas, *Elench. zooph.*, page 79, adopté par Solander, ainsi que par Gmelin, qui, dans son édition du *Systema naturæ*, y a placé un grand nombre d'êtres hétérogènes; ce qu'a également fait Esper; aussi MM. de Lamarck et Lamouroux ont-ils trouvé des réformes assez nombreuses à y faire. Les caractères de ce genre ainsi réduit, peuvent être exprimés ainsi : Polypes alongés; cylindriques, terminés supérieurement par une bouche centrale, munie de deux rangs de tentacules non rétractiles, paroissant à l'extrémité d'un tube simple ou rameux, corné, fixé par sa base.

Les tubulaires n'ont encore été étudiés que d'une manière très-incomplète : ce sont des animaux qui vivent sur les bords de la mer, fixés par leur tube. Celui-ci, dont la structure est connue et qui semble pousser par anneaux irréguliers, est rempli par une substance vivante, une sorte de pulpe, qui se continue sans doute avec le polype lui-même; celui-ci est terminé supérieurement par une double couronne de tentacules; une externe, qui se jette en dehors, et une interne, qui se prolonge en accompagnant la bouche.

Les espèces de ce genre, qu'Ellis avoit déjà distinguées sous le nom de corallines tubuleuses, se trouvent assez communément dans nos mers. C'est sur l'une d'elles que MM. de Jussieu et Guettard ont confirmé l'animalité des polypiers.

A. *Espèces indivises.*

La TUBULAIRE CHALUMEAU : *T. indivisa*, Linn., Gmel., page 5839; Ellis, *Corallin.*, page 31, n.° 2, tab. 16, fig. *C.* Polypes contenus dans des tubes très-simples, croissant un peu de bas en haut, agrégés et souvent mêlés entre eux à leur base.

De toutes les mers d'Europe.

La TUBULAIRE MUSCOIDE : *T. muscoides*, Linn., Gmel., p. 3852, n.º 3 : *T. larynx*. Soland., de Lamk., Ellis, *Corallin.*, p. 45, n.º 1. tab. 16. Tubes petits, vermiformes, agrégés en masse musciforme, simples, annelés transversalement de distance en distance.

Des mers d'Europe.

La T. A ANNEAUX : *T. annulata*, Lamx., Polyp. flexibles, page 229, pl. 7, fig. 4. Tubes simples, annelés et de la grosseur d'une plume de corbeau.

Des mers de la Catalogne ?

La T. CORNE D'ABONDANCE : *T. cornucopiæ*, Linn., Gmel., page 3850, n.º 9 ; Lamx., *loc. cit.*, pl. 7, fig. 5. Tube simple, tortueux, rugueux et atténué inférieurement.

De la Méditerranée.

B. *Espèces plus ou moins rameuses.*

La T. RAMEUSE : *T. ramosa*, Linn., Gmel., page 3851, n.º 2 ; Pall., Ellis, *Corallin.*, p. 47. tab. 17, fig. *a A*. Tubes rameux et tordus à la racine des ramuscules.

Des mers d'Europe.

La T. TRICHOIDE : *T. trichoides*, Pall., *Zooph.*, page 84, n.º 11 ; Ellis, *Corallin.*, tab. 16, fig. *a*. Tubes simples ou peu rameux, longs, très-grêles, alternativement rameux, d'un diamètre égal et annelés dans toute leur longueur.

Cette espèce, qui se trouve, comme la précédente, dans les mers d'Europe, a été confondue avec elle par la plupart des auteurs. M. Lamouroux l'en distingue, parce que, dit-il, les tubes sont annelés dans toute leur longueur.

La T. PYGMÉE : *T. pygmæa*, Lamx., Polyp. flex., pag. 252, n.º 3-2. Tubes solitaires, annelés, un peu flexueux, à rameaux peu nombreux et très-courts.

Des mers de l'Australasie.

Gmelin, comme nous l'avons dit plus haut, place encore dans son genre vingt autres espèces ; savoir :

La T. *ramea*, appartenant au genre *Thoa* de Lamouroux.

La *Tubularia fragilis*, qui est rapportée, il est vrai avec quelques doutes, au *liagora versicolor* du même auteur.

La *T. acetabulum*, qui est le type du genre Acétabule de M. de Lamarck.

La *T. splachma*, qui n'est rien autre chose qu'un byssus de la moule comestible.

Les *T. coryna* et *affinis*, qui appartiennent au genre Coryne de Gærtner, adopté par M. de Lamarck.

La *T. Fabricia*, qui est certainement de la classe des chétopodes et, peut-être, le type d'un nouveau genre.

Les *T. longicornis*, *multicornis* et *simplex*, qui doivent probablement former un genre nouveau, à moins que ce ne soient quelques larves d'hexapodes. .

Les *T. campanulata*, *repens* et *reptans*, qui sont des plumatelles de M. de Lamarck. M. Lamouroux rapporte aussi à ce genre, qu'il nomme *Naisa*, le *T. sultana*.

La *T. Spallanzani*, qui est certainement l'*amphitrite ventilabrum* ou une espèce voisine.

La *T. fistulosa* qui est une cellaire, *C. salicornia*.

Mais j'ignore ce que sont les *T. papyracea*, *penicillus* et *membraneus*. (De B.)

TUBULARIA. (*Bot.*) Genre proposé par Roucel (Flore du Calv.) pour placer les ulves tubuleuses, telles que les *ulva intestinalis*, *compressa*, *articulata*, etc. Ce genre n'a pas été admis.

Vaillant avoit employé également le même nom pour désigner des ulves, selon Adanson. (Lem.)

TUBULARIÉES, *Tubularieæ*. (*Polyp.*) Nom de l'ordre cinquième qu'établit Lamouroux dans ses Polypiers flexibles, pour placer, outre les véritables tubulaires, qui présentent bien tous les caractères qu'il lui assigne, quelques autres genres, qu'il y rapporte sans aucun doute par une analogie forcée, comme les genres Liagore, Naïsa ou Plumatelle, Néomeris, Telesto et Tibiane. Voyez ces différens mots et Zoophytes. (De B.)

TUBULEUX, EUSE. (*Bot.*) En tube alongé. dont l'orifice n'est pas dilaté ou l'est très-peu: exemples : calice du *dianthus*; corolle du *spigelia marylandica*, du *symphytum tuberosum*; style du *lilium*; androphore du *tigridia*, du *malva*; pétiole des cypéracées, etc. Dans les synanthérées on nomme *fleuron tubuleux*, celui dont le tube est terminé par cinq lobes égaux , au lieu de se prolonger latéralement en languette. (Mass.)

TUBULI DIVI JOSEPHI. (*Foss.*) C'est le nom qu'on a quelquefois donné aux dentales. (D. F.)

TUBULI MARINI. (*Foss.*) C'est un des noms que quelques auteurs anciens ont donnés aux bélemnites. (D. F.)

TUBULIFERA. (*Bot.*) Voyez TUBULINA. (LEM.)

TUBULINA. (*Bot.*) Genre de la famille des champignons, établi par Persoon et adopté par M. De Candolle. mais que la plupart des auteurs actuels réunissent au genre *Licea*, avec lequel il a en effet beaucoup de rapports. Le *Tubulina* diffère du *Licea* par ses péridiums ou sporanges cylindriques, en forme de tubes, sessiles, sur une membrane qui leur sert de base. Cette membrane manque dans les *licea* ; les péridiums sont globuleux et s'ouvrent par le travers, comme une boîte à savonnette. Dans les deux genres ces péridiums contiennent des sporidies presque toujours sans mélange de filamens ou de réseaux. Ce genre a été admis par Trentepohl et Gmelin sous le nom de *Tubifera*, et par Muller et Jacquin sous celui de *Tubulifera*.

M. Persoon en décrit deux espèces , et M. De Candolle y rapporte le *sphærocarpus cylindricus*, Bull.

1. Le TUBULINA FRAISE : *Tubulina fragiformis*, Pers., *Synops.*, p. 198 : Dec., Fl. fr., 2, p. 250, n.º 672 : *Sphærocarpus fragiformis*, Bull., Champ., p. 584 : *Tubifera ferruginosa*, Gmel., *Syst. nat.*, 2, p. 472 ; *Tubulifera arachnoidea*, Jacq., *Misc. austl.*, 1, p. 144, pl. 15 ; *Tubulifera cremor et ceratum*, Œd., *Fl. Dan.*, pl. 659, fig. 1 ; *Stemonitis ferruginosa*, Batsch, *Elem. fung.*, pl. 175 : *Licea fragiformis*, Nées, Curt Sprengel, *Syst.*, 4 , p. 524. Membrane (ou thallus) cotonneuse, blanche. orbiculaire. peu apparente ; péridiums sessiles. nombreux. alongés. cylindriques, atténués à leurs extrémités, d'un brun fauve. excepté a la base, qui est brunâtre. s'ouvrant par le sommet et laissant échapper une poussière fine, ferrugineuse. fixée d'abord à un réseau fin, à peine visible. Cette plante croît sur le bois mort ou pourri, les branches de pin. etc. Bulliard l'a observée dans les bois de Meudon et de

Montmorency. Il fait remarquer que dans la jeunesse elle est d'un beau rouge. On l'a comparée alors aussi à une fraise, d'où lui vient son nom spécifique. Les péridiums persistent long-temps sous la forme d'étuis membraneux, bruns, ouverts et dentelés au sommet.

2. Le Tubulina cylindrique : *Tubulina cylindrica*, Dec., Fl. fr., 2, pag. 249. n.° 671 ; *Sphærocarpus cylindricus*, Bull., Champ., pl. 470, fig. 3. Membrane (ou thallus) blanche et fort apparente ; péridiums sessiles, cylindriques, alongés, terminés en pointe obtuse, d'une couleur ferrugineuse, ayant leur sommet blanc dans la jeunesse, se rompant irrégulièrement lors de la maturité, laissant échapper une poussière d'un brun de rouille et n'offrant aucun indice de la présence d'un réseau. On trouve cette espèce également sur le bois mort et humide. Quelques botanistes pensent qu'elle n'est qu'une variété de la précédente, et ils la réunissent au genre *Licea*.

3. Le Tubulina trompeur ; *Tubulina fallax*, Pers., *Synops.*, 198. Opaque, étalé, d'une couleur de terre d'ombre ou ferrugineuse : péridiums tubuleux, réunis par leur sommet en façon d'écorce. Cette espèce, qui ressemble à une écorce, a été observée par M. Persoon. Ce naturaliste fait remarquer que l'on ne sauroit en reconnoître la structure qu'en la coupant ; alors l'intérieur offre des cellules remplies d'une poussière de même couleur que la plante. Nées rapporte cette plante au genre *Dermodium*, Link. Mais Curt Sprengel, qui a réuni le genre *Dermodium* au *Licea*, ne rapporte qu'avec doute la plante de Persoon à celle de Nées. Nous ne ferons que citer les *tubulina pedicellata*, Poiret, et *strobilina*, Pers., placés maintenant dans le genre *Licea*. (Lem.)

TUBULIPORE, *Tubulipora*. (*Polyp.*) Genre établi par M. de Lamarck (Anim. sans vert., tom. 2, page 161) pour un certain nombre de polypiers subcalcaires qui étoient placés dans des genres bien différens par les zoologistes qui l'ont précédé. La définition que M. de Lamarck en donne, est la suivante : Polypier parasite ou encroûtant, à cellules submembraneuses, ramassées, fasciculées ou sériales, et en grande partie libres ; cellules alongées, tubuleuses, à ouverture orbiculée, régulière, rarement dentée, d'où l'on voit que l'on ne con-

noit nullement les polypes de ces prétendus polypiers; je dis
prétendus. parce qu'il se pourroit qu'il fussent tout autre
chose. Quoi qu'il en soit, les tubulipores de M. de Lamarck
forment tous de petites masses de vésicules ou de tubes, adhérens à une extrémité seulement, libres à l'autre et fixés
sur les corps sous-marins. Les espèces que M. de Lamarck
rapporte à ce genre, sont :

Le Tubulipore transverse : *T. transversa; Millep. tubulosa*,
Ellis et Soland., page 136 ; Ellis, *Corallin.*, tab. 27, fig. c E.
Masse encroûtante. composée de cellules tubuleuses, droites,
courtes. réunies en séries transverses.

De la Méditerranée. sur des fucus.

Le *T.* frange : *T. fimbria; Cellep. ramulosa*, Linn., Gmel.,
page 3791. n.° 1; Esper, vol. 1, tab. 5. Petite masse encroûtante. subrameuse, composée de cellules tubuleuses, longues. distinctes et disposées en séries longitudinales.

Cette espèce, fort voisine de la précédente, se trouve
aussi sur les fucus de la Méditerranée, de l'Océan et de
l'Inde.

Le *T.* orbiculé : *T. orbiculus; Madrep. verrucaria*, Esp., vol.
1. t. 17, fig. *B, C.* Petits amas orbiculaires, subencroûtans,
composés de tubes droits, libres, distincts dans leur moitié
supérieure et dont l'orifice est quelquefois à une ou trois
dents.

Des mers d'Europe.

Le *T.* foraminulé : *T. foraminulata*, de Lamk., Anim. sans
vert.. tom. 2, page 163, n.° 4 : Pl. du Dict. des sc. nat., fig.
5. 5 a. Petites plaques suborbiculaires, encroûtantes. formées de tubes nombreux, réunis, inclinés en rayons et fo-
raminulés latéralement, quelquefois avec des côtes transverses.

De la Méditerranée, sur le rétépore celluleux.

L'obélie rayonnante de MM. Quoy et Gaimard, Voyage de
l'Uranie, Zool.. pl. 89, fig. 11. 12, 23. me paroit bien rapprochée de cette espèce.

Le *T.* patène : *T. patina; Madrep. verrucaria*, Linn., Gmel.,
page 3756. n.° 1 : Ginnani, *Adriat.*, 19. tab. 4, fig. 10. Expansion crustacée. mince. indivise, suborbiculaire, de la
grosseur de la moitié d'un pois. concave en dessus et garnie

dans sa concavité de tubes réunis inférieurement. Couleur blanche ou jaunâtre.

De la Méditerranée, sur des fucus.

Le Tubulipore patellé; *T. patellata*, Lamk., *l. c.*, n.° 6. Petite plaque lapidescente, turbinée, étendue, orbiculée, fimbriée sur les bords, remplie dans son disque de petits tubes serrés, tortueux, fermés et difformes.

Des mers de la Nouvelle - Hollande.

Le T. annulaire : *T. annularis; Eschara annularis*, Pallas, de Moll, *Monog. de Eschara*, page 56, tab. 1, fig. 4. Polypier encroûtant, composé de cellules cylindriques, subclaviformes, disposées en anneaux et avec deux verrues à leur orifice.

De la mer des Indes et du cap de Bonne - Espérance, sur les fucus. (De B.)

TUBULITES. (*Foss.*) On a donné ce nom à des astéries ramassées en masse solide et représentées dans le Traité des pétrifications de Bourguet, tab. 11, fig. 48, et tab. 12, fig. 50.

Il paroît qu'on a aussi donné le nom de *tubulites*, aux polypiers qu'on nomme aujourd'hui des caténipores (Luid, *Ichnogr., astropodium ramosum*, n.° 1152 *b*).

Les dentales, les serpules et les vermilies fossiles, ont aussi été quelquefois appelés *tubulites*. (D. F.)

TUCA. (*Ichthyol.*) On a donné ce nom à un poisson du grand genre des Gades, qui paroît plus court, plus large et plus plat que le merlan, mais sur lequel on n'a que peu de renseignemens. (H. C.)

TUCA. (*Ornith.*) Les Guaranis désignent les toucans par ce nom. (Desm.)

TUCAN. (*Mamm.*) Un petit quadrupède fouisseur de la Nouvelle - Espagne, qui nous est inconnu, a été décrit sous ce nom par Fernandez.

Les caractères que rapporte sa description, le font d'abord rapprocher du groupe qui renferme les taupes et les *chrysochlores*, ou bien de celui qui comprend des rongeurs souterrains, les spalax, les bathyergues et les hamsters; mais le manque de renseignemens sur son système dentaire empêche de décider s'il a plus de rapports avec l'un qu'avec l'autre de ces groupes.

Son corps est épais et bas sur jambes, comme celui de la taupe, et sa taille n'est pas beaucoup plus forte que celle de cet animal. Ses yeux sont à peine visibles : ses oreilles petites et arrondies ; ses pieds antérieurs à trois doigts et les postérieurs à cinq ; sa queue est courte ; enfin, son pelage est d'un jaune roux.

Le nombre des doigts ne se trouve en rapport qu'avec celui des Chrysochlores, genre voisin de celui des taupes, mais ce caractère ne suffit pas pour y faire placer le tucan, qui a des oreilles externes, quoique très-petites, comme plusieurs rongeurs fouisseurs, tandis qu'elles manquent tout-à-fait dans les chrysochlores, ainsi que dans les taupes.

Buffon a rapporté le tucan à l'espèce de la *taupe rouge* de Séba, mais il y a lieu de croire que celle-ci est une véritable chrysochlore. D'autres ont voulu le considérer comme pouvant être le *cricetus bursarius* de Shaw, ou *geomys cinereus* de Rafinesque : mais cet animal a, dans les cinq doigts de ses quatre extrémités, un caractère qui ne permet pas d'admettre ce rapprochement.

Quant à nous, nous pensons que le tucan est un quadrupède d'une espèce particulière et sans doute d'un genre nouveau, qu'on retrouvera et qu'on pourra décrire par la suite avec plus de détail, lorsque le Mexique aura été exploré avec autant de soin que l'ont été les autres contrées de l'Amérique. (Desm.)

TUCANA. (*Ornith.*) Brisson avoit adopté ce nom pour désigner les toucans, que Linné nommoit *ramphastos*. (Ch. D. et L.)

TUCIS. (*Bot.*) Ruellius cite ce nom égyptien de la fumeterre officinale. que Forskal mentionne sous ceux de *sjœbearendi* dans l'Égypte, et de *summina* en Arabie. (J.)

TUCKAHVE. (*Bot.*) Voyez GEMMULARIA, tom. XVIII. p. 511. (Lem.)

TUCKTU. (*Mamm.*) Nom que porte, au Groënland, suivant Anderson. le renne, *cervus tarandus*. (Lesson.)

TUCUARA. (*Bot.*) Dans le Recueil des voyages il est parlé d'une canne ou d'un roseau de ce nom. dont la tige est de la grosseur de la cuisse d'un homme, sans autre indication c'est peut-être une espèce de bambou. (J.)

TUCUM. (*Bot.*) Pison décrit sous ce nom un palmier du Brésil, d'une hauteur médiocre, ayant le port du dattier. Son tronc est chargé d'aspérités; la côte principale de ses feuilles pennées est garnie d'épines. On emploie son bois noir et très-dur pour la fabrication des flèches. Il porte des régimes composés de plus de deux cents fruits de la grosseur et de la forme d'une prune de Damas, dont les cochons et les singes sont très-friands. On en tire par expression une huile limpide employée aux mêmes usages que celle du *cocos butyracea*, qui est le *pindova* du Brésil. On mange le noyau renfermé dans ce fruit quand il est récent, et on tire des feuilles un fil menu et très-ferme. Le caractère du genre de ce palmier n'est pas connu; mais on peut espérer qu'il sera mentionné dans le bel ouvrage de M. Martius, sur les Palmiers. (J.)

TUDINGA. (*Bot.*) Nom que porte à Madagascar, suivant M. du Petit-Thouars, son genre *Sarcolana* de la famille des clénacées. (J.)

TUDLIK. (*Ornith.*) Nom groënlandois du *colymbus glacialis* de la Faune du Groënland. (Ch. D. et Lesson.)

TUE. (*Mamm.*) Nom du chameau dans l'idiome des Tschérémisses. (Desm.)

TUE-BREBIS. (*Bot.*) C'est le nom de la grassette commune. (L. D.)

TUE-CHIEN. (*Bot.*) Nom vulgaire du colchique ordinaire. Daléchamps cite un autre tue-chien, de l'Inde, qui est la noix vomique. (J.)

TUE-LOUP. (*Bot.*) C'est sous ce nom qu'on désigne quelquefois l'*aconitum lycoctonum*. (J.)

TUE-MOUCHE. (*Bot.*) Espèce de champignon; c'est l'*agaricus muscarius*, Linn. (Lem.)

TUEQUAL. (*Mamm.*) Ce nom norwégien est rapporté par M. de Lacépède comme l'un de ceux qui s'appliquent à la baléinoptère gibbar. (Desm.)

TUERO. (*Bot.*) Nom donné, dans les environs de Salamanque en Espagne, à une plante figurée par Clusius sous celui de *thapsia latifolia*, non citée par Linnæus. (J.)

TUF. (*Min.*) On a pris ce nom sous des acceptions tellement différentes, et par conséquent si incertaines, que nous croyons devoir l'exclure de la nomenclature régulière de la minéralogie. Il indique en général une pierre poreuse, formée par voie de sédiment ou d'agrégation, et plus particulièrement un calcaire.

On a entendu d'abord par tuf, *tofus*, les roches tendres, terreuses, poreuses, de nature calcaire ou marneuse, qui se présentent souvent au-dessous de la terre végétale et qui arrêtent ordinairement la végétation des racines.

On a donné le nom spécial de *tuf calcaire* au calcaire concrétionné à texture lâche et poreuse, que déposent les eaux qui tiennent en dissolution du carbonate de chaux et même à tout calcaire incrustant. (Voyez TRAVERTIN ou CHAUX CARBONATÉE CONCRÉTIONNÉE.)

On a appelé *tuf volcanique*, des agglomérats de pierre, terres et roches d'origine volcanique, qui ont une texture lâche et poreuse, et qui appartiennent, les unes aux roches que nous avons nommées BRECCIOLE (voyez-en les caractères à l'article ROCHES), les autres aux PÉPERINES (voyez ce mot).

Enfin, on a appelé tuf siliceux, *Kieseltuff*, les dépôts siliceux de certaines eaux minérales, et notamment ceux du Geyser d'Islande. (B.)

TUFA, TUFAHA. (*Bot.*) Voyez TIFFAH. (J.)

TUFAÏTE. (*Min.*) M. Cordier donne ce nom à des roches d'origine volcanique, composées de pyroxène granulaire en partie décomposé et mêlé d'une très-grande quantité de particules hétérogènes également altérées. Elle donne par la fusion au chalumeau un émail fortement coloré en noir ou vert noirâtre. M. Cordier distingue ces roches en tufaïte friable, en tufaïte consistante et en tufaïte endurcie, et leur donne pour synonymes les tufs volcaniques, les péperins, les pouzzolanes terreuses et le moya de M. de Humboldt. (B.)

TUFAU. (*Min.*) Ce diminutif ou dérivatif de tuf s'applique plus particulièrement à une variété de craie plus lâche et plus poreuse que la craie blanche pâle grise, aussi et assez ordinairement mêlée de sable et de mica. On le taille aisément et on s'en sert quelquefois dans les constructions; mais il fournit une très-mauvaise pierre, que la moindre pression écrase, et que les météores atmosphériques, les pluies, désagrègent. Il nous paroît que c'est bien cette pierre que Pline a eu en vue lorsqu'il parle du tuf de Carthage, « qui « se corrode par l'impression des vapeurs de la mer, se « dissipe par la violence du vent et se brise sous la chute « des pluies. »

Nous avons adopté ce nom pour désigner une variété de craie inférieure à la craie blanche, et que nous nommons Craie tufau. (B.)

TUFTED UMBRE. (*Ornith.*) Latham a décrit sous ce nom le *scopus umbretta* de Gmelin, l'ombrette du Sénégal, Enl., 796; *the umbre*, de Brown, Illustrat. de zoologie, pl. 35. (Ch. D. et L.)

TUGALIK. (*Mamm.*) Dénomination groënlandoise servant à désigner le narwhal. (Desm.)

TUGANG. (*Ornith.*) Nom sumatranois, suivant sir Raffles, du *phasianus ignitus* de Latham. (Lesson.)

TUGAS. (*Bot.*) Voyez Tigas. (J.)

TUGET. (*Ornith.*) L'abbé de Sauvages, dans son Dictionnaire languedocien, rapporte ce nom patois au petit-duc, *strix scops*, Linn. (Desm.)

TUGLEK et TUGLOK. (*Ornith.*) Sonnini donne ces noms groënlandois comme désignant, le premier l'imbrim, et le second le guillemot. (Desm.)

TUGON. (*Conchyl.*) Adanson (Sénég., p. 263, pl. 19) décrit et figure sous ce nom une coquille que Gmelin rapporte à son *mya anatina*, que M. de Lamarck nomme *M. anatina globulosa.* (De B.)

TUGUS. (*Bot.*) Voyez Dayonot. (J.)

TUI, TIVI. (*Bot.*) Nom donné dans les Philippines à un petit arbre dont Camelli fait mention dans son travail sur les végétaux de ces îles, et dont il a fait le dessin. Ses feuilles sont opposées et pennées avec impaire. Les fleurs ont, suivant le dessin, un calice fendu d'un seul côté et ayant la forme d'une spathe; une corolle monopétale, à tube trèslong, à limbe partagé en cinq grands lobes arrondis; elle porte cinq étamines qui débordent le tube, ainsi qu'un style unique. Le fruit est une silique étroite, légèrement comprimée et un peu courbée, longue d'une coudée, renfermant plusieurs graines. Cette description indique une plante de la famille des bignoniées, ayant le calice du *spathodea* et la silique du *catalpa*; mais ses cinq étamines forment exception dans la famille, et son long tube nécessiteroit en sa faveur l'établissement d'un nouveau genre, qu'on pourroit alors nommer *Tivia*. (J.)

TUI. (*Ornith.*) Voyez Toui. (Desm.)

TUILÉE. (*Erpét.*) Un de noms de la tortue caret. Voyez Chélonée. (H. C.)

TUILÉE [La]. (*Conchyl.*) Dénomination que les auteurs du dernier siècle ont employée pour désigner la grosse coquille bivalve, connue aujourd'hui sous le nom de *tridacne géante*, et cela à cause que ses grosses côtes arrondies et squameuses ressemblent assez bien aux toits couverts de tuiles en gouttière. (De B.)

TUIT. (*Ornith.*) M. Vieillot place ce mot parmi les synonymes du pouillot en langage vulgaire. (Desm.)

TUK. (*Ornith.*) Dénomination du paon en hébreu. (Desm.)

TUKA. (*Bot.*) Les Portugais du Brésil nomment ainsi la graine dite châtaigne du Brésil, qui est le *capucaya* des Brésiliens, *bertholetia* de MM. de Humboldt et Bonpland. Plusieurs de ces graines sont renfermées dans une coque ligneuse très-dure, recouverte d'un brou et divisée intérieurement en quatre loges. On ne connoit pas encore l'arbre qui fournit ce fruit. (J.)

TUKAGVAJOK. (*Ornith.*) Nom groënlandois, d'après Othon Fabricius, du pluvier à collier, *charadrius hiaticula.* (Ch. D. et Lesson.)

TUKALANDA. (*Mamm.*) Nom du cochon chez les Tungouses. (Desm.)

TUKKI. (*Ornith.*) On nomme, en malais, *tukki-bawang*, une espèce de pic très-voisine du pic-vert, et qui est le *picus affinis* de sir Raffles, de l'île de Sumatra. *Tukki* est le nom générique des pics. (Lesson.)

TUKTO. (*Mamm.*) Dénomination employée par les Groënlandois pour désigner le renne. (Desm.)

TULAK. (*Bot.*) Nom arabe du *ficus vasta* de Forskal. Il est aussi nommé *tuluk*. (J.)

TULAN. (*Mamm.*) Ce mot, de l'idiome des Tartares sirjanices, désigne la marte commune. (Desm.)

TULAT. (*Conch.*) Adanson a donné ce nom à une modiole. (Desm.)

TULAUX. (*Mamm.*) Selon Erxleben, les Tartares morduans appellent de ce nom les jeunes cochons ou cochons de lait. (Desm.)

TULAXODE, *Tulaxoda*. (*Conchyl.*) C'est le nom sous lequel Guettard a établi, dans son Mémoire sur les tuyaux marins, tom. 3, p. 143, de la Collection de ses mémoires, un genre qui me paroît devoir rentrer dans les Vermets d'Adanson (voyez ce mot), puisqu'il a pour caractère essentiel d'être divisé dans une partie de sa longueur par des cloisons transverses, qui ne sont pas percées par un siphon. (De B.)

TULBAGE, *Tulbagia*. (*Bot.*) Genre de plantes monocotylédones, à fleurs incomplètes, de la famille des *narcissées*, de l'*hexandrie monogynie* de Linnæus, offrant pour caractère essentiel : Une corolle infundibuliforme; le limbe à six divisions égales; l'orifice du tube muni de trois écailles bifides; point de calice; six etamines; trois insérées à l'orifice du tube, trois inférieures dans le tube; un ovaire supérieur; un style court; un stigmate obtus; une capsule trigone, enveloppée par la corolle persistante, à trois loges, à trois valves; chaque valve divisée par une cloison; deux semences dans chaque loge.

Tulbage alliacée: *Tulbagia alliacea*, Linn. fils, *Suppl.*; Lamk., *Ill. gen.*, tab. 243; *Bot. Magaz.*, tab. 806; *Tulbagia capensis*, Linn., *Mant.*, 223; Jacq., *Hort.*, 2, tab. 115; *Tulbagia inodora*, Gærtn., *De fruct.*, tab. 16. Cette plante a des racines bulbeuses, garnies de plusieurs fibres épaisses, presque fusiformes; elles produisent quelques feuilles radicales, étroites, linéaires, un peu charnues, glabres, entières, aiguës, un peu ensiformes, plus courtes que les hampes, engainées à leur base. De leur centre s'élève une hampe nue, simple, droite, cylindrique, haute d'environ un pied, une fois plus longue que les feuilles. Les fleurs sont terminales; elles sortent d'une spathe courte, à deux valves, formant une ombelle composée de sept à huit rayons inégaux, inclinés. La corolle est d'un pourpre foncé, monopétale, un peu verdâtre; le limbe divisé en six découpures étroites, linéaires, obtuses, étalées, de la longueur du tube; son orifice couronné par trois écailles épaisses, chacune divisée en deux dents profondes, obtuses; les anthères sont presque sessiles, ovales, à deux loges; le style est court; le stigmate obtus; la capsule ovale, un peu cylindrique, presque à trois faces, à trois sillons; deux semences sont dans chaque loge. Les feuilles, froissées entre les doigts, répandent une forte odeur d'ail. Cette plante croît au cap de Bonne-Espérance.

Tulbage ognon; *Tulbagia cebacea*, Linn. fils, *Suppl.* Cette espèce diffère de la précédente par plusieurs caractères remarquables. Ses racines sont composées de fibres fasciculées et charnues. Ses feuilles sont toutes radicales, au nombre de deux ou quatre, lancéolées, linéaires, un peu charnues. De leur centre s'élève une hampe nue, haute de six à sept pouces, terminée par une ombelle de fleurs sortant d'une spathe à deux valves. Les pédoncules sont droits; les corolles purpurines, tubulées, en bosse à la base, et à limbe divisé en six découpures étalées, lancéolées, obtuses, de la longueur du tube; les anthères sessiles, renfermées dans l'orifice du tube; trois supérieures alternes. Cette plante croît au cap de Bonne-Espérance. (POIR.)

TULBAGHIA. (*Bot.*) Heister donnoit ce nom générique à la tubéreuse bleue du cap de Bonne-Espérance, que l'Héritier a changé en celui d'*agapanthus*. Linnæus avoit fait de cette plante son *crinum africanum*, et Thunberg une espèce de *mauhlia*. Voyez à l'article CRINOLE, tome XI, page 417. (LEM.)

TULBELA. (*Bot.*) Les Daces nommoient ainsi la petite centaurée, suivant Ruellius et Mentzel. (J.)

TULIN. (*Ornith.*) Nom languedocien du tarin ordinaire. (DESM.)

TULIPACÉES. (*Bot.*) Quelques auteurs modernes donnent ce nom à la famille des liliacées. Ce dernier nom est peut-être préférable, parce que le lis réunit mieux l'ensemble des caractères de la famille que la tulipe, qui seule, dans cette série, est dépourvue de style. Cependant on pourroit nommer cette famille les liliées, pour éviter de la confondre avec les liliacées de Tournefort, qui réunisent plusieurs familles de plantes monocotylédones. (J.)

TULIPAIRE, *Linozea*. (*Polyp.*) Nom sous lequel M. de Lamarck, Système des animaux sans vertèbres, tom. 2, p. 112, a adopté le genre Pasithée de Lamouroux, établi principalement pour le *cellaria tulipifera* de Solander et Ellis. Voyez Pasithée. (De B.)

TULIPAN. (*Bot.*) Nom turc original de notre tulipe, cité par Daléchamps et d'autres anciens. (J.)

TULIPE ; *Tulipa*, Linn. (*Bot.*) Genre de plantes monocotylédones, de la famille des *liliacées*, Juss., et de l'*hexandrie monogynie* du Système sexuel, dont les principaux caractères sont les suivans : Calice nul ; corolle campanulée, de six pétales ovales-oblongs, un peu concaves ; six étamines à filamens subulés, plus courts que la corolle, terminés par des anthères droites, oblongues ; un ovaire oblong, un peu triangulaire, dépourvu de style et immédiatement chargé d'un stigmate triangulaire à trois lobes saillans et bifides ; une capsule trigone, à trois loges, s'ouvrant en trois valves, et contenant des graines nombreuses, planes, disposées sur deux rangs dans chaque loge.

Les tulipes sont des plantes herbacées à racines bulbeuses, à feuilles peu nombreuses, disposées dans la partie inférieure des hampes qui portent des fleurs terminales, et, en général, solitaires. On en connoît aujourd'hui une douzaine d'espèces, qui sont pour la plupart propres à l'Europe et à quelques contrées de l'Asie. Plusieurs d'entre elles sont cultivées pour l'ornement des jardins.

Tulipe de Cels : *Tulipa Celsiana*, Red., Lil., 1, n.º et t. 58 ; Lois., Herb. de l'amat., n.º et t. 85. Sa racine est une bulbe arrondie, de la grosseur d'une noisette, recouverte d'une tunique glabre et brunâtre ; elle produit à sa base un ou plusieurs rejets qui, à la distance de deux ou trois pouces, produisent une petite bulbe, et sa partie supérieure donne naissance à une hampe cylindrique, glabre, haute de cinq à six pouces, droite, nue dans toute sa partie supérieure, garnie vers sa base de deux à trois feuilles lancéolées-linéaires, canaliculées, parfaitement glabres. La fleur, solitaire au sommet de la hampe, est toujours droite, même avant de s'épanouir, composée de six pétales aigus, glabres, d'un jaune peu foncé à l'intérieur, et teints de rougeâtre extérieurement. Cette tulipe fleurit à la fin de Mars ou au commencement d'Avril. Ses fleurs ont une odeur agréable, mais légére.

Clusius. Bauhin, Magnol et Tournefort, paroissent avoir connu cette tulipe; Linnæus, l'ayant confondue avec la tulipe sauvage, la raya du nombre des espèces; mais elle a été de nouveau distinguée dans l'ouvrage de M. Redouté sur les Liliacées. Lorsque ce dernier la figura en 1802, elle étoit cultivée chez M. Cels sous le nom de tulipe de Perse, et elle paroit effectivement être venue de l'Orient par la voie du commerce; mais depuis ce temps, et il y a environ vingt ans, M. Robert, directeur du Jardin de la marine à Toulon, l'a retrouvée aux environs de cette ville et m'en a envoyé des bulbes. D'un autre côté, M. De Candolle l'indique aux environs de Montpellier et de Narbonne, où Magnol paroit l'avoir recueillie il y a déjà plus de cent quarante ans.

Tulipe de l'Écluse : *Tulipa Clusiana*, Red., Lil., 1, t. 37; Lois., *Fl. gall.*, 724. Sa racine est une bulbe arrondie, un peu ovoïde, assez petite, recouverte d'une tunique brunâtre, cotonneuse en dedans; elle produit, comme dans l'espèce précédente, des rejets rampans qui donnent naissance à de nouvelles bulbes. Sa tige ou hampe est cylindrique, glabre, haute de huit à douze pouces au plus, garnie dans sa partie inférieure et moyenne de trois, quatre ou cinq feuilles linéaires-lancéolées, d'un vert glauque, et elle est terminée par une seule fleur droite, dont les trois pétales extérieurs, un peu plus grands et plus aigus que les intérieurs, sont d'un rose très-foncé en dehors, blancs en leurs bords et en dedans : les intérieurs sont tout blancs; les uns et les autres sont d'ailleurs marqués intérieurement et à leur base d'une grande tache de violet foncé. Les filamens des étamines sont de cette dernière couleur, qui tranche d'une manière très-prononcée avec le jaune d'or des anthères.

Cette tulipe est encore mentionnée dans l'Écluse, plus connu sous le nom de Clusius; c'est lui qui la fit connoître sous le nom de *tulipa persica præcox*; et quoique G. Bauhin et Tournefort l'eussent conservée dans leurs ouvrages, elle fut oubliée depuis par Linné, qui la confondit sans doute avec les nombreuses variétés produites par la tulipe des jardins. Ce ne fut qu'en 1802 qu'elle reprit son rang parmi les espèces, lorsque M. Redouté la figura dans son bel ouvrage sur les Liliacées. Mais alors on la regardoit encore comme une plante étrangère. Enfin, en 1806, environ deux cents ans après sa première introduction dans les jardins d'Europe, je reçus de M. Robert, dont j'ai déjà eu occasion de parler à l'article de la tulipe de Cels, des échantillons secs et des bulbes de cette espèce, et ce botaniste m'apprenoit en même temps qu'elle croissoit assez abondamment, sans culture, dans les vignes et dans les champs aux environs de Toulon. Depuis ce temps elle a fleuri tous les ans dans mon jardin dans lé courant d'Avril. En Provence elle donne ses fleurs dès le mois de Mars.

Tulipe gallique ; *Tulipa gallica*, Lois., Herb. de l'amat., n.° et t. 160. Sa bulbe est ovale-arrondie, de la grosseur d'une très-forte aveline ; elle ne produit point de rejets rampans, ainsi que les deux précédentes. Comme espèce, elle diffère encore par ses pétales velus au sommet, de couleur jaune en dedans et plus ou moins verdâtres extérieurement, et enfin, parce que les filamens des étamines sont cotonneux à leur base. Je dois encore cette espèce à M. Robert, qui me l'envoya à peu près en même temps que les deux précédentes et beaucoup d'autres espèces nouvelles pour la Flore de France, et que j'ai fait connoître dans mon *Flora gallica*. En Provence, où cette tulipe croit naturellement, elle fleurit à la fin de Février ou au commencement de Mars ; à Paris elle ne donne ses fleurs qu'un mois plus tard.

Tulipe sauvage : *Tulipa sylvestris*, Linn., *Sp.*, 438 ; Lois., Herb. de l'amat., n.° et t. 140. Sa racine est une bulbe ovale, pointue, de la grosseur d'une petite noix, recouverte d'une tunique glabre ; elle produit une tige ou hampe le plus souvent simple, quelquefois divisée en deux à trois rameaux. Les feuilles, au nombre de trois à quatre dans la partie inférieure des tiges, sont, comme dans les espèces précédentes, lancéolées-linéaires, canaliculées, mais un peu plus larges. Les fleurs sont jaunes, agréablement odorantes, penchées avant leur épanouissement, solitaires au sommet des hampes lorsque celles-ci sont simples, ou terminent chacun de ses rameaux lorsqu'elles se divisent, ce qui est assez rare. Les pétales sont aigus, garnis à leur sommet d'une petite touffe de poils. Les filamens des étamines sont subulés, un peu épais, laineux à leur base. La tulipe sauvage est assez commune dans différentes contrées de l'Europe; elle croît naturellement en Allemagne, en Suisse, en Angleterre, en Italie et dans plusieurs parties de la France ; on la trouve même dans quelques bois aux environs de Paris. Ses fleurs paroissent à la fin de Mars ou au commencement d'Avril.

Tulipe œil-de-soleil : *Tulipa oculus solis*, Saint-Amans, Rec. de la Soc. d'agric. d'Agen, 1, p. 75; Red., Lil., 4, n.° et t. 219. Sa racine est une bulbe ovoïde, pointue à son sommet, enveloppée d'une tunique d'un rouge brunâtre, dont l'intérieur est revêtu d'une sorte de duvet laineux; elle produit des rejets rampans qui souvent vont donner naissance à de nouvelles bulbes à plusieurs pouces et même à un pied de distance. Sa hampe, haute d'un pied et plus, garnie, à sa base et dans sa partie inférieure, de trois à quatre feuilles lancéolées, d'un vert gai, embrassantes dans le bas, souvent aussi longues que la hampe elle-même, est terminée par une seule fleur droite, grande, large de cinq à six pouces, si elle étoit entièrement étalée, composée de six pétales d'un rouge éclatant, marqués à leur base d'une grande tache oblongue, d'un violet noirâtre, et bordée d'une zone jaunâtre. Les trois pétales extérieurs sont très-aigus, plus longs que les trois intérieurs, qui sont obtus. Cette espèce croît en Provence, en Languedoc, en Gascogne, en Italie, et probablement dans plusieurs autres parties du midi de l'Europe. Elle fleurit en Mars dans son pays natal, et seulement en Avril dans le climat de Paris.

Quoique cette espèce, dans son état de nature, soit aussi belle que plusieurs des variétés de la tulipe de Gesner, qui fait depuis long-temps l'ornement de nos jardins, elle étoit cependant entièrement inconnue aux amateurs, il y a trente ans, et je dirai même aux botanistes, puisque, si elle avoit été remarquée par quelques-uns de ces derniers, ils l'avoient indiquée si vaguement, que Linné ne la comprit pas au nombre des espèces, et que M. de Lamarck, dans deux éditions de sa Flore françoise, la passa entièrement sous silence; c'est pourquoi, lorsque M. de Saint-Amans, auquel on doit une bonne flore des environs d'Agen, l'eut distinguée comme espèce, il put, pour ainsi dire, la présenter comme une nouveauté. Cependant cette plante vient sans culture, et même assez abondamment, dans la plupart de nos provinces du midi.

TULIPE ODORANTE : *Tulipa suaveolens*, Roth, *Catal. bot.*, 1, p. 45; Red., Lil., n.° et t. 111. Sa bulbe est de la grosseur d'une petite noix, dépourvue de rejets rampans. Sa tige n'est haute que de quatre à six pouces, toute couverte, ainsi que les feuilles, d'un duvet extrêmement court, formé par des poils nombreux, terminée par une fleur à six pétales ovales-oblongs, panachés de rouge et de jaune, obtus à leur sommet, mais prolongés en une pointe particulière très-aiguë. Les étamines sont deux fois plus courtes que les pétales. Cette espèce est originaire de l'Orient et du midi de l'Europe. On la cultive depuis long-temps dans les jardins à cause de l'odeur suave de sa fleur; elle y est connue sous le nom de tulipe du duc de Thol. Elle fleurit naturellement à la fin de Mars ou au commencement d'Avril; mais en plantant ses ognons dans des vases placés dans une serre chaude, ou seulement dans une chambre où l'on aura du feu habituellement, ils donneront leur fleur dès le mois de Décembre ou au plus tard en Janvier.

TULIPE DE GESNER OU DES FLEURISTES : *Tulipa Gesneriana*, Linn., *Sp.*, 438; Lois., Herb. de l'amat., t. 177 à 180. Sa racine est une bulbe ovale, un peu conique, de la grosseur d'une noix ordinaire, blanche intérieurement, revêtue en dehors d'une tunique mince, d'un brun rougeâtre. Sa tige est cylindrique, haute d'un pied à dix-huit pouces, glabre, de même que toute la plante, garnie inférieurement de trois à quatre feuilles lancéolées, canaliculées, d'un vert glauque, nue dans le reste de sa longueur, terminée par une seule fleur à six pétales ovales, égaux, souvent obtus et ouverts en cloche. Dans l'état de nature, les fleurs sont ordinairement d'une couleur uniforme, souvent jaune ou rougeâtre, quelquefois brunâtre; mais la culture les a modifiées de mille manières différentes et a produit d'innombrables variétés, que l'on distingue non-seulement par leurs couleurs différentes, mais encore par leurs nuances. Il succède aux fleurs une capsule triangulaire, à trois valves ciliées en leurs bords, et divisée en trois loges, contenant un grand nombre de graines planes, arrondies, disposées sur deux rangs les unes au-dessus des autres. La tulipe des fleuristes croit naturellement en Provence, en Italie et probablement dans plusieurs autres parties de l'Europe méridionale; mais ce n'est pas chez nous qu'elle a d'abord été trouvée; elle nous est venue de l'Asie mineure et du Levant. C'est à Conrad Gesner, l'un des plus savans hommes du seizième siècle, qu'on en doit la connoissance. Il est le premier qui la décrivit en 1559 dans le jardin d'un amateur d'Augsbourg, qui l'avoit reçue de Constantinople ou de la Cappadoce, et c'est d'après cela que cette plante a passé pour être originaire du Levant. Peut-être seroit-elle encore ignorée dans son pays natal ou resteroit-elle confondue dans la foule de ces plantes sauvages que nos jardiniers dédaignent, tandis que comme étrangère elle a été accueillie avec empressement, et que la mode lui a donné une vogue extraordinaire.

Quelques auteurs enlèvent à Gesner la gloire de nous avoir fait connoître la tulipe, et la font apporter des Indes dès l'année 1530 par un vice-roi des possessions portugaises, qui en donna des bulbes au roi de Portugal d'alors, qui les fit cultiver avec soin; mais cette nouvelle origine, donnée à la tulipe, paroit peu vraisemblable. Quoi qu'il en soit, les tulipes ne furent connues en France que vers le commencement du dix-septième siècle, et elles furent d'abord cultivées à Aix en Provence, d'ognons envoyés de Tournay. Mais déjà depuis plusieurs années les Flamands et les Hollandois en avoient beaucoup multiplié les variétés; ils en faisoient leurs délices, et même on vit des amateurs porter la passion pour ces fleurs au-delà de toutes les bornes. Des tulipes furent vendues jusqu'à mille et quatre mille florins. L'ognon d'une tulipe décorée du nom pompeux de *semper augusta*, fut vendu et revendu plusieurs fois jusqu'à cinq mille cinq cents florins; somme énorme pour le temps, sans que le vendeur ni l'acheteur l'eussent même vu.

La passion pour les tulipes ne fut pas tout-à-fait poussée jusqu'à cet excès en France, lorsqu'elles s'y répandirent; cependant la chose fut encore portée si loin que l'expression de *fou tulipier* devint proverbiale pour désigner un amateur portant la manie pour ces fleurs assez loin pour les payer d'une partie de sa fortune. Dans la ville de Lille, un de ces amateurs donna pour un ognon de tulipe une brasserie, qui porte encore le nom de *Brasserie de la tulipe*.

La tulipe est une des plantes chéries des Orientaux, qui la cultivent avec le plus grand soin. L'époque de sa floraison est, dans le sérail du Grand-Seigneur, celle d'une fête célèbre, la fête des tulipes. Les jardins, les cours, les galeries du palais, sont parés des plus belles tulipes, disposées avec art sur des gradins et entremêlées de glaces et de lumières. En Perse, la tulipe est l'emblème de l'amour parfait; aussi, dans la saison où cette fleur paroît, les amans ne manquent jamais de la placer dans les bouquets qu'ils présentent à leurs maîtresses.

On multiplie la tulipe de deux manières : par les caycux que produisent les ognons, parvenus à l'état parfait, et par les graines. Par le premier moyen les nouvelles fleurs qu'on obtient ressemblent presque toujours à celles d'où elles viennent : ce n'est que par le second qu'on peut avoir de nouvelles variétés. Les graines, que l'on doit laisser parfaitement mûrir avant de les récolter, se sèment, à la fin de l'été ou au commencement de l'automne, dans une plate-bande de terre légère, un peu sableuse, non fumée depuis un an au moins, mais bien ameublie par plusieurs labours. Après avoir répandu les graines sur le sol, on les recouvre d'un demi-pouce de terre, qu'on avoit d'abord eu la précaution de retirer de la plate-bande, et on ajoute par-dessus autant de terreau bien consommé. Le semis n'a rien à craindre des gelées ordinaires, surtout dans le courant de l'hiver; mais il faut avoir soin de le couvrir avec de la paille ou de la litière lorsqu'il survient des froids un peu forts à la fin de l'hiver, au moment où les graines sont prêtes à lever. C'est dans le courant de Mars que les jeunes plantes commencent à montrer leur première feuille, et la première année c'est la seule qu'elles produisent. Comme les bulbes qui forment leur racine sont très-petites, on les laisse, sans les déranger, en place jusqu'à la fin de la seconde ou de la troisième année. On a seulement le soin de les débarrasser exactement des mauvaises herbes par plusieurs sarclages faits dans le courant du printemps et de l'été, et tous les ans à l'automne on recouvre leur plate-bande de quelques lignes de terreau bien consommé. Au commencement du second ou même du troisième été, les jeunes ognons sont bons à être relevés de terre pour être replantés à l'automne, à quatre pouces les uns des autres, en tout sens, et on les laisse dans cette nouvelle plantation jusqu'à ce qu'ils aient fleuri ; ce qui arrive la cinquième ou la sixième année. Les fleurs qui paroissent la première année, semblent d'abord communes ; leurs couleurs sont uniformes, grises, violettes, brunâtres ou de quelque autre teinte foncée ; mais ces couleurs se façonnent merveilleusement par la suite, et avec de la patience on les voit se changer en teintes magnifiques.

Les curieux donnent le nom de *couleurs* à ces tulipes venues de graines, tant que leurs corolles sont d'une teinte uniforme ; mais lorsqu'après les avoir cultivées plusieurs années, en les relevant de terre et en les replantant tous les ans dans les saisons convenables, elles commencent à se nuancer de couleurs différentes, ou, comme on dit ordinairement, à se panacher, ils les nomment *conquêtes* ou *hasard*. Le nombre des années, les transplantations réitérées, les changemens de terre, contribuent peu à peu à altérer ou à tacher la couleur qui étoit d'abord la seule ou la dominante.

Jusqu'ici les fleuristes ont considéré le panache comme une sorte de maladie, causée par un affoiblissement de la plante, qu'on fatigue en la relevant de terre chaque année et en la changeant de terrain. Il me paroît bien plus probable que les panaches et les couleurs variées des tulipes cultivées dans nos jardins, sont dus, au contraire, à une surabondance de sucs nourriciers, que les bulbes de ces plantes trouvent en beaucoup plus grande quantité dans un terrain amélioré chaque année par des labours profonds et par le mélange d'engrais bien consommés ou de terres neuves, ainsi qu'on est généralement dans l'usage de le faire dans les jardins des amateurs ou des jardiniers qui se livrent à la culture de ces plantes pour en faire commerce, tandis qu'elles ont bientôt épuisé les sucs de la terre lorsqu'elles restent constamment à la même place sans être remuées. Ce qu'il y a de certain, c'est que dans les pays où la tulipe croît naturellement et sans culture, on la trouve toujours d'une couleur uniforme, et elle est en même temps presque toujours d'un tiers ou même de moitié plus petite dans toutes ses proportions. D'ailleurs dans les jardins même où l'on élève cette plante de graine, les tulipes qu'on a obtenues par ce moyen restent toujours de la même couleur, si on les laisse constamment à la même place, dont elles ont bientôt épuisé les sucs.

La multiplication des tulipes par les graines est très-longue, comme on vient de le voir, et il faut beaucoup de patience pour attendre dix à douze ans avant de jouir du fruit de ses soins et de ses peines; car, à compter du moment du semis, ce n'est guère qu'après ce temps qu'on peut espérer de voir les tulipes prendre les panaches et les couleurs variées qui les rendent vraiment belles aux yeux des amateurs. Mais quand on possède déjà de belles variétés, on peut multiplier sans peine ces mêmes variétés par les cayeux, c'est-à-dire par les petits ognons qui naissent ou plutôt qui paroissent naître à côté des anciens, et qu'on en détache quand on relève ceux-ci de terre. A ce sujet, je crois que c'est ici la place de faire remarquer que, dans les tulipes, les ognons qu'on relève chaque année, six semaines ou deux mois après que les fleurs sont passées et lorsque les feuilles sout sèches, ne sont pas les mêmes que ceux qu'on a mis en terre à l'automne. En effet, lorsqu'on arrache un ognon de tulipe quand il commence à pousser sa tige, il est facile de voir que celle-ci part du centre de la bulbe; tandis qu'au contraire, en retirant l'ognon après la floraison, on trouve la tige appuyée sur un des côtés de celui-ci. Laquintinye ne put jamais s'expliquer ce déplacement de la tige de la tulipe; mais ce fait ayant été depuis examiné avec plus d'attention, il a été reconnu qu'il n'offroit rien que de très-naturel et de très-simple: c'est que l'ancien ognon s'est épuisé à nourrir la tige et la fleur, et il s'en est formé un nouveau à côté. Un phénomène semblable arrive dans beaucoup d'autres liliacées, iridées, orchidées ou plantes bulbeuses. Dans les unes la chose a lieu comme dans la tulipe, le jeune ognon naît à côté de l'ancien; dans les autres la nouvelle bulbe est toujours placée au-dessus de l'ancienne, au lieu d'être à côté.

Les tulipes multipliées par cayeux ne font pas attendre

long-temps leurs fleurs; souvent même, lorsque ces cayeux
sont assez gros, ils fleurissent dès la première année de leur
plantation : ils ont d'ailleurs l'avantage de multiplier les belles
variétés, le plus ordinairement toutes semblables à ce qu'elles
étoient dans les ognons mères. Ainsi les jouissances qu'on obtient de la multiplication des tulipes par cayeux, sont promptes
et faciles; tandis qu'il faut attendre long-temps celles que
donnent les semis. Il est vrai que les curieux et les amateurs
y trouvent un avantage précieux, qui les dédommage de leurs
soins et des années d'attente : c'est que les semis seuls leur
procurent des variétés différentes de celles déjà connues; et,
aux yeux de certains amateurs, la nouveauté et la rareté
d'une tulipe en font souvent tout le prix. C'est ainsi que
quelques-unes de ces fleurs ont été autrefois estimées à des
sommes considérables, parce qu'alors elles étoient uniques.
Aujourd'hui qu'elles sont devenues communes, elles sont dé-
daignées et à vil prix. Cependant certains amateurs ont voulu
établir, d'après certaines règles et d'après certains traits, les
proportions de la beauté dans les tulipes.

Le vert d'une tulipe, c'est ainsi qu'on appeloit autrefois la
forme et la disposition des feuilles, a été l'objet de bien des
règles. Aujourd'hui, lorsque la fleur d'une tulipe est belle,
ce vert est toujours bien. La tige seroit désagréable, si elle
étoit trop haute ou trop basse; elle doit avoir des proportions
qui soient d'accord avec la grandeur de la fleur elle-même.
Celle-ci, aux yeux d'un curieux, ne mérite aucune attention lorsqu'elle est trop petite; et il la trouve encore
plus méprisable lorsqu'elle est pointue ou camuse. Les pétales
ne doivent ni se renverser en dehors, ni faire le globe en
rentrant en dedans, mais s'ouvrir avec grâce et former un
vase régulier. Bien loin d'être rétrécis ou séparés vers la
base, on veut qu'ils soient larges, surtout les intérieurs. On
exige d'ailleurs qu'ils soient toujours au nombre de six, ni
plus ni moins, tous bien épais et bien étoffés, afin de durer
plus long-temps. On ne fait que peu de cas des fleurs qui
sont doubles ou semi-doubles. Les étamines, qu'on nommoit
autrefois paillettes, sont mieux de couleur brune ou noire
que jaune ou autrement, parce que cela fait ressortir les
couleurs claires de la corolle. Le pistil, que bien des fleu-

ristes nomment encore le pivot, est toujours d'un vert clair, quelle que soit la couleur des autres parties.

Les tulipes venues de graines sont d'une couleur toute unie, sale et pour l'ordinaire assez bizarre, ainsi qu'on l'a dit plus haut; il y en a de violettes, de brunes, de pourpres, de gris-de-lin, etc. Plus ces couleurs sont éloignées du rouge et du jaune, plus elles sont estimées. Il y a cependant des rouges de différentes nuances qui ne sont pas à dédaigner. La couleur unie, telle qu'elle soit, se mélange, après quelques années, de certaines bandes ou taches jaunes ou blanches, plus ou moins larges, souvent accompagnées de filets noirs; c'est ce qu'on nomme le *panache*. Celui-ci est d'autant plus estimé, s'il est blanc, qu'il est plus semblable au blanc de lait; quant au panache jaune, il faut qu'il soit d'une teinte vive et comme dorée. Les couleurs ne sont jamais plus belles dans un tableau que lorsqu'elles sont bien mélangées et parfaitement fondues ensemble, sans que l'on puisse apercevoir le passage de l'une à l'autre. Dans une tulipe il faut que ce soit tout le contraire; et, loin que la couleur principale et le panache se mêlent insensiblement et se fondent ensemble, le panache doit trancher brusquement avec la couleur principale et paroître également sur les deux faces des pétales, afin de jeter plus d'éclat. Le panache est d'ailleurs beaucoup plus beau quand il est accompagné de filets noirs, qui le font encore se détacher plus sensiblement sur la couleur du fond. Au reste, la couleur, le panache et les filets doivent présenter une agréable diversité dans la manière dont ils sont disposés entre eux. Quelquefois les panaches sont interrompus vers la moitié des pétales, et ils reparoissent, près des bords, avec leurs filets noirs : il a plu à quelques amateurs d'appeler *beaux habits*, les fleurs qui présentent une telle disposition de couleurs. Souvent le panache traverse le pétale en entier par grandes pièces avec des raies noires, dont les unes séparent nettement le panache d'avec la couleur principale; quelquefois les filets noirs traversent le panache, même d'un bout à l'autre, au lieu de le border. Souvent les hachures ou les traits, soit de jaune, soit de blanc, sont par grandes pièces fort larges : d'autres fois elles sont étroites et ressemblent à une fine broderie. Dans certaines tulipes la couleur princi-

pale domine et occupe beaucoup plus de place que le panache : dans d'autres le panache absorbe presque la couleur,
dont il ne reste plus que quelques franges vers les bords des
pétales.

Les tulipomanes faisoient autrefois une foule d'observations
sur le fond de la corolle, et par fond ils entendoient ces
petites plaques grises ou violettes qui se voient à la base des
pétales et qui semblent former une sorte d'étoile autour de
la base du pistil. Ils ne faisoient aucun cas de la plus belle
tulipe. dés que le panache entamoit tant soit peu ce fond ;
il falloit qu'il s'y terminât tout d'un coup. Aujourd'hui les
vrais amateurs n'attachent plus la même importance à toutes
ces prétendues règles, qui n'avoient pour fondement que le
caprice de ceux qui prétendoient les faire, et ils sont presque
généralement d'accord qu'une tulipe est toujours belle lorsque sa couleur et son panache sont bien lustrés, bien opposés entre eux et relevés de beaux traits noirs, de quelque
façon que la nature se joue dans la distribution des pièces.

Les amateurs de tulipes ayant distingué dans ces fleurs jusqu'à la moindre nuance dans les couleurs et jusqu'aux plus
légéres différences dans la manière dont ces nuances se distribuent, ils ont trouvé le moyen d'établir dans ces fleurs des
distinctions à l'infini, et de compter ainsi une multitude in-
croyable de variétés. dont le nombre va toujours en augmen-
tant chaque année. Les Hollandois, qui se sont plus particu-
liérement adonnés à la culture des plantes bulbeuses, plus que
tous les autres peuples, ont obtenu, par des semis renouvelés
constamment chaque année. une prodigieuse quantité de variétés, à chacune desquelles ils donnent un nom particulier,
ayant bien rarement rapport aux couleurs que présente la
corolle : mais qui, le plus souvent, n'est que de fantaisie.
Ainsi. selon la beauté de la nouvelle fleur. suivant l'importance qu'y attache celui qui l'a obtenue et selon le prix
qu'il veut y mettre dans la nouveauté. l'amateur se plait à
la décorer d'un nom pompeux, emprunté aux divinités ou
aux héros de la fable. aux princes. aux guerriers, aux personnages célébres dans l'histoire. ou même aux grands et aux
puissans du jour. Dans les listes dressées par ces fleuristes,
où les variétés sont comptées aujourd'hui au nombre de

plus de quinze cents, on trouve, par exemple, des tulipes sous les noms de *Médée, Mercure, Vénus, belle Hélène, grand Alexandre, Auguste, Henri-le-grand, Louis XVI, pucelle d'Orléans, etc.*; ou bien pour que, d'après le nom, on prenne, s'il est possible, une plus haute idée de la beauté de la fleur des tulipes, on les a nommées *beauté incomparable, éclatante, superbe, gloria mundi, reine des tulipes, perle d'Orient, rose invincible.* Il est rare qu'elles n'aient que des dénominations simples et sans prétention, comme *blanc-de-lait, brunette, deuil, très-noir.*

On ne peut se faire qu'une idée fort imparfaite du coup d'œil ravissant que présente une plantation de belles tulipes, lorsqu'on n'a pas vu les jardins des Flamands et des Hollandois. Il paroit, s'il faut en croire ceux qui les ont vus, que rien n'égale l'éclat et la magnificence de certains de ces jardins dans le moment où ils sont couverts d'innombrables variétés de ces fleurs, qui étalent de tous côtés les plus riches et les plus brillantes couleurs. Les propriétaires de ces jardins ont la patience de classer toutes leurs tulipes par ordre de couleurs et de panaches, et d'après cela ils les placent et les distribuent dans leurs plate-bandes, non-seulement de manière à ce que les couleurs principales produisent ou des nuances agréables ou des contrastes frappans, mais encore ils prennent le soin de mettre sur le devant de leurs planches les ognons qui produisent les tiges les moins élevées, et ils placent ensuite les autres progressivement jusqu'à la dernière ligne, sur laquelle les plus grandes doivent se trouver.

Les amateurs et les fleuristes hollandois et flamands ont des registres sur lesquels ils inscrivent avec le plus grand ordre le nom, les couleurs de chaque tulipe, et le numéro qu'elle occupe dans telle ou telle plate-bande. Les plus curieux ont même des espèces de tiroirs ou tablettes légères et portatives, divisées par cases et compartimens en nombre égal, et distribuées de la même manière que leurs ognons sont disposés dans chacune de leurs plate-bandes, chaque case ayant son numéro correspondant à celui de la plate-bande; et lorsqu'ils relèvent leurs ognons, dans le mois de Juillet, chaque bulbe est aussitôt placée dans sa case. Par ce moyen leurs tulipes ne se

trouvent jamais mêlées, et ils peuvent conserver facilement
l'ordre qu'ils ont adopté dans la disposition de leurs fleurs, ou
y faire les changemens qu'ils jugent convenables, lorsqu'ils
font de nouvelles conquêtes. Lorsque le moment de planter
les ognons arrive, ce qui se fait depuis la fin de Septembre
jusque dans les premiers jours de Novembre, les plate-bandes
étant convenablement amendées par de nouvelles terres ou
par des terreaux bien consommés, ensuite labourées et distribuées en lignes et en espaces, la plantation se fait avec la
plus grande facilité, en conservant l'ordre établi. Il faut
toujours avoir soin, pour mettre les tulipes en terre, de
choisir un beau temps et un moment où il n'ait pas plu depuis plusieurs jours.

La floraison des tulipes commence ordinairement, dans le
climat de Paris, vers la mi-Avril, et elle est terminée au 15
de Mai. On appelle hâtives, celles de ces plantes qui fleurissent les premières; elles sont en général les moins estimées.
Celles qui donnent leurs fleurs les dernières, sont toujours les
plus belles. Une tulipe ne dure au plus que dix à douze
jours, et souvent elle passe en beaucoup moins de temps,
lorsqu'il fait chaud et que le soleil n'est pas caché par des
nuages. Les curieux, qui mettent en œuvre tout ce qu'ils
peuvent de moyens pour prolonger l'existence de leurs tulipes, ont de petites tentes portatives qu'ils font placer sur les
plate-bandes où sont les plus belles; ils en haussent ou bais-
sent la toile, selon le besoin, pour mettre les fleurs à couvert
des grandes pluies qui les abattent et à l'abri des rayons d'un
soleil trop ardent qui les font passer très-promptement. Un
autre moyen pour prolonger ses jouissances consiste à planter
les tulipes à diverses expositions. Celles placées au midi fleurissent les premières; ensuite celles du levant et du couchant;
enfin celles du nord ne paroissent que quinze à vingt jours
après les autres. (L. D.)

TULIPE. (*Conch.*) Cette dénomination, employée d'abord
par les amateurs de coquilles pour indiquer un certain système de coloration flammulée, qui, rappelant très-bien ce
qui a lieu dans les tulipes communes, est devenue le nom
spécifique,

D'une espèce de balane. *balanus tintinnabulum;*

D'une espèce de fasciolaire (*murex tulipa*, Linn. ; la fascio-laire tulipe de M. de Lamarck) ;

D'une espèce de volute, *voluta tulipa*, Linn. ;

D'une espèce de cône, *conus tulipa*, Linn. ;

D'une espèce de modiole, *mytilus modiolus*, Linn. (De B.)

TULIPE BUCCIN. (*Conch.*) Nom marchand de la fascio-laire tulipe. (De B.)

TULIPE DU CAP. (*Bot.*) On a donné ce nom vulgaire à l'*hœmanthus coccineus*. La tulipe de Java, *tulipa javana* de Rumph, est l'*amaryllis zeylanica*. (J.)

TULIPE ÉPANOUIE. (*Conchyl.*) Nom marchand du *balanus tintinnabulum* et de quelques espèces confondues avec lui. (De B.)

TULIPE DES PRÉS , PIQUE, COCANE, GORGANNE, COCCIGROLLE. (*Bot.*) Noms vulgaires de la fritillaire, *fri-tillaria meleagris*, dans les divers cantons de l'Anjou, cités par M. Desvaux. (J.)

TULIPIER, *Liriodendron.* (*Bot.*) Genre de plantes dicoty-lédones, à fleurs complètes, polypétalées, de la famille des *magnoliacées*, de la *polyandrie polygynie* de Linnæus, offrant pour caractère essentiel : Un calice à trois folioles caduques, accompagnées de deux bractées ; six ou neuf pétales réunis en cloche ; un grand nombre d'étamines insérées sur le ré-ceptacle ; les anthères linéaires : des ovaires supérieurs, nom-breux, disposés en cône ; point de style ; des stigmates glo-buleux ; un grand nombre de capsules indéhiscentes, renflées à leur base, uniloculaires, imbriquées autour d'un axe su-bulé ; les semences deux à deux dans les capsules inférieures, souvent solitaires dans les supérieures.

Tulipier de Virginie : *Liriodendron tulipifera*, Linn., *Spec.* ; Lamk., *Ill. gen.*, tab. 401 ; Gærtn., *De fruct.*, tab. 178 ; Mich., Arbr. d'Amér., 3, tab. 5 ; vulgairement Tulipe en arbre, Tu-lipier. Cet arbre est un des plus intéressans par ses grandes et belles fleurs, par ses larges feuilles d'une forme élégante. Il s'élève, dans son pays natal, à la hauteur de soixante ou quatre-vingts pieds : son tronc est d'une grosseur proportion-née ; son écorce raboteuse, gercée, comme marbrée dans sa jeunesse ; le bois est blanc, spongieux, fort uni, à larges veines ; les rameaux cylindriques, d'un brun cendré ; les feuilles très-grandes, fort larges, alternes, pétiolées, glabres, d'un vert lisse en dessus, un peu blanchâtres en dessous, à trois lobes principaux, et souvent d'autres plus petits, anguleux, aigus; le lobe supérieur tronqué, à large échancrure; les pétioles cylindriques, grêles, presque aussi longs que les feuilles.

Les fleurs sont grandes, assez semblables à celles des tulipes par leur forme et leur volume, droites, solitaires, terminales, d'un blanc verdâtre, mêlé de jaune et de rouge. Le calice est composé de trois grandes folioles concaves, caduques, en forme de pétales, accompagnées de deux bractées caduques. La corolle est ordinairement formée de six pétales oblongs, obtus, rapprochés en cloche. Les étamines sont nombreuses; les filamens linéaires, comprimés, plus courts que la corolle; les anthères oblongues, linéaires, attachées le long des bords des filamens; des ovaires nombreux, réunis en cône, auxquels succèdent des capsules attachées à un axe central, indéhiscentes, renflées à la base, terminées par une aile lancéolée, rapprochées et disposées en cône, renfermant deux, quelquefois une seule semence glabre, ovale, un peu comprimée.

Les premiers tulipiers qu'on ait cultivés en France, sont dus aux semences que l'amiral La Galissonière avoit rapportées de ses voyages en Amérique, en 1732. Cet arbre s'y est depuis propagé avec assez de facilité; et, quoique inférieur dans ses dimensions à ceux de l'Amérique, il n'est pas moins aujourd'hui un des plus riches ornemens de nos jardins, par l'ombre que procure la vaste étendue de son feuillage dans les parcs et les promenades. Les tulipiers se multiplient de graines, qu'on sème au printemps dans du terreau de bruyère; elles lèvent dès la première année. On abrite les jeunes plants, en hiver, avec des paillassons; mais dès qu'ils ont atteint l'âge de quatre ou cinq ans, ils ne craignent plus le froid. A la fin de la troisième année, on peut les mettre en pépinière, et on les transplante à demeure, quand ils ont un ou deux mètres de hauteur. Comme ces arbres occupent un très-grand espace, lorsqu'ils sont parvenus au terme de leur accroissement, il faut les planter à huit ou neuf mètres de distance les uns des autres : ils aiment les terrains frais et de bonne qualité, et on doit éviter de labourer la terre dans leur voisinage, crainte de découvrir ou d'endommager les racines, qui, pour la plupart, suivent une direction horizontale près de la surface de la terre. Le tulipier vient bien isolé. Son écorce est d'abord lisse et unie, puis elle se déchire et se gerce avec les années, comme celle des autres arbres. Le bois est blanc, tendre, léger, sans être filandreux : il prend un beau poli. En Amérique, on en fait de la volige, des planches, des tables, etc., et on assure qu'il n'est point sujet à la vermoulure. Le pied cube pèse environ dix-sept kilogrammes. Les Canadiens emploient la racine pour adoucir l'amertume de la bière de sapinette, et lui donner un goût approchant de celui du citron. M. de Cubières dit, dans un mémoire intéressant qu'il a publié sur le tulipier, qu'une distillatrice fort renommée de la Martinique se servoit de l'écorce de cette racine pour parfumer ses liqueurs et leur donner un goût particulier, qui leur avoit valu une préférence marquée. (Desf., Arbr.) « C'est principalement, selon « M. Bosc, sur le bord des rivières que se plaît le tulipier, « ainsi que j'ai eu occasion de l'observer dans son pays natal, « où il parvient à dix-huit pieds de tour; Catesby dit même « de trente : mais aujourd'hui on n'en trouve plus guère de « cette grosseur, du moins en Caroline. Son bois est blanc, « veiné de fauve : on en fait peu de cas, parce qu'il est trop « tendre et pourrit facilement. Les fleurs du tulipier s'épa-« nouissent au milieu de l'été, et ses cônes de fruit mûris-« sent à la fin de l'automne. »

Tulipier liliacé : *Liriodendron liliifera*, Linn., *Sp.*; Rumph, *Amb.*, 2, pag. 204, tab. 69. Arbre d'une médiocre grandeur, dont les rameaux et les branches sont étalés, garnis de feuilles alternes, glabres, ovales-lancéolées, acuminées, entières. Les fleurs sont grandes, terminales, agrégées, inodores, de couleur pâle, soutenues par un pédoncule simple. La corolle est campanulée; les pétales, au nombre de neuf, sont ovales, épais, rapprochés par leur base, réfléchis au dehors au sommet; point de calice. Les filamens, au nombre de soixante, sont très-courts, épais; les anthères alongées, acuminées, s'ouvrant au sommet; environ cinquante ovaires un peu comprimés, aigus, réunis en cône sur un réceptacle alongé, ter-

minés par des stigmates sessiles ; autant de capsules que d'o-
vaires, imbriqués en forme de cône. Cette plante croît en
Chine, dans les champs aux environs de Canton.

Tulipier figo : *Liriodendron figo*, Willd., *Spec.*, 2 , p. 1255 ;
Lour., *Fl. Coch.*, 424. Arbrisseau d'environ quatre pieds de
haut, dont les racines produisent plusieurs tiges droites, garnies de feuilles alternes, lancéolées, très-entières, luisantes
et réfléchies. Les fleurs sont solitaires, de couleur pâle, odorantes, parsemées en dedans de taches rougeâtres. Le calice
est d'une seule pièce, en forme de spathe tomenteuse, obtuse.
La corolle est composée de six pétales droits, ovales-oblongs,
presque fermés au sommet ; les filamens sont courts, au nombre
de quarante, insérés sur le réceptacle : les ovaires nombreux,
imbriqués sur un réceptacle alongé, de la longueur de la corolle, surmontés de stigmates sessiles : il leur succède autant
de capsules. Cet arbrisseau croît en Chine, aux lieux cultivés,
dans les environs de Canton.

Tulipier coco : *Liriodendron coco*, Willd., *loc. cit.;* Lour.,
loc. cit. Arbrisseau dont la tige est droite, ligneuse, haute
d'environ cinq pieds, divisée en rameaux diffus, étalés, garnis de feuilles alternes, pétiolées, ovales, luisantes, entières.
Les fleurs sont blanches, grandes, solitaires, d'une odeur
suave. Le calice est à trois faces, composé de trois folioles
oblongues, courbées en dedans à leurs bords, formant trois
angles par leur rapprochement ; la corolle fermée, trigone,
offrant, par cette forme, quelque ressemblance avec le fruit
du cocotier, composée de six pétales charnus, égaux au calice,
connivens ; les intérieurs plus courts ; les anthères nombreuses, presque sessiles, oblongues ; les ovaires sont au nombre de
huit environ, lancéolés, imbriqués, surmontés de stigmates
sessiles et concaves : il leur succède des capsules de même
forme et en même nombre. Cette plante croît à la Cochinchine. Elle est cultivée, dans les environs de Canton, comme
plante d'ornement, à cause de la beauté et de l'odeur suave
de ses feuilles. (Poir.)

TULIPIFERA. (*Bot.*) L'arbre désigné sous ce nom par Hermann, Plukenet et Catesby, est le *liriodendrum*, Linn. (J.)

TULK ou TULKI. (*Mamm.*) Noms qu'on dit appliqués au
chacal dans le Levant. (Desm.)

TULKA-PAYEROU. (*Bot.*) Nom donné dans la langue tamoule à un haricot, *phaseolus aconitifolius*, cultivé aux environs de Pondichéry, suivant Leschenault. (J.)

TULLUGAK. (*Ornith.*) Les Groënlandois nomment ainsi le corbeau, *corvus corax*, lorsqu'il est adulte. Les jeunes s'appellent *tullukak*, qu'ils changent parfois en celui de *kerneklot*. (Ch. D. et Lesson.)

TULLU - POUNDON. (*Bot.*) Nom de l'*hibiscus zeylanicus*, sur la côte de Coromandel, suivant Burmann. (J.)

TULOSTOMA. (*Bot.*) Genre de la famille des champignons et de l'ordre des lycoperdacées, très-voisin du Lycoperdon, dont même il faisoit partie autrefois, et d'où il a été retiré par Persoon. Il est caractérisé par son péridium globuleux, porté sur un pédicule cylindrique et creux. Le péridium, ouvert au sommet par un orifice à bord cartilagineux, est plein d'une chair blanchâtre, qui se convertit en une poussière fine, brune, entremêlée de filamens, laquelle s'échappe par l'ouverture supérieure.

Selon Nées, Fries, etc., le péridium est lui-même recouvert d'une autre enveloppe ou péridium, qui tombe bientôt en poussière.

Le Tulostoma d'hiver : *Tulostoma brumale*, Pers., *Synops.*, 139; *ejusd. in* Desv., Journ. bot., 1809, vol. 2, p. 28; *Lycoperdon pedunculatum*, Linn.; Bull., Champ., pl. 294 et pl. 471, fig. 2; Batsch, *Elench. fung.*, 3, pl. 29, fig. 167; Vesse-loup pédonculée, blanchâtre ou grisâtre. Pédicule lisse, glabre, cylindrique, long d'un pouce, portant un péridium globuleux, ouvert a son sommet par un orifice arrondi, plat ou légèrement saillant. Cette espèce croit sur les murs, en terre et dans les lieux sablonneux, en hiver et au printemps. Selon Withering, on la trouve aux environs de Londres, dans les prés, pendant les mois d'Aout et d'Octobre. Elle forme quelquefois des bouquets de plusieurs individus. Elle offre plusieurs variétés, que quelques botanistes croient être des espèces distinctes; telles sont :

Le *Tulostoma squamosum* (Gmel., *Syst. nat.*; Pers., *Synops.*, 139; *Lycoperdon*, Mich., *Gen.*, p. 218, pl. 97, fig. 7), dont le pédicule est plus long, revêtu d'écailles nombreuses et imbriquées, et dont l'orifice de l'ouverture du péridium est alongé. Il croît dans les haies, en Italie, au mois de Septembre.

Le *Tulostoma lacerum*, Pers. *in* Desv., Journ. de bot., 1809, vol. 2, pag. 28; *Lycoperdon pedunculatum*, *filatum*, Bull., Champ., pl. 471, fig. T. Cette variété diffère des autres par son pédicule creux, mais traversé par un fil longitudinal. Elle croît sur la terre et y est enfoncée jusqu'à son péridium; elle est plus grande et plus blanche que le *tulostoma brumale*, et s'en distingue par son épiderme, qui se déchire irrégulièrement. Les échantillons observés par M. Persoon lui ont présenté des pédicules solides. Peut-être deux variétés sont confondues ici.

Le genre *Tulostoma* porte le nom de *Tulostroma* dans le *Nomenclator botanicus* de Steudel; et dans le *Systema vegetabilis* de Curt Sprengel il a celui de *Tylostoma*. (Lem.)

TULOSTROMA, Steudel. (*Bot.*) Voyez ci-dessus l'article TULOSTOMA. (Lem.)

TULPAY. (*Bot.*) Nom péruvien d'un arbre dont le bois est très-dur, employé dans les constructions et qui donne un suc laiteux. Il est cité dans la Flore du Pérou comme congénère du *clarisia tomentosa*, nommé PIAMICH dans ce pays. Voyez ce dernier mot. (J.)

TUMATLE. (*Bot.*) Guilandinus, cité par C. Bauhin, désignoit sous ce nom la taumate, *solanum lycopersicon*. (J.)

TUMBA. (*Bot.*) Nom malabare du *leonurus indicus*, cité par Burmann. Le *tumba-codiveli* est une dentelaire, *plumbago zeylanica*. Le *tumbakola* de Ceilan, cité par Hermann, est le *phlomis zeylanica*. (J.)

TUMBERELLO. (*Mamm.*) Dénomination italienne du dauphin proprement dit. (Desm.)

TUMBIL. (*Ichthyol.*) Nom spécifique d'un saure. (H. C.)

TUMBLARE. (*Mamm.*) Dénomination suédoise du marsouin ordinaire. (Desm.)

TUMBLER. (*Mamm.*) Nom du chien basset en anglois. (Desm.)

TUMBO. (*Bot.*) Nom espagnol donné, suivant Cavanilles, à une grenadille, *passiflora quadrangularis*. (J.)

TUMER. (*Bot.*) Un des noms arabes de la truffe, *tuber*, cité par Daléchamps. (J.)

TUMITE. (*Min.*) Nom donné par M. Napione à l'Axinite. Voyez ce mot. (B.)

TUMLER ou MARSWIN. (*Mamm.*) M. de Lacépède dit que ces noms désignent le marsouin en Danemarck, et que le nom allemand *Tummler* a la même signification. (Desm.)

TUMMÆJR. (*Bot.*) Nom arabe du *geranium crassifolium* de Forskal, qui est, selon Vahl, le *geranium glaucophyllum* de Linnæus. (J.)

TUMMAM. (*Bot.*) Voyez Temam. (J.)

TUMMAR. (*Bot.*) Un des noms arabes, cités par Forskal, de son *bauhinia inermis*. (J.)

TUMPU. (*Bot.*) Nom péruvien du *calceolaria trifida* de la Flore du Pérou, qui passe pour fébrifuge dans ce pays. (J.)

TUNA. (*Bot.*) Nom arabe, suivant Forskal, de son *justicia fœtida*, qui est le *justicia bivalvis* de Vahl. Dillenius désignoit sous ce nom générique quelques espèces de cactes, et il a été appliqué comme spécifique par Linnæus à son *cactus tuna.* Les nopals ou *opuntia*, qui font partie du genre *Cactus*, sont aussi nommés en plusieurs lieux *tune*, *tunés*, *tunal*, *tunalus.* (J.)

TUNALLUS. (*Ichthyol.*) Voyez Thymallus. (H. C.)

TUNG. (*Bot.*) Nom chinois de la canne à sucre, cité par Rumph. (J.)

TUNGA. (*Ichthyol.*) Nom suédois de la Sole. Voyez ce mot. (H. C.)

TUNGA. (*Entomol.*) Marcgrave nommoit *tunga*, l'insecte connu aux Antilles françoises sous le nom de chique, *pulex penetrans* de Linné. (Lesson.)

TUNGE, HUNDE TUNGE. TUNGE PLEDDER, TUNGPLE-DER. (*Ichthyol.*) Noms danois de la Sole. Voyez ce mot. (H. C.)

TUNGSTATES. (*Chim.*) Combinaisons salines de l'acide tungstique avec les bases salifiables.

Composition des tungstates à base d'oxides.

Dans les tungstates l'oxigène de l'acide est à celui de la base :: 3 : 1.

15,075 d'acide neutralisent 1 d'oxigène.

Propriétés.

Il n'existe que trois tungstates solubles : ceux d'ammoniaque, de potasse et de soude.

Ces tungstates sont incolores. Quand on verse dans leur solution froide de l'acide hydrochlorique, nitrique ou sulfurique, on obtient des précipités blancs, formés de l'acide précipitant, de tout l'acide tungstique et d'une petite quantité de la base salifiable, la plus grande partie de cette dernière reste dans la liqueur unie à l'acide précipitant.

A chaud, l'acide tungstique est séparé par les acides précédens à l'état de pureté.

Les tungstates insolubles, dont la base forme avec un acide puissant une combinaison soluble, sont réduits à de l'acide tungstique pur insoluble, si on les fait bouillir ou simplement digérer avec ces mêmes acides.

Lorsqu'on met du zinc dans un tungstate soluble avec l'acide sulfurique ou hydrochlorique, on obtient un précipité d'un beau bleu, qui est du protoxide de tungstène.

Préparation des tungstates neutres.

1.° On peut préparer les tungstates neutres de potasse, de soude et d'ammoniaque, en laissant digérer ces alcalis sur l'acide tungstique.

2.° Lorsqu'on n'a pas cet acide, on se procure du tungstate double de fer et de manganèse, ou du tungstate de chaux natif; on le réduit en poudre fine, et en le traitant à une douce chaleur par l'acide hydrochlorique, on met de l'acide tungstique à nu : en faisant ensuite macérer ce résidu dans l'ammoniaque liquide, on dissout l'acide tungstique; on filtre la liqueur; on obtient du tungstate d'ammoniaque cristallisé par l'évaporation spontanée. Si on vouloit préparer le tungstate de potasse ou de soude, on décomposeroit à chaud le tungstate d'ammoniaque par ces alcalis.

3.° On peut encore préparer les tungstates de potasse et de soude en décomposant par la fusion les tungstates natifs par les sous-carbonates de potasse ou de soude, ou bien, par ces bases pures, traitant la masse fondue par l'eau bouillante et filtrant la liqueur ; mais ce procédé donne, en général, des tungstates avec excès de base.

Préparation des tungstates insolubles.

Il suffit de verser une solution de tungstate de potasse, de soude ou d'ammoniaque, dans la solution d'un sel dont la base forme un tungstate insoluble, pour obtenir celui-ci à l'état de pureté.

Tungstate d'ammoniaque.

Composition.

Berzelius.

Acide 87,54
Ammoniaque . . . . 12,46.

Il cristallise en aiguilles brillantes du plus beau blanc. Assez soluble dans l'eau.

Ce sel, bouilli avec le tournesol, le rougit. L'ammoniaque se dégage, et l'acide s'unit à la potasse du tournesol.

Exposé à la chaleur, il se réduit à de l'acide pur, de couleur jaune. Si la température étoit trop élevée, l'acide perdroit une partie de son oxigène, et le résidu seroit vert ou bleuâtre, suivant la quantité d'acide qui auroit été décomposée.

Tungstate de chaux.

Acide 80,90
Chaux . . . . 19,10.

Ce sel existe dans la nature.

Tungstate de magnésie.

Acide 85,37
Magnésie . . . . 14,63.

On dit, qu'en faisant bouillir dans l'eau de l'acide tungstique avec de la magnésie, on obtient une liqueur qui donne, quand on la fait évaporer, de petites écailles cristallines.

Tungstate de potasse.

Acide 71,88
Potasse . . . . 28,12.

Suivant Schéele, ce sel peut être obtenu en très-petits cristaux.

Il a une saveur alcaline et stiptique.

Il est fusible à une température peu élevée.

Il est très-soluble dans l'eau et même déliquescent.

Tungstate de soude.

Acide. 79,41
Soude. . . . . 20,59.

Il cristallise en tables hexagonales, d'un éclat nacré, demi-transparentes.

Il a une saveur alcaline et âcre.

Il est soluble dans 4 parties d'eau froide et 2 parties d'eau bouillante.

Tungstate de fer et de manganèse.

Composition.

	Berzelius.
Acide tungstique	74,666
Protoxide de fer	17,594
Protoxide de manganèse	5,640
Silice à l'état de mélange. . . .	2,100.

L'oxigène de l'acide est triple de l'oxigène des bases, et l'oxigène du fer est triple de celui du manganèse. (Ch.)

TUNGSTEIN et TUNGSTÈNE. (*Min.*) Noms donnés par les Suédois à un minéral remarquable par sa pesanteur, et qui est composé de chaux et d'un métal particulier à l'état d'acide. Nous l'avons décrit a l'article Schéelin sous le nom de *Schéelin calcaire*. Voyez ce mot. (B.)

TUNGSTÈNE. (*Chim.*) Corps simple, compris dans la 4.ᵉ section des métaux. Voyez Corps, tome X, page 511.

Synonymie : *Scheelium, Scheelin, Wolfram.*

Propriétés.

Il est d'un blanc grisâtre, qui ressemble beaucoup à celui du fer ; il est très-éclatant.

Il est très-dur, car MM. Vauquelin et Hecht disent qu'il est à peine attaqué par la lime.

D'après MM. d'Elhuyart, la pesanteur spécifique du tungstène est de 17,6 ; d'après Allen et Aiken, de 17,33 ; d'après Bucholz, de 17,4.

Il paroît être fusible à 170° du pyromètre de Wedgewood. MM. Vauquelin et Hecht l'ont obtenu cristallisé par refroidissement en petites aiguilles.

Il n'est pas magnétique.

Le tungstène, divisé et chauffé dans une petite capsule, prend feu et se convertit en acide tungstique d'une belle couleur jaune.

Si la température est trop élevée, l'acide se transforme en protoxide brun.

Le tungstène qu'on chauffe dans une atmosphère de chlore sec, s'unit à ce corps en dégageant de la lumière et de la chaleur, suivant l'observation de M. Davy.

Le tungstène paroît être susceptible de se combiner au soufre.

Le sulfure se forme très-bien, lorsqu'on chauffe l'acide tungstique avec le soufre.

Pelletier dit qu'il est susceptible de se combiner au phosphore.

Les acides sulfurique et hydrochlorique n'ont pas d'action sur ce métal. L'acide nitrique et l'eau régale le convertissent en acide tungstique jaune.

OXIDE DE TUNGSTÈNE.

Il n'y a qu'un seul oxide de tungstène qui ait été suffisamment étudié pour qu'on en puisse admettre l'existence.

Il est formé, suivant Berzelius, de

$$\text{Oxigène} \ldots \ldots \ldots 16,6$$
$$\text{Tungstène} \ldots \ldots \ldots 100,0.$$

L'oxigène y est donc, relativement à l'oxigène de l'acide tungstique :: 2 : 3. (Voyez TUNGSTIQUE [Acide].)

Préparation.

On peut se le procurer :

1.° En chauffant fortement le tungstate d'ammoniaque ou l'acide tungstique en vase clos.

2.° En faisant passer un courant d'hydrogène sur de l'acide tungstique porté au rouge dans un tube de verre, l'acide

devient d'abord bleu et ensuite brun. Ce procédé, de Berzelius, est préférable au premier.

3.° On peut opérer la même réduction par la voie humide
en mettant de l'acide hydrochlorique sur un mélange de
zinc et d'acide tungstique. L'hydrogène dégagé réduit l'acide :
celui-ci devient bleu et ensuite brun. Il faut le conserver
sous l'eau non aérée ; car, dès qu'il a le contact de l'air, il
bleuit. puis se convertit en acide jaune.

4.° En calcinant au rouge un mélange bien intime de
tungstate de potasse et d'hydrochlorate d'ammoniaque. lavant
la masse fondue, après qu'elle est refroidie, avec de l'eau
de potasse. on obtient un résidu d'oxide de tungstène, suivant M. Wöhler.

Propriétés.

Cet oxide est d'un brun puce : chauffé avec le contact de
l'air, il se colore et se convertit en acide jaune.

L'oxide de tungstène est susceptible de former avec la
soude un composé remarquable, qui a été découvert par M.
Wöhler. On prépare d'abord du tungstate acide de soude
en ajoutant de l'acide tungstique au tungstate de soude en
fusion, jusqu'à ce que celui-ci cesse d'en dissoudre ; puis on
l'introduit dans une boule qui a été soufflée au milieu d'un
tube de verre ; on remplit l'appareil d'hydrogène, et on
chauffe la matière jusqu'au rouge : elle prend à sa surface
la couleur et l'éclat de cuivre, et cette couleur pénètre peu
à peu dans toute la masse ; alors on arrête l'opération, on
traite la matière par l'eau, puis par l'acide hydrochlorique
concentré, la potasse et, enfin, l'eau : il reste une poudre
cristalline pesante, ayant la couleur et l'éclat de l'or, qui
est une sorte de *tungstite de soude*, formé de

Oxide de tungstène 86.2
Soude . . . . 13.8.

Le tungstite de soude peut être obtenu cristallisé en cubes.
Divisé dans de l'eau et vu par transmission. il est vert.

Il est indécomposé par les solutions alcalines, l'eau régale
et tous les acides : excepté l'acide hydrophtorique, qui le
dissout en même temps qu'il le décompose.

Chauffé dans le vide, il n'est point altéré ; mais s'il

est chauffé avec le contact de l'oxigène, il brûle et se convertit en partie en tungstate de soude fondu.

Chauffé dans le chlore, il y a une foible incandescence ; du chlorure de tungstène se volatilise : il reste une poudre verte, formée de chlorure de sodium, d'acide tungstique et d'oxide de tungstène ; c'est l'acide qui domine. Il est évident que l'acide tungstique a été produit par l'oxigène de la soude et par celui de la portion d'oxide de tungstène qui s'est convertie en chlorure.

Chlorures de tungstène.

Suivant M. Wöhler, il existe trois chlorures de tungstène.

Protochlorure de tungstène.

Composition.

Chlore. 26,79
Tungstène . . . . . . 73,21.

Préparation.

Il se forme toujours et presque à l'état de pureté, lorsqu'on brûle le tungstène dans le chlore.

Propriétés.

Quelquefois on l'obtient en aiguilles fines, tendres, ressemblant à de la laine ; le plus souvent, il est en masse compacte, fondue.

Il est d'un rouge foncé ; sa cassure ressemble à celle du cinabre par son éclat.

Il se fond aisément, bout et se volatilise. Sa vapeur est rouge.

L'eau le réduit en oxide violet et en acide hydrochlorique.

Mis dans l'eau de potasse, il y a dégagement d'hydrogène et formation de tungstate de potasse et de chlorure de potassium.

Perchlorure de tungstène.

Composition.

Chlore. 35,9
Tungstène . . . . 64,1.

Préparation.

Il se forme toujours et presque à l'état de pureté ; lorsqu'on chauffe l'oxide brun de tungstène dans le chlore, il se produit de la lumière et de l'acide tungstique. La boule de verre dans laquelle on le prépare, se tapisse de cristaux en écailles d'un blanc jaunâtre.

Propriétés.

Il est déliquescent à l'air; mais en même temps qu'il attire l'eau, il se décompose en acides tungstique et hydrochlorique.

Composition.

Mis dans l'eau, cette décomposition, sans être instantanée, est plus rapide que dans le cas précédent.

Il se volatilise à une température peu élevée sans se fondre. La vapeur est d'un jaune foncé.

DEUTOCHLORURE DE TUNGSTÈNE.

M. Wöhler dit l'avoir obtenu dans plusieurs opérations, conjointement avec le perchlorure, et une fois en chauffant le sulfure de tungstène dans le chlore.

Il est en aiguilles transparentes, longues et du plus beau rouge; il est très-fusible, cristallisable par le refroidissement; il est plus volatile que les deux autres : sa vapeur ressemble à celle de l'acide nitreux.

SULFURE DE TUNGSTÈNE.

Composition.

	Berzelius.
Soufre	33,26
Tungstène	100,00.

Préparation.

On peut obtenir ce composé par le procédé de Berzelius, qui consiste à chauffer fortement dans un creuset un mélange de 1 partie d'acide tungstique et de 4 parties de cinabre. Ce mélange doit être recouvert de charbon.

Propriétés.

Ce sulfure est d'un noir grisâtre.

Par le frottement, il prend l'éclat métallique.

Alliages de tungstène.

MM. d'Elhuyart, en chauffant 50 parties d'acide tungstique avec 100 parties du métal qu'ils vouloient allier au tungstène, au milieu du charbon, ont obtenu les résultats que nous allons exposer :

TUNGSTÈNE ET ANTIMOINE.

Bouton d'un brun obscur, luisant, un peu spongieux, très-ductile, pesant 137 parties.

TUNGSTÈNE ET ARGENT.

Bouton d'un brun clair, spongieux, ductile jusqu'à un certain point. Il pesoit 142 parties.

TUNGSTÈNE ET BISMUTH.

Bouton cassant, dur, pesant 138 parties.

TUNGSTÈNE ET CUIVRE.

Bouton d'un rouge de cuivre, tirant sur le brun ; spongieux, un peu ductile, pesant 133 parties.

TUNGSTÈNE ET ÉTAIN.

Bouton d'un brun clair, très-spongieux, un peu ductile, représentant 138 parties.

TUNGSTÈNE ET FONTE DE FER BLANCHE.

Bouton d'un brun clair, compacte, pesant 137 parties.

TUNGSTÈNE ET OR.

Fusion incomplète, susceptible de donner de l'or pur par la coupellation : 139 parties.

TUNGSTÈNE ET PLATINE.

Fusion incomplète : 140 parties.

TUNGSTÈNE ET PLOMB.

Bouton d'un brun obscur, peu d'éclat spongieux, très-ductile, représentant 127 parties.

État.

On trouve dans la nature l'acide tungstique uni à la chaux et formant un tungstate double avec les protoxides de manganèse et de fer.

Extraction du tungstène, de l'acide tungstique, etc.

1.ᵉʳ *Procédé.* On traite le tungstate de chaux ou le tungstate double de fer et de manganèse par l'acide hydrochlorique à une douce chaleur. Lorsque le résidu paroît d'un

beau jaune, on décante la liqueur ; on lave le résidu ; on le
met en digestion dans l'ammoniaque jusqu'à ce que la couleur jaune ait disparu ; on filtre la liqueur, et en la laissant
évaporer spontanément, on obtient du tungstate d'ammoniaque cristallisé en aiguilles.

Ces aiguilles, chauffées doucement, laissent l'acide tungstique pur et cristallisé.

2.ᵉ *Procédé*. On fond 1 partie de tungstate double de fer
et de manganèse avec 2 parties de sous-carbonate de potasse
dans un creuset d'argent, en ayant soin de remuer la matière ; on la coule ensuite dans un cône de fer ; on la pulvé-
rise et on la prive de tout ce qu'elle contient de soluble
dans l'eau bouillante ; on réunit les lavages, et en y versant
de l'acide hydrochlorique, on précipite une substance qu'on
redissout dans le sous-carbonate de potasse bouillant, et qu'on
en précipite ensuite par l'acide hydrochlorique en excès. Le
précipité, lavé et séché, est l'acide tungstique.

Une fois qu'on a l'acide tungstique, on peut le réduire,

1.ᵉ En le chauffant fortement dans un creuset brasqué.

2.° En mêlant un peu de tungstate de potasse à l'acide
tungstique ; mettant le mélange dans un tube de porcelaine ;
portant la température au rouge ; puis y faisant passer un
courant d'hydrogène. L'acide tungstique est réduit à l'état
métallique. Après cette opération on lave la matière avec
de l'eau de potasse pour dissoudre l'acide qui n'a pas été réduit, et on obtient le tungstène en poudre fine. Ce procédé
est dû à M. Wöhler.

Histoire.

L'acide tungstique fut découvert en 1781 par Schéele. Il
l'obtint d'un minéral pesant, que l'on appeloit *tungstène*, où
il est combiné à la chaux. Ce minéral avoit été confondu
tantôt avec les mines d'étain, tantôt avec le sulfate de baryte. MM. d'Elhuyart trouvèrent ensuite que la mine de fer appelée *Wolfram* est une combinaison de l'acide tungstique
avec l'oxide de fer, et ils prouvèrent en même temps que
le tungstène étoit de nature métallique, ainsi que Bergmann
l'avoit soupçonné. MM. Vauquelin et Hecht, en 1796, s'occu-
pèrent de l'analyse du wolfram, et ils confirmèrent les ré-

sultats principaux des chimistes espagnols; Bucholz, Berzelius et surtout M. Wöhler, ont ajouté ensuite des faits précieux à l'histoire de ce métal. (Ch.)

TUNGSTIQUE [Acide]. (*Chim.*) Cet acide est formé de tungstène saturé d'oxigène, dans la proportion de

	D'Elhuyart. Bucholz.	Berzelius.
Oxigène	25	24,84
Tungstène	100	100,00.

Propriétés.

L'acide tungstique est d'un beau jaune de citron : il n'a ni saveur ni odeur; il n'est pas soluble dans l'eau ; il rougit le tournesol, quand il est dans un état de division suffisant : pour s'en convaincre il suffit de faire bouillir du tungstate d'ammoniaque avec des infusions de tournesol. Exposé au feu, il paroît s'abaisser au minimum d'oxidation, car il prend une couleur brune.

Il forme avec les bases salifiables des sels, que l'on appelle Tungstates. (Voyez ce mot.)

Il est soluble dans la potasse, dans la soude et l'ammoniaque.

L'acide phosphorique ne trouble pas ces solutions, mais lorsqu'on y verse de l'acide hydrochlorique, nitrique ou sulfurique, on obtient des précipités blancs, que Schéele prit pour l'acide tungstique pur : mais les frères d'Elhuyart ont prouvé qu'ils étoient formés de l'acide précipitant, d'acide tungstique jaune et d'alcali.

Ces composés de deux acides sont solubles dans l'eau. Les solutions sont incolores, acides au tournesol; décomposables à chaud par un excès d'acide hydrochlorique, nitrique, sulfurique. Alors l'acide tungstique est précipité sous forme de poudre jaune.

Les solutions de ces composés précipitent en blanc le nitrate d'argent (bien entendu qu'on ne doit pas opérer avec un composé contenant de l'acide hydrochlorique), ainsi que les nitrates de plomb et de mercure, les sulfates de cuivre, de fer et de zinc, etc.

Il paroît que l'acide tungstique de ces composés est ramené

à l'état d'un oxide bleu, 1.° quand on met dans leur solution acidulée du zinc ou de l'étain, ou du fer : 2.° quand on les chauffe avec du borax ; 5.° quand on les expose à la chaleur avec de l'acide sulfurique concentré.

Préparation.

Elle est décrite au mot Tungstène. (Ch.)

TUN-HIAM. (*Bot.*) Nom chinois du santal, cité par Mentzel. (J.)

TUNICA. (*Bot.*) L'œillet nommé *caryophyllus* par Tournefort et *dianthus* par Linnæus, a reçu de Dillenius et d'Adanson le nom de *tunica*, surtout pour le *dianthus glaucus.* Daléchamps l'emploie aussi pour le *gypsophila muralis.* (J.)

TUNICIERS, *Tunicata.* (*Malac.*) Dénomination imaginée par M. de Lamarck pour désigner une coupe classique qu'il a cru devoir former avec les animaux des genres *Ascidia* et *Salpa* de Gmelin, dont auparavant il formoit, avec M. G. Cuvier et tous les autres zoologistes, une famille ou au plus un ordre du type des malacozoaires ou animaux mollusques. Ce sont les travaux de MM. Lesueur, Desmarest et Savigny, sur les Pyrosomes, les Botrylles et genres voisins, qui ont conduit M. de Lamarck à ce résultat, dont il avoit déjà dit quelque chose dans le Supplément qui termine le premier volume de son Système des animaux sans vertèbres, et qu'il a exécuté tome 5, page 80, du même ouvrage. Les motifs sur lesquels il se fonde, sont : 1.° leur manière d'être, leur état fixe et leur forme singulière, qu'il suppose, je crois à tort, n'offrir aucune partie essentiellement paire ou symétrique ; 2.° sur ce que leur dénomination de mollusques porte sur des attributions de fonctions à des parties souvent difficiles à distinguer et qu'on ne juge qu'hypothétiquement ; 3.° parce qu'en considérant quelques dilatations successives et irrégulières du corps et du tube alimentaire de ces animaux, dilatations qui forment des cavités particulières superposées, dont l'antérieure, supposée branchiale, a pour orifice au dehors celui qui sert d'entrée aux alimens ; tandis que la bouche véritable se trouve, dit-on, située au fond de cette cavité antérieure, ce qui lui semble tout différent de ce qui a lieu dans les vrais mollusques, même dans les acéphales ;

4.° parce qu'il est inusité, suivant lui, dans les plans suivis par la nature, de placer dans le canal alimentaire des branchies dont la forme d'ailleurs lui paroît si différente de ce genre d'organes, qu'il doute même que ce puisse en être réellement ; 5.° parce que de véritables branchies ne s'observent clairement que parmi les animaux d'une organisation où la circulation est établie, et que l'admettre dans les animalcules des botrylles, des pyrosomes, seroit, suivant M. de Lamarck, réellement ridicule ; 6.° enfin, parce qu'on ne peut toujours, d'après le même naturaliste, y montrer positivement l'existence d'un cerveau, d'un cœur, d'un foie, d'organes fécondans, et qu'à cet égard on est conduit à des suppositions tout-à-fait arbitraires. Quelque respect qu'on doive avoir pour les opinions d'un zoologiste aussi recommandable que M. de Lamarck, il est de toute vérité qu'aucun de ces motifs n'est appuyé sur rien de positif. Si M. de Lamarck persévère à laisser parmi les mollusques les derniers bivalves, comme les myes, les pholades et les tarets, il est impossible qu'il refuse de placer à leur suite immédiate les ascidies et les pyrosomes, qu'ils soient grands ou petits ; leur corps est aussi bien régulier et symétrique dans toutes les parties qui en sont susceptibles, que celui des myes : la bouche est tout-à-fait semblablement placée, ainsi que l'estomac, le canal intestinal et l'anus ; les branchies, quoique d'une forme un peu différente que dans les pholades (puisqu'elles tapissent la cavité du manteau, au lieu d'y former des replis saillans), n'en sont pas moins composées de vaisseaux qui se croisent à angle droit comme dans les branchies de tous les bivalves. Il y a un cœur bien distinct, des vaisseaux, une véritable circulation dans les ascidies et les biphores, et par conséquent chez les botrylles et les pyrosomes, qui n'en diffèrent réellement que par la grandeur. Or, niera-t-on l'existence du cœur et des vaisseaux dans les entomostracés, parce qu'ils sont souvent encore plus petits que les botrylles ? Il est plus que probable qu'il y a dans les botrylles un foie granuleux, entourant l'estomac, comme dans les bivalves : il est certain qu'il y a des ovaires comme chez eux, avec cette différence que souvent, au lieu d'être sur les côtés de l'estomac, ils se portent plus en avant, peut-être même dans leur développe-

ment. Ainsi on peut avancer que les tuniciers de M. de Lamarck sont entièrement construits sur le plan des mollusques bivalves, et, qu'on en forme une classe ou non, ils
doivent être, dans toute méthode zoologique naturelle, immédiatement placés après eux. C'est ce que ne fait cependant
pas M. de Lamarck, puisqu'il place sa classe des tuniciers
entre les holothuries ou les derniers radiaires véritables et
les vers intestinaux, c'est-à-dire qu'ils sont séparés des mollusques par tout le type des insectes ou des animaux articulés
extérieurement.

Au reste, quoi qu'il en soit de la nécessité de la séparation des tuniciers en classe et de leur place dans la série, M.
de Lamarck les définit presque convenablement, si ce n'est
qu'il en fait des corps irréguliers, qu'il doute du système nerveux, et qu'il ne parle pas d'organes respiratoires. La composition de cette classe n'offre non plus rien d'hétérogène.
En effet, il y réunit les Ascidies et les Salpas avec toutes les
subdivisions génériques établies dans ces dernières années par
M. Savigny. Voyez ces deux mots et les articles Botrylle, Py-
ro-ome, Synoïque, Sigelline, Polycycle, ainsi que le *Genera*
qui fait suite à l'article Mollusques. (De B.)

TUNIN. (*Mamm.*) Les noms de tunin, tonine ou tounine sont
donnés aux marsouins dans plusieurs langues du Nord. (Desm.)

TUNIQUÉE, TUNIQUEUSE [Bulbe]. (*Bot.*) On nomme
tuniquée, la bulbe enveloppée de tuniques; exemple : *fumaria
bullosa*, etc.: et *tuniqueuse*, celle qui est entièrement composée de lames charnues, enveloppées les unes par les autres;
exemples : ognon commun, jacinthe, etc. (Mass.)

TUNIQUES SÉMINALES. (*Bot.*) Les enveloppes qui accompagnent la graine après sa maturité parfaite et garantis-
sent l'embryon de la sécheresse, de l'humidité et même quelquefois de la voracité des animaux, sont de diverses natures,
ont une différente origine et varient en nombre suivant les
espèces.

Le périanthe, tout entier dans les oseilles, et sa base seulement dans la belle-de-nuit, recouvre l'ovaire et la graine.

Une cupule, espèce de bractée creuse, d'une seule pièce,
renferme exactement la fleur femelle des conifères et devient
l'enveloppe séminale extérieure. Les graines des graminées

ont pour enveloppe extérieure l'ovaire transformé en péricarpe. Les graines de plusieurs espèces d'arbres à fleurs en rose, tels que le cerisier, le pêcher, l'abricotier, le néflier, sont renfermées dans un noyau, lame interne du péricarpe plus ou moins épaisse, qui acquiert de la solidité en mûrissant et s'isole de la partie charnue.

Les cupules, les périanthes, les ovaires, qui forment ces diverses enveloppes, existoient long-temps avant que la graine fût développée; ils faisoient alors partie essentielle et accessoire de la fleur, et chacun, remplissant des fonctions déterminées, avoit déjà reçu un nom particulier. Ce ne sont donc pas les tégumens propres de la graine, mais seulement des tégumens auxiliaires.

Les tuniques propres de la graine, ainsi nommées parce qu'elles croissent avec les ovules et qu'en général elles ne sont bien apparentes et distinctes qu'après que l'ovaire s'est transformé en fruit, sont l'ARILLE, la LORIQUE et le TEGMEN (voyez ces mots). On rencontre bien rarement ces trois tégumens dans une seule espèce de graine, et leurs limites sont souvent indécises. Mirbel, Élém. (MASS.)

TUNISI. (*Bot.*) Césalpin dit que ce nom avoit été donné primitivement à l'œillet, et qu'il étoit peut-être l'origine du nom *tunica*, qu'il avoit aussi reçu de quelques auteurs. Il ajoute qu'on l'a nommé aussi *diosanthos*, c'est-à-dire fleur des dieux. C'est de là qu'est tiré le nom latin de *dianthus*, que porte maintenant le genre de cette fleur des jardins. (J.)

TUNNEKTOK. (*Ornith.*) Fabricius donne ce nom groënlandois pour synonyme de son *parus bicolor*. (CH. D. et LESSON.)

TUNNUDLIORBIK. (*Ornith.*) Nom groënlandois, suivant Othon Fabricius, du *strix asio*. (CH. D. et LESSON.)

TUNNULIK ou TUNOMLIK. (*Mamm.*) Noms groënlandois qui s'appliquent à plusieurs cétacés, et notamment à la baléinoptère gibbar. (DESM.)

TUNNY FISH. (*Ichthyol.*) Voyez SPANISH MACKRELL. (H. C.)

TUP. (*Mamm.*) Ce nom est un de ceux que reçoivent les beliers en Angleterre. (DESM.)

TUPA. (*Bot.*) Suivant Feuillée on nomme ainsi, dans le Chili, une belle espèce de lobélie, qui est le *lobelia tupa* de Linnæus. (J.)

TUPAI, *Tupaia*. (*Mamm.*) Nom que les Malais donnent à des animaux d'ordres très-différens : à des insectivores et à des rongeurs du genre Guerlinguet. Les insectivores forment le genre *Tupaia* de Raffles, et *Cladobates* de M. Fréd. Cuvier.

Ce genre, que nous n'avons pu décrire sous ce dernier nom, parce qu'il n'étoit pas encore établi lorsque son ordre alphabétique est venu, et dont les espèces ressemblent extérieurement à des écureuils, se caractérise par quatre incisives supérieures, séparées l'une de l'autre, petites, coniques, obtuses et crochues; huit fausses molaires et six vraies; et à la mâchoire inférieure six incisives longues, couchées en avant, aplaties et elliptiques; huit fausses molaires et six vraies.

Leurs sens sont peu connus. Tout ce qu'on sait, c'est qu'ils ont de grands yeux; des oreilles peu élevées, mais fort larges; la bouche grande, avec une langue douce, et un museau très-alongé, terminé par un mufle. sur les côtés duquel s'ouvrent les narines. Le pelage est doux et épais. Leurs membres ont cinq doigts, armés d'ongles aigus, qui se relèvent et ne s'usent point dans la marche.

On en distingue trois espèces, qui sont des îles de Sumatra et de Java. Valantin en avoit déjà indiqué une sous le nom de *toupe*, mais il n'en fait pas une description suffisante pour qu'on ait pu la reconnoître.

Le Banxrings; *C. javanica*, F. Cuv., Hist. nat. des mamm., liv. 55. Son corps a plus de sept pouces de longueur, et sa queue en a six. Brun, tiqueté de jaunâtre en dessus, blanchâtre en dessous; une ligne blanche étroite, naissant sous le cou, vient de chaque côté se terminer au milieu de l'épaule. De Java.

Le Tana; *C. tana*, Raffl., *Trans. linn.*, t. 13. Longueur du corps, neuf pouces; de la queue, sept pouces. Brun, tiqueté de jaunâtre en dessus, roux ferrugineux en dessous, ainsi que dans une petite ligne oblique qui s'étend du cou aux épaules. De Sumatra.

Le Press : *C. ferruginea*, Raffl.; *Press*, F. Cuv., Hist. nat. des mamm., liv. 56. Longueur du corps, huit pouces; de la queue, cinq pouces. Brun marron en dessus, la queue grisâtre, le dessous blanchâtre. De Sumatra. (F. C.)

TUPAIPI. (*Bot.*) Ce nom, qui signifie bulbe dans l'ancienne langue des Brésiliens, suivant Pison, a été donné par eux à une plante parasite qui, d'après une gravure incomplète, paroît être un angrec, *epidendrum.* (J.)

TUPEICAVA. (*Bot.*) La plante du Brésil citée sous ce nom par Pison, est, selon Linnæus, une variété du *scoparia dulcis.* (J.)

TUPELO. (*Bot.*) Nom américain du NYSSA (voyez ce mot) des botanistes, auquel Adanson a voulu le substituer. (J.)

TUPHA. (*Bot.*) Nom indien, cité par C. Bauhin, de l'arbre qui est le *tuphat* des Persans, le *jambos* des Arabes. Cette indication paroît convenir à l'*eugenia jambos* de Linnæus. Cependant Rumph l'attribue à son *jambosa domestica, eugenia malaccensis* de Linnæus. Il ajoute que c'est le *tupha-indi* des Arabes et des Perses, et il fait dériver ce nom du mot hébreu *tuppuach,* qui signifie pomme, parce que son fruit ressemble à une pomme par sa substance et sa saveur. (J.)

TUPICADI. (*Bot.*) Nom brame du KURUNDOTI du Malabar. Voyez ce mot. (J.)

TUPIN. (*Ornith.*) Le proyer, espèce du genre Bruant, porte ce nom en Piémont. (DESM.)

TUPINAMBIS, *Tupinambis.* (*Erpét.*) En parlant du sauvegarde d'Amérique, Margrave dit qu'il se nomme *teyu-guaçu,* et que chez les Topinambous on l'appelle *temapara* (*temapara Tupinambis,* dit-il). Par une erreur inconcevable, Séba a pris ce dernier mot pour le nom de l'animal, et il a été tellement imité par les naturalistes qui l'ont suivi, que ce mot est devenu le nom d'un genre de reptiles sauriens appartenant à la famille des planicaudes de la Zoologie analytique.

Ce genre, qui est pour M. Cuvier celui des Monitors proprement dits, et qui rentre dans sa grande famille des Lacertiens, est reconnoissable aux caractéres suivans :

Queue comprimée; corps alongé; cinq doigts séparés, inégaux, étroits, arrondis, armés d'ongles à tous les pieds; écailles du ventre et de la queue disposées par bandes transversales et parallèles; tympan membraneux et à fleur de tête; des dents aux deux mâchoires; palais anodonte; écailles petites et nombreuses sur la tête et les membres; dents aiguës et tranchantes; dos sans crête.

On distinguera facilement les TUPINAMBIS des CROCODILES, qui ont les pattes postérieures palmées; des DRAGONNES, qui ont des plaques anguleuses sur la tête; des SAUVE-GARDES, qui ont les dents dentelées : des Lézards et des Ameivas, qui ont la queue ronde ; des Lophyres et des Basilics , qui ont une crête sur le dos ; des Uroplates , qui ont les doigts larges et plats. (Voyez ces divers noms de genres, et Planicaudes et Sauriens.)

Parmi les espèces qui composent ce genre, nous signalerons en particulier les suivantes :

Le Tupinambis élégant : *Tupinambis elegans* , Daudin ; *Lacerta ceylonica* , Séba. Noirâtre ; des rangées transversales de taches blanches sur le dos ; ventre blanc ; des lignes blanches longitudinales sur les côtés du cou ; queue carénée en dessus , un peu arrondie en dessous, très-aplatie sur les côtés.

Ce reptile , qui n'a pas plus d'un pied de longueur, paroît habiter l'Amérique méridionale, et surtout Surinam. On le trouve également dans l'archipel des Indes.

Il se nourrit de vers et de limaçons. Il est bien représenté dans plusieurs des planches de Séba, qui assure qu'il est fort doux et familier.

Le Tupinambis cépédien ; *Tupinambis cepedianus* , Daudin. Forme et dimensions du précédent ; teint d'un brun clair en dessus et d'un blanc roussâtre en dessous; un trait noirâtre et longitudinal derrière chaque œil; des points noirs et blancs en quinconce sur le cou , le corps et la base de la queue; quinze à seize bandes transversales brunes et interrompues sous le ventre.

Patrie inconnue.

Le Tupinambis indien ; *Tupinambis indicus* , Daudin. Tête effilée ; museau non tronqué ; teinte générale noire, avec de nombreux points blanchâtres irrégulièrement disposés sur le cou, le corps, les membres et la base de la queue; ventre et dessous de la queue d'un gris pâle et luisant.

Ce reptile a été découvert par Riche dans l'île d'Amboine, où pourtant déjà il avoit été vu, mais mal décrit et plus mal figuré sous le nom de *scuembi* par Bontius.

Il acquiert la taille de deux à trois pieds.

Le Tupinambis a taches vertes ; *Tupinambis maculatus* , Daudin. Tête alongée, étroite, pyramidale ; dessus du corps et flancs d'un noir brunâtre luisant, avec quelques marbrures ou bandes transversales, irrégulières, d'un bleuâtre pâle ; sept rangées longitudinales et parallèles de petites taches oblongues, écartées, verdâtres sur le dos et les flancs ; ventre d'une teinte ardoisée pâle.

Ce saurien acquiert au moins la taille de quinze pouces. Sa patrie est inconnue. Il a été observé par Daudin dans la collection du Muséum d'histoire naturelle de Paris.

Le Tupinambis du Nil ou Ouaran : *Tupinambis niloticus*, Daudin ; *Lacerta nilotica*, Linnæus. Dos brun, avec des piquetures blanchâtres formant de petits compartimens ovales et réguliers ; queue presque cylindrique ; taille de deux à trois pieds.

Jusqu'à l'expédition des François en Égypte, Hasselquist, l'un des disciples de Linnæus, étoit le seul naturaliste qui eût encore observé cette espèce de reptile, que Linnæus et Gmelin ont regardé comme un lézard, et que Schneider a placé parmi les scinques. Des détails plus circonstanciés sur sa conformation et ses mœurs nous ont été récemment fournis par M. le professeur Geoffroy Saint-Hilaire ; une foule de faits curieux offerts par suite de son examen anatomique, nous ont été transmis par M. Cuvier, ainsi qu'on peut facilement s'en convaincre en lisant les Recherches de ce savant sur les ossemens fossiles.

Le peuple en Égypte prétend que l'ouaran sort d'un œuf de crocodile déposé dans un terrain sec. Les Anciens l'ont souvent représenté sur leurs monumens, peut-être parce qu'il est avide des œufs du crocodile et qu'il dévore les jeunes individus de cette espèce.

Le *Lacerta dracona* de Linnæus, très-différent de la dragonne de Lacépède, ne l'est point de l'ouaran.

Le Tupinambis du Congo ; *Tupinambis ornatus*, Daudin ; *Lacerta capensis*, Sparrman. Dessus du corps noir, tacheté de blanc ; dessous blanc avec quelques bandes transversales noires ; queue annelée de noir et de blanc ; vingt-quatre à trente dents à chaque mâchoire.

Ce saurien, long de cinq à six pieds, dévore toutes sortes de reptiles et d'insectes, ce qui le fait respecter des Nègres, sur les toits des cases desquels il poursuit souvent sa proie.

Le Tupinambis ou Monitor terrestre d'Égypte. Dos brun ou d'un vert jaunâtre à peu près uniforme.

Il est commun dans les déserts qui avoisinent l'Égypte.

Aprés lui avoir arraché les dents, les bateleurs du Grand-Caire l'emploient à faire des tours. C'est le *crocodile terrestre* d'Hérodote, et, selon Prosper Alpin, le véritable scinque des Anciens.

Le Tupinambis bigarré : *Tupinambis variegatus*, Daudin ; *Lacerta varia*, Shaw. Teinte générale noire, bigarrée de taches et de raies de différentes formes ; plusieurs rangées transversales de taches rondes et jaunes sur les membres ; queue couverte sur toute sa longueur de bandes annelées, nombreuses, alternativement noires et jaunes.

Ce tupinambis, qui habite la Nouvelle-Hollande, se cache au fond des eaux quand il est poursuivi. Sa longueur totale est d'environ trois pieds et demi. Il a été d'abord indiqué par J. White et décrit plus tard par G. Shaw.

Le Tupinambis étoilé d'Afrique : *Tupinambis stellatus*, Daud. Queue comprimée et surmontée d'une carène longitudinale double et légèrement dentelée en scie. De petits cercles d'écailles blanches rangées dessus le corps sur des bandes transversales noires.

On le rencontre en Afrique, depuis le Sénégal jusqu'au cap de Bonne-Espérance.

Il parvient à plus de quatre pieds de longueur.

Il paroît se plaire dans l'eau autant que sur la terre, et il est très-vivace, assure Sparrman.

Le Tupinambis piqueté du Bengale ; *Tupinambis bengalensis*, Daudin. D'un cendré foiblement rembruni, varié partout d'un grand nombre de points noirs et de quelques points grisâtres : taille de trois à quatre pieds.

Ce saurien a été envoyé du Bengale par le naturaliste Massé. (H. C.)

TUPINET. (*Ornith.*) La mésange à longue queue est ainsi nommée en Piémont. (Desm.)

TUPISTRA. (*Bot.*) Genre de plantes monocotylédones, à fleurs incomplètes, de la famille des *asphodélées*, de l'*hexandrie monogynie* de Linnæus, offrant pour caractère essentiel : Une corolle (un calice) à six découpures conniventes ; point de calice ; six étamines ; les filamens soudés presque dans toute leur longueur sur la corolle ; un ovaire supérieur, déprimé ; un style à trois sillons ; un stigmate à trois lobes ouverts ; une baie ?

Tupistra sale ; *Tupistra squalida*, Bot. Magaz., tab. 1655. Il existe beaucoup de rapports entre cette plante et l'*orontium japonicum*. Ses racines sont bulbeuses, épaisses, un peu cylindriques, couvertes de membranes sèches, munies en dessous de grosses fibres simples. Les feuilles sont en petit nombre, toutes radicales, planes, oblongues, lancéolées, très-longues, nerveuses, aiguës, roulées en gaîne et rétrécies à leur base : de leur centre s'élève une hampe deux et trois fois plus courte, glabre, dure, cylindrique, inclinée, terminée par un épi oblong, touffu, cylindrique, muni de bractées larges, ovales. Les fleurs sont sessiles, purpurines, privées du calice. La corolle est campanulée, presque à deux lèvres, à six découpures conniventes, d'égale longueur ; les trois découpures supérieures étalées, presque planes ; les trois inférieures concaves, plus resserrées ; les filamens une fois plus courts que la corolle, soudés avec elle ; les anthères ovales, à deux loges : elles paroissent stériles, et feroient soupçonner que cette plante est un individu femelle. L'ovaire est supérieur, déprimé, surmonté d'un style une fois plus long que les étamines, marqué de trois sillons ; le stigmate est à trois lobes. Le fruit n'a point été observé : on le soupçonne une baie. Cette plante croît à l'île d'Amboine. (Poir.)

TUPITCHA. (*Bot.*) Dans la langue des Guaranis du Brésil on nomme ainsi, suivant M. de Saint-Hilaire, le *sida carpinifolia*, que les Brésiliens emploient comme balais, d'où lui vient aussi dans ce pays le nom portugais *vassoura*. (J.)

TUPLIA. (*Polyp.*) Dénomination sous laquelle M. Oken (Élém. d'hist. nat. zool., tom. 1, p. 78) a établi avec le *Spongia lacustris* de Linné, le genre que M. de Lamarck a nommé Spongille. Voyez ce mot. (De B.)

TUPPUACH. (*Bot.*) Voyez Tupha. (J.)

TUPU-KADU. (*Bot.*) Nom brame de l'*uren* du Malabar, *urena sinuata*. (J.)

TUR ou TUHR. (*Mamm.*) Voyez dans l'article Bœuf, l'histoire de l'*auerochs*. (Desm.)

TURBAN. (*Bot.*) Le lis martagon et le lis de Pomponne ont été désignés sous ce nom. (L. D.)

TURBAN PERSAN. (*Conch.*) Nom marchand du *turbo cidaris*, Linn. (De B.)

TURBAN DE PHARAON. (*Conch.*) Nom marchand d'une petite coquille, plus connue sous la dénomination de bouton de camisole ; *trochus Pharaonis*, L., type du genre Bouton ; *Clangulus* de Denys de Montfort. (De B.)

TURBAN ROUGE. (*Nématopodes.*) Nom vulgaire du *balanus tintinnabulum*. Linn. (De B.)

TURBAN TURC. (*Conch.*) Nom marchand de la même espèce de coquille. (De B.)

TURBANS. (*Nématopodes.*) Dénomination empruntée par M. de Lamarck aux anciens conchyliologistes et même aux marchands d'objets d'histoire naturelle, pour désigner une division de véritables oursins à tubercules perforés, dont M. de Lamarck a fait son genre Cidarite. Leur forme élevée leur a sans doute valu ce nom.

On appelle aussi turban, le *turbo cidaris*. Linn. (De B.)

TURBINACÉS, *Turbinaceæ*. (*Conchyl.*) On trouve cette dénomination employée comme titre de famille par M. de Lamarck, pour renfermer les coquilles univalves turriculées ou conoïdes, dont l'ouverture, arrondie ou oblongue, non évasée, a les bords amincis en arrière, mais non échancrés en avant. Elle comprend les deux genres *Trochus* et *Turbo* de Linné, divisés en Cadran, Monodonte, Phasianelle, Planaxe, Roulette, Troque, Turbo et Turritelle. Voyez ces mots. (De B.)

TURBINAIRE, *Turbinaria*. (*Polyp.*) Genre établi par M. Oken, Élém. d'hist. nat. zool., t. 1, p. 65, pour placer les espèces de madrépores de Linné dont la tige est nulle, portant un simple évasement en ombrelle, et dont la base est une espèce de ciment. L'espèce principale est le *M. crater*, et les autres sont les *M. peltatus*, *cinerascens* et *pileus*, que Linné avoit confondus sous les noms de *Limax* et *Talpa*. (De B.)

TURBINÉ. (*Bot.*) En forme de poire ou de toupie ; exemples : calice du *spiræa trifoliata* ; style du *viola rothomagensis* ; capsule du *lilium martagon* ; embryon du *nymphæa alba*, etc. (Mass.)

TURBINELLE. *Turbinellus*. (*Conchyl.*) Genre établi par M. Oken (Élém. d'hist. nat., zool., tom. 1, pag. 273) pour quelques espèces de coquilles du genre *Voluta* de Linné et qui rentrent pour la plupart dans celui que M. de Lamarck a nommé aussi turbinelle. Cependant, avec les *voluta turbi-*

nellus et *pyrum*, qui sont de véritables turbinelles, il y range les *voluta musica*, *verspertilio* et *hebræa*, qui sont des volutes pour M. de Lamarck. Au reste, voici la caractéristique des turbinelles de M. Oken : Coquille enroulée, rude, ventrue, à spire courte ; ouverture large, à canal échancré ; columelle plissée ; opercule petit ; deux tentacules en massue, plus longs que le tube respiratoire. (DE B.)

TURBINELLE, *Turbinella*. (*Conchyl.*) Genre de coquilles, établi par M. de Lamarck, dans les deux éditions de son Système des animaux sans vertèbres, pour un certain nombre d'espèces que Linné rangeoit parmi ses volutes, mais qui réellement ont plus de rapports avec les murex, dont elles diffèrent principalement parce qu'elles n'ont pas de varices, et que d'ailleurs elles ont des plis à la columelle. Les caractères de ce genre peuvent être exprimés ainsi : Coquille en général épaisse, turbinée ou subfusiforme, souvent tuberculeuse, à ouverture étroite, canaliculée, avec trois à cinq plis transverses et comprimés à la columelle ; opercule petit, suborbiculaire et corné. D'après cela, c'est un genre qui diffère assez peu des fasciolaires, si ce n'est par la direction des plis de la columelle, qui, dans celles-ci, sont très-obliques et souvent peu marqués.

On connoit incomplétement l'animal d'une espèce de turbinelle, d'après ce que dit d'Argenville, *Zoomorph.*, pl. 3, fig. 3, d'où l'on voit qu'il ne diffère en rien de celui des murex.

Les espèces de ce genre appartiennent toutes aux mers des pays chauds. M. de Lamarck en signale une vingtaine, qui sont :

La T. ARTICHAUT : *T. scolymus* ; *Murex scolymus*, Linn., Gmel., page 3553, n.° 101 ; Encycl. méth., pl. 431 ; vulgairement l'ARTICHAUT. Coquille de neuf pouces de long, épaisse, pesante, subfusiforme, ventrue au milieu, à spire conique, couronnée de gros tubercules à la partie supérieure de son dernier tour. Canal sillonné en travers ; columelle à trois plis, orangée. Couleur d'un fauve pâle.

De l'océan des grandes Indes ?

La T. RAVE : *T. rapa*, de Lamk., *loc. cit.*, page 103, n.° 2 ; Martini, *Conchyl.*, 3, t. 95, fig. 916 ; Enc. méth., pl. 431 *bis*, fig. 1. Coquille de six a sept pouces de long, épaisse, très-

pesante, subfusiforme, ventrue au milieu, mutique, à
sommet non mucroné; les tours de spire se recouvrant un
peu les uns les autres à leur partie supérieure; canal assez
court; columelle à quatre plis. Couleur blanche.

Cette espèce, qui vient de l'océan des grandes Indes, a
été, suivant M. de Lamarck, confondue à tort par Gmelin
avec le *voluta pyrum* de Linné.

La Turbinelle navet; *T. napus*, *id.*, *ib.*, n.° 3. Coquille de
quatre à cinq pouces de long, épaisse, pesante, en forme
de massue courte, très-ventrue, mutique, à spire courte,
mucronée au sommet; canal non strié; columelle à trois plis.
Couleur d'un blanc fauve.

De l'océan des grandes Indes?

M. de Lamarck ajoute que la coquille de son cabinet,
sur laquelle il établit cette espèce, et qui est semblable à
une grosse poire un peu raccourcie, lui paroît avoir de
grands rapports avec celle dont Chemnitz a donné une figure
(*Conchyl.*, vol. 9, tab. 104, fig. 884 et 885), avec cette différence que celle-ci est sinistrale, que son canal est plus alongé,
et que son bord columellaire est fortement réfléchi.

La T. poire : *T. pyrum; Voluta pyrum*, Linn., Gmel., page
5465, n.° 102 : Chemn., *Conchyl.*, 2; tab. 176, fig. 1697 et
1698. Coquille pyriforme, ventrue en arrière, terminée en
avant par un canal assez long et strié; spire courte, mucronée et mamelonnée au sommet, souvent un peu noduleuse; quatre plis à la columelle. Couleur fauve, agréablement peinte de taches fauves ponctiformes.

De l'océan des grandes Indes.

La T. aigrette : *T. pugillaris*, de Lamk., *loc. cit.*, n.° 5;
T. capitellum, Encycl., pl. 451 *bis*, fig. 3 ; vulgairement l'Aigrette. Coquille assez grosse, épaisse, pesante, turbinée,
ombiliquée, à spire pointue, hérissée sur le dernier tour
d'une rangée de tubercules aigus en arrière, et de trois
autres plus petites en avant; columelle à cinq plis inégaux.
Couleur blanche.

De l'océan des Antilles.

La T. rhinocéros : *T. rhinoceros; Voluta rhinoceros*, Linn.,
Gmel., page 5458, n.° 128 ; Chemn., *Conch.*, 10, tab. 150,
fig. 1407 et 1408. Coquille de trois à quatre pouces de long,

ovale, turbinée, subtrigone, épaisse, ombiliquée, sillonnée en travers, à spire courte, submucronée, hérissée sur le dernier tour d'une rangée postérieure de tubercules fourchus, subgéminés, et d'une autre rangée antérieure de tubercules simples; ouverture avec trois plis à la columelle et le bord droit crénelé et sillonné intérieurement. Couleur blanche, veinée de châtain.

Des mers de la Nouvelle-Guinée : c'est une coquille fort rare et qui diffère assez peu de la suivante.

La Turbinelle cornigère : *T. cornigera; Voluta turbinellus*, Linn., Gmel., p. 3462, n.° 99; Chemn., *Conch.*, 11, tab. 179, fig. 1725 et 1726; vulgairement la Dent-de-chien. Coquille de deux à trois pouces de long, ovale, turbinée, subtrigone, sillonnée en travers, non ombiliquée, à spire très-courte, acuminée, hérissée, surtout sur le dernier tour, de tubercules alongés, épais, simples ou trifurqués; columelle à quatre plis. Couleur blanche sur les tubercules, avec les interstices noirs.

De l'océan des grandes Indes et des Moluques.

La T. de Céram : *T. ceramica; Voluta ceramica*, Linn., Gmel., pag. 3462, n.° 101 ; Martini, *Conch.*, 3, tab. 99, fig. 943, vulgairement la Chausse-trappe. Coquille assez grosse, fusiforme, alongée, sillonnée en travers, non ombiliquée, à spire conique, mutique en arrière et hérissée sur le dernier tour de plusieurs séries de tubercules longs, simples ou fourchus; columelle à cinq plis. Couleur variée de blanc et de noir.

De l'océan des Moluques, près l'île de Céram.

C'est le type du genre Cynodone de Schumacher.

La T. muriquée : *T. capitellum ; Voluta capitellum*, Linn., Gmel., page 3462, n.° 100 ; Chemn., *Conch.*, 2, tab. 179, fig. 1723 et 1724; *Turbin. muricata*, Enc. méth., pl. 451 *bis*, fig. 4, *a, b*. Coquille de trois à quatre pouces de long, ovale, subfusiforme, ombiliquée, à spire conique; les tours anguleux et très-hérissés de tubercules aigus, formant des séries décurrentes, très-rapprochées, et des espèces de côtes longitudinales; columelle à trois plis. Couleur blanche.

De l'océan des grandes Indes ?

La T. douce; *T. mitis*, de Lamk., *loc. cit.*, page 106, n.° 10. Coquille d'environ deux pouces de long, ovale, ombi-

liquée, chargée de tubercules assez courts, obtus, noduli-
formes, plus gros sur le sommet des tours de spire et formant des séries décurrentes et des côtes longitudinales; columelle à trois plis. Couleur d'un fauve roussâtre; les sillons
et les nodosités blanches.

Patrie inconnue.

La TURBINELLE PETIT GLOBE : *T. globulus*; *Voluta globulus*,
Chemn., *Conch.*, 2, tab. 178, fig. 1715 et 1716; *T. globulus*,
Enc. méth., pl. 431 *bis*, fig. 2. Coquille d'un pouce et demi
de long, ventrue, globuleuse, épaisse, ombiliquée, à spire
courte, striée et sillonnée dans sa décurrence; les sillons
scabres et crénelés; ouverture fort étroite, sans canal, et
avec trois plis à la columelle. Couleur blanche en dehors,
rose en dedans.

Patrie inconnue.

La T. CORDON BLANC : *T. leucozonalis*, de Lamk., *loc. cit.*,
n.° 12; Favan., *Conch.*, pl. 55, fig. H 2 ? Coquille d'un
pouce et demi de long, ovale, aiguë, ventrue, mutique,
lisse, à tours de spire convexes et avec trois plis à la columelle. Couleur fauve ou brune, avec une bande blanche
au-dessous du milieu du dernier tour.

Patrie inconnue.

La T. PRUNIFORME : *T. rustica*; *Buccinum rusticum*, Linn.,
Gmel., page 3486, n.° 65; Martini, *Conch.*, 3, t. 120, fig.
1104 et 1105. Coquille assez petite, épaisse, ovale, très-
ventrue, lisse, à spire assez courte, enflée, un peu obtuse
au sommet; les tours convexes; ouverture un peu étroite;
le bord droit légèrement crénelé et strié à l'intérieur; la columelle subquadriplissée. Couleur blanche, peinte de lignes
fauves ou noires, très-serrées et transverses.

Cette coquille, qui vient de l'océan Indien et Africain,
est le type du genre Carafe, *Lagena* de M. Schumacher.

La T. FORTE-CEINTURE : *T. cingulifera*; *Murex nassa*, Linn.,
Gmel., page 3551, n.° 93; *Fasciolaria cingulifera*, Encycl.,
pl. 429, fig. 1, *a*, *b*; Martini, *Conch.*, 4, tab. 122, fig. 1131,
1132, tab. 125, fig. 1133 et 1134. Coquille fusiforme, turriculée, un peu lisse, luisante, avec les tours de spire garnis
dans leur milieu d'une rangée de tubercules noduleux, formant une côte sur le dernier; ouverture striée en dedans

du bord droit et avec trois plis sur la columelle. Couleur orangée. La côte du dernier tour blanche.

Cette coquille, dont la place est assez difficile à assigner, et que Gmelin disoit déjà intermédiaire aux volutes et aux murex, habite l'océan des Antilles. Sa forme n'est guère celle des turbinelles.

La Turbinelle polygone : *T. polygonalis ; Murex polygonus*, Linn., Gmel., p. 3555. n.° 109 : *Fusus polygonus*, Enc., pl. 433, fig. 1 ; Martini, *Conch.*, 4, tab. 140, fig. 1306 — 1309 ; vulgairement l'Ananas. Coquille de deux à trois pouces de long, fusiforme, à tours de spire striés, anguleux au milieu, aplatis au-delà de l'angle et garnis de plis distans, ce qui la rend plus ou moins polygonale ; bord droit strié à l'intérieur ; columelle à quatre plis. Couleur d'un fauve roussâtre, avec les plis noirs, sillonnés de blanc dans les intervalles.

Des mers de l'Isle-de-France et de l'Inde.

La T. carénifère : *T. carinifera*, de Lamk., *ibid.*, n.° 16 ; Martini, *Conch.*, 1, fig. 5 ; *Fusus cariniferus*, Enc. méth., pl. 423, fig. 3. Coquille de deux pouces et demi de long, fusiforme, turriculée, ombiliquée, à tours de spire anguleux, carénés et tuberculeux dans leur milieu, striés dans leur décurrence ; les tubercules formant des espèces de côtes longitudinales ; trois petits plis à la columelle ; bord droit strié en dedans. Couleur d'un jaune roussâtre.

Patrie inconnue.

La T. étroite : *T. infundibulum ; Murex infundibulum*, Linn., Gmel., page 3554, n.° 108 ; Martini, *Conch.*, 4, page 143, vign. 39. fig. *A ; Fusus infundibulum*, Enc. méth., pl. 424, fig. 2. Coquille de trois ou quatre pouces de long, fusiforme, turriculée, étroite, ombiliquée, garnie de côtes longitudinales, épaisses, nombreuses ; trois petits plis à la columelle, dont un plus enfoncé ; le bord droit strié en dedans. Couleur rouge sur les sillons et fauves dans les interstices.

Cette coquille, dont la patrie est inconnue, est le type du genre Polygone de Schumacher.

La T. costulée : *T. craticulata ; Murex craticulatus*, Linn., Gmel., page 3554, n.° 105, et *Voluta craticulata*, Linn., Gmel., page 3464, n.° 108 ; Martini, *Conch.*, 4, tab. 149, fig. 1382 et 1383 ; *Fasciolaria craticulata*, Enc. méth., pl. 429.

fig. 4, *a*, *b*. Coquille de deux pouces de long, épaisse, sub-turriculée, sillonnée dans la décurrence de la spire, côtelée dans sa longueur; ouverture à canal court, avec trois petits plis transverses à la columelle. Couleur blanche ou d'un roux orangé, avec les côtes obliques d'un rouge châtain.

Patrie inconnue ou de la Méditerranée, si le *murex crati-culatus* de Gmelin appartient bien à cette espèce.

La Turbinelle siamoise : *T. lineata*, Lamk., *ibid.*, n.° 19: *Voluta turrita*, Linn., Gmel., page 3456, n.° 77 ; Martini, Conch., 4, t. 141, fig. 1317 et 1318 : *Fasciolaria lineata*, Enc. méth., pl. 429. fig. 4, *a*, *b*. Coquille subturriculée, sillon-née suivant la décurrence de la spire, à peine plissée longi-tudinalement : ouverture ou canal très-court, avec trois petits plis transverses à la columelle, et le bord droit strié. Cou-leur d'un roux orangé, rayé de rouge-brun.

Patrie inconnue.

La T. nassatule ; *T. nassatula*, de Lamk., *loc. cit.*, page 110, n.° 20. Coquille de seize lignes de long, subturriculée, sillonnée et striée dans la décurrence de la spire, côtelée à côtes interrompues; ouverture à canal très-court, avec trois petits plis à la columelle, dont un est presque effacé. Cou-leur blanche et jaune rosée en dehors, d'un rose violacé en dedans.

Patrie inconnue.

La T. trisériale : *T. triserialis*, id., *ibid.*, n.° 21 ; Lister, Conch., t. 924, fig. 16 ? Coquille d'un pouce de long, ovale, aiguë, striée et garnie de tubercules subaigus, disposés en séries décurrentes, au nombre de trois sur le dernier tour: ouverture à canal très-court, avec trois petits plis trans-verses à la columelle. Couleur d'un fauve roussâtre, avec les tubercules blancs.

Patrie inconnue.

La T. variolaire : *T. variolaris*, id., *ibid.*, n.° 22. Coquille assez petite, ovale, raccourcie, à spire conoïdale, noduleuse, obtuse, couverte de nodosités obtuses et comme pustuleuses, plus grosses et plus serrées au bord supérieur du dernier tour; canal très-court; columelle à quatre plis. Couleur noirâtre, avec les nodosités blanches.

Patrie inconnue.

La Turbinelle ocellée : *T. ocellata ; Buccinum ocellatum*, Linn., Gmel., p. 3488, n.° 73 ; Martini, *Conch.*, 4, tab. 124, fig. 1160 et 1161. Coquille d'un pouce de long, ovale, aiguë, couverte de nodosités assez écartées entre elles, plus grosses sur le dernier tour ; columelle à trois plis. Couleur rousse ou noirâtre.

Patrie inconnue.

Outre ces vingt-trois espèces de coquilles que M. de Lamarck range dans son genre Turbinelle, j'en ai trouvé encore deux ou trois, rapportées au même genre par M. Risso dans son Histoire naturelle des environs de Nice, mais très-probablement à tort ; car la direction des plis columellaires de la seule de ces espèces qui est figurée, n'est pas transverse comme dans les véritables turbinelles ; ce sont :

La T. bilamellée : *T. bilamellata*, Risso, *loc. cit.*, tome 4, page 212. n.° 551. Assez petite coquille, épaisse, lisse, presque translucide, à six tours de spire, pourvue de côtes très-convexes, sculptées de lignes larges, inégales et décurrentes. Couleur brunâtre.

Des côtes de Nice.

La T. a trois plis : *T. triplicata, id. ibid.*, n.° 552, pl. 8, fig. 110. Petite coquille ovale, un peu alongée, mince, lisse, presque translucide, luisante, à sept tours de spire ; les deux premiers sculptés de petites lignes transverses ; les autres costulés obliquement, avec des côtes égales et également distantes ; trois plis obliques à la columelle et s'étendant sur le siphon. Couleur ochracée, avec une ligne blanche, médiane, décurrente.

Des côtes de Nice : subfossile à Grosueil. (De B.)

TURBINELLE. (*Foss.*) On ne rencontre aucune espèce de ce genre à l'état fossile dans les environs de Paris ; et il n'est pas très-certain que celles que nous décrivons ci-après, en dépendent.

Turbinelle ? douteuse ; *Turbinella dubia*, Def. Coquille fusiforme, couverte de cordons de grosseur inégale entre eux et qui suivent les tours ; le bord droit est sillonné en dedans, et il se trouve trois plis un peu obliques sur la columelle : longueur, quatorze lignes. Fossile de Dax.

Turbinelle a trois plis : *Turbinella triplicata*, Risso, Hist.

nat. des princ. prod. de l'Europe mérid., tom. 4, p. 212. Elle
se trouve subfossile à Grosueil, près de Nice. (Voyez sa description dans l'article précédent.)

TURBINELLE GLABRE : *Turbinella glabra*, Risso, *loc. cit.* Coquille mince, opaque, lisse, luisante, à huit tours de spire
couverts de lignes longitudinales ; la columelle est chargée de
trois plis : longueur, cinq lignes. Se trouve fossile à la Trinité, près de Nice.

Les turbinelles étant en général des coquilles épaisses et
assez grandes, on pourroit croire que les deux dernières espèces dépendroient plutôt du genre Fasciolaire. (**D. F.**)

TURBINITES. (*Foss.*) On a donné anciennement ce nom
aux coquilles univalves fossiles qu'on nomme aujourd'hui des
sabots. (**D. F.**)

TURBINOLIE. (*Foss.*) On n'a encore rencontré des espèces
de ce genre qu'à l'état fossile, et voici les caractères que
M. de Lamarck lui assigne : *Polypier pierreux, libre, simple,
turbiné ou cunéiforme, pointu à sa base, strié longitudinalement
en dehors et terminé par une cellule lamellée en étoile, quelquefois oblongue.*

TURBINOLIE PATELLÉE : *Turbinolia patellata*, Lamk., Anim.
sans vert., tome 2, page 231, n.° 1. Polypier court, tronqué
à sa pointe, à étoile orbiculaire, peu concave, et à stries
rayonnantes, très-fines. Fossile des environs du Mans.

TURBINOLIE TURBINÉE : *Turbinolia turbinata*, Lamk., *loc. cit.*,
n.° 2 ; *Madrepora turbinata*. Linn., *Amœn. acad.*, 1, tab. 4,
fig. 2, 5, 7. Polypier turbiné, concave, strié en dehors ; les
bords de l'étoile sont droits et le centre est discoïde. On ne
sait où cette espèce a été trouvée.

TURBINOLIE CYATHOÏDE : *Turbinolia cyathoides*, Lamk., *loc.
cit.*, n.° 3 ; *Madrepora turbinata*, Linn., *loc. cit.*, fig. 1 ; Esper,
Suppl., 2 ; *Petrif.*, t. 2. Polypier court, à étoile très-grande,
à bord étendu et à centre discoïde. On ignore où cette espèce a vécu.

TURBINOLIE COMPRIMÉE : *Turbinolia compressa*, Lamk., *loc.
cit.*, n.° 4. Polypier court, turbiné, comprimé, à étoile oblongue et à lames inégales et dentelées. M. de Lamarck,
qui a décrit cette espèce, n'a su où elle a été trouvée.

TURBINOLIE CLOU : *Turbinolia clavus*, Lamk., *loc. cit.*, n.° 7.

Polypier turbiné, en forme de clou, droit, à base pointue, à stries longitudinales, granulées et un peu dentelées. Fossile d'Agen et d'Aix-la-Chapelle.

Turbinolie giroffle; *Turbinolia caryophillus*, Lamk., *loc. cit.*, n.° 8. Polypier droit, turbiné, couvert de stries simples. Fossile d'Angleterre.

Nous n'avons pas eu sous les yeux les figures ci-dessus citées, et à l'égard de celles des espèces qui n'ont point été représentées, nous ne savons au juste si quelques-unes ne feront pas double emploi avec celles qui suivent; car les simples descriptions, sans expressions de la grandeur, suffisent rarement pour reconnoître les espèces.

Turbinolie douteuse : *Turbinolia dubia*, Defr.; Park., *Org. rem.*, tome 2, pl. 4, fig. 11. Polypier ovale, couvert de stries fines, à base pointue, un peu recourbée. Longueur, neuf lignes; largeur de l'étoile, onze lignes. La forme recourbée de la base feroit soupçonner qu'il étoit adhérent, et alors il devroit entrer dans le genre des Caryophyllies.

Turbinolie du Dauphiné : *Turbinolia delphinas*, Defr.; *Turb. compressa*, Lamx., Exp. méth. des genres de l'ordre des polypiers, pl. 74, fig. 22 et 23; A. Brongn., Vicent., pl. 6, fig. 17? Polypier comprimé, cunéiforme, couvert de stries fines, longitudinales, qui sont coupées par d'autres qui sont transverses et dont l'étoile est formée de lames de différentes grandeurs. Longueur, un pouce; largeur au sommet, quinze lignes. Fossile de Saint-Paul-Trois-Châteaux et de Uchaux, près d'Orange.

Turbinolie elliptique : *Turbinolia elliptica*, A. Brongn., Descript. géolog. des environs de Paris, pl. 8, fig. 2; Guettard, vol. 3, pl. 23, fig. 2 et 3. Polypier turbiné, un peu comprimé, couvert extérieurement de stries longitudinales, crêpues. L'étoile est composée de lames de différentes grandeurs. Longueur, onze lignes; largeur de l'étoile, huit lignes. Fossile de Grignon, département de Seine-et-Oise, de Chaumont, de Parnes, département de l'Oise, et des autres couches inférieures du calcaire grossier des environs de Paris.

Cette espèce pourroit peut-être se rapporter à la *turb. compressa* ou à la *turb. turbinata*, Lamk., ci-dessus décrites.

Turbinolie crépue : *Turbinolia crispa*, Lamk., *loc. cit.*, n.° 5;

Turbinolie crispée , *T. crispa* , Lamx. , *l. c.* , tab. 74 , fig. 14 —
17 ; A. Brongn. , *l. c.* , pl. 8 , fig. 4 ; Encycl. , pl. 483 , fig. 4.
Polypier cunéiforme , couvert de vingt-quatre stries longitudinales , crêpues , surtout à leur partie supérieure , à étoile
oblongue. Longueur , trois à quatre lignes. Fossile de Grignon
et des couches du calcaire coquillier des environs de Paris.

Lamouroux dit que la base des polypiers de cette espèce
porte une cassure ovale , bien apparente ; mais c'est une
erreur. Nous pouvons en montrer un très-grand nombre , qui
prouvent qu'il devoit être libre. Un seul individu porte un
grain de sable quarzeux à sa base.

Turbinolie sillonnée : *Turbinolia sulcata* , Lamk. , *loc. cit.* ,
n.° 6 ; Lamx. , *loc. cit.* , tab. 74 , fig. 18 — 21 ; A. Brongn. ,
l. c. , pl. 8 , fig. 5 ; Encycl. , pl. 483 , fig. 3. Polypier conique ;
vingt-quatre stries longitudinales droites ; deux pores ronds
ou un seul alongé entre les stries , en lignes circulaires , parallèles entre elles ; un petit pivot se trouve au milieu de
l'étoile. Longueur , trois à quatre lignes. Diamètre de l'étoile ,
une ligne et demie. Fossile de Grignon et de Montmirail.
On trouve aux Boves , département de l'Oise , des turbinolies un peu comprimées , qui paroissent tenir le milieu entre
les deux espèces qui précèdent immédiatement.

Turbinolie différente : *Turbinolia dispar* , Defr. , Vélins du
Mus. , n.° 49 , fig. 9. On trouve à Beynes , près de Grignon ,
des polypiers de cette espèce , qui ont des rapports avec
celle qui précède , mais qui en diffèrent peut-être assez pour
les regarder comme dépendans d'une espèce particulière. Ils
sont un peu plus grands et plus gros. Le nombre des stries
longitudinales est quelquefois de plus de soixante ; on n'aperçoit pas de pores entre elles , et enfin le nombre des lames
de l'étoile qui , dans l'espèce précédente , est de vingt-quatre ,
s'élève à quarante environ dans celle-ci.

Turbinolie de Millet ; *Turbinolia milletiana* , Def. Polypier
comprimé , cunéiforme , aussi large à la base qu'au sommet ,
et couvert de vingt-quatre stries longitudinales , aplaties et
lisses. Longueur , plus de quatre lignes ; largeur , deux lignes
et demie. Fossile de Thorigné , près d'Angers. On trouve
dans les faluns de la Touraine des débris de polypiers qui
paroissent dépendre de cette espèce.

Turbinolie granuleuse ; *Turbinolia granulosa*, Defr. Polypier comprimé, cunéiforme, presque aussi large à la base qu'au sommet. Quelques individus portent des traces de stries longitudinales, granuleuses ; mais d'autres ont toute leur surface couverte de petits grains. L'étoile est oblongue et paroît composée de vingt-quatre lames. Longueur, quatre lignes et demie ; largeur, trois lignes et demie. Fossile de Hauteville, département de la Manche, dans le calcaire grossier.

Les six espèces qui précèdent immédiatement, ne portent aucune trace d'adhérence à leur base.

Turbinolie de Basoches ; *Turbinolia Basochesii*, Defr. Polypier très-comprimé, court, à base pointue, couvert d'un très-grand nombre de fines stries longitudinales ; étoile linéaire, composée de plus de cent lames. Hauteur, huit lignes ; longueur de l'étoile, dix-huit lignes. Fossile des environs de Fréjus. (D. F.)

TURBINOLOPSE. (*Foss.*) Il paroît qu'on n'a rencontré qu'un individu de ce genre, qui a été trouvé à Benouville, près de Caen. Dans l'exposition méthodique des genres de l'ordre des polypiers, Lamouroux a assigné à celui-ci les caractères suivans :

Polypier fossile, en forme de cône renversé et sans point d'attache distinct ; surface supérieure plane, marquée de lames rayonnantes, réunies ensemble à des intervalles courts et égaux ; ces lames produisant latéralement des stries longitudinales très-flexueuses, dont les angles, saillans en opposition entre eux et très-souvent réunis, forment des trous rayonnans, irréguliers et situés en quinconce. Tous ces trous ou lacunes communiquent ensemble par une grande quantité de pores de grandeur inégale.

Turbinolopse ochracé : *Turbinolopsis ochracea*, Lamx., *loc. cit.*, tab. 82, fig. 4, **5** et 6 (voyez la description du genre). Grandeur, dix lignes. (D. F.)

TURBINULINE. (*Foss.*) Dans le Tableau méthodique de la classe des céphalopodes, M. d'Orbigny a donné ce nom à un sous-genre dépendant des rotalies, et lui a assigné les caractères suivans : *Ouverture continue d'une loge à l'autre ; têt généralement déprimé, à spire surbaissée et non carénée.*

Parmi les seize espèces que M. d'Orbigny annonce dépendre de ce sous-genre, il s'en trouve quatre à l'état fossile ; savoir : la *turb. italica*, d'Orb.; *hammonia conico-tuberculata*, Sold., 1, tab. 26, fig. R; *hammonia rotundata*, *ejusd.*, 4, *App.*, tab. 2, fig. F, G. qui vit à Civita-Vecchia, et qu'on trouve fossile à Castel arquato et à Saucats, près de Bordeaux; la *turb. siennensis*, d'Orbigny; *hammonia univoluta*, Sold., *App.*, tab. 4, fig. K, L, qu'on trouve aux environs de Sienne; la *turb. semi-marginata*, d'Orb., qu'on rencontre aux environs de Paris et à Grignon, département de Seine-et-Oise, et la *turb. ammoniformis*, d'Orbigny, Soldani, 1, p. 55, tab. 54, fig. K, qu'on trouve à la Coroncine. (D. F.)

TURBITH. (*Bot.*) Nom arabe d'un liseron purgatif, *turpethum* des Arabes et des anciens, que Linnæus nomme pour cette raison *convolvulus turpethum*. S'il en faut croire Sérapion, cité par C. Bauhin, c'est encore le *trifolium* de Dioscoride; mais il est très-différent cependant de celui que Daléchamps décrit et figure sous ce dernier nom d'après Dodoëns, en l'assimilant au turbith, puisque c'est une plante composée, congénère de l'*aster*. C. Bauhin cite encore un *turbith nigrum* comme congénère du tithymale. (J.)

TURBITH BATARD, TURBITH DE MONTAGNE, ou encore FAUX TURBITH. (*Bot.*) Noms vulgaires sous lesquels on a désigné le laser à feuilles larges et la thapsie velue. (L. D.)

TURBITH MINÉRAL. (*Chim.*) C'est le sous-sulfate de peroxide de mercure qu'on obtient en appliquant l'eau au sulfate de peroxide. La belle couleur jaune de ce composé, analogue à celle de la racine de turbith, lui a valu le nom de turbith minéral. (Cu.)

TURBITH NITREUX. (*Chim.*) Lorsqu'on traite par l'eau le nitrate de peroxide de mercure, on obtient un précipité jaune de sous-nitrate, qu'on distingue du TURBITH MINÉRAL (voyez ce mot) par la dénomination de turbith nitreux. Si on traitoit le turbith nitreux par un excès d'eau chaude, on le réduiroit en peroxide rouge. (Ch.)

TURBITH NOIR. (*Bot.*) C'est l'euphorbe des marais. (L. D.)

TURBO, *Turbo*. (*Malacoz.*) Genre d'animaux mollusques conchylifères, établi par Linné pour un grand nombre de coquilles marines que les anciens conchyliologistes désignoient sous le nom de limaçons à bouche ronde, et que leur forme, plus ou moins turbinée, a fait quelquefois appeler *sabot* ou *toupie.* Le nom de *sabot* avoit cependant prévalu chez nous, jusque dans ces derniers temps, où M. de Lamarck a francisé le nom de *turbo.* Ce genre est cependant aujourd'hui beaucoup moins étendu que du temps de Linné et surtout de Gmelin, qui comprenoient sous leur définition de *testa univalvis, spiralis, solida, apertura coarctata, orbiculata, integra*, une foule de coquilles que la connoissance des animaux qui les habitent a dû faire reporter non-seulement dans des gènres, mais même dans des familles et des ordres différens. Aujourd'hui, dans l'état où M. de Lamarck a mis la conchyliologie, sans adopter encore les nouveaux genres proposés depuis la publication de son Système des animaux sans vertèbres, le genre Turbo peut être ainsi défini : Animal spiral, ayant un manteau souvent appendiculé sur les bords, sans canal respiratoire, la tête proboscidiforme, avec deux tentacules grêles, sétacés, et deux yeux souvent subpédonculés ; la bouche sans dent labiale supérieure, mais avec deux lévres latérales comme cornées, et un ruban lingual se prolongeant en spirale dans la cavité viscérale ; un sillon transverse au bord antérieur du pied ; deux peignes branchiaux ; l'anus à l'extrémité d'un long rectum. traversant obliquement la cavité branchiale ; l'organe excitateur mâle exserte et assez grand. Coquille épaisse, solide, nacrée à l'intérieur, déprimée, conique ou subturriculée, ombiliquée ou non, peu ou point carénée à sa circonférence ; ouverture ronde ou ovale et peu déprimée, presque discontinue, les bords n'étant que rarement réunis par une callosité ; le droit semi-circulaire, nullement coudé dans son milieu et toujours tranchant ; columelle arquée, rarement tordue et quelquefois terminée par une dent plus ou moins forte à son point de jonction avec le bord ; opercule calcaire ou corné, mais toujours paucispiré.

Dans cette caractéristique nous avons conservé dans le genre Turbo une partie des monodontes de M. de Lamarck ; ceux dont l'opercule, toujours corné, est paucispiré ; les rissoaires, dont l'ouverture est ovale, et les littorines, dont l'opercule est constamment corné, ainsi que les genres beaucoup moins admissibles qui ont été proposés dans ces derniers temps par MM. Leach et Risso.

L'organisation des turbos n'offre rien de bien différent de ce qui existe dans les autres asiphonobranches dioïques. Nous avons déjà noté les principales différences dans la caractéristique du genre; encore sous ce rapport même les turbos ne diffèrent presque en rien des troques ou toupies proprement dites: c'est, à notre avis, principalement dans la forme de l'opercule que l'on trouve le meilleur caractère pour distinguer ces deux genres. En effet, dans les troques il est toujours fort mince, corné, et composé d'un ruban étroit, qui s'enroule plusieurs fois en spirale, concentriquement sur le même plan : ce genre d'opercule se trouve même dans un assez bon nombre de monodontes. Dans les turbos, au contraire, cette partie de l'enveloppe de l'animal, quoique également circulaire, peut être calcaire ou cornée, mais elle est toujours paucispirée, c'est-à-dire, composée d'un petit nombre de tours, dont le dernier est beaucoup plus grand que tous les autres ensemble. Dans les espèces dont l'opercule est calcaire. espèces qui devront peut-être seules constituer le genre Turbo, il faut remarquer que la face appliquée est toujours plus ou moins cornée, et que l'autre est chargée d'une partie calcaire, ordinairement fort épaisse, qui ne traduit plus le moins du monde le côté interne, et qui est au contraire singulièrement diversifiée pour chaque espèce, au point que, si l'on connoissoit l'opercule de toutes, on pourroit les caractériser beaucoup plus aisément par la considération de cette partie, que par celle de toute autre. Comment est produit cette partie calcaire? Il paroît probable que c'est par l'application des lobes du manteau ; mais c'est ce qui n'est pas certain : il seroit utile de s'assurer de ce qui en est sur le *turbo rugosus*, qui est commun dans la Méditerranée, et dont l'opercule, connu sous le nom d'ombilic marin, est fort épais et calcaire.

Les turbos sont des animaux marins, qui vivent sur les rivages, au milieu des rochers battus par les flots, et, par conséquent, à d'assez petites profondeurs. A la basse mer, lorsque les rochers sont découverts, ces animaux restent le plus souvent fixés à la même place ; mais aussi il arrive qu'on les voit se mouvoir, et, sans doute, chercher à regagner la mer. Au moindre attouchement ils se laissent tomber et échappent sans doute ainsi à leurs ennemis. Leur locomotion n'est pas rapide, ce qui tient, sans doute, à la brièveté de leur disque locomoteur. Leur nourriture pourroit bien être végétale, du moins à en juger d'après l'armature de leur bouche ; mais c'est ce que je ne voudrois pas assurer.

On ignore toutes les particularités de leur reproduction : on sait seulement que l'espèce est nécessairement composée de deux individus ; l'un femelle, et l'autre mâle ; mais on n'en sait pas davantage. Nous devons à Mlle Warn l'observation que les petites espèces, à opercule cornée, comme les *T. littoreus, rudis*, etc., sont ovovivipares, comme la paludine de nos rivières : ainsi ces animaux ne déposeroient pas d'œufs cornés, comme les siphonobranches. En est-il de même des véritables turbos à opercule calcaire ? C'est ce que je ne puis assurer.

Les animaux de ce genre sont de quelque utilité à l'espèce humaine. En effet, les habitans des bords de la mer mangent les petites espèces, et surtout le *T. littoreus* ou vignot, et l'on tire des grandes espèces, comme du *T.* marbré, une fort belle nacre. Anciennement on faisoit de cette coquille complétement dépouillée de sa couche non nacrée, des ornemens pour les buffets.

On connoît des espèces de ce genre dans toutes les mers ; mais les plus grosses et les plus belles viennent des mers Australes.

Nous avons déjà fait observer que Linné et Gmelin rangeoient sous le nom de *turbo* un grand nombre de coquilles de familles et d'ordres différens ; mais à l'aide de divisions assez tranchées, il étoit aisé de remédier à cet inconvénient ; ils partagent en effet les turbos en cinq sections.

Dans la première, *neritoides, aperturæ margine, columnari plano imperforata*, ils rangent les espèces à opercule corné, qui constituent aujourd'hui le genre Littorine, ayant pour type le *T. littoreus*.

Dans la seconde, *solidi, imperforati*, sont les véritables turbos à opercule calcaire et non ombiliqué.

Dans la troisième, *solidi, umbilico, perforato*, se trouvent les espèces épaisses, également à opercule calcaire, mais ombiliquées, comme le *T. pica*, et qui, par conséquent, constituent le genre Méléagre de Denys de Montfort.

La quatrième, *cancellati*, renferme les espéces qui constituent aujourd'hui les genres Scalaire et Cyclostome.

La cinquième, *turriti proprie dicii*, correspond aux genres
Térébelle et Clausile.

D'ou l'on voit qu'il n'étoit pas difficile d'en faire autant
de genres.

M. de Lamarck a retiré des turbos de Linné les espèces
qui constituent les deux dernières sections; mais dans les
autres il n'a établi aucune division. On voit seulement qu'il
a rangé ses espèces dans l'ordre de grandeur décroissante.
Si l'on connoissoit l'opercule de toutes les espèces, on pourroit arriver sans doute à quelque chose de meilleur; mais
malheureusement on en est bien loin. Nous allons cependant
nous servir de ce caractère, ainsi que de la forme de l'ouverture et de l'existence de l'ombilic, pour en faciliter la connoissance. En considérant les espèces à ouverture un peu ovale
comme des turbos, il nous sera possible de parler d'un assez
grand nombre d'espèces, découvertes dans ces derniers temps
dans nos mers, et dont on a fait des genres particuliers, sous
les noms de Rissoaire, d'Alvanie, etc.

A. *Espéces à opercule calcaire.*

* Ombiliquées.

Le Turbo a collier : *T. torqualus*, Linn., Gmel., p. 3597,
n.° 106 : Chemn., *Conchyl.*, 10, p. 295 ; vign. 24, fig. *A*, *B*.
Coquille orbiculo-convexe, largement et profondément
ombiliquée, sillonnée dans la décurrence de la spire, qui
est rétuse au sommet et substriée par des lamelles serrées et
transverses ; les tours couronnés dans leur partie supérieure
par un rang de nœuds, imitant un collier. Couleur d'un gris
verdâtre.

Des mers de la Nouvelle-Zélande.

Le T. rayonné : *T. radiatus*, Linn., Gmel., page 3594,
n.° 19 ; Chemn., *Conchyl.*, 5, t. 180, fig. 1788 et 1789. Assez
petite coquille subovale, rugueuse, ombiliquée, sillonnée
dans la décurrence de la spire, assez élevée ; les sillons hérissés d'écailles imbriquées. Couleur d'un fauve cendré,
rayonnée de flammes longitudinales brunes.

Cette espéce, qui vient de la mer Rouge, n'est pas ombili-quée dans le jeune àge, d'après ce qu'en a dit M. de Lamarck ; ce seroit donc le contraire de ce qui a ordinairement lieu.

Le Turbo ondulé : *T. undulatus*, Linn., Gmel.. page 3597, n.° 107 ; Chemn., *Conch.*, 10, tab. 196, fig. 1640 et 1641, vulgairement la Peau-de-serpent de la Nouvelle-Hollande. Coquille assez grosse, semi-orbiculaire, convexe, ventrue, largement et profondément ombiliquée, glabre ; spire comme renflée, obtuse au sommet ; tours de spire arrondis. Couleur blanche, ornée de taches longitudinales, ondulo-flexueuses, vertes ou d'un vert violacé.

Des mers de la Nouvelle-Hollande et de la Nouvelle-Zé-lande.

Le T. pie : *T. pica*, Linn., Gmel., page 3598, n.° 39 ; Chemn., *Conch.*, 5, t. 176, fig. 1750 et 1751 ; vulgairement la Veuve, le Petit deuil ou la Pie. Assez grosse coquille, épaisse, pesante, orbiculo-conoïde, ventrue, largement et profondément ombiliquée, avec une sorte de dent à l'entrée de l'ombilic. Couleur blanche, rayonnée de taches longitudi-nales, subinterrompues, noires, du moins sous l'épiderme ; opercule corné.

De l'océan Atlantique équatorial. Comme l'opercule de cette espèce est corné et multispiré, il est évident qu'elle doit passer dans les monodontes.

Le T. a fissure : *T. versicolor*, Linn., Gmel., pag. 3599, n.° 43 ; Chemn., *Conch.*, 5, t. 176, fig. 1740 et 1741. Assez petite coquille, épaisse, globuleuse, déprimée, convexe et renflée à sa face inférieure, ombiliquée, mutique, très-fine-ment striée dans la décurrence de la spire, qui est courte et obtuse ; une fissure séparant la base du bord droit de la co-lumelle et lui donnant l'aspect d'une oreillette. Couleur variée de blanc et de vert-brun en dehors, et très-nacrée en dedans.

De l'Océan austral.

Le T. foliacé : *T. foliaceus*, Linn., Gmel., page 3602, n.° 104 ; Chemn., *Conch.*, 9. t. 123. fig. 1069 et 1070. Coquille pyramidale, largement ombiliquée, couverte de rugosités lamelleuses, inégales, de couleur blanche, variée de rose.

Patrie inconnue.

** Espèces subombiliquées.

Le Turbo bariolé : *T. margaritaceus*, Linn., Gmel., p. 3599, n.° 42; Chemn., *Conch.*, 5, t. 177, fig. 1762. Coquille assez grosse, épaisse, pesante, ovale, ventrue, subombiliquée ou à ombilic étroit, rude; sillonnée profondément dans la décurrence de la spire; les tours étant rendus subanguleux par un sillon cordonné, plus gros que les autres. Couleur jaunâtre ou roussâtre, avec des taches brunes, carrées sur les sillons au dehors et très-nacrée en dedans.

De l'océan Indien. Un individu de ma collection, de plus de deux pouces de haut, est encore parfaitement ombiliqué.

Le T. muriqué : *T. muricatus*, Linn., Gmel., page 3589, n.° 4; Chemn., *Conch.*, 5, t. 177, fig. 1752 et 1753. Assez petite coquille, ovale-conique, subombiliquée, à spire aiguë, hérissée de tubercules noduleux, disposés en séries serrées, décurrentes; les supérieures aiguës; les inférieures mutiques. Couleur d'un cendré plombé en dehors, brune dans l'intérieur, non nacrée.

De l'océan Atlantique, sur les côtes d'Amérique et d'Afrique.

Le T. sanguin : *T. sanguineus*, Linn., Gmel., pag. 3598, n.° 40; Chemn., *Conch.*, 5, t. 177, fig. 1756 et 1757. Petite coquille, de la grosseur d'un pois, conico-convexe, striée, lisse, à tours de spire subsillonnés, subombiliquée, et de couleur rouge de sang.

Des côtes d'Afrique et de l'Adriatique, suivant Olivi.

Le T. bouche d'argent : *T. argyrostomus*, Linn., Gmel., p. 3599, n.° 41; Chemn., *Conch.*, 5, t. 177, fig. 1758 et 1759; vulgairement la Bouche d'argent épineuse. Coquille de deux à trois pouces de diamètre, subovale, ventrue, à peine subombiliquée, rugueuse et striée dans la décurrence de la spire avec quelques sillons plus gros et comme cordonnés, quelquefois hérissés de squames; l'un d'eux rendant les tours subanguleux : couleur d'un blanc roussâtre, avec des taches brunes ou noires parallélogrammiques sur les sillons. Bouche nacrée, si ce n'est sur les bords.

Cette espèce, qui vient de l'océan Indien, est bien voisine du *T. margaritaceus*.

Le Turbo porphyre : *T. porphyrites*, Linn., Gmel., p. 3602, n.° 111; Mart., *Univ. Conch.*. 2, t. 72. Coquille granuleuse, subombiliquée, variée de vert noirâtre, de fauve et de blanc en dehors, nacrée en dedans.

De la Nouvelle-Calédonie.

Le T. serpent : *T. anguis*, *id.*, *ibid.*, n.° 110; Mart., *Univ. Conch.*, 2, t. 70. Coquille striée suivant la décurrence de la spire, vergetée de vert noirâtre en dehors, nacrée en dedans.

De la Vilésie australe.

*** Espèces non ombiliquées.

Le Turbo bouche d'or : *T. chrysostomus*, Linn., Gmel., p. 3591, n.° 10; Chemn., *Conch.*, 5, t. 178, fig. 1766; vulgairement la Bouche d'or. Coquille médiocre, subovale, ventrue, striée en travers et garnie de sillons décurrens, dont quelques-uns, ordinairement deux, portent des squames voûtées, un peu élevées : couleur d'un cendré jaunâtre, subradiée de flammes longitudinales d'un brun roussâtre en dehors et d'un beau jaune d'or en dedans; la columelle et le bord droit blancs; opercule calcaire.

De l'océan des grandes Indes et des Moluques.

Le T. grenu : *T. diaphanus*; *Trochus diaphanus*, Linn., Gmel., p. 3580, n.° 85; Chemn., *Conch.*, 5, t. 161, fig. 1520 et 1521. Coquille médiocre, mince, pellucide, ovale, ventrue, à spire assez courte, couverte de granules très-serrés, formant des séries décurrentes; ouverture ample : couleur rougeâtre.

Des mers de la Nouvelle-Zélande.

Le T. marbré : *T. marmoratus*, Linn., Gmel., pag. 3592, n.° 15; Chemn., *Conch.*, 5, t. 179, fig. 1775 et 1776; Enc. méthod., pl. 448, fig. 1, *a*, *b*; vulgairement le Burgau, la Princesse. Très-grande coquille subovale, très-ventrue, lisse, garnie sur le dernier tour de trois séries décurrentes de nodosités, dont les supérieures sont les plus grandes; ouverture prolongée en avant en une sorte d'expansion courte : couleur marbrée ou subfasciée de vert, de blanc et de brun en dehors et très-nacrée en dedans.

Cette coquille, la plus grande du genre, est remarquable

par la beauté de sa nacre ; aussi la trouve-t-on souvent, dans les collections, entièrement dérobée. Elle vient de l'océan Indien.

Le TURBO HUILIER : *T. olearius*, Linn., Gmel., page 3593, n.° 17 ; Chemn., *Conch.*, 5, t. 178, fig. 1771 et 1772. Grande coquille convexe, ayant le dernier tour oblique, renflé et garni de trois rangs de nodosités.

Cette espèce, qui vient de l'Inde, comme la précédente, ne doit-elle pas lui être réunie et ne seroit-elle pas établie sur une coquille altérée et polie ? Cela est très-probable. En effet, M. de Lamarck n'en fait pas mention.

Le T. IMPÉRIAL : *T. imperialis*, Linn., Gmel., page 3594, n.° 20 ; Chemn., *Conch.*, 5, t. 180, fig. 1790 ; vulgairement le PERROQUET. Grande coquille épaisse, pesante, ovale, ventrue, très-lisse, à tours de spire arrondis, le dernier un peu anguleux en dessus ; une légère callosité à l'origine du bord columellaire : couleur verte, sur un fond blanc en dehors, d'une belle nacre en dedans.

Des mers de la Chine.

Le T. MORDORÉ : *T. sarmaticus*, Linn., Gmel., pag. 3593, n.° 16 ; Chemn., *Conch.*, 5, tab. 179, fig. 1777 et 1778, et tab. 180, fig. 1781 ; vulgairement la VEUVE PERLÉE. Coquille semi-orbiculaire, ventrue, à spire courte, obtuse, le dernier tour garni de trois séries de nodosités ; columelle plane et subconcave : couleur noire ou d'un jaune orangé.

Des mers du cap de Bonne-Espérance et des grandes Indes. Cette coquille est encore préparée par les marchands de manière à offrir des taches perlées sur un fond noir.

Le T. CORNU : *T. cornutus*, Linn., Gmel., p. 3593, n.° 18 ; Chemn., *Conch.*, 5, t. 179, fig. 1779 et 1780 ; vulgairement la BOUCHE D'ARGENT CORNUE OU A GOUTTIÈRE. Coquille assez grande, ovale, ventrue, très-finement striée en travers, sillonnée dans la décurrence de la spire et hérissée de deux ou trois rangs, également décurrens, d'épines canaliculées assez longues, surtout vers la fin du dernier tour ; ouverture un peu dilatée en avant : couleur olivâtre.

Des mers de la Chine.

Le T. CANNELÉ : *T. setosus*, Linn., Gmel., p. 3594. n.° 23 ; Chemn., *Conch.*, 5, t. 181, fig. 1795 et 1796 ; Enc. méthod., pl. 448, fig. 4, *a*, *b*; vulgairement le Léopard ou la Bouche d'argent marquetée. Coquille assez grosse, épaisse, ovale-ventrue, à spire courte, à tours arrondis, profondément creusés de sillons décurrens épais et striés en travers; ouverture s'évacuant très-peu en avant, avec le bord droit crénelé et comme crispé : couleur variée de blanc, de vert et de brun.

De l'océan des grandes Indes.

Le Turbo a rigole : *T. spenglerianus*, Linn., Gmel., p. 3595, n.° 27; Chemn., *Conch.*, 5, t. 181, fig. 1801 et 1802. Assez grosse coquille ovale, à spire un peu saillante; les tours arrondis, largement canaliculés à leur bord supérieur et sillonnés dans le reste de leur étendue : couleur blanchâtre, peinte de taches linéaires d'un jaune roussâtre très-nombreuses en dehors.

Cette coquille fort rare, qui vient de l'océan Indien, n'est pas nacrée à l'intérieur, suivant M. de Lamarck, tandis que Gmelin dit justement le contraire.

Le T. canaliculé : *T. canaliculatus*, Linn., Gmel., p. 3594, n.° 22; Chemn., *Conch.*, 5, tab. 181, fig. 1794. Coquille assez grosse, épaisse, pesante, ovale, ventrue, à tours de spire très-convexes, profondément et largement sillonnés du sommet à la base, dont le bord droit est crénelé : couleur toute blanche, avec quelques taches irrégulières et peu nombreuses, d'un vert d'émeraude; ouverture très-nacrée.

Cette espèce, qui vient des mers de l'Inde, me paroît bien voisine du T. cannelé. J'avois même considéré comme lui appartenant une coquille de ma collection, dont les caractères répondent fort bien au T. canaliculé.

Le T. rubané : *T. petholatus*, Linn., Gmel., p. 3590, n.° 8; Chemn., *Conch.*, 5, tab. 183, fig. 1826 et 1835, et tab. 184, fig. 1836 — 1839; vulgairement le Ruban ou la Peau de serpent. Coquille médiocre, ovale, lisse, luisante, à tours de spire arrondis et obtusément anguleux en dessus : couleur rougeâtre ou verdâtre, variée par des bandes décurrentes plus foncées; un anneau vert à l'ouverture.

La coloration de cette jolie coquille, qui vient des mers de l'Inde et de l'Amérique australe, paroît offrir beaucoup de variations.

Le T. émeraude : *T. smaragdus*, Linn., Gmel., p. 3595,

n.° 3o ; Chemn., *Conch.*, 5, t. 182, fig. 1815 et 1816; Enc. méth., pl. 448, fig. 3, *a, b.* Coquille assez petite, épaisse, subglobuleuse, un peu déprimée, lisse, luisante, à spire courte, obtuse, composée de *tours* arrondis : couleur d'un beau vert irisé probablement sous un épiderme brun.

Cette coquille, fort rare et très-recherchée dans les collections, vient des mers de la Nouvelle-Zélande.

Le Turbo bonnet tartare: *T. cidaris*, Linn., Gmel., p. 3596, n.° 34; Chemn., *Conch.*, 5, t. 184, fig. 1840 — 1847, et Enc. méth., pl. 448, fig. 5 *a, b;* vulgairement le Turban turc et le Turban persan. Coquille assez petite, globuleuse, comprimée, lisse, à spire courte, obtuse, composée de tours arrondis, avec une dépression à la place de l'ombilic ; coloration extrêmement variable, mais le plus souvent d'une teinte foncée, avec des taches blanches oblongues au-dessous de la suture. L'ouverture déprimée, d'un nacré verdâtre.

De toutes les mers de l'Asie australe.

Le T. scabre : *T. rugosus*, Linn., Gmel., p. 3592, n.° 14; Chemn., *Conch.*, 5, t. 180, fig. 1782—1785 ; vulgairement la Fausse raboteuse. Coquille médiocre, orbiculo - subconoïdale, rugueuse par des stries transverses, épidermiques, à tours de spire comme tricarénés et couronnés dans leur partie supérieure d'une série décurrente de plis tuberculeux; ouverture très - oblique, avec un dépôt columellaire large et formant un péristome continu : couleur grisâtre ou verdâtre en dessus, d'un rouge de brique à la circonférence de l'ouverture; opercule calcaire, épais, excavé et rougeâtre à la partie externe.

De la mer Méditerranée et de celle de Cumana, suivant M. de Lamarck; c'est le type du genre *Bolma* de M. Risso. Il paroît que le jeune âge de cette coquille offre, au lieu de simples plis tuberculeux, de véritables épines, au point qu'Olivi dit positivement que le *turbo calcar* de Linné n'est qu'un jeune âge du *T. rugosus.*

Le T. couronné : *T. coronatus*, Linn., Gmel., pag. 3594, n.° 21; Chemn., *Conch.*, 5, t. 180, fig. 1791 et 1792; Encycl. méthod., pl. 448, fig. 2 *a, b ;* vulgairement la Couronne fermée. Coquille médiocre, subglobuleuse, ventrue, striée en travers, à spire courte, déprimée, obtuse au sommet, hérissée sur le dernier tour de trois séries décurrentes de tubercules oblongs et obtus ; ouverture étalée et prolongée un peu en avant : couleur marbrée de gris et de vert, avec le sommet orangé en dehors, nacré en dedans.

Dans cette espèce, qui vient des grandes Indes et du détroit de Malacca, il arrive quelquefois que les tubercules sont sur quatre séries et que l'ombilic n'est pas tout-à-fait caché par le dépôt calcaire de la columelle. M. de Lamarck en fait une variété, figurée par d'Argenville, Conchyl., pl. 6, fig. Q.

Le Turbo crénelé : *T. crenulatus*, Linn., Gmel., p. 3595, n.° 29 ; Chemn., *Conch.*, 5, t. 182, fig. 1811 et 1812. Assez petite coquille ovale, ventrue, à spire assez saillante ; les tours sillonnés, noduleux ; le sillon supérieur costiforme et noduleux, et crénelé au-dessous de la suture : couleur nuagée de blanc, de roux et de brun.

Patrie inconnue.

Le T. hérissé : *T. castanea*, Linn., Gmel., p. 3595, n.° 28 ; Chemn., *Conch.*, 5, t. 182, fig. 1807 — 1810, et 1813 et 1814 ; *T. hippocastanea*, de Lamk., n.° 22. Petite coquille subglobuleuse, obliquement conique, striée et hérissée de séries décurrentes de nodosités aiguës, au nombre de trois sur le dernier tour : couleur variée de blanc et de brun roussâtre.

Cette espèce, des mers de l'Amérique méridionale, a été comparée à une chàtaigne ou à un marron contenu dans son enveloppe épineuse.

B. *Espèces à opercule corné, paucispiré.*

Ouverture ronde. Genre Littorine, de Férussac.

Le T. littoral : *T. littoreus*, Linn., Gmel., p. 3588, n.° 3 ; Chemn., *Conch.*, 5, tab. 185, fig. 1852, n.° 1 — 8 ; vulgairement le Vignot ou la Guignette. Coquille assez petite, épaisse, solide, ovale, aiguë au sommet, ventrue vers le dernier tour, et striée dans la décurrence de la spire : couleur d'un brun cendré, quelquefois d'un noir assez foncé ou subfasciée de lignes brunes ; la columelle blanche, l'entrée brune.

Des mers du Nord et de la Manche ; sur toutes les côtes de l'Océan, du moins en France, où cette coquille est en général fort commune. On en mange l'animal dans presque tous les ports de mer.

Le Turbo roussi : *T. ustulatus*, Lamk., n.° 25; d'Argenv., Conch., pl. 6, fig. L; vulgairement le Marron rôti. Coquille d'un pouce de long, épaisse, ovale, ventrue, substriée dans la décurrence de la spire, à tours convexes : couleur d'un roux-brunâtre uniforme.

Cette espéce, dont on ne connoît pas la patrie, différe-t-elle réellement du T. néritoïde décrit ci-dessous? C'est ce dont je doute fortement.

Le T. de Basterot : *T. Basterotii*, Payraud., Catalog. des mollusq. de Corse, pag. 115, n.° 243, pl. 5, fig. 19 et 20; *T. neritoides*, Renieri et Nazari. Très-petite coquille (quatre lignes) ovale-ventrue, à spire courte, aiguë; le dernier tour ventru et strié dans sa décurrence : couleur blanchâtre, zonée de brun en dehors, noire dans l'ouverture; opercule mince et également noir.

De toutes les côtes de la Corse; très-abondante dans le golfe d'Ajaccio et dans la mer Adriatique.

Le T. de Nicobar : *T. Nicobaricus*, Linn., Gmel., p. 3596, n.° 33; Chemn., *Conch.*, 5, t. 182, fig. 1822 — 1825. Coquille médiocre, assez épaisse, globuleuse, glabre, à spire fort courte et à columelle subcalleuse : couleur blanchâtre, réticulée de taches et de lignes rouges en dehors, d'un orangé vif à l'ouverture.

Cette espéce, qui vient de l'océan des grandes Indes, prés des iles de Nicobar, appartient-elle à cette section? Gmelin dit qu'elle est cerclée, ce que nie M. de Lamarck.

Le T. marnat : *T. punctatus*, Linn., Gmel., p. 3597, n.° 37; le Marnat, Adans., Sénég., 4, p. 168, t. 12, fig. 1. Coquille petite, très-épaisse, ovoïde, à sommet pointu; le dernier tour renflé, luisant et d'un beau poli; ouverture presque ronde; le bord droit tranchant; la columelle aplatie et un peu tranchante : couleur générale d'un gris plombé, quelquefois rougeâtre, mouchetée de petits points blancs, formant plusieurs lignes obliques; opercule fort mince et semi-lunaire.

Quoique Adanson, en décrivant son marnat, qui est extrêmement commun à la pointe méridionale de l'ile de Gorée, sur les rochers découverts où la mer bat avec violence, dise qu'il a un rapport très-prochain avec notre vignot, il ne me paroît pas absolument certain que ce soit un véritable turbo.

Le Turbo rude : *T. rudis*, Maton et Rackett, *Catal. British test. soc. Linn.*, vol. 8, p. 159, tab. 4, fig. 12 et 13; Chemn., *Conchyl.*, 5, t. 185, fig. 1853; *T. littoralis*, var. β, Linn., Gmel., pag. 3588, n.° 3. Coquille subovale, ventrue, fortement striée, quelquefois sillonnée, en général rude par la saillie des stries d'accroissement; à spire assez proéminente, aiguë, très-oblique; les tours plus arrondis et séparés par une suture plus marquée que dans le *T. littoreus* : couleur d'un cendré jaunàtre, brune ou verdàtre.

Cette espèce, dont l'animal est jaunàtre, se trouve, avec le T. littoral, dont elle n'est peut-être qu'une variété, sur les côtes de la Manche, en France et en Angleterre. C'est sur elle que miss Warn a fait l'observation que les femelles sont ovovivipares.

Le T. montueux; *T. jugosus*, Mat. et Rack., *loc. cit.*, p. 153, tab. 4, fig. 7. Petite coquille d'un demi-pouce de diamètre, subovale, assez ventrue, à spire assez saillante et aiguë au sommet; les tours sillonnés : couleur d'un jaune obscur ou fauve, quelquefois verdàtre ou pourpre, avec les sillons blancs.

C'est encore une espèce bien voisine du *T. littoreus*, et qui se trouve sur la côte de Cornouailles et dans l'île de Purbeck, en Angleterre.

Le T. ténébreux; *T. tenebrosus*, Montagu, *Test. brit.*, pag. 303, *Suppl.*, t. 20, fig. 4. Très-petite coquille, du diamètre de trois lignes au plus, subconique, assez obtuse au sommet; le dernier tour très-ventru : couleur de poix et d'un brun pourpre en dehors.

Cette espèce, que les conchyliologistes anglois ont distinguée du *T. littoreus*, me paroît encore n'en être qu'une variété d'àge.

Le T. épais : *T. crassior*, Montagu, *Test. brit.*, p. 309, et *Suppl.*, t. 20, fig. 1; *T. pallidus*, Donovan, *Brit. shells*, t. 178, fig. 4. Petite coquille de cinq à six lignes de long, conique, rude, légèrement striée dans la décurrence de la spire, dont le dernier tour est subcaréné et profondément séparé, comme les autres : couleur blanchàtre.

Des côtes du Devonshire en Angleterre. C'est sans doute une simple variété du *T. rudis*, mais plus petite.

Le Turbo bizonal : *T. obtusatus*, Linn., Gm., p. 3588, n.° 1 ;
Knorr, *Vergn.*, 6, t. 23, fig. 8, et Chemn., *Conch.*, 5, t. 185,
fig. 1854, n.° c, d. Coquille subarrondie, lisse, plus ventrue et très-obtuse en dessus : couleur brune, variée de blanc,
suivant Linné, et blanche, avec deux zones brunes, suivant
M. de Lamarck.

Des mers du Nord.

Le T. RÉTUS : *T. retusus*, de Lamk., *loc. cit.*, n.° 28 ; *Nerita
littoralis*, Linn., Gmel., p. 3677, n.° 50 : Maton et Rackett,
Soc. linn., 8, tab. 5, fig. 15. Petite coquille épaisse, solide,
subglobuleuse, ventrue, striée dans la décurrence de la spire,
qui est très-aplatie ou rétuse ; ouverture dilatée en avant ;
bord droit, mince : couleur ordinairement d'un jaune olivâtre,
variée d'une manière infinie de jaune, de rouge et de brun.

De toutes les côtes de la Manche, où elle est fort commune, et en général des mers d'Europe. Diffère-t-elle de la
précédente ? M. de Lamarck ne veut pas que ce soit le *nerita littoralis* de Gmelin : en effet la phrase linnéenne, *testa
lævi, vertice carioso, labiis edentulis*, ne lui convient pas.
Quant à la figure qu'il cite de Lister, *Anim. Angl.*, elle représente certainement le T. rétus.

Le T. NÉRITOÏDE : *T. neritoides*, Linn., Gmel., p. 3588, n.° 2 ;
Chemn., *Conch.*, 5, tab. 185, fig. 1854, n.° 1 — 11. Petite coquille épaisse, solide, semi-globuleuse, glabre, à stries d'accroissement assez marquées ; à spire très-obtuse, mais moins
plate que dans l'espèce précédente ; ouverture non creusée en
avant : à bord droit, épais, avec une petite gouttière à son
origine : couleur en général uniforme, jaune ou verdâtre,
mais quelquefois fasciée ou tachée de blanc.

Des côtes de France, sur la Manche, où je l'ai trouvée communément, quoique les auteurs anglois n'en parlent pas, et
de celles de la Méditerranée, suivant Linné.

Le T. CANCELLÉ ; *T. cancellatus*, de Lamarck, *loc. cit.*, n.°
35. Très-petite coquille (une ligne et un quart) ovale, conique, mince, à spire assez courte, striée dans les deux sens
ou cancellée : couleur blanchâtre.

De la mer Méditerranée.

Le T. COSTULÉ : *T. costulatus*, id., ibid., n.° 34. Coquille
d'une ligne et demie de long, conique, grêle, à spire aiguë

au sommet , pourvue de côtes longitudinales : de couleur cendrée violette.

De la mer Méditerranée. Est-ce un véritable turbo?

Le Turbo punaise : *T. cimex*, Linn., Gmel., p. 3589, n.° 5 ; Gualt., *Test.*, tab. 44 , fig. 10. Petite coquille ovale, oblongue, à dernier tour beaucoup plus grand que tous les autres ensemble , treillissée par des stries dans les deux sens, formant des points saillans ou de petits tubercules : couleur blanche.

Cette petite coquille , que Gmelin dit de la Méditerranée, paroît aussi se trouver sur les côtes d'Angleterre , s'il est certain que le *T. cimex* des conchyliologistes anglois soit bien celui de Gmelin ; mais ce qui pourroit en faire douter, c'est qu'ils citent sans point de doute la figure d'Adanson , Sénég., t. 10, fig. 6, qui représente une petite nasse, avec celle de Gualtieri, qui est bien une espèce de turbo.

Le T. des ulves ; *T. ulvæ*, Pennant, *British zoolog.*, 4 , t. 86, fig. 120. Très-petite coquille , de trois ou quatre lignes de long, sur deux lignes de large , conique, acuminée, à peine striée ; les tours de spire très-peu convexes, séparés par une suture filiforme ; ouverture subovale, aiguë au sommet; bord droit rebordé : couleur fauve ou brune.

Cette petite coquille, qui vit adhérente aux fucus, aux rochers , sur les rivages d'Angleterre, paroît être une rissoaire.

Le T. ventru ; *T. ventrosus*, Montagu , *Test. brit.*, p. 317 , t. 12, fig. 13. Très-petite coquille (un huitième de pouce) conique, lisse , mince, pellucide, à tours de spire arrondis et à sommet assez aigu ; ouverture subovale, à bord très-entier : couleur de corne pâle ; opercule mince et corné.

Des côtes d'Angleterre, dans le comté de Kent.

Le T. subombiliqué ; *T. subumbilicatus*, Montagu, Pulteney *in Hutch. Dorset.*, t. 18, fig. 12 *b*. Coquille extrêmement petite (un huitième de pouce de long sur moitié de large), conique, lisse, presque glabre, subombiliquée, à tours de spire renflés ; sommet un peu obtus; ouverture exactement ovale : couleur blanc-jaunâtre.

Cette petite coquille, qui se trouve, comme la précédente, sur les côtes d'Angleterre, pourroit bien, ainsi qu'elle, n'être qu'une variété du *T. ulvæ*.

La Turbo saxatile; *T. saxatilis*, Olivi, *Adriat.*, p. 172, tab. 5, fig. 3. Coquille ovale, globuleuse, assez rugueuse, sillonnée dans la décurrence de la spire, à ouverture très-grande ; la columelle plate et élargie à son extrémité antérieure.

Des bords de l'Adriatique, vers les lagunes de Venise, dans les fissures des rochers, où elle est commune. Elle me paroit avoir beaucoup de rapports avec le *T. littoralis*.

C. *Espèces à opercule corné et à ouverture ovale* (**G. Rissoa**); *le bord droit plus ou moins réfléchi ou rebordé.*

A l'article Rissoaire nous avons donné la caractéristique des espèces de ce genre que l'on connoissoit alors. Depuis on en a découvert quelques-unes, dont nous parlerons ici.

Le T. court; *T. brevis*, Renieri. Petite coquille de quatre à cinq lignes de long, assez renflée en avant; la spire aiguë ; les tours renflés et treillissés profondément, de manière à ce que la surface ressemble à celle d'un dé ; ouverture ronde ; le bord droit largement rebordé en dehors : couleur blanche.

Cette jolie coquille, que j'ai vue dans la collection de M. Bertrand Geslin, vient de la mer Adriatique. C'est un véritable rissoaire. Ne seroit-ce pas le *T. cimex* de Linné et de Gmelin ?

Le T. de Montagu : *T. Montagui; Rissoa Montagui*, Payr. , Corse, p. 3, pl. 5, fig. 13 et 14. Petite coquille de trois ou quatre lignes de long, ovale, un peu ventrue, composée de cinq tours de spire, dont le dernier est de beaucoup le plus grand, pourvus de côtes longitudinales, croisées par des stries transverses , assez profondes, qui les granulent ; ouverture presque ronde. à bord tranchant : couleur fauve, avec une ligne blanche décurrente au-dessus de la suture, en dehors; ouverture blanche à la circonférence et d'un rouge brun dans le fond.

Sur les côtes de la Corse, à Ajaccio, sur la plage.

Le T. de Bosc : *T. Boscii; Rissoa Boscii*, id., ibid., pl. 5, fig. 15 et 16. Coquille de cinq à six lignes de long, alongée, turriculée, lisse, luisante, composée de dix tours de spire aplatis, à suture peu marquée; ouverture ovale : couleur d'un blanc pur.

Cette jolie coquille, qui se trouve sur les côtes de la Corse, ne me paroît pas appartenir au genre Turbo, et encore moins à celui des Rissoaires, dont elle n'a presque aucun des caractères. J'aimerois mieux en faire une phasianelle ou une mélanie.

Le Turbo de Bosc ; *T. Boscii*, id., ib., fig. 17 et 18. Coquille de trois ou quatre lignes de long, turriculée, rugueuse, à tours de spire assez convexes et pourvus de côtes longitudinales, croisées par des stries décurrentes ; ouverture ovale, subcanaliculée, à bord droit, renflé.

Cette espèce est évidemment une cérite à canal fort court. Elle vient, comme les précédentes, des côtes de Corse.

Le T. aciculaire : *T. acicula; Rissoa acicula*, Risso, Nice, t. 4, pl. 121, fig. 60. Coquille de cinq à six lignes de long, très-fragile, luisante, vitrée, à spire élancée, très-aiguë, composée de onze tours, tous costulés en travers ; les côtes distantes, larges et très-peu élevées : couleur d'un gris fauve très-pâle.

Des côtes de Nice. Ce qu'il y a de singulier sur cette espèce, dont nous devons la connoissance à M. Risso, c'est que sa phrase caractéristique ne correspond nullement à sa figure : en effet, celle-ci indique une coquille, il est vrai, élancée, aiguë, mince, mais sans aucune trace de côtes, et d'ailleurs les bords de l'ouverture sont dilatés et renversés d'une manière bien singulière, que n'a pas notée M. Risso.

Le T. gentil : *T. pulchellus; R. pulchella*, id., ibid., n.° 290. Coquille mince, lisse, luisante, hyaline, composée de neuf tours de spire, dont le dernier est sculpté à gauche de quatre lignes longitudinales de petits points : couleur striolée en travers de noir pourpré.

Des mers de Nice.

Le T. striolé : *T. striolatus; R. striolata*, id., ibid., 284. Petite coquille opaque, glabre, luisante, à sept tours de spire costulés en travers ; les côtes distantes, arquées, convexes, sculptées de petites lignes longitudinales, égales, qui surpassent les côtes et les interstices.

Le T. élégant : *T. elegans; Rissoa elegans*, id., ibid., n.° 285, fig. 46. Coquille mince, luisante, translucide, à six tours de spire sculptés par des côtes transverses ondulées, avec les

interstices imprimés de lignes égales, également distantes ;
suture profonde.

C'est encore une espèce des côtes de Nice, et qui offre la
particularité que nous avons remarquée pour le *Rissoa acicula*, c'est que la description ne correspond nullement à la
figure. qui représente probablement une natice.

Le Turbo tricolor : *T. tricolor; R. tricolor, id., ib.*, n.° 287.
Coquille de deux à trois lignes de long, très-lisse, luisante,
de forme conique, peu élevée, aiguë, composée de six tours
de spire, dont le dernier en dessous, et les deux du sommet
sont blancs ; le reste d'un brun fauve : péristome d'un blanc
violàtre.

D. *Espèces à opercule corné, à ouverture ovale ; le
bord droit tranchant.* (G. ALVANIA, Risso.)

Ce genre, établi par M. le docteur Leach et adopté par
M. Risso, qui le place, on ne sait trop pourquoi, dans la famille des goniostomes, me paroît n'être réellement qu'une
division des rissoaires, et par conséquent des turbos à opercule corné : l'ouverture est cependant en général plus aiguë
en arrière, et le bord droit tranchant, est souvent denticulé en dedans. Ce sont du reste de très-petites coquilles. M.
Risso en nomme vingt-deux espèces, dont une fossile, cinq
ou six subfossiles, et les autres vivant dans la mer de Nice;
mais. s'il est permis d'en juger d'après les huit espèces qu'il
a fait figurer. il est très-probable que le nombre doit en être
considérablement réduit. Je me bornerai à donner la définition de celles-ci, et je nommerai seulement les autres.

Le T. DE BORY : *T. Boryus; Alvania Borya*, Risso. *l. c.*, p.
140, fig. 152. Très-petite coquille (deux lignes environ),
opaque, lisse. striée dans la décurrence de la spire, côtelée
transversalement à ses tours, si ce n'est sur le dernier : couleur brunàtre.

Le T. RAYÉ : *T. lineatus; Alvania lineata, id.. ibid.*, n.° 355,
fig. 120. Coquille de trois lignes de long, avec des côtes,
comme dans la précédente : couleur jaunàtre, marquée de
stries croisées de couleur pourpre.

Le T. A PETITES CÔTES: *T. costulosus; Alv. costulosa, id., ibid.*,
n.° 356, fig. 126. Coquille de quatre lignes, côtelée; les côtes

56.   8

assez distantes, tuberculeuses, avec les interstices sculptés de lignes élevées, égales : couleur d'un blanc jaunâtre.

Ces trois espèces pourroient n'en former qu'une : la dernière n'a cependant pas, comme les deux autres, le bord droit denté en dedans; particularité que le dessinateur a exprimée, mais dont l'auteur ne parle pas.

Le Turbo de Freminville : *T. Freminvilleus; Alv. Freminvillea, id., ibid.,* n.° 353, fig. 118. Coquille de cinq lignes à peu près, conique, opaque, couverte de tubercules arrondis, formés par des lignes profondes, décurrentes et transverses : couleur blanche ferrugineuse.

Le T. mamelonné : *T. mamillatus; Alv. mamillata, id., ibid.,* n.° 365, fig. 128. Coquille de trois lignes de long, épaisse, très-lisse, luisante, couverte de tubercules arrondis, formés par la décussation de lignes profondes, décurrentes et transverses : couleur d'un brun obscur, variée de blanc et de jaunâtre.

Le T. d'Europe : *T. europæus; Alv. europæa, id., ibid.,* n.° 354, fig. 116. Coquille de trois lignes de long, épaisse, très-lisse, luisante, couverte de tubercules arrondis, formés en séries décurrentes par la décussation de lignes profondes, longitudinales et transverses; les deux séries médianes un peu plus grosses que les autres : couleur d'un blanc d'ivoire à reflets ferrugineux, zonée de brun et de fauve.

Ces trois espèces, qui n'en font probablement qu'une, et dont le bord droit est denté intérieurement, pourront bien n'être que le *turbo cimex* de Linné, très-voisin du *rissoa Montagui* de M. Payraudeau.

Le T. de Sulzer : *T. sulzerianus; Alv. sulzeriana, id., ibid.,* fig. 124. Coquille de quatre lignes de long, opaque, lisse, luisante, côtelée de côtes convexes, avec les interstices marqués de lignes fort étroites.

Le T. plicatulé : *T. plicatulus; Alv. plicatula, id., ibid.,* n.° 328, fig. 134. Coquille de cinq lignes de long au plus, mince, très-lisse, à côtes obliques, parfaites sur le tour intermédiaire, et incomplètes sur les deux inférieurs : couleur d'un blanc mat, quelquefois linéolée de fauve.

Ce sont encore deux espèces bien voisines entre elles et peut-être aussi du *rissoa violacea.*

M. Risso définit encore à sa manière et sans figures les Ar-
VANIES FLUETTE (*A. discrepans*), A. FERRUGINEUSE (*A. ferruginea*), A. A GROSSES CÔTES (*A. crassicostata*), A. DE DUFRESNE
(*A. Dufresnei*), A. RÉTICULÉE (*A. reticulata*), A. PYRAMIDALE
(*A. pyramidalis*), A. DISCORDANTE (*A. discors*), et les *A. sardea,
arcuata.* qui sont subfossiles. Tout ce qu'on peut tirer de la
description qu'a cru sans doute en donner M. Risso , c'est
qu'elles sont côtelées et qu'elles varient un peu de couleur et
à peine de grandeur. (DE B.)

TURBO. (Foss.) Voyez SABOT. (D. F.)

TURBONILLE, *Turbonilla.* (Conchyl.) Dénomination imaginée par M. le docteur Leach , et introduite dans la science
par M. Risso, dans son Histoire naturelle des environs de
Nice , tom. 4 , p. 224. pour ce qu'ils appellent un genre de
coquilles que le dernier de ces naturalistes place parmi les
siphonostomes, ce dont on ne se douteroit guère d'après les
figures qu'il donne de trois espèces , et dont la caractéristique,
que nous entendons à peine , est ainsi conçue : Coquille turriculée ; tours de spire souvent plans , les trois du sommet ma-
melonnés ; suture étroite, profonde ; ouverture presque carrée,
arrondie à droite, à angle aigu à gauche ; péritrème à droite , à
gauche et sur le devant, parfait. Toujours en raisonnant sur
les figures, il nous semble que deux espèces, les TURBONILLES
PLISSÉE et COSTULÉE, *T. plicatula* et *costulata*, fig. 70 et 72 , qui
sont fossiles, doivent être rangées parmi les scalaires ; quant
à la T. DE HUMBOLDT, *T. Humboldti*, fig. 63 , décrite page 394,
sous le n.° 1082. ce doit être une espèce d'auricule. Quoi
qu'il en soit, voici la description de cette dernière espèce :
Coquille fort petite (six lignes de long), lisse, translucide,
très-luisante, composée de sept tours de spire ; réticulée, si
ce n'est au sommet, de lignes longitudinales coupées par des
côtes transverses ; la columelle avec un pli rudimentaire :
couleur d'un blanc d'ivoire brillant.

Cette coquille , dont la description donnée par M. Risso
correspond à peine à la figure, se trouve, à ce qu'il dit,
sur les côtes de Nice. (DE B.)

TURBOT, *Rhombus.* (Ichthyol.) Par suite des démembre-
mens opérés dans le grand genre PLEURONECTE de Linnæus et
de la plupart des ichthyologistes qui l'ont suivi , on a formé

sous ce nom un genre de poissons osseux holobranches dans la famille des hétérosomes, genre qu'il est facile de reconnoître aux caractères suivans :

Corps comprimé, haut verticalement, subrhomboïdal, non symétrique, très-mince; catopes au nombre de deux, thoraciques, paraissant continuer en avant la nageoire anale; six rayons aux branchies; point de vessie natatoire; deux nageoires pectorales; nageoires anale et dorsale très-longues; bouche non contournée; des dents en velours ou en carde aux mâchoires et au pharynx.

Conséquemment il devient très-facile de distinguer les Turbots des Achires, qui n'ont point de nageoires pectorales; des Monochires, qui n'en ont qu'une seule; des Soles, qui ont la bouche contournée; des Plies et des Flétans, qui offrent une nageoire dorsale d'une longueur ordinaire. (Voyez ces différens noms de genre et Hétérosomes et Pleuronectes.)

La plupart des espèces de ce genre ont les yeux à gauche. On peut les ranger en deux sections.

* *Yeux rapprochés.*

Le Turbot: *Rhombus maximus*, N.; *Pleuronectes turbot*, Lacép.; *Pleuronectes maximus*, Linnæus; *Rhombus*, Pline. Corps rhomboïdal, presque aussi haut que long; nageoire caudale arrondie; côté gauche brun, hérissé de petits tubercules osseux, pointus, larges à leur base, qui est étalée en une étoile irrégulière; côté droit blanc; mâchoire inférieure plus avancée que la supérieure; nageoires jaunâtres avec des taches et des points bruns.

Ce poisson atteint de grandes dimensions; on l'a vu, par exemple, parvenir à la longueur de cinq à six pieds, et sur les côtes de France et d'Angleterre il pèse souvent de vingt-cinq à trente livres. Rondelet rapporte entre autres l'avoir vu assez volumineux pour présenter cinq coudées de longueur, quatre coudées de largeur et un pied d'épaisseur.

Il fréquente l'océan du Nord, la Baltique et la Méditerranée, et est généralement fort abondant dans les parages qu'il habite.

Il se nourrit de petits poissons, de crustacés, de vers, et est fort goulu : il est très-rusé quand il s'agit de s'emparer de sa proie, ce qui le conduit à séjourner auprès de l'embouchure des fleuves ou à l'entrée des étangs qui communiquent avec la mer, lieux habituellement fournis abondamment en petits animaux aquatiques et remplis d'une vase grasse et épaisse, dans laquelle il s'enfonce pour dérober à ceux-ci la masse énorme de son corps. La plus grande partie des turbots qu'on sert sur les tables de Paris, sont ordinairement apportés de l'embouchure de la Seine ou de celles de la Somme et de l'Orne.

Au reste, malgré son extrême voracité, le poisson dont il s'agit ne se jette guère que sur une proie vivante ou très-fraîche. Aussi les pêcheurs préfèrent-ils, pour le prendre, de joindre aux morceaux de morue et de hareng dont ils arment communément leurs lignes, de petits poissons encore en vie et surtout de jeunes prickas, que les Anglois achètent même pour cette raison aux marins hollandois.

On le pêche rarement au filet, et l'on préfère pour se le procurer, l'emploi des lignes de fond, amorcées comme il vient d'être dit. Les Anglois, qui prennent beaucoup plus de turbots que nous, ont de ces lignes de trois milles de long et garnies souvent de 2,500 hameçons.

La chair du turbot est très-recherchée en raison de sa saveur exquise, qui lui a mérité les noms vulgaires de *faisan d'eau* et de *faisan de la mer*. Elle est blanche, grasse, feuilletée et délicate : elle a beaucoup exercé la sagacité des maîtres dans l'art de la gastronomie et a été soumise à une foule de préparations culinaires non moins estimées les unes que les autres, et dont on peut lire les recettes dans tous les auteurs qui ont traité de cette matière, depuis le célèbre Apicius jusqu'au moderne Grimaud de la Reynière.

Les Romains avoient une profonde estime pour le turbot; nous nous contenterons, pour démontrer notre assertion, de citer les deux passages suivans d'Horace :

> . . . . . . *Cum passeris, atque*
> *Ingustata mihi, porrexerit ilia rhombi,*

> . . . . . . *Esuriens fastidit omnia, præter*
> *Pavonem rhombumque. . . . . .*

Dans le 17.ᵉ siècle, au rapport de Gontier, qui écrivoit en 1668, on faisoit à Paris un fort grand cas du turbot. Un fait rapporté dans la vie de Saint-Arnould, abbé de Saint-Médard et évêque de Soissons, nous apprend que tous les ans, dans le monastère de Saint-Médard, il étoit d'usage de régaler les moines de la chair de ce poisson. Beaujeu, autre évêque et dont les œuvres remontent à l'an 1551, la regardoit comme préférable à celle de toute autre espèce d'animal marin. Sous ce rapport, nos ancêtres en savoient par conséquent au moins autant que nous.

La chair du turbot, hygiéniquement parlant, est du reste nourrissante, quoique d'une digestion assez difficile. Galien, un peu légèrement peut-être, la recommande dans les convalescences. On croyoit autrefois qu'appliquée en cataplasme sur l'hypocondre gauche, elle guérissoit les affections morbides de la rate, ce dont il faut faire autant de cas que de l'alexipyrétique dans lequel Pline dit qu'elle entroit comme partie constituante, et du collyre qui, selon Van-den-Bossche, devoit ses vertus au fiel de ce même poisson.

La Barbue : *Rhombus barbatus*, N.; *Pleuronectes rhombus*, Linn. Corps aussi haut que long, de forme ovale ou plutôt rhomboïdale, à angles arrondis; nageoire caudale arrondie également; nageoire dorsale avançant jusque vers le bord de la mâchoire supérieure et régnant, ainsi que l'anale, jusque tout près de la caudale; ouverture de la bouche assez grande et arquée de chaque côté; peau lisse, sans tubercules, et revêtue seulement d'écailles ovales et unies; ligne latérale d'abord très-courbée et ensuite droite; mâchoire inférieure un peu plus avancée que la supérieure; côté droit d'un blanc azuré; côté gauche marbré de jaunâtre, de brun et de rougeâtre; yeux grands, à iris argenté et à prunelle bleue.

Ce poisson est très-commun et on le voit souvent dans les marchés de Paris, où même assez fréquemment on l'appelle *carrelet*. On le pêche dans l'Océan atlantique boréal, ainsi que dans la mer Méditerranée. Il fréquente habituellement nos côtes, mais il est encore plus abondant sur celles de Sardaigne, et surtout, assure Adanson, autour des îles Açores. Il pénètre enfin quelquefois dans les fleuves et entre notamment dans l'Elbe.

La barbue acquiert des dimensions souvent assez considérables pour peser une vingtaine de livres, et, suivant M.

Risso, à l'embouchure du Var on en pêche parfois qui en pèsent seize. Autrefois même elle jouissoit d'une certaine renommée sous ce rapport :

> *Quamvis lata gerat patella rhombum,*
> *Rhombus tamen est latior patellá.*

MARTIAL.

Tout le monde, au reste, connoît l'histoire de l'énorme individu de cette espèce qui, du temps de Domitien, exerça le génie gastronomique des sénateurs de Rome, et chacun a aussi présens à l'esprit les vers pleins de grâce inspirés à un de nos plus aimables poëtes modernes par ce monstrueux poisson, que beaucoup d'auteurs ont pris pour un turbot, qui, dans l'origine, excita la redoutable indignation du satyrique Juvénal, et qui, du reste, ne devoit point offrir la longueur démesurée que lui ont attribuée les anciens, puisqu'elle auroit été de plus de soixante pieds.

Dans tous les temps la barbue a été très-recherchée et mérite réellement de l'être ; car elle est abondamment pourvue d'une chair ferme et d'une saveur exquise, et se montre la digne rivale du turbot, avec lequel, chez les anciens, elle partageoit le nom de *faisan de mer* et souvent aussi celui de *rhombus*.

Elle ne se distingue même en rien du turbot sous le rapport bromatologique, pour ainsi dire.

Le TURBOT NU : *Rhombus nudus*, Risso ; *Pleuronectes diaphanus*, Sh., 4, 309 : *Arnoglossum*, Rondelet. Écailles minces, grandes, peu adhérentes à la peau ; côté gauche sale et jaunâtre ; côté droit grisàtre ; bouche grande ; yeux gros à iris doré ; opercules et abdomen tachetés de bleuâtre : celui-ci coloré par les entrailles : nageoires transparentes.

Ce poisson, très-prolifique, mais qui ne dépasse point la taille de quelques pouces, vit dans les profondeurs vaseuses de la mer de Nice, où il a été découvert par M. Risso.

Le TARGEUR : *Rhombus punctatus*, N. : *Pleuronectes punctatus*, Linnæus. Nageoire caudale arrondie ; hauteur du corps très-grande ; écailles dentelées : côté gauche parsemé de points rouges et de taches noires, rondes ou irrégulières ; côté droit d'un blanc rougeâtre.

Ce poisson atteint la longueur de dix-huit pouces. Il vit dans la mer Britannique et dans celle du Danemarck.

A Copenhague il passe pour délicat et savoureux ; mais en Angleterre on en fait peu de cas.

Il faut encore ranger dans le genre Turbot et dans cette section , le *pleuronectes cristatus* de Schneider , qui est voisin de la barbue et qu'on appelle *sole* à l'Isle-de-France.

Le Pleuronecte Commersonien de Lacépède s'en approche aussi ; mais c'est une véritable Sole. (Voyez ce mot.)

** *Yeux très-écartés.*

Le Turbot argus : *Rhombus argus* , N. ; *Pleuronectes argus* , Bloch ; *Pleuronectes lunatus* , Gmel. ; *Pleuronectes mancus* , Broussonnet. Nageoire caudale arrondie ; yeux inégaux en grandeur ; écailles petites et molles ; côté gauche d'un jaune clair avec des points bruns, de petites taches bleues et d'autres taches plus grandes, jaunes, pointillées de brun et entourées de bleu.

Ce poisson est souvent long de dix-huit à vingt-un pouces. Il vit dans la mer des Antilles, dans celle de la Caroline et dans les eaux de l'Océanie.

Il remonte dans les fleuves, où sa chair devient tendre et acquiert une saveur exquise.

Le *Pleuronectes passer* d'Artédi et de Linnæus n'est point différent du turbot ordinaire. (H. C.)

TURBOT BOUCLÉ, (*Ichthyol.*) Un des noms du flet ou picaud. Voyez Plie. (H. C.)

TURBULENT. (*Ornith.*) M. Vieillot décrit sous ce nom une espèce de merle. (Desm.)

TURBUT. (*Ichthyol.*) Un des noms anglois du Flétan. Voyez ce mot. (H. C.)

TURC. (*Entom.*) Nom vulgaire de la larve d'un insecte inconnu, qui ronge le bois des poiriers, et surtout des poiriers de la variété dite de bon-chrétien. (Desm.)

TURC. (*Mamm.*) On donne ce nom à une variété de chien qu'on dit originaire de Barbarie, et qui est remarquable par sa peau nue. (Desm.)

TURCA. (*Bot.*) Voyez Herbe turque. (J.)

TURCON. (*Bot.*) Ce nom est donné, par les Égyptiens,

suivant Ruellius, au *periclymenum* de Dioscoride, lequel paroît être notre chèvre-feuille des bois, *lonicera periclymenum* de Linnæus. (J.)

TURCOT. (*Ornith.*) Vieux nom françois du torcol, rapporté par Belon. (DESM.)

TURDOÏDE. (*Ornith.*) Les oiseaux compris en général dans le grand genre *Turdus*, portent le nom françois de *merles*, quand leur plumage est coloré par grandes masses, et celui de grives, quand le plumage est grivelé ou peint de petites taches. Plusieurs espèces ont déjà été classées dans les genres *Lamprotornis*, *Pastor*, *Cinclus*, *Meliphaga*, *Myiothera*. M. Temminck a formé une section particulière des turdoïdes, *ixos*, dont il existe des individus en Afrique, dans l'Inde, dans l'Australasie, qui diffèrent des merles et des grives, en ce qu'au lieu d'avoir, comme les premiers, le bec de la même longueur ou plus long que la tête, le leur est, ainsi que les tarses, plus court que dans les types d'Europe. L'auteur avoue n'avoir formé cette section, purement arbitraire, que pour y placer, d'une manière un peu plus régulière, un groupe d'oiseaux très-nombreux en espèces et dont plusieurs sont mal placées dans les genres auxquels on les a déjà réunies; telles sont : 1.° *muscicapa psidii*, Lath., esp. 27; 2.° *turdus Cafer*, id., *spec.* 99, qui forme, par double emploi, *muscicapa hemorrhoida*, id., *sp.* 26, le même que la planche enluminée de Buffon, 565, fig. 1, et le cul-rouge de Levaillant. Ois. d'Afrique, tome 5, pl. 107, fig. 1; 3.° *turdus chrysorhæus*, Temm., ou le cudor de Levaillant, pl. 107, fig. 2. et Brown, *Illust. zool.*, tab. 31; 4.° *turdus Levaillantii*, Temm., pl. enl. de Buffon, 317, ou brunoir de Levaillant, pl. 106. fig. 1; 5.° *turdus cochinchinensis*, sp. 113, pl. enl., 643, fig. 5.

M. Temminck n'a donné un nom systématique aux turdoïdes, que d'après feu Kuhl, et en en décrivant le turdoïde verdin, pl. 582, n.° 1. Cette dénomination est tirée de la grande abondance de plumes duveteuses dont le croupion de cet oiseau est garni ; mais comme cette masse n'existe pas dans la même proportion chez d'autres espèces, il pense que le caractère peut être tiré plus rigoureusement de la brièveté du bec, en raison de la tête et de celle des ailes.

Turdoïde ensanglanté; *Turdus dispar*, Horsf., pl. 137 de M. Temminck. Cette espèce, que M. Horsfield a trouvée à Java, où on la nomme *chiching-goleng*, a six pouces six lignes de longueur. Elle est placée par M. Temminck dans la section des merles turdoïdes de petite taille, dont les pieds sont foibles et à tarses courts, et près du verdin ou *turdus cochinchinensis* et du *muscicapa psidii* de Latham. La gorge du mâle est couverte de petites plumes un peu cartilagineuses et d'un rouge vermillon, qui ressemblent à celles dont l'extrémité des pennes secondaires des jaseurs est ornée; la tête et la nuque sont noirs; le dos, les ailes et les bords extérieurs de leurs pennes, sont d'un jaune olivâtre; la queue est d'un brun noirâtre; la poitrine est d'un jaune rougeâtre, et toutes les parties inférieures d'un jaune pur; le bec est noir et les pieds sont cendrés. Des individus femelles ou jeunes n'ont pas les belles plumes rouges à la gorge, qui est nuancée, ainsi que la poitrine, d'une couleur de brique blanchâtre.

Turdoïde cap-nègre (mâle); *Turdus atriceps*, Temm., pl. 147. Cette espèce, dont le texte n'est pas joint à la planche, est noire sur la tête et la gorge, d'un vert foible sur le dos et la poitrine, et un peu plus foncé sur le haut des ailes et les plumes secondaires; les pennes alaires, d'un jaune verdâtre à la base, ont une large bande noire vers l'extrémité, et sont terminées par une bordure jaune; le ventre est jaunâtre; le bec est bleuâtre et les pieds sont noirs.

Turdoïde azurin; *Ixos azureus*, Temm., pl. 274 (le mâle adulte). Cette espèce, longue de huit pouces et demi, et dont le bec, court, est un peu élargi, a une nudité apparente derrière et en dessous des yeux, dont l'orbite est entouré d'un cercle de très-petites plumes serrées. Le mâle a le sommet de la tête et les bordures des pennes caudales d'une belle teinte d'azur; le bleu est beaucoup plus foncé sur le cou et le croupion; les plumes dorsales sont d'un brun olivâtre; depuis la base du bec jusque vers le milieu du ventre règne une teinte d'un brun olivâtre, qui prend plus bas des nuances d'un bleu noirâtre; le bec et les pieds sont noirs; tout le dessous du corps est d'un bleu noirâtre chez la femelle.

Cet oiseau se trouve à Java, à Banda, à Banca et à Sumatra.

Deux autres oiseaux, qui ont été placés avec les turdoïdes, doivent être rapportés au genre des Échenilleurs, *Ceblepyris*, Cuv.. ou *Campephaga*, Vieill.

Le premier, qui avoit reçu le nom de Turdoïde a épaulettes rouges (*Turdus phœnicopterus*, Temm., pl. col., 71), est, ainsi que M. Isidore Geoffroy l'a prouvé, un individu mâle de l'espèce de l'échenilleur jaune de Levaillant (Ois. d'Afrique. pl. 164).

Il a presque tout le plumage d'un noir bronzé, à reflets violets et bleuâtres; les ailes et la queue d'un noir mat, mais dont les pennes sont bordées d'un vert métallique; les couvertures des ailes d'un rouge vif; les pieds et le bec noirs.

Il est du Sénégal.

Le second, désigné d'abord sous le nom de Turdoïde verdin (*Ixos virescens*, Temm., pl. 582, fig. 1), a ensuite été rapporté au genre *Ceblepyris* par cet ornithologiste, sous le nom de *ceblepyris aureus*.

Cet oiseau, qui habite les bois touffus de l'île de Java, où l'espèce paroît être abondante, a six pouces et demi de longueur. Le sommet de la tête et la nuque sont d'un cendré verdâtre, et il y a une petite bande blanchâtre entre le bec et les yeux; la gorge, l'abdomen et les cuisses, sont blancs, et de larges stries, bordées de verdâtre, couvrent les autres parties inférieures, à l'exception des plumes anales, qui sont jaunâtres; les pennes caudales et alaires sont brunes et bordées d'un vert sombre; le reste des parties supérieures est d'un vert olivâtre; le bec et les pieds sont noirs.

La même planche offre, sous le n.° 2, la figure du *turdoïde oranga*, dont tout le corps a les parties inférieures d'un rouge de brique et les parties supérieures noires et blanches; cette dernière couleur occupant les joues, les côtés du cou et une partie des ailes. (Ch. **D.**)

TURDUS. (*Ornith.*) Nom latin systématique des oiseaux du genre qui comprend les grives et les merles. (Desm.)

TURGAN. (*Ichthyol.*) Nom languedocien de la Lotte. Voyez ce mot. (H. C.)

TURGENIA. (*Bot.*) Sous ce nom M. Hoffmann fait du *caucalis latifolia* un genre qui n'a pas été adopté. (J.)

TURGO. (*Mamm.*) Les brebis infécondes sont ainsi nommées en Languedoc. (Desm.)

TURGOTIA. (*Bot.*) Ce genre, fondé sur l'*ixia pyramidalis*, n'a point été admis. (Lem.)

TURI. (*Bot.*) Rumph cite sous ce nom malais, adopté à Amboine, un arbre qui est son *turia*, le même que l'*agati* du Malabar; c'est l'*œschynomene grandiflora* de Linnæus, dont M. Poiret avoit fait son *sesbania grandiflora*, plus récemment séparé, sous le nom d'*agati grandiflora*, par MM. Desvaux et De Candolle. Un autre arbrisseau, congénère, selon Rumph, et nommé par lui *toeri-mera*, qui étoit l'*œschynomene coccinea* de Forster et de Linnæus fils, reporté au *sesbania* par M. Poiret, est l'*agati coccinea* de MM. Desvaux et De Candolle. (J.)

TURIA. (*Bot.*) Genre de plantes dicotylédones, à fleurs incomplètes, monoïques, de la famille des *cucurbitacées*, de la *monoécie pentandrie* de Linnæus, offrant pour caractère essentiel : Des fleurs monoïques; dans les mâles, un calice oblong, à cinq divisions; une corolle monopétale, insérée sur le calice par son tube, libre à son limbe, à cinq divisions velues intérieurement; trois ou cinq étamines; deux filamens à deux divisions, chacune munie ordinairement d'une anthère; le troisième simple, à une seule anthère; un ovaire avorté; dans les fleurs femelles, le calice et la corolle comme dans les fleurs mâles; cinq étamines stériles; un ovaire adhérent avec le calice et la corolle; un style bifide ou trifide; autant de stigmates; une baie ou une pomme charnue, à deux ou trois loges couronnées par les limbes du calice et de la corolle, renfermant plusieurs semences.

Ce genre, jusqu'alors peu connu, pourroit bien, d'après M. de Jussieu, être réuni aux *anguria*. Ses différences consistent principalement dans le nombre des étamines, dans la disposition des filamens, au nombre de trois dans les fleurs mâles, dont deux bifides, à deux anthères; le troisième simple : dans les fleurs femelles, cinq filamens stériles sont placés sur une callosité en forme d'anneau. Les fruits, d'après Forskal, varient de deux à trois loges. Il est à remarquer que dans cette famille M. de Jussieu regarde comme

calice l'enveloppe que Linné nomme *corolle* : alors le calice
devient un appendice de cinq pièces.

Turia a fruits cylindriques : *Turia cylindrica* , Forskal ,
Flor. ægypt. arab., p. 165. Ses tiges sont rudes , grimpantes ,
à cinq angles, munies, proche les pétioles , de vrilles à trois
divisions vers leur sommet. Les feuilles sont alternes , pétiolées , larges d'environ sept pouces , palmées , rudes à leurs
deux faces, divisées en cinq lobes : ceux du milieu plus longs
et plus larges ; les inférieurs à trois découpures , tous sinués
et dentés en scie ; les pétioles canaliculés. Les fleurs sont axillaires ; les pédoncules souvent deux à deux. Les fleurs mâles
sont presque réunies en ombelle, et les femelles souvent solitaires. Les unes et les autres ont un calice et une corolle
soudés à leur partie inférieure , divisés à leur limbe en cinq
découpures ; celles du calice lancéolées , plus courtes ; celles
de la corolle ovales , plus longues , très-ouvertes, de couleur jaune, pileuses en dedans , à nervures saillantes et pileuses en dehors : les filamens plus courts que la corolle ; les anthères ondulées ; l'ovaire est tomenteux, cylindrique ; le style
divisé au-delà de son milieu en trois parties divergentes , terminées chacune par un stigmate jaunâtre , épais, velu, à
deux lobes. Le fruit est une sorte de pomme cylindrique ,
rétrécie à ses deux extrémités , velue , chargée de petits tubercules, marquée de dix sillons verdâtres , couronnés par
les divisions du calice et de la corolle. Cette plante croît
dans l'Arabie heureuse, dans les terrains cultivés.

Turia leloia ; *Turia leloia* , Forskal , *loc. cit.* Cette espèce
se distingue par ses trois étamines , dont les filamens ressemblent à trois écailles concaves , renfermant trois anthères sessiles. Ses tiges sont grimpantes, presque dichotomes , striées,
munies de vrilles. Les feuilles sont alternes, pétiolées , courtes , réniformes, longues à peine d'un pouce, divisées en trois
lobes sinués, anguleux : celui du milieu simple, ovale, aigu ;
les deux latéraux bifides ; les pétioles soyeux , canaliculés ;
les vrilles simples, torses. Les fleurs sont disposées en petites
grappes courtes à l'extrémité d'un pédoncule axillaire, rude,
solitaire , filiforme , à peine long d'un pouce. Le calice est
campanulé , glabre , à cinq dents ; la corolle petite , verdâtre,
à cinq lobes lancéolés ; trois écailles épaisses , concaves , ren-

fermant une anthère jaunâtre, à deux lobes. L'ovaire est cylindrique, rétréci en cône à sa base, long d'un pouce, surmonté d'un stigmate entier, à deux lobes. Le fruit est une
pomme pendante, conique, jaunâtre, longue d'un pouce et
demi, à deux loges; les semences planes, jaunâtres, arrondies, disposées sur deux rangs dans chaque loge, environnées
d'une matière visqueuse. Cette plante croît dans l'Arabie.
Elle est mentionnée sous le nom de *leloia* dans les ouvrages
des Arabes.

Turia mogade : *Turia moghadd*, Forskal, *loc. cit.* Ses tiges
sont lisses, cylindriques, vrillées; les feuilles alternes, pétiolées, longues de trois pouces, entières à leurs bords, divisées en trois lobes; le lobe du milieu entier; les deux latéraux sous-divisés presque en trois autres lobes, ou profondément sinués : les vrilles opposées aux feuilles. Les fleurs sont
grandes et blanches : elles produisent des fruits glabres, ovales-oblongs, longs d'un pouce et demi sur un d'épaisseur,
verdâtres dans leur jeunesse, parsemés de points blanchâtres,
de couleur jaune à leur maturité, et bons à manger. Cette
plante croît dans l'Arabie. (Poir.)

TURIE-RAVA. (*Bot.*) Nom malais, sous lequel l'*æschy-
nomene aspera* de Linnæus est connu à Java, suivant Burmann. (J.)

TURIN SARATIE. (*Ichthyol.*) Le poisson dont Renard a
parlé sous ce nom, est le *balistes maculatus* de Bloch. Voyez
Baliste et Tacheté. (H. C.)

TURINGENS. (*Bot.*) Voyez Truncium. (J.)

TURINI. (*Bot.*) Césalpin cite sous ce nom un champignon
de la Toscane dont le chapiteau, rouge en dessus, est porté
sur un support blanc. Il ajoute qu'on ne l'admet pas comme
aliment. Cette indication peut être appliquée à la fausse
oronge, regardée comme dangereuse. (J.)

TURION. (*Bot.*) Sorte de bouton naissant sur les racines
des plantes vivaces ou sur des tubercules. Quand il naît sur
les racines, il ne diffère des boutons ordinaires que par sa
position; quand il naît sur des tubercules, il ne diffère des
bulbes que par sa petitesse. (Mass.)

TURIONIFÈRE [Racine]. (*Bot.*) Portant des turions; exemples : *asparagus officinalis*, *arum italicum*, *orchis latifolia*, *ai-*

lanthus, rhus typhinum; tubercules du *solanum tuberosum,* etc. (Mass.)

TURKEY. (*Ornith.*) Dénomination angloise du dindon ordinaire. (Desm.)

TURKONDU. (*Mamm.*) Nom de l'éléphant à Timbouktou. (Lesson.)

TURLU ou TURLUI. (*Ornith.*) Noms vulgaires du courlis dans quelques départemens dépendans des anciennes provinces de Poitou et de Bourgogne. (Desm.)

TURLURU. (*Crust.*) Voyez Tourlourou et l'article Malacostracés, tom. XXVIII. pag. 234. (Desm.)

TURLUT, TRELUS ou COTRELUS. (*Ornith.*) Noms vulgaires qui désignent dans plusieurs provinces l'alouette lulu ou cujelier. (Desm.)

TURLUTOIR. (*Ornith.*) Autre dénomination vulgaire de l'alouette lulu. (Desm.)

TURMERA. (*Bot.*) Nom castillan, cité par Clusius, de son *chamæcistus humilis,* variété du *cistus pilosus* de Linnæus. (J.)

TURNEPS. (*Bot.*) Nom anglois de la rave, *brassica rapa.* (J.)

TURNERA. (*Bot.*) Genre de plantes dicotylédones, à fleurs complètes. polypétalées, de la famille des *loasées,* de la *pentandrie trigynie* de Linnæus, offrant pour caractère essentiel : Un calice caduc, tubulé, à cinq divisions colorées; cinq pétales attachés à l'orifice du calice, légèrement onguiculés; cinq étamines insérées à la base du calice; les anthères à deux loges; un ovaire supérieur, surmonté de trois styles; les stigmates à découpures capillaires; une capsule uniloculaire, s'ouvrant en trois valves au sommet, chargées dans leur milieu de semences arillées.

Turnera a feuilles d'orme : *Turnera ulmifolia,* Linn., *Spec.;* Lamk., *Ill. gen.,* tab. 212 : Gærtn., *De fruct..* tab. 76; *Hort. Cliff.,* tab. 10. Arbrisseau de sept à huit pieds de haut, dont la tige est droite, cylindrique, rameuse; les rameaux glabres, roides, alternes, rougeâtres, un peu pubescens; les feuilles alternes, pétiolées, ovales-lancéolées, longues d'un ou deux pouces, larges d'un demi-pouce, vertes et luisantes en dessus, pubescentes en dessous, traversées par des nervures blanchâtres, dentées en scie, aiguës; les pétioles courts, pubescens, munis de deux petites glandes. Les fleurs sont solitaires, sessiles, situées vers le sommet des rameaux. Le calice est pubescent, strié, à cinq découpures lancéolées, aiguës, muni à sa base de deux bractées conniventes, prolongées en deux petites folioles concaves, lancéolées. La corolle est grande, d'un beau jaune, à pétales larges, onguiculés, un peu arrondis; les étamines sont saillantes; les anthères oblongues, très-aiguës; l'ovaire, ovale, oblong, porte trois styles plus courts que les étamines, surmontés de stigmates à plusieurs découpures capillaires. La capsule, pubescente, uniloculaire, divisée en trois valves à sa moitié supérieure, renferme plusieurs semences oblongues, d'un brun roussâtre, légèrement striées et tuberculées. On en distingue plusieurs variétés à fleurs plus petites, à feuilles plus étroites, etc. Cette plante croît à la Jamaïque et dans plusieurs autres contrées de l'Amérique méridionale.

Turnera a feuilles de sida; *Turnera sidoides*, Linn., *Mant.*, 58. Cette plante a des tiges hautes de six à huit pouces, simples, pileuses, garnies de feuilles alternes, presque sessiles, en ovale renversé, rétrécies en coin à leur base, profondément dentées en scie vers le sommet, entières à leur partie inférieure, un peu tomenteuses à leurs deux faces, pileuses en dessous, sur les nervures et à leurs bords. Les fleurs sont solitaires, axillaires, médiocrement pédonculées; le pédoncule chargé de deux bractées opposées, linéaires, hérissées, de la longueur du calice; celui-ci velu, turbiné; les pétales en ovale renversé; les étamines de moitié plus courtes que la corolle. Cette plante croît au Brésil.

Turnera arbuste; *Turnera frutescens*, Aubl., Guian., 1, tab. 113, fig. 2. Cet arbrisseau s'élève à la hauteur de sept à huit pieds sur une tige d'environ trois pouces de diamètre à sa base. Les feuilles sont alternes, presque sessiles, étroites, lancéolées, fort longues, d'un vert jaunâtre, glabres à leurs deux faces, acuminées, à dentelures lâches, en scie. Les fleurs sont fort petites, solitaires, axillaires, de couleur jaune; les pétales un peu crénelés ou échancrés au sommet. Cette plante croît à la Guiane, sur les rochers qui bordent Sinémari. Les Galibis la nomment *nopotogomoti*.

Turnera des rochers ; *Turnera rupestris*, Aubl., Guian., 1,
tab. 115, fig. 1. Petit arbrisseau à tige grêle , cassante, rameuse, haute d'environ trois pieds, garnie de feuilles alternes, sessiles, fort longues, linéaires-lancéolées, très-étroites,
vertes, glabres à leurs deux faces, aiguës, dentées en scie.
Les fleurs sont petites, axillaires, solitaires, accompagnées
de deux petites bractées opposées, sétacées. Le calice est jaunâtre, à cinq découpures profondes ; la corolle petite ; les
pétales sont oblongs, onguiculés, échancrés au sommet ; les
anthères vacillantes, à deux loges ; les trois styles jaunâtres,
ainsi que les stigmates, a six découpures sétacées. La capsule
a trois côtes, s'ouvrant en trois valves, renfermant autant de
semences. Cette plante croît à la Guiane, dans les fentes des
rochers.

Turnera de Guiane ; *Turnera guianensis*, Aubl., Guian., 1,
tab. 114. Cette plante a des racines rameuses, cassantes,
blanches en dedans, grisâtres en dehors, d'une saveur douceâtre : elles produisent une tige grêle, rameuse, un peu ligneuse, haute de deux pieds. Les feuilles sont alternes, presque sessiles, étroites, fort longues, linéaires, vertes, glabres,
légèrement dentées en scie, très-aiguës, rétrécies à leur base
en un pétiole court, munies de deux glandes opposées. Les
fleurs naissent à l'extrémité des rameaux, presque en petites
grappes, pédonculées, nues ou quelquefois munies de deux
ou trois petites bractées sessiles, opposées, glanduleuses à
leur base. Le calice est d'un vert blanchâtre, à cinq découpures profondes, longues, étroites, aiguës ; la corolle jaune,
à pétales larges, arrondis, onguiculés. Les capsules, triangulaires, à trois valves, renferment trois semences oblongues,
striées. Cette plante croît à la Guiane, dans les savannes marécageuses de Timouton.

Turnera a petites feuilles : *Turnera pumilea*, Linn., *Amœn.
acad.*; Petiv., *Gazoph.*, 59, tab. 58, fig. 9. Petit arbuste dont
les tiges sont basses, divisées en rameaux nombreux, diffus,
courts, tortueux, fort grêles, rudes, grisâtres, striés ; les
feuilles alternes, fort petites, longues de deux ou trois lignes,
presque sessiles, glabres, ovales, vertes en dessus, blanchâtres en dessous, obtuses, dentées en scie, presque incisées ;
les pétioles très-courts, privés de glandes. Les fleurs, solitai-

res, sessiles, presque terminales, axillaires, ont le calice tubulé. a cinq découpures, accompagné de deux bractées opposées. linéaires : la corolle jaune ; les pétales onguiculés ;
les anthères point saillantes. Cette plante croît à la Jamaïque,
dans les campagnes arides et sablonneuses.

TURNERA A FEUILLES RUDES ; *Turnera aspera*. Poir., Encycl.
Cette espèce a des tiges droites, grêles. presque simples, herbacées, à peine pubescentes, chargées de très-petites aspérités. Les feuilles sont distantes, alternes, sessiles, elliptiques,
un peu lancéolées, longues au moins d'un pouce ; les supérieures beaucoup plus petites, rudes et ridées à leur face
supérieure, pubescentes. presque cotonneuses en dessous,
obtuses. à dentelures lâches, peu marquées. Les fleurs sont
alternes, solitaires, distantes. axillaires, presque réunies en
paquets au sommet des tiges. Les pédoncules sont simples,
droits, filiformes, tomenteux, plus courts que les feuilles, un
peu épais et géniculés vers leur partie supérieure. Le calice
est cotonneux ; la corolle jaunâtre. Les capsules sont un peu
globuleuses, légèrement pubescentes, divisées presque jusqu'à
leur base en trois valves ovales, concaves, obtuses. Cette
plante croît dans la Guiane.

TURNERA CISTOÏDE : *Turnera cistoides*, Linn., *Spec.*; Sloan.,
Jam. hist., 1, tab. 127, fig. 7 ; Pluk., *Spec.*, 7, *Icon.*, 150,
fig. 1. Ses racines sont fibreuses ; elles produisent une tige
droite, très-simple, pileuse, herbacée ; les feuilles sont alternes, médiocrement pétiolées, ovales-lancéolées, pubescentes en dessus, tomenteuses en dessous, légèrement crénelées vers leur sommet, veinées, nerveuses, arrondies à leur
base. Les fleurs sont solitaires, presque terminales, axillaires,
soutenues par un pédoncule uniflore, au moins de la longueur des feuilles, articulé vers le sommet. Le calice est
tomenteux, à cinq divisions, dépourvu de bractées ; la corolle jaune, à pétales onguiculés ; la capsule divisée en trois
valves jusque vers sa moitié. Cette plante croît à Surinam, à
la Jamaïque et dans plusieurs autres contrées de l'Amérique
méridionale : elle est cultivée au Jardin du Roi.

TURNERA A FEUILLES PINNATIFIDES : *Turnera pinnatifida*, Poir.,
Encycl.; Commers., Herb. Arbuste peu élevé, dont les tiges
sont grêles, rudes, ligneuses, cylindriques, divisées en un

grand nombre de rameaux étalés, alternes ou diffus, presque simples, chargés de poils roussâtres. Les feuilles sont alternes, presque sessiles, oblongues, étroites, un peu cunéiformes, rétrécies en pétiole à leur base, élargies vers le sommet, fortement incisées ou pinnatifides, hérissées de poils à leurs deux faces; les pinnules lancéolées, aiguës. Les fleurs sont sessiles, solitaires, situées vers l'extrémité des rameaux, insérées à la base des pétioles. La corolle est grande, d'un jaune clair, quelquefois purpurine, à pétales oblongs, obtus, entourés par un calice cylindrique, deux fois plus court que la corolle, très-velu, accompagné de deux bractées opposées, filiformes, ciliées, plus longues que le calice. Il existe de cette plante plusieurs variétés, à pinnules plus étroites, plus profondes, à fleurs jaunes ou purpurines. Cette plante a été recueillie par Commerson à Monte-Video.

✳ PIRIQUETA.

On est peu d'accord sur ce genre. Quelques naturalistes, Willdenow en particulier, en ont fait une espèce de *turnera*, d'autres l'ont conservé comme genre. C'est le sentiment le plus général. Nous le rappellerons ici sous ce titre, ne l'ayant pas mentionné à l'article PIRIQUETA.

PIRIQUETA VELU : *Piriqueta villosa*, Aubl., Guian., 1, tab. 117; *Turnera rugosa*, Willd., Spec., 1, p. 1504 : *Burcardia*, Schreb., Gen., 530. Comme genre cette plante offre un calice campanulé, coloré, caduc, à cinq divisions: cinq pétales onguiculés, insérés sur le calice; cinq étamines hypogynes, non saillantes; un ovaire supérieur; trois styles à deux divisions très-profondes; six stigmates déchiquetés; une capsule uniloculaire, s'ouvrant en trois valves de la base au sommet; les semences placées dans le milieu des valves.

Cette plante ressemble beaucoup, par son port, au *Turnera cistoides*. Ses racines sont fibreuses, étalées : elles produisent une tige velue, haute d'environ deux pieds, garnie de feuilles alternes, sessiles, ovales-lancéolées, chagrinées et ridées, irrégulièrement crénelées à leurs bords, à peine aiguës, couvertes de poils roussâtres. Les fleurs sont solitaires, axillaires; les pédoncules droits, velus, filiformes, plus courts que les feuilles; le calice est divisé en cinq découpures verdâtres, ovales, velues ; la corolle jaune, à pétales arrondis (insérés sur le réceptacle, Juss.), alternes avec les découpures du calice ; les anthères sont ovales, à deux loges ; l'ovaire est arrondi, à trois angles, surmonté de trois styles à deux divisions très-profondes. Le fruit est une capsule à trois côtes arrondies, s'ouvrant en trois valves dans toute leur longueur, contenant dans leur milieu, sur leur face interne, une arête saillante, à laquelle sont attachées sept ou huit petites semences brunes, ovoïdes. Cette plante croît dans les lieux sablonneux, près du rivage de la mer, à Cayenne. Elle fleurit et fructifie presque en tout temps. (Poir.)

TURNÉRITE. (*Min.*) Pictet, de Genève, a découvert anciennement dans les roches de Chamouny un minéral cristallisé que l'on a regardé pendant long-temps comme une variété de sphène, et auquel Delamétherie avoit donné son nom (voyez Pictite). M. Lévy, l'ayant examiné sous les rapports cristallographiques, a cru y reconnoître une espèce nouvelle, qu'il a dédiée au docteur Turner. Ses formes cristallines ont, suivant lui, beaucoup d'analogie avec celles du cuivre malachite. Elles dérivent d'un prisme rhomboïdal oblique de 96° 10', susceptible de clivage dans le sens des diagonales de sa base, dont la position n'est que présumée. Les cristaux de pictite sont fort petits : leur éclat tire sur l'adamantin ; leur couleur est le jaune brunâtre. Ils sont transparens ou au moins translucides ; leur dureté est à peu près la même que celle du fluorite. D'après quelques essais de M. Children, ils seroient composés d'alumine, de chaux, de magnésie, d'un peu de fer ; ils renfermeroient très-peu de silice et pas un atôme de titane. La turnérite a été trouvée au mont Sorel en Dauphiné, avec la cléavelandite, la craïtonite et l'anatase. (Delafosse.)

TURNIX, *Ortygis.* (*Ornith.*) Les turnix sont des oiseaux de l'ordre des gallinacés, que la plupart des auteurs ont regardés comme des cailles. Linné les plaçoit dans son genre *Tetrao* ; Latham, avec ses perdrix. L'abbé Bonnaterre, le premier, les distingua comme genre, sous le nom de *turnix*, qu'Illiger changea en *ortygis*, et feu de Lacépède, bien long-temps avant lui, en *tridactylus*. M. Temminck, dans son Histoire des gallinacés, crut encore devoir changer ces deux

noms et adopter celui d'*hemipodius*, proposé par M. Rein-
wardt; enfin M. Vieillot vint augmenter cette synonymie par
le nom d'*ortygodes*.

Les caractères des turnix sont ainsi établis par M. Temminck : Bec médiocre, grêle, droit, très - comprimé ; arête
élevée, courbée vers la pointe: narines basales, latérales,
linéaires, longitudinalement fendues jusque vers le milieu
du bec. en partie fermées par une membrane nue ; pieds
à tarse long : seulement trois doigts dirigés en avant, entièrement divisés; queue à pennes foibles, rassemblées en faisceau. cachées par les couvertures supérieures; ailes médiocres : la première rémige la plus longue.

Les formes de ces pygmées de l'ordre des gallinacés re-
tracent en petit celles des outardes. Les turnix vivent d'insectes dans les contrées stériles de l'ancien continent, et
comme ils sont le plus souvent cachés dans les hautes herbes,
où ils se retirent au moindre danger, tout ce qu'on sait de
leurs mœurs, c'est qu'ils sont polygames et qu'ils échappent à
leurs ennemis par la course plutôt que par le vol.

Les turnix habitent l'Afrique, l'Asie, l'Australie, l'Océanie
et l'Europe. M. Temminck admet dans ce genre les espèces
suivantes :

Turnix a bandeau noir : *Turnix nigrifrons*, Lacép.; *Hemipodius nigrifrons*, Temm., Pig. et Gall., tom. 3, page 610;
Vieill., Gall., pl. 218. Cet oiseau est long de six pouces; son
bec et ses pieds sont noirs; une triple raie noire couvre le
front; le corps est en dessus d'un roux jaunâtre; les tectrices
alaires sont ponctuées de noir; la gorge est jaunâtre; des
cercles noirs sont épars sur la poitrine; le ventre et la région
anale sont d'un blanc pur. Ce turnix habite l'Inde.

Turnix cagnan : *Tetrao nigricollis*, Gmel.; la Caille de Madagascar, Buff., Enl., 171; *Perdix nigricollis*, Lath.; Bonnat., Enc.; Temm., 619.

Ce turnix, long de six pouces. a le bec et les pieds couleur de chair; la gorge et le cou d'un noir profond; le corps
d'un marron fauve, rayé de noir en dessus, et cendré en
dessous; des taches blanches sont éparses sur les ailes.

Cette espèce habite l'île de Madagascar.

Turnix a plastron roux : *Tetrao luzoniensis*, Gmel.; Caille

DE L'ÎLE LUÇON, Sonn., Voyage à la Nouvelle-Guinée, page 54, pl. 23; *Perdix luzoniensis*, Lath., *Spec.* 48; TURNIX DE LUÇON, Bonnat.: *Hemipodius thoracicus*, Temm., Pig. et Gall., t. 3, 622 et 755.

Ce turnix, long de six pouces, a le bec et les pieds gris; son plumage est d'un gris noirâtre en dessus, et jaunâtre en dessous; la tête est blanche et recouverte de points noirs; la poitrine est d'un roux assez vif.

Il est des îles Philippines et plus particulièrement de Luçon.

TURNIX TACHYDROME : *Tetrao andalusicus*, Gmel.; *Turnix d'Afrique*, Desf., Bonn.; *Perdix andalusica*, Lath.; *Hemipodius tachydromus*, Temm., Pig. et Gall., t. 3, page 626 et 756.

Ce turnix, qui se présente parfois dans la province espagnole de l'Andalousie, se rencontre également dans l'Afrique. Il n'a de longueur totale que six pouces. Son bec est couleur de chair et ses pieds sont rougeâtres; chaque plume du dessus de son corps est rayée en travers de noir et de fauve, et bordée de blanc: le dessous du corps est d'un blanc roussâtre; l'occiput est traversé par une bande longitudinale d'un blanc roux; des sourcils de la même couleur couvrent les yeux.

TURNIX A CROISSANT : *Tetrao gibraltaricus*, Gmel.; *Perdix gibraltarica*, Lath.; *Hemipodius lunatus*, Temm., Pig. et Gall., t. 3, page 629 et 756.

Comme l'espèce précédente, ce turnix habite l'Afrique et surtout la Barbarie, et se présente accidentellement en Europe, en traversant le détroit de Gibraltar et séjournant dans quelques provinces d'Espagne. Sa taille est d'environ six pouces, six lignes; son bec est noir, et ses pieds sont pâles; son plumage est en dessous d'un fauve noirâtre, rayé de blanc-jaunâtre; les tectrices alaires sont tachetées; la gorge est rayée de noir et de blanc, et des croissans noirs couvrent la poitrine.

TURNIX MOUCHETÉ; *Hemipodius maculosus*, Temm., Pig. et Gall., 2, 3, page 631 et 757.

Ce turnix est long de cinq pouces deux lignes. Il a le bec et les pieds jaunes; la queue excessivement courte; le dessus du plumage roux et parsemé de tâches noires, rousses, blanches et plombées. Les parties inférieures sont couleur de buffle : une raie longitudinale blanche se dessine sur l'occiput : deux bandelettes de couleur rousse surmontent les yeux.

Ce turnix habite la Nouvelle-Hollande, d'où l'a rapporté Péron.

TURNIX RAYÉ : *Hemipodius fasciatus*, Temm., Pig. et Gall., t. 3. pag. 654 et 757.

Long de cinq pouces et ayant également le bec et les pieds jaunes. Ce turnix a le sommet de la tête noir ; l'occiput roux : le corps en dessus tacheté de fauve et de noir ; les parties inférieures également rousses, excepté la gorge et la poitrine. qui sont transversalement rayées de blanc et de noir. Ce turnix, dont un seul individu existe au Muséum, habite, dit-on, les îles Philippines.

TURNIX HOTTENTOT : *Turnix hottentotus*, Temm., Pig. et Gall., tom. 5, page 656 et 757.

Cette espèce a cinq pouces de longueur ; le bec fauve et les pieds jaunes ; le sommet de la tête noirâtre, avec des taches rousses ; la gorge blanche et le corps en dessus et en dessous est d'un roux blanchâtre, tacheté de noir roussâtre et de blanchâtre ; la région anale de cette dernière couleur.

Levaillant est le premier qui ait décrit ce turnix dans son Voyage en Afrique. Il habite les environs du cap de Bonne-Espérance. et se tient de préférence dans les montagnes. Ses mœurs sont craintives : il a pour habitude de se cacher avec soin lorsque quelque bruit vient l'inquiéter ; il engraisse beaucoup à certaine époque de l'année, et la femelle, dont le plumage ne diffère que par des teintes plus foibles de celui du mâle. pond huit œufs colorés en gris sale.

M. Temminck mentionne dans ses planches coloriées le *turnix bariolé*. pl. 454, fig. 1 , qui est le *perdix varia*, Lath., Suppl.. et qui se trouve à la Nouvelle-Hollande, et le *turnix Dussumier*. *hemipodius Dussumierii*, pl. 454, fig. 2, du continent de l'Inde : enfin, cet auteur a aussi figuré, et décrit les deux espèces suivantes :

TURNIX COMBATTANT ; *Hemipodius pugnax*, Temm., pl. 60.

fig. 2 (le mâle). Ce petit oiseau, long de cinq pouces six ou huit lignes, qui vit dans les îles de la Sonde, est très-recherché des Javans pour son habitude des combats; il se nomme en langue malaise *bourong - gema*. De petits points noirs et blancs couvrent les différentes parties de sa tête: les plumes de son dos et les scapulaires portent dans l'adulte des croissans noirs et roux et des taches longitudinales blanches; les ailes sont variées de carrés noirs et blancs sur un fond gris; la plus extérieure des rémiges est bordée de blanchâtre. Chez le vieux mâle, la gorge et le devant du cou sont d'un beau noir, et la poitrine a des raies transversales noires et blanches; le reste des parties inférieures est d'un roux vif.

La gorge de la femelle adulte est blanche, et ses bords sont marqués de points noirs et blancs; des raies noires et blanchâtres s'étendent sur le devant du cou et la poitrine; le milieu du ventre est d'un blanc roussâtre, et le reste du plumage ressemble à celui du mâle.

Turnix Meiffren: *Hemipodius Meiffrenii*, Vieill., Temm., pl. 60, fig. 1; Vigors, *Zool. illust.*, *White spotted turnix*, vol. 3; *Ortygodes variegata*, Vieill., lett. N, Analyse d'ornith. Cet oiseau, long de quatre pouces, qui se trouve au Sénégal, a sur le front une bandelette qui passe au-dessus des yeux et s'étend jusqu'à la nuque. L'espace entre les deux sourcils est d'un roux doré, couvert de fines taches blanches, marquant la ligne moyenne du crâne; le devant du cou, les joues et la nuque, sont d'un blanc roux; le dos, les scapulaires, le croupion, la queue, les longues couvertures des ailes et un collier interrompu sur la poitrine, sont d'un roux doré à bordures et petites taches blanches. Toutes les couvertures des ailes sont d'un blanc pur, uniforme; les rémiges noires, bordées dans le milieu et au bout de roussâtre, et marquées intérieurement d'une grande tache rousse; le ventre et toutes les parties inférieures sont d'un blanc pur; le bec, très-grêle, est grisâtre; les pieds sont de couleur de chair et les ongles blancs.

Le turnix Meiffren, dédié à M. Meiffren par M. Vieillot, est mentionné dans la Galerie des oiseaux du Cab. du Roi, pl. 300, sous le nom de *torticelle*, et il y est présenté comme pouvant servir de type à un nouveau genre, distinct de celui des turnix, et basé sur le caractère unique, emprunté de la nudité du tibia, qui est effectivement glabre à la partie inférieure, tandis que les autres espèces ont cette partie totalement emplumée ou seulement l'articulation du genou dégarnie de plumes. Ce caractère est peu important. (Ch. D. et Lesson.)

TURNSPIT. (*Mamm.*) C'est l'un des noms anglois qui servent à désigner les chiens bassets. (Desm.)

TUROCHS. (*Mamm.*) Voyez, dans l'article Bœuf, l'histoire de l'aurochs. (Desm.)

TURPETHUM. (*Bot.*) Voyez Turbith. (J.)

TURPINIA. (*Bot.*) Genre de plantes dicotylédones, à fleurs incomplètes, polygames, dioïques, de la famille des *rhamnées*, de la *polygamie dioécie* de Linnæus, offrant pour caractère essentiel : Des fleurs polygames dioïques; un calice à cinq divisions ; cinq pétales insérés sur un disque urcéolaire, à dix crénelures ; cinq étamines alternes avec les pétales, insérées sur le disque ; un ovaire libre, trigone ; trois styles connivens ; une baie à trois loges ; deux ou trois semences osseuses dans chaque loge.

Ce genre est rapproché des *staphylea* par plusieurs de ses caractères : il en diffère par son fruit composé d'une baie à trois loges , et non de deux ou trois capsules vésiculeuses. Plusieurs autres genres portent le nom de *Turpinia*. M. Persoon l'a donné au *Poiretia* de Ventenat. Deux espèces de *rhus*, l'*aromatica* et le *suaveolens*, ont été retranchées de ce genre par M. Rafinesque-Schmaltz : il en a formé un nouveau genre sous le nom de *Turpinia* dans le *Medical Repertory* de New-York. On trouve dans les *Plantes équinoxiales* de MM. de Humboldt et Bonpland un autre *turpinia*, qui a de très-grands rapports avec les eupatoires, mais qui s'en distingue par son port, par un seul fleuron dans chaque calice. Je lui ai donné, dans l'Encyclopédie (vol. 5 , p. 575), le nom de mon très-estimable ami , le vicomte de Foucault, amateur zélé de l'étude des plantes, qu'il a cultivée avec succès et dont il a su faire une heureuse application dans plusieurs mémoires publiés sur l'amélioration des forêts.

Turpinia paniculé; *Turpinia paniculata*, Vent., Choix des plantes, tab. 51. Arbre de moyenne grandeur, très-rameux :

les branches opposées, étalées, ainsi que les rameaux. Les feuilles sont pétiolées, opposées, ailées avec une impaire ; trois ou quatre paires de folioles glabres, pédicellées, d'un vert gai, ovales, oblongues, quelquefois elliptiques, longues de deux ou trois pouces, garnies sur leurs bords de dents courtes, glanduleuses, piquantes ; les stipules courtes, linéaires-lancéolées, caduques. La panicule est terminale, très-étalée, à ramifications opposées, munies de bractées ; les fleurs sont d'un blanc de lait, de la grandeur de celles de l'olivier ; les divisions du calice ovales, obtuses, concaves, insérées, ainsi que les étamines, sur un disque en godet, situé entre le calice et l'ovaire ; les étamines alternes avec les pétales ; les anthères mobiles, en cœur, à deux loges ; un ovaire libre, trigone ; trois styles réunis ; les stigmates tronqués. Le fruit est une baie arrondie, trigone, de la grosseur d'une petite prune, d'un bleu foncé, à trois loges, contenant chacune deux ou trois semences presque globuleuses, très-glabres, osseuses, creusées d'un large ombilic, attachées à l'axe central. L'embryon est droit, entouré d'un périsperme charnu. La radicule est inférieure, conique, très-courte. Cette plante croît sur les montagnes, à Saint-Domingue. (Poir.)

TURPINIE, *Dolichostylis*. (*Bot.*) Ce genre de plantes appartient à l'ordre des Synanthérées, à notre tribu naturelle des Carlinées, et à la section des Carlinées-Barnadésiées, dans laquelle nous l'avons placé entre les deux genres *Dasyphyllum* et *Chuquiraga*. (Voyez notre tableau des Carlinées, tom. XLVII, p. 499.)

Voici les caractères du genre *Dolichostylis*, tels que nous les avons observés sur des échantillons secs conservés dans les herbiers de MM. de Jussieu et Desfontaines.

Calathide uniflore, régulariflore, androgyniflore. Péricline inférieur à la fleur, cylindracé, formé de squames régulièrement imbriquées, appliquées, lancéolées, coriaces, un peu spinescentes au sommet. Clinanthe très-petit, plan, inappendiculé. Ovaire oblong, cylindracé, extrêmement velu ; aigrette longue, persistante, composée de squamellules unisériées, entregreffées à la base, à peu près égales, filiformes, un peu laminées et cornées vers la base, hérissées de barbes longues et fines, très-nombreuses, très-rapprochées, irrégulièrement disposées, couvrant toute la surface externe ainsi que les bords des squamellules. Corolle cylindracée, un peu arquée. couverte de poils soyeux sur toute sa surface externe; limbe à peine distinct extérieurement du tube, aussi long que lui, divisé supérieurement par des incisions à peu près égales en cinq lanières longues, linéaires, aiguës, cartilagineuses; une zone très-remarquable de poils située dans l'intérieur de la corolle, au sommet du tube. Étamines à filets laminés, larges, membraneux, glabres, libérés au sommet du tube de la corolle; à anthères pourvues d'appendices apicilaires oblongs, obtus, mais absolument privées d'appendices basilaires. Style simple, très-long, très-exsert, cylindrique, arqué, tout-à-fait glabre et dénué de collecteurs; ayant sa partie apicilaire ovoïde, épaissie à la base, et amincie du reste en forme de cône obtus, émoussé ou comme tronqué au sommet, très-probablement formé par les deux stigmatophores entregreffés.

On ne connoît qu'une seule espèce de ce genre.

Turpinie a feuilles de laurier: *Dolichostylis laurifolia*, H. Cass.; *Turpinia laurifolia*, Bonpl., *Pl. œquin.*, p. 115, tab. 33; Kunth, *Nov. gen. et sp. pl.*, tom. 4, p. 42; *Fulcaldea laurifolia*, Poir., Encycl., *Illustr.*, tom. 3, pag. 679, tab. 982; *Voigtia laurifolia*, Spreng., *Syst. veg.*, vol. 3. C'est un arbre haut d'environ dix-huit pieds, dont le tronc, ayant huit à dix pouces de diamètre, est dressé, cylindracé, hérissé de longues épines; son écorce est crevassée, cendrée; le bois lourd, très-dur, blanchâtre: ses branches sont éparses; les jeunes rameaux un peu anguleux, glabres. cendrés-bruns; les feuilles, longues d'environ deux pouces, larges d'environ un pouce, sont alternes, courtement pétiolées, oblongues, aiguës aux deux bouts, très-entières, subtriplinervées, coriaces, glabres; les calathides sont disposées en panicules terminales, presque simples, dressées, longues d'un demi-pied, feuillées. Chaque rameau de la panicule porte sur son sommet dix à quinze calathides longues de huit lignes, sessiles, agglomérées en une sorte de capitule; les périclines sont presque glabres.

Ce végétal remarquable a été découvert par MM. de Humboldt et Bonpland dans les parties chaudes des Andes du Pérou, entre le bourg de Lucarque et la rivière Macara : il fleurissoit en Novembre.

Le genre dont il s'agit fut établi en 1807, sous le nom de *Turpinia*, par M. Bonpland, qui le croyoit intermédiaire entre le *Shawia* et le *Seriphium*. Dans la même année 1807, Willdenow retraça, dans les Mémoires de la société des naturalistes de Berlin, les caractères essentiels de ce genre, qu'il rapporta à la Syngénésie séparée, en lui conservant le nom de *Turpinia*, et en reconnoissant le droit de priorité acquis à M. Bonpland. Dans le Journal de botanique de Mai 1815, M. Desvaux remarqua que le nom de *Turpinia* devoit être conservé au genre ainsi nommé par Ventenat; et il prétendit que le *Turpinia* de M. Bonpland ne pouvoit pas être génériquement distingué des Eupatoires. M. Kunth, en 1820, a reproduit, dans ses *Nova genera et species*, le genre *Turpinia* de M. Bonpland, sans changer son nom générique, et il l'a classé parmi ses Vernoniacées, entre le *Vernonia* et l'*Odontoloma*. M. Poiret, en 1823, l'a nommé *Fulcaldea*, mais en se bornant à copier ce qui avoit été fait avant lui sur ce genre, qu'il n'a probablement point observé lui-même. Nous croyons pouvoir en dire autant de M. Sprengel, qui, en 1826, a nommé le même genre *Voigtia*, en le plaçant parmi ses Syngénèses anomales (*Desciscentes*), entre le *Trichospira* et l'*Odontoloma*. M. de Candolle, en 1825, avoit, dans son *Prodromus* (tome 2, page 3, note), énoncé l'opinion que le *Turpinia* de Bonpland est peut-être le même genre que le *Shawia*, qu'il attribue par erreur à Linné.

Dans notre troisième Mémoire sur les Synanthérées, lu à l'Institut en Décembre 1814, et publié dans le Journal de physique de Février 1816, nous avons rapporté le *Turpinia* (Bonpl.) à notre tribu naturelle des Carlinées, mais avec quelque doute, parce que le style nous paroissoit un peu anomal (Opusc. phytol., tome 1, pag. 170, 196 et 197). Ce doute fut bientôt dissipé par l'observation des genres les plus analogues au *Turpinia*; et dans notre article CHUQUIRAGA, publié en 1817, dans le tome IX de ce Dictionnaire (page 178), nous déclarâmes positivement que les genres *Chuquiraga, Turpinia, Barnadesia, Diacantha, Bacazia*, étoient voisins les uns des autres, et qu'ils appartenoient tous à la tribu

des Carlinées. Enfin, dans notre tableau des Carlinées (tom.
XLVII, p. 499), nous avons rassemblé ces genres, avec le
Dasyphyllum, en un petit groupe intitulé Barnadésiées, et qui
se distingue très-bien des autres sections de la même tribu,
par la corolle couverte de poils.

Tout botaniste exempt de préventions et doué du sentiment
des affinités reconnoîtra, nous osons le dire, la justesse de
notre classification en cette partie. Nous croyons donc pouvoir nous dispenser de réfuter les autres opinions professées
par divers auteurs sur les rapports du genre en question.
Contentons-nous de remarquer que leurs erreurs viennent
surtout de ce qu'ils ont méconnu ou négligé l'importante considération de la structure du style. Si, par exemple, M.
Kunth avoit su que, dans les véritables Vernoniées, le style
de la fleur hermaphrodite n'est jamais simple, indivis, parfaitement glabre, il ne se seroit pas laissé séduire par l'affinité apparente de l'*Odontoloma*, qui l'a sans doute induit à
commettre l'erreur dans laquelle il est tombé, en rapportant
le *Turpinia* aux Vernoniées. Nous n'avons pas besoin de dire
qu'en faisant même abstraction du style, la calathide uniflore et l'aigrette plumeuse repoussent l'opinion de M. Desvaux, qui veut que le *Turpinia* ne soit qu'une espèce du
genre *Eupatorium*. Devons-nous ajouter que l'aigrette plumeuse suffiroit seule pour écarter l'idée de M. de Candolle,
qui croit que le *Turpinia* est le même genre que le *Shawia?*
Ce genre *Shawia*, qui a l'aigrette simple, et (selon Forster,
son auteur) le style à stigmate bifide, étalé, appartient probablement à notre tribu des Vernoniées, dans laquelle il est
peut-être voisin de l'*Odontoloma*. On a eu tort de rapporter
le *Turpinia* à la Polygamie séparée, car ses calathides sont
seulement rapprochées, sessiles, comme fasciculées, sans
former de vrais capitules proprement dits.

Le style est, par la longueur de sa partie exserte, et par
la structure insolite de son sommet, ce qu'il y a de plus remarquable pour les botanistes dans le *Turpinia*. Si donc le
nom primitif de ce genre doit être changé, il nous semble
que celui de *Dolichostylis* (long style) ou d'*Atheostylis* (style
insolite) pourroit être convenablement adopté. Il est vrai
que les noms de *Tulcaldea* et de *Voiglia* sont plus anciens;

mais les auteurs de ces noms, n'ayant fait aucune observation neuve sur le genre dont il s'agit, ne peuvent pas avoir acquis sur lui un droit bien respectable. (H. Cass.)

TURQUEL. (*Bot.*) Variété de froment. (L. D.)

TURQUET. (*Bot.*) Un des noms vulgaires du maïs. (L. D.)

TURQUETTE. (*Bot.*) Un des noms vulgaires de la Herniaire. Voyez ce mot. (J.)

TURQUIN. (*Ornith.*) C'est le nom spécifique d'un oiseau du genre Tangara. Voyez ce mot, tom. LII, pag. 198, de ce Dictionnaire. (Desm.)

TURQUOISE ou PLATEAU BLEU, PETIT BLEU (*Bot.*) de Paulet, Traité des champ., 2, p. 182. Dans cet *agaricus* le chapeau est en dessus d'une belle couleur bleu de ciel et ses feuillets sont d'un blanc légèrement nuancé de bleu. Le chapeau, d'abord rond, s'étale en plateau en croissant, et se creuse même un peu dans le centre : il s'élève à trois ou quatre pouces sur une tige blanche. On trouve ce champignon dans la forêt de Sénart, en automne. (Lem.)

TURQUOISE. (*Min.*) Ce nom désigne une pierre opaque, d'un bleu céleste, assez dure pour recevoir le poli et le conserver, et assez rare pour être recherchée, employée comme pierre d'ornement et placée parmi les pierres gemmes de second ordre. Les joailliers et bijoutiers distinguent ces pierres en turquoises de vieille roche et turquoises de nouvelle roche, et leur attribuent une valeur commerciale bien différente, puisqu'elle va presque du double au simple.

Il se trouve que cette distinction est d'accord avec celle que les minéralogistes établissent entre ces pierres bleues, d'après leur nature, et nous avons déjà énoncé cette différence en parlant deux fois des turquoises : l'une à l'article Cuivre, tome XII, page 172, à la suite du cuivre malachite ; l'autre, à l'article Fer, tome XVI, page 415, à la fin du Fer phosphaté et sous le nom de Fer phosphaté turquoise. (Voyez ces deux mots.)

Mais de nouvelles recherches des chimistes et surtout celles de M. Fischer, de Moscou, sur le calaïte, exigent que nous revenions sur ce sujet, et que nous considérions dans leur ensemble les pierres auxquelles on donne le nom de *turquoise* dans l'art de la joaillerie.

Elles sont au nombre de deux : l'une est, d'après Berzelius, de l'alumine hydratée et phosphatée cuprifère; c'est, suivant M. Fischer, la *calaïte* de Pline; l'autre est un phosphate de chaux et de fer.

La Calaïte de Pline est la même chose que la pierre à laquelle on a donné le nom de *turquoise orientale* ou de *vieille roche*, d'*Agaphite* et d'*hydrargillite compacte*.

Elle est d'une couleur bleuâtre pâle, tirant sur le verdâtre, opaque, inaltérable par les acides, plus dure que le verre, mais moins dure que le quarz. Sa pesanteur spécifique varie de 2.6 à 5,2. Quant à sa composition, elle paroît être encore assez mal connue.

M. John, de Berlin, qui l'a analysée, dit y avoir trouvé les principes suivans :

> Alumine 73
> Eau 18
> Cuivre oxidé. 4,5
> Fer oxidé. . . . . 4.

Mais M. Berzelius en donne une tout autre composition, en y indiquant, sans proportion déterminée, de l'alumine phosphatée, de la chaux phosphatée, de la silice, du cuivre oxidé et du fer oxidé. Elle vient des environs de Nichabour, dans le Khorasan, et se trouve, suivant Chardin, dans le mont Phirous, entre l'Hircanie et la Parthide, à quatre journées de la mer Caspienne. On dit qu'elle s'y trouve dans ces terrains meubles auxquels on donne le nom de terrains d'alluvion. M. Fischer reconnoit encore deux variétés de cette *calaïte*: l'une qu'il nomme *agaphite* en l'honneur de M. Démétrius Agaphi, est bleu de ciel, un peu translucide; sa cassure est conchoïde; elle se change, en s'altérant, en une terre argileuse et se trouve en lits minces dans du fer hydroxidé argileux : l'autre, qu'il appelle *calaïte johnite*, est d'un bleu-clair verdâtre, très-dure, ayant une cassure écailleuse ou vitreuse, et se présente en lits minces avec du quarz dans un phtanite ou silex schistoïde. Ce dernier gisement s'accorderoit assez bien avec celui que lui attribue Démétrius Agaphi, Lowitz, Bruckman et Moder, qui disent qu'elle se trouve, à la manière de la chrysoprase, de l'opale et des silex résinites, en petits rognons ou amas dans un schiste argileux primitif.

La *calaïe turquoise* est la plus estimée, parce qu'elle est en effet la plus belle en couleur, la plus dure, et peut-être aussi parce qu'elle vient de loin et qu'elle est la plus rare. On en distingue même dans l'Orient de plusieurs qualités.

Une turquoise pure et belle en couleur, à peu près de la grandeur de l'ongle, vaut de 300 à 500 francs.

L'autre sorte de pierre, à laquelle on a aussi donné le nom de turquoise, mais en la distinguant par l'épithète de *turquoise de nouvelle roche*, est évidemment un os ou plutôt une dent fossile de mastodonte, colorée, non par du cuivre, mais par du phosphate de fer. C'est à M. Bouillon-Lagrange qu'on doit cette observation[1]. Il le dit formellement après avoir rapporté l'analyse qu'il en a faite et qui indique la composition suivante :

Phosphate de chaux	80
Phosphate de fer.	2
Phosphate de magnésie. . .	2
Carbonate de chaux	8
Alumine.	1,5
Eau	6.

M. Fischer nomme celle-ci *turquoise odontolithe* : elle fait un peu effervescence avec les acides ; elle répand, par l'action du feu, l'odeur d'une matière animale qui brûle. Sa couleur bleue est plus pâle ou plus sale ; elle perd dans l'eau les 0,28 de son poids ; elle s'électrise par frottement, sans être isolée ; moyen très-commode pour distinguer cette turquoise de la première, lorsqu'étant montée en bijou, on ne peut la soumettre aux épreuves précédentes.

Cette turquoise, lors même qu'elle est de première qualité, a une valeur de moitié inférieure à celle de la calaïte.

Elle vient, comme on l'a dit, de dents fossiles, principalement de mastodonte, mais peut-être aussi d'autres espèces d'animaux. On la trouve principalement a Simorre, département du Gers, où on a tenté de l'exploiter. On prétend

---

1 Ann. de chim., tom. 59, pag. 180.

qu'elle est pâle en sortant de la mine, et qu'il faut la chauffer pour lui donner la couleur convenable.

On dit qu'il en vient aussi de Lissa en Bohème, de Thurgau en Suisse, de Miask et d'Olonez en Sibérie, et même des mines de fer de Cornouailles. (KIDD., *Min.*)

On assure que Dombey a rapporté des turquoises du Pérou, et que quelques-unes renfermoient de l'argent natif : cela feroit présumer qu'elles appartenoient à la calaïte ou première espèce.

Il paroît que les anciens et même les Égyptiens ont employé cette pierre pour en faire des amulettes; mais nous ne savons pas si c'est la première ou la seconde sorte dont ils se sont servis pour cet usage. (B.)

TURQUOISE. (*Foss.*) On appelle ainsi des dents fossiles qui ont été colorées en vert ou en bleu par des oxides métalliques et surtout par le cuivre. On en trouve dans différentes contrées de l'Europe, auxquelles on donne le nom de *turquoises occidentales*, et d'autres, qu'on rencontre dans la Perse et dans la Turquie, portent le nom de *turquoises orientales*. Ces dernières sont plus dures et ne sont point attaquées par les acides. Dans les Mémoires de l'Académie des sciences de l'année 1715, Réaumur annonce qu'on en trouve aux environs de Simorre, d'Auch, de Gimont et de Castus, et qu'elles proviennent de dents, dont la figure accompagne son mémoire. Il y est dit qu'on assuroit avoir trouvé des morceaux de mine qui pesoient jusqu'à cent livres ; ce qui lui avoit paru extraordinaire ; mais il annonce que les deux derniers qu'on avoit découverts, pesoient chacun environ quinze livres. Ils étoient fragiles et on ne pouvoit les tirer de terre en entier, étant pénétrés de beaucoup d'humidité, comme les pierres dans les carrières. Leur grosseur la plus commune approchoit de celle du bras; on leur reconnoissoit dans leur lit une figure oblongue et un contour à peu près rond. D'après ces détails on peut croire que ce sont des défenses d'éléphans ou de mastodontes, qui ont été pénétrées par un oxide de cuivre. (D. F.)

TURRÆA. (*Bot.*) Genre de plantes dicotylédones, à fleurs complètes, polypétalées, régulières, de la famille des *meliacées*, de la *décandrie monogynie* de Linnæus, offrant pour caractère essentiel : Un calice persistant, à cinq dents; cinq pétales; dix étamines insérées sur un tube central, à dix dents; un ovaire supérieur; un style; un stigmate épais; une capsule à cinq coques bivalves; deux semences dans chaque coque.

TURRÆA VERTE : *Turræa virens*, Linn., *Mant.*, 257; Lamk., *Ill. gen.*, tab. 351, fig. 1; Smith, *Icon. ined.*, 1, tab. 10. Arbrisseau divisé en rameaux glabres, épars, pubescens, soyeux dans leur jeunesse, revêtus d'une écorce ridée, garnis de feuilles alternes, pétiolées, elliptiques, lancéolées, luisantes, glabres, entières, un peu roulées à leurs bords, acuminées ou échancrées au sommet; les pétioles très-courts, soyeux, recourbés, dépourvus de stipules. Les fleurs sont axillaires, réunies plusieurs ensemble, accompagnées de quelques petites bractées linéaires, velues; les pédoncules anguleux, légèrement pubescens. Le calice est court, à cinq angles, revêtu d'un duvet soyeux; la corolle jaune, à pétales linéaires, glabres, lancéolés, obtus; le tube cylindrique, de la longueur des pétales, un peu élargi vers son orifice, à cinq dents linéaires, aiguës, réfléchies; les dix étamines alternent avec les dents du tube; les filamens sont très-courts; les anthères presque ovales, échancrées; l'ovaire est arrondi; le style un peu incliné : le stigmate épais, ridé. Le fruit est une capsule un peu comprimée, à cinq coques; deux semences réniformes dans chaque coque. Cette plante croît dans les Indes orientales.

TURRÆA TACHETÉE : *Turræa maculata*, Smith, *Icon. ined.*, 1, tab. 11; Lamk., *Ill. gen.*, tab. 251, fig. 2; *Turræa glabra*, Cavan., *Diss. bot.*, 7, tab. 204. Arbrisseau dont les tiges sont revêtues d'une écorce cendrée, divisées en rameaux nombreux, épars ou alternes. Les feuilles sont pétiolées, ovales ou lancéolées, marquées de quelques taches dans leur disque, particulièrement en dessous, glabres, entières, acuminées, longues d'un à deux pouces, larges d'un pouce. Les fleurs sont grandes, mêlées parmi les feuilles, vers l'extrémité des rameaux, réunies plusieurs ensemble au même point d'insertion. Le calice est court, un peu cilié à ses bords, à cinq petites dents aiguës; la corolle rougeâtre; les pétales linéaires, longs de deux pouces, un peu dilatés et obtus au sommet; le tube plus court que la corolle; les anthères tétragones. Le fruit est une capsule arrondie, à cinq coques, renfermant chacune deux semences réniformes. Cette plante a été découverte par Commerson à l'île de Madagascar.

TURRÆA SOYEUSE : *Turræa sericea*, Smith, *loc. cit.*, tab. 12; *Turræa tomentosa*, Cavan.. *loc. cit.*, tab. 205, fig. 2. Cette plante est chargée. sur toutes ses parties, d'un duvet tomenteux et soyeux. Ses tiges sont ligneuses; ses feuilles pétiolées, alternes, molles, ovales, entières, obtuses, longues d'un pouce et demi, larges d'un pouce. Les fleurs sont axillaires, réunies plusieurs ensemble, presque sessiles, sortant d'un réceptacle commun, en forme d'involucre, concave, à plusieurs dents. Le calice est tomenteux; la corolle rougeâtre, fort longue, pubescente en dehors. Cette plante croît à l'île de Madagascar.

TURRÆA LANCÉOLÉE; *Turræa lanceolata*, Cav., *loc. cit.*, tab. 205, fig. 1. Cette espèce a des rameaux glabres, de couleur grisâtre, grêles, élancés; les feuilles sont alternes, un peu pétiolées. glabres, lancéolées, luisantes, entières, un peu obtuses, longues de deux ou trois pouces, à peine larges d'un pouce. Les fleurs sont axillaires, latérales; les pédoncules courts, chargés d'une ou deux fleurs pédicellées; deux petites bractées entières, elliptiques sont à la base des pédicelles. Le calice est à demi partagé en cinq découpures subulées, la corolle jaune, à pétales linéaires. un peu rougeâtres à leur base, obtus: le tube plus long que la corolle, à dix ou douze dents: dix à douze étamines, à anthères ovales, aiguës; ovaire tomenteux. Le fruit est couvert d'un duvet roussâtre. Cette plante croît à l'île de Madagascar.

TURRÆA ROIDE ; *Turræa stricta*, Vent., Choix des plantes, tab. 48. Cet arbrisseau est remarquable par sa tige de la grosseur du bouleau, par ses rameaux roides, qui, rapprochés et serrés contre le tronc, présentent, par leur ensemble, une forme pyramidale. Les feuilles sont elliptiques, roides, coriaces, acuminées, roulées à leurs bords; les fleurs petites, d'un blanc de rose, parsemées de quelques poils soyeux; les anthères velues, obtuses. Le fruit est une capsule arrondie, glabre, ombiliquée. un peu comprimée, à cinq coques ovales, cartilagineuses, bifides, renfermant chacune deux semences. Cette plante croît à l'Isle-de-France. (POIR.)

TURRETIA. (*Bot.*) Voyez Tourrétie. (Poir.)

TURRICULACÉES, *Turriculacea.* (*Conchyl.*) On trouve quelquefois cette dénomination employée pour désigner un petit groupe de coquilles de différens genres qui offrent la forme turriculée; mais c'est un groupe tout-à-fait artificiel, cette forme pouvant se trouver dans presque toutes les familles. (De B.)

TURRICULACÉS, *Turriculacea.* (*Conchyl.*) Terme de conchyliologie, employé pour désigner les coquilles univalves dont la spire élancée a ses tours plus ou moins étagés, comme les étages d'une tour. Les véritables mitres offrent ce caractère d'une manière bien marquée. Voyez Conchyliologie. (De B.)

TURRICULE, *Turricula.* (*Conchyl.*) Klein (*Ostracol. syst.*, p. 74) propose sous ce nom un genre pour les coquilles qui ont un ventre conique, alongé, prolongé en arrière en une spire très-aiguë et en avant par un canal médiocre. Ce sont des espèces de mitres pour M. de Lamarck. (De B.)

TURRILITE. (*Foss.*) Denys de Montfort, qui a signalé ce genre, lui a assigné les caractères suivans : *Coquille libre, univalve, cloisonnée, contournée en spire turbinée et élevée; les tours de la spire contigus et apparens; bouche arrondie; cloisons dentelées et persillées, percées au centre par un seul trou ou siphon.* (Conch. systémat., tom. 1, pag. 119.)

Dans l'Histoire naturelle des animaux sans vertèbres, M. de Lamarck a caractérisé ce genre à peu près dans les mêmes termes ; mais il n'a point parlé du siphon, parce que sans doute il ne l'a jamais aperçu.

M. Sowerby a annoncé, dans la Conchyliologie fossile de l'Angleterre, tom. 1, p. 81 *bis*, que ces coquilles étoient percées au milieu du disque; ensuite, dans le même volume il a dit (p. 170) que le siphon étoit marginal, comme dans les ammonites et dans les scaphites. Mais nous avons fait toutes sortes de recherches sans pouvoir apercevoir s'il en existe un, soit au milieu, soit au bord. Dans le tableau méthodique de la classe des céphalopodes, M. d'Orbigny dit que le siphon est marginal. Ce naturaliste annonce aussi que les loges sont entourées par une enveloppe épaisse, analogue à l'os des sèches ; mais nous n'avons rien vu de pareil dans les morceaux que nous avons eus sous les yeux.

Il est très-probable aussi que l'ouverture n'est pas encore bien connue, car nous possédons un morceau qui annonceroit qu'elle pourroit se terminer par un prolongement en forme de crête, et un pareil morceau se trouve figuré dans l'ouvrage de M. Sowerby, pl. 74, fig. 4.

Les coquilles de ce genre, auxquelles M. de Haan a donné le nom de *turrites*, sont tournées à gauche. Elles ont le têt très-mince, et quelques morceaux portent les traces d'une très-belle nacre. On ne les a trouvées que dans les couches inférieures de la craie.

Il paroît que ces coquilles étoient ombiliquées dans toute leur longueur, comme le *bulimus terebellatus* et certaines cérites; car on trouve à la place de la columelle un moule cylindrique et droit qui a rempli l'ombilic. On ne peut supposer que ce moule auroit remplacé la columelle, comme il arrive dans certaines coquilles dont le têt a disparu; car on retrouve presque toutes les turrilites avec leur têt mince, ou au moins nous avons trouvé ce moule dans des morceaux dont le têt étoit conservé.

Turrilite turbinée: *Turrilites costatus*, Denys de Montfort, *loc. cit.*, 5o.ᵉ genre *Turrilites costata*; Corne d'ammon turbinée, *ejusd.*, Journ. de physique, Thermidor an VII, p. 1, t. 1, fig. 1; Lamk., Syst. des anim. sans vert. (1801), pag. 102; Turrilite costulée, *Turr. costata, ejusd.*, Hist. nat. des anim. sans vert., tom. 7, p. 646, n.° 1; *Turr. costatus*, Sow., *Min. conch.*, tom. 1, p. 81 *bis*, tab. 36 et 74; Park., *Org. rem.*, tom. 3, tab. 10, fig. 12; Bourguet, Traité des pétrifications, fig. 250 et 251; A. Brong., Descript. géolog. des env. de Paris, pl. 7, fig. 4. Coquille droite, turriculée, à tours convexes, couverts chacun de vingt petites côtes longitudinales par rapport à la coquille et transverses relativement à ses tours, et au-dessous desquelles il se trouve un pareil nombre de tubercules. Denys de Montfort annonce qu'il a trouvé de ces coquilles qui avoient dix-huit pouces de longueur. Celle que M. Sowerby a figurée, pl. 74, et que nous regardons comme une variété de cette espèce, a onze pouces de longueur; mais souvent elles sont au-dessous de cette taille. Fossile du Hâvre, de Horningsham et de Ringmer en Angleterre, et de la montagne Sainte-Catherine de Rouen, où on trouve leurs moules en morceaux qui paroissent avoir été brisés et déplacés depuis leur pétrification.

Turrilites Bergeri, Brong. , *loc. cit.* , p. 99, pl. 7, fig. 3. Cette espèce ne diffère de celle qui précède que parce qu'au lieu d'une seule rangée de tubercules il s'en trouve quatre sur chaque tour; les trois autres provenant de la division des côtes qui ne s'y trouvent pas. On trouve cette espèce dans les couches non recouvertes des rochers et montagnes des Fis, de Sales, etc., faisant partie de la chaîne du Buet, dans les Alpes de Savoie. On la rencontre aussi dans la glauconie crayeuse de la perte du Rhône, près de Bellegrade.

Turrilite de Haan; *Turrilites Haania*, Risso, Hist. nat. des principales product. de l'Eur. mérid., tom. 4, p. 13, n.° 30. Coquille droite, turriculée, à tours de spire convexes, tuberculés transversalement, à un seul rang de tubercules subovales, distans, disposés en travers, avec un large sillon longitudinal situé sur le côté droit. Longueur, trois pouces. Fossile du calcaire secondaire des Alpes maritimes.

Turrilites obliqua, Sow., *loc. cit.*, tab. 75, fig. 4. Cette espèce est couverte de côtes longitudinales et un peu obliques. Elle n'est pas tuberculée et a été trouvée à Devizes en Angleterre. (D. F.)

TURRIS. (*Conchyl.*) Nom latin du genre établi par Denys de Montfort sous la dénomination de minaret, et qui comprend les espèces de mitres à spire élancée. Voyez Mitre. (De B.)

TURRITA. (*Bot.*) La plante nommée ainsi par Clusius, est l'*arabis turrita* de Linnæus. (J.)

TURRITELLE, *Turritella*. (*Conchyl.*) Genre de coquilles établi par M. de Lamarck pour les espèces de *Turbo* de Linné, dont la forme est élancée et turriculée, et qui d'ailleurs sont toujours minces et non nacrées, avec un sinus plus ou moins prononcé au bord droit; ainsi les caractères de ce genre peuvent être exprimés ainsi : Coquille mince, non nacrée, turriculée, à tours de spire nombreux et plus ou moins striés, suivant sa décurrence; ouverture arrondie, entière, à péristome discontinu en arrière; le bord droit mince et muni d'un large sinus peu profond; un opercule corné.

Nous n'avons pas encore eu l'occasion d'observer l'animal

d'une espèce de ce genre. Nous savons seulement, d'après d'Argenville, qui a figuré celui de la T. tarrière (Zoomorph., pl. 4, fig. *F*), que le pied, découpé à sa circonférence, est bordé en avant par un bourrelet ridé transversalement; que la tête est également bordée d'une frange garnie de filets; que les tentacules, au nombre de deux, sont longs, très-atténués à l'extrémité, renflés à la base et qu'ils portent les yeux sur un renflement; enfin, que la bouche est pourvue d'une trompe et la coquille d'un opercule corné, dont j'ignore la structure.

En examinant attentivement l'ouverture de la turritelle papyracée, il m'a été aisé de reconnoître que le bord droit offre deux sinus, un postérieur très-grand et un antérieur plus petit, ce qui établit un rapprochement avec les pyrènes.

Toutes les espèces de turritelles connues jusqu'ici sont marines. La plupart sont des mers des pays chauds; mais on en connoît au moins une de la mer Méditerranée et de toutes nos mers.

La Turritelle double carène : *T. duplicata; Turbo duplicatus*, Linn., Gmel., pag. 5607, n.° 79; Mart., Conchyl., 4, tab. 151, fig. 1414; Enc. méth., pl. 449, fig. 1, *a*, *b*; vulgairement la Vis de pressoir. Coquille grande, de quatre à cinq pouces de long, épaisse, pesante, turriculée, carénée sur tous les tours de spire, qui sont convexes et pourvus de deux côtes décurrentes plus élevées que les autres : couleur d'un fauve blanchâtre, roussâtre au sommet.

Des mers de l'Inde, et surtout de la côte de Coromandel.

Les auteurs anglois, depuis Lister, qui l'a figurée (Anim. angl., tab. 5, fig. 7) d'après un individu unique, trouvé par des pêcheurs sur la côte du comté d'York, regardent aussi cette espèce comme se trouvant dans les mers britanniques; mais cela est fort douteux, car aucun naturaliste ne l'a rencontrée depuis Lister, ni en Angleterre, ni même dans aucune autre partie des mers d'Europe. Ainsi, ou ce n'est pas la même espèce, ou plutôt Lister avoit été induit en erreur sur l'origine de la coquille qu'il a fait dessiner. Il faut en outre observer qu'elle étoit bien frustre.

La T. tarrière : *T. terebra; Turbo terebra*, Linn., Gmel.,

p. 3608, n.° 81 ; Mart., Conch., 4, t. 151, fig. 1415 — 1419 ; et Encycl. méthod., pl. 449, fig. 3, *a*, *b*. Coquille de plus de quatre à cinq pouces de long, alongée, turriculée ou très-effilée, aiguë, à tours de spire très-nombreux, sillonnés dans toute leur longueur par des sillons subégaux : couleur d'un fauve roussâtre ou rougeâtre.

M. de Lamarck paroît regarder cette espéce comme ne se trouvant que sur les côtes d'Afrique occidentale et sur celles de l'Inde : en effet, il ne donne aucune des citations rapportées par Linné et Gmelin, comme Lister, qui en fait aussi une coquille de toutes les mers d'Europe. Cependant, tous les auteurs qui ont décrit les coquilles de l'Angleterre, de la Manche, de l'Océan, de la Méditerranée et de l'Adriatique, citent une turritelle commune, qu'ils rapportent à la T. tarrière de M. de Lamarck. Je l'ai en effet reçue de toutes nos mers, et elle a tous les caractères de cette espéce, avec cette différence qu'elle est toujours beaucoup plus petite et qu'elle est composée d'un bien moins grand nombre de tours de spire.

La Turritelle imbriquée : *T. imbricata; Turbo imbricatus,* Linn., Gmel., p. 3606, n.° 76 ; Mart., Conch., 4, tab. 152, fig. 1422. Coquille de trois pouces de long, turriculée, très-aiguë, à tours de spire un peu aplatis, faisant une saillie au-dessus de la suture du tour suivant et à sillons décurrens un peu distans et très-finement granuleux : couleur marbrée de blanc, de roux et de brun.

De l'Océan des Antilles.

La T. torse : *T. replicata; Turbo replicatus,* Linn., Gmel., p. 3606, n.° 77 ; Mart., Conchyl., 4, tab. 151, fig. 1412. Coquille de près de trois pouces de long, turriculée, lisse, à tours de spire renflés, subanguleux au milieu, comme tordus en spirale ; les sutures étranglées, de couleur fauve dans leur moitié supérieure et blanche dans le reste.

Des mers de l'Inde.

La T. rembrunie ; *T. fuscata,* de Lamk., Anim. sans vert., tom. 8, p. 57, n.° 5. Coquille de deux pouces de long, turriculée, à tours de spire convexes, striés dans leur décurrence : de couleur brun-châtain.

M. de Lamarck, à la suite de la caractéristique de cette

espéce, dont il ignore la patrie et qui faisoit partie de son cabinet, se borne à ajouter qu'il auroit pris cette coquille pour la variété du *turbo replicatus*, cité par Gmelin, si ses tours eussent été plus renflés et plus contournés, ainsi que la figure de Lister, tab. 590, fig. 55, les représente.

La Turritelle cornée : *T. cornea*, de Lamk., *loc. cit.*, n.° 6 ; Encycl. méth., pl. 449, fig. 2, *a*, *b*. Coquille d'environ deux pouces de long, turriculée, aiguë, lisse, luisante, à tours de spire convexes et fortement étranglés à la suture : couleur d'un jaune de corne.

Patrie inconnue.

La T. bréviale ; *T. brevialis*, id., *ibid.*, n.° 7. Coquille de deux pouces de long, turriculée, raccourcie, à tours de spire convexes, lisses et pourvus d'un seul sillon vers leur bord supérieur ; le dernier ventru : couleur blanche.

Patrie inconnue.

La T. bicerclée : *T. bicingulata*, id., *ibid.*, n.° 8 ; Séba, *Mus.*, 3, tab. 56, fig. 30, 57 et 58 ; *Turbo variegatus*, Linn., Gmel., p. 3608, n.° 82. Coquille de deux pouces de long, turriculée, à tours de spire convexes, très-finement striés et bicerclés dans toute leur étendue : couleur marbrée de blanc, de roux et de brun.

Patrie inconnue.

La T. trisillonnée ; *T. trisulcata*, id., *ibid.*, n.° 9. Coquille de deux pouces de long, turriculée, aiguë, à tours de spire un peu convexes, sillonnés, avec trois sillons médians plus élevés et décurrens : couleur d'un rouge violacé en haut et flammulée de jaune en bas.

Patrie inconnue.

La T. exolète : *T. exoleta* ; *Turbo exoletus*, Linn., Gmel., p. 3607, n.° 80 ; Martini, Conchyl., 4, tab. 152, fig. 1424 ; *T. cinctus*, Donov., *British Shells*, tab. 22, fig. 1 ; et Montagu, *Test. brit.*, p. 295. Coquille de deux pouces de long, turriculée, lisse, à tours de spire concaves au milieu par la saillie de leurs bords supérieur et inférieur : couleur blanchâtre ou pourprée, quelquefois marbrée de taches rousses ou châtaines.

Des côtes de Guinée et de celles d'Angleterre, d'après d'Acosta et les conchyliologistes anglois.

La Turritelle carinifère; *T. carinifera*, de Lamk., *l. c.*, n.° 11. Coquille d'un pouce environ de long, lisse, diaphane, turriculée, plane et un peu concave à sa face antérieure; à tours de spire pourvus dans leur milieu d'une carène décurrente, ce qui rend le dernier anguleux : couleur blanche.

Patrie inconnue.

La T. australe ; *T. australis*, id., ibid., n.° 12. Petite coquille (neuf lignes), turriculée, obtuse au sommet, à tours de spire très-finement striés, un peu convexes et pourvus au milieu d'une seule bande; le bord supérieur étant un peu renflé : couleur cendrée.

Des mers de la Nouvelle-Hollande.

La T. de Virginie; *T. virginiana*, id., ibid., n.° 10. Coquille encore plus petite (six lignes) turriculée, à tours de spire un peu convexes, pourvus à leur bord inférieur d'une carène un peu saillante; le supérieur ventru et tricaréné inférieurement : couleur jaunâtre, avec un anneau d'un gris violâtre à la base du dernier tour.

Des côtes de la Virginie, dans l'Amérique septentrionale.

M. Risso, dans son Histoire naturelle des environs de Nice, parle, outre la T. tarrière, de huit autres espèces dans ce genre; mais comme il n'en donne ni description suffisante ni figure, il est impossible d'assurer que ces coquilles sont de véritables turritelles, et encore plus que ce sont des espèces distinctes. Les deux ou trois caractères sur lesquels il s'appuie le plus, le nombre des tours de spire, la disposition des stries décurrentes et la couleur, étant très-variables. Au reste, nous donnerons l'indication de ces espèces.

La T. commune, *T. communis*. Petite coquille d'un pouce et demi de long, opaque, composée de seize tours de spire séparés par une suture étroite, très-profonde et striés par trois lignes égales, distantes; chaque interstice avec deux autres très-petites lignes : couleur d'un gris plus ou moins intense.

La T. vitrée, *T. vitrea*. Très-petite coquille (cinq à six lignes), lisse, luisante, brune, à sept tours de spire ventrus et carénés au milieu.

C'est très-probablement une coquille jeune.

La T. inégale, *T. inæqualis*. Coquille presque translucide.

blanche, composée de quatorze tours de spire, marqués de trois lignes inégales, rapprochés et séparés par une suture étroite et profonde.

La Turritelle striatule , *T. striatula*. Coquille presque translucide, formée de quatorze tours striés par de très-petites lignes longitudinales très-fines et séparées par une suture étroite et peu profonde : couleur de chair.

La T. plicatule, *T. plicatula*. Petite coquille très-lisse, luisante, à tours de spire munis de côtes obliques, égales, un peu convexes, séparés dans les interstices par quelques petites lignes peu élevées : couleur d'un blanc d'ivoire.

La T. savoyarde, *T. sabauda*. Coquille presque translucide, lisse, un peu luisante, formée de treize tours de spire marqués de grandes et de petites stries élevées; celles du centre les plus grandes; suture étroite et profonde : couleur striée de blanc ferrugineux peu foncé.

La T. scalaroïde, *T. scalaroides*. Coquille lisse, luisante, translucide, formée de treize tours de spire transversalement costulés; les côtes arquées, souvent obliques, striatulées en travers, avec les interstices très-glabres : couleur de brique sale.

La T. pélagique, *T. pelagica*. Coquille mince, luisante , translucide, formée de treize tours de spire marqués de sillons longitudinaux très-inégaux et de fines stries à peine sensibles : couleur d'un brun ferrugineux.

Toutes ces coquilles ont été trouvées par M. Risso sur la côte de Nice. M. Payraudeau, qui a exploré les côtes de la Corse, n'a pas été si heureux, car il n'a rencontré que la T. tarrière. M. Risso fait plus; car il nous indique d'une manière positive l'époque de l'année à laquelle les différentes espèces paroissent; et cependant les unes, suivant ce qu'il assure, séjournent dans les régions coralligènes, les autres dans les régions sablonneuses ; celles-ci dans les régions des algues, et enfin celles-là à de grandes profondeurs; ce qui a dû rendre l'histoire de leur apparition assez difficile à connoitre. (De B.)

TURRITELLE. (*Foss.*) Les coquilles de ce genre ne se trouvent . à notre connoissance , ni dans la craie, ni dans les couches plus anciennes que cette substance. On a trouvé dans ces dernières des coquilles qui paroissent avoir des rapports avec ce genre, mais il n'est pas certain qu'elles en dépendent.

Non-seulement les espèces de turritelles sont très-nombreuses, mais encore les individus de la même espèce varient quelquefois entre eux à un tel point, qu'on est exposé à prendre ces variétés pour des espèces, comme il arrive pour les ammonites, les térébratules et les cérites. Il semble que presque chaque localité apporte des modifications dans les formes des turritelles ou fournit des espèces particulières. Voici celles que nous connoissons.

Turritelle imbricataire : *Turritella imbricataria*, Lamk., Ann. du Mus. d'hist. nat., vol. 4, p. 216, n.° 1, et vol. 8, pl. 37, fig. 7 ; *Turbo imbricatarius*, Brocc., *Conch. foss. subapp.*, tab. 6, fig. 12. Coquille turriculée, subulée, pointue au sommet, couverte de stries qui suivent les tours et qui sont finement granulées. Ses tours de spire ressemblent quelquefois à des entonnoirs renversés, imbriqués ou empilés les uns sur les autres ; le bord inférieur de chaque tour forme un talus qui s'incline brusquement vers le tour qui suit et qui en écarte le plan du supérieur. Les formes de cette espèce varient beaucoup dans la même localité. Les tours de certains individus présentent de très-forts étranglemens à leur partie supérieure, et d'autres n'ont qu'une ou deux stries plus élevées à l'inférieure. Longueur, quelquefois plus de trois pouces et demi. Fossile de Grignon; de Fontenai Saints-Pères, département de Seine-et-Oise ; de Courtagnon ; de Ronca ; de Parnes, département de l'Oise, et des couches du calcaire grossier des environs de Paris. Les stries de celles qu'on trouve à Betz et à Monneville, dans ce dernier département, portent de petites perles un peu plus distinctes. On en trouve aux environs de Laon qui ont un plus grand nombre de stries non perlées. Celles qu'on rencontre à Hauteville, département de la Manche, et à Mouchi-le-Châtel, département de l'Oise. portent des stries fines et onduleuses, qui coupent celles qui suivent les tours. M. Brocchi annonce dans l'ouvrage cité qu'on trouve aussi cette espèce dans le Plaisantin. Nous sommes portés à regarder comme des variétés de cette espèce le *turritella turris*, qu'on trouve à Léognan et qui est figuré dans l'ouvrage de M. de Basterot sur les Fossiles des environs de Bordeaux , pl. 1 , fig. 11 ; le *T. brevis* , le *T. conoidea* , le *T. edita*, le *T. elongata* et le *T. incrassata*, qu'on trouve dans le Hampshire et dans le comté de Suffolk en Angleterre, coquilles qui sont figurées dans l'ouvrage de M. Sowerby (Conchyl. fossile de l'Angleterre , tab. 51) ; le *turbo terebra*, le *turbo colitus* (Brand , *Foss. hant.*, fig. 47, 48 et 49), le *turbo terebra*, le *turbo replicatus* , le *turbo cochleatus* et le *turbo marginalis* (Brocc., *loc. cit.*, tab. 6 , fig. 8 , 9 , 17 et 20), le *T. asperula* (Brong. , *loc. cit.*, pl. 2 , fig. 9), qu'on trouve à Ronca et à Dax. M. de Lamarck dit qu'il y a beaucoup d'apparence que cette espèce est l'analogue fossile du *turbo imbricatus* de Linné (la vis marbrée) , qui vit maintenant dans les mers des Antilles ; mais il n'ose assurer qu'elle lui soit identique.

Turritelle de Lamarck ; *Turritella Lamarckii*, Defr. Nous ne connoissons de cette espèce qu'un morceau de la grosseur du petit doigt et d'un pouce et demi de longueur. Les tours sont couverts de cinq stries élevées, qui les suivent, et chargées de très-petites perles ; l'intervalle qui sépare les stries est assez profond et couvert de stries dans le même sens . qui sont si fines, qu'on ne les aperçoit presque qu'à la loupe. Ce morceau a été trouvé dans le département de l'Oise. Il est très-probable qu'il dépend d'une espèce différente du *T. imbricataria*; mais nous voyons de si grandes différences dans les individus de la même espèce, que nous n'oserions l'assurer : par exemple, nous possédons un morceau pétrifié qui provient de Laval-le-Duc, près de Marseille, et qui contient deux individus du *turritella vermicularis*, Brocc. ; l'un des deux porte quatre forts cordons sur chacun de ses tours, qui sont bombés et réguliers, et l'autre n'en porte que sur les premiers tours de la spire, vers le sommet. Ils s'effacent insensiblement sur les autres tours. et à un tel point qu'il n'y en a plus aucune trace dans les derniers , et la partie supérieure de chacun d'eux forme une sorte de rampe dans le sens inverse de celle du *turritella imbricataria*. Si ces deux individus ne se trouvoient pas réunis par la pétrification , et qu'on ne reconnût pas au sommet du dernier la forme de celui auquel il est joint, on ne balanceroit pas à les regarder comme dépendans de deux espèces différentes.

Turritella tornata, *Turbo tornatus*, Brocchi, *l. c.*, tab. 6, fig. 11. Coquille subulée, turriculée, à tours plans, couverte de dix à douze stries qui les suivent : ces stries, ainsi que les intervalles inégaux qui les séparent, sont finement striés : longueur, plus de trois pouces. Fossile du Plaisantin et d'Anvers. On trouve dans des couches quarzeuses, à Bracheux et à Abbecourt, département de l'Oise, des turritelles qui ont de très-grands rapports avec l'espèce ci-dessus, ainsi qu'avec le *turritella imbricataria*, dont elles ne sont peut-être toutes que des variétés ; car il semble qu'on pourroit aisément passer de la forme de l'une à celle des autres par des intermédiaires.

Turritella vermicularis, *Turbo vermicularis*, Brocchi, *l. c.*, tab. 6, fig. 13. Coquille subulée, turriculée, à tours convexes, sur lesquels se trouvent trois ou quatre cordons élevés, qui sont striés, ainsi que l'espace qui les sépare, comme dans l'espèce ci-dessus ; longueur, plus de deux pouces et demi. Fossile de Saint-Miniato, du Piémont, de Saint-Paul-Trois-Châteaux, de Sienne, de la Trinité près de Nice ; de Lavalle-Duc près de Marseille, et de Turin. On trouve à Rome des turritelles qui participent des formes de cette espèce et de celle du *T. tornata*. Nous croyons que le *turbo triplicatus*, Brocc., figuré même planche, fig. 14, ainsi que l'espèce nommée par le même auteur *turbo terebra* et figurée même planche, fig. 8, que le *T. proto* et le *T. quadriplicata*, qu'on trouve près de Bordeaux et qui ont été figurés dans l'ouvrage de M. de Basterot, ci-dessus cité, ne sont que des variétés du *T. vermicularis* ou du *T. imbricataria*. On trouve dans la Touraine et à Hirtenberg, près de Baden, des turritelles qui ont encore les plus grands rapports avec ces espèces. Celles de la Touraine sont un peu moins grandes.

TURRITELLE SILLONNÉE : *Turritella sulcata*, Lamk., *l. c.*, n.º 2 ; Ann., vol. 8, pl. 37, fig. 8. Coquille conique, couverte de sillons qui suivent les tours. Toute sa surface offre, en outre, des stries verticales très-fines, arquées, et qui sont les traces des accroissemens de la coquille ; le bord droit de l'ouverture, arrondi en aile, forme un large sinus dans sa partie supérieure, et s'évase en se joignant à la base de la columelle, comme dans les mélanies. Longueur, quelquefois plus de deux pouces; diamètre de la base, dix à douze lignes. Fossile de Grignon, de Fontenai Saints-Pères, de Saint-Félix, département de l'Oise, et de Hauteville, dans les couches du calcaire grossier.

TURRITELLE SUBCARÉNÉE : *Turritella subcarinata*, Lamk.. *l. c.*, n.° 3; Vélins du Mus., n.° 17, fig. 5; Ann., vol. 8, pl. 59, fig. 1. Coquille conique, à tours convexes, couverte sur chaque tour de stries carénées, dont le nombre varie d'une à cinq, et sont plus ou moins exprimées : longueur, un pouce et demi. Fossile de Grignon, de Villiers, de Ver, département de Seine-et-Oise. Nous regardons comme une variété de cette espèce le *T. Archimedis* (Brong., Terr. du Vicent., p. 55, pl. 2, fig. 8), qu'on trouve à Ronca et aux environs de Bordeaux (de Basterot, *l. c.*, pl. 1, fig. 14).

TURRITELLE VARIABLE; *Turritella variabilis*, Def. Cette espèce, qui n'est peut-être qu'une variété de la précédente ou de celle qui suit, modifiée par la localité, ne diffère du *T. subcarinata* que parce que ses stries sont plus fines, et de l'autre que parce que ces mêmes stries sont plus fines et plus nombreuses dans celle ci-après. Longueur, quatorze lignes. Fossile de Montmirail, de Monneville, de Boucouvillers et d'Acy, département de l'Oise. On trouve aussi des coquilles semblables à Ermenonville dans le grès marin supérieur.

TURRITELLE MULTISILLONNÉE : *Turritella multisulcata*, Lamk., *loc. cit.*, n.° 5; Vélins du Mus., n.° 17. fig. 4. Cette espèce ne diffère des deux qui précèdent que parce que ses tours portent des stries fines dont le nombre varie de neuf à seize. Longueur, quatorze lignes. Fossile de Grignon et de Mouchy-le-Châtel. Nous soupçonnons que le *T. subcarinata* ne se trouve pas dans les mêmes couches que celle-ci, ne l'ayant jamais rencontrée qu'à la superficie du sol dans les champs voisins de Grignon.

TURRITELLE A BANDES : *Turritella fasciata*, Lamk., *loc. cit.*, 4; Vél. du Mus., n.° 17, fig. 2; Ann., vol. 8, pl. 37, fig. 6. Coquille conique, pointue au sommet et offrant sur chaque tour de la spire une bande ou zone plane, au milieu de laquelle on aperçoit une strie peu apparente qui la divise en deux. Le bord de chaque tour offre deux sillons profonds et en gouttière que séparent des crêtes carénées. L'ouverture est formée comme celle du *T. sulcata* et du *T. subcarinata*. Longueur, dix lignes. N'ayant été trouvé de cette espèce que l'individu, que nous possédons et voyant que les stries ne sont pas toujours placées de la même façon sur le *T. subcarinata*, nous soupçonnons que le *T. fasciata* pourroit être seulement une variété individuelle de cette dernière.

Turritelle en tarrière : *Turritella terebellata*, Lamk., *loc. cit.*; Favanne, Conch., pl. 66, fig. O, 16 ; Knorr, *Petref.*, vol. 2, tab. 107, fig. 2. Coquille alongée en alène, ayant beaucoup de rapports avec le *turbo terebra* de Linné. Elle a quinze ou seize tours de spire, légèrement convexes au milieu, et est chargée de vingt stries principales qui suivent les tours et entre lesquelles il s'en trouve de plus fines. L'ouverture est arrondie-ovale, et le sinus de son bord droit, placé vers la partie supérieure du tour, est bien prononcé. Longueur, près de six pouces. Fossile de Chaumont, de Presles, de Mouchy-le-Châtel et de Saint-Félix, département de l'Oise, dans les couches inférieures du calcaire grossier, avec des nummulites. On trouve à Ermenonville, à Betz et à Monneville, même département, des coquilles qui n'ont que trois pouces et demi à quatre pouces de longueur, et qui ont les plus grands rapports avec le *T. terebellata*, dont probablement elles ne sont qu'une variété modifiée par la localité. Elles n'ont que dix à quatorze stries sur leurs tours. Nous regardons aussi comme une variété du *T. terebellata* le *T. incisa* (Brongn., Vicent., pl. 2, fig. 4), qu'on trouve à Ronca.

Turritelle térébrale : *Turritella terebralis*, Lamk., Anim. sans vert., tom. 7, p. 59, n.° 1 ; de Bast., *loc. cit.*, p. 28, n.° 1, pl. 1, fig. 14. Coquille turriculée - conique, à tours convexes, dont les premiers sont couverts de stries qui les suivent et qui s'effacent sur les derniers ; le sinus de son ouverture est placé au milieu du tour. Longueur, cinq pouces. Fossile de Dax, de Léognan et de Saucats, près de Bordeaux. M. de Lamarck dit que cette espèce a des rapports avec le *T. terebra*, qui vit dans la Méditerranée, les mers de l'Inde et de l'Afrique ; mais cependant qu'elle en est très - distincte. M. de Basterot dit au contraire que les différences entre ces coquilles sont très-légères ; mais ni l'un ni l'autre de ces auteurs n'a dit si le *T. terebralis* étoit une variété du *T. terebellata* ci-dessus. Quoique la forme conique de la première, ainsi que celle de son ouverture, s'éloignent assez de celles de cette dernière, et que nous ne sachions au juste ce qui, dans ce cas, peut constituer une espèce : nous pensons qu'on peut les regarder comme des variétés l'une de l'autre, modifiées par les localités où elles ont vécu.

TURRITELLE PERFORÉE : *Turritella perforata*, Lamk., *loc. cit.*, n.° 7 ; *An Cerithium umbilicatum ?* de Lamk., Ann. du Mus., tom. 7, pl. 14, fig. 3, et Vél. du Mus., n.° 12, fig. 3. Coquille grêle, subulée, dont la columelle est perforée dans toute sa longueur, à tours de spire au nombre de dix-sept ou dix-huit, aplatis, comme imbriqués les uns sur les autres et munis chacun de trois stries qui suivent les tours et qui, avec le bord inférieur relevé, paroissent au nombre de quatre. (Lamk., Anim. sans vert., tom. 7, p. 86.) Dans les Annales du Muséum, ainsi que dans le dernier ouvrage cité, M. de Lamarck a donné la description de deux cérites qu'on trouve à Grignon et que nous croyons devoir faire double emploi avec le *T. perforata*. Ce savant a donné à l'une le nom de cérite ombiliquée et à l'autre celui de cérite perforée. Ces coquilles, qui ne sont peut-être que des variétés d'une même espèce, diffèrent entre elles en ce que la dernière, qui a neuf lignes de longueur, porte dix-sept à dix-huit tours de spire, convexes au milieu et couverts de huit à dix stries fines, tandis que l'autre, qui est moins longue et un peu plus grosse à la base, a les tours moins nombreux, non convexes, décroissant régulièrement jusqu'au sommet, et qui ne portent que quatre stries coupées ; le bord inférieur relevé. Nous pensons que le *T. perforata* est une de ces deux coquilles ; mais nous ne voyons pas par la description ci-dessus, qui se trouve appartenir à l'une et à l'autre de ces cérites, de laquelle des deux M. de Lamarck a entendu parler. Au surplus il paroît que ces singulières coquilles ne réunissent, ni l'une ni l'autre, les caractères des cérites, ni ceux des turritelles.

TURRITELLE A UN SILLON : *Turritella unisulcata*, Lamk., *loc. cit.*, n.° 8 ; Vélins du Mus., n.° 17, fig. 6. Coquille subulée, composée de douze ou treize tours de spire un peu aplatis, lisses et ayant chacun un sillon près de son bord inférieur.

L'ouverture de la coquille est arrondie et un peu quadran-
gulaire. Longueur, neuf lignes. Fossile de Grignon et des
Boves, département de l'Oise.

Turritelle uniangulaire ; *Turritella uniangularis*, Vélins du
Musée, n.° 17, fig 9. Coquille subulée-conique, à tours de
spire lisses, chargés d'une petite carène un peu au-dessous
du milieu de chaque tour. M. de Lamarck avoit soupçonné
que cette coquille pouvoit être une variété de la précédente ;
mais nous allons plus loin, car nous pensons que c'est la
même espèce, qui présente, comme toutes les autres, des
variétés individuelles dans ses formes.

Turritella acutangula, *Turbo acutangulatus varietas*, Brocc.,
loc. cit., p. 368, tab. 6, fig. 10. Coquille subulée, turriculée,
à tours un peu convexes, sur lesquels il se trouve une carène placée un peu au-dessous de leur milieu. Longueur près
de deux pouces; fossile du Plaisantin, de la montagne de
Sanèse et de la Trinité près de Nice.

Turritella subangulata, *Turbo subangulatus*, Brocc., *loc. cit.*,
pag. 374, même pl., fig. 16. Coquille turriculée, subulée, à
tours un peu convexes, couverts de stries inégales qui suivent les tours, et portant une carène comme la précédente.
Longueur, deux pouces; fossile de Sienne, de Saint-Miniato et
de la montagne de Sanèse. On trouve en Touraine, à Saint-
Clément et à Thorigné près d'Angers, des coquilles de cette
espèce, mais qui sont un peu moins grandes. Elle a les plus
grands rapports avec celle qui précède, dont elle n'est probablement qu'une variété. Nous soupçonnons même que le
Turritella unisulcata et le *Turritella uniangularis* pourroient
être la même espèce, modifiée dans sa grandeur.

Turritelle mélanoïde ; *Turritella melanoides*, Lamk., *l. c.*,
n.° 10. Coquille conique, à tours aplatis, couverts de stries
irrégulières qui les suivent. Longueur, six lignes; fossile de
Grignon. Nous n'avons jamais vu une coquille de cette espèce et nous croyons que c'est une variété du *Turritella multisulcata.*

Turritella spirata, *Turbo spiratus*, Brocc., *loc. cit.*, tab. 6,
fig. 19. Coquille subulée, turriculée, à tours rétrécis dans
leur partie supérieure et portant une carène très-aiguë. Ils
sont en outre couverts de stries qui les suivent et qui sont

à peine visibles à l'œil nu. Longueur, seize lignes ; fossile de la montagne de Sanèse en Italie et de l'argile tertiaire de Saint-Philippe près de Nice.

Turritella varicosa, *Turbo varicosus*, Brocc., *loc. cit.*, page 574. tab. 6, fig. 15. Coquille turriculée, subulée, à tours aplatis couverts de côtes longitudinales et rugueuses, et de stries fines et inégales qui les suivent. Longueur, deux pouces et demi ; fossile de Sanèse.

Turritella quadricarinata, *Turbo quadricarinatus*, Brocc., *loc. cit.*, p. 375, tab. 7, fig. 6. Coquille turriculée, subulée, à tours convexes, portant quatre carènes crénelées qui les suivent, et dont les deux inférieures sont plus grosses que les autres : l'intervalle qui sépare les carènes est cancellé. Longueur un pouce ; fossile du Plaisantin.

M. Brocchi annonce (*loc. cit.*) que dans le Plaisantin on trouve à l'état fossile les espèces ci-après, qu'il regarde comme des turritelles et qui existent aussi à l'état vivant : le *turbo exoletus* Linn., qui vit dans les mers australes de l'Europe, et le *turbo duplicatus*, Linn., qui vit sur les côtes de Coromandel et dont il donne une figure tab. 6, fig. 18.

Turritella cingenda, Sow., *loc. cit.*, tom. 5, p. 160, tab. 499, fig. 5. Coquille subulée, couverte de stries qui suivent les tours ; ces derniers sont un peu concaves et ils portent une bande crénelée à leur partie inférieure. Longueur, un pouce et demi ; fossile des environs de Scarboroug en Angleterre.

A l'égard de l'espèce figurée dans la même planche, fig. 1 et 2, et que M. Sowerby a nommée *Turritella muricata*, nous pensons qu'elle appartient plutôt au genre des Cérites qu'à celui des Turritelles.

Turritelle rotifère ; *Turritella rotifera*, Lamk., *loc. cit.* Coquille turriculée, à tours plats, chargés vers le haut de la spire de trois petites carènes ; dans les tours qui suivent, celle qui est à la partie supérieure devient plus saillante et se prolonge jusqu'à l'ouverture en s'élevant toujours davantage ; tandis que les deux autres diminuent au point d'être presque effacées sur le dernier tour. Cette espèce est fort singulière, étant garnie dans sa longueur de grandes carènes droites et distantes, qui ressemblent à des roues écartées l'une de l'autre,

Longueur, deux pouces et demi; fossile des environs de Montpellier, recueilli par Bruguière.

TURRITELLE CATHÉDRALE; *Turritella cathedralis*, Brong., *l. c.*, p. 55, pl. 4, fig. 6, atlas de ce Dictionnaire, pl. des fossiles. Coquille turriculée, à tours plats, chargés de quatre à six cordons qui les suivent et dont le plus inférieur est plus gros que les autres. L'ouverture de cette espèce, qui n'est pas complète dans l'individu figuré par M. Brongniart, est si singulière que j'ai cru qu'elle suffiroit pour constituer un genre particulier. Elle a de plus que celle des turritelles d'être ouverte dans le sens de l'axe de la coquille, et de présenter une sorte de pavillon auriforme, dont les contours sont marqués extérieurement à la base par des rugosités. Longueur, quatre pouces et demi. Fossile de Léognan, de Saucats et de Turin. Nous regardons comme une variété de cette espèce le *Turritella proto*, qu'on trouve à Saucats, et qui est figuré dans l'ouvrage de M. de Basterot déjà cité, pl. 1, fig. 7.

TURRITELLE DE DESMAREST; *Turritella desmaretina*, de Bast., *l. c.*, p. 30, pl. 4, fig. 4. Coquille turriculée, dont les premiers tours de la spire sont aplatis, ceux du milieu portent une carène épineuse, les derniers sont irréguliers, plissés, non carénés et canaliculés. Longueur, trois pouces et demi. Fossile de Dax. Cette espèce, qui a de très-grands rapports avec les cérites, est la seule de ce genre qu'on connoisse, qui porte des épines ou des tubercules. (Collection de M. Brongniart.)

Dans le quatrième volume de l'Histoire naturelle des principales productions de l'Europe méridionale, M. Risso a donné la description des neuf espèces de turritelles ci-après, dont nous n'avons vu ni les originaux ni les figures. En suivant les principes où nous avons été conduit par le très-grand nombre de nos observations, nous soupçonnons que, si nous avions été à portée de voir ces turritelles, nous aurions pu en trouver parmi elles que nous aurions rapportées comme variétés à quelques-unes des espèces qui précèdent.

TURRITELLE TREILLISSÉE; *Turritella cancellata*, Risso. Coquille subulée, à quatorze tours de spire convexes, réticulés par les stries longitudinales et transversales, qui se croisent. Longueur, quinze lignes; fossile de Magnan près de Nice.

TURRITELLE DE BRUGUIÈRE; *Turritella bruguiera*, Risso. Co-

quille lisse, luisante, presque translucide; à seize tours de
spire convexes, sculptés par des sillons et de petites lignes
longitudinales, imprimées, inégales. Longueur, quinze lignes;
fossile de la Trinité.

TURRITELLE UNIPLISSÉE, *Turritella uniplicata.* Coquille opaque,
glabre, luisante, à onze tours de spire un peu convexes,
sculptés d'un sillon longitudinal droit, avec plusieurs petites
lignes longitudinales imprimées, inégales. Longueur, onze
lignes; fossile de Saint-Jean et de la Trinité près de Nice.

TURRITELLE DE CORDIER; *Turritella cordiera*, Risso. Coquille
opaque, glabre, luisante, à onze tours de spire, à angles
aigus à droite et sculptés par trois sillons longitudinaux striés
en travers. Longueur, près de deux pouces; fossile de la
Trinité.

TURRITELLE D'ADANSON; *Turritella adansonia*, Risso. Coquille
opaque, glabre; à treize tours de spire brusquement élevés
au milieu; sculptés par plusieurs petites lignes longitudinales
égales. Longueur, vingt lignes; fossile de la Trinité.

TURRITELLE BISILLONNÉE; *Turritella bisulcata*, Risso. Coquille
lisse, luisante, opaque; à treize tours de spire sculptés par
deux sillons de plusieurs petites lignes longitudinales. Longueur, quatorze lignes; fossile de la Trinité.

TURRITELLE GÉORGINE; *Turritella georgina*, Risso. Coquille
lisse, luisante, opaque; à douze tours de spire sculptés par
trois grandes lignes longitudinales, avec les interstices imprimés de petites lignes longitudinales. Longueur, vingt-une
lignes; fossile de Magnan.

TURRITELLE DE CONTE; *Turritella computensis*, Risso. Coquille
hautement turriculée, sillonnée longitudinalement et sculptée
par deux sillons à droite plus larges que les autres. Longueur, plus de cinq pouces; fossile des environs de Conte près
de Nice.

TURRITELLE ENSEVELIE; *Turritella sepulta*, Risso. Coquille hautement turriculée, lisse, à tours de spire plans, glabres,
sculptés à leur origine de trois lignes longitudinales, celle
du milieu plus élevée. Longueur, vingt-six lignes; fossile du
quadersandstein près de Nice. (D. F.)

TURRITIS. (*Bot.*) Voyez l'article TOURETTE, tom. LV, p. 80.
(L. D.)

TURSENIA. (*Bot.*) Ce genre a été suffisamment indiqué dans notre tableau des Astérées (tome XXXVII, pag. 461 et 480), auquel nous renvoyons nos lecteurs.

Le présent article est destiné à servir de supplément à ce tableau, car les huit plantes que nous allons décrire appartiennent à la tribu des Astérées.

I. *Nidorella compressa*, H. Cass. Tige ligneuse ; rameaux comprimés, glabres, munis de deux ailes longitudinales, opposées, continues, linéaires, étroites, épaisses, vertes, formées par la décurrence, non des bords, mais de toute la base, et surtout du milieu de la base des feuilles, qui se prolonge inférieurement en saillie ; feuilles alternes sur deux rangs opposés, sessiles, longues d'environ deux pouces, larges d'environ un pouce, un peu coriaces, triplinervées, ordinairement obovales, à partie basilaire très-étrécie, presque linéaire, un peu pétioliforme, à partie moyenne entière sur les bords, à partie supérieure dentée en scie, à sommet aigu ; les deux faces glabriuscules, et parsemées d'une multitude de petits points globuleux, saillans ; calathides nombreuses, petites, subglobuleuses, disposées en corymbes terminant les rameaux ; péricline glabriuscule, formé de squames ordinairement obtuses ; corolles jaunes ; celles de la couronne courtes, variables, très-irrégulières ; fleurs du disque mâles, à faux-ovaire très-petit, presque entièrement avorté ; ovaires de la couronne velus, munis d'un petit bourrelet basilaire, mais absolument privés de bourrelet apicilaire.

Nous avons fait cette description sur un échantillon sec, recueilli dans l'Isle-de-France, et qui se trouve dans l'herbier de M. Mérat, où il étoit nommé *Conyza mauritiana*. C'est une espèce nouvelle et très-remarquable de notre genre *Nidorella*, décrit dans ce Dictionnaire (tom. XXXVII, pag. 469). Ses caractères génériques sont à peu près conformes à ceux du *Nidorella foliosa* : mais elle se rapproche beaucoup du genre *Psiadia*, auquel toutefois on ne peut pas la rapporter, principalement à cause de la structure de ses ovaires. En effet, ce qui, selon nous, distingue essentiellement le genre *Nidorella* du *Psiadia*, c'est que, dans le *Nidorella*, les ovaires de la couronne sont hispides et privés de bourrelet apicilaire ; tandis que, dans le *Psiadia*, ils sont parfaitement glabres, et surmontés d'un gros bourrelet apicilaire charnu, très-remarquable, comme articulé sur l'ovaire, dont il est séparé par un étranglement. Ce singulier bourrelet, analogue sous beaucoup de rapports à celui du *Pterophorus* (tom. XLIV, pag. 44), du *Pachyderis*, du *Lomatolepis* (tom. XLVIII. pag. 422), et de plusieurs Mutisiées, telles que le *Perdicium*, le *Trichocline*, etc., a été négligé par les botanistes dans toutes ces plantes, et n'en est pas moins digne de fixer l'attention des observateurs exacts.

Quelques botanistes ont paru douter que le *Psiadia*, décrit par nous dans ce Dictionnaire (tom. XLIII, pag. 5o3) sur un individu vivant cultivé au Jardin du Roi sous le nom d'*Erigeron viscosum*, fût le même que le vrai *Psiadia* de Jacquin. Ce doute est très-mal fondé, comme on pourra facilement s'en convaincre, en comparant notre description générique et spécifique avec la description et les figures qui se trouvent dans l'*Hortus schœnbrunnensis* (tom. 2, pag. 15, tab. 152). On pourra même remarquer que la figure de l'ovaire, quoique imparfaite, le représente à peu près comme nous l'avons décrit, obovoïde-oblong, glabre, strié, surmonté d'un grand bourrelet apicilaire. La seule différence qu'il y ait entre la description de Jacquin et la nôtre, c'est que l'auteur du genre prétend que les fleurs du disque sont absolument privées de style et de stigmates ; mais comme aucune Synanthérée ne nous a offert ce caractère, et que l'absence totale du style ne s'observe jamais que dans les fleurs neutres de la couronne, qui même en ont quelquefois un rudiment, nous sommes autorisé à dire que Jacquin a commis une erreur, d'autant plus qu'il seroit bien extraordinaire que les deux plantes, si semblables du reste, différassent en ce point.

II. *Solidago rosmarinifolia*, H. Cass. Plante (ligneuse ?) à rameaux un peu tétragones, tomenteux, grisâtres ; feuilles opposées, à pétiole extrêmement court, aplati, tomenteux, presque aussi large que le limbe, dont il est pourtant bien distinct : limbe linéaire, long de neuf lignes, large d'environ une demi-ligne, épais, coriace, à bords très-entiers, roulés en dessous, à sommet obtus, terminé par une petite pointe conique, calleuse, à face supérieure verte, très-glabre, lisse, luisante, un peu réticulée, à face inférieure tomenteuse, offrant une grosse nervure médiaire; calathides disposées en corymbes terminaux; chaque corymbe composé d'environ douze calathides supportées par des ramifications longues, grêles, nues, pédonculiformes, tomenteuses, presque toujours ternées, ayant à leur base commune deux petites feuilles ou bractées opposées; chaque calathide haute de trois à quatre lignes, radiée, ayant le disque composé d'environ quinze fleurs régulières, hermaphrodites, et la couronne unisériée, interrompue, composée de trois à cinq fleurs ligulées, femelles; péricline tomenteux, très-inférieur aux fleurs du disque, formé de squames imbriquées, appliquées, coriaces, les extérieures ovales, les intérieures oblongues; clinanthe petit, un peu alvéolé; ovaires oblongs, comprimés, glabres, munis d'un petit bourrelet basilaire, et d'une aigrette supérieure aux corolles du disque, composée de squamellules très-nombreuses, inégales, filiformes, barbellulées; toutes les corolles jaunes et glabres : celles du disque infundibulées, à limbe peu ou point distinct extérieurement du tube, et divisé en cinq lanières longues; celles de la couronne à tube grêle, à languette beaucoup plus longue que le tube, oblongue, quadrinervée, tridentée au sommet; anthères privées d'appendices basilaires; stigmatophores d'Astérée.

Nous avons fait cette description sur un échantillon sec, incomplet, très-petit et en mauvais état, qui paroît avoir été recueilli dans la Nouvelle-Hollande par M. d'Urville, et qui se trouvoit parmi les Synanthérées innommées de l'herbier de M. Mérat.

Cette plante remarquable se rapporte assez exactement au genre *Solidago*, par ses caractères génériques; et l'on ne peut se dispenser de l'attribuer à ce genre, quoiqu'elle s'éloigne beaucoup, par ses caractères spécifiques, de toutes les espèces connues du genre *Solidago*. Nous étions presque tenté de croire que c'est une espèce de *Crinitaria*, dont la calathide seroit accidentellement pourvue de quelques fleurs femelles ligulées.

III. APLOPAPPUS, H. Cass. Calathide radiée : disque multiflore, régulariflore, androgyniflore; couronne unisériée,

subduodécimflore, liguliflore, féminiflore. Péricline presque
égal aux fleurs du disque, formé de squames inégales, imbriquées, appliquées, linéaires, aiguës au sommet, foliacées.
Clinanthe large, plan, nu (probablement fovéolé). *Fleurs
du disque :* Ovaire oblong, tout couvert d'une couche épaisse
de longs poils: aigrette simple (point double), plus longue
que la corolle, composée de squamellules nombreuses, très-
inégales, filiformes, amincies vers le sommet, barbellulées.
Corolle glabre, à tube court, suffisamment distinct, à limbe
très-long, subcylindracé, un peu infundibulé, divisé au sommet en cinq lanières courtes. Étamines à filets ayant l'article
anthérifère long; à anthères exsertes, munies d'un appendice apicilaire oblong, obtus au sommet, et privées d'appendices basilaires. Style à deux stigmatophores d'Astérée. *Fleurs
de la couronne :* Ovaire et aigrette comme dans les fleurs du
disque. Corolle à tube long, à languette jaune, plus longue
que le tube, oblongue, large, à peine tridentée au sommet.

Aplopappus glutinosus, H. Cass. Plante (herbacée ? ligneuse ?)
très-glabre sur toutes ses parties; tige rameuse, cylindrique,
striée, couverte d'un vernis gluant, très-garnie de feuilles
alternes, plus ou moins rapprochées, et qui paroissent ex-
suder un vernis gluant; feuilles longues d'environ un pouce,
larges d'environ trois lignes, à partie inférieure étroite, linéaire, pétioliforme, à partie supérieure élargie, oblongue,
profondément et irrégulièrement pinnatifide, à lanières inégales, simples ou un peu dentées, linéaires, lancéolées ou
ovales, toutes terminées par une pointe très-aiguë, blanchâtre, à nervures réticulées; calathides larges de près d'un
pouce, solitaires au sommet de la tige et de chaque rameau,
dont la partie supérieure est dénuée de feuilles, et forme un
pédoncule simple, grêle, long de trois à quatre pouces,
muni de quelques bractées très-distantes, très-petites, alternes, linéaires; corolles du disque et de la couronne jaunes;
aigrettes rousses; poils des ovaires blanchâtres.

Nous avons fait cette description, générique et spécifique,
sur un échantillon sec, innommé, de l'herbier de M. Mérat,
et qui paroit avoir été recueilli dans le Chili par M. d'Urville.

Cette plante appartient incontestablement à la tribu des

Astérées, à la section des Astérées-Solidaginées, et à la sous-section des Solidaginées vraies (tom. XXXVII, pag. 459), composée jusqu'ici des quatre genres *Euthamia*, *Solidago*, *Diplopappus*, *Heterotheca*. Mais elle ne se rapporte exactement à aucun de ces genres, et doit par conséquent en former un nouveau, qui sera bien placé entre le *Solidago* et le *Diplopappus*, et qu'il convient de nommer *Aplopappus*, parce qu'il ne se distingue du *Diplopappus* que par l'aigrette simple. Il se distingue du *Solidago*, non-seulement par un port extrêmement différent, mais encore par plusieurs caractères, tels que le disque multiflore, la couronne subduodécimflore, le péricline égal aux fleurs du disque, et formé de squames linéaires-aiguës, le clinanthe large, les ovaires très-velus, les corolles de la couronne à languettes grandes, celles du disque à tube distinct du limbe, et à lanières courtes. On ne pourroit pas attribuer notre *Aplopappus* au genre *Euthamia*, puisque sa couronne est grande; ni aux genres *Aster* ou *Erigeron*, puisque sa couronne est jaune; ni au genre *Inula*, puisque ses anthères sont privées d'appendices basilaires, et que d'ailleurs il appartient évidemment, non à la tribu des Inulées, mais à celle des Astérées.

IV. PACHYDERIS, H. Cass. Calathide oblongue, incouronnée, équaliflore, pauciflore, régulariflore, androgyniflore. Péricline oblong, cylindracé, inférieur aux fleurs, formé de squames très-inégales, plurisériées, régulièrement imbriquées, étagées, appliquées, coriaces, munies d'une petite bordure membraneuse, diaphane; les extérieures ovales, les intérieures oblongues. Clinanthe petit, plan, alvéolé. Ovaire ou fruit très-comprimé, obovale, hérissé de très-longues soies biapiculées, parsemé de grosses glandes globuleuses, et surmonté d'un col bien distinct, très-court, épais, parfaitement glabre et lisse, dilaté au sommet en un large bourrelet pappifère; aigrette très-adhérente à ce bourrelet et implantée sur sa face supérieure, très-longue, composée de squamellules très-nombreuses, très-inégales, plurisériées, libres, filiformes, roides, barbellulées. Corolle, étamines et style inconnus.

Pachyderis obtusifolia, H. Cass. Tige ligneuse, cylindrique, glabre, rameuse, à rameaux opposés; les jeunes rameaux plus ou moins tomenteux et blanchâtres; feuilles opposées,

caduques, sessiles, demi-embrassantes, étalées, longues
d'environ trois lignes, larges d'une ligne, oblongues, étrécies vers la base, obtuses et presque arrondies au sommet,
très-entières sur les bords, épaisses, blanchâtres, plus ou
moins tomenteuses ou laineuses sur les deux faces ; calathides
longues d'environ six lignes, solitaires et absolument sessiles
au sommet des rameaux, qui offrent deux feuilles opposées,
situées immédiatement sous la base du péricline ; chaque
calathide composée d'environ sept fleurs ; péricline très-glabre, lisse, luisant; aigrettes rousses, surpassant beaucoup
le péricline.

Nous avons fait cette description, générique et spécifique,
sur un très-petit échantillon sec, incomplet et en mauvais
état, qui paroît avoir été recueilli au cap de Bonne-Espérance, et qui se trouvoit parmi les *Stœhelina* de l'herbier
de M. Mérat. Quoique les deux calathides de cet échantillon
ne contiennent que des fruits non mûrs et sans aucune
fleur, il est évident pour nous que c'est une plante de la
tribu des Astérées, de la section des Astérées-Baccharidées,
et de la sous-section des Chrysocomées, et qu'elle constitue
dans ce groupe naturel un nouveau genre immédiatement
voisin du *Scepinia* (tom. XLVIII, page 44), mais bien distinct par le col très-remarquable qui supporte l'aigrette.
Le nom de *Pachyderis* (col épais) indique ce caractère.

V. *Diplostephium longipes*, H. Cass. Plante (herbacée ?)
glabre ; tige (ou rameau ?) simple, droite, ayant une partie
inférieure courte, garnie de feuilles, et une partie supérieure longue, dénuée de feuilles; feuilles rapprochées, alternes, sessiles, longues d'environ six lignes, larges d'environ
une ligne, oblongues, planes, probablement épaisses et
charnues, un peu aiguës ou presque obtuses au sommet,
très-entières sur les bords, étrécies insensiblement de haut
en bas, mais ayant la base élargie, semi-amplexicaule, et qui
contient dans son aisselle une touffe épaisse de longs poils;
la partie supérieure de la tige (ou du rameau ?) longue de
près d'un pouce et demi, très-grêle, scapiforme ou pédonculiforme, munie de trois ou quatre petites bractées linéaires, alternes, très-distantes, et terminée par une calathide radiée, large d'environ six lignes ; disque multiflore,

régulariflore, androgyniflore; couronne unisériée, composée d'environ quinze fleurs ligulées, femelles; péricline glabre, à peu près égal aux fleurs du disque, formé de squames régulièrement imbriquées, appliquées, oblongues, coriaces, uninervées, ayant le sommet cilié, membraneux, un peu coloré, purpurin, et la nervure dilatée vers le haut en une sorte de glande oblongue, jaune; clinanthe plan, nu, fovéolé; ovaires du disque et de la couronne tout couverts d'une couche épaisse de longs poils, munis d'un petit bourrelet basilaire, et portant une aigrette double; l'extérieure courte, composée de squamellules laminées, linéaires; l'intérieure longue, composée de squamellules nombreuses, filiformes, barbellulées; corolles du disque jaunes; celles de la couronne à languette très-longue, large, probablement blanche.

Nous avons fait cette description sur un échantillon sec, très-incomplet et en très-mauvais état, qui se trouvoit dans l'herbier de M. Mérat, sans nom, mais avec une note indiquant qu'il vient du cap de Bonne-Espérance. Ce très-petit échantillon est-il une tige ou un rameau, ou une portion détachée de l'une ou de l'autre? La plante à laquelle il appartient est-elle herbacée ou ligneuse? Quoi qu'il en soit, on ne peut pas l'attribuer à notre genre *Diplopappus*, qui a la couronne jaune, ni à notre genre *Stenactis*, qui a les languettes étroites, ni à notre genre *Phalacroloma*, qui a l'aigrette intérieure nulle sur les ovaires de la couronne; mais c'est infailliblement une espèce nouvelle du genre *Diplostephium* de M. Kunth, et qui diffère beaucoup de l'unique espèce (*lavandulifolium*) sur laquelle il a fondé ce genre. Elle diffère encore plus de l'*Aster amygdalinus*, que nous avons rapporté au même genre (tom. XXXVII, pag. 486).

VI. Polyarrhena, H. Cass. Calathide radiée : disque multiflore, régulariflore, masculiflore; couronne unisériée, liguliflore, féminiflore. Péricline campanulé, supérieur aux fleurs du disque, formé de squames inégales, subtrisériées, irrégulièrement disposées, oblongues-lancéolées, uninervées, à partie inférieure appliquée, coriace, à partie supérieure foliacée, probablement innappliquée et plus ou moins étalée. Clinanthe large, conoïdal, profondément alvéolé, à

...sons plus ou moins prolongées en lames imitant de très-
petites squamelles. *Fleurs du disque :* Faux-ovaire long à peine
comme moitié de l'ovaire des fleurs de la couronne, beaucoup plus étroit, oblong, glabre, probablement comprimé,
paroissant privé d'ovule, muni d'un petit bourrelet basilaire ; aigrette comme dans les fleurs de la couronne. Corolle plus longue que l'aigrette, infundibulée, à tube hérissé de quelques poils, à limbe ayant cinq divisions. Anthères
à peine exsertes, munies d'appendices apicilaires aigus, et
privées d'appendices basilaires. Style masculin, ayant deux
faux stigmatophores inclus dans le tube anthéral, et qui paroissent entregreffés en une masse indivise, ovoïde ou conoïdale, hérissée de collecteurs piliformes. *Fleurs de la couronne :* Ovaire très-grand, obovale-oblong, obcomprimé,
glabre, muni d'un petit bourrelet basilaire, d'un grand bourrelet apicilaire, et de deux bourrelets latéraux ou marginaux ; aigrette longue à peu près comme l'ovaire, blanche,
cylindrique, composée de squamellules nombreuses, à peu près
égales, unisériées, contiguës, libres, filiformes, barbellulées.
Corolle à tube court, hérissé de quelques poils, à languette
point jaune, longue, large, oblongue, ordinairement entière
au sommet. Style féminin, à deux stigmatophores libres,
glabres, bordés de bourrelets stigmatiques.

Polyarrhena reflexa, H. Cass. (*Aster reflexus*, Linn., *Sp. pl.*,
p. 1232.) Plante (herbacée? ligneuse?) à rameaux simples,
effilés-longs, grêles, tortueux, plus ou moins poilus, garnis
d'un bout à l'autre de petites feuilles rapprochées, alternes,
roides, vertes sur les parties jeunes, desséchées et persistantes
sur les parties anciennes ; chaque feuille longue de deux à
trois lignes, large d'environ une ligne, sessile, demi-embrassante par sa base, étroite du reste et très-arquée en dehors, roide, coriace, largement lancéolée, uninervée, ordinairement très-glabre sur les deux faces, mais toujours
garnie sur les bords de longs cils blancs, dont les bases élargies et cartilagineuses forment comme des dents ; calathides
larges d'environ un pouce, solitaires au sommet des rameaux,
sur la partie apicilaire, presque dénuée de feuilles, forme
une sorte de pédoncule long d'environ quatre lignes et très-
grêle ; péricline globuleux ; disque composé de fleurs jaunes,

très-nombreuses; couronne d'environ quatorze fleurs, à languette blanche en dessus, et plus ou moins teinte en dessous d'une couleur purpurine; deux ou trois jeunes rameaux alternes, mais rapprochés, naissent un peu au-dessous de la base de chaque pédoncule, et tout ce qui est au-dessus d'eux se dessèche et meurt après la fleuraison.

Nous avons fait cette description, générique et spécifique, sur un échantillon sec et incomplet, provenant d'un individu cultivé dans le Jardin de Cels en 1819, et qui se trouve dans l'herbier de M. Mérat, où il étoit étiqueté *Aster retortus* : mais il nous semble évident que c'est l'*Aster reflexus* de Linné.

Quoi qu'il en soit, cette plante appartient à la tribu des Astérées, à la section des Astérées-Bellidées, et à la sous-section des fausses Bellidées, dans laquelle il constitue un nouveau genre, qu'il faut placer (tom. XXXVII, pag. 463) entre l'*Amellus* et le *Felicia*. Il diffère de l'*Amellus* (tom. XXVI, pag. 210) par son disque entièrement composé de fleurs mâles, par son clinanthe privé de squamelles, et par ses aigrettes simples (non doubles) à squamellules nombreuses, contiguës, filiformes. Il diffère du *Felicia* (tom. XVI, pag. 314) par son disque masculiflore, et par son clinanthe alvéolé.

Le nom de *Polyarrhena*, qui signifie *beaucoup de mâles*, convient à ce genre, parce que l'*Amellus*, qui est tout voisin, offre souvent dans le disque quelques fleurs mâles mêlées parmi les hermaphrodites, et parce que, chez les Synanthérées, il est rare que la calathide contienne un aussi grand nombre de fleurs mâles avec un aussi petit nombre de fleurs femelles.

VII. Solenogyne, H. Cass. Calathide subhémisphérique, discoïde : disque subdécemflore, régulariflore, masculiflore; couronne plurisériée, multiflore, tubuliflore, féminiflore. Péricline subhémisphérique, à peu près égal aux fleurs, formé de squames inégales, subtrisériées, irrégulièrement imbriquées, appliquées, oblongues, arrondies au sommet, foliacées, membraneuses sur les bords. Clinanthe large, plan, nu. Ovaires de la couronne grands, obovoïdes-oblongs, comprimés bilatéralement, glabres, terminés par une très-petite protubérance formant une sorte de bourrelet apicilaire, mais privés de col et d'aigrette. Faux-ovaires du disque nuls. Corolles du disque infundibulées, glabres, divisées au sommet en quatre ou cinq lobes courts. Corolles de la couronne articulées sur les ovaires, tubuleuses, cylindracées, tridentées au sommet.

Solenogyne bel'ioides, H. Cass. Petite plante herbacée, ayant le port d'un *Bellium*; souche probablement vivace, épaisse, souterraine, à peu près horizontale, produisant des racines fibreuses qui s'enfoncent dans la terre, et des touffes distinctes qui s'élèvent au-dessus du sol; chaque touffe composée de plusieurs feuilles et de plusieurs hampes, nées presque immédiatement de la souche; feuilles inégales (les plus grandes longues de près d'un pouce), à partie inférieure étroite, linéaire, pétioliforme, ayant la base élargie, membraneuse, à partie supérieure obovale-oblongue, ayant les bords latéraux presque entiers, le sommet obtus, denté, les deux faces plus ou moins pubescentes; hampes inégales, longues d'un à deux pouces, très-grêles, presque filiformes, pubescentes, munies sur leur partie supérieure de quelques bractées, ou petites feuilles, inégales, alternes, linéaires; chaque hampe terminée par une petite calathide qui a environ une ligne de diamètre en tous sens; fleurs mâles et femelles à peu près d'égale longueur; corolles du disque probablement jaunes.

Nous avons fait cette description, générique et spécifique, sur un échantillon sec, qui paroît avoir été recueilli aux environs du Port Jackson, et qui se trouvoit parmi les Synanthérées innommées de l'herbier de M. Mérat.

Quoique cet échantillon ne soit pas en très-bon état, les fleurs du disque n'étant point épanouies, nous pouvons affirmer qu'il appartient à la tribu des Astérées, à la section des Astérées-Bellidées, et à la sous-section des Bellidées vraies, dans laquelle il doit constituer un nouveau genre, qui sera bien placé (tom. XXXVII, page 464) immédiatement avant le *Lagenophora*.

Ce nouveau genre se distingue du *Lagenophora* (t. XXV, pag. 109) par sa calathide non radiée, mais discoïde, à couronne composée de fleurs tubuleuses, disposées sur plusieurs

rangs, par ses ovaires privés de col, et par les squames de
son péricline appliquées et foliacées d'un bout à l'autre.
Quoique sa calathide discoïde forme une grave exception
dans la section des Bellidées, nous n'hésitons pas à l'attribuer
à ce groupe, parce que, fortement attaché aux vrais principes
de la classification naturelle, les anomalies ne nous ébranlent
point, et que nous préférons toujours les affinités aux caractères techniques.

Le nom de *Solenogyne*, qui signifie *femelles tubuleuses*, indique le principal caractère par lequel ce genre se distingue
essentiellement du *Lagenophora* et de toutes les autres Bellidées.

VIII. Ixauchenus, H. Cass. Calathide radiée : disque multiflore, régulariflore, androgyni-masculiflore ; couronne bisériée, multiflore, liguliflore, féminiflore. Péricline subhémisphérique, égal aux fleurs du disque ; formé de squames
nombreuses, inégales, plurisériées, lâchement appliquées,
oblongues, obtuses, uninervées, foliacées, à bords membraneux, un peu denticulés. Clinanthe large, nu, probablement plan. Ovaires de la couronne ovales-oblongs, comprimés, glabres, surmontés d'un col court, épais, glutineux,
et privés d'aigrette. Ovaires du disque analogues à ceux de
la couronne, mais incomparablement plus petits et peut-être
stériles. Corolles de la couronne articulées sur les ovaires,
à tube court, pubescent, à languette point jaune, très-longue,
entière au sommet. Corolles du disque articulées sur les
ovaires, à cinq divisions.

Ixauchenus sublyratus, H. Cass. Plante herbacée, glabre ;
tige scapiforme, simple, grêle, haute d'environ trois pouces,
ayant une partie inférieure courte, garnie de feuilles peu
nombreuses, et une partie supérieure incomparablement plus
longue, parfaitement nue, terminée par une calathide ;
feuilles alternes, très-inégales (les plus grandes longues d'un
pouce), un peu lyrées, ayant une partie inférieure très-
longue, étroite, linéaire, pétioliforme, demi-embrassante à
la base, munie vers le sommet (et souvent aussi vers le milieu) de deux petits lobes presque opposés, variables ; la
partie supérieure beaucoup plus courte, large de près de
trois lignes, obovale, arrondie au sommet, aiguë à la base,

bordée supérieurement de larges crénelures, et inférieurement de quelques grandes dents ; calathide large d'environ cinq lignes, solitaire au sommet de la tige scapiforme ; disque jaune ; couronne blanche ; péricline de squames vertes, à bords blanchâtres.

Nous avons fait cette description, générique et spécifique, sur un échantillon sec, qui paroît avoir été recueilli par M. d'Urville aux environs du Port Jackson, et qui se trouve dans l'herbier de M. Mérat.

Les fleurs du disque n'étant point épanouies dans cet échantillon, nous doutons si elles sont hermaphrodites ou mâles, fertiles ou stériles. Mais, quoi qu'il en soit, cette plante nous semble constituer. dans la tribu des Astérées, dans la section des Astérées-Bellidées, et dans la sous-section des Bellidées vraies, un nouveau genre intermédiaire entre le *Lagenophora* et le *Bellis* (tom. XXXVII, page 464). Il se distingue du *Lagenophora* par son disque composé de fleurs nombreuses, peut-être hermaphrodites, ou tout au moins pourvues d'un faux-ovaire bien manifeste, par sa couronne composée de fleurs nombreuses, disposées sur deux rangs, par les squames de son péricline homogènes d'un bout à l'autre, par ses ovaires ayant le col épais et glutineux. Il se distingue du *Bellis* par son disque peut-être masculiflore, ou en tout cas pourvu d'ovaires incomparablement plus petits que ceux de la couronne, par sa couronne bisériée, par son péricline de squames inégales, plurisériées, par son clinanthe non conique. par ses ovaires collifères.

On peut donner à ce nouveau genre le nom d'*Ixauchenus*, qui signifie *col glutineux*.

Nous devons, en terminant ce long article, exprimer notre reconnoissance pour l'estimable auteur de la Flore parisienne, qui, en nous communiquant avec une rare complaisance les plus remarquables Synanthérées de son riche herbier, nous a fourni les moyens d'offrir ici à nos lecteurs un supplément très-important pour notre tableau des Astérées. (H. Cass.)

TURSIO. (*Mamm.*) Les cachalots sont désignés par ce nom latin. que l'abbé Bonnaterre a spécialement rapporté à un dauphin. (Desm.)

TURSK. (*Ichthyol.*) Nom estonien du Dorsch. Voyez ce mot. (H. C.)

TURSSBULL. (*Ichthyol.*) Voyez Steinpicker. (H. C.)

TURTEL. (*Ornith.*) Dénomination allemande de la tourterelle des bois. (Desm.)

TURTERELLE. (*Ornith.*) Vieux nom françois de la tourterelle. (Desm.)

TURTLE. (*Erpétol.*) Dans certaines colonies on donne ce nom aux *chélonées marines*. Voyez Chélonée. (H. C.)

TURTUR. (*Ornith.*) Nom latin de la tourterelle. (Desm.)

TURU. (*Bot.*) Dans quelques cantons du Pérou on nomme ainsi le *periphragmos flexuosus* de MM. Ruiz et Pavon, qui rentre dans notre genre *Cantua*. Ces auteurs disent que ses feuilles macérées dans l'eau la rendent savonneuse et bonne pour nettoyer des vêtemens. Lorsqu'on les mâche, elles donnent à la salive une couleur jaune qui les rend propres à être employées dans les teintures. (J.)

TURUBANA. (*Bot.*) Nom caraïbe, cité par Surian, d'une cypéracée, qui est le *carex lithosperma* de Linnæus, *scleria flagellum* de Swartz. (J.)

TURUCASA. (*Bot.*) Voyez Huayacan. (J.)

TURUNDI. (*Bot.*) Forskal cite ce nom arabe de l'espèce d'oranger dite *cedro*. (J.)

TURVER. (*Ornith.*) Nom d'une espèce de pigeon, de la division des Tourterelles. (Desm.)

TUSAI. (*Bot.*) Nom oriental de l'impériale des jardins, cité par Clusius et Linnæus. Voyez aussi Thusai. (J.)

TUSSACA (*Bot.*), *Journ. bot.*, 4, pag. 270. Ce genre a été établi par Schmaltz pour quelques espèces d'*orchis*, placées auparavant dans d'autres genres. Son caractère essentiel consiste dans les trois divisions supérieures de la corolle soudées entre elles; l'inférieure plus courte, renversée extérieurement; la colonne des organes sexuels à cinq dents inégales; la dent supérieure chargée d'une anthère pédonculée. Le *satyrium repens* de Michaux et le *satyrium venosum* de Schmaltz appartiennent à ce genre. (Poir.)

TUSSILAGE, *Tussilago*. (*Bot.*) Genre de plantes dicotylédones, de la famille des *composées*, de l'ordre des *radiées*, appartenant à la *syngénésie polygamie superflue* de Linné, offrant

pour caractère essentiel : Un calice composé d'un seul rang
d'écailles toutes égales ; une corolle radiée ; les fleurons du
disque hermaphrodites ; les demi-fleurons de la circonférence
femelles ; le réceptacle nu et glabre ; les semences oblongues,
couronnées par une aigrette sessile, capillaire ; cinq étamines
syngénèses ; deux stigmates.

D'après la réforme établie par M. Cassini pour plusieurs espèces de ce genre, il s'ensuit qu'il est réduit à une seule,

Le TUSSILAGE PAS-D'ANE : *Tussilago farfara*, Linn., figuré par
Lobel, *Ic.*, 589, fig. 1 et 2 ; Dod., *Pempt.*, 596, fig. 1 et 2 ;
Gærtn., *De fruct.*, tab. 170 (voyez l'article PÉTASITE, tome
XXXIX de ce Dictionnaire) ; vulgairement PAS-D'ANE, HERBE
DE SAINT-QUIRIN, TACONNET. Ses racines sont blanches, tendres, grêles, fort longues et traçantes : elles produisent, de
distance à autre, plusieurs hampes droites, simples, fistuleuses, hautes de huit ou dix pouces, un peu rougeâtres,
couvertes d'un duvet blanc, cotonneux, munies dans toute
leur longueur d'écailles membraneuses, sessiles, vaginales,
presque imbriquées, lancéolées, aiguës. Les fleurs sont solitaires à l'extrémité de chaque hampe, d'un beau jaune, radiées ; les demi-fleurons de la circonférence sont terminés par
une languette linéaire, très-étroite ; le calice est composé d'é-
cailles étroites, glabres, linéaires, accompagnées un peu au-
dessous de leur base de quelques petites bractées cotonneuses
à leur contour.

Les feuilles ne paroissent qu'après la floraison : elles sont
toutes radicales, pétiolées, assez grandes, ovales, un peu arrondies, échancrées en cœur à leur base, légèrement anguleuses, munies à leurs bords de petites dents charnues et rougeâtres, lisses et d'un vert gai en dessus, blanchâtres, plus
ou moins cotonneuses en dessous. Cette plante croît dans les
terrains un peu humides, sablonneux, sur les pentes exposées au soleil. M. De Candolle l'a trouvée jusque sur les Alpes
du Mont-Blanc, vers la région des neiges permanentes.

Cette espèce ne doit son ancienne célébrité qu'à son emploi en médecine. Pline, et avant lui Dioscoride, avoient
annoncé que cette plante étoit très-favorable dans les affections du poumon. Ils ajoutoient que la fumigation de ses
feuilles apaisoit la toux, usage que Linné a retrouvé parmi

les habitans de quelques contrées de la Suède. Hippocrate faisoit usage de sa racine dans l'ulcération du poumon. Cette plante a joui long-temps de sa réputation ; mais des médecins qui savent combien il faut se méfier de ces vieilles recettes, ont reconnu que cette plante avoit fort peu d'énergie, et que son emploi n'étoit propre qu'à trouver place dans l'ordonnance qu'un médecin est forcé de donner aux malades à vieux préjugés, sous peine de passer pour ignorant. Un mérite plus réel du pas-d'âne est celui d'orner de ses belles fleurs jaunes les pentes un peu humides des terrains sablonneux ou glaiseux exposés au soleil. Ses longues racines traçantes s'opposent aux éboulemens, et quand il s'agit de fixer un sol sablonneux, il est très-avantageux de favoriser le plus possible la multiplication de cette plante. En comparant ses feuilles au pied d'un âne, on lui a en conséquence donné le nom de *pas-d'âne*. Dioscoride la nommoit *bechion*, par allusion à sa propriété de calmer la toux. On l'a traduit en latin par *tussilago*, qui a le même sens, *tussim agere*, qui agit dans la toux. (Poir.)

TUSSILAGE DES ALPES. (*Bot.*) C'est l'espèce de cacalier dite *cacalia alpina*. (Lem.)

TUSSILAGO. (*Bot.*) Les Latins donnoient ce nom, au rapport de Pline, aux plantes que les Grecs nommoient *bechion*. On en faisoit usage pour guérir la toux : c'est ce qu'indiquoient leurs noms latin et grec. Il y en avoit de deux espèces. Le *tussilago sauvage* ou *bechion* des Grecs, qui croissoit près des eaux : les commentateurs supposent qu'il s'agit ici de la plante nommée actuellement *tussilago farfara*, Linn. Le second *tussilago*, qui s'appeloit aussi *salvia*, est donné pour notre sclarée, espèce de sauge. Dans les ouvrages des auteurs antérieurs à Linné, on trouve quelques plantes mentionnées sous le nom de *tussilago*, telles que le *senecio doronicum*, par C. Bauhin ; le *caltha palustris* et le *tussilago petasites*, par Matthiole. Cette dernière espèce est séparée maintenant du genre *Tussilago* des botanistes. Celui-ci a éprouvé de telles modifications, qu'il voit sortir de son sein les genres Homogyne, Cass.; Leria, Dec., Cass.; Farfara, Dec.; Chaptalia, Vent.; Pétasites, Tournef., et plusieurs autres, qu'on trouvera cités à ces articles. (Lem.)

TUST. (*Ichthyol.*) Voyez TORSK. (DESM.)

TUSTRATA. (*Bot.*) Dans le pays des Daces on nommoit ainsi la coloquinte, suivant Ruellius. (J.)

TUSU-KAKI. (*Bot.*) Nom japonois du *dorœna japonica* de Thunberg. (J.)

TUTAREL. (*Conchyl.*) Nom languedocien de la cérite gommier. (DE B.)

TUTE. (*Chim.*) Creuset de forme ovoïde, dont la partie étroite se trouve à l'orifice. Il est d'usage pour les essais. (CH.)

TU-TE-MOQUES. (*Bot.*) Nom vulgaire du coquemollier, *theophrasta*, à Saint-Domingue, cité par Nicolson. (J.)

TUTH, TUT. THUT. (*Bot.*) Nom arabe du mûrier blanc, cité par Rauwolf, Daléchamps, Forskal, et diversement orthographié. (J.)

TUTHIE. (*Chim.*) Autrefois on donnoit ce nom à un sublimé grisàtre, qu'on recueille dans les cheminées des fourneaux où l'on traite des mines qui contiennent du zinc. La tuthie est principalement formée d'oxide de zinc; mais cet oxide est coloré par des substances étrangères dont la nature peut varier. (CH.)

TUTINEGRO. (*Ornith.*) M. Bowdich indique sous ce nom, dans la Relation de son voyage à Madère et à Porto-Santo, p. 45, une espèce de fauvette inédite, dont le chant est mélodieux, et qu'il a nommée *curruca melanocephala*. (CH. D. et L.)

TUTTUM. (*Bot.*) Forskal cite ce nom arabe du tabac. (J.)

TUTUCA. (*Bot.*) Feuillée cite sous ce nom une plante du Chili qui a les caractères d'un pourpier. (J.)

TUTUKEKU. (*Bot.*) Voyez TSCHO. (J.)

TUTUMA. (*Bot.*) Nom du calebassier, *crescentia cujete*, dans diverses parties de l'Amérique espagnole, où on le trouve fréquemment, suivant les auteurs de la Flore équinoxiale. (J.)

TUURKALLA. (*Ichthyol.*) Un des noms livoniens de l'Esturgeon. Voyez ce mot. (H. C.)

TUYAU. (*Ichthyol.*) Nom spécifique d'un SYNGNATHE. Voyez ce mot. (H. C.)

TUYAU CLOISONNÉ. (*Foss.*) Les orthocératites ont quelquefois reçu ce nom. (DESM.)

TUYAU DE MER. (*Chétop.*) Dénomination employée autrefois par quelques auteurs françois pour désigner les tubes de certaines espèces de chétopodes et même la coquille de certains malacozoaires, comme des dentales, des siliquaires, des arrosoirs, etc., mais à peu près abandonnée aujourd'hui, si ce n'est pour les serpules. (De B.)

TUYAU D'ORGUE. (*Polyp.*) C'est le nom sous lequel les marchands d'objets d'histoire naturelle et même quelques anciens écrivains désignent le corps dont Linné a fait le type de son genre Tubipore. Voyez ce mot. (De B.)

TUYAU DE PLUME. (*Ichthyol.*) C'est le *syngnathe pélagique*. Voyez Syngnathe. (H. C.)

TUYAU-TROMPETTE. (*Chétopod.*) C'est, dit-on, dans le Nouveau Dictionnaire d'histoire naturelle, l'un des noms vulgaires des serpules, dont le tube n'est cependant que fort rarement évasé en trompette. (De B.)

TUYÈRE. (*Chim.*) Ouverture pratiquée à la partie inférieure des fourneaux, dans lesquels la combustion doit être excitée par le vent d'un ou de plusieurs soufflets. La tuyère reçoit les becs ou tuyaux des soufflets. (Ch.)

TUYMELAAR. (*Mamm.*) L'un des noms hollandois du marsouin. (Desm.)

TUYUYUS. (*Ornith.*) Au Paraguay ce nom désigne les cigognes. (Desm.)

TUYZÈNE. (*Ornith.*) Selon Laët, ce nom mexicain correspond à celui de perroquet. (Desm.)

TUZPATLIS. (*Bot.*) Linnæus cite, d'après Hernandez, ce nom mexicain du *dorstenia contrayerva*. (J.)

TWE KLEURIGE KLIPVISCH. (*Ichthyol.*) Un des noms hollandois de l'holacanthe bicolor. Voyez Holacanthe. (H. C.)

TWITE. (*Ornith.*) Le cabaret est ainsi nommé en Anglois. (Desm.)

TWO SPINED UMBER. (*Ichthyol.*) Nom anglois du loup-de-mer, *perca labrax*. Voyez Persèque. (H. C.)

TWRCH DAEAR. (*Mamm.*) Ce nom et celui de gwadd, servent dans le pays de Galles à désigner la taupe d'Europe. (Desm.)

TYARON, THYARON. (*Bot.*) Nom grec de l'ivraie, *lolium*, cité par Dioscoride. (J.)

TYCHIUS. (*Entom.*) Genre de charansons, insectes coléoptères de la famille des rhinocères, établi par M. Germar, pour y ranger de petites espèces que Fabricius laissoit avec les rhynchènes. Voyez, à la fin de l'article Rhinocères, le n.° 142. (C. D.)

TYE-LI-MU. (*Bot.*) Grand arbre de la Chine, mentionné dans le petit Recueil des voyages sous ce nom et sous celui de bois de fer, *pao de ferro* des Portugais, à cause de la dureté de son bois. Son tronc excède en diamètre celui de nos chênes. On en fait dans le pays des ancres de vaisseaux, lesquelles ne peuvent être comparées aux ancres de fer. (J.)

TYETZOY. (*Ornith.*) Nom donné par les Chinois au martin-pêcheur à gros bec. (Desm.)

TYFFAHH. (*Bot.*) Voyez Tiffah. (J.)

TYFLOK. (*Bot.*) Nom arabe du *cacalia semperviva* de Forskal. (J.)

TYGER et TIGER. (*Mamm.*) Nom du tigre en anglois. (Desm.)

TYGERVISCHEN. (*Ichthyol.*) Voyez Tigré. (H. C.)

TYLAS. (*Ornith.*) Nom latin qui s'applique à la grive mauvis. (Desm.)

TYLODÈRES. (*Entom.*) M. Schœnherr nomme ainsi, de deux mots grecs qui signifient callosité sur le col, τύλος et δέρη, un petit genre de charansons qui ne renferme encore que l'espèce de *curculio* que Herbst avoit appelée *chrysops*. Voyez le n.° 114. à la fin de l'article Rhinocères. (C. D.)

TYLODES. (*Entom.*) Ce nom, qui signifie aussi calleux, τυλώδης, a été donné par M. Schœnherr à un genre de rhinocères, et il l'a décrit sous le n.° 172. (C. D.)

TYLODINE, *Tylodina.* (*Malacoz.*) Genre établi par M. Rafinesque (Journ. de physiq., tom. 89, p. 152), et auquel il assigne pour caractères. d'avoir quatre tentacules, dont les postérieurs plus éloignés, plus grands; l'anus à la droite du cou (ce qui est douteux); les branchies dorsales également à droite et sous une coquille petite, dorsale, extérieure, membraneuse. ovale, non spirée, patelliforme et à pointe calleuse. La seule espèce que M. Rafinesque place dans ce genre. probablement appartenant à la famille des aplysiens, ordre des monopleurobranches. et à laquelle il donne le nom de Tylodine pointillée. *T. punctulata*, est pointillée de brun; ses tentacules sont obtus et sa coquille est lisse. Elle vit dans les mers de Sicile. (De B.)

TYLOMUS. (*Entom.*) Nom d'un genre de charansons voisin des orobites, dont M. Schœnherr a donné les caractères sous le n.° 147. Voyez à l'article Rhinocères, tome XLV, pag. 347. (C. D.)

TYLOPHORA. (*Bot.*) Genre de plantes dicotylédones, à fleurs complètes, monopétalées, de la famille des *apocinées*, de la *pentandrie digynie* de Linnæus, offrant pour caractère essentiel : Une corolle en roue, à cinq divisions; la couronne des étamines à cinq folioles comprimées, charnues; leur angle intérieur simple et sans dents; les cinq anthères surmontées d'une membrane; les masses du pollen droites, attachées par leur base; les bords simples; le stigmate mutique; deux follicules lisses; les semences chevelues.

Tylophora a grandes fleurs; *Tylophora grandiflora*, Rob. Brown, *Nov. Holl.*, 1, pag. 460. Cette plante a des tiges grimpantes, divisées en rameaux pubescens, garnis de feuilles opposées, membraneuses, ovales, aiguës, échancrées en cœur à leur base. Les fleurs sont situées dans l'aisselle des feuilles, disposées en ombelles simples et sessiles, peu garnies. Les pédoncules sont glabres. Cette plante croît à la Nouvelle-Hollande. Le *tylophora barbata* (Rob. Brown, *loc. cit.*), a les ombelles presque géminées; le pédoncule commun plus court que les feuilles; la corolle barbue; les feuilles très-glabres, ovales, aiguës. Cette plante croît aux mêmes lieux que la précédente.

Tylophora flexueux; *Tylophora flexuosa*, Rob. Brown, *loc. cit.* Cette espèce est pourvue d'une tige grimpante et rameuse. Les feuilles sont opposées, oblongues, veinées, échancrées en cœur à leur base. Les fleurs sont disposées, dans l'aisselle des feuilles, en ombelles sessiles, alternes, portées sur un pédoncule commun flexueux, les corolles sont glabres. Le *tylophora paniculata* (Rob. Brown, *loc. cit.*) a ses fleurs disposées en panicules dichotomes; les découpures de la corolle en languettes. Les feuilles sont ovales, acuminées, presque glabres; les inférieures un peu en cœur. Ces plantes croissent à la Nouvelle-Hollande. (Poir.)

TYLOPODES, *Tylopoda*. (*Mamm.*) Un petit groupe ou une petite famille de ruminans a reçu ce nom d'Illiger.

Ce groupe est formé des chameaux et des lamas, qui diffèrent en effet de tous les autres ruminans par leur système dentaire et par la conformation de leurs pieds. Ils ont deux incisives en forme de canines à la mâchoire supérieure et placées latéralement, seulement six incisives à la mâchoire inférieure et deux canines tant en haut qu'en bas. Leurs pieds posent à terre sur une semelle calleuse, et les sabots, très-peu volumineux et placés en avant, ont quelques rapports avec les ongles des espèces de mammifères de la division des onguiculés; enfin, ils ont des callosités plus ou moins nombreuses, disposées sur les membres, et leur tête est toujours dénuée de cornes ou de bois. (DESM.)

TYLOSTOMA, C. Spreng. (*Bot.*) Voyez TULOSTOMA. (LEM.)

TYMPANIS. (*Bot.*) Genre de la famille des champignons voisin du *Peziza*, établi par Tode et adopté par Fries, qui l'a modifié et caractérisé de la manière suivante : Réceptacle marginé, en forme de coupe, avec l'épiderme corné; hyménium lisse ou un peu rude, d'abord recouvert d'un voile ou tégument, qui se détache ensuite avec les amas fructifères qu'il supporte, et se détruit. Sporidies variables dans leur forme et leur nombre.

Les *tympanis* sont de très-petits champignons qui naissent en amas ou touffes sous l'épiderme des écorces des arbres, qu'ils déchirent; ils n'offrent point de racines, persistent long-temps et deviennent noirs avec l'âge : leur port est celui des *tubercularia* et des *sphæria*. Toutes les espèces ont beaucoup de rapports entre elles. Leur réceptacle est une coupe libre, fixée par le centre, un peu turbinée, quelquefois amincie en stipe, nue et glabre à l'extérieur, ayant le disque corné, ouvert, un peu aplani; un voile membraneux, très-fugace, quelquefois à peine sensible, couvre d'abord le disque. Ces champignons ont une consistance coriace et cornée. Ils ont été rangés avec les *peziza* par Persoon, et ils forment la dernière division de son genre *Peziza*, division qu'il désigne par *scleroderris*. Fries en indique huit espèces, qu'il partage en deux sections. Voici l'indication des principales.

§. 1.ᵉʳ *Disque très - ouvert.*

1. Le Tympanis de l'aune : *Tymp. alnea*, Fries, *Syst. myc.*, 2, p. 174 ; *Peziza alnea*, Pers., *Synops.*, p. 673 ; *Mycol. europ.*, 1, p. 325. Un peu stipité, opaque, d'un brun noirâtre ; cupule un peu flexueuse, obscurément bordée. C'est une très-petite espèce, dure, d'un noir brunâtre, dont les cupules sont solitaires ou groupées. Lorsqu'elles sont sèches, leur disque est excavé, ou mieux leur bord est beaucoup plus proéminent et rapproché, sans cependant fermer les cupules. Cette espèce a été découverte aux environs de Gœttingue.

2. Le Tympanis de la bourgène ; *Tymp. frangulæ*, Fries, *Syst. mycol.*, 2, p. 174. Sessile, turbiné, tronqué, orbiculaire, opaque, noirâtre, avec le disque couleur de bistre, assez étendu pour cacher en partie le bord. Cette espèce forme, au printemps, des gazons ou réunions de beaucoup d'individus sur les rameaux desséchés de la bourgène, arbrisseau du genre des nerpruns. Elle atteint une ligne de diamètre. Lorsqu'elle est humectée, elle est plus molle, d'un brun olivâtre et opaque : elle n'a point offert de voile distinct.

Le *peziza frangulæ*, Pers., *Mycol. europ.*, 1, p. 324, découvert sur les branches de la bourgène dans les Vosges, par M. Mougeot, a des rapports avec la plante de Fries : mais, selon Persoon, son *peziza* est muni d'un stipe court et épais.

3. Le Tympanis de l'alisier : *Tymp. ariæ*, Fries, *loc. cit.*, p. 175 ; *Peziza ariæ*, Pers., *Mycol.*, *loc. cit.*, p. 325. Sessile, totalement noir ; cupules orbiculaires, aplanies, entourées d'un rebord un peu élevé. On trouve cette plante sur l'écorce de l'alisier (*cratægus aria*, Linn.). Elle est dans le commencement presque ronde, dure, et naît éparse : les cupules se dilatent ensuite, deviennent assez grandes et se rapprochent fortement.

Fries rapporte à cette division les *peziza fraxini* et *plicato-crenata* de Schweinitz, espèces qui croissent sur les frênes et les pruniers, dans la Caroline.

§. 2. *Disque d'abord clos, mais s'ouvrant ensuite et assez promptement.*

4. Le Tympanis saupoudré : *Tymp. conspersa*, Fries, *loc. cit.*, p. 175 ; *Pezizæ pyri*, *aucupariæ* et *sphæroidis*, Pers., *Mycol.*

europ., 1. pag. 527, 528. En petits gazons arrondis, sortant de dessous l'épiderme des écorces, tantôt sessiles, tantôt stipités. quelquefois réunis par la base en un tubercule ; réceptacles jeunes obovales, glabres, lisses, noirs, semblables à un *sphæria*; adultes plus grands, rugueux, ayant le disque très-dilaté, concave, devenant noir, avec le bord mince. un peu irrégulier et saupoudré d'une poussière farineuse blanche, due à la destruction du voile. Cette plante curieuse, dans laquelle M. Persoon trouve les élémens de plusieurs espèces, contre le sentiment de Fries, est commune sur les écorces et les rameaux du serbier, du poirier, du bouleau. de l'aune, du cerisier. du peuplier, et elle est vivace.

5. Le TYMPANIS DU SAULE : *T. salignæ*, Tode, *Fung. Meckl.*, 1. p. 24, pl. 4, fig. 57 ; Fries. *loc. cit.*, 176. Sessile, un peu alongé, luisant. noir, avec le disque concave et noir. Il forme au printemps. sur les écorces et le bois des saules, des touffes ou agrégations bifides et comme digitées. Il est globuleux dans sa jeunesse. avec un voile blanc cotonneux ; puis il s'alonge. Son sommet est toujours obtus et tronqué. Cette espèce est le type du genre et la seule décrite par Tode. On l'a confondue à tort avec le *cyphelium tympanellum*, Acharius.

6. Le TYMPANIS DE LA VIGNE (*Tympanis viticola*, Fries, *loc. cit.*; *Peziza viticola*, Schwein.) est une autre espèce de cette division. qui a presque le port du *sphæria herbarum*. On la trouve sur les rameaux desséchés de la vigne ; elle est d'une consistance trémelloïde. quoiqu'un peu coriace. Les réceptacles sont épars. solitaires, sessiles. hémisphériques, un peu rugueux, opaques. d'un noir brunâtre : le disque. d'abord semblable à un point enfoncé et muni d'un rebord obtus, se dilate ensuite.

Peut-être devra-t-on rapporter encore à ce genre Tympanis le *tubercularia nigra*. Schumach. ; les *peziza farinacea* et *truncatula*. Pers. (LEM.)

TYMPANOTOME. *Tympanotoma*. (*Conchyl.*) C'est le nom sous lequel M. Schumacher. dans son nouveau système de conchyliologie. a établi le genre de coquilles que M. Brongniart avoit proposé sous la dénomination de POTAMIDE. division des CERITES. Voyez ces différens mots. (DE B.)

TYMPANOTONOS. (*Conchyl.*) Dénomination employée par Klein (Méth. d'ostracol., p. 5o) pour désigner un genre de coquilles turriculées, muriqueuses, dont l'ouverture est irrégulière et variable. Les deux espèces qu'il rapporte à ce genre me paroissent être, l'une une mélanie de l'Amérique septentrionale et l'autre une cérite.

Denys de Montfort donne aussi ce nom comme ayant été employé pour désigner les turritelles, mais probablement à tort. (De B.)

TYMPANULE. (*Bot.*) Nom françois imposé par Bridel au *Calymperes*, genre de la famille des mousses, qui est le Cryphium (voyez ce mot) de Palisot-Beauvois. (Lem.)

TYN-EL-FIL. (*Bot.*) M. Delile cite ce nom arabe de l'*amomum grana paradisi.* (J.)

TYPHA. (*Bot.*) Ce nom, qui appartient à la massette ou masse d'eau, avoit été aussi donné à l'*eriophorum polystachium* par un auteur ancien, qui le regardoit comme le *typha* de Dioscoride ; à l'*hordeum zeocriton* par un auteur qui le prenoit pour le *typha* de Théophraste. Dodoëns l'appliquoit à une espèce de blé. Le *typha* de Théophraste est le seigle, selon Porta. (J.)

TYPHALÆA. (*Bot.*) C'est sous ce nom générique que Mœnch a voulu distinguer le *pavonia typhalœa* de Cavanilles, dont le calice extérieur est à cinq divisions profondes. (J.)

TYPHIE. (*Erpét.*) Nom spécifique d'une couleuvre, décrite dans ce Dictionnaire, tom. XI, pag. 207. (H. C.)

TYPHINÉES. (*Bot.*) Cette petite famille de plantes monocotylédones, à laquelle la massette ou masse d'eau, *typha*, donne son nom, est du nombre de celles dont les organes sexuels sont séparés dans des fleurs distinctes, mâles ou femelles ; les unes et les autres ont un calice composé de trois soies ou écailles très - étroites. Dans les premières sont trois étamines à filets distincts, insérés sur un support central. Dans les secondes est un ovaire simple, non adhérent au calice, sessile ou stipité, surmonté d'un style unique, terminé par un stigmate simple ou double. Il devient, en mûrissant, un fruit monosperme, indéhiscent (nommé cariopse par les modernes), dont la graine, attachée supérieurement, contient un embryon droit, cylindrique, alongé, à radicule

montante, renfermé dans l'axe d'un périsperme farineux.
Les plantes de cette famille sont des herbes aquatiques, à
tiges simples, dont les feuilles sont alternes et engainées à
leur base. Les fleurs, réunies en têtes ou en épis serrés, sont
terminales, et les têtes ou épis mâles sont placés au-dessus
des feuilles.

On ne rapporte ici que deux genres, le *Typha*, à fleurs
en épis, et le *Sparganium*, à fleurs en têtes.

Ces plantes sont ici placées dans la classe des monohypo-
gynes, qui renferme aussi les aroïdes, les cypéracées et les graminées, parce qu'ayant les fleurs mâles ou étamines portées
sur le même axe ou support que les fleurs femelles ou pistils,
elles ont pu être considérées comme ayant la même insertion. Il n'a pas paru nécessaire d'établir dans les monocotylédones une classe particulière de diclines, comme on l'avoit
fait pour les dicotylédones, parce que dans les aroïdes à
fleurs généralement diclines on trouve quelques genres, tels
que le *Dracontium*, à fleurs réputées hermaphrodites, et que
dans les cypéracées et les graminées il y a beaucoup de fleurs
mâles ou femelles mêlées parmi les hermaphrodites plus
nombreuses. De plus, dans les aroïdes et les typhinées à
fleurs plus généralement diclines, les étamines, séparées du
pistil et n'adhérant pas au calice (non existant dans beaucoup d'aroïdes), sont nécessairement insérées sur un support
central qui porteroit le pistil, s'il existoit. Cette observation
peut s'appliquer également à la famille des Pandanées (voyez
ce mot), établie par M. Brown, et confirmée par Richard,
laquelle doit rester voisine des typhinées et présenter le même
mode d'insertion, puisque de plus le calice manque dans ses
fleurs, soit mâles, soit femelles.

La structure de la graine du *Typha* et du *Sparganium*,
décrite d'abord incomplétement par Gærtner, a été mieux
observée dans le *Sparganium* par M. Mirbel (Ann. du Mus., 16,
page 442, t. 18), et ensuite par Richard (*ibid.*, 17, pag. 227
et 228, t. 5, fig. 7, 8, 9), dans le *Sparganium*, et surtout
dans le *Typha*.

Ces plantes ont été réunies aux aroïdes par M. Brown,
qui a supprimé la famille des typhinées. Cependant nous
persistons à croire qu'elle peut être conservée à côté des

aroïdes, et la plupart des auteurs modernes partagent cette opinion.

En parlant des aroïdes et des familles analogues, il convient peut-être de rappeler ici celle des balanophorées, ayant avec elles beaucoup de rapports, laquelle, publiée trop récemment, n'a pu être insérée dans ce Dictionnaire à son rang alphabétique. Nous la devons à M. Achille Richard, qui a terminé ce grand travail de son père, interrompu par la maladie et la fin précoce d'un des principaux soutiens de la science des végétaux, dont les grandes vues générales, étayées par des observations nombreuses, avoient commencé à éclaircir plusieurs points difficiles dans l'étude des rapports naturels.

Les balanophorées tirent leur nom du genre *Balanophora*, dont nous devons la première connoissance à Forster. L'exposé suivant de leur caractère général aidera à déterminer leurs diverses affinités.

Les fleurs sont mâles ou femelles, rassemblées en têtes ou en épis serrés sur un même spadice ou sur des spadices différens du même pied, et elles sont entremêlées avec beaucoup d'écailles de différentes formes. Les mâles, ordinairement élevées sur un pivot, ont un calice à trois divisions profondes ou seulement fendu d'un côté et présentant alors la forme d'une spathe. De leur fond sort un filet supportant une ou trois anthères (rarement plus), droites, biloculaires, à loges semi-biloculées, unies ensemble et opposées aux divisions du calice, et s'ouvrant dans leur longueur. Les fleurs femelles ont un ovaire simple, sessile ou stipité, uniloculaire, uni-ovulé, à ovule pendant, surmonté d'un style simple (rarement double), terminé par un stigmate non divisé. Cet ovaire fait corps avec le calice, dont le limbe est tantôt peu apparent, tantôt divisé en deux à quatre lobes plus visibles. Il devient un péricarpe monosperme, indéhiscent (*cariopse* de Richard), rempli par la graine, dont l'intérieur est occupé entièrement par un périsperme, sur le côté duquel est pratiquée une petite fossette, dans laquelle est niché un très-petit embryon monocotylédone.

Les plantes de cette famille sont ordinairement parasites

sur les racines d'autres végétaux. De leurs propres racines
traçantes s'élèvent hors de terre des tiges simples, charnues,
à la manière des champignons, tantôt nues, tantôt couvertes
d'écailles imbriquées, privées d'ailleurs de toutes feuilles et
terminées par un amas de fleurs serrées, entremêlées de soies
ou écailles minces et disposées en tête ou en épi.

Les genres ici rapportés sont séparés en deux sections. Dans
la première, caractérisée par des fleurs mâles à trois étamines, sont l'*Helosis* et le *Langsdorffia* de Richard, et le *Balanophora* de Forster, qui croissent sur terre ; la seconde ne
renferme que le *Cynomorium* de Linnæus, muni d'une seule
étamine dans les fleurs mâles, qui croît plus habituellement
dans l'eau de mer, et dont la forme alongée et la substance
charnue lui avoient fait donner le nom de *fungus melitensis*,
parce qu'on le trouvoit près des rives de l'île de Malte.

M. A. Richard, qui a rassemblé les notions précédentes
dans une Dissertation spéciale, accompagnées des excellens
dessins de son père, chercha à déterminer la place que cette
famille doit occuper dans l'ordre naturel. L'adhérence de
son ovaire au calice la rapproche des hydrocharidées; mais
celles-ci ont le fruit pluriloculaire, polysperme, et l'embryon
non périspermé. Elle a quelque affinité avec les aroïdes par
le port et la disposition des fleurs et les graines périspermées ;
mais celles-ci diffèrent par le fruit souvent polysperme, et
surtout par l'ovaire non uni à un calice. Une troisième affinité indiquée est celle de l'hypociste , *cytinus*, placé près
des aristolochiées, qui, comme les balanophorées, est parasite, dépourvu de feuilles, et dont l'ovaire est adhérent au
calice et le pédoncule floral est couvert d'écailles ; mais la
loge de son fruit est polysperme, et on ne connoît pas l'intérieur de ses graines. Il est devenu le type d'une nouvelle
famille, des cytinées, établie par M. Ad. Brongniart, dont les
autres genres sont encore peu connus et qui deviendra peut-
être le sujet d'un nouvel examen.

Ces divers rapprochemens laissent encore des doutes sur
la véritable affinité des balanophorées. (J.)

TYPHINOS. (*Ichthyol.*) Un des anciens noms du *malaptérure électrique.* Voyez MALAPTÉRURE. (H. C.)

TYPHIS. (*Crust.*) Genre de crustacés de l'ordre des amphipodes, qui a été décrit à l'article des Malacostracés, tome XXVIII, page 366. (Desm.)

TYPHIS, *Typhis*. (*Conchyl.*) Genre établi par Denys de Montfort (Conchyl. systém., tom. 2, p. 615) pour une coquille fossile ayant tous les caractères des rochers, avec cette différence que le tube est complétement fermé, et que vers l'extrémité postérieure du bord droit existe un petit tube complet, qui, en se conservant sur les tours de spire avec les varices, rend cette coquille singulièrement hérissée. Cette coquille, dont Bruguière a donné une très-bonne figure dans le tome 2 du Journal d'histoire naturelle, pl. 11, fig. 3, sous le nom de *M. pungens*, n'est encore connue qu'à l'état fossile. Bruguière dit cependant avoir vu son analogue vivant dans la collection de Hunter, à Londres. Je n'ai pas été assez heureux pour l'y revoir. (De B.)

TYPHIS. (*Foss.*) C'est le *rocher tubifère*, Lamk., dont il a été parlé dans le tome XLV de ce Dictionnaire, page 539. (D. F.)

TYPHLE. (*Ichthyol.*) On a quelquefois ainsi appelé l'aiguille de mer. Voyez Syngnathe. (H. C.)

TYPHLOPS, *Typhlops*. (*Erpét.*) D'après les mots τυφλωψ et τυφλίνη, par lesquels les anciens Grecs désignoient l'orvet, Schneider a établi parmi les reptiles ophidiens de la famille des homodermes, un genre particulier, que l'on peut reconnoître aux caractères suivans:

Gueule non dilatable et tête tout d'une venue avec le reste du corps, qui est vermiforme; œil à peine visible au travers de la peau; anus ouvert, presque tout-à-fait à l'extrémité postérieure du corps; langue fourchue; un seul poumon; cœur à ventricule double; corps couvert de petites écailles imbriquées.

Au moyen de ces notes et des tables synoptiques que le lecteur peut trouver aux articles Erpétologie et Homodermes, il pourra immédiatement distinguer les Typhlops des Orvets et des Ophisaures, qui n'ont qu'un ventricule au cœur: des Amphisbènes, dont tout le corps est entouré de rangées circulaires d'écailles quadrangulaires; des Cécilies, dont la peau est lisse, visqueuse et nue; des Rouleaux, des Boas, des Erix, des Couleuvres et de la plupart des autres Ophidiens, qui ont la gueule dilatable.

Le Typhlops lombrical ou lombric : *Typhlops lumbricalis,* Schn. ; *Anguis lumbricalis*, Linn. ; *Amphisbœna subargentea,* Browne. Corps moins gros vers la tête que du côté de la queue ; museau arrondi et percé de deux petits trous presque invisibles ; bouche fort petite ; mâchoire inférieure plus courte que la supérieure ; dents nulles ; écailles petites, unies, très-luisantes, imbriquées ; queue très-courte et terminée par une écaille pointue et dure.

Ce reptile, d'un blanc livide uniforme, n'est pas plus gros qu'une plume à écrire, et ne paroît pas s'élever à une taille supérieure à celle de huit pouces.

On le trouve dans les îles de l'archipel de la Grèce, à Chypre en particulier ; il habite aussi les Grandes Indes, où on l'appelle *serpent d'oreille*. Linnæus prétend également qu'il vit en Amérique.

Suivant Browne, il est regardé comme venimeux à la Jamaïque ; mais c'est évidemment à tort.

Le Typhlops a long museau : *Typhlops nasutus*, N. ; *Anguis rostratus*, Daudin ; *Anguis crocatus*, Schneid. ; *Anguis nasutus*, Gmel. Museau prolongé ; mâchoire inférieure plus courte ; dents nulles ; yeux situés sur le sommet de la tête.

Ce serpent est d'un noir verdâtre, avec le ventre, les flancs et le sommet de la tête, ainsi qu'une large bande sur la queue et un point à son extrémité, de couleur jaune.

Il parvient à la taille d'un pied.

Il a été trouvé à Surinam.

Le Typhlops réticulé ; *Typhlops reticulatus ; Anguis reticulatus*, Linn., Gmel., Daudin. Tête très-petite, un peu arrondie, aussi grosse que le corps, qui est cylindrique ; dos d'un cendré noirâtre avec le milieu des écailles blanc, ce qui le fait paroître comme réticulé ; ventre d'un blanc jaunâtre.

Le typhlops réticulé est appelé *le réseau* par Daubenton. Il est figuré dans la Physique sacrée de Scheuchzer, pl. 747, fig. 4.

Il habite Surinam, et n'a que sept à huit pouces de longueur.

Le Typhlops a sept stries : *Typhlops septemstriatus ; Anguis septemstriatus*, Schneider. Queue plus épaisse que la tête et terminée par un piquant obtus ; un point brun noirâtre sur chaque écaille.

Schneider a observé un individu de cette espèce de reptiles, qui est couleur de paille, dans la collection de Lampi.

On ne connoît point sa patrie.

Le *Rondoo-talaloo*, de Par. Russel (*Serp. Corom.*, 43), paroît appartenir au genre Typhlops. (H. C.)

TYPHLUS. (*Mamm.*) Ce nom, tiré du grec et qui signifie *aveugle*, a été donné, comme nom latin, par les modernes au rat taupe ou aspalax des anciens. (Desm.)

TYPHOIDES. (*Bot.*) Mœnch a voulu faire sous ce nom un genre du *phalaris arundinacea* de Linnæus, dont les paillettes ont des poils à la base. (J.)

TYPHON. (*Phys.*) Ouragan aussi subit que violent, qui s'élève dans les mers des Indes et de la Chine ; c'est un vent qui tourbillonne comme celui qui accompagne ou cause les trombes. Voyez Tempête et Trombe. (L. C.)

TYPHULA. (*Bot.*) Genre de la famille des champignons établi par Fries, qui l'a séparé du *Clavaria*, dans lequel ses espèces ont été placées par les auteurs. M. Persoon persiste à réunir ces deux genres ; seulement le *Typhula* est pour lui une division distincte dans le genre *Clavaria*.

Dans le *Typhula* sont rangés de petits champignons qui ont une forme presque ou tout-à-fait cylindrique, d'une substance charnue, recouverts d'un hyménium ou membrane fructifère. Ils sont portés par un stipe plus ou moins long, simple ou rameux, inséré quelquefois sur un tubercule radical qui naît sous l'épiderme : l'hyménium est distinct du stipe.

Ce genre est, selon Fries, un passage des *clavaria* aux *mucedo* : les espèces sont petites, délicates, et naissent sur les feuilles et les tiges des plantes mortes. Fries en décrit huit espèces, et Persoon onze.

A. Stipe simple.

§. 1.ᵉʳ *Espèces privées de tubercule radical.*

1. Le Typhula de Tode : *Typhula Todei*, Fries, *Obs. mycol.*, 2, p. 298 ; *ejusd.*, *Syst. mycol.*, 1, p. 494 ; *Clavaria chordostyla*, Pers., *Mycol. eur.*, 1, p. 189. Jaune, avec le stipe capillaire blanc, glabre. Ce champignon, haut d'un pouce, croît

sur les tiges et les frondes mortes de la fougère femelle, *pteris aquilina*. Fries pense que c'est la même plante que le *chordostylum clavaria* de Tode (*Fung. Meckl.*, 1, p. 37, pl. 6, fig. 55). ce dont Persoon doute. Fries l'avoit d'abord placée dans son genre *Mitrula*.

2. Le TYPHULA DES FOUGÈRES : *Typhula filicina*, nob. ; *Clavaria filicina*, Pers., *Mycol. eur.*, *loc. cit.*, p. 190. Épars, alongé, presque filiforme, glabre et d'un roux pâle. Ce champignon a un pouce de hauteur sur une demi-ligne d'épaisseur ; sa tête est plus courte que son stipe, un peu plus épaisse, cylindrique et pointue. On le trouve sur les tiges desséchées de la fougère mâle (*polypodium filix mas*, Linn.), dans les Vosges et aux environs de Paris.

§. 2. *Espèces munies d'un tubercule radical.*

5. Le TYPHULA A PIED ROUGE : *Typhula erythropus*, Fries, *Syst. mycol.*, 1, p. 495 ; *Clavaria erythropus*, Pers., *Syn.*, 606 ; Dec., Fl. fr., 6, p. 29 ; *Clavaria gyrans*, Bolt., *Fung.*, pl. 112. Tubercule radical, déprimé, noir, rugueux, produisant un ou deux stipes droits, roides, grêles, cylindriques, d'un noir pourpré, portant une petite massue cylindrique, courte, blanchâtre ou jaunâtre, longue de deux à trois lignes. Cette plante croit sur les nervures des feuilles, sur les pétioles et les jeunes branches mortes tombées à terre. M. Chaillet l'a observée sur les feuilles du noyer, dans les Vosges. Elle a six lignes de hauteur. Le *clavaria erythropus*, Schum., qui croît sur le tronc pourri du pin, semble différent de cette espèce.

4. Le TYPHULA TORDU : *Typhula gyrans*, Fries, *loc. cit.*, p. 494 : *Clavaria gyrans*, Batsch, *Elench. fung.*, pl. 164 ; Pers., *Mycol. eur.*, 1, p. 191 ; Dec., Fl. franç., 6, p. 29. Tubercule radical, globuleux ou oblong, lisse, d'une couleur pâle qui brunit ensuite ; donnant naissance à un pédicelle ou stipe filiforme, grêle, foible, pubescent, blanchâtre, droit ou un peu tordu sur lui-même, terminé par une petite massue tantôt blanchâtre, tantôt jaunâtre. On trouve cette plante, qui ne dépasse guère cinq lignes, sur les feuilles et les stipules tombés à terre.

B. Stipe rameux.

5. Le TYPHULA FILIFORME : *Typhula filiformis*, Fries, *loc. cit.*,

p. 496 ; *Clavaria filiformis*, Bull., Champ., p. 205, pl. 448, fig. 1 ; Dec., Fl. fr., 2, pag. 96; Bolt., *excl. syn.* Espèce d'un rouge de brique ou brunâtre, byssoïde, pubescente. Stipe simple ou divisé en deux, trois ou quatre rameaux un peu alongés, terminés par des sommités ou petites massues plus épaisses, blanchâtres et velues. Cette plante se trouve sur les feuilles mortes; elle y est couchée et rampante.

6. Le Typhula des bouses; *Typhula ramentacea*, Fries, *l. c.*, pag. 496. Entièrement blanc et presque glabre ; stipes fins comme des cheveux, longs de deux pouces environ, peu rameux, à rameaux vagues, droits. lâches, longs de dix-huit lignes, terminés par de petites massues confluentes. Cette espèce est si délicate, qu'il est impossible de la conserver ; on la trouve sur les bouses des vaches, dans les bois. (Lem.)

TYRAN ; *Tyrannus*, Briss. (*Ornith.*) Genre d'oiseaux d'abord établi par Brisson, puis adopté par M. de Lacépède et par M. Vieillot, pour séparer quelques grandes espèces des genres Gobe-mouche, *Muscicapa*, et Pie-grièche, *Lanius*, de Linné et des auteurs modernes. Les tyrans n'ont été considérés par M. Cuvier que comme le premier sous-genre du grand genre linnéen, *Muscicapa*, que ce savant a divisé en trois sous-genres, les Tyrans, les Moucherolles et les Gobe-mouches.

M. Cuvier définit ainsi les tyrans : « Leur bec est droit, « long, très-fort, à arête supérieure droite, mousse, à pointe « subitement crochue. Ce sont des oiseaux d'Amérique, de « la taille de nos pie-grièches, et aussi braves qu'elles, dé- « fendant leurs petits même contre les aigles, et qui savent « éloigner de leur nid tous les oiseaux de proie. Les plus « grandes espèces prennent les petits oiseaux et ne dédai- « gnent pas toujours les cadavres. »

M. Cuvier place donc dans son sous-genre les espèces suivantes : le bentaveo, *lanius pitangua*, Enl., 212 ; le tyran à ventre jaune, *lanius sulfuraceus*, ou le garlu, *corvus flavus*, Enl., 296 et 249; le *lanius tyrannus*, Enl., 537 et 676; le tyran à queue rousse, *muscicapa audax*, Enl., 453, fig. 2 ; le *muscicapa ferox*, Enl., 571, fig. 1 ; le *muscicapa tyrannus*, Enl., 571, fig. 2; le *muscicapa forficata*, Enl., 677.

M. Vieillot sépara nettement les tyrans des gobe-mouches, et en fit un genre intermédiaire aux *muscicapa* et aux bé-

cardes , *tityra* , ou les *psaris* de M. Cuvier. Il le caractérisa
en ces termes : « Bec robuste , garni de soies à la base, dé-
« primé dans toute sa longueur, convexe en dessus , échancré
« et crochu vers le bout ; mandibule inférieure un peu plate
« en dessous, aiguë et retroussée à la pointe. » Les types de
ce genre, ainsi constitué, sont le bentaveo, le moucherolle à
huppe verte de Buffon et le tyran pépoaza.

En somme , les tyrans forment donc , pour plusieurs auteurs, un genre d'oiseaux qui diffère principalement des pie-
grièches, parce que leur bec est aplati horizontalement, au
lieu d'être comprimé sur les côtés ; mais ce genre ne nous
paroit pas aisé à distinguer des gobe-mouches d'une part et de
quelques bécardes de l'autre ; et enfin il auroit besoin d'une
révision sévère et de caractères précis.

Le travail le plus complet que nous ayons sur le genre
Tyrannus, est celui de M. William Swainson. Il est inséré dans
le 40.ᵉ numéro du Journal des sciences et des arts de l'insti-
tution d'Angleterre. Nous croyons devoir le suivre entièrement , comme étant l'expression de recherches directes, et
parce qu'il renferme les descriptions d'un grand nombre d'espèces nouvelles.

Tous les tyrans sont propres à l'Amérique, où ils remplacent les drongos de l'ancien continent. Ce sont des oiseaux
querelleurs, dont les habitudes sont solitaires et peu sociables,
qui se nourrissent d'insectes, de petits oiseaux et de lézards.
Suivant Daudin (Traité d'ornith., tom. 1, p. 511), on leur a
donné le nom de *tyrans*, parce que leur courage les porte à
se mesurer même contre des oiseaux de proie de grande taille.

§. 1. *Bec robuste et grand ; ailes médiocres ; les pennes*
internes du poignet sans échancrure ; la queue égale.

Les tyrans de cette première section ont un bec bien plus
robuste que celui des autres espèces. Ils se rapprochent beaucoup des bécardes , et ont aussi des mœurs plus carnivores.
Leurs ailes peu développées ne leur permettent point d'avoir
un vol étendu.

Le Bentevé ou Tictivi : *Tyrannus sulfuratus*, Vieill.; Swains.,
Sp., 1 ; *Lanius sulphuratus*, Linn., *Sp.* , 19 ; *Lanius cayanensis*
luteus, Briss. , pl. 16 , fig. 4 : le Garlu pie-grièche ou Bécarde

A VENTRE JAUNE DE CAYENNE, Buff., Enl., 296; *Yellow-bellied-shrike*, Lath., *Syn.*, 1, *sp.* 40; *Corvus flavus*, Linn.

Le bentevé a huit à neuf pouces de longueur totale. Son plumage est brun en dessus, jaune en dessous. L'occiput est occupé dans le milieu par une petite touffe de plumes d'un jaune d'or et par une plaque d'un noir profond, qu'un cercle blanc entoure. La gorge est de cette dernière couleur ; le bec est comprimé et alongé; les pieds sont gris; le bec et les ongles sont noirs; les rémiges et les rectrices fauves, bordées de brun.

Le bentevé est très-commun dans toute l'Amérique méridionale, entre les tropiques, mais surtout à la Guiane et au Brésil.

Le PITANGUA ou le BENTAVEO : *Tyrannus pitangua*, Swains., Sp., 2; *Lanius pitangua*, Linn., Sp., 15; *Tyrannus brasiliensis*, Briss., pl. 56, fig. 5; le *Bentaveo* ou *Cuiriri*, TYRAN DU BRÉSIL, Buff., Enl., 212; *Brasilian shrike*, Lath.; *Tyrannus bentaveo*, Vieill., Ois. d'Amér., pl. 1.

Le bentaveo a la taille, l'ensemble des formes et jusqu'aux teintes du plumage de l'espèce précédente. Il est brun-roux en dessus, jaune en dessous, ayant la tête variée de noir et de jaune ; la gorge et le cercle qui entoure le crâne sont blancs : en un mot il offre, à s'y méprendre, les teintes du bentevé ; mais il en diffère d'une manière bien distincte par la forme aplatie, très-déprimée et façonnée presque en cuiller, de son bec. Le pitangua est figuré dans les dessins inédits de Commerson, qui y a joint cette note : *Sic Hispanis dictus, quia perpetuò vociferatur ben-te-veo.* C'est un oiseau criard, peu défiant, excessivement multiplié dans les forêts du Brésil, et surtout dans la province de Sainte-Catherine, ainsi qu'au Paraguay.

Le bec aplati de l'espèce qui nous occupe, a une forme si caractéristique, qu'on ne pourra se dispenser tôt ou tard de le séparer des tyrans et d'en former un genre distinct. Tout nous porte à croire que cet oiseau est d'ailleurs le type de la spatule pygmée, *platalea pygmea*, des anciens auteurs, dont Nillson avoit fait son genre *Eurynorhynchus*, en donnant à l'espèce le nom trivial de *griseus*. M. Temminck a placé le pitangua, à l'imitation de M. Desmarest, parmi les plati-

rhynques. Mais, après un examen attentif, les oiseaux de ce
dernier genre ont des caractères trop distincts, pour que le
pitangua puisse leur être associé.

Le Tyran courageux : *Tyrannus audax*, Swains.; *Muscicapa
audax*, Lath., *Synops.*, 3, p. 558; Buff., Enl., 453, fig. 2.

M. Swainson distingue cette espèce de la précédente, bien
qu'elle en ait presque tous les caractères. Il la décrit en ces
termes : « Longueur totale, huit pouces; bec beaucoup plus
« petit que celui du pitangua, proportion gardée ; il est
« aussi large, mais moins déprimé. Le plumage est en des-
« sus d'un brun noirâtre, mêlé de blanchâtre, chaque plume
« étant brune au centre et blanche sur les bords ; une huppe
« légère d'un jaune d'or occupe le milieu de la calotte brune
« qui revêt la tête; une bande blanche entoure le crâne et
« passe au-dessus des yeux; une deuxième part de la commis-
« sure de la bouche et occupe toute la région auriculaire.
« Le corps est blanc en dessous; mais le centre de chacune
« des plumes du ventre est occupé par une petite raie d'un
« brun blanchâtre plus foncé, surtout sur celles de la gorge
« et de la poitrine; le bas-ventre est d'un jaune pâle; les
« rémiges sont brunes et bordées de blanchâtre; les rectrices,
« également brunes, donnent à la queue une forme rectiligne :
« elles sont rousses sur leurs bords. Les tarses, beaucoup moins
« robustes et plus courts que ceux du pitangua, sont noirs. »
Cette espèce, peu commune, ne paroît habiter que le
nord du Brésil.

Le Tyran pepoaza ; *Tyrannus cinereus*, Vieillot, Anal.
d'Ornith., note G.

Cet oiseau a neuf pouces de longueur totale; la tête rayée
sur les côtés de blanc et de noir ; la gorge, le ventre et les
rémiges, à leur naissance, de couleur blanche; la queue, le
bec et les pieds sont noirs.

On le trouve dans l'Amérique méridionale.

Le Tyran de la Caroline : *Tyrannus crinitus*, Swains., *Sp.*,
4; *Muscicapa crinita*, Linn.; Wils., *Amer. Orn.*

Cette espèce, très-peu connue, a le corps gris-olivâtre
en dessus, jaune de soufre en dessous; la gorge et la poitrine
cendrées ; les rémiges et les rectrices bordées de roux; le
bec et les pieds noirs.

Cet oiseau est figuré, sous le nom de *gobe-mouche huppé*, par Buffon, Enl., 569, fig. 1. C'étoit le *muscicapa virginiana* de Brisson. Il habite l'Amérique septentrionale, et notamment la Caroline et la Virginie. Il cache son nid dans les trous d'arbre.

Le Tyran de la Louisiane ou Pipiri : *Tyrannus ludovicianus*, Vieill., Ois. de l'Amér. sept., pl. 48; Swains., *Sp.*, 4; *Muscicapa ludoviciana*, Lath.; Gobe-mouche de la Louisiane, Buff., Enl., 676.

M. Vieillot a considéré cette espèce comme ne différant pas de la précédente. Sa longueur totale est d'un peu plus de huit pouces; le plumage est d'un olivâtre foncé en dessus; une petite huppe verte recouvre l'occiput; les joues et la poitrine sont ardoisées, dégénérant en un jaune de soufre pâle sur le ventre; les rémiges sont noirâtres, et leur couverture, ainsi que les bords des scapulaires, sont bordés de blanc jaunâtre; les rémiges et les rectrices sont bordées de ferrugineux; le bec et les tarses sont bruns.

Nul doute que cette espèce, qui habite le nord de l'Amérique et particulièrement la Louisiane, ne doive être réunie à la précédente. Linné, d'ailleurs, ne considéroit son *lanius ludovicianus* que comme la variété ♂ de son *lanius tyrannus*, ou treizième espèce de son *Species*.

Le Tyran a éperons : *Tyrannus calcaratus*, Swains., *Sp.*, 5; *Sping-footed tyrant*.

Ce qui distingue cette espèce nouvelle, est la particularité qu'elle présente d'avoir les genoux garnis de sept à huit petites épines, ressemblant aux dents d'une scie, et qui sont placées derrière les tarses : leur taille diminue graduellement jusqu'à leur pointe d'union avec les écailles qui revêtent les tarses en arrière.

Le bec est noir, de même longueur que celui du *tyrannus crinitus*, dont il a les formes, bien cependant qu'il soit plus comprimé et que sa pointe soit plus recourbée. Sa base est aussi garnie de poils plus longs. Le plumage est généralement d'un gris olivâtre sombre, plus pâle en dessous, et d'un jaune sâle en dessus. Les ailes sont moyennes; les primaires ne sont point échancrées; les rectrices sont égales. Les tarses sont courts, débiles, blanchâtres, et les ongles petits.

Cette espèce, longue de huit pouces, paroît être rare, car M. Swainson, pendant un long séjour à Bahia, dans le Brésil, ne s'en procura que trois individus, dont il ne put observer les habitudes.

§. 2. *Bec médiocre, ailes longues; les rémiges externes échancrées; queue médiocre, presque égale; tarses courts.*

Le Tyran a bec épais; *Tyrannus crassirostris*, Swains.

Ce tyran a neuf pouces trois lignes de longueur totale. Son plumage est d'un brun-grisâtre clair en dessus, plus brun sur la tête, la queue et les grandes rémiges. Une petite huppe peu apparente couvre la tête; tout le dessous du corps est d'un jaune pâle, excepté la gorge et le menton, qui sont d'un blanc pur; la queue est égale, et ses couvertures supérieures sont teintées de roux; la première rémige est très-pointue. Son bec est fort et robuste.

Cet oiseau habite les provinces les plus chaudes du Mexique : il se tient sur les grands arbres, d'où il chasse toutes les autres espèces d'oiseaux.

Le Tyran bruyant; *Tyrannus vociferans*, Swains.

Cet oiseau a huit pouces et demi de longueur totale. Son bec est plus petit, mais en même temps plus large, que celui de l'espèce précédente; son plumage est grisâtre, avec une teinte olive; mais la tête, le cou et la gorge, sont d'une couleur ardoisée uniforme; une huppe de plumes orangées, non apparente, couvre la tête; le dessus du corps est d'un jaune pâle; les ailes sont très-longues, et leurs premières rémiges sont toutes pointues; la queue et ses couvertures sont d'un noir profond.

Cette espèce habite les environs de Temascaltepec, dans les environs de Mexico. M. W. Bullock, qui a observé ses mœurs, dit qu'elles sont bruyantes. Ce tyran se perche habituellement sur les sommités des arbres, et jette des cris aussitôt qu'il voit quelque oiseau s'en approcher. On dit même qu'il ne craint pas d'attaquer jusqu'à des faucons.

Le Tyran intrépide: *Tyrannus intrepidus*, Vieill.; *Lanius tyrannus*, Linn., Sp., 15; le Tyran tiriri ou pipiri, Buffon, Enl., 537; *Muscicapa tyrannus*, Briss.; *Tyrannus intrepidus,*

Vieill., *Gal. du Mus.*, pl. 133 (femelle); *King bird or tyrant flye catcher*, Wils., *Amer. Orn.*, tom. 2, pl. 13, fig. 1.

Cet oiseau, qu'on a aussi nommé *tyran de la Caroline*, est généralement d'un cendré obscur, avec les parties inférieures du corps blanches; la tête et la queue noires; une huppe orangée, non apparente; les rectrices blanches à leur extrémité et pointues.

Cette espèce de tyran, que Linné a regardée comme identique avec les tyrans de Saint-Domingue, de la Caroline et de la Louisiane, paroît en être évidemment distincte. Elle habite tout le nord de l'Amérique, émigre dans certains cantons, et remonte jusqu'auprès de Mexico.

Le TYRAN GRIS : *Tyrannus griseus*, Vieill. ? *Tyrannus dominicensis*, Briss.; le *San Domingo tyran*, Lath., *Sp.*, 37; Vieill.; Ois. de l'Amér. sept., pl. 46; *Lanius tyrannus*, Linn.

Cette espèce a long-temps été confondue avec la précédente. Sa taille est de huit pouces neuf lignes; son bec est beaucoup plus fort et plus convexe que celui du tyran intrépide. Son plumage est en dessus d'un gris cendré clair, teinté de roux sur les couvertures des ailes; sa poitrine est grisâtre; son ventre blanc, et le bas-ventre jaune; sa queue est noire et fourchue; les rémiges sont échancrées.

On le trouve dans les cantons maritimes du Mexique.

Le TYRAN CRUEL : *Tyrannus crudelis*, Swains., *Spec.*, 10; *Gray-headed tyrant.*

Cette nouvelle espèce a huit pouces et demi de longueur totale. Sa taille est celle du *tyrannus crinitus*; mais ses ailes sont plus longues, et son bec est beaucoup plus large. La tête et le derrière du cou sont d'un cendré clair; le devant du cou est de cette teinte, mais moins foncée, excepté la gorge, qui est blanchâtre. Les oreilles sont d'un noir intense, et le sommet de la tête a une huppe qui n'est pas apparente et de couleur orangée fort vive. Le plumage est en dessus d'un olivâtre sombre, et en dessous d'un beau jaune; les rémiges sont brunâtres, terminées en pointe assez brusquement, ayant leurs couvertures, ainsi que les rémiges moyennes, bordées de blanchâtre; les rectrices sont noires, et donnent à la queue une forme très-fourchue; le bec et les tarses sont noirs, et ces derniers sont très-courts.

Ce tyran habite les terrains cultivés de la partie septentrionale du Brésil.

Le Tyran a oreillons blancs : *Tyrannus leucotis*, Swains.,
Sp., 11 ; *White - eared tyrant* ; le Barbichon de Cayenne, pl.
enl., 830, fig. 2 (femelle).

Cet oiseau, que Buffon regardoit comme la femelle du
muscicapa barbata de Latham, paroît être à M. Swainson, qui
a souvent eu occasion de l'examiner au Brésil, une véritable
espéce distincte. Ce tyran a sept pouces de longueur totale ;
son plumage est brun - grisàtre foncé en dessus, marqué de
taches plus foncées sur le dos. Les parties inférieures présentent d'abord sur la gorge du blanc, puis du blanchâtre
teinté de gris sur la poitrine, enfin, du jaune sur le bas-
ventre ; une large raie noire entoure la tête ; une deuxième
part des narines et va jusqu'aux oreilles ; la huppe, cachée,
est d'un jaune d'or magnifique ; une petite raie blanche passe
au - dessus de l'œil et va jusqu'à la nuque ; les rémiges sont
brunes et pointues ; les couvertures et les scapulaires sont
bordées de blanc ; les rectrices sont brunes et égales, et elles
ont leur bord ferrugineux, ainsi que les couvertures ; les
tarses sont noirs, courts et foibles.

Ce tyran habite les provinces septentrionales du Brésil.

Le Tyran féroce : *Tyrannus ferox*, Swains., *Sp.*, 12 ; le
Petit tyran de Cayenne, Buff., pl. enl., 571, fig. 1 ; *Tyrant
flye-catcher*, Lath. ? *Syn.*, *Brown-crested tyrant* ; *Muscicapa ferox*, Lath. ?

Cet oiseau a sept pouces et quelques lignes de longueur.
Les poils qui garnissent le bec à sa base sont assez développés ;
le plumage, en dessus, est d'un brun - grisàtre foncé, légére-
ment teinté d'olive ; les joues sont cendrées ; le devant de la
gorge est blanc, et le ventre est jaunàtre-pâle ; le dessus de
la tête est d'un brun uniforme et muni d'une huppe ; les
rémiges sont brunes ; les moyennes, ainsi que toutes les couvertures, sont teintées de roussàtres et bordées de blanc ; la
queue est brune et égale ; les tarses sont noirs et courts.

§. 3. *Les ailes médiocres ; les tarses longs ; la queue
égale.*

M. Swainson pense que les tyrans de ce groupe cherchent

leur nourriture à terre, et qu'ils vivent principalement d'in-sectes aptères.

Le Tyran cendré : *Tyrannus cinereus*, Swains., *Sp.*, 13 ; *Muscicapa cinerea*, Gmel., *Sp.*, 27 ; Gobe-mouche roux de Cayenne, Briss.; *Rufous-bellied flye-catcher*, Lath.

Ce tyran est long de huit pouces et de la taille du *tyrannus calcaratus;* mais le bec est plus large et moins déprimé, quoique également environné de plumes roides et minces. La mandibule supérieure est brune ; l'inférieure est jaunàtre ; la tête, le cou et la gorge, sont cendrés , plus foncés en dessus, tandis que la partie inférieure est grisàtre, chaque plume étant bordée de blanc ; les ailes et la moitié du dos sont d'un roux passant a une teinte ferrugineuse claire sur le croupion ; la queue est courte, égale et rousse ; le plumage du dessous du corps est d'un ferrugineux pâle; les ailes sont courtes et les tarses alongés.

Ce tyran habite le Brésil.

Le Tyran roux : *Tyrannus rufescens*, Swains., *Sp.*, 14 ; *Yellow-romped tyrant*, Lath. ?

Cette espèce a six pouces et quelques lignes de longueur totale. Son plumage en dessus est d'un brun roux changeant en un jaune buffle sur le croupion et sur les couvertures su-périeures de la queue. Les couvertures des ailes sont d'un noir foncé et terminées de brun-roux. Trois bandes de cette dernière couleur traversent les ailes. L'intervalle, depuis la gorge jusqu'à la poitrine, est d'un brun clair; le corps est blanc; la région anale et les couvertures inférieures de la queue sont jaunes; les rectrices égales et rousses; les tarses alongés.

M. Swainson ignore au juste la contrée qu'habite cet oiseau.

Le Tyran marcheur : *Tyrannus ambulans*, Swains., *Sp.*, 15 ; *Walking tyrant*.

Cette espèce nouvelle a sept pouces et quelques lignes de longueur. Son bec est noir; son plumage brun en dessus, jaune en dessous, excepté le menton et la gorge, qui sont blanchàtres; les ailes et la queue sont d'un brun foncé; les rectrices sont égales ; les plus extérieures teintées de blanc jaunâtre sur les bords; le front et les joues sont d'un brun grisàtre, et la huppe cachée, qui couvre la tête, est d'un rouge orangé.

Cet oiseau vole parfaitement bien et est doué d'une grande
puissance de marche; fréquemment il court à terre à la
manière des alouettes, bien qu'il saisisse les insectes qui forment sa nourriture en volant.

M. Swainson n'a observé cet oiseau que dans les pâturages
sablonneux placés à l'extrémité des faubourgs de la ville
de Fernambouco au Brésil.

Le TYRAN AUX AILES BLANCHES ET NOIRES : *Tyrannus nengeta*,
Swains., *Sp.*, 16; le *Guiraru nhengeta brasiliensis*, Rai; le
Guiraro, Sonnini ; *Cotinga gris*, Briss. ?

Cet oiseau a de longueur neuf pouces; son plumage est
en dessous d'un gris cendré, qui s'étend sur la poitrine et
sur les flancs ; la gorge et le ventre sont d'un blanc pur ;
une ligne de cette couleur occupe le front et va d'un œil à
l'autre ; une raie noire traverse la région auriculaire ; les ailes
sont longues; les couvertures et les scapulaires sont blanchâtres, bordées de gris ; les rémiges secondaires sont noires ;
les primaires sont également noires, mais traversées par une
large raie blanche ; les rectrices sont moyennes et fourchues ;
elles sont noires, teintées de blanc grisâtre ; les tarses et les
doigts sont longs, noirs et munis d'ongles aigus.

Cet oiseau habite le Brésil.

Le *lanius nengeta* ou cotinga gris des planches enluminées,
699, n'est point cet oiseau, mais bien le jeune âge du *cotinga pompadour*.

Ce tyran, qu'on trouve aussi à la Guiane, vit en troupes
près des endroits humides, et pousse souvent des cris perçans.

§. 4. *Ailes longues, rémiges internes du poignet*
échancrées; queue très-longue, échancrée.

Cette section renferme les espèces les plus petites de tyrans et fait le passage des plus grandes aux gobe-mouches et
aux moucherolles.

Le TYRAN SAVANA : *Tyrannus savana*, Vieill., pl. 43 (Am.
sept.); *Muscicapa tyrannus*, Linn., *Sp.*, 4; *Tyrannus cauda
bifurca*, Briss., pl. 59, fig. 5; le *Savana* ou TYRAN A QUEUE
FOURCHUE, Buff., Enl., 571, fig. 2.

Peut-être cette espèce de tyran devroit-elle entrer dans le

genre *Gubernetes* de M. Swainson. Sa longueur totale est de onze pouces et demi, dans lesquelles dimensions la queue entre pour sept pouces. Son bec est noir ; les joues, le dessus de la tête, sont d'un noir foncé, et une huppe d'un jaune brillant occupe en dessous les plumes qui revêtent le crâne ; le plumage est en dessous d'un cendré clair passant au noirâtre sur le croupion ; toutes les parties inférieures sont d'un blanc pur ; les rémiges sont brunes ; la queue est aussi noire et très-longue ; deux rectrices dépassent les autres de trois pouces ; elles sont bordées extérieurement de jaune pâle ; les tarses sont courts et noirs.

Cet oiseau habite le Brésil et la Guiane.

Le TYRAN A LONGUE QUEUE FOURCHUE : *Tyrannus longipennis*, Swains., *Sp.*, 18 ; *Grey forked tailed tyrant.*

Cette espèce nouvelle est de la taille du savana, mais son bec est plus petit et plus déprimé. Son plumage est en entier cendré ou ardoisé ; la huppe est rayée de noirâtre ; le menton est presque blanc ; les ailes sont longues et de couleur fuligineuse ; la queue est un peu moins longue que celle de l'espèce précédente, profondément échancrée et de couleur de suie ; les deux longues rectrices dépassent les autres de neuf lignes et sont bordées de blanc.

Elle habite le Brésil.

Depuis l'époque où a paru le travail de M. Swainson, ce naturaliste a proposé, dans le n.° 11 du *Zoological Journal*, trois genres voisins des tyrans, démembrés des gobe-mouches et établissant une sorte de transition entre les *tyrannus* et les *muscicapa*. Ces trois genres sont : les *Tyrannula*, *Culicivora* et *Cetophaga*, qui se rapportent plus particulièrement aux gobe-mouches et que nous nous bornerons à mentionner. (CH. **D.** et LESSON.)

TYRANNEAU. (*Ornith.*) M. Vieillot a établi le genre Tyranneau, *Tyrannulus*, pour placer à la suite des mésanges un petit oiseau de l'Amérique méridionale. Ce genre est ainsi caractérisé : Bec très-court, un peu grêle, convexe en dessus, entier, incliné à la pointe ; narines petites, arrondies, couvertes d'une membrane ; langue cartilagineuse, bifide ; première et quatrième rémiges les plus longues.

On ne connoît qu'une seule espèce.

Tyranneau huppé : *Tyrannulus elatus*, Vieill., Dict. t. 35 ,
p. 94 ; *Sylva elata*, Lath. ; Mésange huppée de Cayenne, Buff.,
Enl., 708 . fig. 2. Une petite huppe jaune clair; corps d'un
vert-olive sombre ; rémiges et rectrices brunes; gorge grise;
poitrine grise-verdâtre; ventre et région anale jaunes. Longueur, trois pouces deux lignes.

Habite la Guiane, où il est rare.

Cet oiseau fait la nuance entre les mésanges et les roitelets.
Il se tient sur les arbustes, et a les mœurs des deux genres
que nous venons de nommer. (Ch. D. et L.)

TYRIE. (*Erpét.*) Nom spécifique d'une couleuvre. (H. C.)

TYRIMNE, *Tyrimnus*. (*Bot.*) Ce genre de plantes, que
nous avons proposé dans le Bulletin des sciences de Novembre 1818 (pag. 168), appartient à l'ordre des Synanthérées,
à notre tribu naturelle des Carduinées, et au groupe des Carduinées vraies, dans lequel nous l'avons placé entre le *Galac-
tites* et le *Carduus*. (Voyez notre tableau des Carduinées,
tom. L , pag. 463.)

Les caractères du genre *Tyrimnus* ayant été déjà complète-
ment décrits par nous dans ce Dictionnaire (t. XLI , p. 355),
nous ne les retracerons pas ici. Disons seulement qu'ayant
observé de nouveau, en 1826, le *Tyrimnus leucographus* (*Carduus leucographus*, Linn.), seule espèce de ce genre , nous
avons remarqué qu'après la floraison la calathide grandit et
grossit ; le clinanthe devient très-convexe ; et le bourrelet
apicilaire coroniforme, qui n'étoit point du tout visible sur
l'ovaire en fleuraison , devient très-manifeste sur le fruit mûr.
Ajoutons que nous n'avons point trouvé les ovaires glutineux,
comme le prétend Gærtner, et que les fleurs marginales nous
ont paru être plutôt mâles que neutres, car leurs anthères
contenoient du pollen.

Cet article-ci nous fournit l'occasion de revenir sur la distinction de nos quatre genres ou sous-genres *Jurinea*, *Klasea*,
Serratula , *Mastrucium*, confondus par les botanistes sous le
titre générique de *Serratula*. Cette distinction , établie dans
ce Dictionnaire (tom. XLI, pag. 321 et suiv.), a besoin d'être
rectifiée sur quelques points.

I. Notre genre ou sous-genre *Jurinea*, auquel se rapportent
les *Serratula polyclonos*, *cyanoides*, *simplex* (et probablement

humilis et *mollis*) de M. De Candolle (Ann. du Mus., t. 16, pag. 186), se distingue très-bien des trois autres genres par l'appendice foliacé des squames du péricline, et par la singulière cupule pappifère que nous avons signalée (tom. XXIV, pag. 290).

II. Le *Klasea*, essentiellement caractérisé par les squames du péricline munies au sommet d'un appendice scarieux, ordinairement petit, mais toujours très-manifeste, se distingue ainsi du *Jurinea*, où cet appendice est foliacé, et des *Serratula* et *Mastrucium*, dans lesquels ce même appendice est nul ou presque nul. Nous rapportons à ce genre ou sous-genre les *Serratula centauroides*, Linn.; *quinquefolia*, Marsch.; *heterophylla*, Desf.; *pinnatifida*, Desf.; *nudicaulis*, Decand.; *nitida*, Fisch.; *mucronata*, Desf.; *xeranthemoides*, Marsch.

III. Le vrai *Serratula*, réduit dans les limites que nous lui assignons, a pour type le *Serratula tinctoria*. Il se distingue des *Jurinea* et *Klasea*, en ce que l'appendice des squames de son péricline est tantôt absolument nul, tantôt si petit, si fugace et si peu visible, qu'il doit être considéré comme n'existant pas. Il se distingue du *Mastrucium* en ce que sa calathide n'est point couronnée.

Nous avions cru que le caractère essentiellement distinctif de ce genre ou sous-genre consistoit en ce que ses calathides étoient unisexuelles et dioïques ; mais ayant fait de nouvelles recherches sur ce point, nous avons reconnu que ce caractère n'étoit point du tout constant. Il est vrai que le *Serratula tinctoria* est ordinairement dioïque ; mais il présente à cet égard une multitude de variations et de nuances ; en sorte que souvent, sur un individu considéré comme femelle, les fleurs pourvues d'un pistil parfait ont leurs étamines tantôt presque entièrement avortées, tantôt demi-avortées, tantôt parfaitement conformées ; et que réciproquement, sur un individu considéré comme mâle, on trouve souvent des fleurs à étamines parfaites, offrant dans leur pistil tous les degrés d'imperfection ou de perfection [1]. Les autres espèces qu'on

---

1 Les fleurs mâles du *Serr. tinctoria* ont l'ovaire tantôt grand, tantôt petit, contenant toujours un ovule ; mais les stigmatophores semblent imparfaits, principalement en ce que leur face interne n'offre qu'un

doit rapporter au même genre, à cause de leur péricline
dénué d'appendices, sont encore bien moins régulièrement
et constamment dioïques. On doit pourtant reconnoître que,
dans tout ce genre de plantes, il existe une sorte de tendance
remarquable vers l'état unisexuel et dioïque; c'est-à-dire
qu'il est assez rare que dans une même fleur les deux sexes
acquièrent le même degré de développement et de perfection;
car, par l'effet d'une sorte de balancement alternatif, l'un
des deux semble ordinairement croître aux dépens de l'autre.
Notre *Serratula tincta* offre un exemple notable de cette singulière disposition.

Serratula tincta, H. Cass. (*An? Serratula multiflora*, Linn.
An? Saussurea multiflora, Decand.) Tige simple, très-dure,
cylindrique, striée, un peu cotonneuse, blanchâtre, garnie
de feuilles, très-ramifiée supérieurement en corymbe; feuilles
alternes, sessiles, analogues à celles de certains Saules, longues d'environ trois pouces, larges d'environ trois lignes,
oblongues-lancéolées, planes, uninervées, non décurrentes
ni auriculées à la base, aiguës au sommet, très-entières sur
les bords, à face supérieure verte, glabre, ridée et hérissée
de petites aspérités, à face inférieure blanchâtre et tomenteuse, sauf la nervure, qui est glabriuscule; calathides très-
nombreuses, rapprochées, disposées en un grand corymbe
terminal, irrégulier, à ramifications nombreuses, dressées,
grêles, garnies de petites feuilles; chaque calathide haute
d'environ huit lignes, et composée de dix à douze fleurs;
péricline très-inférieur aux fleurs, oblong, glabre, diversement et agréablement coloré, formé de squames régulièrement imbriquées ou étagées, appliquées, coriaces, aiguës,
mais absolument privées d'appendice, munies d'une grosse
nervure saillante, et plus ou moins parsemées sur la face externe de petites glandes globuleuses; les squames extérieures
ou inférieures ovales, jaunâtres, à nervure verte, munies de
quelques poils aranéeux; les intermédiaires lancéolées, à bords
scarieux et purpurins; les intérieures ou supérieures oblon-

---

sillon étroit, à bords rapprochés, non étalés ni dilatés, de sorte que
les marges stigmatiques ne sont pas suffisamment développées, ou le
sont beaucoup moins que dans les fleurs femelles.

gues-lancéolées, à partie supérieure scarieuse et purpurine ;
clinanthe plan , garni de fimbrilles nombreuses , longues ,
inégales , libres , laminées , membraneuses , linéaires - subulées ; ovaires glabres , tétragones , ayant un bourrelet apicilaire coroniforme , membraneux , denticulé , et l'aréole basilaire point oblique ; aigrettes longues , blanches , composées
de squamellules très - inégales , plurisériées , étagées , filiformes , barbellulées : corolles à limbe plus long que le tube ,
un peu obringent , purpurin , parsemé de glandes ; étamines
à filets glabres ; anthères très - grandes , entregreffées , très-
cohérentes , ayant les loges longues , les appendices apicilaires
longs , linéaires inférieurement , un peu subulés supérieurement , presque aigus au sommet , et les appendices basilaires
très-grands , oblongs , charnus , irréguliers , difformes , variables , comme monstrueux ; styles à deux stigmatophores entièrement libres.

Nous avons fait cette description sur un échantillon sec de
l'herbier de M. Mérat. Cet échantillon nous paroît appartenir
à un individu mâle ; car les étamines y sont très-grandes et
parfaitement constituées , tandis que les stigmatophores y
sont toujours plus ou moins imparfaits , mais très-variables ,
tantôt fort courts et inclus dans le tube anthéral , tantôt plus
longs et exserts , mais alors inégaux , rapprochés , et arqués
en dedans l'un vers l'autre. Un autre échantillon de la même
espèce , anciennement observé par nous dans l'herbier de M.
de Jussieu , et mentionné dans ce Dictionnaire (tom. XLVII ,
pag. 495) , doit être considéré comme un individu femelle ;
car les stigmatophores y étoient bien conformés , mais les anthères étoient libres ou à peine cohérentes , leurs loges étoient
très - courtes , leurs appendices basilaires nuls , l'appendice
apicilaire extrêmement long , enfin les fleurs n'excédoient
point le péricline. Cependant les loges des anthères contenoient du pollen , et les ovaires étoient petits ; ce qui prouve
que l'unisexualisme n'est pas plus régulier dans le *Serr. tincta*
que dans le *tinctoria*. Quoique les filets des étamines soient
glabres dans l'espèce que nous venons de décrire et dans quelques autres espèces très - analogues du même genre , nous
ne croyons pas devoir rapporter ces plantes à la tribu des
Carlinées , parce qu'il nous a paru que ces filets d'étamines

offroient quelquefois. comme ceux des *Acroptilon*, quelques
aspérités éparses et très-petites , qui sont sans doute des ru-
dimens de papilles avortées. Notre *Serratula tincta* est très-
voisin du *Serratula linearifolia*, Decand., dont il ne diffère que
par ses feuilles plus larges, planes. et moins scabres en dessus.

Nous attribuons au vrai *Serratula* les espèces nommées *linc-
toria*, Linn.; *tincta* , Cass.; *linearifolia*, Dec.; *cordata* , Cass.
(tom. L. pag. 468). et deux espèces innommées, voisines des
tincta et *linearifolia*, mais bien distinctes d'elles par leurs périclines tomenteux. On doit peut-être aussi rapporter à ce
genre ou sous-genre le *Serratula ambigua* de M. De Candolle,
et le *Saussurea runcinata* du même auteur, que nous soupçonnons ne pas appartenir légitimement au genre *Saussurea*.

IV. Notre genre ou sous-genre *Mastrucium*, uniquement
fondé sur le *Serratula coronata*. Linn., ressemble au vrai *Serratula* par son péricline dénué d'appendices sensibles : mais il
en diffère, ainsi que des *Klasea* et *Jurinea*, par la composition
de sa calathide, qui offre une couronne de fleurs femelles.

La description suivante est destinée à servir de supplément
à notre article Saussurée.

Saussurea serrata , Dec., Ann. du Mus.; tom. 16, p. 199.
Tige herbacée, simple, dressée, haute d'environ sept pouces,
épaisse , cylindrique, striée. légèrement garnie d'un duvet
laineux, blanc, fugace; feuilles alternes , longues de plus de
quatre pouces . larges d'environ quinze lignes. lancéolées,
aiguës au sommet. étrécies vers la base en une sorte de pétiole assez long dans les feuilles inférieures , court dans les
intermédiaires. nul dans les supérieures; les bords irrégulièrement et inégalement dentés. à dents peu saillantes, petites,
aiguës, point inclinées vers le sommet de la feuille; les deux
faces légèrement garnies d'un duvet laineux, blanc. très-
clair-semé en dessus, plus abondant en dessous; calathides
peu nombreuses. disposées presque toutes au sommet de la
tige. en un corymbe presque simple ou à peine ramifié, et
supportées par des pédoncules courts. épais. un peu laineux,
blanchâtres ; chaque calathide haute d'environ neuf lignes,
un peu oblongue. et composée d'environ douze fleurs purpurines. égales, régulières. hermaphrodites; péricline inférieur
aux fleurs. subcylindracé. plus ou moins hérissé de longs poils

blancs, formé de squames très-inégales, plurisériées, régulièrement imbriquées, appliquées, coriaces-foliacées, les ex•
térieures courtes, ovales, les intérieures longues, oblongues-
lancéolées; clinanthe plan, garni de fimbrilles nombreuses,
libres jusqu'à la base, inégales, longues à peu près comme
la moitié des fleurs, laminées, membraneuses, linéaires-subulées; ovaire court, épais, oblong, glabre; aigrette double;
l'extérieure beaucoup plus courte, peu manifeste, caduque,
irrégulière, composée de squamellules peu nombreuses, très-
inégales, filiformes, très-fines, barbellulées; l'intérieure très-
longue, persistante, composée de squamellules égales, unisériées, un peu entregreffées à la base, filiformes, laminées
inférieurement, très-garnies de barbes longues et fines; corolle plus longue que l'aigrette, glabre, à tube long, bien
distinct, à limbe plus court, profondément divisé par des
incisions égales en cinq longues lanières; étamines à filets
glabres, à anthères pourvues d'appendices basilaires très-longs
et barbus, et d'appendices apicilaires longs, épaissis et calleux supérieurement, un peu obtus ou un peu arqués en
crochet au sommet; style à deux stigmatophores libres, divergens, arqués en dehors.

Nous avons fait cette description sur un fort bel échantillon sec, qui se trouvoit parmi les Synanthérées innommées
de l'herbier de M. Mérat, et dont ce botaniste ignore l'origine.

M. De Candolle prétend que, dans tous les *Saussurea*, l'aigrette extérieure est persistante, et l'intérieure caduque:
mais les espèces que nous avons examinées nous ont présenté
le caractère absolument inverse. (H. Cass.)

TYROLITE. (*Min.*) On a donné ce nom, qui peut convenir
à tant de minéraux trouvés dans le Tyrol pour la première
fois, à une pierre bleue, confondue d'abord avec le lazu-
lite, mais distinguée par une première analyse de Klaproth,
et reconnue bientôt pour être une espèce particulière, qu'on
a désignée aussi par les noms de *voraulite*, *felspath bleu*, quelquefois *lazulithe de Klaproth* et enfin de *Klaprothite*. C'est,
sans aucun doute, ce dernier et respectable nom qu'il faut
lui conserver, et c'est sous ce nom que je l'ai décrite dans
ce Dictionnaire; mais il faut en corriger l'analyse, qui a

été faite depuis avec plus de précision, et qui a donné à
M. Fuchs les résultats suivans :

          Acide phosphorique   41,81
          Alumine.   55,73
          Silice.   2,10
          Magnésie.   9,34
          Fer oxidulé.   2,64
          Eau. . . . .   6,06.

Voyez Klaprothite. (B.)

TYROQUI. (*Bot.*) Voyez Tureroqui. (J.)

TYRSÉ ou TORTUE MOLLE DU NIL. (*Erpét.*) Voyez
Trionyx. (H. C.)

TYRSKLINGUR. (*Ichthyol.*) Nom islandois du dorsch.
Voyez Morue. (H. C.)

TYSSELINUM. (*Bot.*) Voyez Thysselinum. (J.)

TYSTÉ. (*Ornith.*) Les Anglois nomment *thysté* et aussi *do-
reca* le *colymbus grille* des auteurs. (Ch. D. et L.)

TZÉE KATZJÉ. (*Ichthyol.*) Voyez Zée katzjé. (H. C.)

TZÉE-KEMPHAAUT-JE. (*Ichthyol.*) Ruysch a parlé sous
ce nom d'un poisson des Indes orientales qui doit être une
sorte de diodon, de baliste ou de coffre. (H. C.)

TZÉE-VARKENT-JE. (*Ichthyol.*) Nom donné par les Hollandois des Moluques à un poisson ayant la faculté de mar-
cher à terre et qui me paroît être un chironecte. (H. C.)

TZICATLINA. (*Erpét.*) Nom américain d'un serpent qui
ne vit que de fourmis, est gros comme le petit doigt, a
neuf pouces de longueur, et est varié alternativement de
bandes blanches et rouges.

Nieremberg en a parlé. (H. C.)

TZOCUILPATLI. (*Bot.*) Nom mexicain d'une plante figurée
par Hernandez, qui paroît être une espèce d'eupatoire. (J.)

TZOPILOTL. (*Ornith.*) Hernandez, dans son Histoire naturelle du Mexique, pag. 331, de l'édit. de 1651, a figuré,
sous ce nom américain, le *vultur urubu*, type du genre Catharte de quelques auteurs et du genre Zopilote de Vieillot.
(Lesson.)

U

UÆHE. (*Bot.*) Dans l'Égypte on nomme ainsi la gaude, *reseda luteola*, suivant Forskal. (J.)

UAGRA. (*Mamm.*) L'un des noms que reçoit le tapir chez les Péruviens. (Desm.)

UARD. (*Bot.*) Forskal, dans son *Flor. ægypt.*, cite ce nom du rosier en général. On le trouve aussi dans Daléchamps, qui le nomme en arabe *vu-ard*, *nard*, *naron*. Mentzel l'écrit *vard*. (J.)

UARNAK. (*Ichthyol.*) Voyez Ouarnak. (H. C.)

UBAL. (*Bot.*) Voyez Negil. (J.)

UBINE. (*Ichthyol.*) Voyez Ubirre. (H. C.)

UBION, *Ubium*. (*Bot.*) Voyez Canjalat, Gorita, Stemona. (Poir.)

UBIRRE. (*Ichthyol.*) Synonyme de paille-en-cul, *trichiurus lepturus*. Voyez Ceinture. (H. C.)

UBIUM. (*Bot.*) Rumph décrit sous ce nom plusieurs espèces d'igname, *dioscorea*, dont le nom malais est *ubi*, particulièrement pour le *dioscorea alata*, dont la racine tubéreuse est employée en nourriture dans toutes les îles de la mer du Sud ou grand Océan : elle est aussi nommée *ufi* à Otaïti, suivant Forster. (J.)

UBRIAGUOS. (*Bot.*) Garidel cite ce nom provençal de la fumeterre ordinaire. (J.)

UCA. (*Crust.*) Genre de crustacés décapodes brachyures, composé de crabes terrestres américains, dont *nous avons* donné la description dans l'article Malacostracés, t. XXVIII, p. 241. (Desm.)

UCACOU. (*Bot.*) Voyez Ukakou. (Lem.)

UCCELLATORE. (*Erpét.*) Voyez Verte et Jaune. (H. C.)

UCCELLO DELLA MADONE, UCCELLO PESCATORE. (*Ornith.*) Noms italiens qui s'appliquent au martin-pêcheur ordinaire, *alcedo ispida*. (Desm.)

UCHITE, *Euchiton*. (*Bot.*) Ce nouveau genre de plantes, que nous proposons, appartient à l'ordre des Synanthérées, à notre tribu naturelle des Inulées, à la section des Inulées-Gnaphaliées, et à la sous-section des Luciliées, dans laquelle nous le plaçons entre les deux genres *Lucilia* et *Facelis*. (Voyez notre tableau des Inulées, tom. XXIII , pag. 561 ; tom. XLIX, pag. 225.)

L'*Euchiton pulchellus*, qui est le type de ce genre, nous a offert les caractères génériques suivans.

Calathide subcylindracée, discoïde : disque pauciflore, régulariflore, androgyniflore ; couronne plurisériée, multiflore, tubuliflore, féminiflore. Péricline supérieur aux fleurs, cylindracé ou campanulé, glabre, lisse, luisant, formé de squames inégales, paucisériées, imbriquées, appliquées, ayant la partie inférieure verte et subcoriace dans le milieu , diaphane sur les bords, et la partie supérieure scarieuse, diaphane ; les extérieures larges, ovales ; les intérieures plus étroites , oblongues ; toutes les squames obtuses au sommet. Clinanthe large, plan , nu. *Fleurs du disque* : Ovaire obcomprimé, elliptique, parsemé de très-petits poils papilliformes, et muni d'un petit bourrelet basilaire ; aigrette un peu plus longue que la corolle, très-caduque, composée de squamellules égales, unisériées, contiguës, absolument libres, filiformes, excessivement fines, presque entièrement nues, très-simples au sommet. Corolle articulée sur l'ovaire, très-longue, très-étroite, cylindracée , glabre, terminée au sommet par cinq dents très-petites, dressées. Anthères incluses, munies d'appendices apicilaires obtus et d'appendices basilaires subulés. Style à deux stigmatophores. *Fleurs de la couronne* : Ovaire et aigrette comme dans les fleurs du disque. Corolle articulée sur l'ovaire, égale en longueur à celle des fleurs du disque, très-grêle, presque capillaire, tubuleuse, point ou à peine denticulée au sommet. Style à deux stigmatophores exserts, très-grêles.

Nous attribuons à ce genre les quatre espèces suivantes.

Uchite joli : *Euchiton pulchellus*, H. Cass. C'est une plante herbacée, annuelle, dont la tige , haute d'environ cinq pouces, est dressée, simple, grêle, tomenteuse, blanche ; ses feuilles sont alternes, sessiles, semi-amplexicaules, longues de près de deux pouces, larges de plus d'une ligne, linéaires, aiguës au sommet, très-entières sur les bords, planes, minces, molles ; leur face supérieure est glabre, verte, lisse ; l'inférieure est tomenteuse, blanche, avec une nervure médiaire presque glabre ; il y a environ cinq calathides, rassemblées en un capitule solitaire au sommet de la tige : ce capitule est muni d'un grand involucre formé de trois ou quatre bractées verticillées, très-inégales, analogues aux feuilles, si ce n'est que leur base est très-élargie; les calathides, hautes d'environ une ligne et demie, ne fleurissent que successivement, et sont sessiles ou presque sessiles pendant la floraison; chacune d'elles a pourtant un pédoncule tout hérissé de poils extrêmement longs, laineux, blancs; ce pédoncule, d'abord excessivement court et comme nul, acquiert une ligne et demie de longueur après la fleuraison; les squames du péricline sont vertes en bas, roussâtres en haut, purpurines dans le milieu; les corolles du disque et de la couronne sont purpurines au sommet; le disque est composé d'environ huit fleurs; celles de la couronne sont très-nombreuses.

Nous avons fait cette description spécifique, et celle des caractères génériques, qui la précède, sur un échantillon sec, qui paroît avoir été cultivé dans le Jardin botanique de Turin, et qui se trouve dans l'herbier de M. Mérat, sous le nom de *Gnaphalium cephaloideum.*

Uchite de Forster : *Euchiton? Forsteri,* H. Cass.; *Gnaphalium involucratum,* Forst., *Prodr.,* n.° 291, pag. 55. Cette plante herbacée a la tige dressée, un peu rameuse, laineuse; les feuilles linéaires, mucronées, tomenteuses en dessous; les calathides sessiles, rassemblées en capitules terminaux, globuleux, involucrés; les squames du péricline glabres et d'un brun fauve. Elle habite la Nouvelle-Zélande.

N'ayant point vu cette espèce, dont nous ne connoissons aucune description suffisamment détaillée, ce n'est que d'après son port, et par conséquent avec doute, que nous l'attribuons à notre genre *Euchiton.*

Uchite des collines : *Euchiton collinus,* H. Cass.; *Gnaphalium collinum,* Labill., *Nov. Holl. pl. sp.,* tom. 2, p. 44, tab. 189. Cette espèce, trouvée au cap Van-Diémen, est une herbe haute de sept pouces, à tiges dressées, un peu striées, lanugineuses, simples ou très-rarement divisées; ses feuilles sont lancéolées-linéaires, glabres, vertes et luisantes en dessus, tomenteuses et blanches en dessous; les caulinaires ont les bords roulés en dessous; les calathides sont rassemblées en capitules globuleux, terminaux et axillaires, presque sessiles, quelquefois nus, mais le plus souvent entourés de quelques petites feuilles conformes à celles de la tige et à peine aussi longues que les calathides; le péricline est oblong, égal ou un peu supérieur aux fleurs, formé de squames imbriquées, obtuses, scarieuses, luisantes, presque diaphanes et d'un brun roussâtre; le disque est composé de quatre à huit fleurs hermaphrodites, ayant la corolle infundibuliforme; la couronne est composée de fleurs femelles quatre fois plus nombreuses, à corolle filiforme, presque entière au sommet; les fruits du disque et de la couronne sont ovales-oblongs, comprimés, pourvus d'une aigrette pileuse.

Quoique nous n'ayons point vu cette plante, dont la description ci-dessus est empruntée à M. Labillardière, il n'est pas douteux pour nous que c'est une espèce d'*Euchiton*, qui se distingue des deux précédentes, principalement par son involucre court ou nul.

UCHITE TROMPEUR ; *Euchiton decipiens*, H. Cass. C'est une petite plante herbacée, haute de près de deux pouces, qui ressemble extérieurement à certaine variété du *Gnaphalium supinum* : ses tiges sont laineuses, blanchâtres, probablement rameuses, très-garnies de feuilles: celles-ci sont sessiles, longues, étroites, linéaires, un peu élargies vers le haut, aiguës au sommet, très-entières sur les bords, planes, cotonneuses et blanchâtres sur les deux faces, qui n'offrent point de nervure apparente; les calathides sont très-petites, sessiles ou presque sessiles sur le sommet de la tige, où elles sont rassemblées en un capitule irrégulier, entouré par les feuilles supérieures, qui forment autour de lui une sorte d'involucre peu ou point distinct des autres feuilles de la tige; les périclines sont roussâtres ou brunâtres, et n'offrent aucune teinte purpurine; les corolles sont purpurines vers le sommet; celles du disque moins étroites que dans l'*Euch. pulchellus;* les ovaires sont glabres; tous les caractères génériques sont du reste exactement conformes à ceux de la première espèce du genre.

Nous avons fait cette description sur un petit échantillon sec, incomplet et en mauvais état, de l'herbier de M. Mérat, où il se trouvoit confondu, dans la même feuille de papier, avec plusieurs échantillons de *Gnaphalium supinum* recueillis en France, et auxquels il ressemble tellement qu'on ne peut l'en distinguer qu'en analysant la calathide.

Le genre *Euchiton*, ayant les calathides rassemblées en capitule et la tige herbacée, pourroit être rapporté à la sous-section des Sériphiées et au groupe des Léontopodiées, où il seroit assez bien placé auprès du *Leontopodium*. On pourroit aussi l'attribuer aux Gnaphaliées vraies, à cause de son péricline peu coloré, et de son affinité manifeste avec l'*Omalotheca*. Enfin, on peut le classer parmi les Luciliées, entre le *Lucilia* et le *Facelis*, parce que ses corolles sont excessivement grêles : et cette dernière classification, confirmée par l'analogie du péricline, nous semble préférable aux deux autres.

Ce genre *Euchiton* diffère du *Leontopodium* par plusieurs caractères importans, et surtout par son disque, qui est androgyniflore, au lieu d'être masculiflore. Il diffère du vrai genre *Gnaphalium*, principalement par ses ovaires, qui sont obcomprimés, elliptiques, au lieu d'être grêles et cylindriques. Il diffère de l'*Omalotheca* par sa couronne, qui est plurisériée, au lieu d'être unisériée. Il diffère manifestement du *Lucilia*, dont la couronne est unisériée, pauciflore, les ovaires cylindracés, tout couverts d'une couche épaisse de très-longs poils, l'aigrette persistante, plurisériée, etc. Il diffère encore plus du *Facelis*, qui a l'aigrette très-plumeuse, etc.

Le nom d'*Euchiton* est composé de deux mots grecs, qui peuvent signifier *jolie cuirasse* et *bien enveloppé* : la première de ces deux significations fait allusion au péricline, et surtout à celui de l'*Euchiton pulchellus ;* la seconde indique que les fleurs sont enveloppées non-seulement par leur péricline, mais encore par un involucre.

N'ayant plus désormais à insérer dans ce Dictionnaire aucun article concernant les Inulées-Gnaphaliées, nous devons faire connoître ici quelques nouveaux genres omis dans les articles précédens, et qui se rapportent à cette section naturelle.

I. Omalotheca, H. Cass. Ce nouveau genre ou sous-genre, qui a pour type le *Gnaphalium supinum*, appartient à la sous-section des Gnaphaliées vraies, dans laquelle nous le plaçons entre le *Gnaphalium* et le *Lasiopogon*. Il se distingue du *Gnaphalium* par sa couronne, qui est unisériée, au lieu d'être multisériée, et par ses ovaires, qui sont obcomprimés et obovoïdes, au lieu d'être grêles et cylindriques. Il diffère beaucoup du *Lasiopogon*, qui a l'aigrette très-plumeuse, etc. Ce genre a beaucoup d'affinité avec l'*Euchiton*, dont il se distingue toutefois aisément par sa couronne unisériée. Le nom d'*Omalotheca*, qui signifie *étuis aplatis*, fait allusion à la forme des ovaires.

II. Cassinia, H. Cass. (*Cassiniæ species*, R. Brown.) Calathide incouronnée, équaliflore, multiflore, régulariflore, androgyniflore. Péricline subcylindracé, un peu supérieur aux fleurs, courtement radié; formé de squames paucisériées, régulièrement imbriquées, étagées: les extérieures et les intermédiaires inégales, ovales ou oblongues, obtuses au sommet, laineuses extérieurement, un peu concaves, entièrement appliquées, absolument privées d'appendice, d'une substance homogène, coriace, opaque, nullement colorée; les squames du rang intérieur analogues aux intermédiaires, mais plus longues, égales, caduques, et surmontées d'un petit appendice bien distinct, très-étalé, radiant, large, arrondi, scarieux, coloré (blanc), pétaloïde. Clinanthe plan, garni de squamelles caduques, supérieures aux fleurs, et absolument analogues aux squames intérieures du péricline. Ovaire oblong, glabre; aigrette persistante, non articulée sur l'ovaire, blanche, très-longue, à peu près égale à la corolle, composée de squamellules nombreuses, égales, unisériées, contiguës, un peu entregreffées à la base, filiformes d'un bout à l'autre, un peu plus épaisses et plus colorées vers le sommet, très-peu barbellulées. Corolle (jaune) subcylindracée, un peu infundibulée, glabre; limbe à peine distinct du tube, divisé supérieurement en cinq lanières demi-lancéolées. Étamines à filets paroissant libérés au-dessous du sommet du tube de la corolle, à anthères pourvues d'appendices apicilaires aigus et d'appendices basilaires membraneux. Style (de Gnaphaliée) à stigmatophores tronqués au sommet, glabres, munis de deux bourrelets stigmatiques.

Nous avons fait cette description sur un échantillon sec, innommé, de l'herbier de M. Mérat, qui appartient probablement au *Cassinia leptophylla* de M. Brown, ou peut-être à une espèce très-voisine et qui seroit fort bien nommée *C. glossophylla*. Les rameaux sont ligneux, un peu laineux, garnis de feuilles alternes, peu distantes, sessiles, demi-embrassantes; ces feuilles, longues d'environ deux lignes, larges d'environ une ligne, ne sont point du tout étroites et linéaires, mais linguiformes, un peu élargies vers le sommet, qui est arrondi, très-entières sur les bords, qui sont recourbés en dessous, presque planes du reste, coriaces, uninervées, glabres, lisses et luisantes en dessus, tomenteuses et blanchâtres en dessous.

Les dix espèces rapportées par M. Brown à son genre *Cassinia* ne sont pas toutes exactement congénères, et nous semblent pouvoir être distribuées en quatre genres ou sous-genres suffisamment distincts par les caractères du péricline et de l'aigrette. Le premier, fondé sur le *Calea leptophylla* de Forster, devra conserver le nom de *Cassinia*, parce que cette espèce est la plus anciennement connue, que c'est principalement pour elle que M. Brown a établi son genre, à la tête duquel il l'a placé, et que sans doute elle lui a servi de type, puisque le caractère d'aigrette persistante, admis par l'auteur dans sa description générique, ne convient réellement qu'à cette espèce.

Le genre *Cassinia*, restreint dans les limites que nous proposons, se distingueroit fort bien des trois suivans, 1.° par son péricline radié, dont les squames du rang intérieur ont un appendice bien distinct, étalé, pétaloïde, tandis que toutes les autres sont entièrement appliquées, inappendiculées, homogènes, coriaces, opaques, laineuses, point colorées; 2.° par son aigrette, qui est persistante et non articulée sur l'ovaire.

III. Chromochiton, H. Cass. Ce genre ou sous-genre, auquel nous rapportons les *Cassinia aurea*, *aculeata*, *affinis*, etc., de M. Brown, se distingue du précédent et des deux suivans, 1.° par son péricline non radié, formé de squames toutes uniformes, entièrement dressées ou même appliquées, inappendiculées en apparence[1], glabres, chacune d'elles

---

[1] Quand nous disons que les squames du *Chromochiton* sont inappendiculées, nous conformons notre langage à l'apparence des choses plus qu'à leur réalité; car il est bien certain que la partie inférieure coriace représente seule la squame proprement dite, et que tout ce qui

ayant une partie inférieure épaisse, coriace, opaque, diaphane sur les bords, une partie moyenne diaphane, et une partie supérieure opaque, scarieuse, vivement colorée, subpétaloïde ; 2.° par son aigrette, qui est articulée sur l'ovaire, caduque, composée de squamellules filiformes, barbellulées, amincies vers le sommet, quelquefois un peu laminées vers la base. Le nom de *Chromochiton*, qui signifie *cuirasse colorée*, fait allusion au péricline.

Nous avons fait remarquer (tom. XXXIV, pag. 5o5) que, dans les *Cassinia aculeata* et *affinis*, les filets des étamines sont greffés à la corolle jusqu'au sommet du tube. Mais dans le *Cassinia aurea* les filets des étamines sont libérés très-bas, en sorte que, bien que le tube et le limbe de la corolle soient peu distincts l'un de l'autre extérieurement, on doit admettre dans cette espèce que les filets d'étamines ne sont greffés qu'à la partie inférieure du tube de la corolle. En réfléchissant sur ces anomalies que la situation du point de libération des filets d'étamines présente dans quelques Inulées, Sénécionées, Astérées, Hélianthées, etc., nous sommes un peu disposé à croire que, dans toutes les Synanthérées, les filets des étamines sont libérés au sommet du tube de la corolle ; mais que dans certaines tribus, telles que les Inulées, les Anthémidées, le tube est très-court, tandis que le limbe est très-long et que sa partie inférieure est tout-à-fait conforme au tube, en sorte que les filets d'étamines, quoique réellement greffés jusqu'au sommet du tube, semblent n'être greffés qu'à sa partie inférieure. Suivant cette théorie (qui nous paroît encore fort douteuse, et à laquelle on peut opposer de très-graves objections), la longueur relative du tube et du limbe, ainsi que la forme de ce dernier, seroient sujettes, dans chaque tribu, à quelques variations. Ainsi, par exemple, dans la tribu des Astérées, où le limbe de la corolle étant ordinairement élargi dès sa base et par conséquant bien distinct du tube, les filets d'étamines sont manifestement libérés au sommet de ce tube, on trouve les *Solidago*, dont le limbe de la corolle a sa partie inférieure con-

---

fondue avec le tube, de sorte que les filets d'étamines semblent libérés au-dessous du sommet du tube. Réciproquement, dans la tribu des Inulées, où le limbe de la corolle
se confond ordinairement par sa partie inférieure avec le
tube, et où par conséquent les filets d'étamines sont en apparence libérés au-dessous du sommet du tube, on trouve
le *Neurolæna* et quelques *Cassinia* dans lesquels la libération
s'opére évidemment au sommet du tube, parce que la distinction du tube et du limbe y est bien manifeste.

IV. ACHROMOLÆNA, H. Cass. Calathide incouronnée, équaliflore, pauciflore, régulariflore, androgyniflore. Péricline
égal aux fleurs, subcylindracé, formé de squames inégales,
régulièrement imbriquées sur cinq rangs longitudinaux, entièrement et parfaitement appliquées, concaves, larges, arrondies au sommet, glabres, d'une substance homogène, coriace, opaque, non colorée; les extérieures presque rondes;
les intérieures elliptiques, parsemées de glandes sur la face
externe. Clinanthe très-petit, muni de cinq squamelles caduques, égales aux fleurs, larges, planiuscules, ovales-lancéolées, aiguës, coriaces-scarieuses, presque opaques, parsemées de glandes sur la face externe. Ovaire petit, oblong,
pentagone, glabre; aigrette caduque, longue, blanche, composée de squamellules égales, unisériées, entregreffées à la
base, laminées, très-étroites, linéaires inférieurement, presque filiformes supérieurement, un peu barbellulées sur les
bords. Corolle presque égale à l'aigrette, infundibulée,
glabre, à cinq divisions courtes, arquées en dehors. Étamines
à filets libérés très-près de la base de la corolle, à anthères
pourvues d'appendices apicilaires aigus, et d'appendices basilaires courts, larges, pointus, pollinifères, presque nuls.
Style à deux stigmatophores de Gnaphaliée.

Achromolæna viscosa, H. Cass. (*Cassinia quinquefaria*, R.
Brown.) Tige ligneuse; rameaux striés, glabres; feuilles sessiles, longues de près d'un pouce, très-étroites, linéaires,
presque obtuses au sommet, ayant la face supérieure toute
glabre, lisse, luisante, un peu glutineuse, marquée d'un
sillon longitudinal; les bords roulés en dessous; la face inférieure glabre dans le milieu, laineuse sur les deux côtés,
qui sont entièrement cachés par la roulure des bords, en

sorte que cette face de la feuille paroît aussi glabre que l'autre ; calathides petites, disposées en panicules terminales, oblongues, irrégulières ; chaque calathide composée d'environ six fleurs ; péricline glabre, lisse, luisant, jaunâtre ; squamelles du clinanthe jaunâtres au sommet ; corolles jaunes.

Nous avons fait cette description sur un échantillon sec, innommé, de l'herbier de M. Mérat.

Ce genre ou sous-genre, auquel se rapporte peut-être le *Cassinia arcuata* de M. Brown, que nous n'avons point vu, se distingue des deux précédens et du suivant, 1.° par son péricline non radié, ni coloré, composé de squames toutes uniformes, parfaitement appliquées et d'une substance entièrement homogène, coriace, opaque; 2.° par son aigrette composée de squamellules manifestement laminées. Le nom d'*Achromolæna*, qui signifie *enveloppe sans couleurs*, fait allusion au péricline, qui n'est point vraiment coloré comme celui du *Chromochiton.*

V. Apalochlamys, H. Cass. Calathide oblongue, incouronnée, équaliflore, pluriflore (dix à seize), régulariflore, androgyniflore. Péricline presque oblong, un peu supérieur aux fleurs, formé de squames très-inégales, pauciseriées, imbriquées, étagées, dressées, appliquées, larges, minces, molles, membraneuses - scarieuses, diaphanes, légèrement roussâtres: les extérieures courtes, presque rondes, ayant une très-petite base coriace ; les intermédiaires elliptiques, à base coriace un peu moins petite ; les intérieures caduques, obovales ou subspatulées, ayant une partie inférieure courte, étrécie, opaque et subcoriace en son milieu. Clinanthe petit, planiuscule, muni d'environ huit squamelles caduques, un peu supérieures aux fleurs, oblongues, ayant la partie inférieure étroite, subcoriace, et la supérieure plus large, diaphane. Ovaire court, obovoïde ; aigrette articulée sur l'ovaire, caduque, longue, blanche, composée de squamellules nombreuses, égales, unisériées, contiguës, un peu entregreffées à la base, entièrement filiformes, fines, nullement épaissies au sommet, très-barbellulées d'un bout à l'autre. Corolle (jaune) égale à l'aigrette, subcylindracée ou un peu infundibulée, glabre, à limbe peu ou point distinct du tube, à cinq divisions très-petites. Anthères pourvues d'appendices apicilaires aigus, et privées d'appendices basilaires. Stigmatophores de Gnaphaliée.

Ce genre ou sous-genre, fondé sur le *Cassinia spectabilis* de M. Brown, se distingue des trois précédens, 1.° par son péricline formé de squames très-minces, molles, diaphanes, presque incolores, ayant une petite base coriace; 2.° par son aigrette composée de squamellules entièrement filiformes, très-fines et très-barbellulées d'un bout à l'autre. Ajoutons que cette plante s'éloigne beaucoup de tous les autres *Cassinia* de M. Brown, par sa tige herbacée, par ses feuilles décurrentes, et par son port. Le nom d'*Apalochlamys*, qui signifie *enveloppe molle*, fait allusion à la nature des squames du péricline. Nous présumons que l'on confond, sous le nom de *Cassinia spectabilis*, deux espèces distinctes : l'une décrite et figurée par M. Labillardière, ayant les ramifications de la panicule dressées; l'autre décrite et figurée dans le *Botanists repository*, ayant les ramifications de la panicule pendantes.

VI. Damironia, H. Cass. Calathide incouronnée, équaliflore, multiflore, régulariflore, androgyniflore. Péricline radié, très-supérieur aux fleurs, formé de squames nombreuses, plurisériées, régulièrement imbriquées, étagées, très-petites, coriaces; les extérieures presque nulles, les autres graduellement plus grandes; toutes surmontées d'un très-grand appendice inappliqué, scarieux, coloré, pétaloïde, ovale, oblong, ou lancéolé, graduellement plus grand sur les squames plus intérieures; un ou deux rangs tout-à-fait intérieurs de squames plus alongées, plus étroites, oblongues, surmontées d'un petit appendice. Clinanthe large, plan, plus ou moins profondément alvéolé, à cloisons tantôt basses et prolongées en pointe sur les angles des alvéoles, tantôt très-élevées et divisées jusqu'à la base en lames squamelliformes. Ovaire court, épais, tout couvert de grosses papilles formant des tubercules charnus; aigrette articulée sur l'ovaire, séparable, très-longue, composée de squamellules nombreuses, égales, unisériées, entregreffées à la base, filiformes, garnies dans toute leur longueur, sur les deux côtés, de barbes très-longues, très-fines, très-flexibles. Corolle articulée sur l'ovaire, plus longue que l'aigrette, infundibulée, glabre, à limbe plus ou moins distinct du tube, et plus ou moins profondément divisé

en cinq lanières. Étamines à filets paroissant libérés tantôt à
peu près au sommet du tube de la corolle, tantôt beaucoup
plus bas; anthères pourvues d'appendices apiciiaires presque
aigus, et d'appendices basilaires très-longs et barbus. Style à
deux stigmatophores (de Gnaphaliée) longs, grêles, arqués
en dehors, munis de deux bourrelets stigmatiques, et capités
au sommet, qui est épaissi et hérissé de collecteurs.

Damironia cernua, H. Cass. (*Xeranthemum variegatum*, Linn.).
Tige ligneuse; rameaux florifères simples, cylindriques, tomenteux, garnis de feuilles d'un bout à l'autre; feuilles alternes, peu distantes, sessiles, demi-embrassantes, oblongues,
aiguës au sommet, très-entières sur les bords, uninervées,
tomenteuses ou laineuses sur les deux faces, à poils très-
longs, roux sur la nervure et sur les bords; les feuilles supérieures du rameau graduellement plus petites, bractéiformes,
ayant une partie supérieure glabre, scarieuse et blanche, tout
comme les appendices du péricline; celles qui avoisinent la
calathide entièrement semblables à ces appendices; calathides
très-grandes, larges de plus de deux pouces, solitaires et pendantes à l'extrémité des rameaux, dont la partie supérieure
est pédonculiforme et très-arquée; péricline blanc-jaunâtre
avant la fleuraison, devenant, pendant la fleuraison, blanc,
avec une teinte rousse sur la face externe de la partie supérieure des appendices, qui sont presque tous plus ou moins
obtus au sommet; clinanthe à cloisons basses, continues,
prolongées en pointe sur les angles des alvéoles; aigrette
composée de squamellules entregreffées vers la base, à différentes hauteurs, en une seule pièce cornée, jaunâtre, blanches du reste, garnies de barbes, dont celles du sommet sont
un peu épaissies comme des barbelles; corolle à tube long,
à limbe peu distinct du tube, rouge-brun, profondément divisé en cinq lanières longues, linéaires, munies de quelques
glandes sur la face externe du sommet; étamines à filets paroissant libérés à peu près au sommet du tube de la corolle;
anthères rouges; pollen orangé; stigmatophores bruns.

Nous avons fait cette description sur des échantillons secs
et incomplets, recueillis au cap de Bonne-Espérance, et qui
se trouvent dans l'herbier de M. Mérat, où ils n'étoient point
nommés: mais il nous semble indubitable qu'ils appartiennent

au *Xeranthemum variegatum* de Linné. En observant dans cette espèce les feuilles supérieures bractéiformes, on peut facilement se convaincre que la vraie squame du péricline représente presque toute la feuille très-diminuée, et que l'appendice de la squame représente seulement la pointe terminale, prodigieusement développée, de cette feuille. L'observation du *Stizolophus balsamitæfolius* nous avoit déjà conduit au même résultat (tom. LI, pag. 53), qui est de restreindre notre ancienne théorie trop généralisée (tom. X, pag. 148) sur la nature de la squame et de son appendice.

Damironia elegantissima, H. Cass. (*An? Helichrysum canescens*, Willd.). Souche ligneuse, très-épaisse, informe, produisant des branches nombreuses, longues d'environ six pouces, presque simples, droites, grêles, tomenteuses, grisâtres, garnies de feuilles d'un bout à l'autre ; feuilles rapprochées, égales, sessiles, dressées, longues de trois lignes, larges d'une ligne, oblongues, obtuses, un peu étrécies vers la base et vers le sommet, très-entières sur les bords, tomenteuses et grisâtres sur les deux faces ; chaque branche divisée au sommet, ordinairement en trois rameaux, nés en apparence du même point, mais réellement alternes, longs de près d'un pouce, ayant une partie inférieure garnie de petites feuilles rapprochées, et une partie supérieure pédonculiforme, garnie de petites bractées distantes, squamiformes, scarieuses, rousses ; chacun de ces rameaux terminé par une charmante calathide, large de plus d'un pouce ; appendices intérieurs du péricline obtus, colorés en rose clair ; les intermédiaires aigus, teints d'un rouge plus foncé ; les extérieurs aigus, roussâtres sur les bords ; clinanthe très-profondément alvéolé, à cloisons aussi élevées que les ovaires, et divisées jusqu'à la base en lames squamelliformes, inégales, irrégulières, oblongues, membraneuses-charnues ; aigrettes blanches, rosées au sommet, composées de squamellules entregreffées seulement à la base, et garnies de barbes, dont celles du sommet ne sont point épaissies ; corolles d'un rouge brun, à limbe bien distinct du tube, et divisé en cinq lanières ovales, beaucoup plus courtes que dans le *D. cernua ;* étamines à filets libérés bien au-dessous du sommet du tube de la corolle ; anthères blanc-jaunâtres ; pollen jaunâtre ; stigmatophores rougebruns. Pendant la fleuraison, quelques jeunes rameaux naissent vers le milieu des branches, et ils paroissent destinés à se développer après la fleuraison.

Nous avons fait cette description sur un bel échantillon sec, innommé, de l'herbier de M. Mérat. Le même herbier nous a offert un autre échantillon à branches bien plus longues, à feuilles plus grandes, presque lancéolées, à calathides solitaires au sommet de longs rameaux. Ce dernier échantillon, qui nous paroît se rapporter assez bien à l'*Helichrysum canescens* de Willdenow, appartient probablement à la même espèce que le premier, dont il n'est qu'une variété.

Le genre *Damironia* doit être placé dans la sous-section des Hélichrysées, entre l'*Edmondia* et l'*Argyrocome*. Il se distingue de l'*Edmondia* (tom. XIV, pag. 252), principalement par l'aigrette, dont les squamellules sont garnies dans toute leur longueur de vraies barbes, c'est-à-dire d'appendices très-longs, très-fins, très-flexibles; tandis que dans l'*Edmondia* les squamellules de l'aigrette sont presque nues inférieurement, et garnies supérieurement de barbelles, c'est-à-dire d'appendices bien plus courts, plus épais et plus roides que les barbes. Le *Damironia* se distingue de l'*Argyrocome* (t. XXXIV, pag. 59) par le même caractère de l'aigrette, et en outre par la calathide incouronnée.

Dans le *Damir. elegantissima*, les appendices du clinanthe sont très-remarquables, et tout-à-fait analogues à ceux de notre genre *Lepidocline* (tom. XXVI, pag. 49).

Le nouveau genre décrit ci-dessus est dédié par nous à l'auteur d'un Essai sur l'Histoire de la Philosophie en France au dix-neuvième siècle, dont le but est de faire prévaloir un sage éclectisme sur les deux systèmes opposés, aussi faux et aussi dangereux l'un que l'autre, qui se disputent avec acharnement la domination exclusive de l'esprit humain. (H. Cass.)

UCHSA. (*Ichthyol.*) Voyez Silmad. (H. C.)

UCHUEN. (*Bot.*) Mentzel cite ce nom arabe de la matricaire. (J.)

UCRIANA. (*Bot.*) Willdenow désigne sous ce nom le *Tocoyena* d'Aublet, genre de rubiacées. (J.)

UDAMI. (*Bot.*) Nom malabare d'un *quisqualis* dans Rumphius. (Lem.)

UDANG. (*Crust.*) Nom collectif des crustacés décapodes macroures à Java et au Malabar. (DESM.)

UDAWŒDHYA. (*Bot.*) Le *loranthus loniceroides* est ainsi nommé dans l'île de Ceilan, suivant Hermann et Linnæus. (J.)

UDIRAM-PANUM. (*Bot.*) Nom brame du *muel-schevi* du Malabar, qui est le *cacalia sonchifolia*. (J.)

UDOMÈTRE ou HYDROMÈTRE. (*Phys.*) Nom de l'appareil dont on fait usage pour mesurer la quantité de pluie qui tombe dans un lieu. C'est un vase d'une assez grande superficie à sa partie supérieure, qui est ouverte; son fond est percé d'un orifice communiquant par un tube avec un autre vase fermé, et où se rassemble l'eau qui est tombée sur la surface supérieure. Pour en mesurer la quantité, on se sert d'un troisième vase, dont la capacité est égale à celle d'une boîte ayant une base de même surface que la grande ouverture du récipient extérieur, et dont la hauteur seroit d'un millimètre. Autant de fois ce vase est rempli, autant il est tombé de millimètres d'eau pendant que la pluie a duré. Voyez MÉTÉOROLOGIE, tom. XXX, p. 348. (L. C.)

UDORA. (*Bot.*) Quelques espèces de millepertuis, *hypericum elodes*, *tomentosum*, *ægyptiacum*, etc., caractérisées par un disque renflé sous forme de glandes entre trois ou cinq paquets de filets d'étamines réunis à leur base et par le renflement glanduleux des onglets des pétales, avoit été séparé par Adanson sous le nom générique *Elodea*, lequel n'avoit pas d'abord été admis. Postérieurement Richard et Michaux s'étoient emparés de ce dernier nom, réputé sans emploi, pour désigner un de leurs genres appartenant à la famille des hydrocharidées. M. Pursh, adoptant le genre et le nom d'Adanson, a substitué au genre de Michaux le nom de *Serpicula*, déjà employé par Linnæus dans un genre d'onagraires. M. Nuttal, conservant aussi le genre d'Adanson, l'a nommé *Udora*, et M. Sprengel, partageant son opinion pour la séparation du genre, en a fait son *Martia*. Ces changemens n'ont pas encore été adoptés, et on retrouve encore dans la série des *hypericum* les divers *elodea* qu'on avoit voulu en séparer. (J.)

UDOTÉE, *Udotea*. (*Corallin.*) Genre de la famille des corallines, établi par M. Lamouroux (Bulletin pour la Soc. philom., 1812, et depuis, Polypiers flexibles, pag. 310) pour

deux corps organisés qui constituent la première division du
genre Flabellaire de M. de Lamarck, la seconde étant formée des espèces qui composent le genre Halimède de Lamouroux (voyez ces deux mots). Les caractères du genre
Udotée sont les suivans : Corps flabelliforme, non articulé,
mais marqué à sa surface de plusieurs lignes courbes, concentriques, parallèles et transversales, indiquant des espèces
d'articulations formées de fibres entrelacées, recouvertes par
une écorce crétacée non interrompue.

Les udotées, qui, pour M. de Lamarck, appartiennent à
ses polypiers empâtés, contenant les alcyons et les éponges,
sont de véritables corallinées pour Lamouroux. Elles sont
en effet fixées par des espèces de racines, origine des fibres
cornées du tissu ; mais ces fibres ne sont pas fasciculées, et
l'écorce crétacée qui les revêt dans les corallines, est ici tout
d'une pièce, sans articulations ; les bords de l'expansion flabelliforme qu'elles forment sont cependant plus labiés ou divisés. L'aspect de ces singuliers corps organisés les avoit même
fait confondre, par quelques auteurs, avec l'*ulva pavonia* de
Linné, type du genre *Dyctiota* de Lamouroux ; mais, à ce qu'il
paroit, bien à tort. Au reste aucun naturaliste ne les a encore observés à l'état frais.

Les deux espèces que Lamouroux distingue dans ce genre,
sont :

L'Udotée flabelliforme : *Udotea flabelliformis*, Lamx., *l. c.*,
n.º 456, pl. 12, fig. 1 ; *Corallina flabellum*, Linn., Gmel., p.
3842, n.º 55 ; Soland. et Ellis, tab. 4, fig. *A* et fig. *C; Flabellaria conglutinata*, de Lamk., t. 2, pag. 343, n.º 2. Tige
simple, incrustée, à expansion divisée à son bord supérieur
en rameaux flabellés, en nombre indéterminé et de forme
variable : couleur blanchâtre à l'état desséché.

Des mers de l'Amérique équatoriale.

L'Udotée simple : *Udotea conglutinata*, Lamx., n.º 457 ;
Corallina conglutinata, Linn., Gmel., p. 3843, n.º 56 ; d'après
Solander et Ellis, pag. 125, n.º 53, t. 25, fig. 7 : *Flabellaria
conglutinata*, de Lamk., *ibid.*, n.º 1. Tige simple, suben-
croûtée, à fronde flabelliforme nue, à rameaux dichotomes,
tous agglutinés.

Des côtes des îles Bahama.

Lamouroux doute si ce ne sont pas de véritables thalassiophytes de la première section de son genre *Dictyota*. (De B.)

UELK, UELKEN, ULK, UNKE. (*Mamm.*) Dénominations diverses du putois, carnassier du genre Marte, en Allemagne. (Desm.)

UEREK. (*Bot.*) Nom ouolof de l'acacia du Sénégal, mentionné d'abord par Adanson dans la grande Encyclopédie, et cité d'après lui par M. de Lamarck dans l'Encyclopédie méthodique, sous le nom de *mimosa senegalensis*, donné aussi par Forskal, reporté maintenant au genre *Acacia* par Willdenow. C'est celui qui fournit la gomme blanche du Sénégal. (J.)

UERNAK. (*Ichthyol.*) Au Groënland et dans quelques autres contrées boréales on donne ce nom à un poisson anguilliforme, nommé par Linnæus *ophidium viride*, et par feu de Lacépède, *ophidium unernak*, mais que M. Cuvier est porté à regarder comme une anguille.

Ce poisson a la nageoire de la queue pointue ; son corps est en entier d'un beau vert ; son ventre et ses nageoires du dos, de la queue et de l'anus, sont blancs : il manque de barbillons.

Il a ordinairement près de vingt pouces de longueur : sa chair est délicate et savoureuse. On le prend rarement. Voyez Donzelle et Fierasfer. (H. C.)

UETT-UETT. (*Ornith.*) On appelle ainsi, au Sénégal, le vanneau armé, *tringa senegala*, Lath. (Ch. D.)

UF. (*Ornith.*) En Suède on donne ce nom, et ceux d'hornuf et *berguf*, au grand duc, *strix bubo*, Linn. (Ch. D.)

UFI. (*Bot.*) Voyez Ubium. (J.)

UFS. (*Ichthyol.*) Sur plusieurs côtes boréales de l'Europe on appelle ainsi le sey quand il est arrivé à un âge avancé. Voyez Morue. (H. C.)

UGENA. (*Bot.*) Le genre de fougères que Cavanilles avoit établi sous ce nom pour placer cinq espèces exotiques, se trouve être précisément le même que celui nommé *Hydroglossum* par Willdenow, et *Lygodium* par Swartz. (Voyez notre article Hydroglossum, où l'espèce principale et le type du genre se trouve décrit : c'est l'*hydroglossum grimpant*.) Les autres espèces de Cavanilles sont : l'*ugena polymorpha*, qui croît à Cumana ou dans l'Amérique méridionale, et les *ugena dichotoma*, *macrostachya* et *semi-hastata*, Cavan., *Icon.*, vol. 6, qui croissent dans les Indes orientales, aux îles Philippines et aux îles Marianes. (Lem.)

UGGUS. (*Mamm.*) C'est l'un des noms tartares du bœuf. (Desm.)

UGI. (*Bot.*) Voyez Vage. (J.)

UGLIASSOU. (*Ichthyol.*) Nom nicéen du pomatome télescope et de la murène Cassini de M. Risso. Voyez Congre et Pomatome. (H. C.)

UGOLA. (*Bot.*) On trouve dans les familles des plantes d'Adanson un genre *Ugola*, établi par cet auteur dans la famille des champignons, et qu'il caractérise ainsi : Chapeau sphérique, lisse, porté sur une tige centrale ; substance charnue ; graines étoilées, répandues sur toute la surface extérieure du chapeau.

Adanson ramène à ce genre deux champignons, figurés par Michéli.

1.º Le *fungoidaster parvus*, Mich., *Gen. pl.*, 82, fig. 1. Petit champignon d'un brun fauve, dont le chapeau, en forme de capitule sphérique et velu, est soutenu par un stipe long, grêle ; ce chapeau paroît être un peu voûté en dessous et nullement ouvert par le sommet, d'après la figure et le texte de Michéli. Cette plante croît en assez grande quantité sur les champignons morts et à moitié décomposés, et n'est pas clairement connue des botanistes.

2.º Le *Fungoides*. Mich., *Pl.*, 86, fig. 3, qui n'a plus de rapport avec le précédent : c'est un champignon gris, dont le chapeau globuleux est ouvert par le sommet, strié en dehors et porté sur un stipe blanc, fistuleux, lisse et long de trois à quatre pouces. Quelques botanistes veulent reconnoître en cette plante une espèce de *peziza*. M. Persoon la donne pour son *peziza striata*, *Synops.*, et avant lui, Batsch, *Elench.*, page 225, paroît l'avoir mieux décrite sous le nom de *peziza sceptrum*, adopté par Fries. En comparant les caractères de ces deux plantes, on jugera aisément qu'Adanson n'avoit aucun bon motif pour les rapprocher, et que les caractères qu'il assigne à son genre *Ugola*, ne conviennent qu'à l'espèce de *fungoidaster* de Michéli, citée plus haut : champignon qui demande à être examiné de nouveau et qui ne nous paroît pas devoir être un *peziza*. (Lem.)

UGONATES. (*Entom.*) On trouve ce nom, imprimé par erreur typographique au lieu d'*unogates*, dans le 5.ᵉ volume du Règne animal. Voyez Unogates. (C. **D.**)

UGU. (*Ornith.*) Nom turc du grand duc, *strix bubo*, Linn. (Ch. **D.**)

UHLE. (*Ornith.*) Buffon, tom. 9 in-4.°, croit pouvoir rapporter ce nom, indiqué par Rzaczynski, au canard brun et blanc de la baie d'Hudson, d'Edwards; mais on a trouvé, sur les bords de la mer Caspienne, un individu qui ne présentoit d'autre différence que la blancheur de son croupion. (Ch. **D.**)

UH - LEN. (*Ichthyol.*) Voyez Vas-igle. (H. C.)

UHROX. (*Mamm.*) Voyez l'article Aurochs. (Desm.)

UHU. (*Ornith.*) Le grand duc, *strix bubo*, Linn., est ainsi appelé en allemand. (Ch. **D.**)

UIKJO. KOIKJO. (*Bot.*) Noms japonois, cités par Thunberg, de l'anis, *pimpinella anisum*, qui croît naturellement au Japon, mais en petite quantité et que l'on y cultive. (J.)

UJARANGENIO. (*Ichthyol.*) Un des noms qu'au Groënland l'on donne au chabot. Voyez Cotte. (H. C.)

UJING. (*Mamm.*) Les Burates nomment ainsi la marte hermine. (Desm.)

UKAKOU. (*Bot.*) Sous ce nom américain Adanson avoit fait du *Bidens nivea* de Linnæus un genre qui est maintenant le *Melenanthera* de Michaux. (J.)

UKALEK ou UKALLICH. (*Mamm.*) Les Groënlandois donnent ce nom à un lièvre dont le pelage est blanc, et qui se rapporte vraisemblablement à l'espèce du lièvre variable, *lepus variabilis*, Pallas. (Desm.)

U-KI-EU-MU. (*Bot.*) Nom chinois de l'arbre de suif, cité dans le Recueil des voyages, dont les graines sont encroûtées dans une espèce de suif assez ferme, que l'on extrait pour fabriquer des chandelles très-usitées dans la Chine. Cet arbre, de la famille des euphorbiacées, étoit nommé *Croton sebiferum* par Linnæus. Nous le rapportions au genre *Sapium* de Jacquin. Plus tard il a été réuni par Michaux et Richard au

Stillingia, très-voisin et presque congénère du *Sapium*. Voyez Kiu-tre. (J.)

UKINGUSU, FA. (*Bot.*) Noms japonois, cités par Thunberg, de la petite lentille d'eau qui croît abondamment dans les fossés et dans les rivières du Japon. (J.)

UKSCHUK. (*Mamm.*) Nom de l'ours ordinaire ou ours brun chez les Tungouses. (Desm.)

UKSUK. (*Mamm.*) Voyez Utsuk. (Desm.)

ULA. (*Bot.*) L'arbre de ce nom au Malabar, cité par Rhéede, paroit congénère du *gnetum* de Linnæus. (J.)

ULANG. (*Ornith.*) Nom de l'aigle en malais, selon Parkinson. (Ch. D.)

ULAR-SAWA. (*Erpét.*) Nom javanois du *python améthyste* de Daudin. (Voyez Python.)

En malais, ce mot signifie *serpent des rivières*. (H. C.)

ULASSIUM. (*Bot.*) Rumphius donne ce nom à un arbre de la côte malabare, appelé *ulassi* par les naturels et que Loureiro dit être son *Echinus trisulcus*. (Lem.)

ULCERARIA. (*Bot.*) Ce nom étoit anciennement donné par les Romains au marrube noir, *ballota*, suivant Ruellius. (J.)

ULCINUM. (*Bot.*) Nom ancien de la jacinthe, cité par Ruellius. (J.)

ULCUS. (*Bot.*) L'*ægiphila multiflora* des auteurs de la Flore du Pérou est ainsi nommé, selon eux, dans cette partie de l'Amérique. (J.)

ULEIOTE. (*Entom.*) Ce nom, qui signifie *bucheron* en grec, a été donné par M. Latreille à un genre de coléoptères, qu'il a séparé de celui du Cucuje ou Bronte. Nous avons donné deux figures de ces insectes anomaux, planche 7, n.° 5, parmi les omaloïdes, et pl. 17, comme genres incertains du sous-ordre des tétramérés. (C. D.)

ULEX. (*Bot.*) Nom latin de l'ajonc. (L. D.)

ULF. (*Mamm.*) Ce nom et celui de *Warg* se rapportent au loup, en Suède. (Desm.)

ULFS-SKREPPE. (*Ichthyol.*) Nom norwégien du capelan. Voyez Morue. (H. C.)

ULHÆNDA. (*Bot.*) L'arbre de Ceilan, cité sous ce nom par Hermann, est le *katou-conna* du Malabar, rapporté par

Linnæus à son *mimosa bigemina*, maintenant *inga bigemina* de Willdenow. (J.)

ULIGENDE VISE. (*Ichthyol.*) Dans ses Poissons d'Amboine, Valentyn a ainsi appelé le dactyloptère pirabèbe. Voyez Dactyloptère. (H. C.)

ULINJA. (*Bot.*) Voyez Piru-dukka. (J.)

ULIT, URIT. (*Bot.*) Voyez Condondoug. (J.)

ULK, ULKA. (*Ichthyol.*) Noms danois du scorpion de mer, *cottus scorpius*. Voyez Cotte. (H. C.)

ULLIS. (*Ichthyol.*) Les Lettes donnent ce nom à la perche goujonnière. Voyez Gremille. (H. C.)

ULLOA. (*Bot.*) M. Persoon a abrégé ainsi le nom Juanulloa (voyez ce mot) d'un genre de la Flore du Pérou, appartenant aux solanées. (J.)

ULLUAGOLIK. (*Ornith.*) Nom groënlandois, suivant Othon Fabricius, n.° 44, du canard garrot, *anas glaucion*, Linn. (Ch. D.)

ULLUCINA. (*Bot.*) Dans la province de Jaën, près le fleuve des Amazones, on donne ce nom au *croton adipatus* de la Flore équinoxiale, ainsi qu'au *croton thurifer* de la même Flore. (J.)

ULMACÉES. (*Bot.*) Quelques auteurs modernes ont séparé de la famille des *amentacées* la première section très-distincte, renfermant l'*ulmus* et le *celtis*, et servant de transition aux urticées qui précèdent ; ils en ont fait une famille distincte, les uns sous le nom de *celtidées*, les autres sous celui de *ulmacées*, en y joignant quelques autres genres. M. Kunth les réunit aux urticées, dont elles diffèrent cependant en quelques points (voyez Urticées). Un nouvel examen confirmera peut-être cette distinction et la place des celtidées entre les deux familles ci-dessus énoncées. (J.)

ULMAIRE. (*Bot.*) Nom françois de l'*ulmaria* de Gesner et de Tournefort, vulgairement la reine des prés, *spiræa ulmaria* de Linnæus. (J.)

ULMINE. (*Chim.*) L'ulmine est une matière que M. Vauquelin examina, le premier, en 1797. Il vit qu'elle s'écouloit des ormes, en combinaison avec la potasse, et qu'elle avoit de l'analogie avec les gommes, mais qu'elle en différoit en ce qu'elle étoit précipitée par les acides et qu'elle ne don-

noit pas d'acide lorsqu'on la mettoit sur des charbons ardens.

Klaproth, en 1804, examina la même matière, provenant
de l'*ulmus nigra*. Il la décrivit de la manière suivante :

Elle est solide, d'un noir très-éclatant; elle est insipide et
inodore.

Elle est très-soluble dans l'eau. La solution est brune. Quand
elle est concentrée, elle n'est ni mucilagineuse, ni visqueuse,
ni susceptible de se prendre en gelée.

Elle est insoluble dans l'alcool et dans l'éther hydratique.

L'alcool la précipite de l'eau en flocons bruns, et retient
en dissolution un acide dont la saveur est aigre.

Quelques gouttes d'acide nitrique, ajoutées à sa solution,
en précipitent des flocons d'un brun clair. La liqueur évaporée
laisse une résine brune, provenant de l'altération qu'a subie
l'ulmine.

Le chlore la convertit également en résine.

Elle donne à la distillation un résidu spongieux, contenant de la potasse.

En 1810, Berzelius la considéra comme un principe immédiat des écorces de pin, de quinquina, etc.

En 1815, Smithson et Thomson l'examinèrent, et ils ne
lui reconnurent pas toutes les propriétés que Klaproth lui
avoit assignées.

M. Braconnot dit avoir trouvé l'ulmine dans le terreau,
la tourbe, le lignite terreux. Plus tard il annonça l'avoir faite
en traitant le ligneux par la potasse. (Voyez tome XXVI,
page 556.)

Il nous paroit évident que l'ulmine ne peut être admise
dans le système des principes immédiats organiques, les propriétés qu'on lui connoit n'étant point assez caractéristiques; les différences qu'on remarque dans les travaux dont
elle a été l'objet, tiennent moins à l'inexactitude des expériences qu'à ce qu'on a réellement opéré sur des réunions
de plusieurs principes immédiats de nature diverse. Par
exemple, on a trouvé un acide organique et de la potasse
dans l'ulmine, et on n'a pas cherché à isoler ces corps de
ce qu'on a regardé comme de l'ulmine. (Ch.)

ULMUS. (*Bot.*) Nom latin du genre Orme. (L. D.)

ULOBORE. (*Entom.*) M. Latreille appelle ainsi un genre dans lequel il a inscrit une nouvelle espéce d'araignée orbitéle. Voyez le 5.ᵉ volume du Régne animal de M. Cuvier, pag. 88. (C. D.)

ULOCÉRIDES. (*Entom.*) M. Schœnherr nomme ainsi, dans son ouvrage intitulé Disposition méthodique des charansons, la 14.ᵉ division des orthocéres ou à antennes non brisées, pour y placer le genre *Ulocerus*, qui comprend quelques espéces de brentes. Voyez, à la fin de l'article Rhinocères, le n.° 51. (C. D.)

ULOMA. (*Entom.*) M. Mégerle nomme ainsi un genre d'insectes coléoptères, qu'il a séparé de celui des ténébrions et que M. Latreille a placé depuis dans la tribu des diapères. Aucune des espéces inscrites dans ce genre par M. le comte Dejean dans son Catalogue, ne s'est trouvée en France jusqu'à ce moment. (C. D.)

ULONATES. (*Entom.*) Fabricius avoit désigné sous ce nom de classe l'ordre des insectes orthoptères, que déjà Degéer appeloit dermoptères. Ce nom d'ulonates est emprunté du grec; il est formé des mots ἔλον, qui signifie *gencive extérieure*, et de γναθος, synonyme de mâchoire, pour indiquer que dans ces insectes les mâchoires sont engagées dans une galète. Voyez l'article Orthoptères. (C. D.)

ULOSOMUS. (*Entom.*) Nom donné par M. Schœnherr au genre 171, qu'il a établi parmi les charansons à antennes brisées et à trompe cachée. Il n'y a placé qu'une seule espéce, d'après un individu qu'il avoit reçu de l'ile de Saint-Bartholomé. (C. D.)

ULOSPERMUM. (*Bot.*) C'est sous ce nom que M. Link fait un genre du *Conium dichotomum* de M. Desfontaines, déjà séparé par M. Hoffmann sous celui de *krubera* et reporté aussi au *cachrys* par M. Sprengel. Il diffère du *conium* principalement par les côtes de ses graines non frisées, mais tuberculées et plus relevées. Cette distinction générique n'a pas encore été adoptée dans les ouvrages généraux. (J.)

ULOTA, *Frisette*. (*Bot.*) Genre de la famille des mousses, établi par Mohr et adopté par Bridel. Il a pour type l'orthoirichum crispum, Hedw., dont Linnæus avoit fait une variété de son *bryum striatum*, et Adanson le genre *Blankara*. Les

caractères assignés à ce genre par Bridel diffèrent à peine
de ceux de l'*orthotrichum* : ils sont donnés, 1.° par la coiffe lisse,
le plus souvent fimbriée et fendue à sa base, tandis qu'elle est
cornée, striée et presque entière dans l'*orthotrichum*; 2.° par
la présence d'un péristome interne dans quelques espèces,
lequel a huit dents alternes avec autant de cils linéaires.
Dans les *orthotrichum* ce péristome est composé de huit ou
seize dents ou cils linéaires, repliés en dedans et horizontaux.

Du reste, ces deux genres, que la plupart des muscolo-
gues réunissent, ont l'un et l'autre un péristome simple ou
un double. Le péristome est simple, à seize dents rapprochées
par paire, d'abord adhérentes, puis distinctes, libres, réfléchies. Lorsque le péristome est double, l'extérieur est comme
le péristome simple. La coiffe est conique ou campanulée,
poilue en dessus ou rarement glabre; la capsule sans anneau,
sillonnée et portée sur un pédicelle, dont l'extrémité renflée
paroit en être une continuité.

Bridel rapporte à ce genre six espèces, qui ont été décrites
avant lui comme des espèces d'*orthotrichum*. Bridel convient
qu'elles ont entièrement le port de l'*orthotrichum*, avec lequel
elles ont les plus grandes affinités; mais il trouve que les
caractères de n'avoir point la coiffe carénée et ceux d'offrir
des feuilles toujours plus frisées, les pédicelles alongés et la
capsule toujours saillante, sont suffisans pour distinguer les
deux genres. Ces mousses ont des fleurs monoïques : les mâles,
en forme de gemmes et axillaires ou en forme de petits capitules terminaux, contiennent quatre à huit organes géni-
taux, sans paraphyses. Les fleurs femelles sont terminales;
elles offrent de plus un nombre considérable de paraphyses
linéaires, divisées par des articulations serrées et égales. Ces
mousses sont vivaces; elles forment des gazons ou des touffes
sur les arbres, rarement sur les rochers. On les trouve principalement en Europe; deux n'ont été encore vues qu'aux îles
Bourbon et de France. L'espèce la plus commune se rencontre
à la fois en Europe et dans l'Amérique septentrionale.

I. *Péristome simple.*

1. Le Ulota de Drummond : *Ulota Drummondii*, Hook. et
Greville, *in Edinb. Journ.*, page 299; Bridel, Bryol. univ., 1,

page 299, et 724; *Orthotrichum Drummondi*, Grev., *Scot. crypt.*, n.° 25, pl. 115. Tige d'abord un peu couchée, puis redressée, longue d'un ou deux pouces, rameuse; feuilles oblongues-lancéolées, carénées, frisotées; pédicelle de six lignes de long, tortillé; capsules un peu en forme de massue, profondément sillonnées; opercule à base conique et s'alongeant en un bec assez long; dents du péristome rapprochées par paires, et souvent alors les deux dents sont réunies par leur sommet. Cette mousse croît en Écosse sur les troncs d'arbres.

II. *Péristome double.*

2. Le ULOTA FRISÉ : *Ulota crispa*, Bridel, *loc. cit.*; Hook. et Greville, *Edinb. journ.*, page 229; *Orthotrichum crispum;* Hedw., *Musc. frond.*, 2, pl. 35; *ejusd.*, *Fund.*, 1, pl. 7, fig. 55; Hook. et Tayl., *Musc. brit.*, pl. 21; Sow., *Engl. bot.*, pl. 996: *Bryum striatum, var.*, Linn.; *Polytrichum arboreum*, Œd., *Fl. Dan.*, pl. 648; *Polytr. capillaceum*, Dill., *Musc.*, pl. 55, fig. 11. Tige droite, rameuse, haute d'un pouce; rouge, garnie de feuilles imbriquées, linéaires, lancéolées, se crispant par la sécheresse: pédicelles terminant la tige ou les jeunes rameaux, longs de deux à quatre lignes, droits, s'élargissant insensiblement et se confondant avec la capsule : celle-ci droite, pyriforme-ovale, à opercule convexe, obtus, mucroné; coiffe très-poilue. Cette jolie mousse croît sur les arbres, dans les bois, partout en Europe et dans l'Amérique septentrionale; elle forme des touffes épaisses, quelquefois très-multipliées. On en connoît une variété d'une stature beaucoup plus petite.

A cette division appartiennent, 1.° le *ulota curvifolia*, Bridel (*orthotrichum curvifolium*, Wahlenb.), qui se trouve en Laponie et dans le Nordland; 2.° le *ulota Ludwigii*, Bridel (*orthotrichum*, Schwæg.), qu'on trouve sur les sapins, en Suède, en Écosse, en Saxe, en Thuringe, en Franconie, en Tyrol, en Suisse et dans les Vosges.

C'est auprès du genre *Ulota* que Bridel place son genre *Leiotheca*, lequel n'a de rapport avec lui que par sa coiffe, et dont les autres caractères sont ceux du *Macromitrium* du même auteur. *Bryol. univ.*, 1, page 305 et 726. (LEM.)

ULRICIA. (*Bot.*) Ce genre, fait par Jacquin sur l'*hormi-num caulescens* d'Ortéga, n'a pas paru suffisamment distingué de l'*horminum* pour pouvoir en être séparé. (J.)

ULRIQUE. (*Entom.*) C'est le nom donné par Geoffroy à une espèce de demoiselle, qu'il a décrite tome XI, sous le n.° 6. Voyez AGRION, division *B*, tome I.er, pag. 525, de ce Dictionnaire. (C. D.)

ULTICANA. (*Bot.*) Un des noms anciens de la belladone, *atropa, solanum somniferum* de Fuchs et Daléchamps, cité par Ruellius et Mentzel. (J.)

ULTIME. *Ultimus.* (*Conchyl.*) Genre ainsi nommé par Denys de Montfort (Conchyliol. systém., tome 2, page 645), parce que dans son Systéme c'est le dernier de son ouvrage, et qu'il a établi pour la coquille nommée *bulla gibbosa*, Linn., *ovula gibbosa* de M. de Lamarck, qui diffère en effet des véritables bulles, parce qu'aucun des bords de son ouverture n'est denté et qu'elle n'est pas prolongée à ses deux extrémités en un canal plus ou moins long, comme dans l'*ovula spelta*, type du genre Navette du même Denys de Montfort. Voyez OVULE. (DE B.)

ULUK. (*Mamm.*) Dénomination de l'écureuil vulgaire chez les Tartares tungouses. (DESM.)

ULULA. (*Ornith.*) Ce nom latin de la chouette, *strix ulula*, Linn., est appliqué, par M. Cuvier, à une division particulière d'oiseaux de proie nocturnes, qui ont le bec et l'oreille des hiboux, mais non leurs aigrettes, et sont étrangers à notre climat. (CH. D.)

ULUSCHUAJA. (*Ichthyol.*) C'est, en Russie, un des noms qu'on donne aux esturgeons ichthyocolles de la grande taille. Voyez ESTURGEON. (H. C.)

ULU-VALLI. (*Bot.*) Nom brame du *kamelli-valli* du Malabar, *echites costata* de Willdenow. Sur la gravure il est écrit *ura-valli*. (J.)

ULUXIA. (*Bot.*) Trois genres ont été donnés sous le nom de *Columellea*, sous lequel deux ont été insérés dans ce Dictionnaire : l'un est un genre de Corymbifères (voyez COLUMELLEA) établi par Jacquin, auquel ce nom pourroit être conservé. Un autre, fait par Loureiro, que nous avons proposé de nommer *cayratia*, d'après son nom de pays, paroît appartenir aux vinifères. Un troisième, établi dans la Flore du Pérou, où il est nommé *ulux*, se rapproche des calcéolaires, dans la famille des scrophularinées. C'est celui que nous persistons à présenter sous le nom d'*uluxia*, pour éviter les doubles emplois, et dont nous renvoyons la description au mot Columelle. (J.)

ULV. (*Mamm.*) Nom danois et islandois du loup. Dans les mêmes langues la louve est nommée *Ulvinde*. (Desm.)

ULVA, *Ulve*. (*Bot.*) Genre de plantes de la famille des algues, établi par Linnæus et adopté par les botanistes, qui lui ont fait subir diverses modifications. Dans ce genre les caractères consistent en ceux-ci : Frondes membraneuses ou gélatineuses, planes ou tubuleuses, ordinairement vertes, contenant des graines ou séminules solitaires, ou diversement groupées, et qui sont plongées dans les substances de la fronde, au-dessus de la surface de laquelle elles ne s'élèvent jamais. Les frondes sont généralement très-minces et délicates. Agardh, dans son *Spec. algarum*, a cru devoir préciser les caractères de ce genre, en ajoutant que les séminules sont disposées quatre par quatre; mais depuis, dans son *Systema*, il a cru devoir ne laisser dans le genre *Ulva* que les espèces à frondes planes, membraneuses et à séminules quaternées. Les espèces tubuleuses font ses genres *Solenia* et *Tetraspora*, que nous ne considérons ici que comme des divisions d'un seul genre *Ulva*. Dans l'*Ulva* les frondes ne présentent point de nervures ni de réseau régulier, ce qui le distingue de plusieurs autres genres, comme le *Zonaria*, le *Dyctiota*, etc., qui lui étoient unis autrefois.

Les espèces d'*ulva* sont peu nombreuses et aquatiques; elles croissent dans la mer, dans les eaux douces, et encore, mais très-rarement, sur les terres humides.

Le nombre des espèces est à peu près de trente actuellement, que les travaux des botanistes modernes ont restreint par le renvoi de beaucoup de plantes qui appartiennent à d'autres genres ou qui en constituent de nouveaux, et qu'on y avoit rapportés à tort. Les espèces suivantes sont les plus remarquables, les plus curieuses et les plus propres à faire connoître le genre *Ulva* tel qu'il doit être restreint.

§. 1.er Frondes planes, vertes ou verdoyantes. (ULVA, Agardh, *Syst.*; PHYLLOMA, Link; TREMELLA, Gmel.)

1. L'ULVA LAITUE : *Ulva lactuca*, Linn., Agardh, *Synops.*, page 41, et *Syst.*, page 187; Sow., *Engl. bot.*, pl. 1551, page 189; *Tremella*, Dill., *Musc.*, pl. 8, fig. 1. Frondes réunies en touffes par leur base, d'un vert pâle, luisantes, très-minces et très-délicates, oblongues, planes, lobées, pointues, crispées, ondulées, laciniées à la base et marquées de bulbes dans toute son étendue. Cette espèce est commune dans l'Océan et la Méditerranée, attachée aux pierres, aux rochers et aux coquilles. Elle atteint six pouces de longueur et plus, sur une largeur d'un à deux pouces. On l'a comparée à la feuille de la laitue frisée pour la forme, comme pour les bullosités que présentent les frondes. Lyngbye en cite une variété dont la base est tordue en spirale.

2. L'ULVA TRÈS-LARGE : *Ulva latissima*, Linn., Agardh, *Synops.*, page 41, et *Syst.*, page 188; *Ulva*, Esp., *Fuc.*, pl. 1. Fronde solitaire, oblongue, très-large, plane, ondulée sur les bords. Cette espèce est d'un beau vert jaunâtre, d'une consistance un peu coriace, quoique membraneuse, longue de deux pieds et plus, sur une largeur d'un pied environ, avec le bord frisé et ondulé. On trouve cette plante dans l'Océan et dans la Méditerranée; elle est considérée par quelques botanistes comme une variété de la précédente; mais Agardh fait observer qu'elle en diffère par sa fronde plus grande, solitaire et nullement rétrécie à la base. Ce même auteur en décrit plusieurs variétés dans son *Systema*, dont une a la fronde palmée; c'est l'*ulva lactuca*, Gmel., *Fuc.*, pl. 3, et une autre a la fronde ombiliquée. Ces plantes se mangent en salade sur les côtes d'Écosse.

3. L'ULVA OMBILIQUÉE : *Ulva umbilicalis*, Linn., Dec., Fl. fr., 2, page 9; Sow., *Engl. bot.*, pl. 2286; *Tremella*, Dill., *Musc.*, pl. 8, fig. 2. Fronde d'un vert très-foncé, tirant sur le brun, un peu coriace, fixée par le centre, sinueuse et un peu ondulée sur le bord, quelquefois trouée ou inégalement déchirée. Cette espèce, qu'il ne faut pas confondre avec l'*ulva lactuca*, s'en distingue par sa consistance, ses lobes moins profonds, et parce qu'elle brunit à sa mort au

lieu de pâlir. On la trouve dans l'Océan ; sur les côtes d'Angleterre on la recueille pour la manger en salade avec du
vinaigre, du beurre et du poivre. On la sale également pour
la conserver plus long-temps. Agardh (*Syst.*, pag. 189) regarde cette espèce comme une variété de l'*ulva latissima* ;
mais dans son *Synopsis*, page 42, il la rapportoit avec doute
comme variété de l'*ulva purpurea*, Roth.

4. L'Ulva ruban : *Ulva Linza*, Linn., *Fl. Dan.*, pl. 889 ;
Agardh, *Synops.*, page 42 ; *Solenia Linza*, *ejusd.*, *Syst.*, page
181. Frondes planes, lancéolées, linéaires, très-resserrées aux
deux extrémités, ayant les bords ondulés et crépus. Cette
espèce croit dans tout l'Océan et dans la Méditerranée.

Les frondes, longues d'un pied ou plus courtes, sur un
pouce de largeur, sont d'un beau vert, qui pâlit par la
sécheresse. Ces frondes imitent des rubans qui tendent à se
plier longitudinalement sur eux-mêmes. L'*ulva lanceolata*,
Linn. (*tremella*, Dill., pl. 9, fig. 5) en paroît être une variété, qui habite spécialement les mers du Nord.

5. L'Ulva bulleuse : *Ulva bullosa*, Roth, *Catal.*, 3, page
529 ; Sow., *Engl. bot.*, pl. 2320? *Tremella*, Dill., *Musc.*,
pl. 8, fig. 2 ; *Ulva minima*, Vauch., *Conf.*, pl. 17, fig. 1 ;
Dec., *Fl. fr.*, 2, page 8. Fronde ovale, renversée, brillante,
sinueuse et bulleuse d'abord, puis aplanie. D'après Agardh,
les frondes de cette espèce sont solitaires ou naissent en
touffe ; elles atteignent la longueur de la main : souvent
elles sont tubuleuses, et alors plus courtes ; quelquefois
planes, et alors plus grandes, semblables à l'*ulva latissima*.
On la trouve en Scanie, dans les ruisseaux et les marais
d'eau douce, fixée aux plantes aquatiques : c'est sur l'autorité
d'Agardh que Vaucher est cité ici ; mais il est probable que
l'*ulva minima* est une espèce distincte. Les expansions de
cette espèce sont petites, attachées aux pierres ou flottantes
dans les eaux courantes, arrondies, d'un vert foncé, membraneuses et offrant des séminules disposées quatre par
quatre.

6. L'Ulva frisée : *Ulva crispa*, Agardh, Lightf., *Fl. scot.*,
2, page 972 ; Agardh, *Syn.*, page 43 ; *Syst.*, page 190 ; *Ulva
terrestris*, Roth, *Catalect.*, 3, page 350 ; Lyngb., *Tentam.*,
52, pl. 6 ; *Tremella*, Dill., *Musc.*, pl. 10, fig. 12 ; *Ulva in-*

testinalis, *Fl. Dan.*, pl. 885. Frondes irrégulières, bulleuses, plissées, rugueuses, groupées et étendues, en couches, en plaques, arrondies et irrégulières, d'un vert clair, lobées, crépues. ondulées. Cette espèce, qui ne croît point dans l'eau. se rencontre sur la terre, sur les toits de chaumes, dans les endroits ombragés ; elle est membraneuse et nullement gluante ni gélatineuse ; ce qui explique pourquoi elle n'adhère point au papier lorsqu'on la dessèche : elle est plus commune dans le nord de l'Europe. On l'a observée près du Mans. près Nice, et dans les Alpes.

L'*ulva furfuracea*, *Fl. Dan.*, pl. 1448, et l'*ulva œtherea*, Poiret. sont deux espèces également terrestres, qui se rapprochent de la précédente.

§. 2. Frondes planes, point vertes, mais colorées.
(Porphyra, Agardh.)

7. L'Ulva pourpré : *Ulva purpurea*, Roth, *Catal. bot.*, 1, p. 209. pl. 6, fig. 1 ; Dec., Fl. fr., 2. p. 9 ; Agardh, *Synops.*, p. 42 ; atlas de ce Dict. cah. 11, pl. 4. n.° 3; *Porphyra purpurea*, Ag.. *Syst.*. p. 191; *Ulva*, Esper, *Tuc.*. pl. 2. Frondes oblongues ou ovales-lancéolées. planes, purpurines, ayant les bords ondulés et crispés. Cette jolie espèce croît dans l'Océan et la Méditerranée : elle est remarquable par sa belle couleur brune. vineuse ou violette. Ses frondes naissent en touffes; chacune tient aux rochers par une petite rondelle qui lui sert de racine : elles sont sessiles, simples, longues de quatre à cinq pouces et même d'un pied ; leur largeur est d'un à trois pouces. Ces frondes sont très-minces, molles et délicates. Agardh a remarqué dans leur substance des amas de graines ovales, disposés sans ordre, et les graines disposées sur deux lignes courbées : il a cru pouvoir de cette disposition former sur cette plante son genre *Porphyra* (Agardh, *Syst.*, page 190). A ce genre il rapporte encore comme espèce, 1.° l'*ulva laciniata*. Ligthf.. pl. 33, qui croît sur les côtes d'Écosse, et que Sprengel réunit à l'*ulva purpurea*, Roth ; 2.° l'*ulva miniata*. Lyngb.. *Tentam.*, pl. 6.

Dans cette section des *ulva* on peut ranger. avec Curt Sprengel. l'*ulva sinuosa*. Roth. et l'*ulva rubescens*, Lyngb.

§. 3. Frondes tubuleuses. (SOLENIA, Spreng.)

A. *Frondes membraneuses et aréolées.* (SOLENIA, Agardh, *Syst.;* ILÆA, Fries; ULVA, Gmel., *Fuc.*)

8. L'ULVA INTESTINALE : *Ulva intestinalis,* Linn., Agardh, *Syn.,* page 45; voyez l'atlas de ce Dictionnaire, cah. n.° 55; *Tremella,* Dill., *Musc.,* pl. 9, fig. 7; *Alga tubulosa,* Petiv., Gazoph., pl. 9, fig. 6; *Scytosiphon intestinale,* Lyngb.; *Conferva intestinalis,* Roth, *Cat.,* 1, p. 159; *Solenia intestinalis,* Agardh, *Syst.,* page 185; Curt Spreng., *Syst.,* 4, part. 1, page 367; *Enteromorpha intestinalis,* Link, *Hor. phys. Berol.,* page 5. Fronde tubuleuse, simple, enflée, d'un vert clair, jaunissant avec l'âge de la plante. Cette espèce, qui croît dans les ruisseaux des marais, les eaux stagnantes douces ou salées, ou saumâtres, et même dans la mer, est en naissant un simple filament, semblable à une conferve; mais il se renfle bientôt considérablement en un tube simple, qui atteint une longueur de plusieurs pouces et même plus d'un pied, sur un pouce de diamètre. Ce tube est sinueux, inégal, avec des anfractuosités; quelquefois il contient des bulles d'air. La membrane qui le forme, présente des cellules arrondies, et à sa surface naissent de petits tubes grêles, confervoïdes, qui sont sans doute des jeunes plantes de la même espèce.

Agardh en cite une variété dont les tubes sont comme frisés et crispés. On la trouve dans la mer. Il en indique une seconde, c'est celle figurée dans Dillenius, citée plus haut, qui croît dans les eaux douces, en Europe et dans les Indes occidentales; laquelle se fait remarquer par son grand développement. On en trouve dans les mers du Nord une troisième, dont Lyngbye a fait une espèce sous le nom de *Scytosiphon cornucopiæ.*

9. L'ULVA COMPRIMÉE : *Ulva compressa,* Linn., *Fl. Dan.,* pl. 1480, fig. 1; Sowerb., *Engl. bot.,* pl. 1739; Agardh, *Synops.,* p. 45; *Solenia, ejusd., Syst.,* p. 186; Curt Sprengel, *Syst., l. c.,* p. 367; *Tremella,* Dillen., *Musc.,* pl. 9, fig. 9, 8 *A-G,* et pl. 10, fig. 8. Fronde fistuleuse, mais très-comprimée, semblable à une feuille linéaire, plane, simple ou rameuse, plusieurs fois bifurquée, à rameaux simples, épars,

capillaires, quelquefois semblables à des conferves, plus
étroits à leur base et dilatés à leur sommet. Cette espèce croît
attachée aux pierres et au sable dans la mer. Elle est commune dans tout l'Océan : on l'indique également dans la mer
Noire, dans les mers australes, dans la mer Atlantique, sur
les côtes de l'Afrique boréale, aux îles Marianes, etc. Elle
varie dans sa grandeur ; sa largeur n'est quelquefois que
d'une ligne. Le tube principal offre de distance en distance
des étranglemens, d'où partent les rameaux, dont la tubulure
ne paroît pas communiquer avec celle du tronc. Selon
Agardh, la membrane de la fronde est d'un tissu uniforme
ou bien réticulaire, avec des séminules disposées quatre à
quatre.

Une variété prolifère est figurée dans la Flore danoise,
pl. 763, fig. 1 : c'est le *scytosiphon compressus crispatus*,
Lyngb., *Tentam.*, pl. 15, fig. 1. Le *conferva crinita*, Roth,
Catal., 1, t. 1, fig. 5 (Dill., *Musc.*, p. 16, pl. 2, fig. 7), seroit une seconde variété, selon Agardh. On l'indique à la
fois dans les mers du Nord, l'Atlantique et la mer Noire.

B. *Frondes gélatineuses.* (TETRASPORA, Agardh, *Syst.*, p. 189,
non Link, Desv.)

10. L'ULVA GLISSANTE : *Ulva lubrica*, Roth, Agardh, *Synops.*,
p. 44 ; *Tetraspora*, *ejusd. Syst.*, p. 188 ; *Solenia lubrica*, Curt
Sprengel, *loc. cit.*, p. 367 ; *Gastridium lubricum*, Lyngb. ; *Rivularia lubrica*, Decand., Fl. fr., 6, p. 1. Frondes simples,
tubuleuses, ondulées-sinueuses. Cette plante est enduite d'une
viscosité qui la rend glissante au tact. Elle est d'un vert clair.
On la trouve en Europe et dans l'Amérique septentrionale,
dans les fossés d'eau douce et pure. M. De Candolle l'indique
dans les étangs et les eaux saumâtres aux environs de Montpellier, ce qui peut faire penser qu'il s'agit d'une plante
différente de celle de Roth et d'Agardh.

Les deux espèces suivantes appartiennent à cette division.
1.° Le *tetraspora cylindrica*, Agardh, qui est l'*ulva cylindrica*,
Wahl., *Lapp.*, pl. 30, fig. 1 ; le *rivularia cylindrica*, Hook.,
et le *gastridium cylindricum*, Lyngbye. 2.° Le *tetraspora gelati-
nosa*, Agardh.

Quelques-unes des espèces de *tremella* de Dillenius ont été

la base du genre *Ulva*, créé par Linnæus et adopté ensuite
par tous les botanistes. On y a rapporté un nombre infini de
plantes différentes. Les caractères fixés à l'*Ulva* par Linnæus,
étant trop généraux, ont été cause de la confusion qui est
née par suite de l'introduction dans ce genre de plantes qui
ne devaient point y être placées. Les travaux des botanistes,
depuis une vingtaine d'années, ont autorisé des changemens
nombreux, trop longs à décrire. On peut citer comme les
premiers réformateurs, Lamouroux, Link, Agardh, Fries,
etc. On leur doit d'avoir fixé à l'*Ulva* des caractères simples,
qui le limitent à un certain nombre d'espèces, qui forment
un groupe naturel. On trouve à l'article *Ulva* du *Nomenclator
botanicus* de Steudel, la liste des végétaux qui ont été placés
dans ce genre ; l'on y voit inscrites une foule de plantes
cryptogames, particulièrement de la famille des algues et
quelques-unes de celle des champignons. Depuis Steudel il y
a eu encore quelques autres changemens, en partie consi-
gnés dans le *Systema* de Curt Sprengel. Nous ne ferons que
citer les genres suivans, fondés presque tous sur des plantes
données pour des *ulva* par divers auteurs.

Alcyonidium, Lamx. ; *Alysium*, Agardh ; *Anadyomene*, Ag. ;
Asperococcus, Lamx. ; *Bangia*, Lyngb. ; *Botrydium*, Wallroth ;
Bryopsis, Lamx. ; *Caulerpa*, Lamx. ; *Chætophora*, Agardh ;
Champia, Desvaux et Lamouroux (ou *Mertensia*, Thunb.) ;
Chondria, Agardh ; *Chorda*, Lyngb. ; *Chordaria*, Agardh ; *Coc-
cochloris*, Spreng. ; *Codium*, Agardh (*Agardhia*, Cabrera ; *Spon-
godium*, Lamx.) ; *Conferva*, Linn. ; *Delesseria*, Lamx. ; *Dumon-
tia*, Lamx. ; *Dyctiopteris*, Lamx. ; *Dyctiota*, Lamx. ; *Echinella*,
Achar. ; *Encœlium*, Agardh ; *Enteromorpha*, Link ; *Flabellaria*,
Lamx. ; *Gastridium*, Lyngb. ; *Gelidium*, Lamx. ; *Gigartina*,
Lamx. ; *Haliseris*, Agardh ; *Halymenia*, Agardh ; *Himanthalia*,
Lyngb. ; *Hydrogastrum*, Desv. ; *Lamarckia*, Olivi ; *Laminaria*,
Lamx. ; *Lomentaria*, Lyngb. ; *Mesogloia*, Agardh ; *Nostoc*, Dec.
(*Linkia*, Mich.) ; *Oscillatoria*, Vauch. ; *Padina*, Adans. ; *Phas-
con*, Adans. ; *Palmella*, Lyngb. ; *Phycomyces*, Kunz ; *Phyllona*,
Wigg. et Link ; *Pterigospermum*, Donati ; *Rivularia*, Roth ; *Scy-
thymenia*, Agardh ; *Scytosiphon*, Ag. ; *Sphærococcus*, Stackh.,
Agardh ; *Splachnon*, Adans. ; *Spongodium*, Lamx. ; *Tetraspora*,
Agardh ; *Thelephora*, Pers. ; *Trepposa*, Link ; *Valonia*, Agardh ;

Vaucheria, Decand.; *Wormskioldia*, Curt Sprengel (*Delesseria*, Lamx.)

Quelques-uns de ces genres n'ont pu être décrits dans ce Dictionnaire; ce sont :

1. L'*Alysium*, Agardh, comprenant l'*ulva Hottingii*, Mert., plante du Brésil, qui se distingue par sa fronde membraneuse, creuse, enflée, garnie d'espèces d'étranglemens, lesquels lui donnent l'apparence articulée; par sa membrane réticulée, à mail pentagone. Le *galaxaura oblongata*, Lamx., est donné pour une seconde espèce de ce genre par Curt Sprengel.

2. L'*Anadyomene* d'Agardh, caractérisé par sa fronde flabelliforme, visiblement et symétriquement veinée. Il y rapporte l'*ulva stellata*, Wulf (*lichenoides*, Dill., *Musc.*, pl. 19, fig. 21), qu'il dit être la même espèce que l'*anadyomene flabellata* de Lamouroux (Polyp. corall., p. 265, pl. 14, fig. 3), trouvée par lui dans la mousse de Corse et placée par le même avec les polypiers coralligènes dans le règne animal. Agardh indique sa plante sur les côtes du Brésil et dans le golfe du Mexique. Il a en outre deux autres espèces, les *anad. plicata* et *obscura*, qui proviennent des mers australes.

3. L'*Encœlium*, Agardh, caractérisé par sa fronde tubuleuse ou en forme de vessie, ponctuée, ayant ses fructifications remplies d'une masse sporidifère noire. L'*ulva Turneri*, *Engl. bot.*, pl. 2570, est l'espèce principale de ce genre. C'est aussi l'*asperococcus bulbosus*, Lamx., Ess., pl. 6, fig. 5, et le *gastridium opuntia*, Lyngb., *Centam.*, pl. 18. Une seconde espèce est l'*ulva spinosa*, Roth. Agardh en indique encore deux autres. Toutes se trouvent dans l'océan Atlantique.

4. L'*Enteromorpha*, Link, *Hor. phys. Berol.*, qui comprend des plantes tubuleuses ou creuses sans fructifications externes. Cet auteur donne pour exemple l'*ulva intestinalis*, Linn., et beaucoup de *conferva*.

5. L'*Haliseris*, Agardh, qui rentre dans le *Dictyopteris*, Lamx., et qui a pour type l'*ulva polypodioides*, Dec.

Le nom d'*Ulva*, fixé à ce genre par Linnæus, a été donné par les Latins à une plante marécageuse qui n'a aucun rapport avec nos ulves, ainsi que l'a très-bien exposé M. Thiebault de Berneaud, dans une dissertation insérée dans les premiers volumes des Mémoires de la Société linnéenne de

Paris. Ce savant est porté à conclure que l'*ulva* des Latins est le *festuca fluitans*, Linn., plante de la famille des graminées. (Lem.)

ULVACÉES. (*Bot.*) Voyez Algues et Thalassiophytes. (Lem.)

ULYSSE. (*Entom.*) Nom d'un papillon chevalier grec, figuré par Séba, Mus., tom. 4, pl. 46 et 47, fig. 9 et 10, et parmi les Papillons de Cramer, tome 2, pl. 12, fig. *a*, *b*. Il est noir en dessus, avec un disque bleu rayonné. Les ailes inférieures, prolongées en queue, portent sept taches œillées en dessous. On le dit d'Asie. (C. D.)

UMA-BIJU. (*Bot.*) Voyez Siberifiju. (J.)

UMARA. (*Bot.*) Voyez Gumara. (J.)

UMARI. (*Bot.*) L'arbre du Brésil, mentionné sous ce nom par Marcgrave, est regardé par Linnæus comme identique avec son *Geoffrœa spinosa*, genre de la famille des légumineuses. (J.)

UMATA-CAJA. (*Bot.*) Voyez aux articles Cubsjubong et Nummatu. (J.)

UMBATS, MARMEER. (*Bot.*) Noms japonois du coignassier, *cydonia*, dont les navigateurs transportent souvent le fruit jusqu'à Batavia, au rapport de Thunberg. (J.)

UMBETACHIBOTE. (*Bot.*) Nom galibi du *tachibota* d'Aublet, *salmasia* de Schreber. (J.)

UMBILICARIA [Ombilicaire]. (*Bot.*) Genre de plantes cryptogames de la famille des lichens, établi par Hoffmann, adopté par Schrader, Persoon, De Candolle et Acharius, sous le nom de *Gyrophora*, modifié en celui de *Gyromium* par Wahlenberg. Ce genre est réuni au *Leeidea* d'Acharius par Meyer, en quoi il est imité par Curt Sprengel, qui en fait une division du *Lecidea* : effectivement ce genre est très-voisin de ce dernier ; cependant, ayant été admis par la pluralité des botanistes, nous allons le décrire ici.

Dans ce genre le thallus, ou l'expansion, est foliacé, cartilagineux, d'une seule pièce, lobé, horizontal, fixé seulement par son centre inférieur, d'où vient le nom d'*umbilicaria* ; mais, du reste, libre et rarement polyphylle ; les apothéciums ont presque toujours la forme de scutelles sessiles et en grande partie adhérentes à la surface supérieure de l'expansion ; leur disque est toujours noir, le plus souvent marqué de rides concentriques , contournées , qui ont fait nommer *gyromus* cette sorte de scutelles; plus rarement il est granuleux et verruqueux.

Les espèces, au nombre d'une vingtaine, selon Acharius , sont des lichens remarquables, dont les couleurs varient entre le gris enfumé ou noirâtre , et le noir ou le brun verdâtre. L'expansion est lisse ou granuleuse, quelquefois marquée de rides entrecroisées , lacunaires, principalement à sa surface inférieure , souvent munie de fibrilles noires , simples ou rameuses . ou de papilles. Les espèces se plaisent sur les rochers, dans les pays de montagnes. Elles ont été observées principalement en Europe et dans l'Amérique septentrionale. On a proposé de les diviser en deux genres, selon la forme de leurs apothéciums. M. Fée les établit ainsi :

1.° GYROPHORA, où l'on placeroit les espèces dont les scutelles ont le disque marqué de plis ou rides contournés, qui ont fait donner au genre le nom qu'il porte, dérivé du grec.

2.° UMBILICARIA, où viendroient prendre place les espèces dont les apothéciums sont un peu concaves, à peine bordés, à disque raboteux ou granuleux, rarement ridés. Ce genre avoit déjà été proposé sous le nom de *Lassallia* par M. Mérat, et sous celui de *Pustularia* par quelques botanistes.

§. 1.ᵉʳ *Expansion hérissée en dessous.*

1. OMBILICAIRE HÉRISSÉE : *Umbilicaria hirsuta*, Dec., Fl. fr., 2, p. 409 , n.° 409; *Gyrophora hirsuta*, Ach., *Synops.*, p. 69 ; *Lichen hirsutus*, Ach. *in Nov. act. Stockh.*, v. 15 , pl. 3 , fig. 1. Expansion élevée, pointillée, souple, d'un blanc grisâtre ou cendré, ayant le bord réfléchi ; surface inférieure hérissée de petites radicules ou poils d'un gris brunâtre , qui naissent sur des nervures anastomosées et rayonnantes ; scutelles ou apothéciums saillans, marginaux, noirs , d'abord plans, puis hémisphériques et plissés. Cette espèce se rencontre sur les rochers , dans les montagnes. Elle a été observée dans les Pyrénées par M. Ramond , ainsi que quelques autres espèces nouvelles. Curt Sprengel veut que cette espèce et les suivantes n'en forment qu'une seule. 1.ᵉ L'*umbilicaria cirrhosa*, Hoffm.: 2.ᵉ les *gyrophora velleiformis*, Ach. (*umbilicaria saccata*, Dec.): *spadochroa*. Ach.. et *crustulosa*. Ach. Ces espèces se rencon-

trent aussi dans les mêmes lieux que l'*umbilicaria hirsuta*, et dans nos montagnes, principalement dans les Pyrénées.

2. Ombilicaire a trompe : *Umbilicaria proboscidea*, Dec., Fl. fr., 2, p. 410 ; *Gyrophora cylindrica*, Ach., *Synops.*, pag. 65; *Lichen proboscideus*, Lamk.; Hedw., *Musc.*, 2, pl. 1, *A. Umbilicaria crinita*, Hoffm., *Lich.*, pl. 44, fig. 1 — 9; Dillen., *Musc.*, pl. 29, fig. 116, 117 et 118. Expansion d'un gris glauque ou livide en dessus, plissée ou unie, lobée, ciliée ; en dessous plus pâle et d'un roux jaunàtre, quelquefois glabre et lisse, mais plus souvent garnie de fibrilles ou poils simples ou rameux; les apothéciums, ou scutelles, sont épars, en forme de cône renversé, d'abord plans, puis convexes, marqués de lignes concentriques, et souvent percés d'un trou au sommet. Cette espèce croît sur les rochers, dans les montagnes. Elle offre une multitude de variétés, qui sont considérées comme des espèces par beaucoup d'auteurs. Acharius la distingue du *lichen proboscideus*, Linn., qui est pour lui différent. M. De Candolle les regarde comme deux variétés. Curt Sprengel les réunit à son *lecidea polymorpha*, réunion encore plus considérable de variétés, qu'il groupe en cinq principales, différant essentiellement par les teintes de la couleur, la présence des réticulations plus ou moins nombreuses et des fibrilles plus ou moins abondantes, qu'on observe à la surface inférieure. Toutes ces variétés sont remarquables, et peut-être qu'un examen attentif pourra conduire à y reconnoître de véritables espèces, et à détruire en grande partie l'extrême confusion dans laquelle elles sont mises par Sprengel.

§. 2. *Feuilles non hérissées en dessous.*

3. Ombilicaire a pustules : *Umbilicaria pustulata*, Hoffm., *Pl. lich.*, pl. 28, fig. 1 et 2, et pl. 29, fig. 4; *Lichen pustulatus*, Linn., *Sp.*, pl. 1617; *Fl. Dan.*, pl. 597, fig. 2; Sow., *Engl. bot.*, pl. 1283 ; *Gyrophora pustulata*, Ach., *Synops.*, pag. 66; *Lichenoides*, Dill., *Musc.*, pl. 30, fig. 131; Vaill., *Par.*, pl. 20, fig. 9. Expansion d'un vert-brun olivâtre à l'état humide, grise lorsqu'elle est sèche, étendue, fixée par le centre, arrondie, lobée; surface supérieure relevée de bosselures convexes, grenues, semblables à des pustules; surface inférieure

glabre, creusée de nombreuses fossettes irrégulières ; scutelles rares, d'abord un peu concaves et sans rides, ensuite planes et marquées de rides ou plissures. Cette espèce, une des plus belles et une des plus grandes du genre, puisqu'elle a plusieurs pouces de largeur, croît sur les rochers de grès à Fontainebleau, et se trouve aussi sur les rochers et dans les montagnes, en Europe et dans l'Amérique septentrionale. Les bords de son expansion et sa surface sont souvent garnis de faisceaux de fibres noires, très-rameuses, imitant de petits buissons, et qui forment quelquefois de larges plaques. (Voyez Ach., *Lich. univ.*, 1, p. 226, pl. 2, fig. 12.)

4. OMBILICAIRE GRIS-DE-SOURIS : *Umbilicaria murina*, Decand., Fl. fr., pag. 412 ; *Lichen griseus*, Ach., *in Nov. act. Stockh.*, 15, pag. 91, tab. 2, fig. 5 ; *Gyrophora murina*, Ach., *Synops.*, 69 ; Sow., *Engl. bot.*, pl. 2406 ; *Lichen*, Vaill., *Bot. par.*, 116, planche 21, fig. 14. Expansion un peu roide, d'un gris de souris en dessus, d'un noir brun ou fauve en dessous, avec de petites papilles protubérantes de couleur pâle, semblables à des pointillures ; scutelles ou apothéciums rares, épars à la surface supérieure, noirs, d'abord plans, puis hémisphériques, avec des rides concentriques ; enfin sinueux. Cette espèce croît, fixée par le centre de son expansion, sur les rochers et dans les montagnes, dans toutes les contrées de l'Europe. C'est la seule espèce que l'on trouve près Paris, sur les grès et les rochers de Marcoussis, etc.

Acharius rapporte avec doute à ce genre le *lecidea Turneri*, Clément, observé en Espagne sur les écorces du chêne-liége : c'est son *gyrophora Clementei*. Fries donne cette plante pour l'*auricularia corticalis* de Bulliard et le *thelephora quercina* de Persoon, et fait remarquer que les ombilicaires ne se trouvent que sur les rochers. (LEM.)

UMBILICITES. (*Foss.*) Les anciens auteurs ont donné ce nom aux cyclostomes et aux hélices fossiles. (D. F.)

UMBILICUS. (*Bot.*) Ce nom latin, suivi d'un surnom, a été donné à des plantes dont le pétiole, implanté au milieu de la feuille, présentoit la forme d'un nombril, surtout au cotylédon ordinaire, qui est l'*umbilicus Veneris* de Matthiole et de Lobel, et auquel M. De Candolle, dans la Flore françoise, a même voulu conserver ce dernier nom comme générique. Le même nom a été donné à la grande joubarbe, *sempervivum*, dont l'ensemble des feuilles a la même forme. L'*umbilicus marinus* est l'*acetabulum* de Tournefort, l'*androsaces* de Matthiole et de C. Bauhin, *tubularia acetabulum* de Linnæus. (J.)

UMBILICUS MARINUS. (*Conchyl.*) Les auteurs qui ont écrit en latin sur l'histoire naturelle, à la renaissance des lettres, désignoient sous cette dénomination les opercules calcaires de turbos, et surtout celui du *T. rugosus*, commun dans la Méditerranée.

M. Léman dit, dans le Nouveau Dictionnaire d'histoire naturelle, que ce nom se donne aussi au *tubularia acetabulum*, Linn., type du genre *Acetabularia* de M. de Lamarck. (De B.)

UMBLE. (*Ichthyol.*) Un des noms de l'ombre chevalier. Voyez Truite. (H. C.)

UMBLE CHEVALIER. (*Ichthyol.*) Voyez l'article Truite. (H. C.)

UMBRA. (*Ichthyol.*) Nom latin de l'*ombrine barbue*. (Voyez Ombrine.)

C'est aussi celui du corbeau de mer, *sciæna umbra*. Voyez Sciène. (H. C.)

UMBRACULUM. (*Bot.*) La plante ainsi nommée par Rumph paroît appartenir à l'*ægiceras* de Gærtner. (J.)

UMBRE. (*Erpét.*) Nom spécifique d'un Iguane. Voyez ce mot. (H. C.)

UMBRINA. (*Ichthyol.*) Voyez Ombrine. (H. C.)

UMBRINO. (*Ichthyol.*) Nom italien de l'*ombrine barbue*. Voyez Ombrine. (H. C.)

UMBU. (*Bot.*) Voyez Ombu. (J.)

UMEAU. (*Bot.*) Nom vulgaire, cité par M. Desvaux, de l'orme des champs, *ulmus campestris*, dans les environs d'Angers. (J.)

UMIFAKE. (*Conch.*) Selon M. Bosc, ce nom est celui des tridacnes au Japon. (Desm.)

UMIMUK. (*Mamm.*) Nom donné en Norwége à une race de bœufs domestiques, et qui s'applique aussi à un bœuf sauvage du nord de l'Amérique, soit le bison, soit le bufle musqué du Canada. (Desm.)

UM-KI. (*Bot.*) Arbrisseau de Chine, mentionné par Plukenet (*Alm.*, tab. 448 , fig. 4), et que Loureiro dit être le *gardenia florida*, Linn. (Lem.)

UMSEMA. (*Bot.*) Genre proposé par M. Rafinesque-Schmaltz pour placer le *pontederia cordata*, Linn. Ce genre n'a pas été adopté. (Lem.)

UMUK. (*Mamm.*) Nom du polatouche chez les Tartares tungouses. (Desm.)

UNA-BUSUKI. (*Bot.*) Kæmpfer cite ce nom japonois de la bardane, *lappa*, qui croit partout dans le Japon, le long des chemins. Le pourpier ordinaire, nommé *una-biju*, y est également très-commun. (J.)

UNAGHAS. (*Bot.*) Nom du bambou à Ceilan, cité par Hermann. (J.)

UNAPUMA. (*Bot.*) Dans les Cordillères du Pérou on nomme ainsi le *peperomia macrorhiza* de la Flore équinoxiale. (J.)

UNAU ou UNAU-OUASSOU. (*Mamm.*) Noms brésiliens d'une espèce de mammifère édenté du genre Paresseux ou Bradype. Le petit unau est une espèce du même genre, qui est désignée aussi par le nom de kouri. (Desm.)

UNCARIA. (*Bot.*) Schreber désigne sous ce nom l'*ourouparia* d'Aublet, qui a été réuni au *nauclea* de Linnæus, dans la famille des rubiacées. (J.)

UNCIA. (*Mamm.*) Nom sous lequel Cajus paroît avoir désigné le léopard, si toutefois l'*uncia* ne forme pas une espèce distincte de celle de cet animal, ainsi que le soupçonnent quelques naturalistes. (Desm.)

UNCINAIRE, *Uncinaria*. (*Entoz.*) Genre de vers intestinaux, établi par Frœlich (*Naturf.*, 24, page 157 — 159) pour deux espèces de strongles, le S. du renard et celui du blaireau, S. *tetragonocephalus* et *criniformis* de Rudolphi, dont il n'avoit, à ce qu'il paroît, observé que des femelles, avec la circonstance que le corps étoit fléchi, de manière à former un angle obtus ou un crochet, au fond duquel étoit l'orifice de la génération, d'où il avoit tiré le nom d'*Uncinaire*. Ce genre n'a été adopté par personne. Voyez Strongle. (De B.)

UNCINÉ. (*Bot.*) Terminé par une pointe recourbée en crochet ; exemples : feuilles du *mesembryanthemum uncinatum* ; pétales du *heisteria coccinea*, du *ximenia aculeata* ; stigmate du *colutea*, du *verbena glomerata;* funicule du *justicia*, de l'acanthe, etc. (Mass.)

UNCINIE, *Uncinia.* (*Bot.*) Genre de plantes glumacées, de la famille des *cypéracées*, de la *monoécie triandrie* de Linné, offrant pour caractère essentiel : Des fleurs réunies en un épi imbriqué, composé de fleurs mâles et femelles séparées, dont les mâles occupent le sommet : elles ont pour calice une écaille mutique ; point de corolle ; trois étamines ; dans les fleurs femelles l'écaille est pourvue d'une arête crochue qui part de sa base. Le fruit est le même que dans les carex.

Uncinie australe : *Uncinia australis*, Pers., *Synops. pl.*, 2, pag. 554 ; *Carex uncinata*, Linn. fils, *Suppl.*, 413. Sa tige se termine par un épi solitaire, quelquefois accompagné de quelques petits épis pendans, qu'on présume être stériles. Cet épi est très-long, composé de fleurs mâles et femelles. Ces dernières occupent les deux tiers inférieurs de la longueur de l'épi ; leurs écailles sont pourvues d'une arête en crochet, insérée au-dessus de leur milieu. Les fleurs mâles occupent la partie supérieure de l'épi, et ont leurs écailles mutiques. Cette plante croît dans la Nouvelle-Zélande.

Uncinie phléoïde : *Uncinia phleoides*, Pers., *loc. cit.*; *Carex phleoides*, Cavan., *Icon. rar.*, 5, t. 464, fig. 1 ; *Carex hamata*, Willd. Cette plante a des tiges droites, glabres, triangulaires, garnies de feuilles linéaires, canaliculées, striées, denticulées à leurs bords, de la longueur des tiges. L'épi est simple, cylindrique, long de cinq à huit pouces, composé de fleurs mâles à son sommet, et inférieurement de fleurs femelles ; les écailles sont imbriquées, alongées, très-aiguës ; l'ovaire est surmonté de trois stigmates ; les capsules sont oblongues, triangulaires, un peu obtuses, dentées et ciliées sur leurs angles, munies d'une arête filiforme, courbée en crochet, trois fois plus longue que la capsule. Cette plante croît à la Jamaïque et au Chili.

Uncinie hérissone : *Uncinia erinacea*, Pers., *loc. cit.*; *Carex erinacea*, Cavan., *Ic. rar.*, 5, tab. 464, fig. 2. Cette espèce a des tiges triangulaires, longues d'un pied ; les feuilles planes, glabres, striées, rétrécies et très-aiguës à leur sommet. Les fleurs sont disposées en un seul épi simple, terminal, long d'environ un pouce et demi, étroit, cylindrique, pourvu de

fleurs mâles à son sommet, et de femelles à sa partie inférieure; trois stigmates; une longue arête filiforme, courbée
en crochet à son sommet, plus longue que les écailles. Les
capsules sont ovales, presque rondes, un peu triangulaires.
Le lieu natal de cette plante n'est pas connu.

UNCINIE DE LA JAMAÏQUE : *Uncinia jamaicensis*, Pers., *l. c.*;
Carex uncinata, Swartz, *Flor. Ind. occid.*, 1, pag. 84. Cette
plante diffère du *carex uncinata* par ses épis plus petits, par
ses capsules entièrement glabres et non pubescentes au sommet. Ses racines sont longues, fibreuses, capillaires; ses tiges
longues d'un ou deux pieds, lisses, triangulaires; ses feuilles
droites, linéaires, denticulées, de la longueur des tiges. L'épi
est grêle, terminal, linéaire, trigone, long d'environ trois
pouces, garni de fleurs mâles au sommet, et de fleurs femelles
à leur partie inférieure ; les écailles sont brunes, alongées, aiguës, saillantes, en carène ; celles des femelles munies à leur
base interne d'une arête droite, une fois plus longue que le
style, courbée en crochet au sommet: on compte trois stigmates; les capsules sont ovales, alongées, trigones, ciliées,
denticulées sur leurs angles, aiguës au sommet; les semences
noires, triangulaires. Cette plante croit sur les hautes montagnes de la Jamaïque, parmi les gazons.

UNCINIE COMPACTE; *Uncinia compacta*, Rob. Brown, *Nov.
Holl.*, 1, pag. 241. Cette espèce a des tiges très-lisses, garnies de feuilles planes et roides; l'épi est terminal, solitaire,
épais, oblong, composé d'un grand nombre de fleurs fortement imbriquées, glabres sur toutes leurs parties : les écailles
des fleurs femelles munies d'une arête. Dans l'*uncinia riparia*
(Rob. Brown, *l. c.*) les tiges sont anguleuses, rudes sur leurs
angles; les feuilles planes et lâches; l'épi est filiforme, un peu
lâche, peu garni; les fruits sont à demi imbriqués, lancéolés,
nerveux. L'*uncinia tenella*, Rob. Brown, *loc. cit.*, a des tiges
filiformes, très-lisses, anguleuses; des feuilles foibles, presque sétacées; les fleurs peu nombreuses, réunies en un épi filiforme; les écailles caduques ; les fruits médiocrement imbriqués, lancéolés, très-lisses. Ces plantes croissent à la Nouvelle-Hollande. (POIR.)

UNCINUS. (*Bot.*) Voyez ONCINUS. (J.)

UNCIROSTRES. (*Ornith.*) Nom donné par M. Vieillot aux

échassiers de la 10.ᵉ tribu du 4.ᵉ ordre de sa méthode, famille 47, dont le bec robuste est courbé ou crochu à sa pointe, et chez lesquels le secrétaire est le seul qui ait les jambes emplumées. (Cʜ. **D.**)

UNCITE. (*Foss.*) On trouve dans les montagnes de l'Eiffel, dans des couches qui paroissent très-anciennes, des coquilles bivalves fort singulières, et qui ont quelques rapports avec les térébratules et les podopsides, mais qui paroissent avoir été libres. Comme les térébratules, elles ont une grande valve et une plus petite, et les sommets en sont recourbés. Celui de la plus grande est pointu, en crochet, souvent porté de côté et couvert d'une assez grande quantité de petits points, comme si, à leur place, il y avoit eu de très-petites épines qui auroient été détruites ; celui de l'autre valve n'est pas visible, attendu qu'il s'enfonce dans un sillon que présente le milieu du crochet ou le talon de la grande valve. Le têt de ces coquilles est mince, et leur extérieur est couvert de stries ou petites côtes longitudinales qui, sur les bords, répondent les unes aux autres, ce qui n'arrive pas dans les bucardes et dans d'autres coquilles. Étant remplies d'une sorte de vase grise pétrifiée, nous n'avons pu connoître la forme entière de leur charnière : mais dans une de ces coquilles qui a été brisée, nous sommes venus à bout d'être assurés qu'il en dépend une pièce mince, ayant la forme d'une faux qui, partant de la charnière, s'avance dans la plus petite valve jusqu'à la moitié de la longueur de cette dernière. La position de cette pièce, qui n'est pas médiane, nous fait croire qu'il en doit exister une pareille de chaque côté de la charnière. Ce qu'il y a de plus singulier dans la forme de ces coquilles, c'est un enfoncement qui se trouve de chaque côté, au bord antérieur et au bord postérieur. Il est de forme ovale, et part du sommet. Il augmente de largeur et de profondeur en s'étendant, et se termine en pointe du côté du bord antérieur aux deux tiers de la longueur de la coquille. Les bords de cet enfoncement sont carénés, et il est formé aux dépens des deux valves dont les bords le divisent en deux parties à peu près égales. Le fond de cet enfoncement est couvert de stries transverses provenant des accroissemens de la coquille. Il est bien difficile de savoir à quel

usage ont pu servir ces parties enfoncées : si elles eussent contenu des pédicules tendineux comme celui des térébratules,
non-seulement ces coquilles en auroient eu deux : mais encore on devroit soupçonner que chacun de ces pédicules
auroit été divisé en deux parties; et cela ne paroit pas probable.

Il est peut-être fâcheux pour l'étude de la science, de
voir créer de nouveaux genres, et surtout d'après une seule
espèce; mais celle-ci nous paroit réunir des caractères qui
sont si éloignés de tous ceux qui sont connus, que nous proposons d'en établir pour elle un nouveau sous le nom d'Uncite, auquel on pourroit assigner les caractères suivans :
*Coquille bivalve, libre? inéquivalve, régulière; la plus grande valve
ayant un crochet avancé, courbé, non percé à son sommet; celui
de la plus petite valve se courbant et s'enfonçant dans le talon de
la plus grande; charnière ..... de laquelle il dépend deux pièces
osseuses, minces, en forme de faux, qui s'avancent dans la plus
petite valve; un enfoncement considérable de chaque côté se trouvant placé au bord antérieur et au bord postérieur.*

Nous ne connoissons de ce genre qu'une seule espèce, à
laquelle nous avons donné le nom d'Uncite griffon, *Uncites
gryphus.* Elle a été connue de M. de Schlotheim, qui l'avoit
regardée comme une térébratule, à laquelle il a donné le nom
de *terebratula gryphus*, et l'a figurée dans son *Petrefactenkunde*,
pl. 9, fig. 1, mais sans avoir exprimé l'enfoncement. On en
voit des figures dans l'atlas de ce Dictionnaire, planches des
fossiles.

Quelques-unes de ces coquilles ont près de trois pouces de
longueur; et dans celles de cette grandeur l'enfoncement a
près de deux pouces de longueur sur huit lignes de largeur
vers son milieu, et six lignes de profondeur.

Si l'on retiroit du genre des Térébratules beaucoup d'espèces qui s'y trouvent et qui, n'étant pas percées au sommet,
ne paroissent pas avoir été attachées par un pédicule tendineux, elles pourroient peut-être entrer dans le genre que
nous proposons ici. (D. F.)

UNCTUOUS-SUKER. (*Ichthyol.*) Nom anglois du *liparis.*
Voyez Cyclogastre. (H. C.)

UNDAIRE, *Undaria.* (*Polyp.*) Genre de madrépores, établi

par M. Oken (Man. d'hist. nat., zool., t. 1, p. 699) pour deux espèces qui rentrent, l'une, dans le genre *Pavonia* de M. de Lamarck; *Madrepora agaricites*, Linn., et l'autre dans le genre *Agaricia;* le M. *undata*, Soland. et Ell. Les caractères que M. Oken assigne à son genre Undaire, sont : Polypier frondescent, fléchi diversement, avec des sillons transverses, contenant les étoiles. Voyez Payone et Agarice. (De B.)

UNDARI. (*Bot.*) Nom brame de l'*hydrocotyle asiatica*, cité par Rhéede. (J.)

UNDEQUIERA. (*Bot.*) Le *casearia corymbosa* de M. Kunth est ainsi nommé près de Mompox, sur les rives de la Magdeleine, dans l'Amérique méridionale. (J.)

UNDER SWORD-FISH. (*Ichthyol.*) Nom anglois du petit espadon. Voyez à l'article Demi-bec, tome XIII, page 46. (H. C.)

UNDINA. (*Bot.*) Genre proposé par Fries dans la famille des algues, pour placer une partie des espèces aquatiques de nostoc, décrites par Agardh dans son *Systema*. Il caractérise ainsi son genre : Thallus gélatineux, s'isolant aisément, ensuite gonflé, creux, ou gonflé d'une humeur propre, avec des grains réunis en filamens moniliformes et courbés; écorces un peu coriaces. Les espèces croissent dans les marais et dans la mer : elles sont ordinairement d'un vert obscur. Celles citées par Fries sont: les *nostoc pruniforme* (*ulva pruniformis*, Linn.), *sphærica*, *Lemaniæ*, *Rothii*, *verrucosum*, *mesentericum*, *Quoji*, *confusum*, *rufescens*, etc., d'Agardh. Il en exclut le *nostoc flos aquæ*, Agardh. Voyez Fries, *Syst. orb. veg.*, 1, pag. 348. (Lem.)

UNDUPIALY. (*Bot.*) A Ceilan on donne ce nom, suivant Hermann, à des plantes rapportées par Linnæus à son genre *Hedysarum*, qui a été subdivisé postérieurement par MM. Desvaux, Jaume Saint-Hilaire et De Candolle. Ainsi, l'undupialy, qui est l'*hedysarum vaginale* de Linnæus, fait partie de l'*alysicarpus* de M. Desvaux; un autre, *hedysarum biarticulatum*, est un *dicerma* de M. De Candolle; un troisième, *hedysarum triflorum*, est réuni par le même à son genre *Desmodium*. (J.)

UNE, UNEBOS. (*Bot.*) Noms japonois de l'amandier nain, cités par Kæmpfer. (J.)

UNEDO. (*Bot.*) Lobel donnoit ce nom à l'arbousier ordinaire, qui est l'*arbutus unedo* de Linnæus. (J.)

UNERNAK. (*Ichthyol.*) Voyez UERNAK. (H. C.)

UNGHAS. (*Bot.*) Nom du bambou, *arundo bambos* de Linnæus, *bambusa arundinacea* de Willdenow, dans l'île de Ceilan, suivant Hermann. (J.)

UNGUE DE GATO. (*Bot.*) Dans l'Amérique, au confluent
du fleuve des Amazones et du Chamoya, on nomme ainsi
l'*acacia riparia* de M. Kunth, espèce épineuse à feuilles bi-
pennées et à fleurs en têtes axillaires. Le *mimosa unguis cati*
de Linnæus est maintenant l'*inga unguis cati* de Willdenow.
La griffe de chat des Antilles est le *bignonia unguis* de Linnæus. (J.)

UNGUENTARIA. (*Bot.*) Suivant C. Bauhin, les Parisiens
donnoient ce nom à une aurone, *abrotanum*, qui a des feuilles
de bruyère. (J.)

UNI [*Lævis*]. (*Bot.*) Dont la surface n'a aucune sorte d'aspérités ou d'éminences; exemples : tige du hêtre; feuilles du
nymphæa; graines du marronnier d'Inde, etc. (MASS.)

UNIBRANCHAPERTURE, *Unibranchapertura*. (*Ichthyol.*)
De Lacépède a ainsi appelé des poissons que Bloch a nommés *Synbranches*, et qui forment un genre dans l'ordre des
Ophichthes, genre que l'on peut reconnoître aux caractères
suivans :

*Squelette osseux; branchies sans opercules ni membranes, et ne
communiquant au dehors que par un seul trou percé sous la gorge
et commun aux deux côtés ; nageoires pectorales et catopes nuls;
dents obtuses ; corps et queue serpentiformes.*

On peut donc sans peine distinguer les UNIBRANCHAPERTURES
des MURÉNOPHIS, des GYMNOMURÈNES et des MURÉNOBLENNES,
qui ont les ouvertures des branchies latérales, et des SPHA-
GEBRANCHES, qui les ont doubles. (Voyez ces mots, et OPHICH-
THES.)

Toutes les espèces de ce genre manquent de cœcum et
ont une vessie aérienne longue et étroite. Elles vivent dans
les mers des pays chauds.

Parmi elles nous citerons :

L'UNIBRANCHAPERTURE MARBRÉE : *Unibranchapertura marmo-
rata*, Lacép.: *Synbranchus marmoratus*, Bloch, 418. Tête plus

grosse que le corps, à crâne convexe, à museau arrondi; mâchoires égales; dents petites et coniques; palais et langue lisses; dos d'un olivâtre foncé; abdomen et flancs d'un vert jaunâtre; des marbrures violettes sur le corps et la queue.

Ce poisson vit dans les eaux douces et bourbeuses de Surinam.

Sa chair est grasse, mais elle a la saveur de la vase.

L'Unibranchaperture immaculée: *Unibranchapertura immaculata*, Lacép.; *Synbranchus immaculatus*, Bloch, 419. Tête plus grosse que le corps, à crâne convexe, à museau pointu; mâchoires égales; corps et queue sans taches.

Des eaux de Surinam et de Tranquebar.

L'Unibranchaperture cendrée; *Unibranchapertura grisea*, Lacép. Pas de taches; œil petit; écailles presque invisibles; tête étroite; museau pointu; mâchoire supérieure plus avancée que l'inférieure; teinte générale grise; taille de sept à huit pouces.

Des eaux de la Guinée.

L'Unibranchaperture rayée; *Unibranchapertura lineata*, Lac. Tête grosse; museau avancé et pointu; dents très-petites et crochues; nageoires dorsale, caudale et anale très-courtes et adipeuses.

Elle parvient à la taille d'environ deux pieds, et vit à Cayenne. (H. C.)

UNICORNE. (*Ichthyol.*) Nom d'un Chétodon. (H. C.)

UNICORNE. (*Mamm.*) Ce nom est un des synonymes de l'animal sans doute fabuleux qu'on a appelé licorne, et il a été aussi appliqué au narval ou licorne de mer.

Cette même dénomination a encore été donnée à l'ivoire fossile et décomposé des défenses de l'éléphant mammouth, qu'on employoit autrefois en pharmacie. (Desm.)

UNICORNUS. (*Conchyl.*) Nom latin du genre Licorne, d'après Denys de Montfort. Voyez ce mot et Monoceros. (De B.)

UNIFLORE. (*Bot.*) Ne portant ou n'accompagnant qu'une fleur; exemples: hampe du *cyclamen*; pédoncule de l'*asarum*; calathide de l'*echinops*; cupule du *pinus*, du *corylus*; involucre de l'*anemone nemorosa*; glume de l'*alopecurus agrestis*, etc. (Mass.)

UNIFOLIOLÉE [Feuille]. (*Bot.*) Feuille composée, n'offrant qu'une foliole sur un pétiole articulé : l'articulation fait ranger la feuille unifoliolée parmi les feuilles composées; exemples : *citrus aurantium*, *rosa simplicifolia*, *hedysarum vespertilionis*, etc. (Mass.)

UNIFOLIUM. (*Bot.*) Dodoëns, Daléchamps et d'autres anciens, nommoient ainsi le *convallaria bifolia* de Linnæus, maintenant *maianthemum* de Roth, qui pousse d'abord une seule feuille et plus tard une seconde. Le caractère de feuille unique a fait aussi donner par Gesner le nom d'*unifolium palustre* à la grassette, *pinguicula*. (J.)

UNIGANOCÉPHALE. (*Erpét.*) On a proposé de donner ce nom à un genre de reptiles ophidiens, qui n'a point été adopté. (H. C.)

UNIJUGUÉE [Feuille]. Dont le pétiole commun porte une seule paire de folioles; exemples : *tygophyllum fabago*, *lathyrus pratensis*, etc. (Mass.)

UNILABIÉE [Corolle]. (*Bot.*) Dont le tube se prolonge d'un seul côté en une seule lèvre; exemple : *acanthus*, etc. (Mass.)

UNILATÉRAL, ALE. (*Bot.*) Epithète employée pour désigner les feuilles, les fleurs, les pétales, les étamines qui se rejettent tous d'un même côté; exemples : feuilles et fleurs du *convallaria multiflora*; pétales du *cleome*; étamines du *salvia*, de l'*amaryllis formosissima*, etc. On nomme nectaire unilatéral, celui qui est attaché d'un seul côté de l'ovaire (*grevillea*), et placentaire unilatéral, celui qui est attaché d'un seul côté du péricarpe; exemple : légumineuses, etc. (Mass.)

UNILOCULAIRE. (*Bot.*) Dont la cavité intérieure n'est divisée par aucune cloison, ou du moins n'a pas de cloisons complètes; exemples : ovaire de l'*anagallis*, du *dianthus*, du *juglans*; anthères du *cycas*, du *cupressus*, du *thuya*, du *larix*; baie du *cucubalus bacciferus*; capsule du *silene*, du *papaver*, etc. (Mass.)

UNIMACULÉ. (*Ichthyol.*) Nom spécifique d'un Pristipome. Voyez ce mot. (H. C.)

UNIO, Unio. (*Conchyl.*) Genre de coquilles établi par Retzius, et admis par Bruguière et tous les conchyliogistes subséquens, pour un certain nombre d'espèces que Linné comprenoit sous le nom extrêmement vague et mal défini de mye, et qui depuis a pris une extension remarquable par la grande quantité de nouvelles et de singulières espèces qui ont été recueillies dans les lacs et les rivières des États-Unis de l'Amérique septentrionale. Le nom d'*unio*, qui veut dire perle, a sans doute été donné à ce genre parce que la coquille est souvent d'une très-belle nacre, et que dans certaines parties de l'Europe on en retire même des perles, qui, quoique généralement moins belles que celles des avicules perlières, n'en sont pas moins quelquefois dignes d'entrer dans le commerce. En françois on trouve souvent ce genre désigné sous le nom de *mulette* ou de moule de rivière. Les caractères que l'on peut assigner à ce genre dans l'état actuel de la science, sont les suivans : Corps de forme très-variable, généralement assez épais, enveloppé dans un manteau à bords épais, simples ou frangés, ouvert dans toute sa circonférence, si ce n'est vers le dos; un orifice ovalaire, distinct pour la terminaison du rectum ; une espèce de petit siphon incomplet, garni de deux rangées de cirrhes assez alongés, à l'extrémité postérieure de la cavité branchiale ; pied lamelliforme et tranchant; bouche grande, transverse; appendices labiaux larges et ovalaires; orifices terminaux des ovaires à la racine supérieure et antérieure de l'abdomen. Coquille ordinairement fort épaisse, nacrée intérieurement, épidermée, souvent rongée aux sommets dorsaux et subantérieurs, de forme extrêmement variable, mais toujours équivalve et régulière; charnière dorsale, formée, outre une longue dent lamelleuse sous le ligament, d'une double dent præcardinale plus ou moins comprimée et dentelée irrégulièrement sur la valve gauche, simple sur la valve droite; ligament externe, dorsal et postapicial; deux impressions musculaires bien marquées, réunies par une ligule palléale, étroite, non excavée en arrière.

D'après cette caractéristique il est évident que les unios ou les mulettes ne diffèrent des anodontes que parce que la coquille dans celles-là est toujours beaucoup plus mince que dans celles-ci, et surtout parce que le système d'engrenage est beaucoup plus complet. En effet, dans celles-ci il n'y a jamais d'autres saillies au bord cardinal qu'une lamelle plus ou moins prononcée sous le ligament ; mais jamais il n'y a, avant les sommets, les espèces de dents grossières et irrégulièrement dentelées qu'on remarque dans celles-là. L'une de ces dents est simple et plus ou moins cunéiforme sur la valve droite, et quand la coquille est fermée, elle pénètre dans l'écartemement anguleux des deux dents irrégulières de la valve gauche.

Cette ressemblance complète de l'animal des Unios et des Anodontes a fait comprendre ces deux genres sous la même dénomination de *Lymnoderme* par Poli.

Les espèces d'unios sont si nombreuses aujourd'hui dans les collections, qu'il seroit réellement important, pour en faciliter la connoissance, d'établir parmi elles des coupes tranchées ou du moins à peu près tranchées ; mais cela paroît être fort difficile. M. Rafinesque n'a cependant pas été arrêté par la difficulté : on trouvera en effet dans un mémoire inséré dans les Annales des sciences physiques de Bruxelles, pour l'année 1820, tome 5, page 287, une distribution des espèces d'unios de l'Amérique septentrionale, dans laquelle il n'établit pas moins des genres qu'il définit à sa manière, et qui portent essentiellement sur la forme générale. Il n'en est peut-être pas un qui soit admissible, et, ce qu'il y a de remarquable, c'est qu'il lui est arrivé, en posant la coquille dans une position différente, de placer dans des genres et même dans des familles différentes, des individus qui sont peut-être de la même espèce. M. de Lamarck s'est borné à établir deux divisions, d'après la forme de la dent crénelée ; mais ce caractère ne m'a paru offrir rien de bien constant, en sorte que, dans l'état actuel de nos connoissances, je préfère partager les espèces d'après la partie du monde dont elles proviennent. Je pense plus qu'un autre que cette division est inadmissible, aussi n'est-ce que provisoirement que je la présente.

A. *Espèces d'Europe.*

L'unio margaritifère : *Unio margaritifera*, Retzius ; *Mya margaritifera*, Linn., Gmel., pag. 3219, n.° 4 ; Draparn., Mollusq., pag. 132, pl. 10, fig. 8, 16, 19 ; *Unio sinuata*, de Lamk. ;

vulgairement la Moule du Rhin. Coquille fort grande, cinq à six pouces de long, sur deux et demi de haut, très-épaisse. très-nacrée, ovale-oblongue, à sommets assez saillans, fortement décortiqués, avec un rétrécissement oblique vers le milieu du bord inférieur; dent cardinale épaisse, lobée et striée; épiderme très-épais : de couleur presque noire ou d'un brun verdâtre.

Cette coquille, la plus grande des espèces de ce genre qui existe en Europe, se trouve, à ce qu'il paroît, dans toutes les rivières un peu grandes, et surtout profondes, de l'Europe méridionale et septentrionale; elle est commune dans le Rhin, dans la Loire, dans la Charente; mais je ne la connois pas dans la Seine : c'est probablement elle qui fournit le plus de perles.

Il paroît que dans son jeune âge elle diffère beaucoup de ce qu'elle est dans son état adulte; en effet, suivant M. Nilsson, elle est ovale. comprimée et sans aucun indice de courbure ou de sinuosité, et la dent lamelleuse sous-ligamenteuse est beaucoup plus prononcée.

L'Unio alongée : *Unio elongata*, Lamk.; *Mya margaritifera*, d'Acosta, *Brit. conch.*, pag. 225, tab. 15, fig. 3 ; Pennant. *Zool. brit.*, 4, tab. 43, fig. 18. Coquille d'une assez grande taille, mais plus petite, proportionnellement plus alongée, plus étroite que la précédente, un peu courbée; crochets surbaissés ; bord inférieur subsinueux ; dent cardinale petite.

Des rivières d'Angleterre et du nord de l'Europe, comme l'avoit prévu M. de Lamarck, puisque Pfeiffer décrit et figure sous le nom de *margaritifera* une coquille à laquelle il donne pour synonymie l'*Unio elongata* du zoologiste françois, et cite, comme lui appartenant, la figure 5, pl. 11, de Draparnaud, qui, suivant celui-ci, représente l'Unio margaritifère jeune.

En réfléchissant que les espèces de ce genre de coquilles varient d'une manière tout-à-fait remarquable, suivant les localités, je ne serois réellement pas étonné que les deux espèces précédentes ne fussent que le *Mya margaritifera* de Linné; c'est aussi l'opinion de M. Nilsson, qui y rapporte également l'*Unio viparia* de Pfeiffer, t. 5, fig. 13.

L'Unio littorale : U. *littoralis*, de Lamk., Syst. des Anim. sans vert., tom. 6, part. 1, page 76, n.° 25 ; Draparn., Mollusq., pag. 133, n.° 3, pl. 10, fig. 20. Coquille médiocre, ovale-élargie, assez comprimée, assez épaisse, un peu subcarrée, avec un sillon longitudinal plus ou moins marqué à l'endroit du corselet ; une dent subtétragonale épaisse sur la valve droite ; épiderme épais, grossier, de couleur noire.

Cette espéce, que j'ai trouvée moi-même communément dans la Seine, dans l'Orne, dans la Loire, dans la Maine, dans la Charente, et qui existe dans toutes les rivières de France, se rencontre aussi en Allemagne, d'après Pfeiffer ; mais je ne vois pas que les auteurs anglois en fassent mention : elle me paroit offrir un assez grand nombre de variétés, qui tiennent, à ce que je crois, à l'âge. Quand elle est fort jeune, elle est très-comprimée, ovale, subcirculaire, avec le corselet très-élevé et très-tranchant, sans sinuosité au bord inférieur. A mesure qu'elle avance en âge, elle s'alonge, surtout par l'extrémité postérieure, en sorte qu'elle devient plus inéqui-latérale ; le corselet devient moins saillant et le bord infé-rieur s'excave peu à peu, en sorte qu'à son état de complet développement elle a une certaine ressemblance avec l'unio sinuée.

L'U. noire : U. *atra*, Nilsson, *Mollusc. Sueciæ*, page 107 ; U. *margaritifera* (*junior*) ; Draparn., Hist. des mollusq., t. 11, fig. 5. Coquille ovale-oblongue, également courbée à ses deux bords, ventrue, épaisse, surtout à la partie antérieure et inférieure : dents cardinales épaisses, anguleuses, ordi-nairement obtuses, crénelées et striées ; dent latérale lamel-liforme, bien marquée. Couleur d'un beau blanc argenté sous un épiderme noir.

Cette espèce se trouve en France et en Suéde, dans le fleuve Hoseao, près Lund.

L'U. épaisse : U. *crassa*, Retzius, *Nov. test. gen.*, pag. 17, n.° 2 ; U. *littoralis*, Pfeiff., p. 117, t. 5, fig. 12. Coquille ovale, épaisse, plus ventrue et plus petite que la précédente, à bord inférieur plus courbé que le supérieur, qui est quelquefois rétus : natéces déprimées et lisses. Couleur brune ou verdàtre, quelquefois subradiée.

Cette espéce, qui est commune dans les rivières de la Suéde, et que M. Nilsson dit avoir caractérisée d'après les individus mêmes qui ont servi aux observations de Retzius, me paroit peu distincte de l'*Unio pictorum.*

L'UNIO RENFLÉE : *U. tumidus*, Retzius, *loc. cit.*, et Nilsson, pag. 109. Coquille ovale-oblongue, ventrue, renflée, épaisse, pesante, peu à peu atténuée et alongée en arrière, à natèces proéminentes et tuberculeuses, et peu décortiquées, à sommets distincts; corselet un peu caréné par un angle obtus et séparé de lui par un sillon de chaque côté; les dents præcardinales comprimées, crénelées ou denticulées ; les dents postcardinales lamelliformes, saillantes. Couleur brune ou rousse, avec des stries zoniformes noirâtres.

Cette espèce, que M. Nilsson a décrite d'après les individus observés par Retzius, paroit atteindre une taille presque égale à celle de l'Unio margaritifère; sans cela elle seroit bien voisine de l'*Unio rostrata* de M. de Lamarck.

Elle est des lacs de la Scanie.

L'U. VASICOLE : *U. limosa*, Nilsson, *loc. cit.*, page 110; *U. pictorum*, Pfeiffer, pag. 115, pl. 5, fig. 10. Coquille ovale-oblongue, assez épaisse et pesante, alongée et obliquement subtronquée en arrière, avec une carène peu marquée derrière le ligament et non anguleuse; natèces peu saillantes et décortiquées. Couleur presque toujours brune et assez foncée.

Des lacs et rivières de la Scanie, où elle est très-commune.

L'U. NAINE; *U. nana*, de Lamk., *loc. cit.*, n.° 27. Coquille petite, d'un pouce environ de longueur, subelliptique et rugueuse longitudinalement; les rugosités des sommets anguloflexueux ; dents de la charnière épaisses et assez courtes; épiderme assez épais, d'un vert-brun foncé.

Des rivières de la Franche-Comté, d'après M. de Férussac. Je possède un individu de cette espèce : ce n'est peut-être qu'une simple variété de l'*U. littoralis*, dont elle est au moins fort rapprochée; comparée cependant avec un individu de la taille de celle-ci, les valves sont bien plus épaisses et la couleur de l'épiderme est bien plus foncée; mais les rugosités sinueuses des sommets existent dans l'une comme dans l'autre.

L'Unio rostré : *U. rostrata*, *id.*, *ib.*, n.° 51 ; Pfeiffer, *Land-und Wasserschnecken*, pag. 114, tab. 5, fig. 8. Coquille ovale-oblongue, atténuée et comme rostrée à son extrémité postérieure, qui est subtronquée ; sommets assez saillans, assez peu excoriés ; le bord de la petite carène du corselet droit et non anguleux. Couleur de l'épiderme d'un vert jaunâtre.

Cette espèce, que M. de Lamarck a le premier distinguée, se trouve, dit-il, dans le Rhône et les grandes rivières de l'Allemagne et de la Silésie. En effet, M. Pfeiffer la décrit : elle a trois pouces de long sur un pouce deux lignes de haut et onze lignes d'épaisseur. Suivant M. Nilsson, l'U. *rostrata* de Pfeiffer est l'U. *pictorum* de M. de Lamarck.

L'U. des peintres : *U. pictorum*, *id.*, *ibid.*, n.° 52 ; *Mya pictorum*, Linn., Gmel., pag. 3218, n.° 5 ; Faune franç., pl. 7 ; fig. 1 ; Pfeiffer, *loc. cit.*, tab. 8, fig. 24. Coquille ovale - oblongue, au moins de deux pouces de long, médiocrement épaisse, un peu atténuée à l'extrémité postérieure, qui est un peu aiguë et rhomboïdale ; sommets décortiqués et souvent tuberculeux. Couleur olivâtre, quelquefois brune ou d'un vert assez clair.

Cette espèce, qui est ordinairement un peu plus petite que la précédente, se trouve dans toutes les parties de la France, en Allemagne, en Italie, ainsi qu'en Angleterre, où quelques auteurs, et entre autres Donovan et Montagu, l'ont décrite sous le nom de *mya ovalis*. Je ferai remarquer que dans ce pays elle atteint une bien plus grande taille qu'en France, puisque Maton et Rackett disent qu'elle a trois ou quatre pouces de long, sur un pouce et quart ou deux pouces de haut.

D'après M. Nilsson, l'Unio *pictorum* de Pfeiffer n'est pas celle de M. de Lamarck, mais l'espèce qu'il nomme Unio *limosa*.

L'U. ovale : *U. ovata*, List. et Mack., *Cat.*, n.° 10 ; List., *Anim. angl.*, *Append.* ; Donovan, *Brit. Shells*, tab. 122, fig. 1 — 3. Coquille ovale, rétrécie et presque rostrée en arrière, assez épaisse, renflée, de couleur vert-brunâtre, quelquefois un peu radiée.

Cette espèce, que M. de Lamarck regarde comme ne différant pas de la précédente, se trouve dans les rivières d'Angleterre avec l'*U. pictorum*, ce qui fait penser à MM. Maton et Rackett, comme cela avoit paru à Lister, que ce sont deux espèces distinctes. J'ai trouvé dans la Seine cette espèce également avec l'*U. pictorum* et avec l'*U. batava*, et il me paroît probable que ce n'est qu'une variété plus âgée.

L'Unio obtuse : *U. batava*, Lamk., *l. c.*, n.° 33 ; Schrœter, *Fluss-Conch.*, tab. 3, fig. 5 ; *U. pictorum*, var. *β*, Draparn., Mollusq., p. 131, pl. 11, fig. 3 ; Encycl. méth., t. 248, fig. 3. Coquille ovale, assez renflée, épaisse, obtuse aux deux extrémités, mais surtout à l'antérieure, qui est arrondie ; épiderme d'un jaune verdâtre, souvent radié.

De toutes les rivières d'Europe, où elle se trouve avec l'U. *pictorum* : elle offre un assez grand nombre de variétés, qui quelquefois sont telles, qu'on a de la peine a les distinguer de celle-ci.

L'U. de Bourgogne ; *U. marica*, de Féruss.; de Lamk., *ibid.*, n.° 43. Coquille de deux pouces et demi de long, oblongue, à sommets déprimés ; la dent cardinale gauche profondément canaliculée ; la droite comprimée et striée d'un seul côté.

Cette espèce, qui ne paroît distincte de l'U. *pictorum* que par plus d'alongement et par la forme de ses dents cardinales, caractères si sujets à varier, se trouve dans les rivières de Bourgogne. Il est à remarquer que M. de Lamarck dit qu'elle a l'aspect de son *U. elongata* ; ainsi elle seroit un peu sinueuse à son bord inférieur.

L'U. ripaire : *U. riparia*, Pfeiffer, *Fluss- und Land-Schneck.*, p. 118, tab. 5, fig. 25 ; Encycl. méth., pl. 249, fig. 4, *a*, *b*. Coquille de dix-neuf lignes de long sur dix lignes de large et sept lignes d'épaisseur, de forme elliptique, épaisse, à crochets déprimés, cariés ; dent cardinale conique, crénelée : couleur brune.

Cette espèce, qui, d'après M. Pfeiffer lui-même, a beaucoup de rapports avec son *U. margaritifera*, dont elle pourroit bien n'être qu'une variété d'âge, se trouve communément dans plusieurs rivières d'Allemagne, et entre autres dans le Hanau supérieur, dans la Kintzig, sur les rives plates et sablonneuses.

L'U. de Turton ; *U. Turtonii*, Payraudeau, Corse, p. 65, pl. 2, fig. 2 et 3. Coquille de trois à quatre pouces de long,

mince, de forme alongée, bâillante aux deux extrémités ; le
côté postérieur beaucoup plus long que l'autre et atténué ;
sommets renflés ; natèces à peine décortiquées ; dent cardinale
de la valve droite petite et comprimée : couleur olivâtre en
dehors, blanche, nuancée de bleuâtre en dedans.

Cette espéce, qui paroît bien distincte et qui semble faire
le passage aux anodontes, se trouve assez abondamment à
l'embouchure des torrens dans l'île de Corse.

L'Unio capigliolo ; *Unio capigliolo*, *id.*, *ib.*, pl. 2, fig. 4. Coquille de deux à trois pouces de long, assez épaisse, ovale,
elliptique, très-comprimée, très-inéquilatérale ; le côté postérieur beaucoup plus long que l'autre et subanguleux à son
extrémité ; l'antérieur arrondi ; natèces fortement décortiquées ; dent cardinale triangulaire, épaisse et crénelée ; épiderme assez épais, plissé longitudinalement et varié de verdâtre, de jaune et de brun.

Cette espèce, qui se trouve aussi abondamment aux mêmes
lieux que la précédente, pourroit bien n'être qu'une variété
de l'Unio obtuse.

En général, je dois avouer que les espéces d'unios d'Europe,
établies par les auteurs, sont encore trop mal caractérisées
pour qu'on puisse rien dire de bien certain à leur sujet, si ce
n'est qu'elles sont très-probablement beaucoup trop multipliées.

B. *Espéces de l'Amérique septentrionale.*

L'Unio resserrée ; *Unio coarctata*, de Lamk., *l. c.*, n.° 11.
Coquille médiocrement épaisse, ovale-oblongue, convexe,
déprimée, anguleuse à son extrémité postérieure, rétrécie et
sinueuse à son bord inférieur : couleur d'un pourpre livide
intérieurement.

Cette espèce, que M. de Lamarck regarde comme l'analogue de l'*Unio margaritifera* d'Europe, quoique de moindre
taille, existe dans la rivière d'Hudson.

L'U. purpurescente ; *U. purpurea*, Say, Enc. amér., Conch.,
pl. 3, fig. 1. Coquille ovale-oblongue, assez convexe, subanguleuse postérieurement, déprimée en dessous et subsinueuse
au milieu : couleur purpurescente à l'intérieur.

Cette espèce, qui habite les rivières de l'état de New-York, présente, suivant M. de Lamarck, deux variétés principales : l'une, dont la coquille est mince, avec l'intérieur d'un blanc pourpré, vient du lac Sarratoga ; l'autre, dont la coquille est plus épaisse, avec l'intérieur blanc, est du lac Champlain.

L'UNIO RAYONNÉE : *U. radiata*; *Mya radiata*, Linn., Gmel., p. 3220, n.° 9 ; List., *Conchyl.*, tab. 152, fig. 7 ; *U. ochraceus*, Say, Encycl. amér., Conch., pl. 3, fig. 8. Coquille mince, obovale, convexe, déprimée, très-finement striée dans sa longueur, très-élargie à son extrémité postérieure, couverte d'un épiderme jaunâtre, rayonné verticalement.

Il me paroit fort probable que la coquille sur laquelle cette espèce est établie, n'est pas arrivée à son état parfait, ce que prouve sa minceur, l'élévation de son corselet et même sa radiation. Quoi qu'il en soit, M. de Lamarck la dit du lac Sarragota et de celui de Saint-George, pour une variété plus grande, un peu plus épaisse, plus prolongée en arrière, et qu'on a considérée comme une variété de l'U. purpurescente ; et Gmelin, en citant la même figure de Lister, pour sa variété β, la donne comme venant des fleuves du Malabar.

L'U. A SILLONS RARES ; *U. rarisulcata*, Lamk., *loc. cit.*, n.° 10. Coquille ovale, rhomboïdale, avec des sillons longitudinaux rares, élevés et distans : couleur d'un brun jaunâtre en dehors, violacée en dedans.

C'est encore une espèce voisine de l'U. *coarctata*, et qui se trouve, comme elle, dans le lac Champlain ; mais son bord inférieur n'est pas sinueux ou rétréci en sinus. Elle a à peine deux pouces de long.

L'U. CARÉNIFÈRE ; *U. carinifera*, id., ibid., n.° 16. Coquille mince, ovale-rhomboïde, subdéprimée ; le corselet élevé, très-comprimé et comme caréné ; dent cardinale petite et striée : couleur d'un violet pourpre.

Cette coquille, à peine de deux pouces de long, et qui vient de la rivière d'Hudson, dans l'état de New-York, est probablement du genre *Amblema* de M. Rafinesque, et peut-être son *Obliquaria rubra*, placé, on ne sait pourquoi, sous ce nom dans le genre *Amblema*.

L'U. A PLIS RARES ; *U. rariplicata*, id., ibid., n.° 5. Coquille épaisse, ovale, subailée, pourvue sur le côté postérieur, sinueux, de plis obliques rares ; corselet élevé, compresso-caréné.

De la rivière de l'Ohio.

L'Unio dent-épaisse : *U. crassidens*, id., ib., n.° 3 ; *U. crassa*, Say, Encycl. amér., tab. 1, fig. 8 ; *Elliptio crassa*, Rafinesq., Monogr. des riv. de l'Ohio ; Ann. gén. des sciences physiq. de Bruxelles, tom. 5, pag. 293. Coquille très-épaisse, ovale, renflée, arrondie en avant, subsinuée par deux ou trois angles en arrière : dent cardinale très-épaisse, lobée, anguleuse et striée : couleur d'un blanc rougeâtre, évidemment sous un épiderme brun.

Dans le Mississipi, l'Ohio et plusieurs lacs de l'Amérique septentrionale, avec quelques différences, dont M. de Lamarck fait trois variétés. La première, du Mississipi, figurée dans Lister (*Conchyl.*, tab. 150, fig. 5), a le côté postérieur tronqué obliquement, et la coquille est d'un blanc rougeâtre irisé. La seconde, du lac Érié, a son côté postérieur plus atténué, obtus, et la couleur d'un blanc rougeâtre. Enfin la troisième, qui est subiridérante, de couleur blanche, a le côté postérieur atténué, arrondi.

C'est une coquille de près de quatre pouces de long.

L'U. ligamentine ; *U. ligamentina*, id., ibid., n.° 7. Coquille de près de trois pouces de long, ovale, renflée, un peu élevée et carénée au corselet, avec un double ligament, dont un seul est extérieur, l'autre caché entre les natèces et la charnière ; dent cardinale fort épaisse : couleur toute blanche sous l'épiderme.

De l'Ohio.

L'U. oblique ; *U. obliqua*, id., ibid., n.° 8. Coquille de plus de deux pouces de long, sublongitudinale, ovale, arrondie, oblique, renflée vers les crochets, déprimée et bisillonnée à l'autre extrémité, à ligament subdouble : la dent cardinale épaisse, sillonnée et bipartite.

De l'Ohio.

L'U. rétuse ; *U. retusa*, id., ibid., n.° 9. Coquille de deux pouces au plus de long, épaisse, arrondie, renflée, à sommets rétus, rongés ; dent latérale très-courte ; dent cardinale grossière, sillonnée et bipartite : couleur d'un vert jaunâtre en dehors sous l'épiderme, violacée en dedans.

Des rivières de la Nouvelle-Écosse.

L'Unio du lac George; *U. Georgina*, *id.* Coquille ovale-oblongue, comprimée et carénée vers le corselet, striée dans sa longueur, à dent cardinale petite et striée : couleur bleuâtre en dedans.

Du lac George.

L'U. massue; *U. clava*, *id.* Coquille oviforme, subverticale, renflée supérieurement, obtuse et à côté antérieur extrêmement court; dent latérale fort longue; têt très-blanc, probablement sous l'épiderme.

Du lac Érié et de la rivière de la Nouvelle-Écosse.

L'U. droit; *U. recta*, *id.* Coquille étroite, alongée, convexe, subanguleuse, avec des stries verticales obliques, éloignées et un peu effacées : couleur blanche sous un épiderme brun noirâtre.

Du lac Érié.

L'U. naviforme : *U. naviformis*, *idem*; *an U. cylindricus?* Say, Enc. am., Conch., pl. 4, fig. 3. Coquille naviforme, oblongue, droite, anguleuse en arrière, comprimée, subémarginée, avec de larges sillons longitudinaux, onduleux sur le côté postérieur.

De la rivière de l'Ohio.

L'U. glabre ; *U. glabrata*, *id.* Coquille oblongue, un peu dilatée et subanguleuse en arrière, striée finement dans sa longueur; dent cardinale assez petite, épaisse, divisée : couleur livide en dedans.

De l'Ohio.

L'U. grand-nez ; *U. nasuta*, Say, Enc. amér., Conch., 4, fig. 1. Coquille oblongue, étroite, anguleuse, obliquement atténuée et courbée en arrière, avec deux sinus au bord inférieur : couleur violâtre en dedans.

Du lac Érié.

L'U. ovale; *U. ovata*, Say, *id.*, pl. 2, fig. 7. Coquille ovale, médiocrement épaisse, assez enflée aux sommets, subbâillante, un peu ondée sur le côté postérieur, avec des stries d'accroissement presque lamelleuses : couleur jaunàtre, quelquefois radiée verticalement.

Des lacs et rivières de l'Amérique septentrionale.

L'U. arrondie; *U. rotundata*, de Lamk. Coquille elliptique

arrondie, ventrue supérieurement, à bord cardinal arqué avec un pli sur le côté postérieur, d'une belle couleur nacrée, irisée sous l'épiderme.

Cette espéce, dont M. de Lamarck ignore la patrie, me paroît être celle que M. Rafinesque a nommée *Obliquaria subrotunda* et qui vient de l'Amérique septentrionale.

L'Unio ailée; *U. alata*, Say, Enc. am., Conch., pl. 4, fig. 2. Grande coquille trigone-ovale, striée longitudinalement, élevée en une sorte d'aile sur le corselet, qui cache le ligament et dont les valves sont cornées à leur bord supérieur.

Des lacs Champlain et Saint-George.

L'U. dent cannelée; *U. sulcidens*, de Lamk. Coquille ovale-oblongue, un peu déprimée, subanguleuse à son côté postérieur, avec la dent cardinale multisillonnée à sa base interne, nacrée d'un pourpre violet.

Des riviéres du Connecticut.

L'U. noduleuse : *U. nodulosa*; *Mya nodosa*, Linn., Gmel., p. 3222, n.° 23; Chemn., *Conch.*, 10, tab. 170, fig. 1650; Enc. méthod., pl. 248, fig. 9. Coquille ovale, mince, anguleuse en avant, avec les natèces rugoso-noduleuses et subverruqueuses : couleur verdâtre, obscurément rayonnée.

Du lac Champlain.

L'U. variqueuse; *U. varicosa*, id. Coquille ovale, rhomboïdale, mince, avec les natèces rugueuses, épaisses, ondées et variqueuses : couleur d'un brun verdâtre, radiée de jaunâtre.

Du lac Champlain et de la riviére de Schuylkill.

L'U. de Virginie; *U. virginiana*, id. Coquille ovale, rhomboïdale, mince; ligament en partie interne et inséré dans un double sinus, qui sépare les dents cardinale et latérale : couleur d'un brun roussâtre, radiée.

De la riviére Potowmak en Virginie.

L'U. jaunâtre; *U. luteola*, id. Coquille mince, subpellucide, ovale-oblongue, arrondie et élargie sur le côté postérieur le plus long; ligament passant entre le crochet et la charniére : couleur d'un jaune verdâtre, radiée.

De la riviére Susquehana et de la Mohawk.

L'U. cariée; *U. cariosa*, Say, Enc. am., Conch., pl. 3, fig. 2. Coquille mince, enflée, subverticale, obovale, arrondie et

56.   18

fortement élargie à l'extrémité postérieure; dent latérale assez courte.

Du lac Érié et des rivières de l'état de New-York.

C. *Espèces de l'Amérique méridionale.*

L'Unio du Pérou; *Unio peruviana*, de Lamk., Enc. méth., pl. 248, fig. 7. Coquille ovale, épaisse, renflée aux crochets, à côté antérieur très-court; le postérieur sinué par plusieurs plis ondés; dent præcardinale épaisse et striée.

Des rivières du Pérou.

L'U. grenue : *U. granosa*, Brug., Journ. d'hist. natur., 1, p. 107, pl. 6, fig. 3, 4, et Enc. méth., pl. 249, fig. 2, *a, b*, Coquille mince, obovale, convexo-déprimée, arrondie à son côté postérieur, traversée par des stries obliques, portant des grains serrés : couleur d'un brun roussâtre en dehors, d'un blanc bleuâtre en dedans.

D. *Espèces d'Afrique.*

L'Unio pourpré : *Unio purpurata*, de Lamk.; *an Lister, Conch.*, tab. 155, fig. 10? Grande coquille ovale-elliptique, renflée, avec deux plis à son extrémité postérieure; la dent longitudinale finement crénelée : couleur intérieure à nacre pourprée, avec des taches irrégulières d'un vert violâtre, surtout sur les sommets.

Des grandes rivières d'Afrique.

L'Unio rhombule; *R. rhombula*, id. Coquille ovale, rhomboïdale, obliquement arrondie, onduleuse et anguleuse à l'extrémité postérieure, striée dans sa longueur; les sommets rétus; dents cardinales sillonnées : couleur rougeâtre en dedans.

Des rivières du Sénégal, et dans une variété un peu plus courte, de la rivière d'Hudson, aux États-Unis.

L'U. suborbiculaire; *U. suborbiculata*, id. Coquille trigono-orbiculaire, ventrue, subanguleuse en arrière; dent præcardinale divisée et multistriée : couleur nacrée fort brillante, d'un blanc rougeâtre irisé.

Des eaux douces des climats chauds?

E. *Espèces d'Asie.*

L'UNIO RIDÉE : U. *corrugata* ; *Mya corrugata*, Linn., Gmel., page 5221, n.° 15 ; Chemn., *Conch.*, 6, t. 5, fig. 22 ; Enc. méthod., pl. 248, fig. 8, *a*, *b*, et *Mya rugosa*, Linn., Gmel., p. 5222, n.° 52 ; Chemn., *Conch.*, 10, t. 170, fig. 1649 ; Enc. méthod., pl. 248, fig. 6. Coquille ovale, rhomboïde, mince, avec le corselet caréné, lisse ou rugueux, et des rugosités anguloso-flexueuses, sublongitudinales aux natéces : couleur verte.

Des rivières de l'Inde, à la côte de Coromandel.

L'U. BRÉVIALE ; U. *brevialis*, de Lamk. Coquille ovale verticalement, un peu anguleuse à son côté postérieur, l'antérieur plus court et arrondi.

De l'Isle-de-France. (DE B.)

UNIO. (*Foss.*) Voyez au mot MULETTE. (D. F.)

UNIOLA. (*Bot.*) Genre de plantes monocotylédones, à fleurs glumacées, de la famille des *graminées*, de la *triandrie digynie* de Linnæus, offrant pour caractère essentiel : Des épillets fortement comprimés, composés de plusieurs fleurs imbriquées sur deux rangs, parfois quelques écailles inférieures stériles ; les valves calicinales plus courtes que celles de la corolle ; celles-ci presque ovales, tranchantes, en carène ; l'inférieure échancrée et tronquée, mucronée entre les deux lobes : la supérieure subulée, dentée ou bifide au sommet ; deux écailles bifides ou deux soies à la base de l'ovaire ; trois étamines ; un ovaire échancré ; deux styles ; deux stigmates en pinceau ; une semence turbinée, non sillonnée, à deux cornes.

UNIOLA PANICULÉE : *Uniola paniculata*, Linn., *Spec.* ; *Uniola maritima*, Mich., *Flor. bor. amer.*, 1, page 91 ; Pal. Beauv., *Agrost.*, tab. 15, fig. 6 ; *Briza caroliniana*, Lamk., Enc. et *Ill. gen.*, tab. 45, fig. 5 ; Pluken., *Almag.*, tab. 52, fig. 6. Cette belle graminée s'élève à la hauteur de quatre ou cinq pieds, et porte à son sommet une ample panicule, dont les épillets sont nombreux ; les inférieurs portés sur de longs pédoncules ; les supérieurs presque sessiles ; les feuilles sont étroites, roulées sur elles-mêmes dans leur longueur ; les épillets sont ovales, un peu aigus, comprimés, minces et tranchans sur les bords, point velus sur leur carène. Cette plante croît dans les sols sablonneux, le long des rivages maritimes, dans la Virginie et la Caroline.

Uniola a larges feuilles; *Uniola latifolia*, Mich., *loc. cit.* Malgré les rapports que cette plante peut avoir avec la précédente par la forme de ses épillets, elle s'en distingue par plusieurs caractères. Ses tiges sont bien moins élevées, rameuses, hautes d'environ trois pieds et plus; les feuilles sont planes, larges, très-lisses, point roulées, presque ensiformes, très-aiguës, finement striées, d'un vert tendre, un peu glauques; la panicule est lâche, droite, plus ou moins étalée, à pédoncules très-longs, filiformes, rudes au toucher, un peu anguleux; le calice paroît quelquefois composé de trois valves par l'avortement de la fleur inférieure. Les fleurs sont nombreuses dans chaque épillet, imbriquées sur deux rangs, d'un vert glauque, d'un jaune pâle après la floraison; les valves de la corolle inégales; l'extérieure très-grande, comprimée, carénée, légèrement pileuse sur la carène, aiguë, quelquefois courbée en dedans; chaque fleur ne renferme qu'une étamine. Cette plante croît sur les lieux montueux dans les contrées occidentales de l'Amérique septentrionale. On la cultive au Jardin du Roi.

Uniola a épis grêles : *Uniola gracilis*, Mich., *loc. cit.; Uniola spicata?* Linn., *Spec.* La plante que je cite ici d'après Michaux, paroît bien être la même que celle nommée par Linné *uniola spicata*. Il peut néanmoins rester quelques doutes, la description de cette espèce n'étant appuyée d'aucune figure. Ses tiges sont comprimées, ainsi que les gaînes des feuilles. Celles-ci sont un peu planes, mais, en vieillissant et par la dessiccation, elles se roulent sur elles-mêmes. Les fleurs sont disposées en une longue panicule grêle; ses ramifications sont courtes, appliquées contre les tiges; les épillets distans, fort petits, presque sessiles; la balle calicinale paroît avoir trois valves; une seule étamine dans chaque fleur. Cette plante croît à l'ombre dans les grandes forêts, depuis la Caroline jusque dans la Nouvelle-Géorgie.

Uniola mucronée : *Uniola mucronata*, Linn., *Spec.; Briza mucronata*, Lamk., Enc. Cette plante a des tiges lisses, hautes d'un pied, garnies de feuilles glabres, étroites, striées sur leur gaine. Les fleurs sont disposées en un épi composé d'épillets alternes, ovales, presque sessiles, placés sur deux rangs opposés, au nombre de onze ou douze, très-glabres, renfermant environ sept fleurs. Les valves calicinales sont aiguës et semblent presque terminées par une barbe. Cette plante croit dans les Indes orientales.

UNIOLA DISTIQUÉE : *Uniola disticophylla*, Labill., *Nov. Holl.*, 1, page 21, tab. 24; *Poa disticophylla*, Rob. Brown, *Nov. Holl.*, 182. Ses tiges sont grêles, foibles, rameuses, en partie couchées, médiocrement cylindriques, revêtues à leur partie inférieure de gaines courtes, alternes, et à leur partie supérieure, redressée, de feuilles étalées, alternes, disposées sur deux rangs, glabres, roides, subulées, roulées sur elles-mêmes, plus courtes à mesure qu'elles approchent du sommet. Les fleurs sont terminales, réunies en épillets oblongs, les uns presque sessiles, les autres portés sur de longs pédoncules; le calice est composé de deux, rarement de trois valves, contenant cinq à six fleurs imbriquées sur deux rangs, oblongues, aiguës, relevées en carène sur le dos, membraneuses à leurs bords; les valves de la corolle sont inégales; l'extérieure semblable à celle du calice; l'intérieure roulée à ses bords, un peu plus longue que l'extérieure; on observe deux petites écailles ovales, bifides à la base de l'ovaire; les filamens sont courts; les anthères oblongues, à deux loges; l'ovaire est ovale; il porte des stigmates pubescens; les semences sont ovales-oblongues. Cette plante a été découverte par M. de Labillardière au cap Van-Diémen. (POIR.)

UNIPÉTALE [COROLLE]. (*Bot.*) N'ayant qu'un seul pétale, les autres ayant avorté; exemple: *amorphe fruticosa*, etc. La ligne d'insertion de la corolle unipétale n'entoure qu'incomplétement les organes sexuels, différant en cela de la corolle dite monopétale, dont la ligne d'insertion ceint complétement ces organes. (MASS.)

UNIQUE. (*Conchyl.*) C'est le nom sous lequel les marchands ont désigné long-temps une coquille, *murex perversus*, Linn., Gmel.; Pyrule perverse de M. de Lamarck, qui est sénestre, et qui, à cause de cela, a été probablement assez rare dans les collections pour mériter la dénomination d'*unique*, la coquille dextre ou normale étant appelée con-tr'*unique*. Il paroit que par cette dénominati· n on a par suite désigné les coquilles sénestres dans toutes les espèces où il en existe. (De B.)

UNISEXUELLE [Fleur]. (*Bot.*) Ne portant que des étamines ou bien des pistils. (Mass.)

UNIVALVE [Capsule]. (*Bot.*) Formée, comme la follicule, d'une valve pliée dans sa longueur et soudée par ses bords; exemple : *avicenia*, etc. (Mass.)

UNIVALVES. (*Conchyl.*) Terme technique, employé en conchyliologie pour désigner les coquilles qui ne sont composées que d'une seule pièce operculée ou non. Quelques auteurs ont cependant proposé de réserver ce nom exclusivement aux coquilles inoperculées. Voyez Conchyliologie. (De B.)

UNNO-PERKEN. (*Bot.*) Nom d'une espèce de lin dans le Chili, figurée par Feuillée. Le *campanula filiformis* de MM. Ruiz et Pavon est nommé, selon eux, *unu perguen*. (J.)

UNŒGGE. (*Mamm.*) Nom du lièvre tolaï chez les Tungouses. (Desm.)

UNOGATES, *Unogata*. (*Entom.*) Fabricius avoit ainsi nommé la septième classe des insectes, dans sa méthode tirée de la considération des parties de la bouche, parce que les mâchoires de ces insectes étoient, suivant lui, munies constamment d'un onglet mobile; tels sont les acères ou aranéides. (C. D.)

UNONA, *Unona*. (*Bot.*) Genre de plantes dicotylédones, à fleurs complètes, polypétalées, de la famille des *anonacées*, de la *polyandrie polygynie* de Linnæus, offrant pour caractère essentiel : Un calice fort petit, à trois lobes; six pétales. dont trois intérieurs plus petits; des étamines nombreuses, insérées sur le réceptacle; un grand nombre d'ovaires et de styles, auxquels succèdent des baies sèches, indéhiscentes, pédicellées, renfermant chacune quelques semences imbriquées.

Ce genre a été d'abord établi par Linné fils pour une seule espèce. Il a été depuis tellement augmenté qu'on en compte aujourd'hui près d'une quarantaine. M. Dunal en a publié une très-bonne monographie, qui a été augmentée par M. De Candolle dans son Système végétal. Plusieurs espèces appartenant à d'autres genres, ont été reconnues devoir être réunies à celui-ci ; d'où une suite de subdivisions qui, en facilitant la distinction des espèces, font connoître en même temps les caractères d'après lesquels on avoit cru pouvoir créer de nouveaux genres : elles portent particulièrement sur la forme des pétales et des fruits, comme on le verra ci-après. Ce genre renferme des arbrisseaux ou des arbres ; quelques-uns à tige grimpante. Les feuilles sont entières, médiocrement pétiolées; les pédoncules très-souvent axillaires, à une ou plusieurs fleurs, ordinairement pourvues de bractées.

§. 1. UNONARIA. *Fleurs ouvertes; fruits presque lisses ou légèrement toruleux.*

* Pétales ovales, oblongs, presque égaux : MARENTERIA.

UNONA A FLEURS PENDANTES : *Unona penduliflora*, Dunal, Monogr., page 100, tab. 28; Decand., Syst. végét., 487. Cet arbrisseau est revêtu d'une écorce brune. Ses rameaux sont cylindriques ; ses feuilles médiocrement pétiolées, presque sessiles, un peu en cœur, oblongues, aiguës, ondulées; ses pédoncules axillaires, très-longs, renflés au sommet, pendans; ses fleurs étalées, ayant leur calice petit, à trois divisions; six pétales dont les trois extérieurs ovales, arrondis, mucronés, jaunâtres en dedans; les trois intérieurs un peu plus petits, élargis, un peu échancrés, d'un vert jaunâtre en dehors, d'un jaune rougeâtre en dedans. Le fruit est composé d'environ sept baies sèches, courbées, un peu pédicellées, contenant neuf ou dix semences oblongues, elliptiques, d'abord d'un blanc jaunâtre, puis d'un brun rouge, puis noires. Cette plante croit au Mexique.

UNONA MARENTÉRIE : *Unona marenteria*, Dec., Syst. végét., 487; *Marenteria*, du Pet. Th., *Nov. gen. Madag.* Arbrisseau à tige et rameaux ascendans, garnis de feuilles médiocrement pétiolées, très-obtuses, un peu échancrées, rétrécies à leur base, glabres et lisses à leurs deux faces, longues d'environ un pouce, larges de sept à neuf lignes. Les pédoncules sont nus, droits, uniflores, plus courts que les feuilles, presque terminaux ; le calice a trois lobes très-obtus ; les pétales sont ovales, d'un roux velouté en dehors ; les trois extérieurs étalés, un peu plus grands ; les intérieurs dressés ; le fruit se compose de quatre à cinq baies légèrement pédicellées, rudes, ventrues, inégales , renfermant plusieurs semences, disposées sur un seul rang. Cette plante croît à l'île de Madagascar.

UNONA A PÉTALES ÉPAIS : *Unona crassipetala* , Dunal, Monogr., page 101, tab. 24. Cette plante a des rameaux cylindriques ; des feuilles très-médiocrement pétiolées, longues de six ou sept pouces, larges de deux ou trois, luisantes en dessus, nerveuses en dessous, glabres à leurs deux faces ; les pétioles un peu calleux ; les pédoncules axillaires, longs de six lignes, solitaires, renflés au sommet, droits, uniflores, chargés de poils roussâtres ; les trois découpures du calice ovales, coriaces, un peu aiguës ; les pétales coriaces, oblongs, un peu obtus, longs d'un pouce, d'un roux brun , étalés, presque égaux ; les extérieurs un peu plus courts. Cette plante croît à Cayenne.

UNONA ACUMINÉE : *Unona acuminata* , Decand., Syst. végét., 488. Ses rameaux sont glabres, verdâtres, un peu lisses ; ses pétioles calleux, longs de deux lignes ; ses feuilles oblongues, rétrécies à leurs deux extrémités, longuement acuminées au sommet, glabres, d'un vert gai, longues de six à sept pouces, larges d'un pouce et demi. Les pédoncules sont axillaires, solitaires, grêles, longs d'un pouce, uniflores, munis vers leur base de quelques petites bractées caduques. Les fleurs sont fort petites ; le calice a trois lobes ovales, aigus ; les pétales sont oblongs, aigus, d'un brun cendré, presque égaux. Cette plante croît dans la Guiane.

** Les pétales extérieurs ovales, aigus ; les intérieurs très-petits : ŒTANIA.

Cette subdivision ne renferme qu'une seule espèce, qui est l'*unona tripetaloidea*, Dunal, Monogr. Elle a déjà été mentionnée dans cet ouvrage sous le nom d'*uvaria tripetala*, Lamk., Enc. (Voyez CANANG A TROIS PÉTALES.)

*** Les pétales linéaires-lancéolés, longs, étroits : CANANGA.

UNONA A FLEURS VIOLETTES : *Unona violacea*, Dunal, Monogr.,
tab. 25. Cet arbrisseau a des tiges chargées de rameaux cylindriques , ponctués , garnis de feuilles médiocrement pétiolées, elliptiques, un peu obtuses, presque glabres à leurs
deux faces. Les pédoncules sont uniflores , opposés aux
feuilles, inclinés, munis d'une foliole sessile, ovale, aiguë,
embrassante. Le calice est divisé en trois découpures ovales ,
concaves , aiguës ; la corolle composée de six pétales longs de
deux pouces , linéaires-lancéolés , d'un brun pourpre ou
violet, et dont les trois intérieurs un peu plus longs, blanchâtres et sillonnés en dedans vers leur base. Cette plante
croît au Mexique.

UNONA DE LESSERT : *Unona Lessertiana*, Dunal, Monogr.,
tab. 26 ; Dec., Syst. végét. Dans cette espèce les rameaux
sont bruns, cylindriques, à peine ponctués , glabres , légèrement pubescens dans leur jeunesse. Les feuilles sont pétiolées. oblongues, elliptiques, très-souvent acuminées, quelquefois obtuses, arrondies à leur base, glabres et luisantes
en dessus, plus pâles et un peu roussâtres en dessous, parsemées de poils couchés , visibles à la loupe ; les pétioles
courts, un peu pubescens ; les pédoncules grêles, latéraux,
uniflores , persistant après la floraison et se tortillant en
vrilles, longs de huit ou dix lignes, chargés dans leur milieu
d'une bractée oblongue, aiguë, sessile ; le calice est partagé
en trois lobes ovales, un peu aigus ; les pétales sont droits,
oblongs, égaux, crépus, un peu veloutés, d'un roux clair.
Cette plante croît dans les Indes orientales.

UNONA LUISANTE : *Unona nitidissima*, Dunal, Monogr., tab.
25 ; Decand., Syst. végét. Cet arbrisseau a des rameaux d'un
brun cendré, cylindriques, un peu ridés, hérissés de cica-
trices saillantes. Les feuilles sont pétiolées, elliptiques, rétrécies à leurs deux extrémités, un peu obtuses au sommet,
aiguës à leur base, glabres et luisantes à leurs deux faces,
longues de trois ou quatre pouces, larges de deux pouces ;
les pétioles très-courts ; les pédoncules solitaires, axillaires,
grêles, droits, uniflores, à peine longs de cinq à six lignes,
munis de petites bractées à leur base ; le calice est fort pe-

tit, à trois découpures ovales, aiguës ; les pétales oblongs, linéaires, un peu obtus, longs de cinq ou six lignes, larges d'une ligne ; les anthéres, environ au nombre de vingt, anguleuses, presque sessiles, tronquées au sommet. Cette plante croit dans la Nouvelle - Calédonie.

Il faut ajouter à cette subdivision l'*uvaria longifolia*, Lamk., Enc. ; l'*uvaria odorata*, Lamk., Enc., et *Ill. gen.*, tab. 495, fig. 1. (Voyez Canang a feuilles longues, odorantes.)

§. 2. Desmos. *Pétales lancéolés, oblongs ou linéaires, quelquefois presque fermés ; baie toruleuse, presque articulée, à plusieurs loges ? presque en collier.*

Unona a ombelles : *Unona discreta*, Linn., fils ; Vahl, *Symb.*, 2, page 63 ; Dunal, Monogr., 110 ; *Uvaria monilifera*, Gærtn., *De fruct.*, tab. 114 ? Lamk., *Ill. gen.*, tab. 495, fig. 4 ? Cet arbre est chargé de rameaux étroits, élancés, flexibles, pubescens, garnis de feuilles à peine pétiolées, alternes, lancéolées, très-étroites, assez semblables à celles du saule ou du troêne, rétrécies à leur base, entiéres, aiguës au sommet, glabres en dessus, soyeuses à leur face inférieure, longues de deux ou trois pouces ; les pétioles très - courts. Les fleurs ressemblent à celles des anones. Les fruits sont portés par des pédoncules en ombelles sur un réceptacle commun et charnu. Ces fleurs sont des baies purpurines, d'une saveur aromatique, et, d'après Gærtner, rétrécies de distance à autre en forme de collier, à une, deux, quelquefois trois loges ; chaque loge renfermant une semence glabre, luisante, ovale, globuleuse, d'un jaune clair, attachée par sa base au fond de la loge. Cette plante croît à Surinam.

Unone ondulée : *Unona undulata*, Dunal, Monogr., pag. 111 ; *Xylopia undulata*, Pal. Beauv., Fl. d'Oware, 1, tab. 16. Arbuste peu élevé ; ses rameaux sont glabres, cylindriques, garnis de feuilles alternes, pétiolées, ovales-oblongues, entières, aiguës au sommet, dépourvues de stipules. Les fleurs sont solitaires, situées dans l'aisselle des feuilles, portées sur de longs pédoncules, munies dans leur milieu d'une petite bractée sessile, obtuse, concave, presque ronde ; la corolle composée de six pétales ; les trois extérieurs très-longs, élé-

.amment ondulés à leurs bords ; les intérieurs presque deux
fois plus courts ; les étamines et les ovaires nombreux. Le
fruit consiste en plusieurs baies sèches, oblongues, obtuses,
en forme de silique, articulées, pédonculées, distinctes, formant une sorte d'ombelle ; chaque articulation renferme une
ou deux semences. Cette plante croît dans le royaume d'O-
ware, où elle a été découverte par Palisot - Beauvois.

Unona tomenteuse : *Unona tomentosa*, Poir., Enc.; Willd.,
Sp.; *Desmos cochinchinensis*, Lour., *Fl. Coch.*, 451 ; *Unona
desmos*, Dunal, Monogr., 112. Arbrisseau qui s'élève à la
hauteur d'environ cinq pieds sur une tige droite, cylindrique, chargée de rameaux alternes et de feuilles pétiolées,
lancéolées, entières, tomenteuses, un peu aiguës. Les fleurs
sont solitaires, d'un jaune verdâtre, situées à l'extrémité des
rameaux sur de longs pédoncules pendans. Leur calice est
petit, à trois folioles ouvertes, caduques ; la corolle composée de six pétales linéaires, lancéolés, plans, redressés, dont
les trois intérieurs plus petits ; un grand nombre d'étamines
est renfermé dans la corolle ; les filamens sont très-courts ; les
anthères petites, obtuses ; les ovaires nombreux, privés de
styles, et à stigmates obtus ; plusieurs baies d'un vert rougeâtre, presque sessiles, sèches, grêles, alongées, articulées,
sont insérées sur un réceptacle hémisphérique ; une seule semence lisse est dans chaque articulation. Cette plante croît
parmi les buissons, à la Cochinchine.

Unona discolore : *Unona discolor*, Vahl, *Symb.*, 3, tab. 36 ;
Dunal, Monogr., 111 ; Poir., Enc. (*exclus.* Lour. *synonym.*).
Arbre chargé de rameaux glabres, cylindriques, de couleur
un peu purpurine, légèrement velus vers le sommet. Les
feuilles sont alternes, pétiolées, ovales, oblongues, glabres
à leurs deux faces, membraneuses, un peu soyeuses dans
leur jeunesse, longues de trois pouces, larges de deux,
entières, arrondies à leur base, acuminées, un peu obtuses ;
les pétioles velus, à peine longs d'un demi-pouce. Les fleurs
sont axillaires ; les pédoncules longs d'environ deux pouces,
un peu épaissis à leur sommet, simples, solitaires, uniflores,
munis dans leur milieu d'une petite bractée lancéolée, obtuse. Le calice est velu, à trois folioles ovales, aiguës, de
moitié plus courtes que la corolle ; les pétales coriaces, to-

menteux, lancéolés, longs d'un pouce ; les trois intérieurs plus étroits. Les fruits sont pédicellés, en forme d'ombelles, composés de plusieurs baies globuleuses, de la grosseur d'un petit pois, disposées deux ou trois par articulation. La dernière mucronée ; le réceptacle globuleux, un peu velu. Cette plante croit dans les Indes orientales.

§. 3. MELODORUM. *Fleurs en pyramides étroites, alongées ; pétales linéaires, triangulaires, souvent fermés, recouvrant à leur base les organes sexuels ; baies presque lisses ou légèrement toruleuses.*

UNONA DES FORÊTS ; *Unona sylvatica*, Dun., Monogr., 115 : *Melodorum arboreum*, Lour., *Fl. Coch.*, 1, p. 430. Arbre très-élevé, dont les rameaux sont ascendans, garnis de feuilles alternes, pétiolées, ovales, oblongues, acuminées, très-entières, tomenteuses à leur face inférieure. Les fleurs sont légèrement pédonculées, éparses, solitaires, charnues, tomenteuses, d'un blanc verdâtre ; les anthères et les stigmates sessiles ; le calice est composé de trois folioles aiguës, très-courtes, étalées ; les pétales sont triangulaires, fermes, charnus, courbés en dedans ; plusieurs baies ovales, oblongues, un peu arrondies, rudes, à une seule loge, renferment plusieurs semences comprimées, éparses dans une pulpe charnue. Cette plante croit dans les grandes forêts, à la Cochinchine. Son bois est employé dans les constructions.

UNONA DES BUISSONS : *Unona dumetorum*, Dun., Monogr., 116 ; *Melodorum fruticosum*, Lour., *Fl. Coch.*, loc. cit. Arbrisseau dont la tige est droite, haute d'environ quatre pieds, chargée de rameaux diffus, étalés. Les feuilles sont alternes, odorantes, glabres, lancéolées, très-entières. Les fleurs sont éparses, solitaires, d'un brun jaunâtre : il leur succède des baies d'une même couleur, longues d'un pouce et demi, contenant, dans une pulpe peu abondante, mais très-agréable au goût, plusieurs semences éparses. Cette plante croit à la Cochinchine, parmi les buissons.

UNONA A FLEURS AIGUËS ; *Unona acutiflora*, Dun., Monogr., tab. 22. Cet arbrisseau a ses tiges chargées de rameaux cylindriques, un peu ridés, couverts de très-petits tubercules, parsemés dans leur jeunesse de poils très-simples, roussâtres.

Les feuilles sont alternes, médiocrement pétiolées, glabres , ovales-lancéolées, aiguës, un peu roides ; les pédoncules très-courts. solitaires , axillaires, uniflores, à peine de la longueur des pétioles , munis de bractées. Le calice est à trois lobes ovales, un peu aigus, soyeux en dehors ; les pétales fermés , oblongs, aigus, soyeux à l'extérieur ; les trois extérieurs concaves à leur base ; les intérieurs échancrés. Le fruit consiste en neuf ou dix baies , médiocrement pédicellées, ovales , oblongues, un peu courbées, mucronées, à plusieurs loges. renfermant des semences placées sur un seul rang. Cette plante croît à Sierra-Leone. (Poir.)

UNPRIKLY-HOUND. (*Ichthyol.*) Voyez Smooth-hound, (H. C.)

UNREGELMÆSSIGE NATTER. (*Erpét.*) Nom donné par Merrem à l'*hurriah faux-boïga* de Daudin. Voyez Hurriah. (H. C.)

UNXIA. (*Bot.*) Genre de plantes dicotylédones , de la famille des *composées*, de l'ordre des *radiées* , appartenant à la *syngénésie nécessaire* de Linné , offrant pour caractère essentiel : Des fleurs radiées ; un calice à cinq folioles presque égales ; dans le centre , cinq fleurons infundibuliformes, mâles ou hermaphrodites , renfermant cinq étamines syngénéses ; à la circonférence, cinq demi-fleurons femelles , contenant un ovaire surmonté d'un style simple et d'un stigmate bifide ; les semences enveloppées par les écailles du calice , point aigrettées ; le réceptacle nu.

Unxie camphrée : *Unxia camphorata*, Linn. fils, *Suppl.*, 568 ; Lamk., *Ill. gen.* , tab. 699. Cette plante répand une forte odeur de camphre. Ses tiges sont droites, grêles, hautes de deux pieds , ramifiées par bifurcation , hérissées de poils courts ; un peu renflées à l'insertion des feuilles ; celles-ci sont opposées, sessiles, lancéolées , longues d'un pouce et demi, larges de six lignes , molles, hispides, entières, aiguës. Les fleurs sont solitaires , situées dans la bifurcation des rameaux, ou terminales ; les pédoncules courts , filiformes et velus ; les corolles jaunes , petites, de la grosseur d'un pois ; leur calice a cinq ou six folioles hispides ; les semences sont dures , ovales. Cette plante croît dans les terrains sablonneux à Surinam.

Unxie hérissée ; *Unxia hirsuta*, Rich., Act. de la soc. linn. de Paris, 105. Cette plante paroît avoir beaucoup de rapports avec la précédente : elle en diffère par la forme de ses feuilles, par ses calices plus garnis de fleurs : toutes ses parties sont hérissées de poils ; ses tiges garnies de feuilles opposées, ovales presque en cœur, un peu alongées, velues à leurs deux faces, entières, presque obtuses. Les fleurs sont solitaires, pédonculées, terminales ou situées dans la bifurcation des rameaux ; les fleurons nombreux. Cette plante croît à Cayenne.

Unxie a feuilles d'anémone; *Unxia anemonifolia*, Kunth, *in* Humb. et Bonpl., *Nov. gen.*, 4, p. 279, tab. 402. Ses tiges sont herbacées, hautes de huit ou dix pouces ; les rameaux opposés et velus ; les feuilles pétiolées, opposées, à trois lobes, velues à leurs deux faces ; les lobes crénelés, obtus. Les fleurs sont jaunes, terminales, solitaires ou ternées, pédicellées, de la grandeur de celles de l'*achillæa millefolium ;* les pédoncules pubescens ; l'involucre, à demi globuleux, a cinq folioles égales, presque orbiculaires, concaves, entières, pubescentes ; les fleurons du disque sont au nombre de sept environ, hermaphrodites ; les demi-fleurons en même nombre ; les semences noirâtres, oblongues, cunéiformes. Cette plante croît à la Nouvelle-Espagne.

Unxie des prés; *Unxia pratensis*, Kunth, *loc. cit.* Cette plante est herbacée, un peu visqueuse. Elle s'élève à la hauteur d'environ un pied sur une tige droite, très-rameuse, munie de rameaux opposés, dichotomes à leur sommet, garnis de feuilles opposées, pétiolées, ovales, deltoïdes, aiguës, presque tronquées à leur base, à grosses dentelures, pubescentes à leurs deux faces ; les supérieures plus petites, ovales, aiguës à leurs deux extrémités ; les pétioles courts, hérissés. Les fleurs sont solitaires, terminales ou latérales ; les pédoncules courts, pubescens ; le calice est campanulé, à cinq folioles elliptiques, presque égales, concaves, pubescentes : trois ou quatre fleurs sont dans le disque, dont une ou deux hermaphrodites, les autres mâles; cinq demi-fleurons femelles ; les corolles jaunes. Cette plante croît dans les prés, au Mexique. (Poir.)

UOLIN. (*Bot.*) Voyez Pimelea. (Poir.)

UPAGUANDO. (*Bot.*) Dans la Nouvelle-Grenade en Amérique on donne ce nom au *lycium umbrosum* de la Flore équinoxiale. (J.)

UPARA-SALI. (*Bot.*) Nom brame du *naru-nundi* du Malabar, qui est le *periploca tenuifolia* de Hermann. (J.)

UPAS. (*Bot.*) Voyez ANTIARE. (POIR.)

UPATA. (*Bot.*) Adanson a substitué ce nom malabare à celui de l'*avicennia* de Linnæus. (J.)

UPERHIZA. (*Bot.*) Genre de la famille des champignons, établi par M. Bosc, et qui paroît très-voisin du *Rhizopogon*. Ce genre peut être caractérisé de la manière suivante :

Champignon solide, globuleux ou tubériforme ; péridium ou écorce un peu subéreuse, à surface garnie de fibrilles ou radicules membraniformes, très-aplaties, et qui tendent à se réunir par le bas en une sorte de stipe ; intérieur celluleux par l'entrelacement des filamens, et divisé ainsi en cellules qui contiennent des séminules ou sporidies libres, pulvérulentes.

Une seule espèce est décrite par M. Bosc.

L'UPERHIZA TRUFFIÈRE OU DE LA CAROLINE : *Uperhiza carolinensis*, Bosc, *Berl. Magaz.*, 2, p. 88, pl. 6, fig. 12 ; Nouveau Dict. d'hist. nat., édit. Déterv., vol. 35, p. 123, pl. 13, fig. 1 ; *Uperrhiza*, Fries, *Syst. orb. veget.*, pag. 135 ; *Hyperrhiza carolinensis*, Spreng., *Syst.*, 4, p. 416. C'est un champignon globuleux, irrégulier, noir, rugueux, sessile, dont l'intérieur, d'abord blanc, se change ensuite en brun par suite de la maturité des séminules, qui forment alors une poussière fétide de cette couleur, laquelle s'échappe par les déchirures et les fentes qui divisent irrégulièrement le péridium en haut et sur les côtés.

« L'uperhiza truffière, dit M. Bosc, se trouve en Caroline,
« sur la terre, dans les lieux sablonneux et légèrement humi-
« des. On en rencontre toujours plusieurs dans la même
« place. Les plus gros individus ont deux pouces de dia-
« mètre. »

Selon M. Bosc, ce genre est intermédiaire entre celui des truffes et celui des lycoperdons. Fries pense, avec plus de raison, qu'il est analogue à son RHIZOPOGON (voyez ce mot), autrefois compris dans le genre *Tuber*. Il présume, en outre,

que le *lycoperdon lamellatum*, Lour. , et le *sclerodermis hercu-*
leus sont peut-être des espèces de ce genre, dont il écrit ainsi
le nom , *Uperrhiza;* tandis que Curt Sprengel croit devoir
mettre *Hyperrhiza*, avec plus de raison : ce nom étant plus
conforme à son origine grecque. (LEM.)

UPÉROTE , *Uperotus.* (*Conchyl.*) Dénomination sous laquelle
Guettard , Mém. , tome 3, page 126, avoit établi d'une manière très-convenable le genre que M. de Lamarck a appelé
depuis *Fistulane;* dénomination qui a été adoptée , contre
toutes les régles de la justice , d'autant plus que les espèces
rangées par Guettard dans son genre Upérote , sont parfaitement congénères. (DE B.)

UPESSA. (*Bot.*) Voyez CUPESSA. (J.)

UPIDE , *Upis.* (*Entom.*) Fabricius a désigné sous ce nom
un genre d'insectes coléoptères hétéromérés, de la famille
des ténébricoles ou lygophiles, voisin des ténébrions , avec
lesquels il avoit été auparavant rangé par la plupart des auteurs.

Ce nom est d'une étymologie incertaine. Il est probable que
Fabricius l'aura pris au hasard parmi ceux de la Mythologie.
Diane porte en effet ce nom , selon Macrobe et d'après celui
de son père , dit Cicéron : *De natura deorum.*

Les caractères de ce genre , auquel on n'a jusqu'ici rapporté qu'une seule espèce , peuvent être exprimés ainsi qu'il
suit.

Antennes grossissant insensiblement; corps alongé, plus large
en arrière ; corselet cylindrique , plus étroit que les élytres.

D'après ces notes, la forme particuliére du corselet, qui
est cylindrique, plus étroit que les élytres, distingue au premier aperçu les upides des quatre autres genres de la même
famille, qui ont le corselet aplati : tels que les ténébrions,
les opatres , les pédines et les sarrotries.

On connoît peu les mœurs de cet insecte, que nous avons
fait figurer sous le n.° 1 de la planche 13 de l'atlas de ce Dictionnaire. On l'a trouvé dans les bolets du nord de l'Europe.

Linnæus en avoit fait un attélabe;

Degéer un ténébrion, sous le nom de *variolosus*, tom. 5,
pag. 52, n.° 2, fig. 1 de la pl. 2;

Udmann un charanson, dans une dissertation particuliére;

Fabricius un spondyle, dans sa *Mantissa insectorum*.

C'est un ténébrion pour Olivier, qui l'a figuré sous ce nom dans son Entomologie.

Car. Noir; corselet presque lisse; élytres rendus rugueux par une multitude de points élevés qui se touchent. (C. D.)

UPPOWOC. (*Bot.*) Nom du tabac chez les anciens Virginiens, au rapport de C. Bauhin. (J.)

UPSILON. (*Entom.*) Nom donné par M. Godart à une noctuelle, qu'il a inscrite sous le n.° 297. (C. D.)

UPU-DALI. (*Bot.*) Nom malabare, cité par Rhéede, d'une crustolle, *ruellia ringens*. Le *valli-upu-dali*, indiqué comme ayant aussi quatre étamines et le même fruit, paroît être congénere. (J.)

UPUPA. (*Ornith.*) Nom latin de la huppe, qu'on appelle en italien *upega* et *uperga*. (CH. D.)

URA. (*Crust.*) Selon M. Bosc on nomme ainsi au Brésil un crustacé dont on mange la chair et qui paroit appartenir au genre Écrevisse. (DESM.)

URACUSEBA. (*Bot.*) Voyez AMBAIBA. (J.)

URALA, URULU. (*Bot.*) Hermann et Linnæus citent ces noms donnés dans l'ile de Ceilan au *cyclamen indicum*. (J.)

URALEPSIS (*Bot.*), Nuttal, *Gen. of North Amer.*, pl. 1, fig. 1, pag. 62. Genre de plantes monocotylédones, glumacées. de la famille des *graminées*, de la *triandrie digynie* de Linnæus, offrant pour caractère essentiel : Un calice scarieux, à deux valves, à deux ou trois fleurs, quelquefois cylindrique, plus court que la valve extérieure de la corolle, aigu à sa base; fleurs alternes, distinctes; corolle pédicellée, à deux valves très-inégales; l'extérieure à trois pointes; celle du milieu beaucoup plus longue, terminée par une arête droite; les nervures pubescentes : la valve inférieure plus courte, courbée en dedans; trois étamines; deux styles; une semence un peu en bosse.

Ce genre, d'après Nuttal, est composé de l'*aira purpurea*, Watt et Elliot, et d'une seconde espèce, très-rapprochée, qu'il nomme *uralepsis aristulata*. (POIR.)

URALIER. (*Bot.*) Voyez ANTHOCERCIS. (POIR.)

URALMAUS ou RAT DE L'URAL. (*Mamm.*) Nom allemand du lemming à collier, *mus torquatus*. Pallas. (DESM.)

URANE. (*Min.*) La véritable nature des minérais d'urane a été long-temps méconnue. L'un d'eux, l'urane noir, qui forme aujourd'hui la première espéce du genre, a été pris pour une variété de blende, à laquelle on a donné le nom de *Pechblende*, blende de poix, à raison de sa couleur noire et de son éclat résineux : un autre minérai, l'uranite en petites lames vertes, a été regardé d'abord par les minéralogistes comme une sorte de mica, puis par les chimistes comme un muriate de cuivre. Ce fut Klaproth qui, le premier, en 1789, reconnut dans la pechblende la présence d'un métal nouveau, auquel il donna le nom d'*urane*, tiré de celui de la planéte Uranus, dont la découverte date à peu prés du même temps. Il a depuis retrouvé le même métal dans l'uranite.

Les minérais d'urane se reconnoissent aisément, à l'aide du chalumeau, par la manière dont ils colorent le verre de borax. Ils lui communiquent une teinte d'un jaune sombre, lorsqu'on les traite au feu d'oxidation, c'est-à-dire lorsqu'on les place dans la flamme intérieure, et ils le colorent au contraire en un vert sale, lorsqu'on fait agir sur eux la flamme extérieure. Ils ont d'ailleurs un autre caractére commun, tiré de leur dissolubilité dans l'acide nitrique. La solution a toujours une teinte légèrement jaunàtre ; elle précipite en jaune par les alcalis, et en rouge de sang par le ferro-prussiate de potasse.

L'urane est peu répandu dans la nature. Il est cependant la base d'un genre minéralogique, qui comprend maintenant quatre espèces, que nous allons décrire successivement.

Première espéce. L'URANE NOIR, Broch. et Brongn.; URANE OXIDULÉ, Haüy[1]. La mine de fer en poix de Kirwan.

Cette espéce ne s'est encore offerte qu'en masses réniformes, ou mamelonnées, présentant quelquefois une texture feuilletée dans un sens. Sa cassure est généralement conchoïde

---

1 *Pechers*, WERN.; *Pechblende*, DE BORN ; *Uran-Pecherz*, LEONH.; *Indivisible Uranium-Ore* et *Pitch-Ore*, JAMESON ; *Untheilbares Uranerz*, MOHS.

et inégale; sa couleur, ainsi que celle de sa poussière, est le
brun noirâtre : elle est opaque; son éclat est imparfaitement
résineux ou métalloïde.

Elle est facile à casser. Sa dureté est supérieure à celle de
l'apatite et inférieure à celle du felspath adulaire. Sa pesanteur spécifique est de 6,47.

Elle est dissoluble avec effervescence dans l'acide nitrique,
qu'elle colore légèrement en jaune.

Seule au chalumeau, elle ne fond point; chauffée sur la
pince de platine, elle colore en vert la flamme extérieure.

Composition. = Ü. Berzelius.

	Protoxide d'urane.	Protoxide de fer.	Silice.	Sulfure de plomb.	
Johann-Georgenstadt	86,50	2,50	5	6	Klaproth.

La silice, le sulfure de plomb et le protoxide de fer, doivent être considérés ici comme accidentels. Une variété chargée de silice et trouvée à Siebenlehn, près de Freiberg en
Saxe, a été analysée par Lampadius : elle est d'un brun noirâtre et facile à briser.

On ne peut distinguer dans cette espèce que deux variétés,
qui passent fréquemment de l'une à l'autre :

L'*Urane noir concrétionné* : en masses sublaminaires, à feuillets courbés, épais, et dont les joints sont lisses et éclatans.

L'*Urane noir compacte* : en masses amorphes, à cassure inégale et légèrement ondulée.

L'urane noir est une substance assez rare, qui appartient
exclusivement aux terrains primordiaux de cristallisation, et
qu'on n'a encore trouvé jusqu'à présent que dans les filons
métallifères, principalement dans les mines de plomb et d'argent. Les substances qui l'accompagnent ordinairement sont
l'argent natif, l'argent rouge, l'argent sulfuré, la galène, la
blende, le cuivre pyriteux, le fer hydraté, le calcaire spathique, le quarz, la barytine, le cobalt arseniaté, le cobalt
arsenical, l'arsenic natif et l'urane phosphaté.

Les principales localités dans lesquelles ce minéral a été

observé, sont : en Bohême, à Fribus et Joachimsthal, dans les mines appelées *Rose de Jericho*, *Edelleutstollen*, etc.; en Saxe, à Johann-Georgenstadt, principalement dans la mine de George Wagsfort, à Annaberg, Wiesenthal, Schnéeberg, Marienberg, Eibenstock et Siebenlehn, près Freiberg; en Bavière, à Wolfendorf; en Norwége, à Kongsberg et Kœnigsberg; en Angleterre, dans les mines d'étain du comté de Cornouailles, à Tincroft et Tolcarn, près de Redruth. On le cite encore en Écosse, où il est associé au fer et au titane.

Seconde espèce. URANE HYDROXIDÉ[1]. Urane oxidé terreux, Haüy; Ocre d'urane, Kirwan. Substance jaune, donnant de l'eau par la calcination, qui ne s'est encore présentée qu'en masses à texture terreuse ou sous forme d'efflorescence, à la surface de l'urane noir et de l'urane phosphaté jaune. On n'a pas encore pu déterminer la quantité d'eau qu'elle contient. Suivant M. Beudant, l'oxide qui la compose est le deutoxide d'urane, à trois atomes d'oxigène. Ses couleurs offrent différentes nuances de jaune, et passent au rouge et au brun. Les variétés pulvérulentes sont pour la plupart d'un jaune citrin. Cette espèce a été observée principalement à Joachimsthal en Bohême, à Johann-Georgenstadt en Saxe, et à Saint-Yrieix, près Limoges, en France.

Troisième espèce. URANE PHOSPHATÉ[2]. C'est la substance qui a été décrite par Haüy sous le nom d'*urane oxidé*. Il est peu de minéraux dont la détermination ait donné lieu à autant de méprises que celle de cette espèce. On l'a d'abord regardée comme une variété de mica; Bergmann l'a prise ensuite pour un muriate de cuivre, et de Born pour un oxide de bismuth; enfin, pendant long-temps les minéralogistes, se fondant sur l'analyse que Klaproth en a faite, se sont accordés à ne voir en elle qu'un deutoxide de bismuth, jusqu'à ce que des analyses plus récentes de M. R. Phillips[3] aient démontré

---

1 *Uran-Ochre*, PHILLIPS; *Uran-Ocker*, LEONH.

2 *Uranglimmer*, WERNER et LEONH.; *Pyramidal Euchlore-Mica*, HAIDINGER; *Uranit*, KIRWAN.

3 Trans. de la soc. géol., t. 3, p. 112.

dans cette substance la présence de l'eau et de l'acide phosphorique ; résultat qui a été confirmé depuis par les recherches de plusieurs autres chimistes. Aussi a-t-elle reçu un assez
grand nombre de noms différens. On l'a appelée successivement *mica vert, cuivre corné, urane micacé, uranite, torbérite*
et *chalcolithe*.

L'urane phosphaté est une substance d'un jaune citrin ou
d'un vert d'émeraude, transparente ou translucide, tendre,
fragile et soluble sans effervescence dans l'acide nitrique.

Il a presque toujours une structure laminaire, dont les
joints conduisent à un prisme droit, à bases carrées, dans lequel le rapport entre le côté de la base et la hauteur est à
peu près celui de 5 à 16. Le clivage parallèle à la base est
beaucoup plus net que les autres, qui s'aperçoivent même
assez difficilement ; son éclat est vif et perlé.

Il est facile à casser et cède à la pression de l'ongle. Sa dureté est supérieure à celle du gypse et inférieure à celle du
calcaire spathique. Sa pesanteur spécifique varie de 2,19 à
3,115.

Soumis dans le matras à l'action de la flamme du chalumeau, il donne de l'eau et devient d'un jaune paille et opaque. Sur le charbon il se boursoufle légèrement et se transforme en un globule noirâtre, dont la surface offre des traces
de cristallisation. Avec le borax il fond aisément en un verre
transparent, coloré en vert jaunâtre ; il se dissout sans effervescence dans l'acide nitrique, auquel il communique une
teinte jaune.

Variétés de formes.

L'urane phosphaté a présenté un grand nombre de variétés
de formes, qui toutes portent l'empreinte d'un prisme ou
d'un octaèdre à bases carrées. M. Phillips en a décrit plus de
quarante ; Haüy en indique seulement trois. Les cristaux sont
en général très-petits, et comme ils sont presque toujours
terminés par une face perpendiculaire à l'axe, ils s'offrent
sous l'aspect de tables ou de petites lames rectangulaires plus
ou moins modifiées sur leurs angles ou sur leurs bords. Parmi
ces variétés nous choisirons les cinq suivantes.

1.º *Urane phosphaté primitif.* En prismes très-courts, qui s'offrent sous la forme de lames rectangulaires.

2.º *Urane phosphaté sexoctonal.* C'est la forme primitive dont chaque base est entourée de quatre trapèzes, qui remplacent les bords. L'inclinaison de ces trapèzes sur la face terminale est de 108° 29′ (PHILLIPS).

3.º *Urane phosphaté trapézien.* C'est la forme précédente, moins les pans du prisme, qui ont disparu.

4.º *Urane phosphaté octaèdre.* La variété trapézienne dont les faces obliques ont atteint leur limite. Les angles de cet octaèdre à base carrée sont : 145° 2′ pour l'incidence de deux faces adjacentes sur l'une et l'autre pyramide ; et 95° 46′, pour celle de deux faces voisines sur la même pyramide.

5.º *Urane phosphaté bisannulaire.* La variété trapézienne avec un second rang de facettes à l'entour des bases. L'inclinaison de ces nouvelles facettes sur ces mêmes bases est de 155° 5′.

Les variétés de formes indéterminables et de structure se réduisent aux trois suivantes.

L'*Urane phosphaté lamelliforme.* En petites lames irrégulières ou en petites écailles, éparses ou groupées à la surface des roches qui leur servent de gangue.

L'*Urane phosphaté flabelliforme.* Composé de petites lames implantées de chaux et groupées en divergeant en manière d'éventail. (Urane jaune.)

L'*Urane phosphaté terreux.* En petites masses pulvérulentes et presque compactes à la surface de l'urane noir.

L'urane phosphaté n'est jamais pur dans la nature : il est toujours mêlé ou, suivant M. Berzelius, combiné avec du sous-phosphate de cuivre ou du sous-phosphate de chaux, ce qui constitue deux variétés principales, bien distinctes par leurs couleurs, l'urane vert et l'urane jaune.

1.ʳᵉ *Variété.* URANE VERT ; CHALCOLITHE de Werner ; URANE MICACÉ de Kirwan. D'un vert d'émeraude ou d'un vert d'herbe, quelquefois d'un vert jaunâtre. C'est presque uniquement à cette variété qu'appartiennent les formes cristallines décrites précédemment. Elle doit sa couleur verte au cuivre.

Composition. $= \overset{..}{Cu}^3\overset{..}{P}^2 + 4\overset{..}{U}P + 48Aq.$ Berz.

	Acide phosphorique.	Oxide d'urane.	Oxide de cuivre.	Eau.	
De Cornouailles.	16	60	9	14,50	R. Phillips.

L'urane vert appartient exclusivement aux terrains primordiaux de cristallisation; il se trouve dans les filons métallifères qui traversent les pegmatites et autres roches des terrains granitiques et micacés, principalement dans les mines d'étain, d'argent et de cuivre, où il se présente en cristaux implantés ou disséminés à la surface des diverses substances pierreuses et métalliques qui accompagnent le minérai. Il y forme quelquefois de petits noyaux composés de lames entrelacées. Il a communément pour gangue le silex corné, et s'associe fréquemment au quarz, au fluorite, au felspath, à l'urane noir, au cobalt oxidé et à différens minérais de fer.

On l'a d'abord découvert en Saxe, dans les filons argentifères de Schnéeberg et de Johann-Georgenstadt; dans les filons ferrifères d'Eibenstock et de Rheinbreitenbach, et dans les mines d'étain de Steinheidel et de Zinnwald dans l'Erzgebirge; on l'a retrouvé depuis en Allemagne, à Joachimsthal en Bohême, où il est assez rare; à Welsenberg dans le Haut-Palatinat, avec du fluorite violet, et à Bodenmais en Bavière, où il est accompagné de cristaux de tantalite, de béryl et de felspath; dans la mine Sophie de Wittichen, pays de Bade; à Reinerzau, dans le Würtemberg, avec le cobalt violet. On cite encore l'urane vert en petites lames sur un schiste ferrugineux à Saska, dans le bannat de Temeswar en Hongrie, et aux environs d'Ekaterinebourg en Sibérie.

Mais les plus belles cristallisations que l'on connoisse, viennent des mines d'étain et de cuivre du comté de Cornouailles en Angleterre, et principalement de la mine de Gunnislake, près de Callington, à l'extrémité orientale du comté. On trouve aussi de beaux échantillons d'urane vert dans les mines des environs de Redruth et de Saint-Austle, à Carharrak, Tincroft, Tol-Carn, Huel Jewel et Stenna Gwyn. Le quarz,

le silex corné et le cuivre rouge sont ses gangues les plus ordinaires.

2.ᵉ *Variété*. Urane jaune. D'un jaune citrin, avec une
nuance de verdâtre. Cette variété se rencontre rarement en
cristaux nets, mais le plus souvent en lames disséminées ou
agglomérées, et en masses flabelliformes groupées entre elles.
M. Berzelius a proposé de lui conserver l'ancien nom d'uranite.

Composition. $= \ddot{Ca}^3\overset{...}{P}{}^2 + 4\ddot{U}\dot{P} + 48Aq.$ Berz.

	Acide phosphorique.	Oxide d'urane.	Chaux.	Eau.	
D'Autun.........	14,63	59,37	5,66	14,90	Berzelius.

L'urane jaune appartient, ainsi que l'urane vert, aux terrains primordiaux de cristallisation; il se rencontre dans les
veines et filons qui traversent le granite, et surtout dans les
pegmatites altérées. Il a été d'abord découvert en France par
M. Champeaux, ingénieur des mines, en petites masses flabelliformes, dans la pegmatite de Saint-Symphorien, près
d'Autun, département de Saone-et-Loire; M. Leschevin l'a
retrouvé dans la même commune, au lieu dit l'*Ouche d'eau;*
et M. Alluaud l'a observé à Saint-Yrieix et à Chanteloube,
près de Limoges, en petites lamelles éparses dans une pegmatite décomposée et accompagnée de fer hydroxidé. On le
cite encore dans le granite aux environs de Chessy, avec des
tourmalines noires, et à Rabenstein en Bavière, avec des
béryls aigue-marines. Enfin, il existe aussi dans le granite
de Brunswick, province du Maine, et près de Baltimore,
dans les États-Unis d'Amérique.

Quatrième espèce. Urane sulfaté. M. John, de Berlin, a décrit
sous le nom d'urane sulfaté une substance d'un vert d'herbe,
vitreuse et translucide, soluble dans l'eau, et que l'on a
trouvée à Joachimsthal en Bohème, dans un filon appelé *Ro-
thengang*, qui traverse un micaschiste. Elle est en cristaux
aciculaires, groupés en rayons divergens, et associée à du

gypse également cristallisé en aiguilles. Haüy a cru pouvoir rapporter la forme de ces cristaux à un prisme rhomboïdal à base oblique. On trouve dans le même gisement une substance jaune pulvérulente, qui a été prise pour de l'urane hydroxidé, terreux, qui est insoluble dans l'eau et que M. John regarde comme un sous-sulfate d'urane. On ne connoit ni la pesanteur spécifique ni la dureté de ces deux substances, dont la détermination laisse encore beaucoup à désirer. On cite encore le sulfate d'urane aux environs de Nantes, où il est accompagné de tourmalines aciculaires. (DELAFOSSE.)

URANE. (*Chim.*) Corps simple, compris dans la quatrième section des métaux. (Voyez CORPS, tome VII, page 511.)

Propriétes physiques.

L'urane est en masse spongieuse, susceptible d'être limée, douée d'un éclat vif, d'un gris de fer quand il provient de l'oxide réduit par le charbon; il est en poudre d'un brun obscur quand il provient du protoxide réduit par l'hydrogène; enfin, on l'a obtenu en octaèdres presque réguliers, d'un très-grand éclat métallique, en décomposant par l'hydrogène le chlorure d'urane et de potassium.

La poussière de l'urane cristallisé est d'un brun rougeâtre, tandis que celle du protoxide réduit par l'hydrogène est d'un brun sombre.

Sa densité est de 8,1, suivant Klaproth; de 9,00, suivant Bucholz.

Propriétés chimiques.

A froid, l'air et l'oxigène sont sans action sur l'urane.

Chauffé au rouge naissant, à l'air libre, il brûle à la manière du charbon; il reste du protoxide d'urane vert; 100 parties d'urane absorbent 3,668 d'oxigène.

Le soufre, chauffé avec l'urane, ne paroit pas s'y combiner, car on sait qu'en faisant passer de l'acide hydrosulfurique sur du protoxide rouge de feu, l'oxide est réduit, mais la plus grande partie du soufre se volatilise avec la vapeur d'eau produite; 400 d'urane, dans une expérience faite par M. Arfwedson, n'ont fixé que 1.61 de soufre.

Ce chimiste a obtenu plusieurs alliages d'urane avec les

métaux, particulièrement avec le plomb, le fer, le barium, en réduisant par l'hydrogène les uraniates de ces métaux.

L'acide sulfurique, l'acide hydrochlorique, soit concentrés, soit étendus, soit à chaud ou à froid, sont sans action sur l'urane.

L'acide nitrique le dissout facilement. La dissolution est d'un jaune citron.

Combinaison de l'oxigène avec l'urane.

PROTOXIDE D'URANE.

Composition.

	Arfwedson.
Oxigène....	3,557 3,688
Urane......	96,443 .... 100.

Préparation.

On précipite un sel d'urane par l'ammoniaque caustique on chauffe au rouge le précipité lavé : celui-ci prend la forme d'une masse noire, dont l'aspect est métallique.

En chauffant le sous-carbonate d'urane, on peut encore obtenir du protoxide : celui-ci est en poudre d'un vert sale.

Propriétés.

Le protoxide d'urane, réduit en poudre, est d'un vert sale.

Celui qui a été chauffé au rouge, est dissous lentement par les acides hydrochlorique et sulfurique étendus : il l'est moins difficilement dans les acides concentrés.

La dissolution qu'on obtient avec l'acide sulfurique concentré et bouillant, donne une masse saline, légèrement verte, qui colore l'eau au vert-bouteille foncé.

Si cette dissolution est précipitée par l'ammoniaque caustique, le protoxide se sépare en hydrate floconneux, d'un brun tirant sur le pourpre. Ces flocons, lavés et séchés à 100°, puis distillés, donnent de l'eau et un résidu vert de protoxide, mêlé de peroxide. Si l'hydrate de protoxide étoit précipité par de l'ammoniaque en grand excès, et s'il étoit lavé à l'eau chaude, tout le protoxide seroit converti en peroxide uni à de l'ammoniaque.

Le sous-carbonate d'ammoniaque précipite la dissolution de sulfate de protoxide d'urane en sous-carbonate de protoxide, d'un vert léger, soluble dans un excès de sous-carbonate d'ammoniaque.

Le sous-carbonate de protoxide d'urane, chauffé dans l'ammoniaque, laisse du protoxide pur.

Le protoxide d'urane hydraté se dissout facilement dans les acides, s'il est récent; mais si on le fait digérer dans l'eau pendant une heure, il perd son eau d'hydratation, et n'est plus que très-peu soluble dans les acides.

Les sels de protoxide d'urane passent facilement au maximum d'oxidation. Quand on évapore le sulfate, on obtient une masse d'un vert léger, confusément cristallisée, mélangée de sulfate de peroxide. L'hydrochlorate de protoxide peut être évaporé à sec, sans cristalliser.

PEROXIDE D'URANE.

Composition.

		Arfwedson.
Oxigène....	5,262	5,559
Urane......	94,748	100.

Préparation.

M. Arfwedson, qui s'est occupé dans ces derniers temps d'un travail sur l'urane, prétend qu'il n'est guère possible d'obtenir le peroxide de ce métal à l'état de pureté, à cause de la tendance qu'il a à former des sels, soit qu'il fasse fonction de base, soit qu'il fasse fonction d'acide, et à cause de la facilité avec laquelle il perd de l'oxigène par l'action de la chaleur. Ainsi, quand on précipite un sel de peroxide d'urane avec l'ammoniaque ou avec la potasse, le précipité est un uranate alcalin hydraté, dont l'eau ne peut pas séparer l'ammoniaque ou la potasse. Si l'on chauffe l'uranate d'ammoniaque et même le nitrate de peroxide, on obtient un résidu qui contient toujours une quantité très-forte de protoxide.

Combinaisons du peroxide d'urane avec les acides.

Elles sont d'un jaune citron ; elles sont précipitées en cou-

leur de chocolat par l'hydrocyanoferrate de potasse ; en sulfure de la même couleur, par les hydrosulfates.

Le *sulfate de peroxide* s'obtient en traitant à chaud le sulfate de protoxide par l'acide nitrique ; il se dégage de l'acide
nitreux, et la liqueur, de verte qu'elle étoit, passe au
jaune.

Ce sel est incristallisable.

Par l'action de la chaleur il perd une portion de son oxigène et devient d'un jaune grisâtre.

L'*hydrochlorate de peroxide* d'urane se prépare comme le
précédent.

Il ne cristallise pas : il est déliquescent.

Le *nitrate de peroxide d'urane* se prépare en dissolvant le
protoxide dans l'acide nitrique chaud ; du gaz nitreux se dégage, et la liqueur donne de longs prismes d'un beau jaune.

Ce sel est très-soluble dans l'eau.

A une température peu élevée, il donne de l'oxigène et
un hyponitrite, lequel se réduit à du protoxide, s'il est
chauffé au rouge.

SELS DOUBLES DE PEROXIDE D'URANE.

SULFATE D'URANE ET DE POTASSE.

Composition.

	Arfwedson
Acide sulfurique	28,68
Peroxide d'urane....	58,06
Potasse	13,26.

Préparation.

Il suffit de mêler du sulfate de peroxide d'urane avec du
sulfate de potasse pour obtenir un sel double, cristallisable
en grains, d'une très-belle couleur jaune de citron.

Il est assez soluble dans l'eau.

L'alcool dissout le sulfate d'urane, à l'exclusion du sulfate
de potasse.

Il est fusible ; quand il a été fondu, il est vert : mais il
ne doit cette couleur qu'à des atomes d'oxide, qui ont été
réduits en protoxide.

Sulfate d'urane et d'ammoniaque.

Il cristallise comme le précédent.

Il se dissout facilement dans l'eau.

A une température élevée, il laisse pour résidu du protoxide d'urane.

Chlorure d'urane et de potassium.

En mélant ensemble deux solutions de chlorure de potassium et d'hydrochlorate de peroxide, on peut obtenir du chlorure double cristallisé, soit en petits prismes, soit en grains.

Ces cristaux sont jaunes. A une chaleur graduée, ils perdent de l'eau sans se décomposer ; mais à une chaleur rouge, ils abandonnent du chlore et passent au vert.

Uraniates d'oxides insolubles.

On peut préparer les uraniates insolubles en mélangeant avec une solution d'un sel d'urane, une solution saline de la base qu'on veut unir à l'oxide d'urane. En précipitant le mélange par l'ammoniaque, on obtient l'uraniate insoluble.

Les uraniates d'oxides, non réductibles par la chaleur, peuvent être fortement chauffés, sans que le peroxide d'urane se décompose.

A la chaleur rouge, la plupart des uraniates sont réduits en alliages d'urane par l'hydrogène.

Sulfure d'urane.

Le seul procédé qui jusqu'ici ait donné un sulfure d'urane pur, est celui qui consiste à mêler une dissolution d'urane avec l'hydrosulfate de potasse ; à laver et sécher le précipité.

Alliage d'urane et de plomb.

M. Arfwedson l'a obtenu par le procédé précédent, c'est-à-dire, en soumettant à l'action de l'hydrogène l'uraniate de plomb, rouge de feu.

Cet alliage est d'un brun foncé, pulvérulent. Dès qu'il a le contact de l'air, il en absorbe l'oxigène, s'échauffe, s'embrase et reproduit de l'uraniate de plomb.

ALLIAGE D'URANE ET DE BARIUM.

Le même savant l'a préparé comme le précédent, et il lui a trouvé des propriétés qui l'en rapprochent.

ALLIAGE D'URANE ET DE FER.

Mêmes résultats pour cet alliage, avec cette différence qu'il est plus combustible que les deux autres.

État.

L'urane existe dans la nature à l'état de phosphate et de protoxide.

Préparation du protoxide d'urane et de l'urane.

Nous allons indiquer le procédé que M. Arfwedson a suivi pour extraire l'urane de la *Pechblende* de Johann - Georgenstadt, en Saxe.

Ce minéral est formé de protoxide d'urane, d'oxide de cuivre, d'oxide de cobalt, d'oxide de zinc, d'oxide de fer, d'arsenic, de sulfure de plomb et de silice.

(*a*) On réduit le minéral en poudre, et on le traite à une douce chaleur par un mélange d'acide nitrique et hydrochlorique, après que la décomposition du minéral est terminée et que la plus grande partie de l'acide a été chassée; on ajoute un peu d'acide hydrochlorique et on étend d'une grande quantité d'eau. Le soufre, la silice, ne sont pas dissous.

(*b*) On fait passer dans la liqueur un courant d'acide hydrosulfurique; on précipite par ce moyen du plomb, du cuivre et de l'arsenic à l'état de sulfures.

(*c*) La liqueur contient du fer, du cobalt, du zinc et de l'urane. On la filtre; on la fait bouillir avec un peu d'acide nitrique, pour suroxider le fer; on y ajoute du sous-carbonate d'ammoniaque en excès. Le peroxide de fer est précipité. On filtre.

(*d*) La liqueur filtrée est chauffée jusqu'à bouillir, afin d'en volatiliser tout le carbonate d'ammoniaque en excès; on précipite par ce moyen les oxides d'urane et de zinc, et une portion d'oxide de cobalt.

(*e*) Le précipité (*d*) est lavé, séché et rougi; il passe au vert : en le faisant digérer dans de l'acide hydrochlorique foible, les oxides de fer et de cobalt sont dissous avec une petite quantité de peroxide d'urane, probablement à l'état d'uranate.

(*f*) Le résidu (*e*) est le protoxide d'urane pur.

M. Arfwedson a obtenu 65 de ce protoxide de 100 parties de *Pechblende*.

On le réduit en le chauffant dans une boule de verre, soufflée au milieu d'un tube, dans lequel on dirige un courant d'hydrogène.

Histoire.

La découverte de l'urane est due tout entière à Klaproth. Le *Pechblende* fut le minéral dans lequel il le découvrit. Jusqu'à lui on l'avoit confondu tantôt avec les mines de zinc, tantôt avec les mines de fer et de tungstène. Klaproth fit l'analyse de la *Pechblende* en 1789.

Bucholz, et M. Arfwedson en 1824, l'ont étudié avec beaucoup de soin, surtout pour déterminer la proportion des élémens de plusieurs de ses combinaisons. C'est ce dernier chimiste qui a réduit l'urane au moyen de l'hydrogène. (Ch.)

URANIA. (*Bot.*) Un des noms anciens de l'iris, cités d'après Dioscoride par Adanson. Plus récemment Schreber et Willdenow ont désigné sous le même nom le *Ravenala* de Madagascar, genre de la famille des musacées. (J.)

URANIE. (*Entom.*) Nom d'un genre de papillons de jour, établi par Fabricius et rangé par M. Latreille parmi les hespérides, remarquable par la manière dont les antennes se terminent, non par un globule ou une masse, mais par une sorte de soie arquée. Telles sont les espèces nommées *patroclus*, *lavinia*, *orontes*, *noctua*, etc., tous insectes exotiques, que les amateurs désignent sous le nom de *pages*. (C. D.)

URANITE. (*Min.*) Minérai d'urane : c'est le nom univoque de l'urane oxidé. Voyez *Urane noir*, à l'article URANE. (B.)

URANODON. (*Mamm.*) Nom proposé par Illiger, et sans aucun motif, pour remplacer celui d'hyperoodon, donné par M. de Lacépède à un cétacé voisin des dauphins. (Desm.)

URANOSCOPE, *Uranoscopus*. (*Ichthyol.*) Au rapport d'Athénée, les anciens Grecs appeloient οὐρανοσκόπος, un poisson qui paroît être le καλλιώνυμος d'Aristote, et dont les yeux *regardent le ciel* (ουρανός, *cælum*, σκοπέω, *considero*). Ce mot est devenu, chez les Modernes, le nom d'un genre de poissons osseux holobranches, de l'ordre et de la famille des Auchénoptères, et reconnoissable aux caractères suivans:

Branchies complètes; catopes jugulaires; corps alongé; trous des branchies latéraux, yeux très-rapprochés et ouverts sur le sommet de la tête; bouche oblique; màchoire inférieure plus avancée que la supérieure; préopercule crénelé vers le bas; une forte épine à chaque épaule; deux nageoires dorsales; la première petite, à rayons striés; la seconde longue et molle, ainsi que l'anale.

Pour distinguer les Uranoscopes des genres avec lesquels on pourroit les confondre, il suffira donc de se rappeler que les Callionymes ont les branchies ouvertes sur la nuque; que les Batrachoïdes ont la bouche horizontale; que les Morues, les Mustèles, les Blennies, les Vives, les Oligopodes, les Calliomores, les Merlans, les Trichonotes, les Coméphores, ont les yeux placés sur les côtés de la tête; que les Chryso-stromes et les Kurtes ont le corps ovale et comprimé. (Voyez ces divers noms de genre, et Auchénoptères dans le Supplément du tome III, page 125, de ce Dictionnaire.)

L'estomac des uranoscopes est un sac court; leurs intestins, de longueur médiocre, ont quatorze ou quinze cœcums; ils manquent de vésicule hydrostatique; mais leur vésicule biliaire, dont Aristote, au chapitre 15 du livre 2 de son Histoire des Animaux, avoit déjà noté la grande capacité, est énorme et a été souvent prise pour elle.

Leurs écailles sont assez grandes.

Parmi les espèces de ce genre, nous citerons:

L'Uranoscope rat ou Raspecon, ou Tapecon; *Uranoscopus scaber*, Linnæus. Dos à écailles lisses; tête très-aplatie et beaucoup plus grosse que le corps, revêtue d'une sorte de casque osseux, et garnie d'un grand nombre de petits tubercules; opercules dures et verruqueuses, terminées vers la nuque chacune par deux ou trois et sous la gorge par trois ou cinq piquans; dos brun; flancs grisàtres; ventre blanc; des teintes jaunàtres sur les nageoires pectorales; un filament mobile et assez long, sortant de l'intérieur de la bouche.

Ce poisson, qui n'a au plus qu'un pied de longueur, vit dans la Méditerranée, se cachant sous les algues auprès des rivages vaseux, s'enfonçant dans la fange, et se tenant en embuscade dans le limon pour s'emparer des animaux marins que son barbillon vermiforme attire à sa portée.

Sa chair est blanche, mais dure et d'une odeur désagréable. On en fait peu de cas, et ce n'est que dans quelques contrées de l'Italie qu'on la mange habituellement.

Son fiel a été anciennement préconisé comme un spécifique contre la cataracte et les autres affections des yeux, ainsi qu'on peut s'en convaincre par la lecture de Pline, de Dioscoride, d'Ælien, de Galien, et c'est ce qui probablement a donné lieu de croire que Tobie s'en est servi pour guérir son père de la cécité qui le tourmentoit.

I. URANOSCOPE HOUTTUYN : *Uranoscopus Houttuyn*, Lacép. ; *Uranoscopus japonicus*, Gmel. Dos jaune, garni d'écailles épineuses ; ventre blanc ; catopes courts.

De la mer qui baigne les îles du Japon. (H. C.)

URANOTE. (*Bot.*) Voyez SILOXERUS. (LEM.)

URAPE. (*Bot.*) Dans les environs de Caracas en Amérique on nomme ainsi le *Pauletia multinervia* de M. Kunth, genre très-voisin du *Bauhinia*, dans les légumineuses. (J.)

URARIA. (*Bot.*) Genre de plantes dicotylédones, à fleurs complètes, papilionacées, de la famille des *légumineuses*, de la *diadelphie décandrie* de Linnæus, offrant pour caractère essentiel : un calice à cinq dents inégales, très-ouvertes ; persistant, toujours réfléchi vers la tige ; une corolle papilionacée ; dix étamines diadelphes ; un ovaire supérieur ; un style ; une gousse articulée ; les articles courbés en zigzag.

Ce genre a été établi par M. Desvaux pour quelques espèces d'*hedysarum* (voyez SAINFOIN) distinguées par leur port et le caractère de leurs gousses. Il faut y rapporter les espèces suivantes :

URARIA PIED-DE-LIÈVRE : *Uraria lagopodioides*, Desv., Journ. bot., 5, pag. 122 ; *Hedysarum lagopodioides*, Linn., *Spec.*; Burm., *Flor. ind.*, tab. 53, fig. 2. Cette plante a des tiges divisées en rameaux presque anguleux, un peu comprimés, velus ou tomenteux. Les feuilles sont alternes, pétiolées, ternées, composées de trois folioles inégales, ovales, obtuses.

presque sessiles, rudes, d'un beau vert à leur face supérieure, pubescentes en dessous et douces au toucher, entières, mucronées, à nervures simples, obliques, jaunâtres, presque parallèles, remplies par un joli réseau de veines un peu saillantes, à foliole terminale longue de deux pouces et plus, et les latérales beaucoup plus petites; les pétioles sont munis à leur base de stipules sétacées et velues. Les fleurs sont disposées en un épi terminal, épais, ovale, obtus, très-velu; chaque fleur est pédicellée, accompagnée à sa base d'une bractée ovale, large, subulée, velue, un peu jaunâtre, ciliée à ses bords. Le calice est court, couvert, ainsi que les pédicelles, de poils mous, touffus, abondans, d'un blanc cendré; la corolle petite. Les gousses sont articulées, à semence dans chaque articulation. Cette plante croît dans les Indes, à la Chine, aux îles Philippines.

Uraria chevelu : *Uraria crinita*, **Desv.**, *loc. cit.; Hedysarum crinitum*, Linn., *Mant.*; Burm., *Flor. ind.*, tab. 56. Cette plante a des tiges ligneuses, droites, élevées, garnies de feuilles alternes, ailées, composées de cinq folioles oblongues, glabres, réticulées à leurs deux faces, inégales à un de leur côté, longues de trois ou quatre pouces, munies, à la base des pétioles, de deux stipules assez grandes, lancéolées, aiguës. Les fleurs sont disposées en grappes alongées; chaque fleur est portée sur un pédicelle capillaire, très-velu, fortement courbé après la floraison. Les trois plus grandes découpures du calice sont filiformes, très-velues, fortement réfléchies; elles cachent entièrement une petite gousse lisse, ridée, luisante, d'un beau noir, qui se perd au milieu des nombreux pédicelles recourbés et des longs poils, de sorte que ces fleurs, par leur ensemble, offrent une sorte de crinière touffue. Les semences sont brunes, luisantes, ovales. Cette plante croît dans les Indes orientales.

Uraria panachée : *Uraria picta*, **Desv.**, *loc. cit.; Hedysarum pictum*, Jacq., *Ic. rar.*, 5, tab. 567. Arbrisseau très-agréable par ses bractées colorées, par ses fleurs en longs épis et par ses feuilles panachées. Ses rameaux sont alternes, étalés; ses feuilles pétiolées, ailées, composées de folioles lancéolées, entières, longues d'environ six ou sept pouces, d'un vert foncé à leurs deux faces, marquées d'une tache jaunâtre dans leur milieu ; les stipules ovales, lancéolées. L'épi de fleurs est droit, cylindrique, long d'environ un pied et demi, tout couvert de bractées ovales, acuminées, d'un blanc jaunâtre, teintes de pourpre vers leur sommet, caduques à l'époque de la floraison. Le calice est partagé en cinq découpures oblongues, aiguës, inégales ; la corolle est purpurine ; les gousses sont pendantes, articulées, composées d'articulations couvertes de poils courts et roides, flexueuses, elliptiques. Cette plante croit dans la Guinée. (Poir.)

URA-SIRO. (*Bot.*) Un des noms japonois, cités par Thunberg, de son *polypodium dichotomum*, qui est maintenant le *mertensia dichotoma* de Willdenow et de Swartz. (J.)

URASPERMUM. (*Bot.*) Genre de plantes dicotylédones, à fleurs complètes, polypétalées, de la famille des *ombellifères*, de la *pentandrie digynie* de Linnæus, offrant pour caractère essentiel : Des fleurs en une ombelle composée ; cinq pétales ; autant d'étamines ; point d'involucre ; un fruit solide, presque linéaire, à angles tranchans, hispides, sillonnés ; deux semences accolées, terminées par les styles persistans.

URASPERMUM DE CLAYTON : *Uraspermum Claytoni*, Nuttal, *Amer.*, 1, pag. 192 ; *Myrrhis Claytoni*, Mich., *Flor. bor. amer.*, 1, p. 170. Plante dont la tige est droite, haute d'environ deux pieds. Les feuilles sont pubescentes, mais non blanchâtres ; le pétiole commun est à trois grandes divisions ; chacune d'elles à trois ou cinq autres, garnies de folioles ovales, oblongues, presque pinnatifides ou lobées ; les pédoncules géminés, terminaux ; les rayons peu nombreux, étalés, divariqués, très-longs, de trois à cinq ; les fruits oblongs, cylindriques. Cette plante croît sur les monts Alleghanis. (Poir.)

URATE. (*Bot.*) Voyez OURATE. (Poir.)

URATES et URIQUE [Acide]. (*Chim.*) L'*acide urique* est un acide organique azoté, qu'on a découvert d'abord dans certains calculs de la vessie de l'homme, et ensuite dans son urine : les *urates* sont les combinaisons salines de cet acide avec les bases salifiables. Par la raison qu'ils n'ont point encore été l'objet d'un travail bien spécial, nous en confondrons l'histoire avec celle de leur acide. L'acide urique a porté les noms d'*acide lithique*, d'*acide lithiasique*.

Composition.

	Bérard.	vol.
Oxigène....	18,89	
Azote	59,16....	1
Carbone....	53,61....	2
Hydrogène..	8,34.	

On voit que l'azote est au carbone dans le rapport où ces corps constituent le cyanogène.

Propriétés physiques de l'acide urique.

L'acide urique est en petites aiguilles incolores, rudes au toucher, presque insipides.

Propriétés chimiques de l'acide urique.

a) Cas où il n'est pas altéré.

Il exige 1720 parties d'eau à 15^d et 1150 parties d'eau bouillante pour être dissous. Cette dernière solution dépose en refroidissant de petits cristaux brillans. Elle rougit la teinture de tournesol, et l'on ne connoit pas de sel qu'elle précipite.

L'acide urique est insoluble dans l'alcool.

Il s'unit directement avec les eaux de potasse, de soude et d'ammoniaque.

URATE DE POTASSE.

Lorsqu'on triture un peu de potasse liquide avec de l'acide urique, la matière se prend en masse; il se forme une combinaison d'acide urique et de potasse. On peut encore la préparer en faisant bouillir un excès d'acide urique avec de la potasse et beaucoup d'eau : on filtre et on évapore à siccité.

Ce sel est neutre; il n'a pas de saveur sensible : il ressemble à l'acide urique.

Il est inaltérable à l'air.

Il n'est presque pas soluble dans l'eau.

SOUS-URATE DE POTASSE.

Les sels solubles de baryte, de strontiane, de chaux, de magnésie et d'alumine, sont précipités par le sous-urate de potasse; il en est de même des sels des trois dernières sections. Ces précipités sont blancs, à l'exception de ceux dont les oxides sont colorés.

L'urate de potasse se dissout dans un excès d'alcali. Cette dissolution est précipitée par les acides qui ont quelque énergie : lorsqu'on ne met que la quantité d'acide nécessaire pour neutraliser la potasse en excès, le précipité est de l'urate neutre ; quand, au contraire, on emploie un excès d'acide, le précipité est de l'acide urique.

Les autres urates ont des propriétés analogues à celles de l'urate de potasse : l'urate neutre d'ammoniaque est le plus soluble ; l'urate de soude ne l'est presque pas ; enfin, l'urate neutre de baryte est le moins soluble de tous.

b) Cas où l'acide urique est altéré.

Le chlore humide dans lequel on plonge cet acide, le convertit en très-peu de temps, suivant Fourcroy et Vauquelin, en acide carbonique, en hydrochlorate d'ammoniaque et en suroxalate d'ammoniaque.

Si l'acide sulfurique est foible, il n'altère pas l'acide urique ; mais s'il est concentré, il le noircit.

On dissout jusqu'à saturation l'acide urique dans l'acide nitrique étendu de son poids d'eau ; on fait évaporer doucement la liqueur filtrée ; peu de temps après elle dépose, par le refroidissement, des cristaux verts très-réguliers de purpurate d'ammoniaque. Quand elle est refroidie, on sépare une eau-mère rouge qui, concentrée, dépose des cristaux rouges. Enfin, l'eau-mère de ces cristaux donne quelques cristaux verts de purpurate, quand on y ajoute de l'ammoniaque. On obtient quelquefois du purpurate d'ammoniaque incolore avec le purpurate vert. Dans cette réaction il se produit aussi de l'acide oxalique.

Propriétés du purpurate incolore.

Sa forme est un prisme quadrilatère, terminé ordinairement par un sommet dièdre très-surbaissé. Par la chaleur il s'effleurit, se boursoufle, exhale de l'eau, de l'ammoniaque et de l'hydrocyanate d'ammoniaque ; il laisse beaucoup de charbon.

La potasse en dégage l'ammoniaque : il ne précipite ni le nitrate d'argent, ni l'acétate de plomb.

Propriétés du purpurate vert.

Sa couleur est le vert des cantharides. Sa forme est un prisme rectangulaire assez long, tronqué obliquement. Sa poussière est d'un rouge pourpre. Il est moins soluble dans l'eau que le sel blanc; il n'en faut que très-peu pour la colorer. Il est insoluble dans l'alcool froid.

Il précipite le nitrate d'argent en rouge pourpre; en ajoutant un peu d'ammoniaque à la liqueur précipitée refroidie, on obtient un précipité bleu. Enfin, en ajoutant encore un peu d'ammoniaque, on obtient des flocons blancs.

Propriétés du purpurate rouge.

M. Vauquelin dit que ce sel ne diffère pas essentiellement du sel vert, car sa solution a la même couleur et se comporte comme lui avec les réactifs; seulement il est légèrement acide et un peu plus soluble. L'eau bouillante qui en est saturée, se prend souvent en gelée par le refroidissement.

L'alcool chaud, ajouté à cette eau-mère concentrée, en précipite du purpurate rouge mêlé d'oxalate de chaux.

La solution filtrée est rouge jaunâtre. Conservée pendant plusieurs jours en vase clos, elle laisse précipiter de nouveau du purpurate rouge; après ce dépôt l'alcool n'est plus coloré qu'en jaunâtre : si on y ajoute de l'alcool concentré, on en précipite du purpurate incolore.

Le précipité rouge et le précipité bleu, qu'on obtient en versant le nitrate d'argent dans la solution du purpurate vert ou dans celle du purpurate rouge, sont formés d'acide purpurique, d'ammoniaque, d'oxide d'argent et de principe colorant. Quand on les soumet séparément à l'action de l'acide hydrosulfurique, ils donnent un précipité de sulfure et une solution aqueuse de purpurate acide d'ammoniaque incolore.

Bouillie dans l'eau, avec 2 parties de purpurate rouge et 7 parties de charbon animal, la liqueur chaude reste colorée; mais par le refroidissement elle se décolore. Si le charbon étoit en excès, la liqueur se décoloreroit même à chaud.

La liqueur décolorée donne du sur-purpurate d'ammoniaque par l'évaporation.

Quand le charbon n'est pas en excès et qu'il a été lavé à l'eau froide, il cède à l'eau bouillante une couleur violette très-intense. Dans le cas contraire il ne lui cède rien : mais si l'on ajoute de l'ammoniaque à l'eau, celle-ci se colore en violet.

Enfin, nous ajouterons que M. Lassaigne, en exposant l'acide purpurique extrait des sels colorés à l'action de la pile voltaïque, a obtenu l'acide purpurique incolore au pole positif. et son principe colorant au pole négatif.

Toutes ces expériences prouvent que le docteur Prout a pris pour un acide pur l'acide qu'il a appelé purpurique, qui est bien certainement formé de deux principes immédiats, l'un qui est acide et incolore, et l'autre qui est coloré.

Lorsqu'on distille l'acide urique, il passe dans le récipient : 1.° quelques gouttes d'eau tenant du sous-carbonate d'ammoniaque, 2.° du sous-carbonate d'ammoniaque sec, 3.° de l'hydrocyanoferrate d'ammoniaque. 4.° de l'acide carbonique, 5.° de l'acide hydrocyanique. 6.° une matière acide cristallisée; 7.° ces produits sont accompagnés d'un peu d'huile. Il reste un charbon représentant les 0,16 du poids de l'acide distillé.

Schéele avoit considéré la matière acide sublimée comme ayant de l'analogie avec l'acide succinique; Pearson l'avoit regardée comme analogue à l'acide benzoïque, et Vauquelin, comme analogue à l'urée. Henry a vu qu'elle étoit formée d'un acide particulier et d'ammoniaque. C'est cet acide qui a été appelé depuis *pyro-urique*. (Voyez Pyro-urique [Acide].)

Préparation.

Pour le préparer à l'état de pureté, on prend un calcul d'acide urique; on le traite par la potasse caustique foible; on filtre; on verse dans l'alcali de l'acide hydrochlorique : il faut en mettre un excès afin d'enlever toute la potasse à l'acide urique. Celui-ci se précipite en petits cristaux d'un blanc un peu grisâtre.

Histoire.

Schéele découvrit cet acide en 1776, en faisant l'analyse

de plusieurs calculs urinaires. L'acide urique est très-répandu ; il constitue un grand nombre de calculs ; il se trouve dans l'urine des animaux carnivores, et dans les excrémens des oiseaux, où il a été découvert par MM. Fourcroy et Vauquelin. M. Robiquet l'a trouvé dans les cantharides. M. Brugnatelli a trouvé l'urate d'ammoniaque dans les excrémens de la phalène du ver-à-soie, et dans la dragée du même insecte.

L'urate de soude a été reconnu par M. Pearson dans les concrétions des goutteux.

Enfin, l'action de l'acide nitrique sur cet acide, étudiée d'abord par Schéele, l'a été ensuite par MM. Prout et Vauquelin. (Ch.)

URA-TSIURO. (*Bot.*) Ce nom japonois est donné, suivant Thunberg, au *rubus occidentalis* de Linnæus, parce que ses feuilles sont blanches en dessous. Cette espèce, qui croît près de Nangasaki, est très-épineuse. (J.)

URA-VALLI. (*Bot.*) Voyez Tsjeria-cametti valli. (J.)

URAYE, MANCHINELLA. (*Bot.*) Noms du *comocladia propinqua* de M. Kunth, dans les environs de Caracas en Amérique. (J.)

URBERE. (*Entom.*) Ce nom et ceux de *vendangeur*, *coupe-bourgeon*, *pique-broc*, sont donnés à divers coléoptères tétramérés, qui vivent dans les bourgeons de la vigne, et de quelques arbres fruitiers, la plupart appartenant aux genres Eumolpe et Attélabe. (Desm.)

URBICOLES, CITADINS, *Urbicolæ*. (*Entom.*) Linnæus, dans son Système ingénieux de nomenclature appliqué aux papillons, distinguoit les espèces en phalanges de chevaliers, d'héliconiens, de parnassiens, de danaïdes, de nymphales, de plébéiens, qu'il subdivisoit en groupes plus nombreux, auxquels il avoit eu l'idée d'appliquer des noms en rapport avec la phalange à laquelle ils devoient être rapportés. Ainsi, parmi les chevaliers, il y avoit des troyens, dont les couleurs principales étoient le noir, avec des taches rouges à la poitrine ; et des grecs, dont la poitrine n'étoit pas ensanglantée et qui portoient une sorte de décoration ou de tache œillée sur les ailes inférieures : de là tous les noms tirés des héros grecs et troyens cités dans l'Iliade, l'Énéide. Tels étoient les urbicoles par les plébéiens, provenant des petites chenilles cloportes et produisant de petites espèces à taches transparentes. Tels sont les hétéroptères de la famille des hespéries. Voyez Papillon, tom. XXXVII, pag. 454. (C. D.)

URBLAN. (*Ornith.*) On trouve dans Gesner ce nom indiqué comme désignant en Lombardie un lagopède; mais Buffon fait remarquer, à l'article de cet oiseau, tom. 2 in-4.°, pag. 275, que c'est une erreur. (Ch. D.)

URCEOLA. (*Bot.*) Deux plantes paroissant différentes, mais également monopétales à corolle hypogyne, ont été désignées sous ce nom. La première, originaire du Brésil et indiquée par Vandelli, a, selon lui, un très-petit calice divisé en six parties (peut-être en quatre seulement, avec deux bractées?); une corolle beaucoup plus grande, en entonnoir, divisée supérieurement en quatre lobes; quatre étamines à anthères didymes et cependant aiguës; un ovaire libre; un style; un stigmate en tête; un fruit capsulaire à deux loges monospermes. L'autre plante est de l'Inde, nommée par Roxburg; c'est une apocinée dont la corolle est urcéolée, à cinq lobes, portant cinq étamines à anthères sagittées. Son ovaire, entouré d'un nectaire cylindrique, devient un fruit composé de deux follicules polyspermes. Ce genre paroît avoir quelque rapport avec l'*Echites*, près duquel nous le rapprochions. Il diffère sûrement du premier; mais, ne connoissant ni l'un ni l'autre, nous nous contentons de les citer, en observant que celui de Vandelli est le plus anciennement publié. (J.)

URCÉOLAIRE. (*Bot.*) Voyez Cyathodes. (Poir.)

URCÉOLAIRE, *Urceolaria*. (*Infus.*) Genre établi par M. de Lamarck (Syst. des anim. sans vert., tome 2, p. 40) pour les espèces de vorticelles de Muller, qui n'ont pas de queue ou de pédoncules, et cependant il me paroît certain, d'après mes propres observations, que les vorticelles les plus longuement pédonculées sont quelquefois sans traces anciennes de pédoncules. Quoi qu'il en soit, M. de Lamarck définit ainsi ses urcéolaires: Corps libre, contractile, urcéolé, quelquefois alongé, sans queue et sans pédoncule; bouche terminale, dilatée et garnie de cils rotatoires; caractères qui se trouvent presque tous dans les Vorticelles; à l'article desquelles nous rapporterons les divisions qui ont été proposées par M. de Lamarck, et par d'autres auteurs depuis lui, dans ce groupe d'animaux microscopiques, et, par conséquent, fort mal connus. Nous nous bornerons à dire ici que les espèces que M. de Lamarck place dans son genre Urcéolaire, sont les *vorticella viridis, spheroidæa, cincta, lanifera, bursata, varia, sputarium, polymorpha, multiformis, nigra, cucullus, utriculata, ocreata, valga, papillaris, sacculus, cirrata, nasuta, stellina, discina, scyphina, fritillina, truncatella, humata, crateriformis* et *versatilis*, de Muller. Voyez Vorticelle. (De B.)

URCEOLARIA. (*Bot.*) Le genre nommé ainsi par Cothenius est réuni au *Schradera* de Vahl et Willdenow, dans les rubiacées. Feuillée avoit donné le même nom au *Sarmienta*, genre de la Flore du Pérou dont la famille n'est pas encore déterminée. Un autre *Urceolaria*, d'Acharius, dans la famille des lichens, est le genre qui devra conserver ce nom. On trouve aussi dans Daléchamps le nom *urceolaris* cité comme synonyme de la pariétaire. (J.)

URCEOLARIA. (*Bot.*) Genre de la famille des lichens, qui comprend des espèces dont l'expansion ou thallus est une croûte plane, étalée, adhérente, uniforme, composée de tubercules plans ou concaves, souvent rapprochés, portant à leur sommet un apothécium ou scutelle enfoncée, colorée, munie d'un rebord saillant, formé par la croûte, et de même couleur.

Ce genre, établi par Acharius et adopté par M. De Candolle et la plupart des botanistes, n'est pas admis par Meyer, ni par Curt Sprengel, qui ramènent les espèces en partie dans le genre *Parmelia*. M. Fée, en conservant l'*Urceolaria*, lui joint le *Gyalecta*, Ach., qui n'en diffère que par ses apothéciums formés par le thallus même ; tandis que dans l'*Urceolaria* ils sont formés d'une substance propre.

Les espèces d'*urceolaria* sont assez nombreuses. Acharius en indique vingt ; mais il faut y joindre quelques espèces observées en Égypte par M. Delile, etc. Elles se plaisent sur les pierres, sur les rochers, sur la terre, sur les tuiles, quelquefois sur la mousse, sur les écorces et sur le vieux bois. Elles forment des plaques ou croûtes oblongues ou arrondies, tuberculeuses, dont les bords présentent un thallus, composées de petites folioles lobées, fortement adhérentes ; les scutelles garnissent principalement le centre, et imitent de petits go-

deís noirs ou d'un noir glauque, enfoncé dans la croûte.
Les espèces les mieux connues croissent en Europe. Elles
sont la plupart très-difficiles à déterminer, et il existe une
grande confusion dans leur synonymie.

Nous ferons remarquer les suivantes :

1. L'Urceolaria cendrée : *Urceolaria cinerea*, Ach., *Synops.*,
140: *Verrucaria ocellata*, Hoffm., *Lich.*, pl. 20, fig. 2; *Lichen
cinereus*, Linn. Croûte blanchâtre ou comme enfumée, marquée de rides réticulaires, verruqueuses, de couleur grise,
bordées de noir; verrues portant des scutelles concaves,
noires, qui ensuite s'élèvent et sont entourées par le thallus,
en forme de bordure entière, un peu épaisse. Cette espèce
se rencontre sur les rochers, dans les montagnes, et offre un
assez grand nombre de variétés, décrites dans le *Synopsis*
d'Acharius, et dont quelques-unes ont été données pour des
espèces distinctes par Acharius lui-même. Ce lichen est quelquefois très-chargé de scutelles, qui, avec l'âge, se gonflent,
s'élèvent et sont à peine bordées par le thallus. Dans une variété des Alpes de la Suisse (*urceol. cin. graphica*, Ach.), la
croûte est bordée et marquée en dessus de lignes noires imitant des caractères.

2. L'Urceolaria graveleuse : *Urceolaria scruposa*, Ach.,
Synops., pag. 142; *Lichen scruposus*, Linn.; Schreb.; Hoffm.,
Lich., pl. 6, fig. 1; Sow., *Engl. bot.*, pl. 266, *Patellaria scruposa*, Hoffm., *Pl. lich.*, pl. 11, fig. 2. En croûte oblongue ou
arrondie, rugueuse, plissée, granulaire, d'un gris cendré,
blanchâtre ou jaunâtre; les réceptacles, ou scutelles, épars,
nombreux, en forme de godet, enfoncés dans la croûte
noire, grisâtre ou blanchâtre, avec un rebord saillant, crénelé. Cette espèce, une des plus connues et des plus répandues du genre, croît sur la terre, sur les rochers, les pierres:
sa croûte est sujette à se fendiller, lorsqu'elle croît sur les
rochers; elle dégénère sur ses bords en folioles imbriquées.
On en trouve une variété dont la couleur est plombée : elle
croît sur la terre argileuse. M. De Candolle ramène à cette
espèce, comme variété, le *lichen muscorum*, Hoffm., *Pl. lich.*,
pl. 21, fig. 1, végétant sur les mousses et les grandes espèces
de lichens. Meyer et Curt Sprengel pensent que le *variolaria
lactea*, Ach., n'est que la croûte stérile de cet *urceolaria*.

L'*urceolaria scruposa* donne à la teinture une couleur rouge, lorsqu'il a macéré long-temps dans de l'urine, et on en tire une couleur noisette-verdâtre par sa macération dans l'eau avec le sulfate de fer.

5. L'Urceolaria du calcaire : *Urceolaria calcaria*, Achar., *Lich. univ.*, p. 340; *ejusd. Synops.*, p. 145; *Urceol. cinerea*, *Fl. Dan.*, pl. 1452, fig. 1; *Verrucaria contorta*, Hoffm., *Pl. lich.*, pl. 22, fig. 2; *Lichen calcarius*, Linn., *Fl. Suec.* En croûte de forme déterminée, marquée de rides extrêmement fines, presque pulvérulente, d'abord d'un blanc vif, puis grisâtre; scutelles petites, un peu concaves, noires, avec un voile blanc, comme givreux, entourées d'un rebord formé par le thallus un peu proéminent. Cette espèce se plaît sur les pierres calcaires; elle y forme des croûtes minces, adhérentes. Flœrke et Acharius en ont décrit diverses variétés, limitées à neuf par ce dernier.

Acharius rapporte avec doute à ce genre le *lichen esculentus*, figuré dans le Voyage de Pallas, vol. 5, pl. 21, fig. 2, et que ce naturaliste voyageur dit avoir observé en abondance dans les montagnes des déserts de la Tartarie, sur les terrains calcaires ou gypseux. Il le dit tellement semblable à ces pierres, qu'on l'en distingue d'abord avec peine : il l'annonce comme bon à manger. Un nouvel examen de la plante est nécessaire pour décider s'il s'agit ici d'une espèce d'*urceolaria*, ce qui n'est pas notre avis, d'après la figure et le peu de lignes données par Pallas.

L'*urceolaria ocellata*, Dec., un de nos plus beaux lichens du midi de la France, n'est plus une espèce de ce genre pour Acharius; c'est le *lecanora Villarsii* (Ach., *Lich.*, p. 560 , *Synops.*, pag. 165) et le *lichen ocellatus* (Villars, Flore du Dauph., 3, p. 998, pl. 55).

L'on rencontre encore dans les genres *Verrucaria*, *Gyalecta*, *Thelotrema* et *Sagedia*, des espèces données pour appartenir à l'*Urceolaria*. Quelques espèces de Persoon, mentionnées à l'article Micromium (voyez ce mot), en forment dans Acharius une seule dans son genre *Thelotrema*; c'est son *thelotrema variolarioides*, *Synops.*. 355.

C'est auprès de l'*Urceolaria* que M. Fée range ses genres *Myriotrema* et *Echinoplaca*, que nous n'avons pu faire connoître à leur lettre, à cause de leur publication récente.

Le Myriotrema est caractérisé ainsi : Thallus crustacé, plan, étendu, adhérent, uniforme, perforé d'une infinité de petits trous ; apothéciums en forme de petites scutelles épaisses, sessiles, marginées, adhérentes au thallus dans leur jeunesse, puis libres. Ce genre comprend trois espèces, dont le thallus, épais, cartilagineux, est blanc ou olivâtre et limité de noir. Les apothéciums scutelloïdes se développent dans la substance même du thallus, à sa partie inférieure, tandis que la lame proligère se forme aux dépens de la partie corticale, et se colore en brun ou conserve la couleur du thallus. M. Fée en décrit deux espèces, qui se trouvent sur l'écorce officinale du *Bonplandia trifoliata*, Willd., plante de l'Amérique méridionale.

Le *myriotrema olivaceum* (Fée, Essai sur les crypt., p. 103, pl. 25, fig. 1), dont le thallus est luisant, vert-olive, cartilagineo-membraneux, bordé de noir, parsemé de scutelles un peu concaves, rousses, avec le rebord mince, blanchâtre.

Le *myriotrema album* (Fée, *loc. cit.*, p. 104, pl. 25, fig. 2) est d'un blanc de lait un peu glauque, limité de noir, épais, marqué d'impressions profondes, orbiculaires, confluentes ; les scutelles sont orbiculaires, immarginées, entassées, formées par le thallus et de la même couleur.

L'Echinoplaca a le thallus crustacé, muni de papilles roides qui hérissent sa surface et la rendent comme lépreuse ; les scutelles sont orbiculaires, sans bord, d'une grande ténuité et imitant une simple lame, colorées, enchâssées dans le thallus.

L'*Echinoplaca epiphylla* (Fée, Ess. sur les crypt., introd., p. 50 et 93, pl. 1, fig. 29) se trouve sur les feuilles de quelques plantes vivantes de Cayenne, et notamment sur celles des *uvaria* ou canang. (LÉM.)

URCÉOLE. *Urceola.* (*Bot.*) Genre de plantes dicotylédones, à fleurs complètes, monopétalées, de la famille des *apocinées*, de la *pentandrie monogynie* de Linnæus, offrant pour caractère essentiel : Un calice à cinq divisions ; une corolle urcéolée ; cinq étamines ; un ovaire supérieur environné d'un appendice cylindrique ; un style ; un stigmate ; deux follicules à une seule loge, à deux valves ; plusieurs semences renfermées dans une pulpe.

Ce genre me paroît avoir beaucoup de rapport avec le Vahea (voyez ce mot) ; mais dans ce dernier le fruit n'a point encore été observé, et la corolle est infundibuliforme.

Urcéole élastique : *Urceola elastica*, Roxb., *in Asiat. Research.*, 5, pag. 167 ; Spreng., *in Schrad., Journ. bot.*, 1800, vol. 2. pag. 236. Arbrisseau à tige grimpante, qui s'appuie sur les arbres qui l'avoisinent. Ses rameaux sont garnis de feuilles opposées, ovales, nerveuses, glabres, entières, acuminées. Les fleurs sont disposées en panicule ; la corolle urcéolée ; les étamines au nombre de cinq, insérées au fond de la corolle ; les anthères en flèche ; l'ovaire supérieur, environné d'un appendice cylindrique, entier à ses bords ; un seul style ; un stigmate. Le fruit consiste en deux follicules à une seule loge divisée en deux valves ; plusieurs semences éparses dans la substance pulpeuse qui remplit les follicules.

Cet arbrisseau croît dans les Indes orientales. Il fournit, par des incisions faites à son écorce, un suc laiteux qui se durcit à l'air, et qui offre les mêmes qualités que le caoutchouc ou gomme élastique, qu'il peut très-bien remplacer. Les Chinois en font des bagues élastiques. D'ailleurs on sait aujourd'hui que cette gomme n'est pas le produit d'un seul arbre. (Poir.)

URCÉOLÉ. (*Bot.*) Renflé dans sa partie moyenne, rétréci à son orifice, dilaté à son limbe ; exemple : calice du rosier ; corolle du *vaccinium myrtillus* ; involucre du *carduus palustris*, etc. (Mass.)

URCEUS. (*Conchyl.*) Nom sous lequel Klein (*Method. ostracolog.*, page 46) a proposé d'établir un genre avec les coquilles univalves, spirées, renflées en un ventre oblong, avec un sommet dirigé en haut, formant comme un couvercle. Le type de ce genre me paroît l'agathine zèbre ; mais il y mit ensuite des coquilles tout-à-fait hétérogènes, comme des nérites, des néritines, etc. (De B.)

URCHIN. (*Bot.*) Nom vulgaire donné à plusieurs espèces de champignons du genre Hydnum (voyez ce mot), particulièrement à l'*hydnum repandum*, décrit dans ce Dictionnaire. (Lem.)

URCHIN et HEDGEHOG. (*Mamm.*) Dénominations angloises du hérisson d'Europe. (Desm.)

URCO. (*Mamm.*) Nom que porte au Pérou le lama mâle.
(**Desm.**)

UREBEC. (*Entom.*) Nous trouvons ce nom, dans le Dictionnaire de La Chesnaye-des-Bois, comme employé pour désigner les piquebrots ou coupe-bourgeons, qui sont les gribouris de la vigne, qu'on nomme aussi *bêches* ou *lisettes* (voyez Eumolpe, tom. XV, pag. 539). Nous avons peine à adopter l'étymologie que donne l'auteur cité, qui dit que le nom d'*urebec* est tiré du verbe *urare*, qui signifie brûler, et du mot bec. (C. D.)

UREDO. (*Bot.*) Genre de la famille des champignons trèsnombreux en espèces épiphytes, qui constituent la base d'une tribu ou section particulière, celle des urédinées, selon Fries, et qui fait partie de la classe des champignons angiocarpes et de l'ordre des dermatocarpes gymnospermes, dans la méthode de M. Persoon, auteur du genre.

L'*Uredo* comprend des cryptogames constitués par une simple poussière séminulifère, qui naît sous l'épiderme des plantes, et est composée de sporidies uniloculaires, libres, sessiles ou rarement pédicellées, sphériques ou ovoïdes, dépourvues de cloisons transversales et d'articulations ou étranglemens simples, jamais didymes, mais libres, déchirant irrégulièrement l'épiderme des plantes pour se mettre à jour, et celui-ci formant souvent une sorte de frange autour de la plante, et jamais une espèce de conceptacle, comme dans l'*Æcidium*.

Ce genre diffère essentiellement du *Puccinia* par ses sporidies (ou capsules, Decand.) uniloculaires. Link en avoit d'abord séparé quelques espèces à sporidies pédicellées : c'étoit son genre *Uromyces* ou *Cæomurus*.

Link forme de l'*Uredo* et de l'*Æcidium* un seul genre, le *Cæoma*, qu'il avoit d'abord nommé *Hypodermium*. Cette réunion, que Fries admet sous le nom d'*Æcidium* (*Syst. orb.*, 1, p. 197), ne paroît cependant pas dans le cas d'être adoptée.

Les espèces d'*uredo* sont extrêmement difficiles à distinguer, et le plus souvent ne se reconnoissent qu'à la plante sur laquelle chacune d'elles végète de préférence. Elles méritent cependant d'être signalées plus que tous les autres cryptogames, car ce sont elles qui, en général, causent le dépérissement et la mort d'une multitude de végétaux. Elles croissent avec une facilité prodigieuse sous l'épiderme des tiges, des feuilles, des fleurs et des fruits des plantes herbacées ou des arbres, qu'elles couvrent de petites taches ou pustules blanchâtres, brunes ou jaunâtres, éparses ou contiguës, plus ou moins grandes, remplies d'une masse qui se change en poussière colorée, brune, noire, jaune ou de couleur de rouille, et même blanche. Cette poussière n'est qu'un composé de sporidies.

Les *uredo*, qu'on peut nommer des champignons parasites internes, couvrent quelquefois les plantes avec une telle abondance, que le développement de ces plantes en est arrêté et qu'elles dépérissent. Ce sont eux que les agriculteurs et les jardiniers désignent par *rouille*, *nielle*, parce qu'ils couvrent les feuilles et les herbes d'une poussière couleur de rouille ou noire. C'est principalement sur les plantes qui végètent à l'ombre et dans une atmosphère humide que les *uredo* se développent. Le nombre prodigieux de leurs espèces connues n'est certainement pas encore à sa limite, car l'on ne connoît guère qu'une partie de celles d'Europe ; et M. De Candolle, qui, le premier, a fait connoître la richesse de ce genre, a prouvé que beaucoup d'entre elles affectent une seule plante ou une seule famille. Ainsi il est probable que ce genre recevra des augmentations considérables. M. Persoon en a décrit trente espèces. M. De Candolle a porté ce nombre à plus de cent dans un beau travail sur l'*uredo*, inséré dans l'Encyclopédie méthodique, vol. 8, et en partie dans la Flore françoise. Depuis il a été le sujet des observations de M. Strauss, de Link, Curt Sprengel, Schlechtendal, qui élèvent le nombre des espèces à plus de cent trente. On peut consulter avec avantage les monographies de ce genre données récemment par Link, *in* Willd., *Sp. pl.*, vol. 6, part. 2, p. 1, et par Curt Sprengel, *Syst. veget.*, 6, part. 1, pag. 570.

Les *uredo* ont été classés en quatre divisions, selon la couleur de leurs sporidies. Persoon, auteur de cette division à une époque où l'on ne connoissoit que peu d'espèces, a été suivi par M. De Candolle et en partie par MM. Link et Strauss, qui admettent en outre des distinctions commandées par la réunion de diverses espèces de plantes qui n'en doivent pas faire partie. Voici les divisions proposées par M. Persoon.

1.° *Rubigo*. Les espéces à poussière jaune de rouille.

2.° *Nigredo*. Les espéces à poussière brune, baie, fauve ou noirâtre.

3.° *Albugo*. Les espéces à poussière blanche.

4.° *Ustilago*. Les espèces dont la poussière, noirâtre ou brune, se développe dans la fructification des plantes.

Nous indiquerons simplement les espéces suivantes, qu'on pourra rapporter aisément à une des divisions précédentes, selon la couleur des séminules.

1. L'Uredo des moissons : *Uredo segetum*, Persoon, *Synops.*, p. 224. excl. *Uredo avenæ*, Dec., Fl. fr., 2. p. 229; Spreng., *Syst.*. 4. part. 1. p. 579. n.° 116; *Uredo carbo*, Dec., Fl. fr., vol. 6. p. 76 ; *Reticularia segetum*, Bulliard, Champ., pl. 472, fig. 2 ; *Cœoma segetum*, Link, *in* Willd., *Sp. pl.*, 6. part. 2, pag. 1 : *Ustilago segetum*, Ditmar, *in* Sturm, *Fl.*, 3, p. 67, pl. 33. En poussière noire, qui attaque les fruits des graminées, leurs glumes et leurs rachis, et dont elle déchire bientôt l'épiderme : sporidies globuleuses, très-petites, sans pédicelles. Cette espèce attaque les fromens, l'avoine, l'orge cultivée, et couvre leurs épis d'une poussière noire très-abondante, inodore, qui se répand avec facilité, et que l'on a nommée Charbon (voyez ce mot, tom. VIII, p. 185, de ce Dictionnaire), à cause de sa couleur; *nielle*, *carie*. On la rencontre aussi, dit-on, sur l'*agrostis minima*, sur quelques *carex* et un grand nombre de graminées sauvages. Elle est extrêmement pernicieuse aux grains, en diminuant la quantité de la récolte. On a remarqué qu'elle se dispersoit avant la moisson et qu'elle ne nuit pas ainsi à la qualité des farines.

On en a distingué plusieurs variétés, selon l'espéce de plantes sur lesquelles elles se trouvent, et à cet égard même les botanistes sont portés à faire plusieurs espèces. Ainsi Link pense que celle qui se trouve sur le millet (*panicum milliaceum*), n'est pas une variété, comme le disent MM. Persoon et De Candolle, mais une espéce séparée, son *cœoma destruens*.

M. De Candolle pense que les botanistes confondent sous le nom d'*uredo* ou *reticularia segetum*, plusieurs espéces ; ce qui paroît assez probable. Ce naturaliste fait également observer que les sporidies qui composent la poussière, sont souvent comme collées les unes aux autres, de manière à imiter des filamens en chapelet. C'est, sans doute, par suite de cette disposition que Bulliard aura été conduit à placer l'espèce dans son genre *Reticularia*.

2. L'URedo carie : *Uredo caries*, Dec., Fl. fr., 6, p. 78 ; *Uredo sitophila*, Ditmar, *in* Sturm, *Fl.*, 3, page 69, pl. 54 ; *Uredo segetum*, Nées, *Fung.*, page 14, pl. 1, fig. 7 ; *Cœoma sitophilum*, Link, *l. c.*, page 2. Naissant dans l'intérieur même des graines du froment, qu'il déforme peu, mais qu'il remplit d'une poussière noire, fétide, lorsqu'elle est fraîche, et qui ne se répand point au dehors. Cette poussière est néanmoins très-contagieuse ; il suffit de quelques grains cariés pour occasioner de grands ravages en attaquant les semences saines, et pour que les plantes qui en proviennent soient cariées. Cette poussière altère aussi la qualité de la farine. Les épis cariés se distinguent à peine de ceux qui sont sains. Le plus souvent une partie seule des grains est attaquée.

Cette espèce est plus rare que la précédente : ses sporidies sont plus grandes du double et dépourvues de pédicelles. Suivant l'observation de M. B. Prévost, rapportée par M. De Candolle, ces sporidies, mises dans de l'eau, y poussent des radicules.

Cette espèce, comme les précédentes, ont été le sujet des observations de beaucoup d'agriculteurs, qui ont cherché des moyens pour en préserver nos moissons. Il suffit de citer Tessier, B. Prévost, Carradori et Tillet.

3. L'URedo du maïs : *Uredo maydis*, Decand., Fl. franç., 6, p. 77 ; *Uredo segetum*, *var. b*, Dec., Enc., 8, page 227 ; *Cœoma zeæ*, Link, *l. c.*, page 3. Cette plante commence à dénoter sa présence en formant, comme les espèces précédentes, sur les parties du végétal qu'elle attaque, des taches d'une couleur pâle. On la trouve sur la tige à l'aisselle des feuilles, dans les fleurs mâles et même dans les graines du maïs cultivé en Europe dans les terrains humides, qu'elle finit par remplir d'une poussière très-abondante, noire, composée de sporidies sphériques et petites. La partie de la plante attaquée grossit et devient une tumeur d'abord charnue, ensuite remplie d'une poussière abondante, inodore et noire,

Cette tumeur a le volume d'un pois ou d'une noisette lorsqu'elle attaque les fleurs, et prend celui du poing lorsqu'elle se développe sur la tige ou sur le grain. Lors de la maturité, l'épiderme qui la recouvre se déchire et la poussière s'échappe avec abondance.

4. L'Uredo rouille des céréales. *Uredo rubigo vera*, Dec., Fl. fr., 6. page 85 ; *Cæoma rubigo*, Link, *l. c.*, page 4 ; vulgairement la Rouille des blés. Naissant sur les feuilles et sur les tiges des graminées, en pustules infiniment petites, très-nombreuses. ovales, jaunâtres ou blanchâtres dans la jeunesse. qui finissent par se fendre longitudinalement et laisser échapper une poussière d'abord jaune, puis rousse, et jamais noire. composée de sporidies presque globuleuses, éparses. Cette espèce naît particulièrement à la surface supérieure des feuilles des graminées, plus rarement à l'inférieure, et les couvre d'un grand nombre de pointillures ou de taches, qui épuisent souvent la plante et contribuent ainsi à diminuer les récoltes : elle a été décrite et donnée par Tessier (Mal. des grains. page 205 — 215, avec fig.) pour la vraie rouille. On ne doit pas la confondre avec le *puccinia graminis*, qui croit souvent en mélange avec elle.

5. L'Uredo des bettes : *Uredo betæ*, Pers., *Syn.*, page 220 ; Dec.. Fl. fr.. 6. page 70 ; *Æcidium chenopodii*. Sow., *Fung.*, pl. 398. fig. 9 ; *Cæoma betarum*, Link. Il forme sur les deux faces des feuilles et sur les tiges des bettes ou poirées, des taches ou pustules jaunâtres. ovales ou arrondies. éparses et solitaires. ou concentriques autour d'une pustule centrale, soudées entre elles, de manière à en former une seule annulaire contiguë avec la pustule centrale. La poussière séminifère ne brise que l'épiderme qui la recouvre : elle est rousse et composée de sporidies presque sphériques.

6. L'Uredo des réceptacles : *Uredo receptaculorum*, Dec., Fl. fr.. 6. page 79 ; *Uredo tragopogi*, Pers.. *Syn.*, page 225 ; Alb. Schwein.. Nisk., page 130. Il se développe dans les réceptacles et entre les pièces des involucres des fleurs des plantes de la famille des chicoracées. qu'il fait avorter et finit par remplir ou par couvrir d'une poussière brune. tirant sur le pourpre quand elle est humectée. Cette poussière est composée de sporidies presque globuleuses. On l'observe assez fré-

quemment sur le salsifis des prés (*tragopogon pratense*) et sur la scorzonère humble.

7. L'Uredo odorant : *Uredo suaveolens*, Pers., *Synops.*, page 221 ; Dec., Fl. franç., 2, page 228 ; *Cæoma suaveolens*, Link. *l. c.* Cette espéce répand une odeur agréable, selon M. Persoon. Elle couvre la surface des feuilles de la serratule des champs (*serratula arvensis*) d'une poussière roussâtre, qui sort de dessous l'épiderme et se divise en petites fentes. Dans l'origine elle se compose de nombreuses petites pustules noirâtres.

8. L'Uredo du persil : *Uredo petroselini*, Dec., Fl. fr., *l. c.*; *Cæoma petroselini*, Link. Il forme sur les feuilles du persil de nombreuses taches ou pointillures d'un jaune pâle, ovales, arrondies, contiguës, dont la peau ou l'épiderme se déchire très-tard pour laisser sortir une poussière jaune.

Cette espéce, qu'on peut observer fréquemment sur le persil, se fixe principalement contre les nervures des feuilles et sur les lobes qui en partent.

9. L'Uredo des renonculacées : *Uredo ranunculacearum*. Dec., Fl. fr., 6, page 75 ; *Cæoma ranunculacearum*, Link, *l. c.*, page 23 ; *Uredo anemones*, Pers., *Syn.*, 225. En taches jaunâtres dans sa jeunesse, puis noires, oblongues ou irrégulières, proéminentes, larges d'un pouce environ ou moins, étalées, souvent confluentes, contenant une poussière d'un brun foncé ou noir, très-abondante, qui s'échappe après avoir déchiré l'épiderme ; sporidies ovoïdes, brunes, quelquefois munies d'un pédicelle. Cette espèce offre beaucoup de variations, suivant la plante sur laquelle elle croît. On la rencontre, 1.° sur diverses espèces d'anémones ; savoir : les *anemone hepatica, nemorosa, narcissiflora* et *ranunculoides*; 2.° sur quelques espèces de renoncules ; savoir : les *ranunculus Gouani, lanuginosus, ficaria*; 3.° sur l'hellébore vert, *helleborus viridis*, etc. Elle attaque les tiges, les pétioles, les deux surfaces des feuilles, les pédoncules et même les enveloppes florales de ces plantes, notamment dans l'hellébore vert. Ces amas fructifères garnissent quelquefois les feuilles de l'anémone des bois de manière à leur donner l'apparence d'une fronde de fougère en fructification.

10. L'Uredo des anthères : *Uredo antherarum*, Dec., Fl.

fr., 6, page 79 : *Uredo violacea*, Pers., *Synops.*, page 225 ; *Cæoma antherarum*, Nées, *Fung.*, page 14, pl. 1, fig. 5 ; Link, *l. c.*, page 26. Il couvre les anthères des fleurs des caryophyllées d'une poussière pourprée ou d'un beau violet, composée de sporidies globuleuses, privées de pédicelles. Dans sa jeunesse il forme de petites taches irrégulières. On l'observe sur les anthères de la saponaire officinale, du lychnis dioïque, de diverses espèces de silénés, etc.

11. L'UREDO DU ROSIER : *Uredo rosæ* et *U. miniata*, Pers., *Syn.*, page 217 ; Dec., Fl. fr., 2, page 232 ; *Cæoma rosæ*, Link, *l. c.*, page 30. En petites taches ponctiformes, arrondies, très-nombreuses, d'un jaune orangé, produisant une poussière composée de sporidies sphériques, qui se sont mises à jour par la rupture de l'épiderme. Cette espèce couvre la surface inférieure des feuilles du rosier à cent feuilles et d'autres espèces. Une de ses variétés attaque les pétioles, les pédoncules et les ovaires des mêmes plantes, qu'elle déforme et empêche de fleurir. Les taches sont plus irrégulières et étalées. La poussière offre une couleur orangée-rouge, plus foncée.

12. L'UREDO DE LA FÈVE : *Uredo fabæ*, Pers., *Disp.*, 13 ; Dec., Fl. fr., 2, page 596, et 6, page 69 ; *Uredo viciæ fabæ*, Pers., *Syn.*, page 221 ; *Cæoma leguminosarum*, Link, *l. c.*, page 54. En petites taches arrondies ou irrégulières, déprimées, éparses ou contiguës, entourées ou à moitié recouvertes par les débris de l'épiderme ; poussière peu adhérente, d'un roux brun, composée de sporidies globuleuses privées de pédicelles. Cette espèce paroit en été sur la tige, les stipules et principalement sur les deux surfaces des feuilles de la fève commune (*vicia faba*, Linn.). Elle empêche la floraison et même le développement de cette plante. Link annonce qu'on la rencontre aussi sur d'autres plantes légumineuses. Ce naturaliste fait remarquer qu'on ne doit pas la confondre avec son *cæoma apiculosum*, qui n'en diffère que par ses sporidies, chacune portée sur un pédicelle très-court, qui ne s'observe pas dans l'*uredo fabæ*.

Le *cæoma apiculosum*, Link, *l. c.*, page 52, que nous venons de citer, demande à être examiné de nouveau. L'auteur y ramène un nombre considérable d'espèces d'*uredo* de M.

De Candolle et d'autres auteurs, sans établir entre elles aucune différence même comme variétés. Si cette réunion étoit exacte, il en résulteroit que le *cœoma apiculosum* se rencontreroit sur des plantes très-variées, de familles et de genres très-différens ; ce qui n'est pas probable. Aussi persistons-nous à considérer le *cœoma apiculosum* comme un ensemble de plusieurs espèces différentes d'*uredo*, qui ont le caractère commun d'offrir des sporidies pédicellées : espèces qu'on peut distinguer par la plante sur laquelle chacune d'elles croît de préférence. Link place ici son *uredo amphigena*, obs. 2, page 28, dont il avoit d'abord fait un des types de son genre UROMYCES. (Voyez ce mot.)

13. L'UREDO BLANC : *Uredo candida*, Pers., *Synops.*, page 225 ; Dec., Fl. franç., 6, page 88 ; *Cœoma candidum*, Nées, *Fung.*, page 14. pl. 1, fig. 8 ; Link, *l. c.*, page 57. En petites pustules blanches, planes ou peu proéminentes, variables dans leur grandeur, ovales ou arrondies, éparses ou confluentes, presque toujours recouvertes par l'épiderme de la plante, devenue ampoulée, et qui se déchire rarement ; poussière séminifère, blanche, à globules ovales, quelquefois obtus aux deux extrémités. Cette espèce, parfaitement distincte par ses sporidies blanches, croît sur les deux faces des feuilles, les pétioles, les tiges, les pédoncules et même les fruits de différentes plantes de la famille des synanthérées ou composées, de presque toutes les crucifères, de quelques ombellifères, comme le persil, sur les mercuriales, les salsifis, auxquels elle nuit beaucoup, l'arroche fraise ou *blitum*, etc. Suivant Link, elle auroit été encore trouvée en Amérique sur les malpighia. M. De Candolle rapporte à cette espèce ses *uredo cruciferarum*, *inaperta* et *tragopogi*. Link y place encore l'*uredo portulacæ*, Dec., qui s'en distingue seulement parce qu'il croît à la surface supérieure des feuilles du pourpier et que la poussière séminifère se dégage en déchirant l'épiderme qui la recouvre. Link y ramène encore l'*uredo cubica*, Mart., *Mosq.*, page 228, dont les sporidies sont cubiques, peut-être par l'effet de la sécheresse.

14. L'UREDO DU LIN : *Uredo lini*, Dec., Fl. fr., 2, p. 254 ; *Uredo miniata*, var. *b* ; Pers., *Synops.*, page 215 ; *Cœoma lini*, Link, *l. c.*, page 58. En petites pustules convexes,

ovales, arrondies, sortant de dessous l'épiderme, qu'elles percent ; d'un jaune orangé et se changeant en une poussière composée de sporidies ou globules orangés ; les uns presque globuleux, sans pédicelle, contenant d'autres globules opaques ; les autres pyriformes ou turbinés, courtement pédicellés et n'offrant pas de grains à l'intérieur. Cette espèce croit sur le lin cultivé et sur le lin cathartique, dont elle couvre les tiges et la surface supérieure des feuilles.

15. L'Uredo des peupliers : *Uredo populina*, Pers., *Syn.*, page 219 : *Uredo longicapsula*, Dec., Fl. fr., 2, page 253, et 6, page 85. En petites taches jaunâtres, arrondies ou oblongues, distinctes ou contiguës, contenant une poussière abondante jaune, composée de sporidies, les unes presque globuleuses, pédicellées ; les autres cylindriques, obtuses à leurs deux bouts et orangées. Cette espèce se rencontre sur les feuilles du peuplier noir. Une variété à pustules plus petites, plus convexes, toujours closes, se trouve sur les feuilles du bouleau blanc et du bouleau pubescent.

Il est à remarquer que le genre *Bullaria*, Dec., a pour type l'*uredo ballata*, Pers., que le *Sepedonium* comprend l'*uredo mycophila*, Pers., que plusieurs espèces d'*uredo* des auteurs sont maintenant réunies au *Puccinia*, et quelques-unes au *Stilbosporum*. M. Leveillé propose de faire un genre *Endophyllum* de l'*uredo sedi*, Pers., ayant remarqué que cet *uredo* offre une enveloppe distincte propre ; que les *uredo mucronata*, *bulbosa*, Strauss, sont des variétés du *Phragmidium incrassatum*, Link, *in* Willd., *Syst.*, vol. 6, part. 2, page 85.

L'*uredo nivalis*, auquel Bauer (*Journ. of scienc. and art.*, n.° 14) attribue la teinte de la neige rouge, que les Anglois ont trouvée pendant leur dernière expédition dans le nord de l'Amérique, n'est pas un *uredo*, mais il en est très-voisin, si ce n'est la même chose que le *lepraria kermesina* de Suède, décrit par Wrangel, ou le *protococcus nivalis* d'Agardh, le *palmella nivalis*, Hook., et le *coccochloris nivalis* de Sprengel. L'*uredo nivalis* de Bauer et le *lepraria kermesina*, Wrangel, ont l'un et l'autre la propriété, lorsqu'on les frotte entre les doigts, d'y laisser une couleur qu'on ne peut enlever qu'à l'aide du savon. Tous les deux offrent la même forme globulaire, et en outre des globules plus petits que les autres et jaunâtres. Ces observations suffisent pour exclure du genre l'*uredo nivalis* de Bauer ; ce que nous avons voulu prouver sans autre discussion. (Lem.)

URÉE. (*Chim.*) Un des principes immédiats de l'urine humaine et des urines de la plupart des animaux supérieurs. Il est remarquable par la grande quantité d'azote qu'il contient et par sa non-précipitation par la noix de galle.

Composition.

	Bérard.
Oxigène........	26,4
Azote	43,4
Carbone........	19,4
Hydrogène......	10,8.

Propriétés physiques.

L'urée est en lames carrées ou en feuillets quadrilatères ; elle est transparente, incolore ; elle ressemble à un sel : sa *saveur est fraiche* et un peu piquante.

Propriétés chimiques.

a) Cas ou l'urée ne s'altère pas.

En se dissolvant dans l'eau, elle absorbe beaucoup de chaleur, de là sa *saveur fraiche.* Cette solution est neutre aux réactifs colorés.

Elle se dissout dans l'alcool, mais moins abondamment que dans l'eau.

L'acide nitrique foible, versé dans la solution aqueuse de l'urée, forme un composé qui cristallise en petits feuillets nacrés.

M. Vauquelin a vu que l'urée, exposée pendant 24 heures au vide sec, n'a perdu que 0,025 de son poids.

MM. Fourcroy et Vauquelin ont avancé que l'urée, dissoute dans l'eau avec de l'hydrochlorate d'ammoniaque, fait cristalliser ce sel en cubes ; que, dissoute avec le chlorure de sodium, le sulfate de potasse, elle détermine le chlorure à prendre la forme d'octaèdres, et le sulfate celle de mamelons. Ils pensent que l'urée est un des principes immédiats de ces cristaux.

b) Cas où l'urée s'altère.

La dissolution d'urée, abandonnée à elle-même, se convertit en ammoniaque, en acide carbonique, avec les circonstances suivantes, observées par M. Vauquelin.

1 partie d'urée, dissoute dans 100 parties d'eau, contenue dans un flacon fermé, s'est en partie décomposée sans que la limpidité de la liqueur ait été altérée, sans qu'il se soit dégagé aucun fluide élastique. M. Vauquelin n'a trouvé dans la liqueur que du sous-carbonate d'ammoniaque, bien entendu avec de l'urée non altérée. Le poids du sel n'équivaut pas à la moitié du poids de l'urée cristallisée.

Si on mêle l'urée avec le quart de son poids d'acide sulfurique à 56°, il n'y a pas d'effervescence; mais lorsqu'on fait chauffer, il se forme à la surface de la liqueur une certaine quantité de matière huileuse, qui devient concrète par le refroidissement. Le liquide qui distille, contient de l'acide acétique, et le résidu de la cornue contient du sulfate d'ammoniaque. Par des distillations successives on convertit l'urée en ammoniaque et en acide acétique.

Lorsqu'on verse de l'acide nitrique concentré sur des cristaux d'urée, il se fait une vive effervescence. Le mélange écume; il devient liquide, rouge foncé; il laisse dégager du gaz nitreux, du gaz azote, du gaz acide carbonique. Lorsque l'effervescence est passée, il reste une masse blanche concrète, avec quelques gouttes d'huile rougeâtre : c'est du nitrate d'ammoniaque. Il paroit qu'il se forme un peu d'acide prussique oxigéné, suivant MM. Fourcroy et Vauquelin.

Lorsqu'on fait passer du chlore dans l'urée, il se dépose des flocons d'apparence huileuse. Une vive effervescence se manifeste, et il se dégage du gaz azote et du gaz acide carbonique. L'eau contient de l'hydrochlorate d'ammoniaque en dissolution.

L'urée pure ne dégage pas d'ammoniaque quand on la triture avec la potasse étendue; mais lorsqu'on distille ces matières, on obtient de l'ammoniaque et un résidu formé d'acétate et de sous-carbonate de potasse.

Distillée doucement, elle se fond, bout, donne d'abord des vapeurs de sous-carbonate d'ammoniaque, qui se condense en cristaux ; ensuite elle se dessèche en une masse opaque, qui s'élève tout entière par l'augmentation de température et s'attache à la cornue en une croûte blanche parsemée de points jaunes.

MM. Fourcroy et Vauquelin ont comparé ce sublimé à l'acide urique.

Siége.

L'urée existe non-seulement dans les urines de la plupart des animaux. mais dans le sang lui-même, ainsi que l'ont démontré MM. Prevost et Dumas.

Préparation.

Pour obtenir l'urée à l'état de pureté, on ajoute à l'urine humaine concentrée, un volume d'acide nitrique à 24^{d}, égal au sien. On laisse ce mélange pendant plusieurs heures dans un seau plein de glace pilée ; on décante la liqueur qui surnage les cristaux qui se sont formés ; on lave les cristaux de nitrate d'urée avec un peu d'eau ; on les dessèche sur un papier brouillard ; on les dissout dans l'eau ; on ajoute à la dissolution un peu de carbonate de potasse ; on fait évaporer à une très-douce chaleur jusqu'à dessiccation ; on traite le résidu par l'alcool ; l'urée seule est dissoute ; en faisant évaporer la solution, on obtient l'urée pure et cristallisée.

Histoire.

L'urée est une matière fort singulière, qui se trouve dans l'urine et le sang.

Rouelle la découvrit, et lui donna le nom d'extrait savonneux d'urine. MM. Fourcroy et Vauquelin l'étudièrent ensuite ; firent connoître sa nature et l'appelèrent urée. MM. Proust et Prout ont ensuite étudié cette substance ; mais ils n'ont guère fait que confirmer les observations de MM. Fourcroy et Vauquelin. (Ch.)

UREN. (*Bot.*) Nom malabare d'une plante malvacée dont Dillen a fait son genre *Urena*, adopté par les botanistes, et qui est l'*urena lobata* de Linnæus. (J.)

URÉNA. (*Bot.*) Genre de plantes dicotylédones, à fleurs complètes, polypétalées, de la famille des *malvacées*, de la *monadelphie polyandrie* de Linnæus, offrant pour caractère essentiel : Un calice double ; l'extérieur d'une seule pièce, à cinq divisions ; l'intérieur à cinq divisions profondes ; cinq pétales connivens et rétrécis à leur base ; des étamines nombreuses, monadelphes ; un ovaire supérieur, pentagone ; un style, un stigmate en tête, à dix divisions ; une capsule arrondie, armée de pointes, à cinq angles, à cinq loges distinctes : une semence dans chaque loge.

Quelques espèces ont été exclues de ce genre par Cavanilles et placées dans le genre Pavonia. (Voyez ce mot, tome XXXVIII, pag. 168.)

Urena lobée : *Urena lobata*, Linn., *Spec.*; Lamk., *Ill. gen.*, tab. 585, fig. 1 ; Cavanilles, Diss. bot., 6, tab. 185, fig. 1, Rumph., *Amboin.*, 6, tab. 25, fig. 2. Cette plante a des tiges droites, hautes de quatre pieds et plus, divisées en rameaux alternes, étalés, un peu tomenteux. Les feuilles sont alternes, pétiolées, anguleuses, échancrées en cœur, assez grandes, plus larges que longues, divisées à leurs bords en lobes courts, dentés, rudes, aigus : trois petites glandes à la base des principales nervures ; des stipules courtes, linéaires, caduques. Les fleurs sont axillaires, très-souvent solitaires, médiocrement pédonculées. Le calice extérieur est strié, à cinq divisions étroites, linéaires, aiguës : le calice intérieur plus court, à cinq folioles glanduleuses à leur base ; la corolle couleur de rose, une fois plus grande que le calice, à cinq pétales entiers. Les stigmates à cinq ou dix divisions. Cette plante croît au Brésil, à l'Isle-de-France, en Chine et ailleurs. On la cultive au Jardin du Roi.

Urena réticulée : *Urena reticulata*, Cavan., *l. c.*, tab. 185, fig. 2. Les tiges sont droites, ligneuses, hautes de trois pieds, rameuses, légèrement tomenteuses, ainsi que les rameaux et les pétioles. Les feuilles sont alternes, vertes en dessus, blanches et peu tomenteuses en dessous, à nervures réticulées ; les feuilles inférieures beaucoup plus grandes, plus longues que leur pétiole, ovales, entières à leur base, à trois lobes profonds, inégaux, dont celui du milieu plus long ; les feuilles supérieures simples, entières, lancéolées, sinuées, denticulées ; une glande oblongue est à la base de la principale nervure. Les fleurs sont solitaires, axillaires, médiocrement pédonculées ; le calice extérieur se divise en cinq découpures aiguës, striées ;

la corolle est jaune, d'une grandeur médiocre. Cette plante croît dans l'Amérique méridionale.

Uréna a trois pointes : *Urena tricuspis*, Cavan., **Diss. bot.**, *loc. cit.*, tab. 185, fig. 1. Cette espèce a des tiges cylindriques, ligneuses, élancées, hautes d'environ trois pieds et plus, garnies de poils. Les feuilles sont grandes, alternes, longuement pétiolées, ovales, anguleuses, irrégulièrement dentées en scie, velues, tomenteuses, divisées jusque vers leur milieu en trois lobes acuminés; une glande oblongue à la base de la principale nervure; les stipules courtes. Les fleurs sont axillaires, un peu pédonculées. Le calice extérieur est strié et pileux; l'intérieur cilié, transparent, à cinq folioles en carène, glanduleuses à leur base; la corolle jaune, ouverte, striée, longue d'un pouce; le tube des étamines plus court que la corolle; les filamens sont très-courts; les anthères petites, réniformes. La capsule a cinq loges; les semences sont glabres et noires. Cette plante croît à l'Isle-de-France.

Uréna d'Amérique : *Urena americana*, Linn. fils, *Suppl.*, 598; Sloane, *Hist.*, 1, tab. 11, fig. 2. Ses tiges sont droites, ligneuses, cylindriques, à peine rudes au toucher; ses feuilles pétiolées, entières à leur base, un peu obtuses au sommet, divisées jusque vers leur milieu en trois lobes; leur échancrure est obtuse, point profonde; le lobe du milieu plus grand; une glande poreuse à la base de la nervure du milieu, à la face inférieure des feuilles, sous le duvet qui les recouvre; la corolle petite; le fruit hérissé d'aspérités. Cette plante croît à Surinam.

Uréna sinuée : *Urena sinuata*, Linn., *Spec.*; Lamk., *Ill. gen.*, tab. 583, fig. 2; Cavan., *Diss.*, *loc. cit.*, tab. 185, fig. 2; *Urena*, Rhéede, *Malab.*, 10, tab. 2. Arbrisseau d'environ trois pieds, dont la tige est cylindrique, un peu pubescente, de couleur cendrée; les rameaux élancés. Les feuilles sont alternes, pétiolées, distantes, en cœur, vertes, pubescentes en dessus, blanches, tomenteuses en dessous, presque à cinq lobes obtus, sinués, un peu dentés; trois glandes sont à la base et sur les principales nervures des feuilles; les pétioles pubescens; les stipules courtes, linéaires, caduques. Les fleurs sont solitaires ou deux à trois dans les aisselles des feuilles. Le calice extérieur est pubescent et blanchâtre, à cinq décou-

pures ovales, aiguës; la corolle blanche, un peu rougeâtre;
l'intérieur à cinq folioles, à pétales arrondis, échancrés au
sommet, une fois plus longs que le calice. Cette plante croît
dans les Indes orientales. On la cultive au Jardin du Roi.

URÉNA DÉCOUPÉE: *Urena multifida*, Cavan., Diss. bot., *loc. cit.*,
tab. 184, fig. 2. Cette plante diffère de la précédente par ses
feuilles à une seule glande, par les lobes plus nombreux,
acuminés, incisés, dentés: elle est recouverte sur toutes ses
parties d'un duvet tomenteux et velu. Ses tiges sont divisées
en un grand nombre de rameaux roides, droits, élancés; les
feuilles alternes, pétiolées, échancrées en cœur, plus longues
que les pétioles, à cinq lobes principaux incisés et dentés;
deux stipules opposées, ovales, aiguës, caduques. Les fleurs
sont axillaires, presque solitaires, médiocrement pédonculées: le calice extérieur est plus grand que l'intérieur, à cinq
découpures étroites, très-aiguës; la corolle petite, de couleur
jaune. Cette plante croît à l'Isle-de-France.

URÉNA OSIER: *Urena viminea*, Cavan., Diss. bot., *loc. cit.*,
tab. 184, fig. 1. Cette plante a des tiges hautes de trois pieds
et plus, rameuses, cylindriques, un peu tomenteuses; les rameaux très-longs, élancés. Les feuilles sont alternes, pétiolées, ovales, vertes en dessus, un peu blanchâtres en dessous,
légèrement pubescentes, glanduleuses à la base de leur principale nervure, un peu arrondies, aiguës, médiocrement
lobées et dentées à leur contour; les feuilles supérieures lancéolées; les stipules caduques et lancéolées. Les fleurs sont
solitaires, axillaires, quelquefois deux ou trois réunies, médiocrement pédonculées. Le calice extérieur est oblong, à
cinq divisions profondes, linéaires-lancéolées, aiguës, fort
étroites: la corolle d'une grandeur médiocre, à pétales arrondis, très-entiers. Cette plante croît au Brésil. (Poir.)

URETÈRES. (*Anat.*) Voyez Voies urinaires. (H. G.)

URETEUR. (*Ichthyol.*) Un des noms du pétromyzon noir,
qui n'est qu'une des variétés du sucet ou petite lamproie de
rivière. Voyez Pétromyzon. (H. C.)

URÈTHRE, *Urethra*. (*Anatom.*) Voyez Voies urinaires.
(H. C.)

URFF. (*Ichthyol.*) Nom allemand de l'orphe, *cyprinus or-
fus*. (H. C.)

URGE. (*Mamm.*) Nom hongrois du mulot. (Desm.)

URI. (*Mamm.*) Nom de la loutre en Provence. (Desm.)

URIA. (*Ornith.*) M. Temminck a, d'après Brisson, appliqué cette dénomination générique aux guillemots. (Ch. D.)

URIGNE. (*Mamm.*) Une espèce de phoque à oreille ou d'otarie des côtes du Chili est ainsi désignée par Molina. (Desm.)

URIKA. (*Mamm.*) Chez les Tungouses la marmotte porte ce nom. (Desm.)

URINARIA. (*Bot.*) Ce nom, donné par Lobel au pissenlit ordinaire, *taraxacum*, probablement parce qu'il passe pour très-diurétique, est appliqué par Burmann à un phyllanthe, dont Linnæus a fait son *Phyllanthus urinaria*, genre de la famille des euphorbiacées. (J.)

URINATORES. (*Ornith.*) Les dénominations d'*urinatrices* ou *urinatores*, auxquelles correspondent les *eudytes* d'Illiger, sont données, par plusieurs auteurs, tels que Mœhring, Scopoli, etc., à divers oiseaux aquatiques qui, vu leur genre de nourriture, épanchent fréquemment l'urine. (Ch. D.)

URINES. (*Chim.*) Les urines rendues par des animaux de diverses espèces ne pouvant être ramenées à un liquide normal, qui ne présenteroit que de simples variétés, différant seulement par la proportion des principes immédiats qu'il contiendroit, nous sommes dans la nécessité d'exposer l'histoire chimique des urines des diverses espèces d'animaux qu'on a examinées jusqu'ici.

URINE DE L'HOMME.

L'urine de l'homme présentant de grandes différences, suivant les circonstances diverses qui peuvent agir sur sa formation, nous la considérerons à l'état normal et à l'état pathologique.

§. 1.er De l'urine d'homme à l'état normal.

Composition.

Suivant M. Berzelius elle est formée de :

Eau   933,00
Urée.   30,10
Sulfate de potasse   3,71
Sulfate de soude.   5,16
Phosphate de soude   2,94
Chlorure de sodium   4,45
Phosphate d'ammoniaque.   1,65
Hydrochlorate d'ammoniaque   1,50
Acide lactique libre. . . . .
Lactate d'ammoniaque. . . . .
Matière animale soluble dans l'alcool, qui
   accompagne ordinairement les lactates   17,14
Matière animale insoluble dans l'alcool.
Urée qu'on ne peut séparer de la matière
   précédente . . . .
Phosphates de chaux et de magnésie, avec
   un vestige de phtorure de calcium. . .   1,00
Acide urique   1,00
Mucus de la vessie.   0,32
Silice.   0,03
                   ——————
                   1000,00.

Schéele dit avoir retiré de l'urine des enfans de l'acide
benzoïque.

Proust, ayant observé que l'urine évaporée dans une bas-
sine d'argent la noircit, pense qu'elle contient du soufre,
outre celui qui s'y trouve à l'état de sulfate. M. Berzelius a
confirmé ce résultat par l'observation qu'il a faite que l'urine
mêlée à un excès de nitrate de baryte filtrée, puis évaporée,
donne un résidu dont on obtient du sulfate de baryte quand on
le calcine. Proust admet encore dans l'urine l'acide carbonique, le sous-carbonate de chaux et le sulfate de chaux.
L'acide carbonique y existe certainement; pour s'en convaincre, il suffit d'engager, dans de l'eau de baryte, un tube
de verre coudé, qu'on a adapté à un flacon à moitié rempli
d'urine fraîche, puis de raréfier doucement l'air d'un récipient sous lequel on a placé l'appareil précédent; l'eau de
baryte se recouvre d'une couche de sous-carbonate. Quant
au sous-carbonate de chaux, il est difficile d'en admettre

l'existence d'après les circonstances où M. Proust l'a observé dans l'urine. En effet, c'est sur les parois des tonneaux contenant de l'urine qu'il a recueilli ce sel ; or, il est naturel de penser que ce sel provenoit de la réaction du sous-carbonate d'ammoniaque de l'urine altérée sur quelque sel calcaire.

M. Proust admet encore dans ce liquide une matière résineuse, qui la colore et lui donne une odeur aromatique.

L'acide rosacique existe dans la plupart des urines, surtout lorsqu'on s'est livré à un exercice violent ou qu'on a éprouvé quelque vive impression morale. Il se dépose presque toujours avec l'acide urique et les phosphates de chaux et de magnésie.

MM. Fourcroy et Vauquelin croient que la propriété qu'a l'urine de rougir fortement le papier de tournesol, est due à de l'acide phosphorique, et M. Thénard attribue cette propriété à l'acide acétique.

Quant au phtorure de calcium, M. Berzelius est le seul chimiste qui en admette l'existence dans l'urine ; plus bas nous reviendrons sur ce résultat.

Propriétés physiques.

L'urine rendue immédiatement après le repas, et celle qu'on rend en sortant du bain, en supposant qu'on ait uriné en y entrant, sont peu colorées et limpides comme de l'eau.

L'urine rendue après le repas a une légère odeur qui varie un peu, suivant les alimens dont on s'est nourri : ainsi les alimens et les boissons qui contiennent des huiles volatiles, des baumes, certaines résines, donnent à l'urine une odeur de violette, comme le fait particulièrement la vapeur de l'huile volatile de térébenthine mêlée à l'air qu'on respire. Les asperges lui donnent une odeur des plus fétides.

L'urine rendue le matin, au moment du réveil, est colorée en jaune orangé, et cette couleur a beaucoup d'analogie avec celle de la bile. Elle a une odeur plus forte que l'odeur de l'urine rendue immédiatement après le repas : elle est évidemment plus chargée de matière fixe.

La couleur jaune de l'urine n'est pas due à l'urée, comme on l'a dit avant qu'on eût un procédé certain pour préparer ce principe immédiat. Elle est due au principe colorant de la bile ou à la matière que M. Proust a appelée résineuse.

La saveur de l'urine est salée-amère, désagréable.

Sa densité varie, suivant Cruikshank, de 1,005 à 1,033.

L'urine contient presque toujours en suspension des flocons de mucus que l'on peut en séparer au moyen d'un filtre.

Propriétés chimiques.

L'urine rougit plus ou moins fortement, non-seulement la teinture de tournesol, mais encore le papier de tournesol.

Lorsqu'on distille l'urine dans une cornue, on obtient constamment du sous-carbonate d'ammoniaque provenant de la décomposition de l'urée; c'est pour cette raison que, lorsqu'on veut en faire une analyse exacte, il faut l'évaporer à la température ordinaire, dans le vide séché par l'acide sulfurique.

L'urine ainsi évaporée doit être mêlée à l'alcool. Le résidu, épuisé de tout ce qu'il contient de matière soluble dans ce liquide, est traité par l'eau. On obtient par ce moyen :

1.° *Une solution alcoolique,*
2.° *Une solution aqueuse,*
3.° *Un résidu insoluble dans l'alcool et dans l'eau.*

1.° *Solution alcoolique.*

La solution alcoolique contient de l'*urée*, de la *matière résineuse*, de l'*hydrochlorate d'ammoniaque*, du *chlorure de sodium*, et, suivant M. Berzelius, de l'*acide lactique*, du *lactate d'ammoniaque* et une *matière organique qui accompagne le lactate.* Jusqu'ici on ne connoît pas de méthode au moyen de laquelle on puisse isoler chacun de ces corps d'une quantité donnée de solution alcoolique : on est réduit à opérer sur différentes portions de cette solution pour en constater la composition immédiate.

Si l'on veut séparer l'urée, on prend une portion (*a*) de la solution alcoolique, on la fait concentrer à une douce chaleur, en ayant soin d'ajouter un peu d'eau à la fin de l'évaporation; puis on verse de l'acide nitrique dans la liqueur : le nitrate d'urée précipite en cristaux. On en sépare l'urée par le procédé décrit à l'article URÉE.

Pour séparer la matière résineuse, on prend une portion (*b*) de solution alcoolique; on la fait concentrer, on y mêle de l'eau, puis on y ajoute de l'acide sulfurique étendu; peu à peu la matière résineuse s'en sépare, surtout si on fait chauffer avec précaution. Tel est le procédé que M. Proust a employé; mais je dois ajouter que la matière résineuse obtenue ne peut être considérée comme un principe immédiat pur, et qu'il n'est pas impossible que l'acide et la chaleur aient déterminé une altération dans le produit.

Pour séparer l'hydrochlorate d'ammoniaque et le chlorure de sodium, on évapore à sec une portion (*c*) de solution alcoolique; on la distille ensuite dans une petite cornue de verre munie d'un long tube droit communiquant à un récipient. L'hydrochlorate d'ammoniaque se sublime; il reste un charbon, auquel on enlève le chlorure de sodium au moyen de l'eau.

Quant à l'acide libre et à son sel ammoniacal, contenu dans la solution alcoolique, il est très-difficile de les séparer; aussi M. Berzelius l'a-t-il recherché particulièrement dans la partie de l'urine qui est insoluble dans l'alcool; cependant, en évaporant avec précaution la liqueur alcoolique, après y avoir mêlé une quantité d'eau suffisante, on obtient des cristaux et une eau-mère dans laquelle l'acide et son sel ammoniacal y sont dans une plus forte proportion que dans la solution alcoolique. Quant aux cristaux, ils sont formés d'urée, de chlorure de sodium et d'hydrochlorate d'ammoniaque. Il est remarquable que ces deux sels semblent avoir changé leur forme: car le chlorure de sodium, qui cristallise en cubes dans l'eau pure, cristallise alors en octaèdres, tandis que l'hydrochlorate d'ammoniaque, qui cristallise dans l'eau pure en octaèdres, cristallise alors en cubes.

2.° Solution aqueuse.

Elle contient:

Du phosphate de soude;

Du phosphate d'ammoniaque; et suivant la proportion respective de ces deux sels, ils peuvent être à l'état de phosphate ammoniacal de soude ou à l'état de phosphate ammo-

niacal de soude -+- phosphate de soude ou phosphate d'ammoniaque.

Du sulfate de potasse;

Du sulfate de soude;

Une matière animale. qui paroît unie à de l'acide lactique.

Presque toujours cette solution retient du chlorure de sodium, de la matière résineuse et du mucus.

Voici le procédé que M. Berzelius a suivi pour obtenir l'acide
lactique.

Il a pris une portion de la solution aqueuse : il a neutra-
lisé l'acide par l'ammoniaque, dissous le lactate d'ammoniaque par l'alcool, a évaporé l'alcool, a décomposé le lactate par la chaux, et le lactate de chaux par l'acide oxalique :
la liqueur évaporée a laissé l'acide lactique.

En appliquant une petite quantité d'eau à l'extrait obtenu
de la solution aqueuse évaporée, ou, ce qui revient au même,
en faisant cristalliser la *solution aqueuse,* on obtient la plus
grande partie de l'acide lactique et de la matière animale
dissous dans l'eau.

On peut. par la cristallisation spontanée, obtenir :

1.° Du phosphate ammoniacal de soude, en cristaux auxquels les anciens donnoient le nom de *sel fusible de l'urine,
sel microcosmique;*

2.° Du phosphate de soude (ce sel étoit en excès dans l'u-
rine):

3.° Du sulfate de potasse en masse rousse mamelonnée : c'est
l'urée, suivant M. Vauquelin, qui imprime cette forme au
sulfate de potasse ;

4.° Du sulfate de soude.

Comme on ne peut, par la cristallisation, déterminer la
proportion des phosphates et des sulfates alcalins de la solution, je vais indiquer les moyens d'arriver à cette connoissance.

a) On prendra une portion connue de la solution aqueuse;
on y mettra un excès d'acide hydrochlorique : on précipitera
par le chlorure de barium tout l'acide sulfurique à l'état de
sulfate.

b) On ajoutera de l'ammoniaque à la liqueur filtrée; l'acide
phosphorique sera précipité à l'état de phosphate.

c) On précipitera la baryte, qui est en excès dans la liqueur, par le sous - carbonate d'ammoniaque; on filtrera.

d) On fera évaporer la liqueur filtrée à siccité; on chauffera le résidu pour volatiliser tout l'hydrochlorate et le sous-carbonate d'ammoniaque, et pour charbonner la matière organique; puis on appliquera l'eau au résidu : celle-ci dissoudra les chlorures de potassium et de sodium, dont on déterminera la proportion par le chlorure de platine, comme je l'ai dit tome XIV, pag. 125, (11).

Conséquences.

1.º La quantité de potasse donnera la quantité d'acide sulfurique qui la neutralisoit dans l'urine.

2.º Cette quantité d'acide, retranchée de celle déterminée dans l'expérience (*a*), donnera la quantité d'acide sulfurique qui neutralisoit une portion de soude.

3.º Cette portion de soude, retranchée de la quantité déterminée par l'opération (*d*), donnera la quantité de soude qui étoit à l'état de phosphate.

4.º L'acide phosphorique qui excède la saturation de la soude, représentera la quantité de phosphate d'ammoniaque de l'urine.

3.º *Résidu insoluble dans l'alcool et dans l'eau.*

Le dépôt est formé :
D'acide urique,
De phosphate de chaux,
De phosphate de magnésie,
De mucus,
De silice,
Et de phtorure de calcium, suivant M. Berzelius.

On le traite par l'eau de potasse très-foible; on dissout l'acide urique, qu'on précipite ensuite de la potasse par l'acide nitrique ou hydrochlorique.

En faisant évaporer la liqueur filtrée à sec et reprenant par l'eau, on voit s'il reste de la silice.

Enfin, en versant dans la solution aqueuse de l'eau de chaux, on voit s'il se précipite du phosphate de chaux, provenant de ce que les phosphates auroient cédé une portion de leur acide à la potasse.

Quant au résidu formé de phosphates de chaux et de magnésie et d'un peu de matière organique, on le calcine, pour détruire cette dernière.

Si, comme M. Berzelius l'a prétendu, le phtorure de calcium existe dans l'urine, ce composé doit se trouver au moins en partie mêlé aux phosphates insolubles; mais les expériences sur lesquelles le célèbre chimiste de Stockholm a fondé son assertion, ne nous paroissent pas démonstratives. En effet, il a précipité par l'ammoniaque caustique une grande quantité d'urine, et a chauffé le dépôt dans un creuset de platine qu'il avoit recouvert d'une plaque de verre préparée pour la gravure; après quelques heures le verre ayant été ôté de dessus le creuset, de la cire de graveur qui le recouvroit en partie en ayant été séparée, toute la surface du verre non recouverte de cire étoit corrodée. Il nous semble qu'avant de conclure de cette expérience la présence du phtorure de calcium dans l'urine, il auroit fallu s'assurer qu'un mélange de phosphate de chaux et de phosphate ammoniaco-magnésien ne laisse pas dégager par l'action de la chaleur une vapeur susceptible d'agir sur le verre.

Remarque sur l'acidité de l'urine.

Nous avons dit que l'opinion des chimistes n'est point encore fixée sur la nature de l'acide qui concourt avec l'acide urique à donner à l'urine la propriété de rougir le tournesol : nous avons rapporté les procédés que M. Berzelius a suivis pour établir l'existence de l'acide lactique dans l'urine; nous allons exposer maintenant les expériences faites par M. Thénard pour démontrer dans ce liquide la présence de l'acide acétique libre, et enfin nous rapporterons une expérience de M. Vauquelin. d'après laquelle ce chimiste a appuyé l'opinion qu'il avoit émise depuis long-temps, conjointement avec Fourcroy. que l'acidité de l'urine est due à l'acide phosphorique.

M. Thénard fonde son opinion sur ce qu'en traitant l'extrait d'urine par l'alcool, on ne dissout pas d'acide phosphorique libre. et que l'acide qui se trouve dans l'alcool, est de l'acide acétique. Voici la manière dont il opère : il épuise l'extrait d'urine de toutes les matières solubles dans l'alcool à 36° : la plus grande partie de l'acide passe dans l'alcool ; le reste refuse de s'y dissoudre. Il fait évaporer la liqueur alcoolique en consistance de sirop. Il étend d'eau une portion de la liqueur concentrée : il y verse de l'eau de chaux ; il ne se fait pas de précipité. Il en incinère une autre portion ; la cendre ne contient pas d'acide phosphorique. Comme l'acide est détruit par carbonisation, il en conclut que son radical est binaire. Il prend une troisième portion du lavage alcoolique concentré ; il y verse de l'eau de baryte ; il évapore doucement à siccité ; il traite par l'alcool : l'urée, le muriate d'ammoniaque, etc. , sont dissous ; il reste une poussière jaune, qui est de l'acétate de baryte.

M. Thénard cherche à prouver que l'acide qui existe dans le résidu de l'urine, insoluble avec l'alcool, est de l'acide acétique ; et pour cela il fait l'expérience suivante : il sature cet acide par la potasse : il y met ensuite du vinaigre ; il fait évaporer : en reprenant ensuite par l'alcool, il lui est impossible d'enlever tout l'acide acétique qu'il y avoit mis. Il conclut de là que l'acide insoluble dans l'esprit de vin est de nature acétique.

M. Vauquelin a fait dans ces dernières années une expérience pour prouver que l'acide phosphorique en excès peut exister dans les urines. Il a précipité du sur-phosphate d'ammoniaque de sa propre urine au moyen de l'alcool.... Mais ne seroit-il pas possible que l'acide lactique libre eût absorbé une portion d'ammoniaque au phosphate de cette base ?

Altération spontanée de l'urine.

L'urine, abandonnée à elle-même, se décompose facilement. Il se produit beaucoup d'ammoniaque, de l'acide acétique et de l'acide carbonique, lesquels sont neutralisés par l'ammoniaque en même temps qu'ils sont produits. Ces nouvelles substances proviennent de la décomposition du mucus et de l'urée. Comme l'ammoniaque est en quantité plus considérable que celle qui est nécessaire pour saturer les acides qui se sont formés, il en résulte que l'acide urique et l'autre acide de l'urine (lactique ou phosphorique) sont également

neutralisés. D'après cela, on conçoit que le phosphate de
chaux et le mucus doivent être précipités, ainsi que l'acide
urique , qui est alors à l'état d'urate. Après ce dépôt il se
forme des cristaux de phosphate ammoniaco-magnésien , qui
sont en prismes à 6 pans, terminés par des pyramides hexaè-
dres.

C'est à la grande quantité d'ammoniaque carbonatée, développée spontanément dans l'urine qui est abandonnée à elle-
même au milieu de l'atmosphère, qu'il faut attribuer la propriété qu'a l'urine fermentée d'être propre au désuintage des
laines, à la préparation d'une cuve d'indigo, etc.

§. 2. De l'urine d'homme à l'état pathologique.

1.° *Urine du diabètes sucré.*

Parmi les maladies qui ont le plus d'influence pour modi-
fier la composition de l'urine, il n'en est pas de plus remarquable que celle connue sous le nom de *diabètes sucré.*

Willis est le premier qui ait parlé de la saveur sucrée de
certaines urines pathologiques, au commencement du 17.ᵉ
siècle. En 1775, Pool et d'Obson firent mention d'une matière
sucrée dans ces urines; mais l'existence de cette matière ne
fut réellement démontrée qu'en 1778 par Caulcy. Frank le
fils, en 1791, et surtout Rollo et Cruikshank, en 1796, et
MM. Nicolas et Gueudeville, en 1803, établirent la composition de ces sortes d'urines. Leurs résultats furent confirmés
en 1806 par MM. Thénard et Dupuytren.

MM. Nicolas et Gueudeville trouvèrent l'urine qu'ils examinèrent formée d'eau, de sucre fermenté, de chlorure de
sodium, d'acide phosphorique, d'acide sulfurique, de chaux,
d'albumine. L'urine qu'ils analysèrent, rougissoit légèrement
le tournesol. Elle ne contenoit pas d'urée.

MM. Thénard et Dupuytren ont reconnu les propriétés suivantes à l'urine qu'ils ont examinée.

Elle étoit limpide, d'un jaune léger, peu acide au tournesol : sa saveur étoit légèrement sucrée et salée.

Abandonnée à elle-même, elle passoit à la fermentation alcoolique et ensuite à la fermentation acide. Elle déposoit du
ferment pendant qu'elle éprouvoit la première fermentation.

Elle se concentroit par la chaleur, sans se troubler, et donnoit un sirop égal à la 17.ᵉ, 20.ᵉ et 30.ᵉ partie du poids de l'urine. Ce sirop se prenoit en grains sans adhérence.

L'extrait de cette urine n'a donné que 0,025 de chlorure de sodium et 0,005 de phosphate de chaux.

Elle ne contenoit pas d'acide urique.

100 gr. de sirop d'urine concentré, mis dans 500 gr. d'eau avec 25 gr. de ferment, ont donné 13 pintes d'acide carbonique, 48 gr. d'alcool à 40ᵈ, et 25 gr. d'une matière visqueuse brune, retenant 3 gr. de chlorure de sodium; 100 gr. de sucre cristallisable de canne auroient donné, suivant M. Thénard, 56 gr. d'alcool, 56 d'acide carbonique et 12 de matière visqueuse brune.

MM. Thénard et Dupuytren, ayant prescrit au malade le régime animal, ont observé qu'à une certaine époque il rendit des urines qui contenoient de l'albumine; que la proportion de ce principe alla en croissant pendant quelques jours ; qu'enfin elle diminua peu à peu et disparut; qu'alors l'urine contenoit de l'urée et de l'acide urique, etc.

En 1814 j'eus l'occasion d'examiner l'urine d'un homme qui étoit affecté du diabetès depuis six mois. Elle me présenta :

1.° De l'eau ;

2.° Du sucre cristallisable de raisin ;

3.° Un acide organique en partie libre , en partie uni à la potasse;

4.° Beaucoup de phosphate de magnésie ;

5.° Un peu de phosphate de chaux ;

6.° Du chlorure de sodium ;

7.° Du sulfate de potasse ;

8.° et 9.° De l'acide urique coloré par de l'acide rosacique.

Ces acides se précipitèrent de l'urine pendant sa fermentation.

Je pense qu'elle contenoit en outre de l'urée, par la raison qu'elle produisoit très-rapidement du sous-carbonate d'ammoniaque.

En 1822 et 1823 je fis à diverses époques les observations suivantes sur l'urine d'une femme qui étoit attaquée du diabetès depuis deux ans environ.

Cette urine contenoit une trace de phosphate de chaux et

une quantité plus forte de phosphate de magnésie. Elle ne contenoit pas d'acide urique ; mais ce qui est remarquable, c'est que l'urine rendue le soir, après l'exercice du jour, ne donnoit pas de quantité d'urée précipitable par l'acide nitrique ; tandis que l'urine rendue le matin, après le repos de la nuit, en contenoit une assez grande quantité pour que l'urine, suffisamment rapprochée, se prît en masse lorsqu'on y versoit assez d'acide nitrique pour saturer l'urée.

Il semble, d'après cela, que le repos est favorable au traitement du diabetès sucré.

Le sucre cristallisé de l'urine de la personne dont je parle, etoit identique avec le sucre de raisin.

Diabetès non sucré.

Il existe une variété du diabetès dans laquelle l'urine ne contient presque pas de sucre ; mais les urines de cette nature ne sont pas aussi bien connues que celles du diabetès sucré.

2.° Urine des ictériques.

L'urine des ictériques est jaune de safran. Il est probable qu'elle doit cette couleur aux principes colorans que j'ai trouvés dans le sang des ictériques, ainsi que dans la bile. (Voyez Sang.)

3.° Urine des rachitiques.

Fourcroy assure que l'urine des rachitiques contient une proportion beaucoup plus forte de phosphate de chaux que l'urine humaine à l'état normal : il pense donc que dans le rachitis le ramollissement des os est un effet de la dissolution de leur phosphate de chaux, dissolution qu'il attribue à un acide qui est ensuite évacué par la voie des urines.

4.° Urine des maladies inflammatoires.

Dans les fièvres inflammatoires l'urine contient, outre son principe colorant jaune, de l'acide rosacique, qui lui donne une couleur rouge ou briquetée. Le sédiment d'acide urique qu'elle dépose, traité par l'alcool, abandonne à ce liquide l'acide rosacique qui le coloroit en rose ou en rougeâtre, (Voyez Rosacique [Acide].)

5.º *Urine des hydropiques.*

Plusieurs chimistes ont avancé qu'elle contient beaucoup d'albumine.

6.º *Urine des goutteux.*

Berthollet a observé que dans le commencement d'un accès de goutte l'urine n'est plus acide, tandis qu'elle le redevient à mesure que l'accès fait des progrès. Lorsqu'il se termine, l'urine est plus acide qu'elle ne l'est à l'état normal.

7.º *Urine d'apparence laiteuse.*

A) Cabal examina, en 1805, une urine fort remarquable qui lui avoit été remise par M. Alibert. Elle étoit laiteuse, blanche, coagulable par la chaleur et par les acides qui coagulent le lait. Il la considéra comme de l'urine ordinaire mêlée de matière caséeuse. Cette urine avoit été rendue par une femme de vingt-six ans, mère de deux enfans, mais qui étoit veuve depuis plusieurs années. Ce n'est qu'après avoir perdu son mari qu'elle a rendu de l'urine laiteuse.

B) En 1825, le docteur John me remit une urine qui m'a paru avoir de l'analogie avec la précédente. Comme celle-ci, elle contenoit les principes immédiats de l'urine normale, c'est-à-dire un acide libre, des phosphates, de l'acide urique, de l'urée, du chlorure de sodium, de l'hydrochlorate d'ammoniaque : et, comme elle, son aspect étoit celui du lait. Mais je lui reconnus des propriétés que Cabal n'a pas mentionnées dans l'examen qu'il a imprimé de l'urine laiteuse (*A*).

L'urine laiteuse (*B*), abandonnée à elle-même, se prenoit en masse, absolument comme du chyle. En pressant cette masse avec précaution, on finissoit par obtenir une membrane. Le liquide, isolé de la membrane, se coaguloit par la chaleur, en présentant tous les phénomènes de la coagulation de l'albumine. Enfin, en traitant la matière coagulée par l'alcool bouillant, filtrant celui-ci et y mêlant de l'eau, on obtenoit des gouttes d'une substance qui m'a paru plus semblable à la graisse formée de stéarine et d'oléine qu'à la partie grasse du beurre formée de stéarine, d'oléine et de butirine.

J'aurois bien désiré rechercher l'acide butirique dans le

savon que j'obtins de cette graisse, mais un accident m'en a empêché. Depuis, M. John n'a pu me procurer de nouvelle urine pour continuer mes expériences. Il est évident que dans l'état actuel de la science on ne peut admettre la présence du lait dans l'urine, qu'autant qu'on démontrera, dans la graisse dont nous parlons, la présence de la butirine.

URINES DE LION ET DU TIGRE ROYAL.

M. Vauquelin a trouvé ces urines formées

D'eau ;

D'urée ;

De mucus ;

D'ammoniaque libre ;

De phosphate de soude ;

De phosphate d'ammoniaque ;

D'hydrochlorate d'ammoniaque ;

De sulfate de potasse en grande quantité ;

D'une trace de phosphate de chaux ;

—   —   de chlorure de sodium.

Cette composition de l'urine de deux animaux carnivores est remarquable lorsqu'on la compare à celle de l'urine humaine ; en effet :

1.° Les urines de lion et de tigre sont alcalines, tandis que l'urine de l'homme à l'état normal est acide.

2.° Les premières ne contiennent pas d'acide urique, tandis que la seconde en contient toujours.

3.° Les premières ne contiennent qu'une trace de phosphate de chaux et de chlorure de sodium, tandis que la seconde contient une proportion notable de ces deux composés.

URINE DE CHAMEAU.

Je vais rapporter les résultats de l'analyse de l'urine de chameau que je fis il y a plusieurs années.

a) Cette urine, distillée, m'a donné un produit aqueux odorant, contenant du sous-carbonate d'ammoniaque et une matière huileuse, possédant la propriété de devenir rose quand on la mêle avec des acides doués de quelque énergie. Je pense que cette matière a été, au moins en partie, entraînée mécaniquement de la cornue dans le récipient.

b) L'urine concentrée, jetée sur un filtre, a laissé un dépôt gris qui a été lavé à l'eau froide : il étoit formé

De matière azotée indéterminée ;

De sous-carbonate de chaux ;

— — de magnésie ;

De sulfate de chaux ;

De silice ;

D'une trace de peroxide de fer.

Analyse du dépôt (*b*).

c) Il a été partagé en deux portions.

1.re *Portion.* I. Elle a été calcinée, puis traitée par l'acide nitrique. Il y a eu effervescence : tout s'est dissous, excepté quelques flocons de charbon, provenant de la matière azotée.

II. La dissolution nitrique filtrée a été précipitée par l'ammoniaque en flocons gélatineux. Ces flocons ont été dissous par l'acide sulfurique : la solution a été évaporée à siccité. Le résidu, repris par l'eau, a laissé de la silice : la solution contenoit du sulfate de magnésie mêlé de sulfate de fer. Le dépôt ne contenoit donc pas de sous-phosphate de chaux.

III. La dissolution nitrique (II), précipitée par l'ammoniaque, contenoit de la chaux et de la magnésie, avec un peu d'acide sulfurique.

2.e *Portion.* Cette portion, traitée par l'eau de potasse, n'a abandonné à cet alcali que de la *matière azotée indéterminée*. On y a cherché en vain les acides phosphorique et urique.

Analyse de l'urine concentrée, séparée du dépôt (*b*).

d) L'urine concentrée, séparée de son dépôt (*b*), a été partagée en deux portions.

e) 1.re *Portion.* I. Elle a été évaporée à sec, et le résidu a été distillé dans une petite cornue de verre. On a obtenu : 1.° du *sous-carbonate d'ammoniaque*; 2.° de l'*hydrocyanate d'ammoniaque*; 3.° une *huile citrine*; 4.° une *huile brune*, contenant de l'ammoniaque et de l'acide hydrocyanique ; 5.° une *huile brune épaisse*.

II. On n'a pas trouvé dans ce produit de l'hydrochlorate d'ammoniaque.

III. Quant au résidu de la distillation, il étoit formé de

charbon, de sulfure de potassium, de chlorure de potassium, de cyanure de potassium et de sous-carbonate de potasse.

f 2.ᵉ Portion. Elle a été évaporée en consistance de sirop
épais, puis mêlée à l'alcool d'une densité de 0,821. Le résidu
a été épuisé par ce liquide. Nous allons examiner la partie
soluble dans l'alcool et le résidu qui a été dissous dans l'eau.

Extrait alcoolique de la 2.ᵉ portion (*f*).

I. Il a été étendu d'une petite quantité d'eau; mais l'alcool
en a été chassé par une très-douce chaleur. L'extrait, ainsi
concentré, a été mêlé à de l'acide sulfurique faible, qui en
a précipité de l'acide benzoïque. La liqueur filtrée, soumise
à la distillation, a donné un acide qui m'a paru être de l'a-
cide acétique [1] : la liqueur s'est couverte de pellicules rousses, odorantes, que MM. Fourcroy et Vauquelin considèrent
comme le principe colorant et odorant de l'urine, et qui,
je crois, sont formées de deux principes au moins, l'un qui
est coloré et l'autre qui est odorant. On a filtré la liqueur
concentrée; et en y versant de l'acide nitrique, on a obtenu
du nitrate d'urée.

II. Une portion d'extrait alcoolique desséché n'a point donné
à la distillation de l'hydrochlorate d'ammoniaque.

Solution aqueuse de la 2.ᵉ portion (*f*).

k. Cette solution, concentrée et refroidie, a donné beaucoup de sulfate de potasse cristallisé. L'eau-mère des cristaux
a donné, par l'évaporation spontanée, du chlorure de potassium, un peu de sous-carbonate de potasse et des atômes de
sulfate de soude.

L'urine de chameau, séparée par la concentration du dépôt
b, étoit donc formée

De benzoate de potasse;

D'urée;

D'huile rousse;

De sulfate de potasse en grande quantité;

D'un peu de chlorure de potassium;

---

1 Depuis ces dernières années je pense que cet acide pourroit différer de l'acide acétique.

D'un peu de sous-carbonate de potasse ;

D'une trace de sulfate de soude.

J'ai fait cette analyse dans l'intention de savoir si, comme M. Brande l'avoit annoncé, l'urine de chameau contenoit de l'acide urique, du phosphate de chaux, et étoit dépourvue de benzoate.

URINE DE COCHON D'INDE.

Elle est formée, suivant M. Vauquelin,

D'eau ;

D'urée ;

De carbonate de chaux ;

De sels de potasse.

M. Vauquelin n'y a trouvé ni acide urique, ni phosphate.

URINE DE LAPIN.

M. Vauquelin en a retiré,

De l'eau ;

De l'urée ;

Du mucus ;

Du carbonate de chaux ;

— de magnésie ;

— de potasse ;

Du sulfate de potasse ;

Du chlorure de potassium ;

Du soufre.

L'urée lui a paru plus altérable qu'elle ne l'est dans les autres urines.

URINE DE CHEVAL.

Suivant MM. Fourcroy et Vauquelin, cette urine est composée de

Eau et mucus	0,940
Urée	0,007
Sous-carbonate de chaux. . .	0,011
Sous-carbonate de soude . .	0,009
Benzoate de soude	0,024
Chlorure de potassium . . .	0,009

Quelquefois elle contient du sulfate de chaux.

Cette composition est la moyenne des analyses de différens échantillons d'urine de cheval.

Propriétés physiques.

Elle est communément d'une couleur jaune de paille.

Sa densité varie de 1,03 à 1,05.

L'urine fraiche a une odeur qui participe et de celle de la flouve odorante, et de celle de la transpiration du cheval.

Sa saveur, d'abord légèrement amère et salée, est ensuite douceâtre.

Lorsque le cheval a fait un exercice violent, l'urine qu'il rend est filante comme une dissolution de gomme, et presque toujours elle est trouble.

Propriétés chimiques.

L'urine de cheval, exposée à l'air, éprouve deux altérations remarquables. Elle laisse déposer beaucoup de sous-carbonate de chaux, et se colore en brun, en absorbant l'oxigène de l'atmosphère.

Lorsqu'on a fait concentrer convenablement l'urine de cheval, dont on a séparé le sous-carbonate de chaux, et qu'on y ajoute de l'alcool, on précipite du sous-carbonate de soude.

La liqueur alcoolique, concentrée et refroidie, donne des cristaux de chlorure de potassium et ensuite des cristaux lamelleux de benzoate de soude.

Si l'on ajoute à l'eau-mère de l'acide hydrochlorique, ou en précipitant de l'acide benzoïque et en soumettant la liqueur à l'évaporation, on obtient des cristaux de chlorure de sodium et en même temps une matière huileuse d'un brun rouge, que MM. Fourcroy et Vauquelin ont considérée, depuis leur premier travail, comme le principe colorant et odorant de l'urine. Enfin, la liqueur séparée de ces deux matières, mêlée avec l'acide nitrique, donne beaucoup de nitrate d'urée.

L'urine de cheval s'altère promptement quand elle est abandonnée à elle-même. Elle noircit et devient très-ammoniacale; l'ammoniaque est à l'état de carbonate, et l'on n'y trouve plus de sous-carbonate de chaux.

L'alcool sépare de l'urine épaissie beaucoup de sulfate de potasse coloré par une matière organique. Il dissout du chlorure de potassium, de l'huile odorante d'un brun rouge, et en outre du benzoate et de l'acétate de soude. On n'y trouve pas d'urée.

MM. Fourcroy et Vauquelin considèrent la matière huileuse d'un brun rougeâtre comme le principe colorant et odorant de l'urine. Tout en admettant ce résultat, je pense qu'il faut regarder cette *huile* comme formée au moins de deux principes immédiats distincts, un principe colorant et un principe odorant; et si l'acidité n'appartient pas à l'un ou à l'autre de ces principes, il faut en admettre un troisième; car l'huile rougit fortement le tournesol.

URINE DE CASTOR.

Suivant M. Vauquelin, l'urine de castor est composée

D'eau;

D'urée;

De mucus;

D'une matière colorante végétale

De benzoate de potasse;

De sous-carbonate de chaux;

—   —   de magnésie:

D'acide carbonique;

De sulfate de potasse;

De chlorure de potassium;

D'un peu de fer;

D'acétate de magnésie?

Lorsqu'on fait concentrer cette urine, elle dépose des sous-carbonates de chaux et de magnésie, mêlés de flocons de mucus.

Il est remarquable que la potasse ajoutée à l'urine épaissie, n'en dégage pas d'ammoniaque, mais y produit un précipité abondant, gélatineux, qui est de la magnésie mêlée d'un peu de chaux. Cette magnésie étoit dans l'urine épaissie à l'état d'acétate. M. Vauquelin pense qu'il n'est pas impossible que ce sel provienne de la réaction de l'acide acétique, produit par l'altération de l'urine sur la magnésie carbonatée.

M. Vauquelin a trouvé que la matière colorante végétale de l'urine de castor a toutes les propriétés de celle du saule.

L'absence de l'acide urique et des phosphates dans l'urine de castor, rapproche ce liquide des urines des herbivores;

mais, comme la plupart de ces dernières, elle ne contient pas d'hydrochlorate d'ammoniaque.

Urines des oiseaux.

Urine d'autruche.

M. Vauquelin l'a réduite en

    Eau;

    Acide urique ;

    Matière animale muqueuse ;

    Substance huileuse ;

    Hydro-hlorate d'ammoniaque ;

    Sulfate de potasse ;

      —   de chaux ;

    Surphosphate de chaux.

Elle diffère donc principalement de l'urine humaine en ce qu'elle ne contient pas d'urée. L'acide urique et les sels s'y trouvent dans une proportion bien plus forte que dans l'urine humaine. L'acide urique en fait au moins la 60.ᵉ partie : le sulfate de potasse, la 150.ᵉ partie ; le sulfate de chaux, la 500.ᵉ partie : l'hydrochlorate d'ammoniaque y est très-abondant.

L'urine d'autruche est blanche comme du lait et ordinairement mêlée à des excrémens solides. Séparée de ces derniers, elle dépose peu à peu la matière qui la rend laiteuse ; elle devient transparente et se colore peu à peu en rouge-brun. Enfin, en filtrant l'urine éclaircie, il reste sur le filtre du mucus.

Dépôt blanc de l'urine.

Ce dépôt est blanc, pulvérulent, doux au toucher. Il a toutes les propriétés de l'acide urique pur.

Urine d'autruche filtrée.

Elle est rougeâtre.

Elle a une saveur fraiche et piquante, comme une légère solution de nitrate de potasse.

Elle est très-acide au tournesol, et conserve cette propriété lors même qu'elle a été fortement concentrée. Si dans cet état on la mêle avec de l'alcool, celui-ci précipite des *sulfates de potasse et de chaux*, du *surphosphate de chaux*, du *mucus*.

La liqueur alcoolique filtrée est d'un rouge brun. Évaporée lentement et mêlée avec de l'eau, à la fin de l'évaporation, on en obtient une matière huileuse brune et un liquide aqueux, légèrement coloré en rouge, très-acide, qui contient de l'hydrochlorate d'ammoniaque. MM. Fourcroy et Vauquelin pensent que l'acide libre est de l'acide acétique.

L'huile bitumineuse retient toujours de l'acide : elle a la propriété de colorer en rose le papier et le linge.

MM. Fourcroy et Vauquelin ont trouvé l'acide urique dans les urines de poule, de vautour, d'aigle, de tourterelle. Il leur a suffi, pour l'y démontrer, de traiter les excrémens, qui presque toujours sont mêlés avec l'urine, par une légère solution de potasse, de filtrer la liqueur et d'y verser ensuite de l'acide hydrochlorique, qui en a précipité l'acide urique.

M. Wollaston, ayant nourri des oiseaux avec des alimens plus ou moins azotés, a observé que la proportion de l'acide urique des excrémens étoit en rapport avec l'azote des alimens. Cette observation est très-importante pour la physiologie et pour la thérapeutique, puisqu'elle prouve qu'il n'est pas indifférent aux personnes attaquées de la gravelle de se nourrir de chair ou d'alimens végétaux.

Voici les résultats des observations de M. Wollaston.

Les excrémens d'une poule qui ne pouvoit se nourrir que d'herbes, ne contenoient que 0,02 d'acide urique ; ceux d'une poule vivant dans une basse-cour, en contenoient une proportion sensiblement plus forte ; ceux d'un faisan nourri d'orge, en contenoient 0,14 ; ceux d'un faucon qui ne mangeoit que de la chair, en étoient presque entièrement formés ; enfin, ceux d'un gannet nourri de poissons, en étoient entièrement formés.

Urines de quelques espèces de reptiles.

M. John Davy a trouvé l'acide urique dans la plupart des urines de reptiles qu'il a examinées.

MM. Prout et Vauquelin en ont trouvé dans les excrémens de quelques espèces de serpens, notamment dans ceux du *boa constrictor*. (Cʜ.)

URIT. (*Bot.*) Voyez Cᴏɴᴅᴏɴᴅᴏᴜɢ. (J.)

URITA-MICANUM. (*Bot.*) Le *saccellium lanceolatum* de la

flore équinoxiale de MM. de Humboldt et Bonpland , naturel dans les Cordillères du Pérou, près de Loxa, y porte ce nom espagnol, qui signifie sur les lieux *nourriture de perroquet.* (J.)

URITUMICUNA. (*Bot.*) C'est sous ce nom qu'on connoît dans la province de Jaën, au Pérou, le *kageneckia glutinosa* de M. Kunth, qui croît sur les parties élevées des Cordillères de ce canton. (J.)

URJEBAON. (*Bot.*) Nom portugais de la verveine officinale, cité par Vandelli. (J.)

URKSUK. (*Mamm.*) Voyez Utselur. (Desm.)

URNE. (*Bot.*) Nom donné au fruit des mousses, espèce de capsule presque toujours surmontée d'un opercule. Voyez plantes cryptogames, mousses. (Mass.)

URNE COURONNÉE. (*Bot.*) C'est, dans Paulet (Traité des champ., 2, p. 405, pl. 187, fig. 6), le *peziza acetabulum*, Linn., qu'il nomme aussi *coccigrue en urne*. (Lem.)

URNE ÉPINEUSE. (*Conchyl.*) Nom employé autrefois par les marchands d'histoire naturelle pour désigner le *voluta capitellum*, Linn., actuellement du genre Turbinelle de M. de Lamarck. (De B.)

URO. (*Bot.*) Rhéede cite ce nom brame de l'*odallam* du Malabar, rapporté par Linnæus à son *cerbera manghas* avec l'*arbor lactaria* de Rumph, mais séparé par Gærtner sous le nom de *cerbera odollam*, qui a un fruit simple, tandis que l'*arbor lactaria* ou *cerbera manghas* est indiqué par lui comme ayant un fruit double. Nous remarquerons ici que le nom malabare est *odallam* et non *odollam*, comme plusieurs l'ont écrit. (J.)

UROCÉRATES. (*Entom.*) M. Latreille donne ce nom à une tribu d'insectes hyménoptères de la famille des térébrans, qui sont nos Uropristes (voyez ce mot); mais dont il sépare les porte-scie, *securifera*, tenthrédines ou tenthrédinètes, vulgairement mouches à scie, parce qu'ils ont les mandibules alongées, la languette trilobée et la tarière des femelles reçue dans une coulisse sous-abdominale ; tandis que dans les *sécurifères urocérates* les mandibules sont courtes, la languette est entière et la tarière des femelles tantôt saillante, formant une sorte de corne à l'extrémité de l'abdomen (d'où provient le nom), tantôt roulée en spirale et rentrant dans l'intérieur de l'abdomen (alors le nom ne convient plus). Les genres rapportés à cette tribu par M. Latreille sont ceux qu'il nomme *Urocère, Tremex* et *Orysse*. (C. D.)

UROCÈRE, *Urocerus*. (*Entom.*) Nom imaginé par Geoffroy pour indiquer un genre d'insectes hyménoptères, de la famille des serricaudes ou uropristes, c'est-à-dire ayant l'abdomen sessile ou non pédiculé, et dont les femelles ont l'abdomen muni d'une tarière faisant l'office d'une scie, et servant de pondoir ou d'instrument propre à introduire les œufs dans les végétaux.

Le nom d'urocère est emprunté des mots grecs ουρα, qui signifie la partie postérieure du corps, et de κερας, qui correspond à corne, ou corne à la queue, parce qu'en effet, dans les espèces primitivement rapportées à ce genre, l'extrémité du ventre, chez les femelles, étoit constamment prolongée en une sorte de corne qui protège la tarière, ce qui les a fait appeler *ichneumons-bourdons*.

Fabricius n'a point adopté ce nom ; il a conservé aux espèces le nom de Sirèce, donné par Linnæus. Ce dernier nom (voyez ce mot) a subi beaucoup d'autres applications.

Nous avons fait figurer une espèce de ce genre dans l'atlas de ce Dictionnaire, pl. 35, n.º 1. Sur cette figure on pourra reconnoître les caractères du genre, qui sont :

Antennes en soie, du double plus longues que la tête et le corselet, de plus de vingt articles, insérées entre les yeux ; tête arrondie ; abdomen sessile, cylindrique, terminé chez les femelles par une pointe en forme de corne.

Il est facile de distinguer ce genre de tous ceux de la même famille par les notes que nous insérons plus bas dans le tableau synoptique qui termine l'article des Uropristes, que le lecteur voudra bien consulter.

Les urocères ont le corps alongé, à peu près de même grosseur dans les régions de la tête, de la poitrine et de l'abdomen. La tête n'est pas portée sur une sorte de cou ou de prolongement du corselet, comme dans les xyphidries, les orusses, les sirèces ou astates. Les antennes sont aussi très-longues, ce qui les distingue des deux premiers des genres que nous venons de nommer : elles sont en fil, et non en fuseau, comme dans les sirèces.

Le reste de leur organisation offre la plus grande analogie avec celle des uropristes. Ils proviennent de larves en forme de chenilles à tête écailleuse, avec six pattes articulées courtes. Roësel, qui a considéré une espèce comme une sorte de guêpe, en a décrit les métamorphoses avec soin et les a figurées tome 2, planches 8 et 9; Réaumur n'a connu qu'une espèce rapportée de la Laponie par Maupertuis; il l'a très-bien observée et fait figurer dans son neuvième Mémoire du tome 6, pl. 31, pag. 532, où il a développé le mécanisme de la tarière.

M. Klug, dans une excellente monographie qu'il a publiée à Berlin en 1803, in-4.°, a donné la description complète et des figures admirables des espèces de ce genre. Nous ne pouvons mieux faire que d'en extraire les détails que nous allons présenter ici, en décrivant les espèces qu'il range dans ce qu'il nomme la première famille du genre.

1. UROCÈRE GÉANT, *Urocerus gigas.*

C'est celui que nous avons fait figurer, planche 35, n.° 1, dont Geoffroy a aussi donné une représentation, tome 2, pl. 14, fig. 3;

Et M. Klug, dans la monographie citée, pl. 11, fig. 1.

Car. Tête noire : une tache jaune derrière les yeux de chaque côté; antennes jaunes; yeux bruns.

Cet insecte présente beaucoup de variétés : d'abord pour la taille, car il y a des individus moitié plus petits les uns que les autres; ensuite dans les taches de l'abdomen, qui est quelquefois d'un jaune fauve, quelquefois avec des taches ou des cerceaux noirs; le mâle a tantôt la base des antennes noire, le plus souvent l'extrémité de l'abdomen noire, et même tous les bords des anneaux offrent des taches de cette couleur.

C'est un des plus gros insectes ou plutôt des plus étendus réellement, relativement à sa grosseur; car on en a vu de deux pouces de long, sans y comprendre la tarière. Il se trouve dans le nord de la France et de l'Europe, principalement dans les lieux où l'on cultive les arbres verts, tels que les pins et les sapins, dans le tronc desquels sa larve se développe. On le rencontre aussi dans les chantiers. Nous l'avons pris à Rouen et à Paris.

2. UROCÈRE AUGURE, *Uroc. augur.*

Klug, *Monographia siricum*, pl. 3, fig. 1 et 2, et pl. 4, fig. 3.

Car. Tête brune, jaune à l'occiput; yeux d'un brun ferrugineux; bord postérieur des ailes de dessous noirâtre.

Cette espèce a été observée dans le midi de l'Allemagne. Elle a été décrite par Panzer dans le 52.ᵉ cahier de sa Faune, n.° 15.

3. Urocère fantôme, *Urocerus fantoma*.

Car. Tête noire, avec une petite ligne jaune au-devant des yeux; abdomen jaune, avec des cerceaux noirs.

Il a été figuré par M. Klug, pl. 3, n.° 3.

On n'a encore observé que la femelle, prise en Allemagne.

4. Urocère jouvenceau, *Uroc. juvencus*.

Car. Tête noire, sans taches; abdomen d'un noir bleuâtre; pattes jaunes. (C. D.)

UROCHLOA FAUX PANIC (*Bot.*); *Urochloa panicoides*, Pal. Beauv., *Agrost.*, p. 52, tab. 11, fig. 1. Ce genre de graminées a été établi, par Palisot-Beauvois, pour une plante de l'Isle-de-France, très-rapprochée du *panicum aristatum*, qui est caractérisée par des fleurs polygames; une seule écaille calicinale, fort petite, biflore; la fleur inférieure mâle, à trois étamines renfermées dans deux valves herbacées; la fleur supérieure hermaphrodite; les valves dures, coriaces, plissées, striées transversalement; l'inférieure terminée par une arête courte; l'ovaire échancré, entouré de deux petites écailles tronquées, presque échancrées; un style partagé en deux; les stigmates en pinceau. Ces fleurs sont disposées en épis composés d'épillets alternes, presque géminés, entourés à leur base de quelques poils rares. (Poir.)

UROCHS. (*Mamm.*) Ce nom se rapporte à celui d'aurochs et désigne le même animal. Voyez l'histoire de l'*aurochs* au mot Bœuf. (Desm.)

URODÈLES. (*Erpét.*) M. Duméril a donné ce nom à la deuxième famille de ses reptiles batraciens, dont les individus adultes possèdent une queue évidente, ce qu'indique leur nom même, tiré du grec (ουρα, *cauda*, δηλος, *insignis, evidens*).

Les Urodèles ont tous un corps alongé, muni d'une queue persistante et quatre ou deux pattes d'égale longueur. Le ta-

bleau suivant offrira le mode de leur distribution systématique en plusieurs genres.

Famille des Urodèles.

Pattes au nombre de {quatre : {sans branchies ; queue {comprimée.. Triton. / arrondie.... Salamandre. {avec des branchies toute la vie...... Protée. / deux seulement en devant................ Sirène.

Voyez ces divers noms de genre et Batraciens. (H. C.)

URODON. (*Entom.*) M. Schœnherr, dans son ouvrage ayant
pour titre : *Dispositio methodica curculionoidum*, désigne sous
ce nom un genre d'insectes coléoptères tétramérés, voisin
des bruches ou des anthribes, auquel il rapporte l'*anthribus
sericeus* de Fabricius, et les *bruchus suturalis* et *rufipes* d'Olivier.
Le nom vient des mots grecs ουρα et de εδος, comme pour
exprimer que la partie postérieure du tronc est dentée. Voyez
le n.º 5, à la fin de l'article Rhinocères. (C. D.)

UROGALLUS. (*Ornith.*) Nom du genre Tétras dans Gesner
et dans Scopoli. (Ch. D.)

UROMYCES. (*Bot.*) Link donnoit ce nom, ainsi que celui
de *Cæomurus*, à un genre de la famille des champignons, qui
ne différoit de l'*Uredo* que par les sporidies pédicellées, naissant sous l'épiderme des plantes, qui leur sert d'indusium et
qui se détruit bientôt en les laissant à jour. Link a reconnu
depuis que ce caractère n'étoit pas suffisant pour distinguer
ces deux genres, et en conséquence il en a réuni les espèces
à son genre *Cæoma*, qui n'est que la réunion des *Uredo*
et *Æcidium* des auteurs; et c'est dans la division qui comprend les *uredo*, qu'il place ses *uromyces* (Link, *in* Willd.,
Sp. pl., 6. part. 2. p. 1). Cette réunion à l'*Uredo* a été adoptée par Curt Sprengel dans son *Systema vegetabilium*, et doit
être admise par les botanistes. Déjà M. De Candolle, qui avoit
quelques espèces d'*uromyces*, et qui les avoit considérées
comme des *puccinia* uniloculaires, avoit reconnu la nécessité
de les reporter dans les *uredo*, où la plupart d'entre elles
avoient d'abord été placées.

Comme exemple de ce genre, Link donnoit

L'*uromyces macropus* (Link, *Berl. Magaz.*, 1815, pag. 29),
qui est aussi son *uredo macropus* (obs. 2, pag. 288) et son

cœoma macropus (*in* Willd., *Sp. pl.*, 6, part. 2, p. 22), et qui croît sur les tiges desséchées des ombellifères, sur lesquelles il forme des taches d'une ligne de longueur, alongées ou elliptiques, et dont les sporidies forment un amas noir, qui crève et déchire l'épiderme pour se mettre à jour : ces sporidies sont portées sur des pédicelles épais.

Ce genre, maintenant supprimé, comptoit au nombre de ses espèces l'*uredo appendiculata*, Pers.; l'*uredo flosculosarum*, Alb. et Schwein. (qui est l'*uredo cichoracearum*, Dec.); l'*œcidium lapsanæ* et l'*œcidium rumicis*, Schulz, qui est l'*uromyces amphigenus*, Link. (Lem.)

UROPLATE. (*Erpét.*) On a ainsi nommé un genre de Reptiles sauriens, démembré de celui des Geckos et présentant les caractères suivans : *queue aplatie ; doigts larges et garnis en dessous de lames entuilées.* Voyez Gecko. (H. C.)

UROPLATES. (*Erpét.*) Voyez Planicaudes. (H. C.)

UROPODES. (*Entom.*) M. Latreille a nommé ainsi un genre d'arachnides trachéennes, voisin des cirons ou *acarus*, pour y ranger l'*acarus vegetans* de Degéer, qui se fixe, à l'aide d'un fil qu'il porte à l'anus, sur le corps de quelques insectes coléoptères. (C. D.)

UROPODES. (*Ornith.*) Ce terme est employé par M. Duméril, dans sa Zoologie analytique, pour désigner les oiseaux palmipèdes brévipennes, tels que les grèbes, les guillemots, les pingouins, les manchots, dont les pieds sont articulés tout-à-fait en arrière du corps. (Ch. D.)

UROPRISTES ou SERRICAUDES. (*Entom.*) Noms sous lesquels nous avons désigné la seule famille des insectes hyménoptères chez lesquels l'abdomen se trouve joint immédiatement au corselet par une base non étranglée, et qui proviennent de chenilles à tête écailleuse, à six pattes articulées et à pattes membraneuses, dont le nombre varie.

Cette famille, des plus naturelles, forme un véritable sousordre parmi les hyménoptères, à cause d'un grand nombre de particularités qui les distinguent, comme nous allons avoir bientôt occasion de le faire voir.

Le nom que nous avons donné aux uropristes indique une disposition singulière de l'organisation chez la plupart des femelles; car leur ventre renferme un instrument très-compliqué, mais dont l'usage et la forme de l'une des pièces sont propres à scier ou à faire des entailles sur les écorces des végétaux, afin d'y déposer leurs œufs. Les mots *ουρα* signifiant *queue*, et *πριστης, qui coupe en sciant*, comme le répètent, en latin francisé, les termes de *serra*, scie, et *cauda*, queue : SERRICAUDES.

Nous avons déjà dit, à l'article UROCÉRATES, que M. Latreille et quelques auteurs qui ont écrit depuis, avoient partagé cette famille, qu'ils nomment des PORTE-SCIE, *securifera*, en deux autres tribus, celle des tenthrédines et celle des urocérates : mais cette distinction ne suffit pas réellement pour établir une séparation aussi notable, car elle ne paroit fondée que sur le nombre des articles dont sont composés les palpes labiaux et maxillaires, et dans l'intégrité ou les divisions de la languette ou de la lèvre inférieure.

Quoique nous ayons dit ailleurs, à l'article INSECTES, en quoi ce groupe principal diffère des autres hyménoptères, nous croyons utile de répéter ici, d'abord d'une manière générale, ce qui le caractérise, pour entrer ensuite dans les détails qui sont relatifs à ces particularités. La famille des uropristes comprend tous les hyménoptères dont le ventre ou l'abdomen est accolé immédiatement au corselet, au lieu d'y être uni par un pédicule étranglé, comme on le voit dans les guêpes, les ichneumons, les sphèges, les abeilles, etc. En outre leurs larves, qu'on nomme *fausses chenilles*, ont en effet la forme des chenilles; le corps alongé, à tête écailleuse, avec les parties de la bouche bien distinctes: une lèvre supérieure: des mandibules, des mâchoires, et une languette ou lèvre inférieure garnie de filières, destinées à mouler la matière soyeuse dont l'insecte compose le cocon dans lequel sa nymphe doit éprouver sa métamorphose. Cette chenille, munie de six pattes à crochets et articulées, porte en outre douze ou seize autres pattes membraneuses, garnies de verticilles ou de couronnes de petits crochets rétractiles; ce qui donne à ces chenilles une allure toute particulière, le nombre de leurs pattes étant en tout de dix-huit au moins et de vingt-deux à vingt-quatre au plus; celles des lépidoptères en ayant de dix à seize au plus.

Cette motilité, dont sont douées les larves des uropristes,

leur donne la faculté de subvenir elles-mêmes à leur subsistance, et les insectes parfaits qui les ont engendrées, n'ont pas eu, comme la plupart des autres hyménoptères, à s'occuper de pourvoir d'avance à la nourriture de leur race. Ils n'ont eu à prendre d'autres soins que celui de la déposer convenablement et sous la forme d'œuf, dans les parties ou à la surface des végétaux, dont tous font leur nourriture sous la forme de chenilles. C'est même à cause de cette précaution que prennent les femelles de ces insectes parfaits de placer leurs œufs sous les écorces plus ou moins pénétrables des arbres, des arbrisseaux et même des plantes herbacées, vivaces ou non, que la plupart sont munies d'un pondoir ou gorgeret introducteur de l'œuf, *oviscalptorium*. Cet instrument, tantôt caché dans une sorte de coulisse ou de rainure, qui règne sous l'abdomen, tantôt apparent ou recouvert d'un prolongement corné, est composé essentiellement de pièces dentelées à la manière des scies, et d'autres lames qui, par leur rapprochement, donnent à celle qui est dentelée plus de consistance; en même temps que, par la faculté qu'elles ont de s'écarter les unes des autres, elles permettent à l'œuf de glisser le long de ces lames. Le plus souvent cet œuf est enduit d'une humeur irritante, qui s'introduit avec lui pour produire une tumeur qui s'oppose à la cicatrisation de la plaie faite au végétal.

Quelques-unes des larves qui sortent de ces œufs se développent ainsi dans l'intérieur des végétaux : mais le plus grand nombre se portent au dehors pour vivre en familles sur les feuilles qu'elles rongent ; et quand elles ont acquis tout leur développement, elles se retirent dans quelque place abritée ou sous la terre, afin de s'y filer un cocon d'une soie très-déliée et formant plusieurs tuniques successives d'une grande solidité, dans l'intérieur desquelles s'opère leur transformation en nymphe. Les cocons construits par certaines espèces, sont très-solides et très-épais; d'autres, au contraire, les forment de filamens tellement déliés, que la totalité de l'enveloppe ressemble à une sorte de pellicule ou de membrane transparente comme une pelure d'ognon : mais cette membrane soyeuse est très-solide, difficile à déchirer, et quand on l'examine, on voit qu'elle est formée de couches superposées, dont celles qui occupent successivement la face interne sont aussi d'un tissu plus serré.

Cette famille d'insectes a été étudiée avec beaucoup de soin par des observateurs et des descripteurs fort habiles, Réaumur, Degéer, Jurine, Klug, Leach, et surtout par M. Lepelletier de Saint-Fargeau, qui a publié en 1823 une excellente monographie de la tribu des tenthrédinètes de M. Latreille. Nous extrairons de ce travail, publié en langue latine, et de la Monographie des sirèces d'Allemagne de Klug, la plupart des détails dans lesquels nous allons entrer.

Voici d'abord un extrait de la préface de M. Lepelletier de Saint-Fargeau, qui considère les tenthrédinètes comme un grand genre, dont il présente l'histoire sous le point de vue de la synonymie.

C'est Linnæus qui a établi le genre *Tenthredo* et qui l'a divisé en sections. Mais ce groupe réunissoit des espèces si différentes entre elles, qu'elles ne pouvoient rester dans le même genre : de sorte qu'il a paru inutile à l'auteur de rappeler les caractères donnés par Linnæus à ces sections ; celles-ci ayant été séparées comme genres, avec des notes beaucoup plus précises.

Geoffroy a partagé ce genre en deux, sous les noms de *Crabro* et de *Tenthredo*. La forme des antennes en massue a suffi pour séparer les espèces du premier genre de celles du second, qui portent des antennes en fil ; mais celles-ci ont été divisées en sections, d'après le nombre des articles aux antennes.

Fabricius, dans son dernier ouvrage sur les piézates, a établi sept genres nouveaux parmi les tenthrèdes ; savoir : 1 . les *Cimbères*, qui correspondent aux crabrons de Geoffroy en grande partie; 2 , le genre *Tarpa*, qui comprend des espèces à très-grandes mandibules, et par conséquent à grosse tête, dont les antennes, pectinées ou dentelées, sont légèrement renflées à l'extrémité libre; 3 , les *Hylotomes*; 4 , les *Tenthrèdes*; 5 , les *Lydes*; 6 , les *Xiphidries*; 7 , les *Cephus*.

Jurine, ne trouvant pas suffisamment solides les caractères propres à distinguer les espèces, en introduisit d'autres, tirés d'une partie constante de l'aile, et partagea la tribu des tenthrédinètes en neuf genres. Cette partie de l'aile qu'il étudia, se compose de deux rangées de cellules, voisines du bord externe, et qui s'étendent du point ou de la marque marginale au bord postérieur, en y ajoutant les nervures transversales ou récurrentes, qui deviennent ainsi une note de caractère secondaire.

Les genres établis par Jurine, sont les suivans :

1.° *Tenthrède*, correspondant au genre *Cimbex* de Fabricius, Crabron de Geoffroy, divisé en deux sections, d'après la disposition des mandibules et des antennes.

2.° *Crypte*. Genre non subdivisé par notre auteur, qui lui assigne pour caractère, sans aucune exception, une cellule radiale prolongée : mais M. Lepelletier observe que, dans les deux espèces de crypte dites *fourchue* et *angélique*, rapportées à ce genre, cette cellule radiale est simple ou sans appendice.

3.° *Allante*. Ce genre . qui renferme trop d'espèces , n'est pas subdivisé. M. Lepelletier le trouve irrégulier, parce qu'il laisse confondues les espèces à onze et à neuf articles seulement aux antennes.

4.° *Dolères*. Divisé en sections d'après les ailes et les mandibules. Mais M. Lepelletier observe que les espèces comprises dans la seconde section n'ont pas toutes les caractères assignés à l'aile, ce dont M. Jurine a eu tort de ne pas parler.

5.° Le genre *Némate*, qui est très-bon et doit être conservé.

6.° Les *Ptérones*, partagés en trois sections, qui se trouvent elles-mêmes subdivisées, mais d'une manière telle que quelques femelles ont été rangées dans un groupe et les mâles dans un autre, d'après les remarques de M. Lepelletier.

7.° *Céphaléie*, genre qui réunit les lydes et les tarpes de Fabricius, qui étoient déjà assez bien établis d'après la forme des antennes et qui sont ici distribués sans ordre.

8.° *Trachèle*, qui correspond à celui des céphus de Fabricius et que M. Lepelletier est d'avis de conserver sous ce dernier nom.

Enfin, sous le n.° 9 est rangé le genre *Urocère*, qui est le même que celui de *Xyphidrie* des auteurs.

Le docteur Klug de Berlin a publié, en 1807 et 1808, dans un Journal allemand, un travail particulier sur cette tribu, qu'il partagea en sept genres.

M. Leach, dans l'ouvrage anglois intitulé *Zoological Mis-*

celiany, a donné une distribution beaucoup plus étendue de cette tribu des tenthrédinètes. M. Lepelletier l'expose avec détails et présente un grand nombre d'observations contre les divisions de l'auteur.

M. Latreille, dans la dernière édition du Nouveau Dictionnaire d'histoire naturelle, a partagé cette tribu en quinze genres, dont voici les noms : *Cimbex, Parga, Hylotoma. Tenthredo, Dolerus, Nematus, Pristiphora, Cladius, Lophyrus, Pterygophorus, Megalodontes, Pamphilius, Cephus, Xyphidria* et *Pinicola*.

M. Lepelletier de Saint-Fargeau propose seulement des divisions dans le grand genre Tenthrède de Linnæus; il laisse à d'autres entomologistes la peine d'établir des genres. S'il a donné des noms à ces divisions, il ne l'a fait que parce que la plupart en avoient déjà reçu, suivant à cet égard l'exemple de Linnæus, qui a désigné les sous-genres ou les divisions d'un genre sous des noms particuliers.

Après ces préliminaires, M. Lepelletier donne ce qu'il appelle une définition morale et physique des tenthrèdes sous les trois états d'insecte parfait, de larve et de nymphe, et d'œuf; en voici un extrait abrégé.

Chez les insectes parfaits la tête est ordinairement de forme carrée, plus rarement globuleuse ou arrondie, le plus souvent de la largeur du corselet, quelquefois plus large, ou bien de très-peu plus étroite. Les antennes varient par la forme tantôt en masse arrondie ou alongée, tantôt en soie ou presque en soie, composées de neuf articles, de onze et au-delà, constamment en nombre égal chez le mâle et la femelle, paroissant par leurs mouvemens appelées à faire connoître à l'insecte ou sa route ou sa nourriture.

Le corselet est composé en dessus de quatre parties triangulaires : l'antérieure porte en avant un bord saillant arrondi; la postérieure porte l'écusson, se prolongeant en dessous comme un sternum à la base de l'abdomen.

Le ventre est formé constamment, et sans exception aucune, de huit anneaux ou segmens. Le premier a le bord inférieur tronqué, excepté chez quelques cimbéces, disposition qui semble rendre plus facile le mouvement de la tarière. Cette dernière partie, propre à la femelle et qui sert de pondoir,

ovidepositorium, est composée de lames flexibles, articulées à
la base et dentelées en scie.

Les pattes sont articulées sur des hanches fortes et robustes ;
les jambes sont tantôt lisses, tantôt munies de deux ou de
quatre pointes ; chez les mâles de quelques espèces les premiers articles des tarses postérieurs sont alongés et dilatés.

Les ailes sont comme plissées et jamais tout-à-fait planes ;
les supérieures sont triangulaires, avec un point plus épais
vers le milieu du bord externe. Les cellules radiales et cu-
bitales varient.

Les larves sont de fausses chenilles, dont la forme varie.
Comme les chenilles des lépidoptères, elles se nourrissent de
feuilles. Le nombre de leurs pattes varie de six à dix-huit,
vingt et même vingt-deux ; les six antérieures, constantes,
sont articulées, écailleuses ; les autres sont membraneuses, en
nombre variable. Réaumur dit avoir vu de ces larves à vingt-
quatre pattes. Degéer rapporte que Bergmann a vu de fausses
chenilles à vingt-deux pattes, sans compter les postérieures,
qui n'existoient pas. On ne connoît pas toutes les larves. M.
Lepelletier indique les divisions auxquelles il croit que, d'après
le nombre des pattes, on pourroit rapporter les larves, et il
indique quelques-unes de leurs habitudes. Ainsi, plusieurs
de celles qui doivent produire les *dolères*, ont le corps comme
pulvérulent ou couvert d'un duvet poudreux. Celles des
athalies se nourrissent de la moelle de jeunes branches d'arbres ; celles des *cephus* se filent une tente soyeuse, où toute
la progéniture d'une même mère vit en société, tandis que
d'autres se fabriquent chacune en particulier une sorte de
fourreau, qui les protège comme celui des teignes ; celles des
lophyres restent réunies par familles provenant d'une même
ponte, pour paître à l'extrémité des rameaux, qu'elles dé-
pouillent de leurs feuilles. Enfin, quelques larves produisent
des galles ou des excroissances. La forme de ces dernières se
rapproche de celle des chenilles dites cloportes ; mais on ne
sait pas encore bien à quelle division on doit les rapporter.

Les nymphes sont pour la plupart renfermées dans un cocon
qui a été construit sous la terre. Nous avons fait connoître au
commencement de cet article les différences que présentent
ces sortes de follicules et la manière dont ces œufs sont pondus.

M. Lepelletier de Saint-Fargeau partage ainsi cette tribu :

					DIVISIONS
A. Espèces à plus de dix articles aux antennes; ailes à cellules radiales au nombre de					
I. trois, et cubitales trois; antennes en soie; pondoir dépassant beaucoup l'abdomen.........*a.*					Xyela.
II. deux, à cellules cubitales	quatre...	et à antennes en soie; pondoir...	plus long que l'abdomen.......*b.*		Xyphidrie.
			à peine aussi long............*c.*		Lyde.
		et à antennes.......	pectinées ou dentelées..................*d.*		Tarpa.
			en masse alongée; à corps	alongé, comprimé..*e.*	Cephus
				court, épais......*f.*	Athalie.
	trois; antennes un peu en masse..*g.*				Cimbèce.
III. une seule prolongée, à cellules cubitales	quatre; antennes	en masse ronde.....................................*h.*			Perga.
		poilues chez les mâles; en masse chez les femelles.....*i.*			Hylotome.
	trois; antennes........	filiformes, poilues chez les femelles.....*k.*			Ptilia.
		pectinées ou dentelées..................*l.*			Ptérygophore.
IV. une seule non prolongée; cellules cubitales...	quatre; antennes poilues dans le mâle....*m.*				Crypte.
	trois; antennes plumeuses chez les mâles...*n.*				Lophyre
B. Espèces à neuf articles au plus aux antennes.					
I. A cellule radiale unique non prolongée, à cellules cubitales	trois; antennes poilues, à articles...	obliques...*o.*			Cladius.
		droits......*p.*			Pristiphore
	quatre; antennes filiformes..................*q.*				Nematus.
II. A deux cellules radiales, à cubitales...	quatre; antennes en fil ou plus grosses au bout....*r.*				Tenthrède.
	trois; antennes filiformes..................*s.*				Dolère

Telle est l'analyse de la Monographie des tenthrédinétes de M. Lepelletier. Il est fâcheux qu'il n'ait pas joint des figures à ses descriptions. Sous ce rapport le travail de M. Klug, de Berlin, ne laisse rien à désirer ; il a pour sujet l'autre tribu des porte-scie de M. Latreille : c'est une monographie des sirex d'Allemagne, publiée en latin en 1803, à Berlin, sous format in-4.°, avec huit belles planches en couleur, parfaitement exécutées. Les genres qu'il y a décrits sont au nombre de cinq : ce sont les *Orusses*, les *Hylonotes*, qui sont les *Xyphidries* des auteurs ; les *Sirex*, les *Astates*, décrits sous le nom de *Cephus* ; et enfin, les *Sapyges*, ainsi nommés par M. Latreille, qui les avoit avec raison placés près des scolies à cause du pédicule qui fixe leur abdomen au corselet.

Nous n'avons divisé cette famille d'insectes hyménoptères qu'en sept genres, que nous avons fait figurer sur la planche 33 de l'atlas joint à ce Dictionnaire, où il sera facile au lecteur de suivre les caractères que nous allons indiquer.

Le genre des *Urocères*, n.° 1, est remarquable par le prolongement du dernier anneau de l'abdomen, qui recouvre la tarière saillante au dehors et qui forme une sorte de corne à l'extrémité du ventre, ce que le nom indique.

Dans les *Xyphidries*, n.° 2, la tête est arrondie, mais portée sur une sorte de col ; le ventre est conique et les pattes sont courtes, n'atteignant guère que les trois quarts de la longueur du ventre.

Chez les *Sirèces*, n.° 3, les antennes vont en grossissant insensiblement : elles sont très-longues ; le corselet est rétréci en devant ; l'abdomen est comprimé et les pattes sont assez prolongées pour que les postérieures dépassent l'extrémité libre de l'abdomen.

Les *Orusses*, n.° 4, ont les antennes en fil et courtes ; la tête grosse, arrondie, sessile ; l'abdomen, ovale, est arrondi ou mousse à son extrémité ; les pattes sont longues.

Les mouches à scie ou *Tenthrèdes*, n.° 5, sont faciles à reconnoître par leurs antennes en soie ou grossissant insensiblement, quelquefois dentelées ; par leur corselet comme plissé ou chiffonné, c'est-à-dire présentant des rainures le plus souvent alongées ; leur ventre est alongé.

Les *Hylotomes*, n.°⁵ 6, 7 et 8, ne diffèrent guère des ten-

thrèdes que par la brièveté de leur abdomen, qui est large
et mou. Leurs antennes varient d'ailleurs dans les deux sexes:
les mâles les ayant velues, dentelées ou pectinées fortement,
ce qu'on n'observe pas dans les femelles.

Enfin, les *Cimbèces*, n.° 9, ont les antennes terminées par
un bouton, et la tête portée immédiatement sur le corselet.

Voici le tableau synoptique de cette division des UROPRISTES.
Le lecteur trouvera d'ailleurs beaucoup de détails sur cette
famille aux articles TENTHRÈDE et UROCÈRE.

Famille des SERRICAUDES ou UROPRISTES.

Car. Hyménoptères à abdomen sessile, portant une tarière
chez les femelles; à antennes non brisées.

```
                    ( carrée et à ventre.. ( alongé, comprimé.. 5. TENTHRÈDE.
          ( en fil ou (                     ( court et large ..... 6. HYLOTOME.
          ( en soie;  ( ronde; ( prolongé en une sorte de corne. 1. UROCÈRE.
Antennes  ( à tête    ( abdo-  (           ( sur un col... 2. XIPHYDRIE.
          (           ( men    ( obtus; tête.... ( sessile....... 4. ORYSSE.
          ( ni en soie, ni ( grossissant au bout; tête sur un col. 3. SIRÈCE.
          (   en fil       ( en masse arrondie; tête sessile.... 7. CIMBEX.
```

(C. D.)

UROS. (*Mamm.*) Ce nom est synonyme d'urus, d'urochs
ou d'aurochs. Voyez à l'article BŒUF l'histoire de l'animal
qui a reçu ces noms. (DESM.)

UROSPERME, *Urospermum.* (*Bot.*) Ce genre de plantes
appartient à l'ordre des Synanthérées, à la tribu naturelle
des Lactucées, à notre section des Lactucées-Prototypes, et
à la sous-section des Urospermées. (Voyez notre tableau des
Lactucées. tom. XXV. pag. 60; tom. XLVIII, pag. 422.)

Les *Urospermum Dalechampii* et *picroides* nous ont offert les
caractères génériques suivans :

Calathide incouronnée, radiatiforme, multiflore, fissi-
flore, androgyniflore. Péricline égal aux fleurs centrales,
ovoïde, plécolépide, formé de huit squames égales, unisériées, entregreffées vers la base, libres du reste, oblongues-
lancéolées, foliacées. Clinanthe plan, hérissé de fimbrilles
courtes, inégales, piliformes. Ovaire pédicellulé, très-comprimé bilatéralement, obovale-oblong, hérissé d'excroissances,
et portant un col articulé sur lui par un diaphragme: col
très-long, arqué, épais, cylindracé, creux, hérissé de petites

aspérités, muni de quelques nervures longitudinales, enflé
et ventru vers la base, aminci vers le sommet, qui se termine par un bourrelet annulaire et cartilagineux; aigrette
articulée sur le bourrelet, séparable ou caduque, composée
d'une vingtaine de squamellules égales, unisériées, contiguës,
un peu entregreffées à la base, filiformes, amincies de bas
en haut, garnies d'un bout à l'autre de longues barbes capillaires. Corolle ayant le sommet du tube et la base du limbe
hérissés de poils très-longs et très-fins, épais et charnus à la
base.

On connoît quatre espèces de ce genre.

Urosperme de Daléchamp : *Urospermum Dalechampii*, Decand.,
Fl. franç., tom. 4, pag. 62; *Tragopogon Dalechampii*, Linn.,
Sp. plant., pag. 1110. C'est une plante herbacée, vivace ou
bisannuelle, velue et scabre, à tige cylindrique, haute d'environ un pied; ses feuilles inférieures sont grandes, oblongues, runcinées, étrécies vers leur base; les supérieures
sont moins longues, dentées, assez épaisses; les plus élevées
souvent ternées ou quaternées, presque en verticille; les calathides, composées de fleurs jaune-pâles, rougeâtres en dessous et au sommet, sont grandes, solitaires, et portées sur de
longs pédoncules nus, épaissis vers leur extrémité. On trouve
cette belle plante dans les vignes et les prés de nos départemens méridionaux, où elle fleurit en Juin et Juillet.

Urosperme fausse-picride : *Urospermum picroides*, Decand.,
loc. cit.; Tragopogon picroides, Linn., *loc. cit.* Celle-ci, qui
habite les mêmes lieux que la précédente, est une herbe
annuelle, glabre, mais pourvue de poils aculéiformes distans,
sur la tige, les pédoncules, les périclines, et le dessous des
nervures des feuilles; la tige, haute d'environ un pied, est
cylindrique et un peu rameuse; les feuilles inférieures sont
élargies et anguleuses vers le sommet, rétrécies et sinuées ou
dentées vers la base; les supérieures un peu embrassantes,
auriculées, dentées, terminées en fer de lance.

La troisième espèce (*Ur. asperum*), qu'on trouve aux environs de Montpellier, etc., diffère peu de la précédente,
dont elle n'est peut-être qu'une variété naine. Enfin, la
quatrième (*Ur. capense*), plante bisannuelle du cap de Bonne-
Espérance, a les feuilles runcinées-dentées, et le péricline

hispide, profondément divisé, paroissant octangulaire, parce que chacune de ses huit squames est carénée.

Tournefort attribuoit l'Ur. *Dalechampii* au genre *Hieracium*, et l'Ur. *picroides* au genre *Sonchus* : mais Vaillant, avec sa sagacité ordinaire, jugea que ces deux plantes devoient être réunies en un genre particulier, qu'il nomma *Tragopogo-noides*, et qu'il plaça entre le *Tragopogon* et l'*Helminthotheca*, en disant qu'il ne diffère du *Tragopogon* que parce que la côte de ses feuilles, qui sont ordinairement découpées, n'est accompagnée d'aucunes nervures longitudinales. Quoique ce caractère distinctif soit mal choisi, on doit reconnoître que Vaillant est le premier auteur du genre *Urospermum*, qui devroit par conséquent conserver le nom de *Tragopogonoides*, si les noms génériques de cette sorte n'étoient pas proscrits par une loi assez arbitraire et capricieuse, mais qu'on n'ose plus enfreindre. Remarquons, au reste, que ce caractère des feuilles, admis par Vaillant, n'est point à beaucoup près aussi méprisable qu'on le croit; car il est en rapport avec les affi-nités, et il peut servir à prouver que le genre *Urospermum* n'est pas voisin du *Tragopogon* dans l'ordre naturel. (Voyez notre article Lactucées, tom. XXV, pag. 73 et 83.) Remar-quez aussi que Vaillant rapprochoit l'*Urospermum* de l'*Hel-minthia*, dont le fruit est comprimé bilatéralement et offre une ressemblance extérieure avec celui de l'*Urospermum*.

Linné, négligeant les précieux travaux de Vaillant, con-fondit les *Tragopogonoides* de cet excellent Synanthérographe avec les *Tragopogon*; et il a été suivi en cela par Adanson, Gaertner et Mœnch. Scopoli, dans son *Introductio ad histo-riam naturalem*, publiée en 1777, rétablit l'ancien genre *Tra-gopogonoides* de Vaillant, sous le nom d'*Urospermum*, et le plaça entre l'*Hyoseris* et le *Cichorium*. Ce genre est adopté par MM. de Jussieu, Necker, Desfontaines, De Candolle, qui tous le placent auprès du *Tragopogon*. Willdenow, en 1803, a reproduit le même genre, sous le nouveau nom d'*Arnopogon*, et nous sommes étonné que M. Persoon ait adopté cette innovation nominale, que rien ne peut justifier.

Il n'est peut-être pas inutile de faire remarquer ici une erreur bien singulière de Ventenat, qui, dans son Tableau du règne végétal (tom. 2, pag. 489 et 490), déclare très-positivement que les deux genres *Tragopogon* et *Urospermum* se distinguent essentiellement et uniquement par l'aigrette sessile dans le *Tragopogon*, stipitée dans l'*Urospermum*. Remarquons aussi que M. de Jussieu attribuoit l'aigrette sessile et plumeuse au genre *Tragopogon*, tandis qu'Adanson avoit attribué à ce même genre l'aigrette pédiculée et dentée. D'un autre côté, M. De Candolle (Fl. fr.), qui reconnoît avec Linné et Gærtner que les *Tragopogon* ont l'aigrette stipitée et plumeuse, prétend que les squames de leur péricline sont entregreffées comme celles des *Urospermum*. Tout cela prouve que les plantes les plus vulgaires ne sont pas toujours celles que les plus illustres botanistes connoissent le mieux.

Si on persiste à rapprocher le genre *Urospermum* du *Tragopogon* (ce qui nous paroit peu conforme aux affinités naturelles), il faut établir le caractère essentiellement distinctif de l'*Urospermum*, 1.° sur le péricline plécolépide, c'est-à-dire dont les squames sont entregreffées par les bords en leur partie inférieure, tandis que celles du *Tragopogon* sont parfaitement libres jusqu'à leur base, c'est-à-dire jusqu'à leur insertion aux bords du clinanthe; 2.° sur la forme du fruit, qui est très-comprimé bilatéralement, au lieu d'être cylindracé, comme celui du *Tragopogon*, et sur la singulière structure de son col, dont le point le plus notable a été négligé par les botanistes. Ils n'ont pas remarqué que, dans presque toutes les Synanthérées à fruit collifère, la cavité du col est continue avec celle qui contient la graine, tandis que dans l'*Urospermum* ces deux cavités sont entièrement séparées l'une de l'autre par un diaphragme transversal très-distinct et très-manifeste. Cependant ce diaphragme est clairement représenté sur les figures de l'ouvrage de Gærtner (tab. 159); mais il ne paroit pas avoir fixé l'attention de ce botaniste, qui n'en dit rien dans ses descriptions (pag. 369), et qui n'hésite pas à rapporter les *Urospermum* au genre *Tragopogon*.

Nous ne répéterons pas ici ce que nous avons déjà dit ailleurs (tom. XLII, pag. 79 et 80) sur la nature particulière du col du fruit de l'*Urospermum*, que nous supposons formé par l'alongement du bourrelet apicilaire, ni sur son analogie avec le pied du fruit du *Podospermum*. Faisons seulement remarquer que la cavité de ce col n'est qu'une lacune formée par

l'excessive dilatation et la prompte destruction du tissu organique qui le remplissoit originairement : car on aperçoit sur
la cloison transversale qui sépare les deux cavités du fruit,
le vestige d'un filet fibreux, qui occupoit l'axe du col.

Nous ne pouvons pas nous dispenser de réfuter ici une doctrine récemment professée par M. Duby, dans son *Botanicon
gallicum* (tom. 1. pag. 258), sur la nature du col du fruit des
Synanthérées. Suivant ce botaniste, dans cet ordre de plantes
le calice est adhérent à l'ovaire, et son limbe, qu'on nomme
aigrette, est sessile ou stipité, selon que son tube égale ou
surpasse l'ovaire en longueur; enfin, la corolle est insérée au
sommet du tube du calice. Ce n'est point ici le lieu de démontrer, 1.° que la prétendue adhérence du calice à l'ovaire,
généralement admise aujourd'hui par les botanistes, est tout-
à-fait hypothétique et fort peu vraisemblable chez les Synanthérées; 2.° que leur corolle est réellement insérée, non sur
le calice, mais sur l'ovaire, ce qui est évident surtout dans
l'*Hymenoppapus scabiosæus*, etc. Mais en admettant (contre
toute vraisemblance) que le calice des Synanthérées naisse
autour de la base de l'ovaire, et qu'il l'enveloppe complétement en adhérant à sa surface, l'opinion de M. Duby sur
la nature du col ne seroit pas plus soutenable. En effet, si,
comme il le prétend, ce col étoit formé par le tube du calice
prolongé au-dessus du sommet de l'ovaire, comme dans
l'*Œnothera*, etc., sa cavité tubuleuse ne seroit pas une simple
lacune résultant de la destruction du tissu interne; elle seroit
toujours close à la base (ce qui est extrêmement rare), toujours ouverte au sommet (ce qui n'a jamais lieu); le style
seroit attaché par sa base au fond de cette cavité tubuleuse,
qu'il enfileroit comme une gaîne, pour s'élever bien au-dessus
d'elle. En voilà beaucoup plus qu'il n'en faut pour prouver
invinciblement que le sommet du col, portant la base du
style, est par conséquent aussi le sommet de l'ovaire. Nous
avons dû réfuter sérieusement l'opinion hétérodoxe de M.
Duby, 1.° parce qu'elle semble consacrée par l'imposante autorité de son maître, le célèbre M. De Candolle, qui paroît
avoir dirigé la rédaction du *Botanicon gallicum*; 2.° parce
que cette doctrine se trouvant énoncée dans une description
générale, dont la plupart des traits nous ont été empruntés

(sans nous citer), on pourroit croire que celui dont il s'agit nous appartient également.

L'aigrette des *Urospermum* étant susceptible d'être détachée tout entière en une seule pièce, sans désunion de ses parties et sans déchirement de son support, les squamellules qui la composent paroissent entregreffées à la base : cependant nous croyons que c'est une fausse apparence, et qu'en réalité toutes ces squamellules sont libres entre elles, mais adhérentes à un anneau, qui forme l'écorce d'un plateau, et qui peut en être séparé ou désarticulé. (Voyez nos *Opuscules phytologiques*, t. 2, pag. 228.) Dans l'*Urosp. Dalechampii*, où le sommet de la corolle est coloré en rouge, l'extrémité de chacun des deux stigmatophores est teinte de même. Nous avons observé, sur un individu d'*Ur. Dalechampii*, une monstruosité fort extraordinaire, et qui a été décrite à la fin de notre article Phænixopus (tom. XXXIX, pag. 595), auquel nous renvoyons nos lecteurs.

Le genre *Urospermum*, ayant le fruit très-manifestement aplati, doit être rangé dans notre section des Lactucées-Protolypes, où il forme seul une sous-section, intitulée Urospermées, et bien distincte par l'aigrette barbée. L'affinité qui rapproche ce genre des Lactucées-Prototypes vraies, est confirmée par plusieurs points de ressemblance évidente qui existent entre l'*Ur. picroides* et les *Picridium* et *Sonchus*. Ajoutons que, si l'on observe pendant la fleuraison l'ovaire du *Lactuca perennis*, on verra que le col de cet ovaire est alors très-manifestement articulé sur la partie séminifère, comme dans les *Urospermum*. Néanmoins nous reconnoissons que l'*Urospermum* est un peu anomal dans la section des Lactucées-Prototypes, et qu'il a quelques rapports, soit avec le *Tragopogon*, soit avec l'*Helminthia*, comme Vaillant l'avoit très-bien senti.

Le nom d'*Urospermum* seroit, selon Ventenat, composé de deux mots grecs, qui signifient *canal* et *semence*. Nous croyons plutôt que ce nom signifie *graine munie d'une queue*, ce qui fait allusion au col du fruit, prolongé en forme de queue. (H. Cass.)

UROSPERMUM. (*Bot.*) Ce nom générique a été donné, d'abord par Scopoli, à des plantes détachées du genre *Tragopogon* dans les chicoracées, qui l'ont conservé. Plus récemment M. Nuttal l'a appliqué à une espèce de *myrrhis*, dans les ombellifères, mais son genre n'a pas encore été admis. (J.)

UROTTE. (*Bot.*) Voyez ANOPTERUS. (POIR.)

UROWFISCH. (*Ichthyol.*) Selon Willugby et Ruysch, à Ratisbonne on donne ce nom à une sorte de cyprin. (H. C.)

UROXE. (*Mamm.*) Les noms d'*uroxe* et d'*urnot* en suédois, se rapportent à l'*aurochs*, espèce du genre BŒUF. Voyez ce mot. (DESM.)

URRACAX. (*Ornith.*) D'Azara expose sous ce nom espagnol, tom. 1, pag. 249, de l'édition originale, les caractères génériques des oiseaux du Paraguay appartenant au genre Pie, que les Guaranis appellent *Acahé* et dont les quatre espèces sont décrites, dans la traduction de Sonnini, sous les n.° 53, 54, 55 et 56. (CH. D.)

URSA. (*Mamm.*) Nom latin de la femelle de l'ours. (DESM.)

URSA FORMICARIA. (*Mamm.*) Ce nom a été employé, par un des auteurs qui ont écrit peu de temps après la découverte de l'Amérique, pour désigner le fourmilier tamanoir. (DESM.)

URSIN. (*Mamm. et Actinoz.*) Ancien nom françois, également appliqué au hérisson et aux oursins. (DESM.)

URSIN. (*Mamm.*) Nom employé par Vicq-d'Azyr pour désigner l'otarie ours-marin, espèce de phoque à oreilles. (DESM.)

URSINELLE PERLÉE (*Bot.*); *Ursinella margaritifera*, N., Bot. microsc.; atl. de ce Dict., pl. vésiculinées, fig. 23, et *a*, *b*, *c*. Lorsqu'on observe, sous le microscope pourvu d'un grossissement de quatre cent cinquante fois environ, des petites portions de ces croûtes vertes qui se forment sur les parois intérieures des vases dans lesquels on laisse séjourner de l'eau douce et des conferves, le hasard fait découvrir, parmi beaucoup d'autres objets, une production *inerte*, *végétale*, dont les caractères sont les suivans :

Une vésicule blanche et diaphane de forme ovale, aplatie, comme certains oursins, remplie d'une foule de globules vert-foncé ou olive et dont ceux du bord paroissent rangés sur une seule ligne. (Fig. *a*.)

À côté de ces individus on en voit d'autres (fig. *b*), dont la forme générale, un peu changée, semble binaire, comme si la vésicule unique s'était divisée en deux portions; d'autres encore (fig. 23), plus parfaits, plus développés, plus grands que les deux premiers, présentent une division quaternaire très-symétrique, et dans chacune des régions les globules intérieurs affectent la disposition de deux petites séries composées, dont la direction est du centre vers la circonférence. Les globules du bord sont toujours rangés en une ligne simple.

Quand ce végétal vésiculaire tend à se décomposer, les globules s'isolent de la paroi intérieure de la vésicule mère; ils se contractent sur eux-mêmes, de manière à ne plus former qu'une petite masse vers le centre de la vésicule, dont on aperçoit encore le contour. (Fig. c.)

Les individus, figure 23, *a* et *b*, sont-ils des espèces distinctes, ou ne sont-ils que des états d'âges différens? C'est une question fort difficile à résoudre chez les êtres organisés microscopiques.

Il est probable que chaque globule est un corps destiné à la propagation de l'espèce : il ne m'a pas encore été possible de mesurer cette *ursinelle*. (TURP.)

URSINIE, *Ursinia*. (*Bot.*) Genre de plantes dicotylédones, de la famille des *composées*, de l'ordre des *radiées*, appartenant à la *polygamie frustranée* de Linné, offrant pour caractère essentiel : des fleurs radiées; un calice hémisphérique, composé d'écailles imbriquées, scarieuses, transparentes sur leurs bords; les fleurons du centre hermaphrodites et fertiles; les demi-fleurons de la circonférence femelles et stériles; les semences surmontées d'une double aigrette; l'extérieure à cinq paillettes scarieuses, l'intérieure à cinq rayons sétacés; le réceptacle garni de paillettes.

URSINIE A LONGUES PAILLETTES : *Ursinia paradoxa*, Gærtn., *De fruct.*, t. 174; Lamk., *Ill. gen.*, t. 716, fig. 3; *Arctotis paradoxa*, Linn. Plante herbacée, à tige droite, rameuse, garnie de feuilles nombreuses, fort menues, deux fois ailées, les découpures glabres, linéaires. De longs pédoncules nus terminent les rameaux et la tige, et portent chacun une fleur jaune; les paillettes du réceptacle sont également jaunes, tronquées, presque fistuleuses, embrassant les fleurons du disque, crénelées ou denticulées au sommet ; les semences striées d'un blanc pâle, surmontées d'une double aigrette ; l'extérieure à cinq folioles scarieuses, d'un blanc de neige ; l'intérieure à cinq rayons sétacés. Cette plante croît au cap de Bonne-Espérance.

Ursinie dentelée : *Ursinia dentata*, Lamk., *Ill. gen.*, t. 716, fig. 1 : *Arctotis pilifera ?* Berg, *Pl. cap.*, 525 ; Pluk., *Alm.*, tab. 276, fig. 2. Cette espèce ressemble aux camomilles par son feuillage, aux chrysanthèmes par l'aspect de ses fleurs. Sa tige est ligneuse, et s'élève jusqu'à la hauteur de deux pieds, souvent moins : les feuilles sont courtes, nombreuses, ailées : les pinnules divisées en deux ou trois petites découpures semblables à des dents, terminées par un filet très-apparent : chaque rameau produit à son extrémité un pédoncule long d'environ trois pouces, qui soutient une petite fleur jaunâtre, ayant les écailles intérieures du calice ovales-arrondies, luisantes et scarieuses. Cette plante croît au cap de Bonne-Espérance.

Ursinie a feuilles de Leucanthème ; *Ursinia Leucanthemifolia*, Jacq., *Hort. Schœnbr.*, 2, tab. 164. Cette plante a des racines rameuses ; des tiges hautes d'environ un pied et demi, cylindriques, fistuleuses, rougeâtres, un peu velues, divisées en rameaux simples, alternes, garnies de feuilles pétiolées, d'un vert pâle, glabres à leurs deux faces, quelquefois un peu velues ; les inférieures obtuses, en ovale renversé, sinuées à leurs bords, rétrécies et dentées à leur base, longues d'environ deux pouces ; les feuilles supérieures sessiles, lancéolées, un peu aiguës, presque entières. Les fleurs sont grandes, terminales : les pédoncules longs de deux ou trois pouces : les demi-fleurons blancs en dedans, tachetés de jaune à leur base, et de pourpre à leur sommet, teinte de rose au dehors ; les ovaires velus. Cette plante croît au cap de Bonne-Espérance.

Ursinie a feuilles de fenouil ; *Ursinia fœniculacea*, Jacq., *loc. cit.*, 2, tab. 156. Cette plante est glabre sur toutes ses parties ; ses racines sont rameuses, ses tiges herbacées, cylindriques, rameuses, hautes d'un demi-pied et plus, garnies de feuilles alternes, glabres, éparses, ailées, assez semblables à celles du fenouil : les pinnules planes, simples, linéaires,

presque filiformes, à deux ou trois lobes à leur sommet. Les
fleurs sont jaunes, d'une grandeur médiocre, solitaires, terminales ; le calice composé d'écailles imbriquées ; les inférieures vertes, lancéolées ; les supérieures concaves, scarieuses, d'un brun argenté. Cette plante croît au cap de
Bonne-Espérance.

Ursinie a paillettes : *Ursinia paleacea* ; *Arctotis paleacea*,
Linn. Cette plante est rameuse, feuillée. Ses feuilles sont
simples (d'après Burmann, ce sont des folioles), petites,
alternes, courtes, glabres, étroites, obtuses au sommet ; les
tiges courtes, très-rameuses. Les fleurs sont grandes, solitaires, de couleur jaune, portées sur de longs pédoncules :
les paillettes du réceptacle sont velues, aussi longues que
les fleurons du disque ; les demi-fleurons stériles. Cette plante
croît dans les lieux humides, au cap de Bonne-Espérance.

Ursinie scarieuse : *Ursinia scariosa*, Encycl., Suppl. ; *Arctotis scariosa*, Willd., *Spec.* 4, pag. 2360 ; *Arctotis punctata*,
Thunb., *Prodrom.*, 166. Ses tiges sont droites, ligneuses, médiocrement rameuses, garnies de feuilles alternes, pétiolées,
ailées, presque glabres, composées de pinnules à folioles
linéaires, filiformes, marquées d'un petit nombre de points
enfoncés. Les fleurs sont solitaires, terminales, supportées
par de longs pédoncules ; elles ont leur calice glabre, composé
d'écailles imbriquées, renflées, scarieuses ; les demi-fleurons
de la circonférence stériles. Cette plante croît au cap de
Bonne-Espérance. (Poir.)

URSON. (*Mamm.*) Mammifère rongeur épineux, qui a reçu
de Linné le nom d'*hystrix dorsata*, et dont M. F. Cuvier a
fait le type du genre nouveau qu'il a créé sous le nom d'éré-
thizon. Voyez l'article Porc-épic. (Desm.)

URSUK. (*Mamm.*) Nom groënlandois d'un phoque qu'on
a regardé comme étant le même animal qu'un autre phoque
du Kamtschatka, le *laktak*, tout aussi peu connu que lui.
(Desm.)

URSUS. (*Mamm.*) Nom latin de l'ours, que l'on a appliqué
à tous les mammifères qui se rapportent au même genre que
cet animal. (Desm.)

URTICA. (*Bot.*) Ce nom latin, qui appartient exclusivement aux véritables orties, avoit été donné à d'autres plantes

qui avoient le même port, telles que plusieurs *lamium*, des *galeopsis*, un *stachys*, etc., que les anciens nommoient *urtica mortua*, *iners*, *alba*, *heraclea*. (J.)

URTICA MARINA [ORTIE DE MER]. (*Actinoz.*) C'est le nom sous lequel les anciens auteurs latins d'histoire naturelle, comme Pline et ceux qui ont écrit peu après la renaissance des lettres, ont désigné les méduses et les physales, parce que souvent leur contact sur la peau nue produit l'effet de l'urtication. Ce nom a été ensuite employé presque comme nom générique par plusieurs auteurs du siècle dernier. (DE B.)

URTICÉES. (*Bot.*) Cette famille de plantes, qui tire son nom de l'Ortie, *Urtica*, un de ses genres les plus nombreux en espèces, est regardée comme très-naturelle et fait partie de la classe des diclines, caractérisée principalement par la séparation des organes sexuels dans des fleurs distinctes et apétales. Le caractère général de cette famille est formé de la réunion des suivans.

Fleurs monoïques ou dioïques, rarement mêlées avec quelques hermaphrodites. Calice des unes et des autres divisé plus ou moins profondément en quelques lobes. Corolle nulle. Dans les fleurs mâles, étamines en nombre défini, insérées au fond du calice, ordinairement opposées à ses divisions. Dans les fleurs femelles, un ovaire simple et libre, uniloculaire, uniovulé, à ovule pendant, surmonté de deux styles ou plus souvent d'un seul (manquant quelquefois) et d'un ou deux stigmates. Cet ovaire devient une graine unique, recouverte d'un tégument fragile, tenant lieu de péricarpe, tantôt nu, tantôt entouré du calice subsistant, qui devient quelquefois charnu. L'embryon, dont la radicule se dirige supérieurement, est droit ou recourbé à sa partie inférieure; il est évidemment dépourvu de périsperme dans plusieurs genres; dans d'autres on a admis un périsperme, qui n'est peut-être qu'un renflement charnu de la tunique interne de la graine.

Les urticées sont des herbes ou des arbrisseaux ou arbres, dont plusieurs contiennent un suc laiteux. Les feuilles, accompagnées de stipules, sont alternes ou plus rarement opposées. La disposition des fleurs varie : tantôt elles sont sessiles, axillaires ou éparses en panicule, ou rapprochées sur un axe commun , en épis serrés ou en têtes; tantôt elles naissent sur les parois intérieures, épaisses, d'un involucre commun et monophylle, conformé en vase resserré par le haut, ou plus ou moins ouvert, représentant, à l'époque de la maturité, un fruit unique, rempli de beaucoup de graines.

C'est sur cette différente disposition des fleurs que l'on peut établir dans la famille des sections distinctes.

On plaçoit primitivement dans une première les genres sui-vans, dont les fleurs sont réunies dans un involucre commun : *Ficus; Dorstenia; Elatostema* et *Hedycaria* de Forster; *Molli-nedia* de la Flore du Pérou; *Perebea* d'Aublet; auxquels on pourroit ajouter l'*Antiaris* de Leschenault.

La seconde section étoit composée de tous les autres genres; d'abord ceux qui ont les fleurs en tête ou en épi serré sur un axe commun, ensuite ceux dont les fleurs sont éparses, disposées en épis lâches ou en panicules. Cette série, aug-mentée par de nouvelles additions, présente les suivans : *Ce-cropia; Artocarpus* de Forster, dont le *Sitodium* de Gærtner, le *Rima* de Sonnerat, le *Rademachia* de Thunberg, et le *Po-lyphema* de Loureiro sont synonymes; *Brosimum* de Swartz, auquel, suivant M. Kunth, paroît devoir être réuni le *Galacto-dendron* de M. de Humboldt; *Trichocladus* de M. Persoon , ou *Dahlia* de Thunberg; *Maclura* de M. Nuttal ; *Broussonetia* de l'Héritier, ou *Papirius* de M. de Lamarck (mûrier de la Chine); *Morus; Trophis* de P. Browne (dont M. Kunth a détaché le *Trophis laurifolia* de Willdenow, pour le reporter au *Sty-loceras* de M. Adr. de Jussieu , dans les euphorbiacées) ; *Stre-blus* de Loureiro, peut-être identique avec l'*Achymus* de Vahl, ou *Trophis aspera* de Retz; *Vanieria* de Loureiro; *Boehmeria* de Jacquin ; *Procris* de Commerson, congénère du précédent, suivant Swartz; *Olmedia* de la Flore du Pérou; *Pilea* de M. Lindley (*Parietaria microphylla* de Linnæus); *Urtica; Fors-kalea; Parietaria; Pteranthus* de Forskal ; *Humulus; Cannabis; Sorocea* de M. de Saint-Hilaire.

Si l'on examine avec attention la série des genres réunis dans cette famille, on y trouvera une transition assez natu-relle des premiers aux derniers genres. L'involucre, conformé dans le *ficus* en fruit entr'ouvert supérieurement et renfer-mant les fleurs dans sa cavité, les laisse apercevoir en s'éva-

sant dans le *dorstenia;* il se renverse et devient convexe dans
le *Perebea.* Si l'on suppose que ses bords complétement renversés s'appliquent contre son pédoncule, on retrouve la forme
d'un axe couvert de fleurs serrées, alongé dans le *Cecropia* et
l'*Artocarpus,* plus court et conformé en tête dans le *Morus,*
ainsi que dans le *Broussonetia,* qui a de plus le support propre
de chaque ovaire absolument semblable à ceux des graines
du *Ficus* et ayant la même saveur. Les genres suivans offrent
des analogies plus ou moins frappantes, et si l'on compare les
têtes des fleurs femelles de quelques espèces d'*Urtica,* on voit
qu'elles diffèrent de celles du *Morus* par leurs calices, qui
restent membraneux au lieu de devenir charnus; et même
dans l'*Urtica baccifera* cette nuance est si légère, que l'assem-
blage de ses fruits présente la forme d'une mûre. Les espèces
d'*Urtica* à fleurs paniculées établissent la liaison avec les autres genres, qui ont la même inflorescence. Ainsi la grada-
tion du figuier à l'ortie commune est presque insensible: elle
justifie tous les auteurs modernes qui les ont réunis dans le
même groupe, et elle explique comment il seroit difficile
de subdiviser la seconde section très-nombreuse en genres.

Quoique cette série paroisse très-naturelle, on est forcé de
reconnoître quelques différences dans la structure intérieure
des graines. Suivant Gærtner, l'embryon est non périspermé,
recourbé dans l'*Humulus* et le *Cannabis,* droit dans l'*Artocar-*
pus ou *Sitodium;* il est périspermé, courbé dans le *Ficus* et le
Morus; droit dans le *Forskalea,* l'*Urtica* et le *Parietaria.* Si ce
périsperme, indiqué par l'auteur dans ces trois derniers
comme très-mince, est adhérent à la tunique interne de la
graine, alors il en fait partie et cesse d'avoir le caractère
d'un périsperme, qui ne doit contracter aucune adhérence.
Nous ne l'avons pas plus trouvé dans l'*Urtica* et le *Parietaria*
que dans l'*Humulus* et le *Cannabis,* et M. De Candolle (Flor.
franç., 3, pag. 521) nie aussi son existence dans les mêmes
genres. Gærtner, en l'indiquant dans le *Morus* et le *Ficus,* dit
que celui de ce dernier est fragile comme du suif (*sebi instar*).
M. De Candolle l'admet aussi dans ces deux genres, et nos
observations anciennes nous l'ont montré dans le *Morus* très-
petit, central, entouré de l'embryon contourné. Cette existence, qu'il convient cependant de vérifier de nouveau, an-

nonceroit une affinité, d'une part avec les atriplicées, qui
ont l'embryon contourné autour d'un type central ; de l'autre
part avec les monimiées, qui, conformes dans la structure de
l'involucre fructifère de quelques genres avec le *Ficus*, ont
aussi un périsperme, mais beaucoup plus gros, remplissant
la graine et contenant un très-petit embryon dans une petite cavité supérieure.

A la suite des urticées nous avions placé primitivement
plusieurs genres, dont quelques-uns nous paroissoient dès-
lors pouvoir constituer dans la suite une nouvelle famille,
dont le poivre, *piper*, deviendroit le type. Cette famille a
été établie dans la suite et consignée dans ce Dictionnaire sous le
nom de Pipéritées, et nous nous dispenserons en conséquence
d'en parler ici de nouveau. Il nous suffira d'ajouter aux genres
indiqués l'*Abutua* de Loureiro, qui a beaucoup d'affinité avec
le *Gnetum* et le *Thoa*, avec lesquels il sera peut-être confondu après un nouvel examen. Nous devons encore dire
que le *Gunnera*, associé avec doute aux pipéritées, est reporté dans les urticées par M. Kunth.

Il réunit également à cette dernière famille le *Celtis* et par
suite l'*Ulmus*, qui formoient pour nous une première section
des amentacées, placées à la suite des urticées, laquelle nous
servoit à établir une liaison entre ces deux familles. Elle a
en effet beaucoup d'affinité avec les urticées par la situation
de la graine, l'embryon non périspermé et la direction ascen-
dante de la radicule ; et cette affinité paroît même plus forte
qu'avec les autres amentacées, divisées maintenant en plusieurs familles. Cependant elle ne suffit pas pour assimiler
entièrement ces deux genres aux urticées, et M. Brown partage cette opinion. Ils devroient plutôt, avec l'addition de
quelques autres moins connus, constituer, sous le nom de celtidées, une nouvelle famille voisine, dont le caractère général
ne pourra être établi définitivement que quand tous seront
bien connus ; il faudra voir encore si le fruit, charnu dans le
Celtis et membraneux dans l'*Ulmus*, si l'embryon, contourné
dans le premier et droit dans le second, ne donneront pas
lieu à de nouveaux calculs d'affinité.

On a laissé à la suite des urticées trois genres d'Aublet incomplétement décrits, *Bagassa*, *Coussapoa*, *Pourouma*, qui

ont avec elles quelques rapports et dont il seroit intéressant de connoître les vrais caractères. (J.)

URTICITES. (*Foss.*) C'est un des noms qu'on a donnés aux Hystérolytes. Voyez ce mot. (D. F.)

URU. (*Ornith.*) Les Guaranis, habitans du Paraguay, ont donné ce nom à une espèce de tinamou ou ynambu, qui prononce ce mot plus de vingt fois de suite, et dont on parlera au mot Ynambu. (Ch. D.)

URUBITINGA. (*Ornith.*) L'aigle du Brésil, *falco urubitinga*, Linn.. qui, selon Marcgrave, est ainsi nommé, fait partie des aigles-autours, *morphnus* de M. Cuvier, et des spizaëtes de M. Vieillot, dont les principaux caractères sont d'avoir les ailes plus courtes que la queue, les tarses élevés et grêles, tantôt nus, tantôt vêtus, et les doigts foibles. (Ch. D.)

URUBU. (*Ornith.*) Cet accipitre, qui est le *vultur aura* ou *urubu*, Linn., constitue, selon M. Vieillot, deux espèces, qui diffèrent en ce que l'*urubu* a la tête et le cou garnis de mamelons, et que l'*aura* a la peau de la tête et du cou ridée, et la queue arrondie. Voyez Gallinaze. (Ch. D.)

URUCATU. (*Bot.*) La plante qui croît sur le tronc des arbres, citée sous ce nom brésilien par Marcgrave, paroît être une espèce d'angrec, *epidendrum*. (J.)

URUCU. (*Bot.*) Nom brésilien du rocou, cité par Marcgrave, mentionné aussi par Sloane dans son Histoire de la Jamaïque, et adopté par Adanson, auquel Linnæus a substitué celui de *bixa*. (J.)

URUCUREA. (*Ornith.*) On a déjà élevé des doutes au mot Chouette a terrier, tom. IX, pag. 122, de ce Dictionnaire, sur la faculté attribuée à cet oiseau de se creuser lui-même des trous profonds, au lieu de profiter de ceux qu'il trouve tout faits; et d'Azara dit en effet, tom. 3. p. 124, de ses Voyages dans l'Amérique méridionale, que cet oiseau *se cache dans les terriers des tatous*, dont il ne s'éloigne pas, et où il s'enfonce quand il est frappé d'épouvante. (Ch. D.)

URUCURI-IBA. (*Bot.*) Marcgrave cite sous ce nom brésilien un palmier qu'il dit approchant du palmier dattier, dont le bois, simplement coupé et haché, donne une farine, *farina de pao* des Portugais. *urucuri-vi* des Brésiliens, employée dans ce pays comme nourriture, quand la farine de manioc manque. Cette farine, comme celle du sagoutier, est tirée probablement de la moelle de l'arbre, plutôt que de sa partie ligneuse. On extrait aussi une huile de son fruit, et on couvre les cases avec ses feuilles. Voyez TOUBLOURY. (J.)

URUKI, UTSU-BOGUSA. (*Bot.*) Noms japonois de la brunelle ordinaire, cités par Kæmpfer et Thunberg. (J.)

URUKÏRÏ. (*Bot.*) Nom du *scirpus articulatus* dans l'île de Ceilan, suivant Hermann et Linnæus. (J.)

URUKOSSA. (*Bot.*) Suivant Hermann et Linnæus, on nomme ainsi à Ceilan une lampourde, qui est probablement le *xanthium orientale*. (J.)

URUKU. (*Bot.*) Nom du roucouyer au Brésil. Adanson a employé le même nom pour désigner ce genre; c'est le *Bix orellana*, Linn. (LEM.)

URULE, *Comesperma*. (*Bot.*) Genre de plantes dicotylédones, à fleurs complètes, monopétalées, irrégulières, de la famille des *polygalées*, de la *diadelphie monogynie* de Linnæus, offrant pour caractère essentiel : Un calice à cinq divisions; les trois extérieures ovales, les deux autres plus grandes, ouvertes en aile; une corolle irrégulière, monopétalée, presque à deux lèvres, la supérieure bifide, l'inférieure concave, entière; huit étamines en deux paquets; un ovaire supérieur; un style; un stigmate presque bifide; une capsule à deux valves, à deux loges; une semence dans chaque loge, chargée de poils capillaires.

Ce genre doit conserver même en françois le nom de *comesperma*, celui d'*urule* être supprimé: il ne lui avoit été appliqué que pour des raisons inutiles à répéter ici. D'après M. de Labillardière lui-même, ce genre ne peut être considéré que comme une division du *Polygala*. Comme ce dernier est très-nombreux en espèces, cet auteur a profité, pour former celui-ci, d'un caractère particulier aux semences, qui consiste dans une touffe de longs poils capillaires, qui les environnent à leur partie inférieure, d'où vient le nom de *comesperma*, composé de deux mots grecs κομη (chevelure), σπερμα (semence).

COMESPERMA A BAGUETTES; *Comesperma virgata*, Labill., *Nov. Holl.*, 2, pag. 21, tab. 159. Arbrisseau de trois ou quatre pieds, chargé de rameaux grêles, élancés, un peu anguleux. Les feuilles sont alternes, sessiles, un peu épaisses, linéaires-lancéolées. glabres. entières. un peu rétrécies à leurs deux extrémités. acuminées au sommet. Les fleurs sont disposées en épis terminaux. alongés. un peu rameux; chaque fleur soutenue par un pédicelle à trois angles avec trois bractées caduques. subulées. les deux latérales plus petites. Les trois divisions extérieures du calice ovales; les deux autres plus grandes. en aile. d'une teinte violette. au moins de la longueur de la corolle : celle-ci est partagée en trois: les deux divisions de la lèvre supérieure oblongues. un peu ciliées; la lèvre inférieure concave. entière. un peu échancrée au sommet; les filamens réunis en deux membranes planes. insérées vers le milieu de la lèvre inférieure. Le fruit est une capsule oblongue. comprimée. marquée de deux sillons; la semence revêtue d'une membrane mince. très-blanche. entourée à sa base de très-longs poils. Cette plante a été découverte à la terre Van-Leuwin par M. de Labillardière.

Comesperma émoussée : *Comesperma retusa*, Labill.. *loc. cit.*, tab. 160. Arbuste à tige droite. haute d'environ un pied et demi; les rameaux alternes: les feuilles médiocrement pétiolées. oblongues. un peu épaisses. glabres. entières. émoussées au sommet. rétrécies en un pétiole très-court. Les grappes sont courtes. petites. droites. ramassées: les pédicelles triangulaires: les bractées oblongues, entières. caduques, de la longueur des pédicelles: les deux divisions latérales du calice ovales. en aile: la corolle plus courte. La capsule est émoussée. un peu tronquée au sommet. Cette plante croît dans la Nouvelle-Hollande. au cap Van-Diémen.

Comesperma a feuilles entassées ; *Comesperma conferta*, Lab.. *loc. cit.*, tab. 161. Cette plante s'élève à la hauteur d'un pied sur une tige marquée de petites lignes courtes, ainsi que les rameaux. placées à la base des feuilles : celles-ci sont nombreuses. sessiles, éparses, très-rapprochées, serrées, fort étroites. linéaires. acuminées. glabres, roulées en dedans à leurs bords. un peu rétrécies à la base. longues d'environ un pouce. larges d'une demi-ligne. Les fleurs sont terminales, disposées en grappes ou en épis très-droits, touffus, rétrécis vers le sommet: chaque fleur est pédicellée. munie d'une bractée caduque. subulée. plus longue que le pédicelle, outre le rudiment de deux autres bractées: la lèvre inférieure de

la corolle légèrement trifide. Toutes les autres parties ressemblent à celles du *comesperma virgata*. Cette plante croît à
la terre Van-Leuwin, dans la Nouvelle-Hollande.

COMESPERMA A CALICE ÉGAL: *Comesperma calymeya*, Labill.,
loc. cit., tab. 162. Plante herbacée, dont la racine est droite,
grêle, fusiforme, perpendiculaire : elle produit plusieurs
tiges droites, glabres, un peu cylindriques, longues de sept
ou huit pouces, presque simples. Les feuilles sont alternes,
sessiles, un peu épaisses, lancéolées, rétrécies à leurs deux
extrémités, un peu courbées, aiguës et même acuminées,
glabres, entières, longues au moins d'un pouce, larges de
deux lignes. Les fleurs sont disposées en épis droits à l'extrémité des tiges, munies à la base de chaque pédicelle de trois
bractées caduques, alongées, de même longueur que les pédicelles. Les divisions du calice sont presque toutes de même
longueur ; les deux intérieures un peu plus courtes, ouvertes
en aile, rétrécies en onglets à leur base, de couleur bleue :
la lèvre inférieure de la corolle entière ; les anthères à une
seule loge, presque en massue, s'ouvrant au sommet ; le stigmate est blanchâtre, un peu lanugineux ; les semences sont
privées d'une caroncule membraneuse. Cette plante croît au
cap Van-Diémen.

COMESPERMA GRIMPANTE; *Comesperma volubilis*, Labill., *loc.*
cit., tab. 163. Cette plante a des tiges herbacées, longues
d'un pied et demi et plus, sarmenteuses, couchées ou entor-
tillées autour des plantes qui les avoisinent, striées, divisées
en rameaux souples, glabres, alongés, garnis de feuilles
alternes, médiocrement pétiolées, très-caduques, glabres,
lancéolées, entières, sans nervures sensibles, un peu aiguës,
rétrécies en pointe à leur base. Les fleurs sont disposées en
épis courts, latéraux, redressés, pédicellés, accompagnés de
trois bractées caduques, fort petites, celle du milieu un peu
plus grande que les deux autres ; les deux divisions latérales
et intérieures du calice beaucoup plus grandes, légèrement
onguiculées, de couleur bleue ; la lèvre inférieure de la corolle a trois dents obtuses ou un peu crénelées. Les filamens
des étamines sont un peu plans, réunis en tube vers leur base
et fendus longitudinalement en deux paquets ; les anthères
ovales, à une seule loge, tronquées obliquement à leur som-

met, et percées d'un pore : les semences dépourvues de cette membrane en forme de caroncule dont plusieurs autres espèces sont pourvues : leur enveloppe extérieure est ridée. Cette plante croit dans la Nouvelle-Hollande, au cap Van-Diémen. (Poir.)

URULU. (*Bot.*) Voyez URALA. (J.)

URUMBEBA. (*Bot.*) Nom brésilien d'une espèce de cacte, mentionnée par Pison. (J.)

URUS. (*Mamm.*) Dénomination latine de l'*aurochs* ou *urochs*. Voyez l'histoire de cet animal à l'article BŒUF. (DESM.)

URUS JINE. WASI. (*Bot.*) Noms japonois du riz, suivant Thunberg, qui ajoute que celui qu'on cultive au Japon, plus blanc, plus gras et plus mou qu'ailleurs, est très-supérieur, d'un prix plus élevé, et qu'on le transporte rarement en Europe. (J.)

URUS-NO-KI. (*Bot.*) Un des noms japonois de l'arbre qui fournit le vernis du Japon, suivant Kæmpfer et Thunberg, nommé aussi SITS (voyez ce mot). Thunberg dit que, pour débarrasser le vernis extrait de cet arbre, on le presse dans un papier double très-fin, en le tordant fortement ; qu'ensuite on lui mêle une centième partie de l'huile dite *toi*, tirée des graines du *too*, *bignonia tomentosa*, et qu'après l'avoir ainsi préparé, en y mêlant de plus une matière colorante, on en enduit les vases de bois qui se vendent dans le pays. Lorsque les tiges de l'arbre ont donné par différentes incisions tout le suc qu'elles contenoient, on les coupe pour qu'il en pousse de nouvelles. (J.)

URUTARI-CUQUICHU-CARIRIRI. (*Ornith.*) Nom que, suivant Marcgrave, on donne au Brésil à un aigle huppé. Voyez SPIZAÈTE HUPPÉ. (CH. D.)

URUTAU. (*Ornith.*) Nom donné, au Paraguay, à une espèce d'engoulevent. (CH. D.)

URUTAURANA. (*Ornith.*) Cet aigle huppé du Brésil paroit à Buffon n'être qu'une seule espèce avec le *falco coronatus*, pl. 24 des Glanures d'Edwards, quoique l'une se trouve en Afrique et l'autre en Amérique. Voyez SPIZAÈTE COURONNÉ, tom. I, p. 515. (CH. D.)

URUTU. (*Ichthyol.*) Nom brésilien du *doras costatus*. Voyez DORAS. (H. C.)

URVILLÉE, *Urvillea*. (*Bot.*) Genre de plantes dicotylédones, à fleurs complètes, polypétalées, de la famille des
sapindées, de l'*octandrie trigynie* de Linnæus, offrant pour
caractère essentiel : Un calice persistant, à cinq folioles; les
deux extérieures plus courtes; quatre pétales onguiculés,
munis d'une écaille un peu au-dessus de leur base; huit étamines libres, inégales à la base de l'ovaire; un ovaire supérieur, médiocrement pédicellé; à trois côtés; un style très-
court; trois stigmates étalés; plusieurs glandes en forme de
taches à la base de l'ovaire. Le fruit est membraneux, à trois
ailes, à trois loges, composé de trois capsules (semences.
Gærtn.) indéhiscentes, réunies à un axe central, filiforme,
dont elles se détachent à la maturité.

URVILLÉE A FEUILLES D'ORME : *Urvillea ulmifolia*, Kunth, *in*
Humb. et Bonpl., *Nov. gen.*, 5, p. 106, tab. 440; *Kœlreuteria
triphylla*, Pers., *Syn.*, 1, pag. 414. Cette plante a des tiges
ligneuses, grimpantes; les rameaux cannelés, anguleux, pubescens. Les feuilles sont alternes, pétiolées, ternées; les
folioles pédicellées, ovales, acuminées, crénelées, dentées
en scie, membraneuses, vertes en dessus et un peu pubescentes, plus molles et plus pâles en dessous; les deux folioles
latérales arrondies à leur base, presque en cœur, longues
d'un pouce et demi, larges de dix lignes; la foliole terminale
plus grande. Les grappes sont composées, axillaires, solitaires
ou géminées; les ramifications en forme d'épis; les pédoncules
chargés de deux vrilles roulées, pubescentes; de petites bractées lancéolées, pubescentes. Les fleurs sont petites; le calice
a cinq folioles glabres, minces, colorées, obtuses, concaves,
dont les deux extérieures opposées, une fois plus courtes,
ovales; la corolle est blanche, à quatre pétales ovales, spa-
tulés, minces, onguiculés, munis chacun au-dessus de leur
base d'une écaille ciliée, membraneuse; les étamines sont un
peu plus courtes que le calice; l'ovaire est oblong, pubescent,
à trois loges; le style presque nul, à trois stigmates courts, subulés. Le fruit consiste en trois capsules uniloculaires, indéhiscentes, renflées dans leur milieu, à trois ailes membraneuses,
adhérentes à un axe central, renfermant chacune une semence
presque globuleuse, glabre, noirâtre, arillée. Cette plante croît
sur les hautes montagnes, aux environs de Caracas. (POIR.)

URZE. (*Bot.*) Vandelli cite ce nom portugais de la bruyère ordinaire, *erica vulgaris*, dont on a fait récemment un genre distinct sous celui de *Calluna*. (J.)

USAGES DES POISSONS. (*Ichthyol.*) Voyez UTILITÉ DES POISSONS. (H. C.)

USCATHA CHISH. (*Ornith.*) Les naturels de la baie d'Hudson nomment ainsi une espèce de lagopède. (CH. D.)

USCHKAHN. (*Ichthyol.*) Nom russe du cyclogastre liparis. (H. C.)

USCHKUSH. (*Mamm.*) Nom du taureau chez les Tartares Tschérémisses, qui appellent la vache *uschkal* et le veau *prjese*. (DESM.)

USCHMAH. (*Mamm.*) Dénomination des chevaux en général chez les Tartares morduans. (DESM.)

USCHNAP et USCHKAN. (*Mamm.*) Ces deux noms sont donnés au lièvre en Sibérie. (DESM.)

USEPALE. (*Bot.*) Willdenow cite ce nom de son *periploca esculenta*, dans l'île de Ceilan. (J.)

USIE, *Usia*. (*Entom.*) M. Latreille désigne sous ce nom un genre d'insectes à deux ailes, de la famille des sarcostomes, pour y ranger quelques espèces de volucelles de Fabricius, et en particulier plusieurs de celles que M. Desfontaines a recueillies en Barbarie. (C. D.)

USIGNUOLO. (*Ornith.*) Nom italien du rossignol. (CH. D.)

USNEA [USNÉE]. (*Bot.*) Genre de plantes cryptogames, de la famille des lichens. Il comprend des espèces filamenteuses, très-rameuses, dont les tiges sont revêtues d'une écorce cartilagineuse, distincte de leur centre, qui est une réunion de fibres filiformes, élastiques; les scutelles, ou apothéciums, sont éparses sur les tiges planes ou convexes; leur bord est nu ou cilié. On observe encore sur les tiges des paquets (tubercules ou céphalodes) épars, pulvérulens.

Dillenius a institué ce genre : mais, outre les espèces qui lui appartiennent réellement, il y ramenoit des plantes qui depuis ont été reportées dans les genres *Parmelia* et *Cornicularia*. Adanson l'augmenta d'une grande partie des *coralloides* de Dillenius, et parmi les figures qu'il cite, on reconnoît des espèces de *boemyces*, de *cornicularia*, le *stereocaulon*, etc. Hoffmann régularisa le genre *Usnea*, mais il y comprit quelques espéces d'*alectoria* , le *rizomorpha setiformis* , Roth, des *cornicularia* , etc. Acharius a fixé à ce genre les caractères que nous avons indiqués plus haut ; il a été adopté par nombre de botanistes d'un premier mérite, mais il se trouve annulé par Meyer. Il est confondu avec le *Parmelia* dans le *Systema regetabilium* de Curt Sprengel , et il y forme la première division de son *Parmelia*.

En adoptant ce genre tel qu'il est admis par Acharius , M. De Candolle , Eschweiler, M. Fée , etc., il comprend une vingtaine d'espèces d'un port élégant, qui se rencontrent fixées sur les écorces des arbres , et plus rarement sur les rochers. Leur thallus, ou expansion , est développé en tiges trés-rameuses, filamenteuses : toutes forment des touffes pendantes après les branches des arbres , ou de petits buissons droits ; les scutelles , généralement terminales , sont ou de même couleur que la tige , ou plus pâles , quelquefois colorées : les céphalodes varient également dans leur grandeur et leur couleur.

Les espéces principales se trouvent en Europe, assez communément dans les forêts, surtout dans celles des montagnes. On en connoît aussi d'exotiques, de l'Amérique septentrionale et méridionale , de la Nouvelle-Zélande, du cap de Bonne-Espérance , etc.

Nous ferons remarquer les espèces suivantes :

1. L'Usnée mélaxanthe : *Usnea melaxantha* , Ach., *Synops.* , pag. 3o3 : *Parmelia melaxantha* , Sprengel , *Syst.* , 4 , part. 1 , p. 277 ; *Lichen aurantiaco-ater* , Jacq., *Misc.*, 2 , pl. 11 , fig. 2. Tige redressée , scabre, d'une couleur orangée , rameuse , à dernières ramifications presque simples, noires ; scutelles, ou apothéciums , un peu concaves, à disque noir, rugueuses et comme réticulées en dessous ; bords nus, sans aucun cil. Cette jolie espèce croît dans l'Amérique méridionale. Elle a été observée dans les Andes, sur le mont Antisana, près de Quito, à 1800 toises de hauteur, par MM. de Humboldt et Bonpland. On la trouve sur les troncs d'arbres dans l'Amérique australe ; selon Jacquin , à Magellan , à Ténériffe. M. Dumont-d'Urville l'a observée aux îles Malouines, sur les rochers nus battus par les vents de sud-ouest. Elle s'y fait remarquer par le nombre et le rapprochement de ses tiges ra-

meuses, variées de noir, de jaune et de fauve, qui forment souvent, à la surface unie de ces blocs, des prairies d'une espèce nouvelle.

2. L'Usnée fleurie : *Usnea florida*, Hoffm., *Pl. lich.*, pl. 30, fig. 2 ; Ach., *Synops.*, p. 304 : *Lichen floridus*, Linn. ; Sow., *Engl. bot.*, pl. 872 ; *Fl. Dan.*, pl. 1189 ; Dill., *Musc.*, pl. 13, fig. 13. D'un vert cendré ou jaunâtre ; tige droite ou redressée, fermée, très-rameuse ; rameaux capillaires, divergens, étalés, peu alongés, hérissés de nombre de petites fibrilles horizontales, très-courtes ; scutelles presque terminales, très-larges, planes, d'un blanc jaunâtre, garnies sur les bords de cils nombreux, alongés, rayonnans, de même nature que les petits rameaux de la plante. Ce joli lichen est commun ; il forme de petites touffes d'un à deux pouces de hauteur, sur les écorces, sur les rochers et même sur les poutres exposées à l'air, et sur les planches des clôtures dans la campagne ; les pieds stériles sont les plus rameux et les plus touffus. MM. de Humboldt et Bonpland ont recueilli ce lichen sur le mont Turiquiri, province de Cumana, et aux pieds des monts Tunguragua et Chimborazo, sur les pierres et sur les écorces, à une hauteur de 1600 toises. On s'en sert dans la teinture à Quito. Cette espèce offre plusieurs variétés, au nombre desquelles il faut placer, selon M. De Candolle, le *lichen hirtus*, Linn., considéré comme le même que l'*usnea plicata* par Acharius. Ce dernier auteur décrit plusieurs variétés de l'usnée fleurie dans sa Lichénographie universelle, dont deux se trouvent aux États-Unis.

On obtient de l'usnée fleurie une belle teinture violette. On en faisoit une poudre d'une odeur agréable, dont les parfumeurs se servoient particulièrement pour préparer la poudre de Chypre. Ce lichen, comme les *usnea plicata*, *barbata*, etc., passoit pour astringent. En poudre, on l'appliquoit extérieurement pour arrêter les hémorrhagies. L'on assure que les Lapons se servent des usnées pour se guérir de la gale et de la teigne. Les usnées n'ont plus d'usage comme médicamens, et le fameux *usnea* qu'on recueilloit sur le crâne des pendus, et auquel le charlatanisme attribuoit de si grandes vertus, est totalement tombé dans l'oubli, et l'on ignore même ce que c'étoit.

3. L'Usnée plissée : *Usnea plicata*, Ach., *Synops.*, p. 3o5 ; *Lichen plicatus*, Linn.; Sow., *Engl. bot.*, pl. 257 ; Dillen., *Musc.*, pl. 11, fig. 1. En touffes pendantes, composées de longues tiges ou filamens très-rameux, fibreux, lâches, entrelacés, blanchâtres ; scutelles presque terminales, d'un blanc verdâtre, munies sur leurs bords de longs cils très-fins. On trouve cette plante sur le tronc et les rameaux des arbres. Elle se fait remarquer par la longueur de ses touffes. Achard en décrit plusieurs variétés : dans l'une d'elles les tiges sont un peu redressées et un peu roides, avec les rameaux rapprochés, imitant une touffe de cheveux et offrant des céphalodes ou petits tubercules farineux d'abord d'un rouge de chair pâle, puis bruns. Une seconde variété est aussi un peu en forme de buisson, mais d'un gris jaunâtre ; elle a la surface pulvérulente. Achard la donne pour l'*usnea hirta*, Hoffm., *Lich.*, pl. 3o, fig. 1, et le *lichen hirtus*, Linn.; Sow., *Engl. bot.*, pl. 1354.

L'usnée plissée donne une teinture jaune. On en faisoit usage autrefois pour arrêter les hémorrhagies du nez.

4. L'Usnée barbue : *Usnea barbata*, Ach., *Synops.*, p. 3o6 ; Dec., *Fl. fr.*, pag. 333 ; *Lichen barbatus*, Linn.; Sow., *Engl. bot.*, pl. 258, fig. 2 ; Dillen., *Musc.*, pl. 12, fig. 6. D'un vert grisâtre très-pale. Tiges rameuses, longues de trois à six pouces, pendantes, lisses, cylindriques, un peu épaisses, à rameaux divergens, fibreux çà et là, capillacés à leur extrémité, articulés à leur base ; des réceptacles épars, charnus, peu convexes, assez petits, privés de cils sur le bord et d'une couleur de chair. Cette espèce croît partout en Europe, dans les montagnes principalement, sur les branches des arbres, après lesquelles elle est pendante. MM. de Humboldt l'a observée à Ténériffe, sur le pin d'Alep, et à Cumana, après les arbres sur le mont Cocollar.

Les tiges d'une variété sont articulées, dichotomes, très-rameuses, et les articulations renflées ou ventrues, le plus souvent séparées. Cette variété est l'*usnea* de Dillen., *Musc.*, pl. 11, fig. 4 ; l'*usnea articulata*, Hoffm.; le *lichen articulatus*, Huds., Sow., *Engl. bot.*, pl. 258, fig. 1.

5. L'Usnée flasque : *Usnea flaccida*, Hoffm., *Lich.*, pl. 67, fig. 1 et 2 ; *Usnea*, Dill., *Musc.*, pl. 12, fig. 5 ; *Evernia diva-*

neata. Acharius. *Synops.*, 244 : *Lichen divaricatus*, Linn. De
couleur blanchâtre ou jaunâtre, d'une consistance molle et
très-flasque. Tige comprimée, un peu articulée, pendante,
divisée en rameaux écartés, divergens, peu nombreux, pointus, scutelles sessiles, planes ou concaves, d'un brun roux,
orbiculaires, entières sur les bords. Cette jolie espèce se
trouve dans les montagnes, pendante après les branches des
pins et des sapins.

6. L'USNÉE TRÈS-LONGUE : *Usnea longissima*, Ach., *Lich. univ.*,
p. 626 : *ejusd. in Nov. act. Ups.*, et *Synops.*, p. 507 : *Parmelia
longissima*. Spreng., *Syst.*, 4, part. 1, p. 277. Tige pendante,
fort longue, filiforme, comprimée, anguleuse, scabre, d'une
grande blancheur, presque simple, mais garnie de fibrilles
horizontales, rapprochées, tortueuses, simples, glabres et de
couleur cendrée. Cette espèce a été observée sur les branches des arbres dans les bois de la Lusace et de la Silésie :
elle est remarquable par la longueur de son thallus ou tige.
Acharius lui assigne deux, trois et quatre pieds. Les scutelles
ne sont point connues. Curt Sprengel lui associe l'*usnea angu-
lata*, Ach., espèce de l'Amérique septentrionale, qui nous
paroît différente par la description même donnée par Acharius. (L.EM.)

USNO-SURA. (*Bot.*) Thunberg cite ce nom japonois du
polygonum arifolium de Linnæus. (J.)

USPICA. (*Bot.*) A Huanaco, dans le Pérou, on donne ce
nom au *spermacoce assurgens* de MM. Ruiz et Pavon. (J.)

USQUÉPATLT. (*Mamm.*) Voyez YSQUÉPATLT. (DESM.)

USSATH. (*Ichthyol.*) Un des noms russes du barbeau.
(H. C.)

USSO et USSA. (*Mamm.*) Noms portugais de l'ours et de
sa femelle. (DESM.)

USTALIA. (*Bot.*) Nom proposé par Fries pour désigner le
Pyrochroa d'Eschweiller, genre de la famille des lichens. Fries
motive ce changement sur l'observation, qu'un genre *Pyrochroa* existe déjà en zoologie parmi les insectes. (L.EM.)

USTERIA. (*Bot.*) A ce nom, donné par Cavanilles à un
genre de la famille des scrophularinées, Ortega, Jacquin et
Willdenow ont substitué celui de *Maurandia*, parce qu'il
étoit ailleurs appliqué à un autre genre. Medicus a fait un

genre *Usteria* de l'*hyacinthus non scriptus*, Linn.; il n'a pas
été admis. Pour le troisième voyez MONODYNAME. (**J.**)

USTILAGO. (*Bot.*) Ce nom qui, en latin, signifie brû-
lure, a été donné à l'*uredo segetum*, Pers.; champignon pulvérulent, qui attaque et couvre comme d'une espèce de charbon les épis des céréales, qu'il détruit. Il est, dans Persoon,
le nom d'une des divisions du genre *Uredo*, où se placent les
espèces qui ressemblent à une poussière noire ou brune;
espèces qui attaquent différentes céréales. Link avoit cherché
à les distinguer sous le nom générique d'*Ustilago*; mais depuis
il y a renoncé, et ce nom est celui d'une division de son genre
Cæoma, où presque tous les *uredo* se trouvent rangés. (LEM.)

USUBE. (*Bot.*) Voyez ORNITROPHE. (POIR.)

USUBIS. (*Bot.*) Dans la langue celtique, le fragon, *ruscus*,
étoit ainsi nommé, suivant Adanson. Burmann désigne sous
le même nom un genre de la famille des sapindées, réuni
par Linnæus à son *Schmidelia*, qui plus récemment a été re-
fondu dans l'ornitrophe de Commerson. (**J.**)

UT. (*Mamm.*) Les Tartares tschuwaches emploient ce nom
pour désigner l'espèce du cheval. (DESM.)

UTAY-KEEASK. (*Ornith.*) Les habitans des rives de la
baie d'Hudson donnent ce nom au stercoraire à longue queue.
(DESM.)

UTCUGO-CULO. (*Bot.*) Nom brame du *nelem-pala* du Malabar, plante apocinée, dont les deux follicules, alongées en
silique, restent joints et contiennent beaucoup de graines
surmontées d'une aigrette. (**J.**)

UTCUS. (*Bot.*) Nom péruvien de l'*ægiphila multiflora* de
la Flore du Pérou, arbrisseau de la famille des verbénacées,
qui a le port d'un cornouiller. (**J.**)

UTÉRUS. (*Anatom.*) Voyez SYSTÈME DE LA GÉNÉRATION.
(H. C.)

UTIAS, UTIA, HUTIA. (*Mamm.*) Sous le nom de *hutia*,
Oviedo fait mention d'un quadrupède qu'on trouva abondamment dans l'île de Saint-Domingue (île espagnole), lors
de la découverte de l'Amérique. « Cet animal avoit la forme
« d'un lapin, mais étoit néanmoins plus petit, et avec de
« plus petites oreilles....et même ses oreilles et sa queue
« étoient comme celles du rat; sa couleur étoit d'un gris

« brun; sa chair passoit pour être très-bonne à manger, et
« les Indiens le chassoient avec de petits chiens goitreux
« qu'ils avoient avec eux. » Dès 1520 ou 1525 cet animal
étoit devenu très - rare.

Aldrovande, ayant compris dans son ouvrage un chapitre
sur les lapins des Indes, *cuniculi indici*, réunit dans ce chapitre la note que nous venons de transcrire à d'autres, concernant des animaux très-différens, tels que le cochon d'Inde
et la gerboise d'Égypte.

Cette confusion eut pour résultat que le nom d'*utias* ou
hutia ne prit pas rang parmi ceux des productions naturelles
de l'Amérique, et qu'il fut tout-à-fait oublié.

C'est dans cet état de choses que l'un de mes amis, M.
Fournier, m'apporta de Cuba en 1820, sous les noms d'*utia*
ou d'*utias*, deux quadrupèdes d'une espèce qui, par ses traits
de conformation, ressembloit tellement à l'*hutia* d'Oviedo,
qu'elle me parut lui être tout-à-fait identique.

Je gardai ces animaux pendant près de deux ans vivans
chez moi, j'observai leurs habitudes naturelles et leurs caractères; enfin, je les décrivis dans le 1.ᵉʳ volume des Mémoires de la Société d'histoire naturelle, et je les considérai
comme devant former un genre nouveau, auquel je donnai
le nom de *Capromys*.

À peu près à la même époque d'autres animaux de la même
espèce ayant été envoyés dans les États-Unis, M. Say reconnut
aussi la nécessité d'en former un genre particulier, et il
l'établit sous le nom d'*Isodon*, qui avoit anciennement été
proposé par M. Geoffroy pour un genre de mammifères mar-
supiaux.

Plus tard M. Pœpping prouva qu'à Cuba il existoit deux espèces différentes, quoique voisines, de ce genre Capromys:
d'abord celle que j'avois fait connoître, puis une seconde, à
laquelle il donna le nom de capromys préhensile.

Enfin, on fit encore la remarque que la figure du *cuniculus
bahamensis* de Catesby, qu'on avoit long-temps considéré
comme une marmotte, et même comme se rapportant à la
marmotte monax, devoit bien plutôt être regardée comme
représentant soit l'une, soit l'autre espèce de capromys.

Le genre Capromys est caractérisé ainsi : Quatre molaires

prismatiques de chaque côté des mâchoires, ayant leur cou‑
ronne traversée par des replis d'émail qui pénètrent assez
profondement, et qui sont semblables à ceux qu'on voit sur
la couronne des molaires des castors. Pieds très-robustes: les
antérieurs à quatre doigts, les postérieurs à cinq doigts, tous
pourvus d'ongles arqués et très-robustes; les mains ayant, en
sus des quatre doigts, un petit pouce garni d'un ongle obtus;
la paume et la plante des quatre pattes larges, nues, cou‑
vertes d'une peau épaisse, rugueuse et tuberculeuse; la pre‑
mière présentant cinq saillies principales, séparées par des
rides profondes à la base des doigts; la seconde n'offrant que
quatre de ces saillies, au-delà desquelles on remarque un
sillon transverse très-marqué; la plante du pied appuyant en
entier sur le sol. Museau nu ou mufle très-grand, très-mobile,
et divisé longitudinalement dans son milieu par un sillon pro‑
fond. Yeux médiocrement grands, à pupille ronde, pendant
la nuit ou à l'obscurité, et en forme de fente alongée pen‑
dant le jour. Oreilles médiocres (ayant en hauteur à peu près
le tiers de la longueur de la tête), droites, latérales, arron‑
dies au sommet, avec une échancrure assez prononcée sur
leur bord antérieur. Moustaches longues et très-fortes. Queue
écailleuse, marquée de stries transversales et annulaires nom‑
breuses, portant un petit nombre de poils roides comme celle
des rats. Mamelles au nombre de quatre, deux pectorales et
deux abdominales, placées très-latéralement. Formes générales
du corps semblables à celles des rats; pelage composé de poils
très-grossiers et durs, surtout sur la région dorsale.

Le Capromys de Fournier (*Capromys Furnieri*) est de la
taille du lapin; son poids est de huit livres environ. La lon‑
gueur totale de son corps est de quatorze pouces, et celle de
sa queue de sept, avec trois pouces à peu près de circonfé‑
rence à sa base. Le corps est trapu; le ventre assez gros; le
dos arqué; le pelage est grossier, généralement d'un brun
noirâtre, avec du gris sur les côtés et le dessous du cou,
ainsi que sous les parties inférieures; le bout du museau et
les parties nues des extrémités sont d'un noir foncé; les soies
des moustaches sont très-longues et au nombre d'environ
trente de chaque côté, les unes noires, et les autres grises à
la base et terminées de noir; les yeux, dont l'ouverture est

médiocre, ont l'iris de couleur brune. Le fourreau de la
verge du mâle est placé à un pouce en avant de l'anus, et
de forme alongée conique, renflée à la base et pointue à
l'extrémité; la verge, lorsqu'elle sort, est très-longue, mince,
cylindrique et recourbée en cercle en arrière; les testicules
sont cachés sous la peau.

M. Say, considérant à tort cet animal comme le *rat piloris*
des Antilles, lui avoit appliqué la dénomination spécifique
d'*isodon pilorides*. La rudesse de son poil, la brusquerie de
sa démarche, nous l'ont fait comparer au sanglier, autant
qu'on peut admettre un pareil rapport entre un rat et cet
animal, et c'est pourquoi nous lui avons imposé la dénomination générique de *capromys*, tirée de χαπρος, *aper*, et μύς,
mus.

Pendant le séjour qu'ont fait chez moi les deux individus
mâles de cette espèce, que m'avoit donnés M. Fournier, j'ai
remarqué que leur intelligence étoit de beaucoup supérieure
à celle des lapins et des cochons d'Inde, et à peu près aussi
développée que celle des écureuils et des rats. Ils étoient
très-curieux et fort familiers. Ils paroissoient très-éveillés la
nuit, ce qui étoit en rapport avec la forme de leur pupille.
Le sens de l'ouïe sembloit chez eux avoir moins de finesse
que dans le lièvre et le lapin. Leurs narines étoient toujours
en mouvement, surtout lorsqu'ils flairoient quelques objets
nouveaux pour eux. Leur goût paroissoit assez délicat pour
qu'ils pussent distinguer et dédaigner les végétaux qu'on leur
donnoit, et qui avoient été en contact avec des matières
animales, pour lesquelles ils manifestoient beaucoup de ré-
pugnance. Ils vivoient en bonne intelligence entre eux, et
dormoient très-rapprochés l'un de l'autre : lorsqu'ils étoient
éloignés ils s'appeloient par un petit cri aigu, peu différent
de celui des rats, et leur voix, lorsqu'ils éprouvoient du
contentement, étoit un léger grognement fort bas. Ils ne se
disputoient guère que pour la nourriture : lorsqu'on leur
donnoit, par exemple, un seul objet, ils cherchoient mu-
tuellement à se l'enlever, jusqu'à ce qu'il fut entièrement
dévoré. Ils étoient d'un naturel très-gai, et ils jouoient ensemble des heures entières, en se dressant sur leurs pattes
de derrière et se poussant l'un l'autre avec celles de devant.

Leur nourriture consistoit en chicorée, choux, carottes, noix, pain, pommes, etc., et ils avoient un goût marqué pour les herbes aromatiques, telles que l'absynthe, le romarin, les géraniums, la matricaire, le céléri, etc. Pour se procurer des raisins, on les faisoit facilement grimper le long d'une perche haute de six à sept pieds. Les liqueurs sucrées et le vin leur plaisoient, et ils mangeoient avec avidité le pain qui en étoit imbibé.

Enfin, ils aimoient beaucoup à être grattés, surtout sous le menton, et ils montoient sur toutes les personnes assises, pour s'assurer si elles n'avoient pas quelque aliment qui pût leur convenir, ou pour en recevoir des caresses.

Ces animaux portoient la nourriture à la gueule souvent avec les deux mains réunies, à la manière des rats et des écureuils ; mais aussi très-fréquemment avec une seule.

Ils n'avoient aucune propension pour fouir la terre, et ne se servoient de leurs ongles que pour grimper, ce qu'ils faisoient avec la plus grande facilité. Dans cette action ils se servoient de la queue pour maintenir l'équilibre du corps.

Ils aimoient la gomme arabique avec passion, et on les faisoit accourir au galop de très-loin, en remuant une boite de carton qui renfermoit de petits morceaux de cette substance ; ils savoient parfaitement en distinguer le bruit. Ce goût pour la gomme a été la cause de leur mort : car ayant trouvé un pain de couleur rouge de minium gommée, il se le partagèrent et périrent quelques heures après, et presque en même temps.

L'espèce du capromys de Fournier est commune dans les forêts de Cuba, et les habitans de cette île donnent à cet animal les noms d'*agouti congo* et d'*utias*.

Le Capromys préhensile (*Capromys prehensilis*, Pœping, Journ. de l'acad. des sc. nat. de Philadelph., ou *Agouti caravalli* des Créoles de Cuba), a la queue grêle, de la longueur du corps, qui a vingt-trois pouces. Sa tête, la paume et la plante de ses pattes, ainsi que ses ongles, sont blancs. Son pelage est épais, composé de poils mous et flexibles, de couleur ferrugineuse mêlée de gris ; sa queue est nue à l'extrémité. Cet animal est paresseux, lent, et très-rare dans les forêts de Cuba ; il se tient sur les arbres, où il grimpe avec la plus grande facilité, en se pendant aux branches et se cachant sous leurs feuilles.

Nous ne savons d'après quel motif M. Pœping croit plutôt reconnoître l'*hutia* d'Oviedo dans cette espèce d'animal que dans la précédente. (Desm.)

UTILITÉ DES POISSONS. (*Ichthyol.*) L'histoire de la nature est immense, inépuisable comme son objet, variée à l'infini, comme la multitude prodigieuse des œuvres qu'elle a à examiner : chacune de ses branches offre à l'esprit curieux un intérêt sans cesse renaissant, à l'œil du sage des motifs d'admiration sans cesse renouvelés. Peu d'êtres plus que les poissons spécialement, sont dignes de toute l'attention des hommes. Nous avons déjà dit comment l'étude des particularités de leur être pouvoit éclairer la physiologie ; comment elle dirigeoit les démarches du médecin dans plus d'un cas, où il est obligé de faire l'application des lois de l'hygiène (voyez Poissons). Cherchons à apprécier maintenant les qualités des abondans alimens qu'ils fournissent à notre espèce, des matières que réclame d'eux notre industrie, des préparations sans nombre que leur arrachent le commerce, les arts et la pharmacie.

Certaines peuplades ne vivent presque exclusivement que de poissons, et pour cette raison on les appelle *ichthyophages;* l'abondance, chez elles, dépend donc entièrement du succès de la pêche, et c'est ce que l'on observe en particulier pour celles qui habitent les rivages des mers et le contour des grands lacs, pour celles qui, comme dans les contrées boréales de l'Europe et de l'Asie, semblent exilées sur un sol stérile et froid, que sillonnent de grands fleuves, qu'entrecoupent des lagunes multipliées. Sans les ressources que leur présentent les brillans citoyens des eaux, on verroit les aborigènes des côtes de la Nouvelle-Hollande, les insulaires des Hébrides et des Schettlands, les hordes malheureuses de la Sibérie polaire, de l'Islande, du Groënland, du Kamtschatka, mourir pour ainsi dire de faim ; sans elles aussi, et dès les temps d'Hérodote, de Diodore de Sicile, de Pline, de Néarque, de Plutarque et de Strabon, ce fait avoit été signalé, les riverains du golfe Persique, de la mer Érythrée, de l'Araxe , la population du littoral des provinces du Kerman et du Merkran en Perse , ainsi que ceux de la Babylonie , auroient un sort bien moins agréable que celui dont ils jouissent.

Bien plus . Orington , Debber, Horrebow et plusieurs autres nous apprennent qu'à Mascate, aux iles Féroë , en Islande, on nourrit les vaches et les chevaux avec du poisson, au lieu du foin , qui manque en hiver.

Quoi qu'il en soit, l'habitude d'un pareil genre de nourriture modifie puissamment l'économie vivante des individus qui en font usage. Beaucoup moins substantiels que ceux fournis par les mammifères et les oiseaux , les alimens tirés de la classe des poissons donnent moins de matériaux à l'assimilation , et sont d'autant moins nutritifs , qu'ils prennent leur origine dans les familles saxatiles et pélagiennes , comme celle des Rougets, des Spares, des Daurades, des Crénilabres, des Scares , des Chéilines , etc.

D'autres sont remarquables par la quantité de gélatine qu'ils contiennent , telles sont les chairs muqueuses de la carpe , de la tanche, de l'anguille , du congre, du brochet , de la lamproie, de la lotte : et leurs diverses préparations, qui ont , dès le premier tiers du 18.ᵉ siècle , été examinées sous ce rapport par les membres de l'Académie royale des sciences , auxquels on doit des expériences d'où il résulte que quatre onces de viande de bœuf ne produisent que cent huit grains de tablette de bouillon , tandis que la même dose des chairs de carpe et de brochet, donne l'une cent cinquante-deux et l'autre cent soixante-huit grains de gélatine sèche.

Il faut conclure de là , que l'ichthyophagie est bien moins propre à entretenir la vigueur du corps, à réparer les forces, que l'usage habituel de la viande, et , d'après les observations positives de Pechlin , un manœuvre qui ne mange que du poisson est incomparablement moins robuste que celui qu'on soumet au régime de la viande de boucherie.

Mais , d'un autre côté , en raison même du peu de molécules réparatrices qu'elle introduit dans nos tissus , de la facilité avec laquelle , le plus souvent , elle est élaborée par l'appareil digestif , la chair des poissons est recommandée par les médecins, et , avec quelque avantage, aux vieillards , aux valétudinaires, aux personnes débiles et d'une profession peu active, ce que la nature semble avoir indiqué d'elle-même, aux Orientaux efféminés, aux indolens habitans du Malabar et d'autres contrées chaudes de l'Asie; tandis que les Samoièdes, les Ostiaques, les Kamtschadales, les Groënlandois, les Esquimaux, dont le froid semble précipiter le cours de la vie et hâter l'activité des fonctions, dévorent en guise de pain des poissons tout crus, et par conséquent plus animalisés que s'ils étoient cuits, adjoignant en outre à cette nourriture la chair grasse des phoques et l'huile rance et excitante des grands cétacés.

L'usage constant du poisson comme aliment, par le grand nombre de particules muqueuses qu'il introduit dans l'économie, par les principes abondans qu'il fournit à la lymphe plutôt qu'au sang, devient l'origine d'une constitution molle et débile, produit la pâleur de la peau, détermine l'inertie de tous les systèmes organiques, rend le tissu adipeux plus propre à la sécrétion abondante d'une graisse flasque et sans consistance, amène enfin à sa suite la langueur, la leucophlegmatie, l'anasarque, les diverses helminthiasies intestinales, la lèpre, l'éléphanthiasis, l'yaws, le scorbut, les dartres, les scrofules, la gale et le cortége sans fin des maladies cutanées, et de ces ulcères de mauvais caractères que les anciens appeloient *Syriaques*, parce qu'ils étoient communs dans certaines parties de la Syrie, dont les habitans encore aujourd'hui, comme à Alep en particulier, mangent habituellement le macroptéronote et d'autres siluroïdes.

Ces mauvais effets sont encore plus marqués, si les poissons qui font la base de la nourriture, ont vécu habituellement dans des eaux stagnantes et fangeuses, dans des lagunes marécageuses, dans des mares impures, dans des criques vaseuses; s'ils ont la chair molle, visqueuse, blanche, glutineuse, imprégnée d'huile; si leur peau est alépidote ou peu garnie d'écailles; car alors ils sont d'une digestion tellement difficile que déjà les sages législateurs de l'Égypte, au rapport d'Hérodote et de Plutarque, avoient proscrit la plupart des espèces qui se trouvent dans le cas que nous venons de citer, et que le Lévitique en avoit interdit l'usage aux Hébreux, qui ne devoient manger ni anguilles, ni lamproies, ni murènes, ni silures, ni squales, poissons dont il faut rapprocher également, sous le point de vue qui nous occupe, les lotes, les tanches, les raies, les molves, les squatines, etc.

Enfin ils semblent inévitables, si ces poissons, avant d'être soumis à l'élaboration des organes de la digestion, ont déjà, ainsi que cela arrive chez certaines nations septentrionales, subi un commencement de fermentation putride, ou laissent dégager des principes ammoniacaux, ainsi que cela ne s'observe déjà que trop souvent à Paris même.

Ne nous étonnons donc point de voir les anciens Romains regarder l'ichthyophagie comme un régime propre aux êtres efféminés et sans courage ; opinion, du reste, dont on retrouve les traces et dans Ælien et dans Columelle, et d'entendre le rigide Caton le Censeur prédire, en plein sénat, la ruine d'un état où *un poisson coûte plus cher qu'un bœuf.*

Dès lors aussi nous concevons comment il existe aux îles Féroë et aux Orcades une sorte de lèpre endémique ; comment Gérard Boate, G. T. Strœm, Steller, Zückert, ont vu si fréquemment parmi les Norwégiens, les Islandois, les Kamtschadales, régner des dartres rebelles, des inflammations de l'appareil de la génération ; comment sur les côtes de la Basse-Bretagne, en France, sur celles de la Biscaye, en Espagne, de la Baltique, en Bothnie, en Finlande, en Livonie, sur le littoral du Lochquhabir, en Écosse, et particulièrement à Inverness, on observe si communément la gale et d'autres éruptions psoriques et herpétiques.

L'ichthyophagie a encore un autre effet dont nous ne devons pas oublier de parler ; elle excite d'une manière marquée les propriétés vitales du système générateur, ainsi qu'on l'a noté presque de tous les temps, depuis Athénée et Juvénal, jusqu'à Paw, Montesquieu et Chaussier, et cela soit en vertu du mode des préparations culinaires qu'on fait d'ordinaire subir à la chair des poissons, ou de la grande quantité d'assaisonnemens qu'elle exige, soit en raison de l'huile dont elle est surchargée, soit enfin par suite de la présence du phosphore qu'ont reconnu en elle Fourcroy et MM. Vauquélin, Thénard, Chevreul, etc.

Quoi qu'il en soit de tous les inconvéniens signalés ci-dessus, on mange presque par tout le monde et on mangera toujours des poissons. A l'aide de certaines préparations qu'on fait subir à ces animaux, et qui, généralement, ne peuvent tendre qu'à diminuer celles de leurs qualités qui sont contraires à l'entretien de la santé, on fait participer au festin littoral les peuples les plus éloignés des mers et des lacs. On *saure*, on *sale*, on *sèche*, on *fume*, on *marine* leur chair, comme nous le disons à nos articles ANGUILLE, CLUPÉE, ENGRAULE, MERLUCHE, MORUE, RAIE, SCOMBRE, THON, TRUITE, à cause des saumons, des anchois, des sardines, des harengs, des maquereaux plus spécialement; on prépare avec leurs ouïes et leurs entrailles à demi putréfiées et salées ce *garum* si cher aux anciens, dont nous avons fait l'histoire dans un article à part, et qui a tant de rapports avec le *souï* dont, de notre temps, on fait un si commun usage à la Chine et au Tunquin ; avec leurs œufs on fabrique la BOTARGUE et le CAVIAR (voyez ces mots), ressource des longs carêmes de l'Italie et de la Grèce.

Mais c'est assez parler des ressources que les poissons offrent à notre alimentation. Nous nous éloignerions de notre sujet en signalant les excès scandaleux qu'a fait faire au luxe de certains personnages délicats ou blasés la saveur délicieuse de la chair de plusieurs de leurs espèces. Pourquoi rappellerions-nous la folie de ce stupide empereur, qui, ayant convoqué une assemblée de sénateurs plus bas et plus vils que lui, fut encouragé par le résultat de leurs graves délibérations à mettre *un turbot à la sauce piquante?* La cruauté de ce Vedius Pollion, qui condamnoit ses esclaves à être dévorés par les murènes de ses piscines, dont la chair devenoit par ce genre de nourriture, prétendoit-on, et plus savoureuse et plus grasse? La sottise des grands seigneurs du temps de l'empereur Sévère, qui faisoient apporter un esturgeon en triomphe dans sa salle à manger, et parodiant ainsi la gloire des Scipion et des Paul-Émile, obligeoient un peuple jadis roi, à oublier ce qu'il devoit aux grands hommes qui l'avoient conduit au comble de la puissance, et prostituoient à un caprice insensé les couronnes, les enseignes, les faisceaux d'armes et tous les signes de la grandeur romaine, au temps de sa pompe et de son faste? La prodigalité de ces avides proconsuls, qui payoient une mesure de *garum* avec l'or extorqué à cent malheureuses provinces? La corruption de ces dames élégantes, qui au lieu des parfums suaves de l'Arabie, portoient cette liqueur infecte dans des vases de pierres précieuses suspendus à leur cou (voyez GARUM)? L'insensibilité atroce de ces monstres civilisés qui se procuroient le plaisir de jouir de l'agonie du brillant rouget dans l'eau chaude de ces canaux de crystal qui existoient sur leurs tables, et qui le dévoroient aussitôt que la mort avoit terni l'éclat de ses vives couleurs?

Éloignons nos yeux de ces scènes dégoûtantes, et nous verrons les poissons, en particulier l'esturgeon, le sterlet, la perche, le pollak, le nawaga, le mal, fournir à une foule de nos arts, à la pharmacie spécialement, une colle de la plus haute importance (voyez ESTURGEON, ICHTHYOCOLLE, PERCHE); la peau de l'anarrhique des mers du Nord servir à la confection de besaces fort utiles à des peuples privés de presque tout genre de ressources; celle de l'anguille donner des courroies recherchées pour leur force, leur solidité et leur souplesse tout à la fois; celle du grand esturgeon être assez forte pour pouvoir être taillée en soupentes de carrosses, en cordes pour les chevaux de trait; celle de plusieurs raies et pastenagues fournir le CHAGRIN et le GALUCHAT (voyez ces mots et PASTENAGUE), si recherchés des gaîniers et des fabricans de petits meubles précieux; celle de certains squales offrir aux ébénistes une substance propre à polir leurs bois, à la manière de la prêle et de la pierre-ponce; le fiel du carpeau, de l'anguille, du brochet, être employé par les peintres en miniature à cause de sa belle teinte verte et de ses propriétés savonneuses; le foie de l'anarrhique, de la morue, de la lotte, du thon, du congre, de la raie, etc., laisser découler une huile utile aux corroyeurs, aux hongroyeurs, aux cordonniers, aux peintres, excellente pour brûler et souvent recherchée comme aliment par certaines nations malheureuses; les écailles de l'ablette donner naissance à l'art de fabriquer les perles fausses (voyez ESSENCE D'ORIENT), etc. (H. C.)

UTLUGAN. (*Ornith.*) Ce nom est donné, par les Turcs, au tarin commun, *fringilla spinus*, Linn. (CH. D.)

UTOKAITSIAK. (*Mamm.*) C'est, selon Lepechin, un des noms du phoque à croissant. (DESM.)

U-TONG-CHU. (*Bot.*) L'arbre de la Chine, cité sous ce nom dans le petit Recueil des voyages, est très-remarquable d'après sa description. Il a, suivant le narrateur, le port du sycomore. Ses feuilles, longues et larges, sont si touffues, qu'il est impénétrable aux rayons du soleil. Vers la fin du mois d'Août, on voit sortir de l'extrémité de ses branches, au lieu de fleurs, des petites touffes de feuilles plus blanches, plus étroites et plus molles que les autres, sur les bords de chacune desquelles s'engendrent trois ou quatre petits grains, de la grosseur d'un pois, contenant une substance blanche, dont le goût approche de celui de la noisette avant sa maturité. Cette description incomplète paroit s'appliquer au *sicku* des Japonois, figuré par Kæmpfer, dont Thunberg a fait son genre *Hovenia* (voyez Hovène), appartenant à la famille des rhamnées. Ses pédoncules floraux, sortant de l'extrémité des rameaux, d'abord cylindriques, s'élargissent et se ramollissent en se bifurquant plusieurs fois, et ils portent quelques fruits de la grosseur d'un grain de poivre, triloculaires, à loges monospermes. Thunberg dit que ces pédoncules, élargis, renflés et succulens, sont mangés avec plaisir par les Japonois, qui leur trouvent une saveur douce. Il ne faut pas confondre l'*u-tong-chu* avec le Tong-chu. Voyez ce mot. (J.)

UTRICARIA. (*Bot.*) Plukenet nommoit ainsi le bandura, *nepenthes* de Linnæus, dont la feuille est terminée par un vase ou réservoir ordinairement plein d'eau. (J.)

UTRICULAIRE; *Utricularia*, Linn. (*Bot.*) Genre de plantes dicotylédones, de la famille des *utriculinées*, Juss., et de la *diandrie monogynie*, Linn., qui présente pour caractère : Un calice de deux folioles égales; une corolle monopétale, irrégulière, à tube très-court et à limbe partagé en deux lèvres, dont la supérieure droite, entière, portant les étamines, et l'inférieure plus grande, prolongée en éperon à sa base, et ayant l'entrée de sa gorge munie d'un palais saillant; deux étamines à filamens très-courts; un ovaire supère, ovale ou globuleux, surmonté d'un style court et terminé par un stigmate conique; une capsule globuleuse à une seule loge contenant plusieurs graines attachées sur un placenta central.

Les utriculaires sont des plantes herbacées, vivant le plus

ordinairement dans les eaux ou dans les marais ; elles ont leurs feuilles simples ou divisées en filamens multifides, et leurs fleurs sont solitaires ou disposées en grappe à l'extrémité d'une hampe. On en connoît aujourd'hui soixante et quelques espèces, qui sont toutes exotiques, à la réserve de trois qui croissent en Europe.

* *Hampes dépourvues de feuilles radicales et de feuilles caulinaires.*

Utriculaire bleue; *Utricularia cœrulea*, Vahl, *Enum.*, 1, p. 201. Ses racines sont rameuses, composées de fibres très-menues ; elles donnent naissance à une hampe droite, cylindrique, glabre, simple, haute de six à huit pouces, dépourvue de feuilles et munie, seulement de distance en distance, de quelques écailles oblongues, linéaires. Les fleurs sont bleues, assez grandes, terminales, au nombre de deux à trois au sommet de la hampe, portées chacune par un pédoncule plus court que la fleur elle-même, et muni à sa base de petites bractées linéaires, aiguës. L'éperon est subulé, aigu, de la longueur de la lèvre inférieure de la corolle. Cette espèce croit dans les lieux marécageux des Indes orientales et de l'île de Ceïlan.

Utriculaire a tige de jonc; *Utricularia juncea*, Vahl, *Enum.*, 1, p. 202. Sa racine est fibreuse, courte, composée de filamens presque capillaires; elle produit une ou plusieurs hampes simples, roides, glabres, hautes d'un pied ou environ, garnies d'écailles ovales, petites et distantes. Les fleurs, au nombre de cinq à huit et médiocrement pédonculées, forment une sorte de grappe au sommet des hampes. Leur pédoncule est muni à sa base d'une bractée scarieuse, et l'éperon, subulé, aigu, égale en longueur la lèvre supérieure de la corolle. Cette plante croit naturellement à Cayenne.

** *Feuilles radicales simples.*

Utriculaire alpine; *Utricularia alpina*, Jacq., *Amer.*, p. 7, t. 6. Ses racines sont fibreuses, munies de tubercules oblongs; elles produisent une hampe longue d'un à deux pouces, glabre, chargée dans sa partie supérieure d'un ou de deux écailles linéaires. Les feuilles sont ovales-lancéolées, glabres, luisantes, pétiolées, solitaires à la base des hampes, ou seulement deux ensemble. Les hampes sont terminées par une ou deux fleurs plus grandes que dans aucune autre espéce de ce genre, portées sur des pédoncules munis à leur base d'une petite bractée lancéolée. La lèvre supérieure de la corolle est plus courte que l'inférieure, qui est elle-même plus courte que l'éperon subulé et ascendant. Cette espéce croît sur les hautes montagnes de la Martinique et du Pérou.

UTRICULAIRE HISPIDE ; *Utricularia hispida*, Lamk., *Illustrat.*, 1 . p. 5o , n.° 211. Ses racines sont fasciculées, un peu rameuses ; elles donnent naissance à trois feuilles linéaires, rétrécies en pétiole à leur base , glabres, dépourvues de nervures, longues d'un pouce ou environ. La hampe, qui s'élève du milieu de ces feuilles, est filiforme, haute de six pouces ou un peu plus, divisée dans sa partie supérieure en deux à trois rameaux flexueux, portant quatre à cinq fleurs petites, pédicellées, dont l'éperon est subulé, réfléchi, presque de la longueur de la corolle. Cette espéce a été trouvée à Cayenne par Richard.

*** *Feuilles radicales composées.*

UTRICULAIRE COMMUNE; *Utricularia vulgaris*, Linn., *Sp.*, 26. Sa tige est rameuse, nageant dans l'eau, garnie, dans sa partie inférieure, de feuilles ailées, composées de folioles multifides, capillaires, chargées çà et là de petites vessies pleines d'air. Les fleurs sont jaunes, veinées de rouge, disposées en grappe, au nombre de quatre à huit ensemble, sur des pédoncules alongés en forme de hampe, chargés de quelques écailles et s'élevant au-dessus de la surface de l'eau. La lèvre supérieure de la corolle est entière, égale au palais, et l'éperon est conique. Cette plante croît dans les mares et les étangs en France, ainsi que dans plusieurs parties de l'Europe.

UTRICULAIRE MOYENNE : *Utricularia media*, Hayn, *in* Schrad., *Diar. bot.*, 1800, 1, pag. 18, tab. 5; *ex* Schrad., *Fl. germ.*, 1 , p. 55. Cette espéce diffère de la précédente, premièrement, parce que les petites vessies dont sa tige est chargée sont sur la partie nue des rameaux et non sur les feuilles; secondement, parce que celles-ci sont beaucoup plus courtes, à folioles bifides ou trifides ; et enfin parce que la lèvre supérieure de la corolle est une fois plus grande que le palais, et d'ailleurs entière. Cette espèce croît en Allemagne.

Utriculaire petite ; *Utricularia minor*, Linn., *Sp.*, 26. Sa tige est rameuse, flottante dans l'eau, garnie de feuilles à trois divisions dichotomes, linéaires, courtes, chargées de petites vessies. Les pédoncules sont alongés en forme de hampe, élevés au-dessus de la surface de l'eau, garnis de quelques écailles et terminés par une grappe de trois à six fleurs jaunes, dont la lèvre supérieure est échancrée, égale au palais, et dont l'éperon est en carène. Cette espèce croît dans les eaux stagnantes, en France et autres parties de l'Europe. (L. D.)

UTRICULAIRES [Feuilles]. (*Bot.*) Creuses et renflées comme une petite outre ; exemples : feuilles de l'*aldrovandra*, feuilles submergées de l'*utriculaire*, etc. (Mass.)

UTRICULE. (*Bot.*) Nom donné par M. Mirbel aux très-petits drupes dont la peau externe forme autour du noyau un sac membraneux ; exemple : *atriplex*, *chenopodium*, etc. Utricule est quelquefois employé comme synonyme de cellule, vaisseau cellulaire. (Mass.)

UTRICULINÉES. (*Bot.*) Deux genres, *Utricularia* et *Pinguicula*, appartenant à la classe des hypocorollées ou dicotylédones monopétalées à corolle hypogyne, avoient été placés d'abord à la suite des primulacées, comme ayant avec elles le caractère commun d'un placentaire central libre dans un fruit uniloculaire. On indiquoit cependant une différence fondée sur l'irrégularité de la corolle et sur le nombre des étamines, réduit à deux ; ce qui faisoit soupçonner une affinité avec les scrophularinées diandres. Gærtner, qui a trouvé un embryon cylindrique entouré d'un périsperme charnu dans les scrophularinées, les primulacées et plusieurs rhinanthées, voisines de ces dernières, a vu un embryon de même forme dans les *pinguicula*, mais sans périsperme, à moins, dit-il, qu'il ne soit très-mince et difficile à apercevoir. Il n'est point admis par R. Brown, qui dit le *pinguicula* dicotylédone comme Gærtner ; mais qui ajoute, sur le témoignage de Richard, que dans l'*utricularia* l'embryon a les deux extrémités indivises. Ces deux genres ont été reportés aux scrophularinées par Ventenat dans son Tableau du règne vé-

gétal et par M. De Candolle dans la Flore françoise. Postérieurement, Richard, dans la Flore parisienne, et M. Brown
dans son *Prodromus Nov. Holl.*, en ont fait une famille distincte sous le nom de lenticulariées, laquelle a été à peu
près dans le même temps indiquée par MM. Hoffmansegg et
Link dans leur Flore du Portugal, sous celui d'utriculinées.
C'est ce dernier que nous avons adopté dans la série des familles imprimées par M. Mirbel. Le caractère général suivant, qui rappelle les observations précédentes, est extrait en
partie de l'ouvrage de M. Brown.

Un calice d'une seule pièce, divisé en quelques lobes. Corolle hypogyne, monopétale, irrégulière, divisée à son limbe
en plusieurs lobes inégaux. Deux étamines insérées au tube
de la corolle; filets distincts, ordinairement courbes; anthères biloculaires. Ovaire simple, supère, non adhérent au
calice, uniloculaire; style unique; stigmate simple ou bilobé.
Capsule uniloculaire, contenant plusieurs graines, portées
sur un réceptacle ou placentaire central libre, élevé du fond
de la loge. Embryon petit, cylindrique, droit, dénué de périsperme (à moins qu'il ne soit très-mince et peu apparent);
radicule plus longue que les lobes très-courts. Plantes herbacées, aquatiques ou croissant dans des lieux humides. Tiges
tantôt nues, sous forme de hampes uni- ou pluriflores, ayant
seulement des feuilles radicales simples ou composées; tantôt
rameuses, garnies de feuilles opposées ou verticillées, et de
fleurs axillaires.

Aux deux genres, *Utricularia* et *Pinguicula*, nous croyons
qu'on peut joindre dans cette famille le *Micranthemum* de
Michaux et l'*Hemianthus* de M. Nuttal (*Journ. nat. Philad.*,
1, 119, tab. 6), remarquable par ses filets d'étamines bifurqués, dont une des divisions porte l'anthère. Ces deux
genres n'ont pas, comme les deux premiers, un éperon à la
base de la corolle, et ils pourroient former une section distincte.

Cette famille a de l'affinité avec les primulacées par le fruit
uniloculaire et par le placentaire central libre; mais elle en
diffère par la corolle irrégulière et diandre, ainsi que par
les étamines alternes avec ses divisions. Ces caractères la
rapprochent de la section des calcéolariées dans la famille

des scrophularinées, qui ont également une corolle irrégulière, un placentaire central et un petit embryon cylindrique et droit, mais entouré d'un périsperme, suivant l'observation de Gærtner, dans le *calceolaria*. Outre cette dernière différence, on remarque encore que l'application des
bords rentrans des valves contre le placentaire central dans
le *calceolaria* et ses congénères, produit dans le jeune fruit
deux loges distinctes. Il est vrai que cette adhérence se
rompt facilement dans la maturité, et que, de plus, les
valves du *calceolaria* se subdivisant en deux, représentent
alors une capsule à quatre valves, entourant un placentaire
libre. On voit encore dans le *bœa*, qui avoisine ce genre,
les feuilles radicales, la hampe uniflore et les filets courbes
d'étamines du *pinguicula*. Il existe donc une affinité entre
ces deux familles ou sections, et par suite entre les utriculinées et les scrophularinées tétrandres, munies également
d'un placentaire central dans un fruit biloculaire; mais
cette affinité sera probablement jugée moindre avec les rhinanthées tétrandres et même avec le *veronica* diandre, associé à ces dernières, si on observe que celles-ci ont deux
placentaires simplement rapprochés dans le jeune fruit, mais
pouvant se séparer dans le fruit mûr et restant chacun toujours adhérent au milieu de leur valve et non à ses bords.
C'est cette différence d'organisation qui avoit fait séparer
primitivement les rhinanthées des scrophularinées. Elles
pourroient être rapprochées; mais elles sont peut-être suffisamment distinguées pour n'être pas réunies dans une même
famille. Ce rapprochement romproit cependant la série des
verbénacées aux solanées, et le rapport des rhinanthées avec
les orobanchées et les acantacées. C'est cette difficulté qui
avoit déterminé la série primitivement établie, laquelle con-
trarie à la vérité certaines affinités, semblable en ce point
à d'autres plus récemment proposées. Si on reconnoît que la
distribution des genres et des familles en masses, groupes
et faisceaux, est plus naturelle que leur disposition en chaîne
et série, adoptée par nécessité dans un livre; si, d'après ce
principe, en laissant entière la masse des hypo-corollées ou
monopétales hypogynes, on place les familles caractérisées
par un placentaire central et unique dans un groupe diffé-

rent de celui qui est distingué par des placentaires pariétaux plus ou moins saillans dans l'intérieur du fruit, alors
on ne confondra pas le groupe des acantacées à placentaires
pariétaux avec celui des scrophularinées à placentaire central. dont il se rapprochera seulement à quelque distance
par l'intermède des rhinanthées; on placera les utriculinées
très-près des calcéolariées et conséquemment des scrophularinées, en évitant de déranger la transition de ces dernières
aux solanées; mais en même temps on désirera ne pas trop
éloigner les utriculinées des primulacées, qui ont aussi le
placentaire central. Ce simple aperçu est soumis à l'examen
des savans qui s'attachent à l'étude des affinités et qui en
trouveront peut-être de plus fortes fondées sur d'autres caractères. (J.)

UTSELUR. (*Mamm.*) On trouve dans le Voyage de Olafsen
et Polvesen en Islande, que les habitans de cette ile désignent par ce nom une grande espèce de phoque, sur laquelle
il n'est donné aucun autre renseignement. (Desm.)

UTSU-BOGUSA. (*Bot.*) Voyez Uruki. (J.)

UTSUGI. (*Bot.*) Voyez Deutzie, Joro. (J.)

UTSUK. (*Mamm.*) Nom d'un phoque inconnu, et qu'on a
rapporté à l'espèce des mers du Kamtschatka, que Kraschen-
ninikof a indiqué sous le nom de *latak*. (Desm.)

UTTA-BIRA, UTTA RENUT. (*Bot.*) Ces noms sont donnés
dans l'île d'Amboine, suivant Rumph, à son *gandola*, qui
est le *lycopersicon*. (J.)

UTTA-MANU. (*Bot.*) A Amboine on donne ce nom et
celui de *saior-ayam*, signifiant tous deux herbe de la poule,
à deux casses, *cassia sophera* et *obtusifolia*, lesquelles, suivant Rumph, qui les nomme *gallinaria*, sont employées pour
les maladies des poules. On les mange aussi cuites, mêlées à
d'autres plantes. (J.)

UTTAMARIA. (*Ornith.*) Ce nom, qui est aussi écrit *rut-
tamaria* et *calicatozu* dans Belon, paroit à Buffon appartenir
plutôt à quelque espèce de plongeon ou de castagneux qu'à
la famille des pingouins. (Ch. D.)

UTTA-SOA. (*Bot.*) Nom donné dans l'île d'Amboine,
suivant Rumph, à son *gnemon domestica*, *Amb.*, 1, t. 71 et 72;
gnetum gnemon de Linnæus (voyez Gnet et Culang), que

nous avions d'abord rapporté à la suite de la famille des urticées, près du *piper*, en ajoutant dans une observation finale
que ce dernier genre pouvoit devenir le type d'une nouvelle
famille des pipéritées, dans laquelle le *gnetum* pourroit être
compris. Cette famille a été établie postérieurement (voyez
Pipéritée), et le *gnetum* y est compris, mais avec quelque
doute, parce qu'on ne connoît pas assez ses caractères, lesquels, quoique détaillés par Rumph, sont cependant incomplets. Le même auteur mentionne ailleurs (5, t. 8) un *gnemon
funicularis*, *soa vari* d'Amboine, que Loureiro cite comme
identique avec son genre *Abutua*, omis dans ce Dictionnaire,
et que nous rappelons ici. Il a beaucoup d'affinité avec le
Gnetum et avec le *Thoa* d'Aublet, genre voisin, et on retrouve même sous la peau extérieure de son péricarpe, comme
sous celle du *thoa*. des piquans dont le contact excite une
vive démangeaison. Ils existent peut-être aussi dans le *gnetum* sans y avoir été remarqués. Rumph cite encore (5, t. 7)
un *funis gnemoniformis*, *tali-gnemon* des Malais, *Walisoa*
d'Amboine, qui a beaucoup d'affinité avec le précédent, et
dont l'examen ultérieur contribuera à bien déterminer le
caractère et la véritable affinité de ces végétaux singuliers.
(J.)

UTTER. (*Mamm.*) Nom de la loutre en Suède. (Desm.)

UTY. (*Bot.*) L'arbre, cité sous ce nom brésilien par Marcgrave, a le feuillage menu et bipenné de l'acacia, ainsi
que son port, d'après la figure incomplète donnée par l'auteur, mais on ne peut déterminer son genre parce, qu'on ne
connoît ni la fleur ni le fruit. (J.)

UUZ. (*Ichthyol.*) A Dsjedda on donne ce nom à l'*ophisure ophis*. Voyez Ophisure. (H. C.)

UVA. (*Bot.*) Ce nom latin du raisin a été donné par Burmann au *marum-paxel* du Malabar, dont les fruits ont la
forme de ceux de la vigne. Linnæus, en alongeant le mot,
en a fait l'*Uvaria*, qui est maintenant un genre de la famille
des Anonées. Le même nom, avec un surnom, a été donné
à la busserole, *uva ursi*, qui est l'*arbutus uva ursi* de Linnæus.
G. Bauhin cite encore un autre *uva ursi*, de Galien, qu'il
rapporte au *mespilus pyracantha*. L'*uva crispa* est un groseiller;
l'*uva lupina*, un *solanum*; l'*ephedra* est nommé *uva marina* par

Lobel et Dodoëns; l'*uva taminea* de Pline est, selon quelques-
uns, le fruit du *tamus.* On croit encore que l'*uva* de la terre
promise, rapporté à Moïse par Caleb et Josué, étoit un régime de bananier. (J.)

UVA CAMARONA. (*Bot.*) Dans les Andes de Popayan,
suivant M. de Humboldt, on donne ce nom au *Thibaudia
macrophylla*, genre de la famille des éricinées, voisin du *Vaccinium.* (J.)

UVA DE PERRO. (*Bot.*) Voyez DURILLO. (J.)

UVANG-BIRI. (*Bot.*) Rochon cite sous ce nom une liane
de Madagascar, à grosses gousses carrées, dont la féve, dit-
il, est antihémorrhoïdale; c'est peut-être le grand pois pouil-
leux, *dolichos urens* de Linnæus; *mucuna* des modernes, dont
la graine, grosse et lenticulaire, est regardée, suivant un
préjugé populaire, comme propre à prévenir le retour des
hémorrhoïdes, lorsqu'on la porte habituellement sur soi;
d'autres amulettes pareilles jouissent de la même célébrité
(J.)

UVARIA. (*Bot.*) Voyez CANANG. (POIR.)

UVAS. (*Bot.*) Ce nom, dérivé d'*uva*, qui signifie raisin,
est donné, suivant Rhéede, par les Portugais de l'Inde, à
plusieurs espèces de *cissus* et de vignes. Si, d'après le caractère de l'*uvas d'inferno* (*katoa-tsjeroe* du Malabar, Rhéede,
4, t. 9), tracé dans la gravure, cet arbre, fort différent
des vignes, a cinq pétales, cinq étamines et une baie monosperme, il se rapprocheroit en ce point du *corynocarpus* de
Forster, dont la famille n'est pas encore déterminée. Cet
arbre passe dans l'Inde pour un poison. Son contact fait
enfler le corps et l'on fait cesser ce symptôme en prenant
intérieurement du lait, ou du beurre, ou de l'huile. (J.)

UVEDALIA A FEUILLES LINÉAIRES (*Bot.*), *Uvedalia li-
nearis*, Rob. Brown, *Nov. Holl.*, 1, pag. 440. Ce genre a été
établi par M. Rob. Brown pour une plante de la Nouvelle-
Hollande, de la famille des *personnées*, de la *didynamie angiospermie* de Linnæus, dont la tige est herbacée; les feuilles
opposées, linéaires, souvent plus courtes que les pédoncules.
Les fleurs sont axillaires, pédonculées, dépourvues de bractées, situées vers l'extrémité des tiges. Le calice est prisma-
tique, persistant, à cinq dents; la corolle bleue, en masque,

à deux lèvres ; la supérieure à deux lobes ; l'inférieure trifide ; la découpure du milieu un peu différente, marquée de
deux bosses à sa base ; les quatre étamines sont didynames ;
les anthères à deux lobes écartés ; l'ovaire est supérieur, à
un style, à un stigmate aplati. Le fruit est une capsule renfermée dans le calice, à deux loges, à quatre valves ayant
les bords rentrans et formant une cloison, appliqués contre
un placenta central chargé des semences. (Poir.)

UVERNAIRE. (*Mamm.*) On trouve dans le Dictionnaire
languedocien de l'abbé de Sauvages, que ce nom est donné
en Languedoc aux cochons âgés d'un an, et qu'on se propose
d'engraisser. (Desm.)

UVERO. (*Bot.*) Dans la province de Venezuela en Amérique on donne ce nom à un raisinier, *coccoloba barbadensis* de
Jacquin, suivant les auteurs de la Flore équinoxiale. (J.)

UVETTE. (*Bot.*) Voyez Ephedra. (Lem.)

UVIFERA. (*Bot.*) Ce nom avoit été donné par Plukenet
à quelques plantes rapportées au genre *Guaiabara* de Plumier, qui est maintenant le *Coccoloba* de Linnæus. Leurs
fruits en grappe présentent la forme d'un raisin, ce qui les
a fait nommer *raisinier*. Le *champaca* de l'Inde, *Michelia* de
Linnæus, avoit aussi été nommé *uvifera* par Hermann, à
cause des formes et dispositions semblables de ses fruits. (J.)

UVIGÉRINE. (*Foss.*) Dans le tableau méthodique de la
classe des céphalopodes, M. d'Orbigny a signalé sous ce nom
un genre de petites coquilles, auxquelles il assigne les caractères suivans : *Spire alongée, continue à tous les âges ; loges
très-globuleuses ; ouverture centrale, terminale au bout d'un prolongement de la dernière loge.*

Ce naturaliste a trouvé à l'état fossile les espèces suivantes :

Uvigérine rugueuse ; *Uvigerina rugosa*, d'Orb. Fossile des
environs de Sienne.

Uvigérine pigmée : *Uvigerina pigmea*, d'Orb., Ann. des sc.
nat., tom. 7, pl. 12, fig. 8 et 9 ; *Prolyphormium pineiformium*,
Sold., 2, p. 119, tab. 130, fig. *ss. tt.* Voir les caractères du
genre. Longueur, une ligne et demie. Fossile des environs
de Sienne.

Uvigérine trilobée ; *Uvigerina trilobata*, d'Orb. Fossile des
environs de Bordeaux. (D. F.)

UVULAIRE, *Uvularia*. (*Bot.*) Genre de plantes monocotylédones, à fleurs incomplètes, de la famille des *liliacées*, de l'*hexandrie monogynie* de Linnæus, offrant pour caractère essentiel : Une corolle à six divisions profondes, caduques; point de calice : six étamines plus courtes que la corolle, insérées à la base de ses divisions; les anthères fort longues; un ovaire supérieur; un style sétacé, à trois sillons; trois stigmates alongés; une capsule trigone, un peu comprimée, à trois loges, à trois valves; chaque valve divisée dans son milieu par une cloison; les semences arillées à leur cicatrice.

Ce genre, composé d'abord d'espèces dont plusieurs ne pouvoient lui appartenir, a été renfermé dans ses véritables caractères par l'établissement du genre *Streptopus*, qui réunit les espèces dont le fruit est une baie et non une capsule, et qui de plus doit passer dans la famille des asparaginées; motifs très-suffisans pour autoriser cette réforme : d'une autre part, ces deux genres se rapprochent par leur port. Les tiges sont engainées à la base et souvent dichotomes; les feuilles planes, membraneuses, point vaginales; les fleurs solitaires et axillaires.

UVULAIRE PERFOLIÉE : *Uvularia perfoliata*, Linn., *Sp.*; Lamk., *Ill. gen.*, tab. 247, fig. 2 ; Cornut., *Canad.*, tab. 59. Cette plante a des racines fibreuses; elles produisent plusieurs tiges glabres, cylindriques, enveloppées à leur base de plusieurs gaines membraneuses, obtuses, jusqu'à la hauteur de trois à quatre pouces, où ces tiges se bifurquent en deux rameaux divergens, quelquefois dichotomes. Les feuilles sont alternes, sessiles, presque perfoliées, longues d'environ un pouce et demi, larges de six ou neuf lignes, glabres, ovales, un peu obtuses, entières, d'un vert pâle. Les fleurs sont axillaires, solitaires, pendantes à l'extrémité d'un pédoncule simple, recourbé, plus court que les feuilles. La corolle est de couleur jaune, campanulée, peu ouverte, longue au moins d'un pouce, divisée jusqu'à sa base en six découpures étroites, lancéolées, aiguës; les filamens courts; les anthères très-longues, presque subulées; une capsule oblongue, trigone, tronquée au sommet. Cette plante croît au Canada et sur les hautes montagnes de la Caroline. On la cultive au Jardin du Roi.

Uvulaire a feuilles sessiles : *Uvularia sessilifolia*, Linn., *Spec.*; Smith, *Exot.*, tab. 52. Ses tiges sont droites, glabres, hautes de six ou dix pouces, foibles, enveloppées à leur base de plusieurs gaînes membraneuses, très-minces, obtuses. Les feuilles sont sessiles, alternes, point amplexicaules, glabres, ovales-lancéolées, glauques, entières, un peu obtuses, longues d'un pouce et plus. Les tiges sont divisées à leur sommet en deux rameaux, dont un stérile ; l'autre, muni très-souvent de deux feuilles très-rapprochées, produit des fleurs solitaires, pédonculées, axillaires; le pédoncule filiforme, incliné. La corolle est d'un jaune pâle, à six divisions profondes, planes, lancéolées, étroites, presque acuminées; la capsule ovoïde, légèrement pédicellée. Cette plante croit au Canada, dans la Caroline, aux environs de Charles-Town.

Uvulaire pubescente : *Uvularia puberula*, Mich., *Flor. bor. amer.*, 1, pag. 199. Cette plante a beaucoup de rapports avec la précédente. Ses fleurs sont plus grandes; ses feuilles un peu amplexicaules; ses capsules point pédicellées. Les tiges sont droites, presque simples, légèrement pubescentes; les feuilles alternes, sessiles, ovales, arrondies, presque à demi amplexicaules, entières, à peine aiguës. Les fleurs sont solitaires, axillaires, pédonculées; la corolle est divisée jusqu'à sa base en six découpures très-lisses, étroites, oblongues, aiguës. Le fruit est une capsule courte, ovale, un peu trigone, sessile, à trois loges. Cette plante croît sur les hauteurs de la Caroline.

Uvulaire vrillée; *Uvularia cirrhoza*, Thunb., *Flor. jap.*, 136. Ses tiges sont droites, glabres, cylindriques, striées, articulées. Du même bouton sortent deux feuilles sessiles, glabres, linéaires, entières, longues de deux ou trois pouces, terminées par une vrille. Les fleurs naissent du même bouton que les feuilles : elles sont supportées par un pédoncule réfléchi, uniflore, long de six lignes. La corolle est jaune, à six découpures oblongues, presque d'un pouce de long; les filamens une fois plus courts que la corolle; les anthères oblongues, à deux loges; le style, plus long que les étamines, plus court que la corolle, est terminé par trois stigmates réfléchis. Cette plante croît au Japon.

Uvulaire de la Chine : *Uvularia chinensis*, Bot. Magaz.,

tab. 916; Poir., Encycl., Suppl. Cette espèce, remarquable
par son port. l'est encore par ses filamens deux et trois fois
plus longs que les anthères. Ses tiges sont herbacées, anguleuses. hautes d'environ un pied et demi : les rameaux quelquefois simples, plus souvent étalés en corymbe, distans,
flexueux. Les feuilles sont alternes, ovales-lancéolées, acuminées, rétrécies brusquement en un pétiole court; les fleurs
axillaires. disposées trois ou quatre en une petite grappe
courte; les pédicelles recourbés; la corolle d'un brun foncé;
ses découpures oblongues, anguleuses, prolongées en bosse à
la base de chaque angle; le style de la longueur des étamines;
les stigmates étalés; l'ovaire trigone, turbiné. Cette plante
croît à la Chine.

Uvulaire jaune: *Uvularia flava*, Smith. *Bot. exot.*, 1, tab.
50. Cette espèce a beaucoup de rapports avec l'*uvularia perfoliata* : ses feuilles sont moins larges, plus alongées, un peu
obtuses, oblongues. elliptiques. ondulées à leurs bords, glabres, perfoliées. peu nerveuses; la corolle plus alongée, d'un
beau jaune; ses divisions droites, linéaires, aiguës au sommet. un peu rétrécies à la base, parsemées en dessus de
points rudes. Cette plante croît dans l'Amérique septentrionale.

Uvulaire a grandes fleurs : *Uvularia grandiflora*, Smith,
Exot., 1, tab. 51; *Bot. Magaz.*, tab. 1112; *Uvularia perfoliata*,
Redout., Lil., tab. 181. On distingue cette espèce à la gran_
deur de toutes ses parties. Ses tiges sont glabres, cylindriques; les feuilles alternes, perfoliées, planes, oblongues, entières, aiguës au sommet, point ondulées. Les fleurs sont
axillaires, pédonculées; les pédoncules recourbés; la corolle
grande, d'un beau jaune, glabre à ses deux faces, munie
à sa base d'une fossette arrondie; les anthères longues et
obtuses; quelquefois une de ces six parties manque dans plusieurs fleurs. Cette plante croît dans l'Amérique septentrionale. (Poir.)

UVULARIA. (*Bot.*) Ce nom, qui appartient maintenant
à un genre voisin du lis, avoit été donné par Brunsfels au
ruscus hypoglossum ; par Tragus au *campanula glomerata*.
(J.)

UYL. (*Ornith.*) Les colons du cap de Bonne-Espérance

donnoient presque tous, suivant Levaillant, le nom d'uyl aux diverses espèces de chouettes. (Ch. D.)

UZE. (*Ornith.*) C'est, en Arabie, le nom de l'oie, *anser.* (Ch. D.)

UZEG. (*Bot.*) Nom cité par Prosper Alpin de son *lycium indum*, qui est le *berberis cretica* de Linnæus. (J.)

V

VA. (*Bot.*) Selon M. Bosc, on nomme ainsi, dans le Tonquin, une espèce de figuier, qui produit sur son tronc des fruits composés d'une substance blanche, gélatineuse et sucrée. (Lem.)

VAALAN. (*Bot.*) Nom arabe, cité par Forskal, de son *commelina tuberosa.* (J.)

VAALHERT. (*Mamm.*) C'est le nom du daim en hollandois. (Desm.)

VAANDRAGER. (*Ichthyol.*) Voyez Tafel-Visch. (H. C.)

VAANDSOU. (*Bot.*) La plante de Madagascar, citée sous ce nom par Flacourt comme une espèce de féve, dont le fruit s'enfonce en terre et y mûrit, est très-probablement l'arachide ou pistache de terre, *arachis hypogœa.* (J.)

VAARGUILD. (*Ichthyol.*) Voyez Sondmur kong. (H. C.)

VAAR-TORSK. (*Ichthyol.*) Un des noms lappons de la Morue. Voyez ce mot. (H. C.)

VAAS-TORSK. (*Ichthyol.*) Voyez Skrey. (H. C.)

VACCA. (*Ichthyol.*) A Nice, on appelle ainsi le *céphaloptère Massena* de M. Risso. (Voyez Céphaloptère.)

Dans les îles Baléares on désigne par le même nom l'*holocentrus marinus* de feu de Lacépède. Voyez à l'article Holocentre. (H. C.)

VACCA. (*Mamm.*) Nom latin de la vache. (Desm.)

VACCARIA. (*Bot.*) Nom donné par Dodoëns à la plante qui est le *saponaria vaccaria* de Linnæus. (J.)

VACCERANO. (*Ornith.*) Ce nom est donné en Provence à la bergeronnette lavandière, *motacilla alba* et *cinerea*, Linn. (Ch. D.)

VACCIET. (*Bot.*) Nom françois, cité par Daléchamps, du

cerisier mahaleb (voyez VACCINIUM), différent du vaciet, espèce de muscari. (J.)

VACCINIÉES. (*Bot.*) M. De Candolle, dans sa Théorie
élémentaire, propose une nouvelle famille de ce nom, dont
l'airelle, *vaccinium*, doit être le type, et conséquemment
elle sera composée de la seconde section des éricinées, distincte de la première par l'ovaire infère, faisant corps entièrement ou en partie avec le calice. Cette séparation, qui
ne dérange pas la série naturelle, peut être admise sans être
absolument nécessaire, pourvu que les deux familles restent
voisines. (J.)

VACCINIUM. (*Bot.*) Le végétal, cité sous ce nom dans
Virgile, avec l'épithète *nigrum*, a été regardé par plusieurs
auteurs anciens comme le même que nous nommons airelle
ou myrtille, qui est l'espèce primitive du genre *Vitis idœa*
de C. Bauhin et de Tournefort. Un autre *Vitis idœa* étoit
le *Vaccinia rubra* de Dodoëns et de Lobel. Linnæus les a
aussi réunis sous le nom primitif *Vaccinium*, en ajoutant
l'épithète *Myrtillus* pour le premier, et *Vitis idœa* pour le
second. On trouve dans Pline la citation d'un *Vaccinium*
qui, suivant Daléchamps et C. Bauhin, est fort différent des
précédens, et qu'ils croient être le LACARA ou LACATHA
(voyez ces mots) de Théophraste. Daléchamps, qui le nomme
Vacciet en françois, en donne la figure et la description :
c'est le *Ceraso affinis* de Bauhin; le *Mahaleb* de Matthiole; le
Macaleb de Gesner, espèce de *Cerasus* de Tournefort, confondu dans le genre *Prunus* par Linnæus, sous le nom de *prunus mahaleb*, rétabli plus récemment sous celui de *cerasus mahaleb*. (J.)

VACHE. (*Conchyl.*) Nom marchand d'une coquille du genre
Rocher, *Murex femorale*, Linn., espèce de triton pour M. de
Lamarck. (DE B.)

VACHE. (*Bot.*) Dans les Vosges on donne ce nom à un
champignon du genre *Agaricus*, à cause du suc laiteux qu'il
répand. M. Persoon, dans son Traité sur les champignons
comestibles (page 220), le donne pour la rougeole à lait
doux de Paulet, Trait., 2, pag. 185; l'*agaricus lactifluus*, aureus, Hoffm.: Krapf, Champ. comest., 2, pl. 1, fig. 1 — 5;
l'*agaricus lactifluus, ruber*, Trattinn., Fung., pl. 13. M. Per-

soon le décrit sous le nom de lactaire doré. Ce champignon se vend au marché de Vienne, et on le mange ordinairement cuit avec de la crême ou du beurre, en y ajoutant du sel et des fines herbes.

Il ne faut pas confondre cette espèce d'*agaricus* avec une autre, également comestible, et qu'on nomme *vache blanche* et *auburon* dans les Vosges : celle-ci est l'*agaricus piperatus* des auteurs, l'*agaricus amarus*, Schæffer, l'*agaricus acris*, Bull., et le laiteux poivré blanc de Paulet. Cette synonymie est donnée par M. Persoon. (LEM.)

VACHE. (*Mamm.*) Nom de la femelle du taureau. Voyez l'article BŒUF. (DESM.)

VACHE ARTIFICIELLE. (*Chasse.*) On emploie ce moyen pour chasser aux perdrix à la pointe du jour dans les blés verts, dans les terres en friche et dans les plaines d'où l'on peut découvrir les compagnies de ces oiseaux. La machine, construite en toile rouge, doit imiter une vache avec ses deux cornes et sa queue ; elle se nomme *tonnelle*, et l'homme qui la porte, et qui voit par des ouvertures percées en façon d'yeux, s'appelle *tonneleur*. Quand on a découvert les perdrix on s'en approche en serpentant, et l'on tend la tonnelle ; mais cette chasse exige beaucoup de soins et de précautions, et elle est peu usitée. (CH. D.)

VACHE-BICHE. (*Mamm.*) Dénomination appliquée à l'antilope hubale. (DESM.)

VACHE BLANCHE, *El bouger abiad*. (*Mamm.*) Nom arabe, suivant Denham, de l'*antilope cervicapra*, Pallas. (LESSON.)

VACHE BLEUE. (*Mamm.*) L'antilope nylgaut est ainsi nommée dans son pays natal, l'Indostan. (DESM.)

VACHE-BOUSIER. (*Entom.*) C'est le nom d'une espèce de *bousier* que nous avons décrit sous le n.º 6, et que Geoffroy a inscrit parmi les insectes des environs de Paris, sous le nom de *bousier à deux cornes*, tom. 1.ᵉʳ, pag. 90, n.º 5. (C. D.)

VACHE BRUNE. (*Mamm.*) Au Sénégal, selon le rapport d'Adanson, le nom *grande vache brune* est appliqué à l'antilope kob, et celui de *petite vache brune* à l'antilope koba. (DESM.)

VACHE A DIEU. (*Entom.*) On désigne, dans plusieurs de nos départemens, les coccinelles sous ce nom vulgaire. On leur donne aussi les dénominations de *cheval de Dieu*, *bête à Dieu*, *Martin bon Dieu*, *bête à la vierge*, *scarabée-tortue*, *hémisphérique*. Voyez à l'article COCCINELLE, tome IX, page 490. (C. D.)

VACHE GROGNANTE. (*Mamm.*) Nom donné au yak, espèce de bœuf, à cause du son de sa voix, qui est une espèce de grognement. (DESM.)

VACHE MARINE. (*Ichthyol.*) Dans plusieurs de nos départemens méridionaux on appelle ainsi la *raie batis*. Voyez RAIE. (H. C.)

VACHE MARINE. (*Mamm.*) Ce nom est particulièrement appliqué au morse, mais on l'a aussi donné à l'hippopotame du cap de Bonne-Espérance, et au dugong des mers des Indes et de la Chine. (DESM.)

VACHE MONTAGNARDE. (*Mamm.*) On a quelquefois désigné le tapir par ce nom. (DESM.)

VACHE DE QUIRIVA. (*Mamm.*) Quelques voyageurs ont parlé du bison, espèce de bœuf d'Amérique, sous cette dénomination. (DESM.)

VACHE SAUVAGE. (*Mamm.*) Cette désignation a été appliquée au tapir, et quelques antilopes d'Afrique, telles que le kob et le koba, ont reçu celle de *vache sauvage de Guinée*. (DESM.)

VACHE DE TARTARIE. (*Mamm.*) C'est l'un des synonymes du yak ou vache grognante. Voyez l'histoire de cet animal à l'article BŒUF. (DESM.)

VACHETTA. (*Ichthyol.*) Nom nicéen du *céphaloptère Giorna* et des *crénilabres ocellé* et *verdâtre*. Voyez CÉPHALOPTÈRE et CRÉNILABRE. (H. C.)

VACHETTE. (*Ornith.*) Un des noms vulgaires de la lavandière, *motacilla alba* et *cinerea*. (CH. D.)

VACIET. (*Bot.*) Desmoulins, traducteur de Daléchamps, cite, d'après Cordus, ce nom françois de son hyacinthe grand, *hyacinthus comosus* de Linnæus, *muscari comosum* de Miller. (J.)

VACILLANTE [ANTHÈRE]. (*Bot.*) Alongée, attachée par le milieu et mobile; exemple : lis, tulipe, etc. (MASS.)

VACIVE, VACIVEAU. (*Mamm.*) Nom donné par les cultivateurs aux moutons antenois, dans les départemens de la

France qui correspondent à la ci-devant province de Berry. (Desm.)

VACOS. (*Entom.*) On désigne sous ce nom, à Ceilan, une espèce de termite ou de fourmi blanche. Voyez l'article Termite, et la pag. 546, tom. 8, de l'Histoire générale des voyages. (C. D.)

VACOUA, VACOUANG. (*Bot.*) Noms du *pandanus* dans l'île de Madagascar. Quelques personnes l'ont écrit *baquoi*. Cossigny le nomme *voakoa* dans son Voyage à Canton, et cite une espèce congénère, qui est le *mallora* des îles Nicobar, dans le golfe du Bengale. (J.)

VADA-KODI. (*Bot.*) Nom malabare d'une carmantine, *justicia gendarussa*. (J.)

VADE-SEAL. (*Mamm.*) Ce nom islandois s'applique à une espèce de phoque indéterminée, mais qu'on a cru être le gassigiac. (Desm.)

VADHOÉ. (*Bot.*) Nom brame du *ficus benghalensis*, cité par Rhéede. (J.)

VADIPÈDES. (*Ornith.*) On donne ce nom aux oiseaux échassiers, tels que les bécasses, les courlis, etc., dont deux seulement des trois doigts de devant sont munis à leur base d'une petite membrane, et dont le postérieur n'en a pas. (Ch. D.)

VADI-ZEBID. (*Bot.*) Voyez Mudah. (J.)

VADRITTO. (*Ornith.*) L'Histoire générale des voyages, tom. 5, p. 77, parle, d'après le P. Caprani, d'un oiseau, que ce jésuite dit exister au royaume de Matamba, et auquel il attribue pour tout chant, ces deux mots, *va dritto*, c'est-à-dire *va droit*. (Ch. D.)

VADUR. (*Mamm.*) Nom suédois du bélier. (Desm.)

VAÉ. (*Bot.*) Voyez Voaé. (J.)

VÆKI. (*Bot.*) C'est le nom arabe du *Jussiæa edulis* de Forskal, qui est, selon Vahl, l'*antichorus depressus* de Linnæus. (J.)

VA-EMBU. (*Bot.*) L'*acorus verus* est ainsi nommé au Malabar, suivant Rhéede. Il porte le même nom à Ceilan, ainsi que ceux de *vassumbo* et *vazabu*, selon Hermann. (J.)

VAENNA. (*Bot.*) Nom brame, cité par Rhéede, du *nilabarudena* du Malabar, que Burmann regardoit comme le so-

lanum melongena de Linnæus, mais que M. de Lamarck reporte au *solanum insanum* du même. (J.)

VAGA. (*Bot.*) A Ceilan on donne ce nom à l'*elate sylvestris*. Linn., espéce de palmier. (Lem.)

VAGA CUNDOE. (*Ornith.*) Ce nom est donné à un oiseau des Indes, regardé comme une espéce de pic à tête et queue noires; il se rapporte vraisemblablement au vanga. (Ch. D.)

VAGA VOLUCRIS. (*Ornith.*) Ovide désigne par cette expression poétique l'hirondelle de cheminée, *hirundo rustica*, Linn. (Ch. D.)

VAGABOND. (*Ichthyol.*) Nom spécifique d'un Chétodon. Voyez ce mot. (H. C.)

VAGABONDES. (*Entom.*) Nom donné à quelques araignées crabes qui ne se filent point de toiles. (C. D.)

VAGAL. (*Conchyl.*) Adanson (Sénég., p. 252, pl. 17) décrit et figure sous ce nom une coquille bivalve du genre Telline. *Tellina strigosa*, Lamk. (De B.)

VAGALUME. (*Mamm.*) Cette dénomination, qui signifie *lumière vacillante*, est appliquée par les Portugais aux insectes coléoptères du genre Lampyre. (Desm.)

VAGE. UGI. (*Bot.*) Daléchamps cite ces noms arabes de l'*acorus*. (J.)

VAGEM. (*Bot.*) Voyez Negil. (J.)

VAGIN. (*Anat.*) Voyez Système et Voies de la génération. (H. C.)

VAGINA. (*Conchyl.*) Genre établi par Mégerle, dans son Nouveau Système de classification des coquilles bivalves, pour placer les espéces de solens qui sont complétement droites, comme le *S. vagina*, Linn. Voyez l'article Solen. (De B.)

VAGINAIRE. *Vaginaria.* (*Bot.*) Genre de plantes monocotylédones, à fleurs glumacées, de la famille des *cypéracées*, de la *triandrie monogynie* de Linnæus, qui diffère des *fuirena* par les paillettes, au nombre de trois, qui entourent la semence et qui alternent avec autant de soies. Les épillets sont composés d'écailles ovales, imbriquées de toutes parts; chaque fleur renferme trois étamines; un style; trois stigmates.

Le Vaginaire de Richard: *Vaginaria Richardi*, Persoon, Synops., 1, pag. 70; *Fuirena scirpoidea*, Mich., Fl. bor. amer., 1, pag. 38; Vahl, Enum., 2, pag. 387. Cette plante a des racines rampantes et noueuses. Ses tiges sont grêles, hautes d'un demi-pied, dépourvues de feuilles, qui sont remplacées par quelques gaines distantes, glabres, longues d'un demi-pouce, terminées par une pointe lancéolée, très-courte. Les épillets sont sessiles, terminaux, solitaires, géminés ou ternés, oblongs, velus, à peine longs de trois lignes; les écailles ovales, acuminées; chaque fleur composée de paillettes oblongues, mutiques, alternes avec autant de filets sétacés. Cette plante croît dans la Floride, aux lieux marécageux desséchés. (Pois.)

VAGINAIRE, *Vaginaria*. (*Infus.*) Genre établi par M. Oken (Manuel d'histoire natur. zoolog. , tom. 1, pag. 49) pour deux espèces d'animaux infusoires de Muller, et qui repose sur le caractère d'être contenues dans un tube membraneux, échancré, avec des cils à la bouche. Ces deux espèces sont le *vaginaria cuneus* et le *vaginaria longiseta* (*trichoda rattus*). (De B.)

VAGINAL. (*Ornith.*) Nom françois du genre *Vaginalis*, plus particulièrement adopté par feu de Lacépède et par Daudin, pour désigner celui que les auteurs modernes nomment *Chionis*. (Ch. D. et L.)

VAGINALIS. (*Ornith.*) Gmelin et Latham donnent ce nom générique à l'oiseau que Forster et M. Vieillot appellent *chionis*, et dont Illiger a fait une famille, qui ne comprend, sous la dénomination de *vaginalis*, qu'un genre décrit dans ce Dictionnaire sous le nom de Coléoramphe. (Ch. D.)

VAGINANTES ou ENGAINANTES. (*Entom.*) Épithète par laquelle on a désigné les ailes supérieures dans les insectes coléoptères et les orthoptères, parce qu'en effet les élytres, ainsi que leur nom l'indique, servent de gaines ou d'étuis aux ailes inférieures membraneuses, qu'elles protégent. (G. D.)

VAGINARIA. (*Bot.*) Ce genre de plantes confervoïdes a été établi par M. Bory de Saint-Vincent; il est conservé sous le nom de *microcoleus*, proposé par M. Desmazières, parce qu'il existe déjà en botanique un *vaginaria*. Le *microcoleus* est très-voisin de l'*oscillatoria* ou *oscillaria*, dont ses espèces ont même fait partie. Il appartient à la famille des oscillariées, ordre des arthrodiées, du règne psychodiaire, de la nouvelle classification, proposée par Bory de Saint-Vincent. Il offre pour caractère : des filamens simples, semblables pour l'organisation à ceux des oscillaires proprement dits, mais non libres ou empâtés dans une masse muqueuse, et se dégageant, par une sorte de reptation, de gaînes communes qui en réunissent un certain nombre en faisceaux.

Deux espèces sont mentionnées par l'auteur de ce genre ; elles forment l'*oscillatoria chthonoplastes* de Lyngbye.

1. Le Microcoleus terrestre : *Microcoleus terrestris*, Bory, *Dict. class.*, 10, page 525, planches des arthrodiées, fig. 5, sous le nom de Vaginaire terrestre, Desm., *Fasc. crypt.*, 2, page 55 ; *Conferva vaginata*, Dill., pl. 99 ; Sow., *Engl. bot.*, pl. 1995 ; *Oscillatoria vaginata*, Vauch., *Conf.*, p. 200, pl. 15, fig. 15 ; *Oscillatoria chthonoplastes*, var. *b ; Vaginata*, Lyngbye, *Tent.*, 92 ; *Oscillatoria autumnalis*, var. *b*, Agardh, *Syst.*, page 92. Cette espèce est confervoïde, verte ou d'un vert brunâtre, ou même noire, et se trouve dans toute l'Europe, aux bords des ruisseaux, des eaux thermales (à Reikinvik en Islande, Lyngb.), sur les terres humides, dans certains lieux ombragés des jardins ; elle rampe sur les pots de fleurs. M. Bory l'a observée, appliquée aux petites anfractuosités du sol, entre lesquels on voit à l'œil nu serpenter ses faisceaux comme de petites lignes d'un noir muqueux, de la grosseur d'un crin ou d'un fort cheveu, se croisant, se surmontant les uns les autres, de façon à former à la fin une sorte de *plexus* luisant et onctueux au toucher. Vaucher fait remarquer que cette espèce a la propriété de revivre dès qu'elle est humectée, et de ne pas périr par la sécheresse comme les autres oscillatoires qu'il décrit ; sa singulière organisation l'avoit frappé, et il présumoit que la plante se multiplioit d'une manière différente de celle de ses autres oscillatoires, mais que chaque filet, après s'être séparé du fourreau, grossit et forme lui-même à son tour une enveloppe qui contient plusieurs filamens.

2. Le Microcoleus maritime : *Microcoleus maritimus*, Bory de Saint-Vinc., *loc. cit.* ; *Oscillatoria chthonoplastes*, var. *a*, Lyngb., *Tent.*, page 92, pl. 7, fig. a ; Hoffm.-Bang., *De usu conf.*, page 19, Icon. ; Agardh, *Syst.*, page 62. Cette espèce croît dans les sables salés, souvent inondés par la mer. Ses

filamens sont bruns, simples, hyalins, moins visiblement articulés que dans l'espèce précédente, souvent tortueux et comme pliés en spirale dans l'intérieur des gaines, ne devenant droits qu'aux orifices par lesquels ils rayonnent. Leur couleur tire sur le brun, et ils finissent de stratification en stratification par former des couches muqueuses plus ou moins épaisses; ce qui n'arrive pas dans l'espèce terrestre, comme le fait observer Bory de Saint-Vincent. (Dict. class.)

Le *conferva chthonoplastes* de la Flore danoise, pl. 1485 (*gloionema chthonoplastes*, Agardh, *Syn.*, page 121), a été rapporté au vaginaria maritime par quelques auteurs. Un nouvel examen de la plante de la Flore danoise est nécessaire pour décider la question. Bonnemaison donne pour exemple du genre *Vaginaria*, qu'il établit dans son Essai sur les hydrophytes loculées, cette même plante de la Flore danoise. Il établit ainsi les caractères génériques de son *Vaginaria*: Fronde gélatineuse, commune, horizontale, informe, renfermant des filamens simples, obtus, continus, logés chacun dans un fourreau propre. L'auteur fait observer que les filamens sont tortueux, qu'ils ne dépassent point la membrane commune, et que les faisceaux sont un peu divergens; souvent ils déchirent la membrane commune et deviennent le commencement d'un nouveau tapis. Vus isolément, les filamens paroissent farcis à l'intérieur de stries annulaires. Les espèces qui composent ce genre sont, les unes marines et les autres terrestres. L'auteur n'en décrit point, et on peut juger, d'après le peu de lignes ci-dessus, que le genre *Vaginaria*, Bonn., ne peut être considéré, quant à présent, comme véritablement le même que le *Microcoleus;* de plus amples éclaircissemens sont nécessaires pour décider s'il peut être conservé, et alors on lui fixera un nouveau nom, puisque celui de *Vaginaria* est déjà employé en botanique. (Lem.)

VAGINARIA. (*Bot.*) Ce genre de cypéracées, fait par Persoon, paroit devoir être réuni au *Fuirena* de Rottboll, et se confondre avec le *Fuirena scirpoidea* de Michaux. Voyez VAGINAIRE. (J.)

VAGINELLA. (*Bot.*) Voyez LEPIDOSPERMA. (Poir.)

VAGINELLE, *Vaginula*. (*Bot.*) Nom donné par M. De Candolle à la petite gaine membraneuse qui embrasse la base des faisceaux de feuilles dans les pins. On nomme vaginule ou gainule, la petite gaine qui entoure la base du pédicule de l'urne des mousses. (Mass.)

VAGINELLE. (*Foss.*) On trouve dans les dépôts marins coquilliers de Léognan et de Saucatz près de Bordeaux, une espèce de petite coquille de la classe des ptéropodes, à laquelle Daudin a donné le nom générique de Vaginelle, et qui paroit devoir se rapprocher des cléodores. Sa longueur est de trois lignes, et sa largeur, d'une ligne et demie à son milieu, où elle est un peu renflée. Sa forme est un peu aplatie; le sommet est pointu; son ouverture est presque linéaire, et les bords en sont un peu évasés.

Dans son Mémoire géologique sur les environs de Bordeaux, M. de Basterot l'a nommée vaginelle déprimée, *Vaginella depressa*; et il en a donné la figure pl. 4, fig. 16. Elle a été décrite par M. Bosc, et figurée dans le Nouveau Dictionnaire d'hist. nat., tome 35, pl. B, 20, fig. 7; Bowdich, *Elem. of conch.*, première partie, pl. 5, fig 10; Parkinson, *Org. rem.*, tom. 3, pl. 2, fig. 31, et dans le Dict. classique d'hist. nat., M. Deshayes, qui l'a regardée comme une cléodore, lui a donné le nom de *cleodora strangulata*.

Dans les couches du calcaire grossier de Chaumont, département de l'Oise, nous avons trouvé quelques individus d'une espèce de petite coquille cylindrique très-mince qui est fort singulière. Elle a à peine une ligne et demie de longueur; son sommet est très-pointu, et elle se termine à la base par une ouverture ronde dont le bord porte un petit bourrelet retroussé. Nous avons cru devoir la placer auprès de l'espèce ci-dessus, avec laquelle elle a quelques rapports génériques, et nous lui avons donné le nom de vaginelle ? retroussée, *vaginella ? succincta*. Elle se trouve figurée, ainsi que l'espèce qui précède, dans l'atlas de ce Dictionnaire, planches des fossiles. (D. F.)

VAGINICOLE. *Vaginicola*. (*Infus.*) Genre établi par M. de Lamarck (Syst. des anim. sans vert., tom. 2, p. 26) pour quelques espèces de trichodes de Muller, qui sont renfermées dans un fourreau transparent, non fixé; telles sont:

La VAGINICOLE LOCATAIRE (*Vaginicola inquilina*; *Trichoda inquilina*, Mull., *Zool. Dan.*, t. 9, fig. 2; cop. dans l'Encycl.

méth., pl. 16, fig. 14—17), dont le fourreau est cylindrique, hyalin, et le pédicule du corps tortillé.

La V. PROPRIÉTAIRE (*V. ingenita; Trichoda ingenita*, Mull., *Inf.*, t. 31, fig. 13 — 15; copié dans l'Encycl. méth., pl. 16, fig. 18 — 20), dont le fourreau est déprimé, plus large à la base; le corps de l'animal subinfundibuliforme, atténué en arrière en une queue non exsertile.

La V. INNÉE (*V. innata; Trichoda innata*, Mull., *Inf.*, t. 31, fig. 16—19; cop. dans l'Encycl. méthod., pl. 16, fig. 21—24), dont le fourreau est cylindrique et la queue exsertile en dehors.

Toutes trois ont été observées dans l'eau de la mer.

M. Oken a établi le même genre sous le nom de *Tintinnus.* (DE B.)

VAGINOPORE. (*Foss.*) On trouve à Parnes, département de l'Oise, dans la couche du calcaire coquillier grossier, des fragmens d'un polypier très-fragile, qui ont quatre à cinq lignes de longueur sur une ligne de diamètre. Ils sont cylindriques et toujours brisés aux deux bouts. Ils sont composés d'une sorte d'écorce, qui est criblée de très-petits trous, et qui recouvre un axe cylindrique, creux, et couvert de petits anneaux circulaires, serrés les uns contre les autres, et entre lesquels il se trouve un très-grand nombre de petites loges oblongues.

Comme il paroit que ce polypier ne peut se rapporter à aucun de ceux qu'on connoit déjà, nous avons cru qu'il devoit former un genre particulier, et nous lui avons donné le nom de *Vaginopore*, et à l'espèce celui de *fragile*. On en voit une figure dans les Vélins du Muséum, n.° 48, fig. 20, et une autre dans l'atlas de ce Dictionnaire, planches des fossiles. (D. F.)

VAGINULE, *Vaginula*. (*Malacoz.*) Genre de malacozoaires nus de la famille des limaciués, établi par M. de Férussac pour un animal du Brésil, dont nous avons donné une anatomie, dans son ouvrage sur les mollusques terrestres et fluviatiles, et que nous avons regardé comme appartenant ou bien au genre ONCHIDIE de Buchanan, c'est-à-dire aux véritables onchidies, en ayant retranché, sous le nom de PICONIE, les espèces marines que M. Cuvier y avoit placées à tort, suivant

nous ; ou bien à un autre genre, que nous avons appelé Véro-
nicelle. Voyez ces différens mots. (De B.)

VAGIROSTRE. (*Ornith.*) Synonyme, dans Illiger, de *chionis.*
(Ch. D. et L.)

VAGNERA. (*Bot.*) Voyez Smilacina. (J.)

VAGON. (*Bot.*) Un des noms généraux anciens du chiendent, *gramen*, cités par Mentzel. Il y joint celui de *negen*,
qui a quelque rapport avec le Negil (voyez ce mot), appliqué plus particulièrement au chiendent des boutiques, *cy-
nodon*, nommé aussi *negem* par Daléchamps. (J.)

VAGRA. (*Mamm.*) C'est le nom que porte le tapir dans un
des nombreux idiomes de l'Amérique méridionale. (Desm.)

VAGTEL-KONGO. (*Ornith.*) C'est en danois le râle d'eau,
rallus aquaticus, Linn. (Ch. D.)

VAGUINANG-BOUA. (*Bot.*) On croit que l'arbre de ce
nom à Madagascar, cité par Rochon, est une espèce de *gardenia*. (J.)

VAG-VAGUES. (*Entomol.*) L'un des noms vulgaires sous
lesquels on a désigné quelquefois les termites ou fourmis
blanches. (C. D.)

VAHALAYE. (*Bot.*) C'est une plante grimpante de Madagascar, dont on mange la racine crue ou cuite, qui parvient
à la grosseur de la tête d'un homme, suivant Flacourt, et
dont la saveur approche de celle d'une poire de bon-chrétien.
Elle sert principalement de nourriture au peuple : c'est, peut-
être, un igname, *dioscorea*. (J.)

VAHANA. (*Ornith.*) Suivant le P. Paulin, de Saint-Barthé-
lemi, dans son Voyage aux Indes orientales, tom. 1.ᵉʳ, in-8.º,
p. 421, cet oiseau, qui est le même que l'épervier, *parandu*
en langue malabare, et *garhonda* en sanscrit, est très-vénéré
dans cette contrée, où les femmes, dit-il, prennent pour un
bon augure qu'il aille leur enlever le poisson des mains.
(Ch. D.)

VAHATS. (*Bot.*) L'arbrisseau de Madagascar, cité sous ce
nom par Flacourt, a une racine dont on détache l'écorce,
qui est employée en teinture, suivant l'auteur, et donne
une belle couleur de feu ou de jaune doré, si on lui joint
du jus de citron. Il pourroit appartenir à la famille des Rubiacées. (J.)

VAHÉA. (*Bot.*) Genre de plantes dicotylédones, monopétalées, de la famille des *apocinées*, de la *pentandrie monogynie* de Linnæus, offrant pour caractère essentiel: Un calice fort petit, à cinq divisions; une corolle infundibuliforme; le tube alongé, ventru à sa base; le limbe contourné, à cinq divisions; un ovaire supérieur; un style; un stigmate à deux pointes, placé sur un disque orbiculaire, un peu charnu. (Voyez Urceola.)

Vahéa porte-gomme : *Vahea gummifera*, Poir., Encycl., Suppl.; Lamk., *Ill. gen.*, tab. 169. Arbre ou arbrisseau dont les rameaux sont glabres, cylindriques, garnis de feuilles opposées, médiocrement pétiolées, glabres, luisantes, coriaces, ovales, obtuses, presque elliptiques, nerveuses, entières, longues d'environ deux pouces, larges d'un pouce et plus. Les fleurs sont glabres, d'un blanc jaunâtre, disposées en une cime terminale; les pédicelles munis de petites bractées à leur base. Le calice est fort petit, à cinq découpures aiguës; la corolle en forme d'entonnoir; le tube presque long d'un pouce, un peu renflé à sa base; le limbe contourné, à cinq divisions linéaires, un peu obtuses; cinq étamines insérées vers le milieu du tube; les filamens très-courts; les anthères sagittées; l'ovaire ovale, aigu; le style subulé; le stigmate à deux petites pointes, placé sur un disque orbiculaire, un peu charnu. Le fruit n'a pas été observé. Cette plante a été découverte par Joseph Martin à l'île de Madagascar. Elle fournit, comme plusieurs autres, de la gomme élastique. Voyez Voaé. (Poir.)

VAHIA. (*Bot.*) Herbe rampante de Madagascar, citée par Flacourt, que Vaillant. dans son Herbier, a rapportée au genre Hydrocotyle. (J.)

VAHLIA. (*Bot.*) Genre de plantes dicotylédones, à fleurs complètes, polypétalées, de la famille des *onagraires*, de la *pentandrie digynie* de Linnæus, offrant pour caractère essentiel: Un calice persistant à cinq divisions; cinq pétales; cinq étamines alternes avec les pétales; les anthères oblongues, mobiles; un ovaire adhérent avec le tube du calice; deux styles; deux stigmates simples; une capsule oblongue, à une seule loge, à deux valves, couronnée par le limbe du calice; plusieurs semences oblongues.

Le nom de *Vahlia*, qui rappelle celui d'un des élèves les plus distingués de Linné, a été substitué par Thunberg à celui de *Russelia*, employé pour ce même genre par Linné fils, mais qui l'avoit été déjà par Jacquin pour un autre genre. Il avoit été aussi donné par Dahl à un autre genre, réuni à l'*Assonia* de Cavanilles, parmi les malvacées ou les byrnériantes. Un autre *Vahlia* est celui de Necker, qu'il ne rapporte à aucune plante connue et qui se rapprochoit de l'*aralia*, s'il n'avoit pas une loge unique et polysperme.

Vahlia du Cap: *Vahlia capensis*, Thunb., *Diss. nov.*, pl. 2. pag. 56. *Icon.*; Lamk., *Ill. gen.*, tab. 189. Cette plante a le port d'un siléné. Ses tiges sont droites, herbacées, hautes de huit ou dix pouces et plus, un peu pubescentes, point noueuses, chargées de rameaux simples, axillaires, étalés, opposés. Les feuilles sont sessiles, opposées, étroites, lancéolées, longues de six ou huit lignes, larges de deux ou trois, à peine pubescentes, entières, aiguës, privées de stipules. Les fleurs sont axillaires, latérales, soutenues par des pédoncules courts, simples, uniflores, souvent aussi terminées par des fleurs, quelquefois par trois, pédicellées. Le calice est partagé à son limbe en cinq divisions profondes, lancéolées, aiguës. La corolle est jaune, petite, au moins une fois plus courte que le calice ; les anthères sont d'un blanc de neige. Cette plante croit au cap de Bonne-Espérance, dans les terrains sablonneux. (Poir.)

VAHON-RANOU. (*Bot.*) Voyez à l'article Linghirouts. (J.)

VAHON-VAHON-FOUCHI. (*Ornith.*) Nom du héron blanc à Madagascar, où le héron noir est appelé *vahon-vahon-maintchi*. (Ch. D.)

VAILLANTIE : *Valantia*, Linn. (*Bot.*) Genre de plantes dicotylédones monopétales, de la famille des *rubiacées*, Juss., et de la *polygamie monoécie*, Linn., dont les fleurs sont les unes hermaphrodites, les autres mâles sur le même pied, et dont les principaux caractères sont, dans les fleurs hermaphrodites, d'avoir : un calice très-court, supère ; une corolle monopétale en roue, à limbe presque nul et à limbe partagé en quatre découpures ovales, aiguës ; quatre étamines à filamens de la longueur de la corolle ; un ovaire infère, presque globuleux, à une seule graine terminée par trois cornes,

Dans les fleurs mâles : calice très-court, à peine sensible ; une corolle en roue à trois découpures ; trois étamines.

Les vaillanties sont de petites plantes herbacées, à feuilles entières, verticillées et à fleurs axillaires. Ce genre ne renferme plus que trois espèces ; plusieurs autres plantes que Linnæus y avoit rapportées, sont des *galium* pour les botanistes modernes : ainsi le *valantia aparine*, Linn., est aujourd'hui le *galium saccharatum*, All.; le *valantia cruciata*, Linn., est devenu le *galium cruciatum*, Smith, etc. Des trois espèces conservées dans le genre actuel *Valantia*, il suffira de rapporter ici l'espèce suivante :

Vaillantie des murailles ; *Valantia muralis*, Linn., *Spec.*, 1490. Sa racine est fibreuse, annuelle ; elle produit une tige divisée dès sa base en plusieurs rameaux glabres, un peu hispides, hauts de trois à cinq pouces, garnis de feuilles ovales, petites, glabres, rétrécies en pétiole à leur base et verticillées par quatre. Les fleurs sont d'un vert jaunâtre, portées, dans les aisselles des feuilles, par de courts pédoncules chargés communément de deux fleurs, l'une hermaphrodite et l'autre mâle ; à la première succède une petite capsule irrégulière, monosperme, indéhiscente, terminée par trois cornes.

Cette plante croît naturellement dans les lieux secs, sablonneux, et sur les rochers ou les vieux murs : on la trouve dans le midi de la France et de l'Europe ; M. Poiret l'a aussi recueillie en Barbarie. (L. D.)

VAINETA. (*Ornith.*) C'est, dit l'auteur du Nouveau Dictionnaire d'histoire naturelle, le nom générique des pipis en Piémont. (Ch. D.)

VAIR. (*Mamm.*) Le pelage de l'écureuil petit gris, qui fait partie des armoiries, porte ce nom dans les ouvrages sur le blason. (Desm.)

VAIRON. (*Ichthyol.*) Voyez Véron. (H. C.)

VAISSEAU-COQUILLE. (*Conchyl.*) C'est l'un des noms vulgaires des nautiles. (Desm.)

VAISSEAU DE GUERRE. (*Ornith.*) Ce nom, qui désigne proprement la frégate, a été plus souvent appliqué à l'albatros. (Ch. D.)

VAISSEAU DE GUERRE. (*Actinoz.*) Dénomination que

les matelots emploient pour désigner les animaux du genre des Physales. (Desm.)

VAISSEAUX ABSORBANS. (*Anat.*) Voyez Système absorbant et Tissus. (H. C.)

VAISSEAUX ARTÉRIELS. (*Anat.*) Voyez Système de la circulation et Tissus. (H. C.)

VAISSEAUX CONDUCTEURS. (*Bot.*) Les vaisseaux de la plante mère qui pénètrent dans le pistil, suivent des routes diverses. Ceux qui se dirigent vers les parois de l'ovaire, dont ils forment le squelette, sont les pariétaux; ceux qui se rendent vers les ovules auxquels ils portent les sucs nutritifs, sont les nourriciers; ceux qui montent vers le stigmate et servent selon toute apparence à l'acte de la fécondation, sont les conducteurs. L'anatomie prouve que les vaisseaux conducteurs ne s'ouvrent pas à la superficie du stigmate. En approchant de cette superficie, ils se changent en un tissu cellulaire extrémement délié; et les conduits de la matière fécondante, si toutefois ces conduits existent réellement, échappent aux plus forts microscopes. (Mass.)

VAISSEAUX EXCRÉTEURS. (*Anat.*) Voyez Système des sécrétions et Tissus. (H. C.)

VAISSEAUX LYMPHATIQUES. (*Anat.*) Voyez Système absorbant et Tissus. (H. C.)

VAISSEAUX MAMMAIRES. (*Bot.*) Bonnet nomme ainsi les linéamens vasculaires qu'on trouve dans les cotylédons. En effet, les cotylédons fournissent à la jeune plante une sorte de lait végétal, sans lequel il ne semble pas qu'elle puisse se développer. Grew avoit nommé ces vaisseaux racines séminales. (Mass.)

VAISSEAUX DES PLANTES. (*Bot.*) Voyez Tissu organique. (Mass.)

VAISSEAUX SANGUINS et VAISSEAUX VEINEUX. (*Anat.*) Voyez Système de la circulation et Tissus. (H. C.)

VAKE[1]. (*Min.*) C'est une roche homogène ou la base homogène d'une roche hétérogène, qui a la texture terreuse et

---

[1] *Wacke* et *Wakke* des Allemands, quelquefois Cornéenne. M. Leonhard y réunit en effet les roches homogènes que nous avons décrites sous ce nom, tom. X, p. 462.

la structure massive : elle est tendre et surtout très-facile à casser. La vake est très-fusible au chalumeau en émail noir ; elle fait ordinairement mouvoir l'aiguille aimantée et ne happe point à la langue ; sa pesanteur spécifique est de 2,53 à 2,89.

Ses couleurs ordinaires sont le gris-verdâtre foncé, le vert noirâtre, le grisâtre, et quelquefois le brun ou le rougeâtre.

La vake se distingue des argiles, en ce qu'elle ne fait point pâte avec l'eau, et qu'elle a un tissu plus compacte et plus homogène que ces pierres ; des marnes, en ce qu'elle ne fait point effervescence avec les acides : de l'argilolite, parce qu'elle n'en a ni l'âpreté ni l'infusibilité ; de la cornéenne, par la facilité qu'on trouve à la casser, etc. : elle fait d'ailleurs la transition de l'argile à la cornéenne et au basalte.

Gisement. Cette pierre est encore plus sujette à se décomposer que le basalte ; elle fait partie des terrains qui paroissent appartenir à la formation des basaltes, et se trouve tantôt en couches et tantôt en filons au milieu de ces roches. Ces filons sont d'une formation très-récente en comparaison des filons à minérai, puisqu'ils les traversent toujours et qu'ils ne contiennent presque jamais de substances métalliques.

Les minérais que la vake renferme sont assez différens les uns des autres ; ils sont disséminés irrégulièrement, et ne paroissent point y avoir été formés, mais plutôt avoir été enveloppés par la pâte de cette pierre. Tels sont l'amphibole basaltique, le bismuth natif, le fer magnétique, le mica noir et luisant. Cette dernière substance est une de celles qui accompagnent le plus constamment la vake, et qui peut contribuer dans quelques cas à la faire reconnoître ; elle s'y présente en lames assez grandes et assez éloignées les unes des autres.

La vake contient aussi des noyaux et des veinules de calcaire spathique.

Enfin, on y a trouvé à Joachimsthal en Bohême du bois pétrifié, et à Kaltennordheim en Franconie, des os fossiles.

Lieux. Les minéralogistes allemands citent la vake en Saxe, à Ehrenfriedersdorf, près de Wolkenstein, dans des montagnes de gneiss, et à Wiesenthal, près d'Annaberg : elle se présente dans ces deux derniers lieux en filons stériles, traversés par des filons métalliques. — Au Fichtelberg, à Marienberg, dans les collines de Scheibenberg, entre l'argile et le basalte. — En Bohème, à Joachimsthal ; elle contient du bismuth natif et des morceaux arrondis de diverses roches primitives. — En Islande. — On en cite aussi en Hongrie, dans les environs de Schemnitz et sur les bords du lac Balaton.

Enfin, on en connoît dans plusieurs parties de l'Auvergne, au Puy de la poix et au sommet du Puy de Marmont, où elle est calcarifère.

M. de Leonhard, les géologues allemands et les minéralogistes qui les ont copiés, ayant confondu l'aphanite (cornéenne) et les spilites, dont elle forme la base, avec la vake et la vakite, il est difficile de choisir les exemples de lieux qui se rapportent à chacune de ces espèces, et toujours incertain de les copier sans critique. (B.)

VAKITE. (*Min.*) Roche hétérogène, à base de vake. Voyez ses caractères, etc., au mot Roches, tome XLVI, page 100. (B.)

VAKTEL. (*Ornith.*) Nom de la caille en Suède. Le chien que l'on emploie le plus ordinairement à la chasse de cet oiseau, le braque, est appelé dans la même langue *Vaktelhund*. (Desm.)

VALANCE. (*Bot.*) Voyez Vaillantie. (L. D.)

VALANEDE, VÉLANEDE ou VÉLANIE. (*Bot.*) Noms vulgaires d'une espèce de chêne dont la cupule s'emploie pour teindre en noir ; cette cupule elle-même porte plus particulièrement les deux premiers noms. (L. D.)

VALANTIA. (*Bot*) Voyez Vaillantie. (L. D.)

VALDEBONA. (*Bot.*) Quelques anciens botanistes ont mentionné sous ce nom l'*athamantha oreoselinum*, à cause de ses propriétés médicinales. Dodoëns le désigne pour cette même cause par *multibona*. (Lem.)

VALDÉZIA. (*Bot.*) Ce genre a été établi par Ruiz et Pavon, dans leur Flore du Pérou, pour des plantes dicotylédones, à fleurs complètes, polypétalées, régulières, de la famille des *mélastomées*, de la *dodécandrie monogynie* de Linnæus, offrant pour caractère essentiel : Un calice persistant, à six divisions, entouré de quatre écailles ; six pétales placés autour d'un disque tubuleux, strié, à six dents bifides ; douze étamines : les anthères trigones , cornues à leur base ; un ovaire adhérent au calice ; un style ; un stigmate , une baie à six loges, couronnée par le calice ; les semences nombreuses.

VALDÉZIA A FEUILLES OVALES ; *Valdezia ovata*, Ruiz et Pav., *Syst. Flor. per.*, 121. Arbre de quarante pieds et plus, dont les rameaux sont garnis de feuilles simples, opposées, ovales, acuminées au sommet, traversées par cinq nervures. Le calice est divisé à son limbe en six découpures ouvertes, ovales , persistantes, entouré de quatre écailles ovales , concaves , acuminées, disposées sur deux rangs ; la corolle composée de six pétales égaux , presque ronds, acuminés, placés autour d'un disque tubuleux, à vingt-quatre stries , dont douze alternes, plus profondes, d'où résultent six dents bifides ; les étamines insérées sur les bords du disque ; les filamens aplatis, courts, filiformes ; les anthères comprimées , à trois angles, dont un prolongé à la base et relevé en corne ; un ovaire adhérent au calice, ovale, tronqué ; le style subulé, de la longueur de la corolle. Le fruit est une baie en ovale renversé, tronquée au sommet, couronnée par le limbe du calice et le disque des étamines, divisée intérieurement en six loges. Les semences sont ovales, petites, nombreuses, osseuses, en bosse. Cette plante croît dans les forêts du Pérou.

On trouve dans les mêmes localités une autre espèce , qui est un arbrisseau à tige rampante, à feuilles oblongues, acuminées, à cinq nervures. Le calice est d'une seule pièce, divisé en six dents à son orifice, entouré à sa base de quatre écailles renflées. (POIR.)

VALDIA. (*Bot.*) Genre consacré par Plumier à Oviédo Valdez, que Linnæus a nommé *Ovieda*, en préférant le nom le plus connu. (J.)

VALE. (*Bot.*) Le chirurgien Couzier, dans un Catalogue envoyé des plantes de Pondichéry, désigne sous ce nom, selon lui malabare, le bananier, *musa*, que Rhéede cite sous celui de *bala*. On peut reconnoître que c'est le même nom, qui a éprouvé quelque altération en traversant la presqu'île de l'Inde, de la côte malabare à celle de Coromandel. Le nom *pissang*, cité par Rumph, est très-différent. Cet auteur cite beaucoup de variétés et même des espèces, distinguées par des surnoms propres à chacune. (J.)

VALENA ou VALLENA. (*Mamm.*) Ces noms espagnol et italien correspondent au mot latin *balœna*, baleine. (DESM.)

VALENTIA, VALENTINA. (*Bot.*) Un des noms anciens de l'armoise, suivant Mentzel. (J.)

VALENTINIA. (*Bot.*) Necker avoit substitué ce nom à celui du *Tachigalia* d'Aublet, genre de plantes légumineuses. Un autre *Valentinia*, qui a été conservé, est celui de Swartz et de Willdenow, que nous avions cru appartenir aux samydées, mais que M. De Candolle rapproche, peut-être avec raison, des sapindacées, quoiqu'il soit apétale, parce que le rapport dans le nombre des étamines et des divisions du calice est le même. (J.)

VALENTINIA. (*Bot.*) Genre de plantes dicotylédones, à fleurs incomplètes, de la famille des *samydées*, de l'*octandrie monogynie* de Linnæus, offrant pour caractère essentiel : Un calice persistant, coloré, ouvert, à cinq divisions; point de corolle: huit étamines; un ovaire supérieur; un style; un stigmate en tête; une capsule en forme de baie, pulpeuse, à trois ou quatre loges; autant de semences.

VALENTINIA A FEUILLES DE HOUX : *Valentinia ilicifolia*, Swartz, *Fl. ind. occid.*, 2, p. 689; Plum., *Ic.*, 167, fig. 2; Pluken., *Almag.*, tab. 196, fig. 3. Arbrisseau qui s'élève à la hauteur de deux ou trois pieds, sur une tige droite, roide, sans épines, chargée de rameaux glabres, alternes, garnis de feuilles alternes, pétiolées, ovales, lancéolées, assez semblables à celles du houx, longues d'environ un pouce et demi, glabres, coriaces, très-roides, ondulées, épineuses à leur contour. Les fleurs sont disposées, à l'extrémité des rameaux, en corymbes, presque en ombelles pédicellées; les pédicelles courts, uniflores, colorés en rouge. Le calice est d'une seule pièce, concave, ouvert, d'un rouge écarlate, persistant et se desséchant sous le fruit, divisé en cinq découpures entières, concaves, obtuses. Il n'y a point de corolle. Les étamines sont au nombre de huit, droites, un peu plus longues que le calice; les anthères jaunâtres, un peu arrondies; l'ovaire est supérieur, presque globuleux; le style épais, de la longueur des étamines. Le fruit est une capsule en baie, arrondie, d'un blanc de neige, qui prend, en mûrissant, une belle couleur rouge écarlate, pulpeuse intérieurement, et qui se divise, quand elle est mûre, en trois ou quatre valves rabattues en dehors, renfermant autant de semences glabres, oblongues, enveloppées d'une pulpe jaunâtre. Cette plante croît dans les lieux pierreux, à la Nouvelle-Espagne, vers les bords de l'Océan, à l'île de Cuba, aux environs de la Havane. (Poir.)

VALERANDIA. (*Bot.*) Sous ce nom le *chironia frutescens* de Linnæus a été séparé de son genre par Necker, parce que, suivant Bergius, son ovaire est entouré de cinq glandes, et son fruit est uniloculaire. (J.)

VALERIA. (*Ornith.*) Le nom d'*aquila valeria*, dit Guéroult, dans sa traduction des animaux de Pline, tom. 2, p. 392, a été donné à l'aigle nommé par les Grecs *mélanaëtos*, à cause de sa force, *quasi valens viribus*, laquelle paroît en effet être plus grande que celle des autres aigles, relativement à sa taille. (Ch. D.)

VALÉRIANE; *Valeriana*, Linn. (*Bot.*) Genre de plantes dicotylédones monopétales, qui a donné son nom à la famille des *valérianées*, Juss., et qui, dans l'ordre du Système sexuel, appartient à la *triandrie monogynie*. Ses principaux caractères sont les suivans : calice très-petit, à peine sensible pendant la floraison et roulé en dedans; corolle monopétale, tubulée, bossue à sa base, ayant son limbe partagé en cinq découpures inégales; trois étamines à filamens subulés, insérés sur le tube de la corolle; un ovaire infère ou adhérent au calice, surmonté d'un style filiforme, terminé par un stigmate un peu épais; une capsule uniloculaire, monosperme, couronnée par le calice, dont les dents se déroulent, deviennent plumeuses et forment dans leur ensemble une sorte d'aigrette.

Les valérianes sont des plantes herbacées ou plus rarement frutescentes; elles ont leurs feuilles opposées, simples ou pinnatifides, et leurs fleurs sont ordinairement disposées en corymbe ou en panicule. On en connoît aujourd'hui soixante-dix espèces, parmi lesquelles onze croissent naturellement en France.

Valériane officinale, vulgairement Valériane sauvage: *Valeriana officinalis*, Linn., *Spec.*, 45; *Fl. Dan.*, tab. 570. Sa racine est vivace, composée d'un faisceau de fibres d'un jaune brunâtre; elle produit une tige droite, plus ou moins pubescente , haute de deux à trois pieds et même plus , simple dans sa partie inférieure , divisée , dans sa partie supérieure , en quelques rameaux opposés. Ses feuilles sont toutes ailées, légèrement velues, composées de folioles oblongues, un peu dentées. Ses fleurs sont d'un blanc teint de rougeâtre , disposées au sommet de la tige et des rameaux en plusieurs corymbes, formant dans leur ensemble une panicule étalée. Cette plante croit dans les prés et dans les bois , aux lieux un peu humides. Elle fleurit en Mai et Juin.

La racine de valériane officinale a une saveur àcre et un peu amère ; son odeur est forte, fétide et même nauséabonde ; c'est la seule partie de la plante qui soit d'usage en médecine. Elle est tonique, antispasmodique, antiseptique, vermifuge, fébrifuge , etc. On l'emploie principalement dans l'épilepsie , les affections hystériques , nerveuses et convulsives ; contre les vers , les fièvres intermittentes et de mauvais caractère. La racine de valériane se donne en infusion, ou en nature et en poudre. Les malades répugnent souvent à la prendre intérieurement, à cause de son odeur désagréable et surtout parce que, pour qu'elle puisse être efficace, il faut, dans beaucoup de cas, la donner à dose un peu forte, comme à celle d'un ou deux gros en poudre, et jusqu'à six gros ou même une once dans l'espace de vingt-quatre heures. Pour qu'elle soit un peu moins désagréable, on peut la donner délayée dans du vin ; mais il vaut encore mieux l'employer en lavement. L'extrait de racine de valériane a moins de propriété que la racine elle-même, qui doit une grande partie de ses propriétés à son principe odorant, principe qu'elle perd par la décoction prolongée, nécessaire à la préparation de l'extrait. La racine de valériane entroit autrefois dans plusieurs préparations pharmaceutiques qui ne sont plus que peu ou point usitées maintenant.

Les chats aiment avec passion l'odeur de cette racine, et il est difficile pour cette raison de conserver la plante dans les jardins qui sont près des habitations, parce que ces animaux sont sans cesse à gratter autour ou à se rouler dessus.

Valériane dioïque : *Valeriana dioica*, Linn., *Spec.*, 44 ; Bull., Herb., t. 311. Ses racines sont vivaces, horizontales, rampantes ; elles produisent une ou plusieurs tiges glabres , droites, hautes de huit à quinze pouces ou un peu plus. Les feuilles radicales sont ovales, celles de la tige pinnatifides ou ailées. Les fleurs sont de couleur de chair, disposées en corymbe terminal, et le plus souvent toutes mâles ou toutes femelles sur des pieds différens. Cette plante croît dans les prés humides et marécageux en France et dans une grande partie de l'Europe. Elle a des propriétés analogues à celles de la précédente, mais plus foibles, ce qui fait qu'on ne l'emploie pas en médecine.

VALÉRIANE PHU, vulgairement GRANDE VALÉRIANE : *Valeriana phu*, Linn., *Spec.*, 45 ; Regnault, *Bot.*, t. 9. Ses tiges sont glabres, droites, hautes de deux à trois pieds ; ses feuilles radicales sont entières ou en lyre, d'un vert gai ; celles de la tige sont pinnatifides ou ailées ; les fleurs sont blanches ou rougeâtres, disposées en corymbe à l'extrémité de la tige et des rameaux. Cette plante est vivace ; elle croît en France et en Europe dans les lieux montagneux. Les anciens médecins lui attribuoient beaucoup de vertus, aujourd'hui on lui préfère en général la valériane officinale. Elle est, comme cette dernière, difficile à conserver dans les jardins, à cause des chats.

VALÉRIANE DE MONTAGNE : *Valeriana montana*, Linn., *Spec.*, 45 ; Jacq., *Fl. Aust.*, t. 269. Sa tige est glabre ou légèrement pubescente, simple, droite, haute de six à dix pouces ; ses feuilles sont un peu dentées, les radicales arrondies ou ovales, pétiolées, celles de la tige ovales-lancéolées, sessiles ou portées sur de courts pétioles ; ses fleurs sont d'un rouge clair, disposées en corymbe terminal. Cette valériane est vivace ; elle croît dans les lieux ombragés des montagnes de l'Alsace, du Dauphiné, de la Provence, dans les Pyrénées, en Suisse, en Allemagne, etc.

VALÉRIANE DES PYRÉNÉES ; *Valeriana pyrenaica*, Linn., *Spec.*, 46. Sa tige est glabre, droite, haute de trois à quatre pieds et plus ; ses feuilles radicales sont en cœur, simples, dentées, longuement pétiolées ; celles de la tige ont leur pétiole plus court et chargé de chaque côté d'une ou deux folioles ovales-lancéolées ou décidément lancéolées ; ses fleurs sont d'une couleur purpurine claire, et disposées en corymbe à l'extrémité de la tige et des rameaux. Cette espèce croît dans les

Pyrénées et dans les montagnes d'Écosse. Sa racine se trouve quelquefois dans les pharmacies sous le nom de *nard de mon-tagne*; elle est en général peu employée.

Valériane tubéreuse; *Valeriana tuberosa*, Linn., *Spec.*, 46. Sa racine est épaisse, arrondie ou un peu alongée; elle pro-duit une tige droite, glabre comme toute la plante, haute de quatre à huit pouces; ses feuilles radicales sont ovales ou oblongues, entières; celles de la tige sont pinnatifides; ses fleurs sont rougeâtres et disposées en corymbe terminal. Cette plante croît dans les lieux stériles et incultes des mon-tagnes du midi de la France et de l'Europe.

Valériane saliunque; *Valeriana saliunca*, All., *Fl. Ped.*, n.° 9, t. 70, fig. 1. Sa tige n'atteint pas plus de deux à trois pouces de hauteur; elle est couchée à sa base, souvent légè-rement pubescente; ses feuilles sont toutes entières, tantôt ciliées en leurs bords, tantôt tout-à-fait glabres, les radicales arrondies ou ovales, cunéiformes à leur base, et celles de la tige lancéolées; ses fleurs sont d'un pourpre clair, et elles forment un corymbe terminal resserré et peu fourni. Cette valériane croît entre les fentes des rochers dans les Alpes du Piémont, du Dauphiné, de la Provence; on la trouve aussi au mont Ventoux. La valériane hétérophylle, *valeriana hete-rophylla*, Lois. (*Fl. gall.*, p. 21, t. 2), en diffère parce que sa tige est toujours parfaitement glabre, redressée, haute de sept à huit pouces; parce que ses feuilles radicales sont les unes arrondies, brièvement pétiolées; les autres ovales, lon-guement pétiolées, entières, ou parfois munies de quelques dents, ou même partagées en trois lobes; parce que celles de la tige sont pinnatifides; et enfin parce que les fleurs forment un corymbe plus fourni et plus étalé. Cette dernière espèce croît dans les Pyrénées.

Valériane celtique, vulgairement Nard celtique; *Valeriana celtica*, Linn., *Spec.*, 46. Sa tige est redressée, haute de deux à six pouces; ses feuilles sont oblongues, très-entières et très-glabres; ses fleurs, d'un rouge pâle, sont réunies cinq à six ensemble en petits groupes opposés et presque verticillés; ses fruits sont velus. Cette valériane croît sur les sommets des Alpes de la Suisse, du Piémont, de la Carinthie et de la Car-niole. La racine du nard celtique a une odeur aromatique

et une saveur âcre et amère ; elle est tonique et antispasmodique : elle entre dans la thériaque et dans quelques autres
préparations pharmaceutiques peu employées de nos jours.

Plusieurs espéces de valériane ont été retirées de ce genre
par les modernes, et ont servi à former les genres *Centranthus*,
Valerianella ou *Fedia* et *Patrinia*. (L. D.)

VALÉRIANE BLEUE ou VALÉRIANE GRECQUE. (*Bot.*)
Nom vulgaire de la polémoine bleue. (L. D.)

VALÉRIANÉES. (*Bot.*) Cette famille de plantes a été primitivement une section de celle des dipsacées, caractérisée
par ses fleurs non agrégées, mais distinctes. Dans les Annales
du Muséum. vol. 4, en parlant de l'*Opercularia* et de son
affinité avec le *Valeriana*, nous pensions que ces deux genres
pourroient former une famille intermédiaire entre les dipsacées et les rubiacées. Elle a été établie par M. De Candolle dans la Flore françoise sous le nom de valérianées,
dans lesquelles il admettoit deux genres, le *Valeriana* et la
Mâche, qui en avoit été détachée par Gærtner sous le nom
de *Fedia*, et il en a tracé le caractère général, fondé sur
la réunion des suivans.

Un calice d'une seule piéce, tubulé, adhérent à l'ovaire,
à limbe divisé en quelques lobes petits, plus souvent d'abord
indivis, comme roulé sur lui-même et se déroulant ensuite
pour former une aigrette. Corolle portée sur l'ovaire, monopétale, tubulée, à limbe divisé en plusieurs lobes ordinairement égaux, prolongé quelquefois à sa base en un
éperon ou cornet creux, ou seulement renflé et formant
une bosse extérieure. Étamines insérées au tube de la corolle,
ordinairement au nombre de trois, quelquefois d'une ou
deux ou quatre. Ovaire simple, adhérent au calice, surmonté d'un style unique, terminé par un stigmate simple ou
divisé. Capsule tantôt monosperme, indéhiscente, tantôt à
deux ou trois loges monospermes, dont une ou deux avortent souvent ; embryon droit, non périspermé, à radicule
montante. Herbes ou sous-arbrisseaux ; feuilles opposées, non
stipulées, entières ou pinnatifides ; fleurs disposées en corymbes, ordinairement terminaux et quelquefois axillaires.

L'ancien genre *Valeriana*, composant seul cette famille,
est maintenant subdivisé en cinq ou six genres, à raison de

la structure du fruit et du nombre des étamines. Dans les Annales du Muséum, 10, page 311, nous la partagions en deux sections.

La première, caractérisée par un fruit monosperme, indéhiscent, renfermoit les genres *Centranthus* de Necker, qui n'a qu'une étamine, *Valeriana*, qui en a trois, et *Phyllactis* de M. Persoon, différent du précédent par ses feuilles toutes radicales et ses fleurs également presque radicales et entourées d'un involucre commun, monophylle. Ce dernier genre n'est pas généralement admis.

Dans la seconde, dont le fruit est capsulaire, à deux ou trois loges, étoient réunis les genres *Fedia* de Mœnch, qui a deux étamines, *Valerianella* de Tournefort, qui en a trois, et notre *Patrinia*, dans lequel on en compte quatre.

Nous laissions à la suite des valérianées le genre *Opercularia* de Gærtner, semblable par la même insertion de sa corolle également monopétale et de ses étamines, et par son fruit monosperme, mais différant par un embryon périspermé, à radicule descendante, et par ses feuilles stipulées. Ces cáractères le rapprochent des rubiacées voisines, et il devra peut-être devenir le type d'une famille intermédiaire entre elles et les valérianées. (J.)

VALERIANELLA. (*Bot.*) Ce nom latin de la mâche, indiqué d'abord par Columna et adopté comme générique par Tournefort, avoit été supprimé par Linnæus, qui réunissoit ce genre au *Valeriana;* mais depuis l'établissement de la famille des valérianées, il a été séparé de nouveau comme étant suffisamment distingué par sa capsule pluriloculaire. Adanson l'avoit déjà rétabli sous le nom de *Polypremum*, donné, suivant lui, à la mâche par Pline, mais déjà reporté par Linnæus à un autre genre, très-différent, qui l'a conservé. Gærtner, en adoptant aussi le genre de la mâche, le nommoit *Fedia*. M. De Candolle lui a rendu le nom de *Valerianella*, consacré par Tournefort. Ce nom a été aussi donné improprement à d'autres plantes; par Sloane, à des *Boerhaavia;* par Amman, au *Linnæa;* par Burmann, à des *Hedyotis;* par Hermann, à un *Hydrocotyle;* par Dillenius, au genre que Linnæus a nommé *Phyllis;* par Commelin, à un *Hebenstreitia*. (J.)

VALÉRIANELLE; *Valerianella*, Vaill. (*Bot.*) Genre de plantes dicotylédones monopétales, de la famille des *valéria-nées*, Juss., et de la *triandrie monogynie*, dont le caractère principal est d'avoir : un calice petit, à dents droites, variant en nombre depuis une jusqu'à douze; une corolle monopétale tubulée, partagée à son limbe en cinq découpures inégales; trois étamines (rarement deux) insérées sur le tube de la corolle; un ovaire infère ou adhérent au calice; une capsule triloculaire, couronnée par le calice.

Les valérianelles sont des herbes annuelles, à tiges dichotomes plus ou moins rameuses; leurs feuilles sont opposées, les radicales toujours entières et disposées en rosette, les caulinaires entières, ou dentées, ou même découpées. On en connoît vingt et quelques espèces, dont la plus grande partie est propre à l'Europe ou aux contrées de l'Asie qui en sont voisines, deux seulement ont été trouvées en Amérique. Plus de la moitié des espèces européennes croît d'ailleurs naturellement en France.

VALÉRIANELLE CORNE D'ABONDANCE: *Valerianella cornucopiæ*, Lois., *Fl. gall.*; *Valeriana cornucopiæ*, Linn., *Spec.*, 44. Sa tige est glabre, haute de huit à douze pouces; ses feuilles sont ovales, entières ou un peu dentées à leur base; ses fleurs sont rougeâtres, à deux étamines disposées en corymbe à l'extrémité des rameaux, qui est renflée et charnue, et à mesure que la floraison avance, cette partie s'alonge et les fruits deviennent alternes, sessiles dans l'aisselle d'une bractée lancéolée-linéaire : ces fruits ont les dents de leur calice tronquées. Cette plante croît naturellement en Provence et dans le midi de l'Europe.

VALÉRIANELLE HÉRISSÉE: *Valerianella echinata*, Bauh., Pin. 165; *Valeriana echinata*, Linn., *Spec.*, 47. Sa tige est glabre, haute de deux à six pouces; ses feuilles sont oblongues, entières ou sinuées, quelquefois même incisées en lobes obtus; ses fleurs sont blanches ou rougeâtres, réunies en petits paquets au sommet des rameaux; ses fruits sont surmontés de trois dents recourbées, dont l'extérieure plus grande que les autres. Cette espèce se trouve dans les champs du midi de la France et de l'Europe.

VALÉRIANELLE DISCOÏDE: *Valerianella discoidea*, Lois., *Not.*,

.48; *Valeriana discoidea*, Willd., *Spec.*, 1, p. 184. Sa tige est velue, haute de deux à six pouces; ses feuilles sont oblongues, sinuées, les supérieures à trois lobes linéaires et obtus; ses fleurs sont d'un rouge clair, réunies en tête à l'extrémité des rameaux; le fruit est entièrement velu, couronné par le calice évasé et terminé par sept à douze dents. Cette valérianelle croît dans les champs en Provence et en Languedoc.

Valérianelle a fruit velu, vulgairement Mache d'Italie, Mache de Hollande; *Valerianella eriocarpa*, Desv., Journ. bot., 2, p. 314. Sa tige est presque glabre, à rameaux très-étalés, haute de trois à six pouces; ses feuilles sont oblongues, ordinairement entières; ses fleurs sont d'un rose clair, réunies au sommet des rameaux en petits groupes corymbiformes et entourées de bractées lancéolées, glabres; les fruits sont hispides, à six dents inégales. Cette plante croît dans les moissons de plusieurs parties de la France, dans l'Anjou, le Poitou, la Provence, le Languedoc; on la trouve aux environs d'Orléans, de Paris, etc. On la cultive dans les jardins pour la manger en salade, de même que la suivante.

Valérianelle potagère, vulgairement Mache doucette, Salade verte; *Valerianella olitoria*, Mœnch, *Meth.*, 493; *Valeriana locusta olitoria*, Linn., *Sp.*, 47. Sa tige est presque glabre, haute de quatre à six pouces, divisée dès sa base en rameaux très-étalés et nombreux; ses feuilles sont oblongues, entières ou un peu dentées vers leur base; ses fleurs sont d'un bleu très-pâle ou un peu cendré, réunies au sommet des rameaux en petits groupes corymbiformes, et environnées de bractées lancéolées et glabres; ses fruits sont arrondis, un peu comprimés sur deux faces et traversés par un sillon vertical sur ses deux côtés. Cette valérianelle croît dans les champs et les moissons; elle est commune à la fin de l'hiver et au commencement du printemps. De toutes les espèces de ce genre, celle-ci est la plus généralement cultivée comme plante potagère. On la mange en salade; elle est rafraîchissante et adoucissante. Les brebis l'aiment beaucoup, et quelques cultivateurs la font semer après la récolte dans les champs qu'ils doivent laisser en jachère, afin de pouvoir y trouver pendant l'hiver une nourriture plus abondante pour leurs troupeaux.

Valérianelle membraneuse; *Valerianella membranacea*, Lois., Not., 150. Sa tige est droite, haute de six pouces à un pied, rameuse dans le haut; ses feuilles inférieures sont entières ou un peu dentées; les supérieures sont divisées en trois ou cinq lobes linéaires, dont celui du milieu deux à trois fois plus grand que les autres; les fleurs sont rougeâtres, réunies en petits groupes corymbiformes, et environnés de bractées ovales-lancéolées, membraneuses et ciliées; ses capsules sont arrondies, convexes d'un côté, planes et ombiliquées de l'autre, surmontées de trois dents plus ou moins apparentes. Cette espèce croît dans les champs du midi de la France.

Valérianelle vésiculeuse; *Valerianella vesicaria*, Mœnch, Meth., 495. Sa tige est rameuse, haute de six pouces à un pied; ses feuilles sont oblongues, dentées; ses fleurs sont d'un rouge très-clair ou blanchâtres, réunies en petits groupes corymbiformes; ses capsules sont globuleuses, velues, renflées, couronnées par les dents du calice. Cette espèce est indiquée dans l'Anjou et le Dauphiné. (L. D.)

VALERIANOIDES. (*Bot.*) Sous ce nom Vaillant séparoit du genre de la Valériane, le *Valeriana rubra*, distinct par sa corolle, munie d'un éperon et d'une étamine unique. Depuis que le genre principal forme lui seul une famille et qu'on l'a subdivisé en plusieurs genres, celui-ci, déjà établi par Necker sous le nom de *Kertranthes*, a été adopté par M. De Candolle, qui l'écrit *Centranthus*. Un autre *Valerianoides* de Plukenet est l'*Apradus* d'Adanson, *Arctopus* de Burmann et de Linnæus, de la famille des ombellifères. (J.)

VALERMANI. (*Bot.*) Voyez Tsjocatti. (J.)

VALET DE CAÏMAN. (*Ornith.*) M. Descourtilz, dans le tome 3 des Voyages d'un naturaliste, page 250, dit qu'on nomme ainsi à Saint-Domingue une espèce de crabier que les Nègres appellent *cracra*. (Ch. D. et L.)

VALIDE ou PATELET. (*Ichthyol.*) Au Hâvre-de-Grâce on appelle ainsi la *morue du commerce* quand elle est d'une qualité inférieure. Voyez Morue. (H. C.)

VALIERAN. (*Bot.*) C'est sous ce nom qu'est connue dans l'île de Java, suivant M. Blume, une liane, qu'il nomme *cissus scariosa*, sur la racine de laquelle il a observé une plante parasite singulière. Elle présente, en sortant de terre, la forme d'un gros chou, dont les feuilles, très-grandes, laissent voir, en s'écartant, une fleur unique, sessile, qui acquiert un grand volume et un diamètre de deux ou trois pieds. On la nomme *patma* à Java. C'est la même qui, envoyée de Sumatra à M. R. Brown par M. Raffles, gouverneur de cette colonie, a été décrite par ce savant sous le nom de *Rafflesia* dans les Mémoires de la Société linnéenne de Londres. Voyez RAFFLESIA. (J.)

VALIKAHA. (*Bot.*) Sous ce nom, tiré de la langue des naturels de Ceilan, Adanson désigne le *Memecylon* de Linnæus. (J.)

VALINIÉ. (*Bot.*) Garidel dit que quelques paysans de la Provence nomment ainsi la viorne, *viburnum.* (J.)

VALK. (*Ornith.*) Ce nom qui, suivant Levaillant, désigne au cap de Bonne-Espérance le faucon proprement dit, a été étendu par les colons à tous les petits oiseaux de proie. (CH. D.)

VALKER-ROKKE. (*Ichthyol.*) Nom danois de la *raie chardon.* Voyez RAIE. (H. C.)

VALLAGURI. (*Bot.*) La plante de ce nom, cueillie sur la côte de Coromandel, assimilée par Burmann au *gentiana verticillata*, plante observée dans les Antilles par Plumier, en diffère cependant, selon Burmann, par sa grandeur et par plusieurs autres points. (J.)

VALLAK. (*Mamm.*) Nom danois du cheval hongre. (DESM.)

VALLARIS. (*Bot.*) Burmann (*Ind.*, page 51) décrit sous le nom de *vallaris pergulanus*, le *pergularia glabra*, Linn. R. Brown a conservé ce genre, ainsi que Römer, qui, en changeant le nom en celui d'*Emericia*, y a rapporté les *pergularia divaricata* et *sinensis* de Loureiro. Le vallaris diffère du pergularia en ce que ces espèces ne sont pas gynandres. Curt Sprengel y ramène trois espèces : le *vallaris pergulanus*, Burm.; le *vallaris Heinii*, de lui (*peltanthera solanacea*, Roth); et le *vallaris controversoides*, aussi de lui, et le même que le *convolvulus binectariferus*, Walch, *in* Roxb. *Fl. Ind.* Ces trois espèces sont des arbrisseaux de la famille des asclépiadées, et croissent dans les Indes orientales. (LEM.)

VALLEA. (*Bot.*) Genre de plantes dicotylédones, à fleurs

complètes, polypétalées, de la famille des *élæocarpées*, de la *polyandrie monogynie* de Linnæus, offrant pour caractère essentiel : Un calice à quatre ou cinq folioles caduques; quatre ou cinq pétales trifides; des étamines nombreuses, insérées sur le réceptacle; un ovaire supérieur, placé sur un disque, ondulé à ses bords; un style; un stigmate à quatre ou cinq angles; une capsule à quatre ou cinq loges? à quatre ou cinq angles; deux semences dans chaque loge.

Vallea stipulaire : *Vallea stipularis*, Linn., fils, *Suppl.*, 266; Kunth, *in* Humb. et Bonpl., 5, p. 349, tab. 489. Arbre de seize à dix-huit pieds, dont les rameaux sont glabres, anguleux, très-étalés; les feuilles alternes, pétiolées, ovales, obtuses, en cœur, un peu ondulées, finement réticulées, glabres à leurs deux faces, mais chargées en dessous de poils ferrugineux dans l'aisselle des principales nervures; longues de dix-huit à vingt-deux lignes; larges d'environ un pouce; deux stipules pédicellées, presque réniformes à la base des pétioles. Les pédoncules sont axillaires et terminaux, chargés de deux ou trois fleurs, munis vers leur milieu de deux bractées et d'une seule à la base; le calice est à cinq divisions glabres, colorées, oblongues, aiguës, purpurines au sommet; la corolle, un peu plus longue que le calice, a les pétales ovales, un peu arrondis, à trois lobes arrondis, presque égaux, d'un rose pâle; les étamines sont nombreuses, placées sur un double rang entre les pétales et le disque, plus courtes que la corolle; les filamens subulés, arqués, velus, adhérens par leurs poils, formant un urcéole autour de l'ovaire; les anthères linéaires, tétragones, à deux loges; un disque charnu, en anneau, est autour de l'ovaire; celui-ci est glabre, ovale, à quatre loges, contenant chacune deux ovules. Cette plante croît au Pérou, près Santa-Fé de Bogota.

Vallea pubescente : *Vallea pubescens*, Kunth, *loc. cit.* Cette espèce a des rameaux cylindriques, tomenteux, ferrugineux; des feuilles alternes, pétiolées, ovales, obtuses, en cœur, vertes et glabres en dessus, brunes et pubescentes en dessous; longues de deux pouces et demi, larges de vingt-deux lignes; deux stipules sessiles, presque réniformes; les pédoncules axillaires et terminaux, tomenteux, solitaires, chargés d'une à trois fleurs pédicellées ; le calice, la corolle et les étamines caducs; l'ovaire est sessile, glabre, ovale, à trois ou quatre loges, à deux ovules; le style droit, glabre, filiforme, alongé; le stigmate subulé, à trois ou quatre découpures capillaires. Cette plante croit aux mêmes lieux que la précédente. (Poir.)

VALLESIA. (*Bot.*) Genre de plantes dicotylédones, à fleurs complètes, monopétalées, de la famille des *apocinées*, de la *pentandrie monogynie* de Linnæus, offrant pour caractère essentiel : Un calice fort petit, persistant, à cinq divisions profondes; une corolle hypocratériforme; le limbe à cinq découpures obliques; cinq étamines non saillantes; les anthères libres, ovales; deux ovaires supérieurs, très-rapprochés; un seul style; un stigmate presque en massue; deux drupes séparés, monospermes.

VALLESIA DICHOTOME : *Vallesia dichotoma*. Ruiz et Pav., *Fl. peruv.*, 2, tab. 151, fig. B ; *Vallesia cymbœfolia*, Ortég.; Dec., 5, page 58. Arbrisseau qui s'élève à la hauteur de huit ou dix pieds sur un tronc droit, rameux, cylindrique; les rameaux sont glabres, flexueux, redressés; les feuilles alternes, un peu pétiolées, ovales, lancéolées, très-entières, luisantes, à peine veinées, ondulées à leurs bords, aiguës, longues de deux ou trois pouces, larges d'un pouce et plus. Les fleurs sont disposées en grappes paniculées, terminales, opposées aux feuilles; les ramifications dichotomes; chaque fleur est médiocrement pédicellée; le calice très-court, à cinq dents aiguës, persistantes; la corolle blanche, un peu verdâtre à son tube; le limbe à cinq découpures planes, ouvertes, lancéolées; les filamens des étamines sont très-courts, insérés à l'orifice de la corolle; les anthères ovales, sagittées; les ovaires ovales; le style, de la longueur du tube de la corolle, a le stigmate épais, oblong. Le fruit consiste en deux drupes blanchâtres, ovales, obtus, divergens, renfermant une noix ovale, fibreuse, un peu ligneuse, striée, monosperme : souvent un des drupes avorte. Cette plante croit au Pérou et à la Nouvelle-Espagne.

VALLESIA A FEUILLES DE CHIOCOCCA ; *Vallesia chiococcoides*, Kunth, *in* Humb. et Bonpl., *Nov. gen.*, 3, p. 233, tab. 241. Petit arbrisseau de cinq ou six pieds et plus, dont les rameaux sont glabres, cylindriques; les feuilles alternes, pétiolées, ovales, oblongues, acuminées, un peu arrondies à leur base, entières, très-glabres, presque luisantes en dessus, longues de vingt lignes, larges de huit ou neuf lignes ; les pétioles courts. Les pédoncules sont opposés aux feuilles, solitaires, dichotomes, à plusieurs fleurs, plus courts que les feuilles, un peu pubescens ; les fleurs pédicellées, munies à la base des pédicelles d'une bractée ovale, fort petite. Le calice est glabre, urcéolé, à cinq divisions ovales, arrondies, aiguës ; la corolle glabre ; le tube un peu cylindrique, six fois plus long que le calice, un peu renflé à son sommet ; le limbe à cinq divisions très-étalées, ovales, obliques, obtuses, pubescentes en dedans ; l'orifice un peu pileux ; les filamens sont courts, capillaires ; les anthères ovales, à deux loges ; les ovaires arrondis, fort petits ; le style est de la longueur du tube de la corolle ; le stigmate un peu pubescent ; ordinairement un seul drupe oblong, cylindrique, en massue, obtus, verdâtre, un peu arqué, laiteux, glutineux, long de trois lignes. Cette plante croît sur le bord du fleuve des Amazones, proche Tomependa. (Poir.)

VALLI. (*Bot.*) Nom malabare, cité par Rhéede, de la vigne vierge, *vitis quinquefolia*, dont Necker faisoit son genre *Psedera*, et que Persoon reporte au *Cissus*. (J.)

VALLIA-CAPO-MOLAGO. (*Bot.*) Un piment, *capsicum frutescens*, est ainsi nommé au Malabar. (J.)

VALLIA-MANGA-NARI. (*Bot.*) Nom malabare du *verbesina biflora*. (J.)

VALLIA-PIRA-PITICA. (*Bot.*) Nom malabare, mentionné par Rhéede, d'une espèce de vigne, non citée dans les ouvrages modernes, ainsi que le *vallia-tsjori-valli*, autre espèce congénère. La première a les feuilles simples et presque palmées ; celles de la seconde sont ternées ; celle-ci, qui est le *sjorallo* des Brames, a quelques rapports avec le tsjori-valli, *cissus carnosa* de Vahl ; mais elle en diffère génériquement parce qu'elle a plus d'une graine dans son fruit. Cependant comme elle n'a que quatre pétales et quatre étamines, ainsi que le *cissus*, le caractère distinctif pourroit bien être regardé comme insuffisant. (J.)

VALLI-CANIRAM. (*Bot.*) La plante de ce nom au Malabar, citée par Rhéede, a été nommée par M. de Lamarck *menispermum radiatum*,

M. De Candolle. en divisant ce genre, fait de cette espèce son *cocculus radiatus*. (J.)

VALLI-CARATI. (*Bot.*) Rhéede cite ce nom brame du *pandi-pavel* du Malabar, qui est le *momordica charantia* de Linnæus. (J.)

VALLI-CARI-CAPOESI. (*Bot.*) Nom brame du *bupariti* du Malabar, *hibiscus populneus*. (J.)

VALLI-FILIX. (*Bot.*) Ce nom a été donné à l'*hydroglossum scandens*, Willd., espèce de fougère. M. du Petit-Thouars en a fait celui du genre *Hydroglossum*. (LEM.)

VALLI-ITTI-CANNI. (*Bot.*) Cette plante du Malabar est rapportée par M. de Lamarck au genre *Loranthus*, ainsi que le *veluttie-itti-canni*; la première, sous le nom de *loranthus longiflorus*, et la seconde sous celui de *loranthus elasticus*. Les fleurs de celle-ci, lorsqu'elles sont parvenues à leur point de maturité, s'ouvrent avec une espèce d'élasticité au moindre contact, suivant Rhéede; d'où lui vient son nom spécifique. (J.)

VALLI-KARA. (*Bot.*) Cet arbrisseau du Malabar, cité par Rhéede, avoit été constitué genre, sous le nom de *Hondbessen* par Adanson, qui le rapproche des caprifoliées. Il paroit appartenir plutôt aux rubiacées, et faire partie du genre *Paederia*. quoiqu'il soit indiqué avec un fruit monosperme, qui n'est probablement tel que par suite d'avortement d'une graine. Scopoli le rapporte au *Catesbœa*, genre de la même famille, mais à fruit polysperme. (J.)

VALLI-KIKILI. (*Ornith.*) Ce nom, qui signifie *coq des bois*, et qui s'écrit aussi *Wallikikili*, est donné par les Chingalais à un coq sans croupion. que Buffon croyoit originaire de Virginie; mais qui, suivant M. Temminck, dans ses Gallinacées, tom. 2, p. 268, est originaire de l'île de Ceilan, dans les immenses forêts de laquelle il fait entendre un chant moins sonore que celui de nos coqs domestiques, mais qui lui ressemble. Cet oiseau, ajoute le même naturaliste, est dépourvu de la dernière vertèbre dorsale, celle dans laquelle sont, en général, implantées les plumes formant le croupion. La tête du même oiseau porte une crête charnue sans échancrures. (CH. D.)

VALLI-ONAPU. (*Bot.*) Nom malabare, cité par Rhéede. d'une balsamine, *balsamina latifolia*. (J.)

VALLI-PANNA. (*Bot.*) On trouve figuré sous ce nom malabare plusieurs espèces de fougères du genre *Hydroglossum*, Willd. : dans Rhéede, *Hortus malabaricus*, vol. 12, le *valli-panna* proprement dit, pl. 32, est l'*ophioglossum flexuosum*, Linn., ou *Hydroglossum flexuosum*, Willd.; le *tsieru valli-panna* ou warapoli, pl. 33, est l'*hydroglossum pinnatifidum*, Willd.; le *tsieru-valli-panna altera*, pl. 34, est l'*ophioglossum scandens*, Linn., ou *hydroglossum scandens*, Willd. (Lem.)

VALLI-SANVARI. (*Bot.*) Nom brame, cité par Rhéede, du *moul-elavou* du Malabar, que Jacquin citoit comme synonyme de son *bombax septenatum*, espèce de fromage des Antilles. Linnæus les réunissoit tous deux à son *bombax heptaphyllum*, ainsi que Cavanilles, qui adoptoit le nom de Jacquin, en indiquant l'habitation de sa plante dans l'Inde orientale. Il paroît difficile de croire qu'une plante des Antilles puisse être identique avec une de l'Inde. En effet, celle du Malabar est figurée et décrite avec une tige couverte d'épines, et Jacquin dit n'avoir jamais vu d'épines sur celle d'Amérique. Aussi ces deux plantes ont-elles été séparées par M. De Candolle dans son *Prodromus*, lequel a nommé celle des Antilles *bombax septenatum* de Jacquin, en indiquant une tige sans épines, et celle de l'Inde, *bombax malabaricum*, en admettant une tige couverte d'aiguillons et citant le nom de Rhéede.

Le *bombax heptaphyllum* de Linnæus, indiqué par lui avec une tige sans épines, appartient à l'espèce américaine. (J.)

VALLI-SCHORIGENAM. (*Bot.*) Cette plante du Malabar, figurée dans Rhéede, *Malab.*, vol. 2, pl. 41, est une espèce de *bœhmeria*, voisine du *bœhmeria interrupta*, qui est le *bathi-schorigenam* du même pays. (Lem.)

VALLI-TEREGAM. (*Bot.*) Burmann cite cet arbre du Malabar comme une variété de son *Ficus grossularioides*. (J.)

VALLI-UPU-DALI. (*Bot.*) Voyez Upu-dali. (J.)

VALLISNÉRIE; *Vallisneria*, Linn. (*Bot.*) Genre de plantes monocotylédones, de la famille des *hydrocharidées*, Juss., et de la *diœcie diandrie*, Linn., dont les principaux caractéres sont : d'avoir des fleurs mâles réunies et sessiles sur un petit spadix conique, entouré d'une spathe à deux, trois ou quatre découpures profondes, et des fleurs femelles solitaires, munies d'une spathe tubuleuse, alongée, bifide à son sommet. Chaque fleur mâle est composée d'un calice partagé jusqu'à sa base en trois divisions ovales, fort petites, très-ouvertes, réfléchies, et de deux étamines à filamens droits, de la longueur du calice, insérés sur un petit corps qui paroit être un ovaire avorté, et terminés par des anthères simples, ovales. Chaque fleur femelle présente un calice partagé à son limbe en six découpures inégales, dont trois extérieures ovales, et trois autres plus courtes linéaires, considérées par Linné comme étant des pétales; un ovaire alongé, cylindrique, infére ou adhérent au calice, surmonté de trois stigmates sessiles, bifurqués, munis dans leur partie moyenne d'une appendice. Le fruit est une capsule alongée, cylindrique, terminée par trois dents, à une seule loge contenant des graines nombreuses, attachées à ses parois internes.

Les vallisnéries sont des plantes aquatiques, à feuilles radicales, et à fleurs portées sur des hampes axillaires. On n'en connoit que cinq espèces.

Vallisnérie spirale: *Vallisneria spiralis*, Linn., *Spec.*, 1441; Lamk., *Ill.*, t. 799. Ses racines sont fibreuses, vivaces; elles sont fixées dans la vase au fond des rivières et des étangs, et elles émettent çà et là des drageons traçans. De chaque touffe de racines sortent des feuilles alongées, linéaires, planes, minces, assez semblables à des feuilles de graminées, légèrement dentelées ou ciliées vers leur sommet. Les hampes sur lesquelles sont portées les fleurs mâles et les fleurs femelles sortent d'entre les aisselles des feuilles; les premières sont fort courtes et restent toujours de cette manière; mais les secondes, ou celles qui portent les fleurs femelles, sont roulées en une spirale susceptible de s'alonger beaucoup en se déroulant, et à l'époque de la floraison cette spirale se déroule et s'alonge de manière que la fleur vienne flotter à la surface de l'eau: dans le même temps, lorsque les étamines sont au moment de laisser échapper leur pollen, la spathe des fleurs mâles fixées jusque là au fond de l'eau, s'ouvre, chaque fleur se détache du spadix sur lequel elle étoit attachée, s'élève à la surface de l'eau et vient voguer autour de la femelle. Lorsque la fécondation est opérée dans celle-ci, la spirale de sa hampe se resserre sur elle-même, et le fruit va mûrir au fond des eaux. Cette plante croît naturellement en France, dans le canal du Languedoc, dans le Rhône ; elle se trouve aussi en Italie, dans l'Amérique septentrionale et même à la Nouvelle-Hollande.

Les phénomènes singuliers que présente la floraison de cette plante méritoient d'être embellis des charmes de la poésie, aussi le poète anglois Darwin, dans ses Amours des plantes, n'a pas manqué de chanter la vallisnérie ; Castel, dans son poème des plantes, a également consacré des vers à ce végétal, dans lequel la fécondation s'accomplit d'une manière si admirable ; enfin, Delille, dans ses Trois Règnes de la nature a aussi chanté les amours de la vallisnérie. Je rapporterai seulement ici les vers de ce dernier.

> Eh ! même dans le sein de l'humide séjour
> Les peuples végétaux n'ont-ils pas leur amour !
> Je t'en prends à témoin, ô toi, plante fameuse
> Que le Rhône soutient sur son onde écumeuse !
> Même lieu n'unit point les deux sexes divers ;
> Le mâle dans les eaux cachant ses épis verts,
> Y végète ignoré ; sur la face de l'onde
> Son épouse suivant sa course vagabonde,
> Y goûte, errant au gré des vents officieux,
> Et les bienfaits de l'air, et la clarté des cieux.
> Mais des flots paternels la barrière jalouse
> Vainement de l'époux a séparé l'épouse ;
> L'un vers l'autre bientôt leur sexe est rappelé :
> Le temps vient, l'amour presse, et l'instinct a parlé ;
> Alors, prêts à former l'union conjugale,
> Les amans élancés de leur couche natale
> Montent, et sur les flots confidens de leurs feux,
> Forment à leur amante un cortége nombreux.
> L'épouse attend l'époux que l'onde lui ramène ;
> Zéphyre à leurs amours prête sa molle haleine ;
> Le flot les réunit, la fleur s'ouvre et soudain
> L'espoir de sa famille a volé dans son sein.
> L'amour a-t-il rempli les vœux de l'hyménée,
> Sûre de ses trésors, la plante fortunée,
> Prête à donner aux eaux de nouveaux citoyens,
> De ses plis tortueux raccourcit les liens,
> Redescend dans le fleuve, et sur sa molle arène
> De sa postérité s'en va mûrir la graine,
> Attendant qu'elle vienne au milieu de sa cour
> Retrouver le printemps, le soleil et l'amour.

Sprengel a donné le nom de *Vallisneria micheliana* à une variété ou espèce que Linné confondoit avec le *Vallisneria spiralis*. Des trois autres espèces de vallisnérie deux croissent dans les Indes et la troisième à la Nouvelle-Hollande. (L. D.)

VALLISNERIOIDES. (*Bot.*) Le genre *Vallisneria*, que Michéli a décrit le premier, présente deux individus distincts, qu'il a pris pour deux genres voisins. L'individu femelle est son *vallisneria*, et il nomme *vallisnerioides*, l'individu mâle. (J.)

VALLO-DOTIRO. (*Bot.*) Nom brame du *mudela-nilahuni-mala*, une des variétés du *datura metel*. Le *vallo-nanditu* des Brames est le *nandi-ervatam* du Malabar, *mogorium acuminatum*. (J.)

VALLONIE, *Vallonia*. (*Conchyl.*) Genre établi par M. Risso (Hist. nat. de Nice, tom. 4, pag. 101), pour une petite coquille planorbique, largement et profondément ombiliquée, dont l'ouverture, ronde, à péristome complet, est rebordée. Il la représente fig. 30, et la nomme V. Rosalie, *V. Rosalia*. Elle a, dit-il, deux millimètres de longueur, et sa figure lui donne au moins trois lignes. Elle est opaque, lisse, et pourtant marquée de stries d'accroissement élevées; sa couleur est d'un jaune blanchâtre. Elle se trouve dans les lieux humides. Il me paroît fort probable que ce n'est que la valvée spirorbe de Draparnaud. (De B.)

VALLOTIA. (*Bot.*) Les graines ailées de l'*amaryllis purpurea* avoient déterminé M. Salisbury à en faire sous ce nom un genre distinct. (J.)

VALLROSS. (*Mamm.*) Dénomination suédoise du morse. (Desm.)

VALLU-AMEROU-VALLI. (*Bot.*) Nom brame du poéamerdu du Malabar, *menispermum malabaricum* de M. de Lamarck: *cocculus malabaricus* de M. De Candolle. (J.)

VALO. (*Bot.*) Nom donné dans le Dictionnaire encyclopédique au *campynema* de M. de Labillardière. Voyez Campynème. (J.)

VALONIA. (*Bot.*) Genre de la famille des algues, de la division des ulvacées, voisin des ulves, et établi par Agardh, puis adopté par les botanistes. Ses caractères sont ceux-ci: fronde constituée par une membrane hyaline, cylindrique, filiforme ou en forme de bourse, presque simple ou rameuse, et comme articulée, remplie d'une humeur aqueuse; surface interne de la membrane saupoudrée d'une matière verte, pulvérulente; surface extérieure offrant de petits amas de vésicules globuleuses, sans doute les fructifications de ces plantes.

Ce genre ne comprend qu'un petit nombre d'espéces qui croissent dans la mer. Leurs frondes ont pour racine une petite plaque en façon de scutelle; elles présentent la forme de sacs ou de petites outres simples, globuleuses ou en massue; elles sont cylindriques et rameuses, avec des rameaux verticillés à différens intervalles. L'espéce principale et la plus curieuse est la suivante :

1. Le Valonia egagropile : *Valonia œgagropila*, Agardh, *Sp. alg.*, 1, page 429; *Syst.*, 7, page 180; Curt Spreng., *Syst. veg.*, 4, part. 1, page 366; *Valonia o favagine verde*, Ginn., *Op. post.*, 1, page 38, pl. 45, fig. 95. En touffe globuleuse; rameaux des frondes verticillés, un peu en massue. On trouve ce *Valonia* très-abondamment dans les lagunes de Venise. Ginnani l'a fait connoître le premier sous le nom de *Valonia*, qui est peut-être celui qu'on donne vulgairement à cette espéce à Venise. On est encore dans le doute, si l'on doit le ranger parmi les végétaux ou parmi les animaux, c'est-à-dire, que sa nature est encore ambiguë. Ses frondes, fixées à un centre commun, forment des touffes de deux pouces et plus de diamètre; elles sont remplies d'eau, presque articulées, à articles cylindriques, longs d'un pouce et du diamètre d'une demi-ligne. Les rameaux naissent autour des articulations; ils sont homogènes, obtus et un peu en massue; la substance de ces frondes, lorsqu'elles sont fraîches et encore remplies d'eau, est assez ferme; mais par la sécheresse elle devient tellement dense, qu'il n'est pas possible d'y voir, même à la loupe, aucune fibre ni aucune cellule. Il est possible que cette plante soit le *conferva utricularis*, Wulf, et cette espéce d'ulve, des lagunes de Venise, décrite par Olivi. *Saggi dell' acad. di Padova*, vol. 3.

Selon Agardh, cette espéce de *Valonia* auroit été découverte par Gaudichaud à Ravak, dans la mer Australe. Ce naturaliste en indique aussi une variété remarquable par ses frondes alongées, qui se trouveroit dans la mer Atlantique, aux Antilles.

2. Le VALONIA EMBROUILLÉ : *Valonia intricata*, Agardh, *loc. cit.; Ulva intricata*, Clém., *Ens.*, page 529. Cette espèce a ses frondes également en touffes, avec des rameaux verticillés, mais de forme cylindrique. Les frondes ont de six à douze pouces de longuéur, sur une ligne de diamètre; elles sont très-rameuses, égales, articulées, avec les articles cylindriques, longs d'un à trois pouces. Ces frondes, d'une substance ferme, sont hyalines, avec une teinte verte; elles n'offrent aucune fibre, ni aucune cellule; mais l'on observe sur leur partie supérieure et à la surface des vésicules (fruit) infiniment petites, très-nombreuses, imbriquées et semblables à de la poussière. Cette plante a été observée dans l'océan Atlantique, aux Antilles, à Malaga, dans la Méditerranée, aux îles Marianes, dans diverses parties de la mer des Indes, à l'Isle-de-France. Elle paroit se rapprocher beaucoup de la précédente.

3. Le VALONIA UTRICULAIRE : *Val. utricularis*, Agardh, *l. c.;* Curt Spreng., *loc. cit.; Conferva utricularis*, Roth, *Cat.*, 1, page 160, pl. 1, fig. 1. Ces frondes, longues d'un pouce, sont agrégées, presque simples, tubuleuses, en forme de sac, cylindriques, un peu en massue, obtuses, larges de deux à trois lignes. C'est dans la Méditerranée et l'Océan, près de Cadix, qu'on rencontre cette espèce, qui, comme les précédentes, n'offre aucune cellule ni fibre dans sa substance.

4. Le VALONIA GUÉPIER; *Val. favulosa*, Agardh, *loc. cit.* Sa fronde est sessile, globuleuse, du diamètre de six à douze lignes, formée d'une membrane hyaline, mince, composée de cellules hexagones d'une demi-ligne ou d'une ligne de diamètre et saupoudrée d'une poussière verte, très-peu épaisse, qui donne sa couleur à la plante. Cette espèce, qui s'éloigne des précédentes par sa forme comme par la texture cellulaire de la membrane de ses frondes, a été découverte par Gaudichaud à l'île Ravak, dans les mers australes.

Une cinquième espèce, le *valonia ovalis*, Agardh, est la même plante que le *gastridium ovale*, Lyngbye (voyez GASTRIDIUM), ainsi que s'en est assuré Agardh sur les échantillons mêmes de Lyngbye. (LEM.)

VALORO. (*Ichthyol.*) Nom vénitien du loup de mer. (H. C.)

VALOS. (*Entom.*) Nom que les habitans de Ceilan donnent à des insectes qui sont des termès ou qui ont de l'analogie avec eux. (Desm.)

VALSA. (*Bot.*) Genre établi par Adanson pour placer quelques espèces de *lichen agaricus*, figurées dans Michéli, *Gen.*, pl. 54, 55, ord. 2, mais dont il ne précise pas exactement les espèces. Il le caractérise ainsi : Lame irrégulière, plate ou en grumeaux, rampante, piquée de trous en dessus, attachée par toute sa surface inférieure; substance fongueuse; graines placées dans les cavités sphériques, ouvertes à la surface de la plante; poussière entre les cavités. D'après les figures de Michéli, on juge que le *valsa* d'Adanson comprenoit des espèces de *sphæria* des auteurs modernes. Ce *valsa* n'a pas été adopté; il en est de même du *valsa* de Scopoli, également fondé sur des *sphæria*, auquel il joignoit le *tubercularia vulgaris*. Fries, qui n'avoit admis d'abord aucun genre *Valsa*, propose maintenant dans son *Syst. orb. veget.*, d'en établir un ainsi :

Valsa. Périthécium membraneux, contenant un noyau gélatineux ou fluide; sporidies pellucides, presque simples, répandues comme une gelée. Les autres caractères lui sont communs avec le *sphæria*; Fries indique ensuite la composition de ce genre, qui comprend un grand nombre de *sphæria* décrites dans son *Systema mycologicum*, vol. 2. Il fait remarquer que ces espèces vivent enfoncées dans les écorces sur lesquelles elles croissent, que leurs périthéciums sont toujours recouverts et munis d'une couverture alongée. Il ajoute que ce genre a été parfaitement établi par Bulliard sous le nom de *Variolaria*.

Le valsa de Fries diffère essentiellement de son *hypoxylon* et de son *sphæria* par ses sporidies, qui forment une espèce de gelée et ne s'échappent point sous forme de poussière. Il divise le genre en trois sous-genres, savoir :

Perigrapha, dans lequel les périthéciums sont réunis plusieurs et entourés d'une ligne noire ou d'un conceptacle propre.

Valsa : périthéciums réunis ou solitaires, et entièrement privés de conceptacle propre.

Heterostomum : sporidies cloisonnées, contenant des sporidies plus petites.

Les espèces des deux premiers sous-genres sont subcorti-
cales ; celles du troisième entoxyles. Fries n'indique aucune
espèce de ce dernier sous-genre ; mais, pour les autres, il
donne des renvois à son *Systema* qui permettent d'en établir
la liste. (Lem.)

VALTHÈRE, *Waltheria*. (*Bot.*) Genre de plantes dicotylédones, à fleurs complètes, polypétalées, de la famille des *ti-
liacées* (Juss.), de celle des *buttnériacées* (Rob. Brown), de
la *monadelphie pentandrie* de Linnæus, offrant pour caractère
essentiel : Un calice persistant, à cinq divisions ; trois bractées
en forme de calice extérieur, caduc ; cinq pétales adhérens
par leurs onglets ; cinq étamines opposées aux pétales ; les filamens réunis en un tube à cinq dents soutenant chacune une
anthère à deux loges ; un ovaire supérieur ; un style divisé
en plusieurs stigmates ; une capsule bivalve, monosperme.

Valthère d'Amérique ; *Waltheria americana*, Linn., *Spec.* ;
Lamk., *Ill. gen.*, tab. 570, fig. 2 ; *Waltheria arborescens*, Cav.,
Diss., 6, tab. 170, fig. 1 ; *Waltheria indica*, Jacq., *Ic. rar.*,
1, tab. 130. Cette plante a des tiges hautes de plusieurs pieds
ligneuses, divisées en rameaux droits, un peu rougeàtres,
couverts d'un duvet épais, d'un gris cendré. Les feuilles sont
alternes, pétiolées, épaisses, ovales, presque en cœur, tomenteuses, d'un blanc cendré, dentées en scie, obtuses ou
un peu aiguës ; deux stipules lancéolées, caduques ; les fleurs
axillaires, agglomérées. Le calice est à cinq découpures capillaires, très-velues, entouré par trois petites bractées ovales.
concaves, aiguës. La corolle est jaune, à peine plus longue
que le calice ; le tube des étamines court, terminé par cinq
petites dents anthérifères ; l'ovaire ovale, turbiné ; le style
renflé au sommet, terminé par un grand nombre de stigmates en pinceau. Le fruit est velu. Cette plante croît dans
l'Amérique, à l'île de Saint-Domingue.

Valthère des Indes ; *Waltheria indica*, Linn., *Spec.* ; Burm.,
Zeyl., tab. 68. Cette espèce, très-rapprochée de la précédente, en diffère par les dentelures obtuses de ses feuilles,
inégales, non aiguës, par ses fleurs réunies en paquets sessiles et axillaires. Ses tiges se divisent en rameaux velus, de

couleur purpurine, garnis de feuilles alternes, pétiolées, molles, ovales, presque elliptiques, arrondies et obtuses à leurs deux extrémités, médiocrement velues à leurs deux faces, longues de trois ou quatre pouces, larges de deux et demi; les pétioles tomenteux, au moins longs d'un pouce. Les rameaux qui portent les fleurs sont simples, très-courts; leurs feuilles plus petites. Les fleurs sont réunies en paquets alternes, sessiles, axillaires, épais, très-velus. La corolle est jaune, un peu plus longue que le calice; les pétales obtus. Cette plante croît dans les Indes orientales et dans l'île de Ceilan.

VALTHÈRE A FEUILLES ELLIPTIQUES : *Waltheria elliptica*, Cav., Diss. bot.. 6. pag. 516. tab. 171, fig. 2. Cette plante a des tiges ligneuses, cylindriques, velues, divisées en rameaux élancés, tomenteux, d'un brun jaunâtre: les feuilles sont alternes, médiocrement pétiolées. elliptiques, ovales ou oblongues-linéaires. épaisses. plissées, dentées en scie, très-obtuses et arrondies au sommet, tomenteuses à leurs deux faces; les stipules très-velues, lancéolées, caduques; les pétioles deux fois plus longs. Les fleurs sont petites, axillaires, agglomérées en paquets presque sessiles, épais, serrés, très-tomenteux. La corolle est jaune. un peu plus longue que le calice; les fruits velus. Cette plante croît dans les Indes orientales.

VALTHÈRE A FEUILLES OVALES : *Waltheria ovata*, Cavan., loc. cit., tab. 171, fig. 1; Lamk.. *Ill. gen.*, tab. 570, fig. 1. Arbrisseau de trois ou quatre pieds, divisé en rameaux velus, très-nombreux, horizontaux. Les feuilles sont ovales, épaisses, tomenteuses, aiguës, dentées en scie. larges. arrondies à leur base, à nervures saillantes en dessous; les pétioles épais, velus, longs de deux lignes; les stipules linéaires, subulées, caduques. Les fleurs sont latérales, les unes réunies en petits paquets axillaires, presque sessiles, les autres presque en grappes, ou plutôt ramassées en petits paquets alternes, situés le long des jeunes rameaux non développés, accompagnés de petites feuilles. Le calice est à cinq faces, terminé par cinq petites dents; les trois bractées velues, ovales, concaves, aiguës. La corolle est jaune, à pétales un peu plus longs que le calice, en ovale renversé, échancrés en cœur; l'ovaire ovale, tomenteux; le style court; le stigmate épais; la capsule couverte d'une pellicule tomenteuse et ne renfermant qu'une seule semence. Cette plante croît au Pérou.

VALTHÈRE A PETITES FEUILLES; *Waltheria microphylla*, Linn., *Spec.* Arbrisseau dont les rameaux sont souples, alternes, grêles. élancés, d'un brun foncé, médiocrement pubescens; les feuilles distantes, fort petites. un peu pétiolées, ovales ou un peu arrondies. épaisses, presque glabres en dessus, pubescentes et un peu grisâtres en dessous, à larges dentelures, à peine longues d'un pouce, larges de quatre ou cinq lignes: les pétioles pubescens, de moitié plus courts que les feuilles. Les fleurs sont presque sessiles. réunies par paquets dans l'aisselle des feuilles; le calice est tomenteux; la corolle petite et jaunâtre. Cette plante croît dans les Indes orientales, à Pondichéry.

VALTHÈRE GLABRE; *Waltheria glabra*, Poir., Encycl. Cette plante est glabre sur toutes ses parties. Ses rameaux sont grêles, un peu comprimés, d'un brun foncé: les feuilles alternes, pétiolées, ovales. un peu lancéolées. membraneuses, longues de deux ou trois pouces, larges d'un pouce et demi ou deux pouces. inégalement dentées en scie. élargies à leur base, obtuses ou quelquefois aiguës au sommet, à nervures saillantes: les pétioles grêles. longs de six ou huit lignes: les stipules lancéolées, acuminées. caduques. Les fleurs sont axillaires. réunies sur un pédoncule commun (ou un rameau avorté et sans feuilles), par paquets alternes, presque sessiles, très-serrés. Le calice est campanulé, très-lisse, terminé par cinq dents alongées, subulées, presque filiformes: les trois bractées sont étroites, linéaires, aiguës, caduques; la corolle est jaune, à pétales à peine plus longs que le calice; les étamines sont réunies en tube à leur partie inférieure; une capsule membraneuse, monosperme. Cette plante croît à la Guadeloupe. (POIR.)

VALUS-OEND. (*Ornith.*) C'est le nom du harle huppé en islandois. (CH. D.)

VALVAIRE. (*Bot.*) Attaché aux valves; exemple: graines et placentaires des orchidées. etc. (MASS.)

VALVE. *Valva*; VALVES. *Valvæ.* (*Conchyl.*) Mot emprunté par la conchyliologie à la langue latine, où il signifie *battant de porte* ou *de fenêtre*, employé d'abord, avec assez d'analogie, pour désigner les deux pièces d'une coquille bivalve, jouant l'une sur l'autre à l'aide du ligament qui les unit, comme les battans d'une porte, mais ensuite étendu, sans qu'il y ait similitude, à toute espèce de pièce solide qui revêt le corps d'un animal mollusque ; d'où les dénominations d'*uni-valve*, de *bivalve* et de *multivalve*, données aux coquilles d'une, de deux, de trois ou de plusieurs pièces. Voyez Conchylio-logie, où sont exposées les particularités des valves pouvant servir de caractères pour distinguer les coquilles. (De B.)

VALVÉE [Corolle]. (*Bot.*) Avant l'épanouissement ses pétales ou ses divisions se touchent par les bords seulement, comme les valves d'une capsule ; exemple : synanthérées, *fis-silia*. (Mass.)

VALVÉE, *Valvata*. (*Malacoz.*) Genre d'animaux mollus-ques établi par Muller, d'abord sous la dénomination de Né-rite, et depuis sous celle de Valvée, qui a été adoptée par Draparnaud et tous les zoologistes, pour un petit nombre d'animaux dont la coquille a les plus grands rapports avec les paludines, et qui comme elles, en effet, sont operculées et vivent dans les eaux douces. Les caractères que l'on assigne à ce genre, peuvent être exprimés ainsi : Animal spiral ; pied trachélien en avant ; tête bien distincte, prolongée en une sorte de trompe ; tentacules fort longs, cylindracés, ob-tus, très-rapprochés à la base ; yeux sessiles au côté posté-rieur de leur racine ; branchie unique, plus ou moins exser-tile, hors d'une cavité branchiale largement ouverte et pour-vue à droite de son bord inférieur d'un long appendice si-mulant un troisième tentacule. Coquille subdiscoïde ou co-noïde, ombiliquée, à tours de spire arrondis, à sommet ma-melonné ; ouverture ronde ou à peine angulaire en arrière, non modifiée par le dernier tour de spire ; bords complète-ment réunis, tranchans ; le commencement du gauche plus mince, plus adhérent que dans les paludines ; opercule com-plet, corné, à élémens concentriques et circulaires.

Les valvées, dont on ne connoît encore qu'un très-petit nombre d'espèces, qui vivent dans les eaux douces d'Europe, ont absolument les mêmes mœurs que les paludines.

Les espèces connues jusqu'ici, sont :

La V. piscinale : *Valvata piscinalis* ; H. *piscinalis*, Linn.,

Gmel., p. 5627, n.° 44; *Helix fascicularis*, Linn., Gmel.,
p. 3641, n.° 185; *Trochus cristatus*, Schröter, *Fluss-Conchyl.*,
p. 280, tab. 6, fig. 11; *Valvata obtusa*, Pfeiffer, *Deutsch. Land-
und Wasser-Schnecken*, pag. 98, tab. 4, fig. 32; *Cyclostoma
obtusum*, Draparn., Moll., pl. 1, fig. 14; le Porte-plumet de
Geoffroy, Coq. des environs de Paris. Coquille de deux lignes
de diamètre, globuleuse, conoïdale, subtrochiforme, composée de quatre ou cinq tours complets, cylindracés : couleur
blanchâtre ou d'un brun pâle.

Dans les eaux douces stagnantes ou courantes de toute la
France et même de l'Allemagne. Ses œufs sont déposés par
petits tas, sous forme hémisphérique.

La Valvée spirorbe; *V. spirorbis*, Drap., *ib.*, p. 41, n.° 1,
pl. 1, fig. 52 et 53. Très-petite coquille d'une ligne et demie
de diamètre, aplatie, transparente, concave ou ombiliquée
en dessus et un peu en dessous, striée transversalement aux
tours de spire, qui sont au nombre de trois seulement : ouverture exactement ronde, à péristome un peu réfléchi.

Dans les eaux stagnantes.

La V. a crête : *V. cristata*, Muller, *Verm. Hist.*, 2, p. 198,
n.° 584; *Nerita valvata*, Linn., Gmel., p. 3675, n.° 22; *V.
planorbis*, Draparn., *ibid.*, n.° 2, pl. 1, fig. 54 et 55. Coquille
transparente, très-lisse, aplatie, plane en dessus, fortement
ombiliquée en dessous, composée de trois tours seulement :
ouverture ronde, à bords tranchans.

De toutes les eaux douces d'Europe. Ses œufs sont déposés sur les plantes aquatiques en petits amas de couleur de
corne.

La V. menue; *V. minuta*, id., *ibid.*, n.° 5, pl. 1, fig. 56 —
58. Coquille encore beaucoup plus petite que la précédente,
composée de deux à trois tours, à ouverture un peu évasée,
à bords tranchans; l'externe plus avancé que le columellaire.

Des eaux douces de France.

La V. déprimée; *V. depressa*, Pfeiffer, *loc. cit.*, p. 100,
tab. 4, fig. 33. Coquille d'une à dix lignes de long, turbinée,
ombiliquée, à spire obtuse, déprimée ; ouverture patulée et
tranchante : couleur de corne claire, souvent avec une bande
décurrente brune.

Des eaux douces d'Allemagne. (De B.)

VALVÉENNES [Cloisons]. (*Bot.*) Tirant leur origine des valves, soit de leur partie moyenne (lis, *hibiscus*, etc.), soit de leurs bords rentrans; exemples: *antirrhinum, rhododendrum, astragalus*, etc. (Mass.)

VALVERDE. (*Bot.*) Vandelli cite ce nom portugais ou brésilien du *chenopodium scoparia*. (J.)

VALVES DU FRUIT. (*Bot.*) Panneaux, dont la réunion compose la plupart des péricarpes. Le point de réunion de ces valves est indiqué par des sutures saillantes ou rentrantes. Dans certains fruits, quoique les sutures soient apparentes, les valves ne se séparent point à la maturité et le fruit reste clos (*cassia fistula*, etc.). Parmi les valves qui se séparent il y en a qui se fendent elles-mêmes par le milieu (*veronica, capraria*, etc.); ces valves, au lieu d'être simples, étoient composées chacune de deux valves soudées.

Dans certains fruits les valves forment les cloisons (lis, *syringa*, ciste, *rhododendrum*, etc.); dans d'autres elles portent les graines (gentianées, orchidées, etc.). Dans le ricin, la balsamine, le *cardamine impatiens*, etc., les valves, étant élastiques, se disjoignent subitement par force de ressort, et projettent les graines à quelque distance.

On nomme improprement valves, les bractées qui composent les spathes, et celles qui composent la glume des graminées. (Mass.)

VALVULE, *Valvula*. (*Anat.*) Les anatomistes ont appelé *valvules*, certains replis membraneux, placés de distance en distance dans les veines et les vaisseaux lymphatiques, pour empêcher le sang et la lymphe de retomber, suivant les lois ordinaires de la pesanteur, ou à l'orifice de plusieurs canaux, pour s'opposer au retour de tel ou tel fluide dans les cavités qu'il vient de quitter.

Les valvules triglochine et mitrale du cœur mettent obstacle au retour du sang des ventricules dans les oreillettes.

Les valvules sigmoïdes des artères pulmonaires et aorte empêchent qu'il ne retombe de ces vaisseaux dans les ventricules.

La valvule iléo-cœcale oblige les matières qui l'ont une fois franchie, à ne plus rentrer dans l'intestin grêle. (H. C.)

VALVULINE. (*Foss.*) Dans le Tableau méthodique de la

classe des céphalopodes, M. d'Orbigny a signalé un genre de petites coquilles, auquel il assigne les caractères suivans : *Spire alongée ou trochoïde; ouverture située près de l'angle ombilical et fermée en partie par une sorte de lame arrondie, operculaire, et laissant une fente semi-lunaire à découvert.*

VALVULINE IGNORÉE ; *Valvulina ignota,* Def. Coquille conique, évasée, à spire pointue, composée de petites loges qui semblent disposées autour d'un axe médian; à base aplatie et un peu concave, au centre de laquelle on voit quelquefois des petits trous irréguliers et irrégulièrement placés. Dans quelques individus ces trous manquent tout-à-fait. Il est difficile de connoître la véritable structure de ces coquilles, qui n'ont pas une ligne de diamètre ni d'élévation. Fossile de Hauteville, département de la Manche.

VALVULINE TRIANGULAIRE : *Valvulina triangularis,* d'Orb., *loc. cit.,* modèles, n.° 25, 1.ʳᵉ livraison, fossile de Hauteville. Cette espèce paroit ne différer de la précédente que parce que sa spire est triangulaire.

Valvulina pupa; d'Orb., *loc. cit.* Le sommet de cette espèce est triangulaire, et elle n'est point aplatie à sa base. Longueur. plus d'une ligne. Fossile du département de l'Oise.

Valvulina columna-tortilus, d'Orbigny, *loc. cit.* Fossile de Mouchy-le-Châtel, département de l'Oise. Nous ne connoissons pas cette espèce, non plus que celles qui suivent, dont M. d'Orbigny n'a pas donné la description.

Valvulina globularis; d'Orb., *loc. cit.* Fossile de Mouchy-le-Châtel.

Valvulina Gervillii; d'Orb., *loc. cit.* Fossile de Valognes.

Valvulina deformis; d'Orb., *loc. cit.* Fossile du même lieu. (D. F.)

VAMI. (*Bot.*) Voyez CEPHALOTUS. (POIR.)

VAMPI. (*Bot.*) Voyez COOKIA. (POIR.)

VAMPIRE. (*Mamm.*) Ce nom a été donné à une espèce de chéiroptère américain du genre Phyllostome, à cause de ses habitudes naturelles. Cet animal en effet suce le sang des bestiaux ou des hommes endormis, après avoir ouvert les petits vaisseaux d'un point quelconque de leur peau au moyen des papilles cornées et aiguës dont sa langue est recouverte. (DESM.)

56.   30

VAMPUM. (*Erpét.*) Nom spécifique d'une couleuvre, décrite précédemment, tom. XI, pag. 211. (H. C.)

VAMPURN. (*Erpét.*) C'est par suite de quelque erreur typographique que la couleuvre vampum est ainsi appelée dans certains Dictionnaires. (H. C.)

VANA. (*Ornith.*) Nom vulgaire, dans le département des Deux-Sèvres, du vanneau, qui est appelé *vanelle* ou *vanet* en Sologne, et *vanelo* ou *banelo* en Languedoc. (Ch. D.)

VANAI. (*Bot.*) Nom brame du *tenna* du Malabar, espèce de *panicum*. (J.)

VANA-PAPALOU. (*Bot.*) Nom brame du *katou-theka* du Malabar, plante rubiacée, qui paroît congénère du *rutidea* de M. De Candolle. (J.)

VANCASSAYE. (*Bot.*) Commerson, dans ses manuscrits, cite sous ce nom une espèce d'oranger de Madagascar. (J.)

VANCOCHE, VANCOCHO ou VANOCO. (*Entom.*) On nomme ainsi, dit-on, à Madagascar, une grosse espèce de scorpion dont la piqûre est très-venimeuse et produit sur la personne blessée une sensation de froid qui se prolonge jusque pendant deux jours. (C. D.)

VAND-HONE. (*Ornith.*) Nom que les Norwégiens donnent au râle d'eau, *Rallus aquaticus*, Linn. (Ch. D.)

VANDA. (*Bot.*) Genre de plantes monocotylédones de la famille des *orchidées* et de la *gynandrie monandrie* de Linnæus, voisin du *rodriguezia*, établi par R. Brown, et caractérisé par ses sépales étalées presque égales; par sa lèvre presque charnue, à trois lobes soudés et continus; par sa base simple avec la columelle nue et privée d'ailes; par ses masses de pollen bilobées. Ce genre comprend sept espèces, qui croissent au Bengale, aux îles Moluques, en Chine et au Malabar: elles ont été toutes données pour des espèces de *cynandium* et d'*epidendrum*; leurs feuilles sont radicales et leurs fruits portés, en épi ou en grappe, sur des hampes. L'une de ses espèces, le *vanda recurva*, Hook., *Exot. Flor.*, pl. 187, est le type du genre *Sarcanthus rostratus* de Lindley, *Bot. reg.*, 981. (Lem.)

VANDELI, *Vandelius*. (*Ichthyol.*) Shaw a ainsi appelé le genre Lépidope de feu de Lacépède et de Gouan. (H. C.)

VANDELLIA. (*Bot.*) Genre de plantes dicotylédones, à

.leurs complètes, monopétalées, irrégulières, de la famille des *personées*, de la *didynamie angiospermie* de Linnæus, offrant pour caractère essentiel : Un calice persistant, à quatre divisions, la supérieure bifide; une corolle tubulée, a deux lèvres; la supérieure entière; l'inférieure à deux lobes; quatre étamines didynames; les anthères rapprochées par paires; un ovaire supérieur; un style; deux stigmates; une capsule à une seule loge polysperme.

Vandellia étalée : *Vandellia diffusa*, Linn., *Mant.*, 89; Lamk., *Ill. gen.*, tab. 522; *Caa-ataia*, Pis., *Bras.*, 230, *Icon.* Petite plante herbacée, qui a le port du *veronica serpillifolia*. Ses racines sont petites, fibreuses, menues, étalées, rameuses, d'où s'élève une tige grêle, presque filiforme, tétragone, un peu pubescente, haute de six à huit pouces; les rameaux diffus, étalés; les feuilles opposées, sessiles ou à peine pétiolées, ovales, un peu arrondies, longues de quatre ou six lignes, glabres en dessus, munies en dessous, dans leur jeunesse, de quelques poils rares, dentées en scie, obtuses ou un peu aiguës; les inférieures plus grandes, plus arrondies; les supérieures ovales, plus petites, rétrécies en pointe à la base. Les fleurs sont solitaires, axillaires; les pédoncules courts, alternes, simples, uniflores. Le calice est tubulé, à quatre divisions presque ovales; la supérieure à deux lobes; la corolle labiée, le tube court; la lèvre supérieure ovale, entière; l'inférieure plus large, à deux lobes. On compte quatre étamines didynames, appliquées sur le disque de la lèvre inférieure; dont deux plus longues sortant de l'orifice du tube; les anthères sont rapprochées deux par deux; l'ovaire est oblong; le style de la longueur des étamines, ayant deux stigmates ovales, membraneux, réfléchis. Le fruit est une capsule oblongue, à une seule loge, renfermant plusieurs semences. Cette plante croît dans l'Amérique, aux îles Monferrat et de Sainte-Croix. (Poir.)

VANDHUND. (*Mamm.*) En danois c'est le chien barbet. (Desm.)

VANDIÈRE. (*Ichthyol.*) Un des noms vulgaires du *callionyme lyre*. Voyez Callionyme. (H. C.)

VANDMUS et VANDROTTE. (*Mamm.*) Noms danois du rat d'eau. (Desm.)

VANDOISE. (*Ichthyol.*) Nom d'un ABLE. Voyez ce mot dans le Supplément du tome Ier (H. C.)

VANELLE. (*Bot.*) Voyez *Stylidium pileux*, à l'article STYLIDIUM. (POIR.)

VANELLE. (*Ornith.*) Ce nom, en Sologne, désigne les vanneaux. (DESM.)

VANELLUS. (*Ornith.*) Nom du vanneau en latin moderne. (CH. D.)

VANELO ou BANELO. (*Ornith.*) Noms languedociens du vanneau commun. (DESM.)

VANESSE, *Vanessa*. (*Entom.*) C'est le nom que Fabricius a donné à un genre de papillons de jour qui comprend les espèces à chenilles épineuses, telles que le *morio*, les *tortues*. Voyez à l'article PAPILLON, tom. XXXVII, pag. 411, depuis le n.° 110 jusques et compris le n.° 120. (C. D.)

VANG-VAN. (*Ornith.*) La spatule, *platalea leucorodia*, est ainsi appelée dans quelques contrées de l'Afrique. (CH. D.)

VANGA. (*Ornith.*) Le premier oiseau qui a été décrit sous ce nom, avoit été envoyé de Madagascar par M. Poivre; il a été figuré, n.° 228, dans les planches enlum. de Buffon, sous la dénomination de *pie-grièche* ou *écorcheur de Madagascar*; mais Buffon donnoit la préférence à celle de *bécarde à ventre blanc*. C'est le *collurio madagascariensis* de Brisson, et le *lanius curvirostris* de Gmelin et de Latham.

M. Vieillot, dans la première édition de son analyse d'une ornithologie élémentaire, a fait un genre de ce vanga, qu'il a nommé batara *tamnophilus*, et il lui a donné pour caractères : Un bec plus long que la tête, comprimé par les côtés, droit; la mandibule supérieure échancrée et crochue vers le bout; l'inférieure retroussée et aiguë à la pointe; mais il a annoncé, dans le tom. 35 de la 2.e édition du Nouveau Dictionnaire d'histoire naturelle, qu'il s'étoit convaincu par de nouvelles observations, que les vangas ne différoient pas assez des bataras pour les en séparer.

Cependant M. Temminck, dans l'analyse de son Système général, a reproduit le genre Vanga. Les caractères qu'il lui a assignés, consistent dans un bec longicone, fort dur, courbé seulement à la pointe, qui est très-crochue et acérée, et dont les mandibules ont les bords droits, tranchans, à pointes échancrées ; des narines latérales , un peu distantes de la base , longitudinalement fendues dans la masse cornée du bec, couvertes en dessus par un cartilage, des soies roides à la base des mandibules ; les pieds médiocres ; les tarses de la longueur ou plus longs que le doigt intermédiaire, qui est réuni à l'externe jusqu'à la première articulation ; les ailes médiocres ; la première rémige de moyenne longueur, et la seconde plus courte que la troisième, qui est la plus longue.

Tous les vangas sont de l'ancien continent, des iles les plus reculées de l'Inde et de l'Océanique.

M. Temminck cite comme espèces du genre, le *lanius curvirostris*, Lath. , et son *vanga destructor*.

Le premier de ces oiseaux, ou *vanga à tête blanche* , est long de dix pouces : l'occiput est d'un noir verdâtre, et le reste de la tête , la gorge, le cou , les parties inférieures et les plumes anales sont d'un beau blanc ; le dessous du corps est d'un noir changeant en vert ; les grandes couvertures des ailes sont bordées de blanc ; les pennes caudales, cendrées dans leur première moitié, sont ensuite noires avec une bordure blanche : les pieds sont de couleur de plomb , et les ongles noirâtres ; le bec, qui est noir, a sa partie inférieure aussi crochue que la partie supérieure.

On trouve , suivant Latham, dans la Nouvelle-Hollande, une variété de cette espèce qui n'en diffère qu'en ce que la tête n'offre de blanc qu'au front et à la base du bec, et que le noir, qui en occupe le sommet, descend jusqu'au-dessous des yeux.

M. Lesson a décrit , dans son Manuel d'ornithologie, t. 1.er. p. 154 , les deux espèces suivantes :

Le Vanga destructeur : *Vanga destructor*, Temm., Manuel ; Cassican destructeur, Pl. coloriées , 273 ; le *Butcher-bird*, ou *Rain-bird* des colons anglois de Sydney. Cet oiseau , d'un cendré fauve en dessus, blanc en dessous, a la tête, les joues, les rémiges et les rectrices noires ; les premières striées de blanc , les dernières bordées de blanc à leur extrémité.

Le vanga destructeur se tient dans les arbres des environs de Sydney, non loin des habitations , surtout lorsqu'il fait mauvais temps ; aussi le nomme-t-on oiseau de pluie. Ses habitudes paroissent être solitaires.

Vanga cap-gris; *Vanga kirhocephalus*, Less., figuré sous
le nom de Pie-grièche cap-gris, *Lanius kirhocephalus*, Less.,
Zool. Coq., pl. 11. Cet oiseau, de la grosseur d'un merle, a
de longueur totale neuf pouces. Le bec est long d'un pouce,
du front à son extrémité; il est fort et robuste, à arête saillante entre les narines, qui sont déprimées. La mandibule
supérieure se termine par une pointe crochue et forte. Les
tarses sont robustes et le doigt postérieur est remarquablement
fort. Les ailes dépassent le croupion; la queue, composée de
dix pennes, est légèrement arrondie.

La tête, les joues et le dessous de la gorge, jusqu'à la poitrine, sont d'un gris cendré. Le dos, le croupion et les couvertures des ailes, sont d'un rouge-brun orangé fort vif. Les
grandes pennes et les moyennes, ainsi que la queue, en
dessus, sont d'un gris-fauve uniforme. Le ventre, les plumes
des cuisses, les couvertures inférieures de la queue, sont
d'un rouge fauve d'égale teinte. La queue, en dessous, est
d'un gris clair, et l'extrémité des pennes s'use très-aisément.
Le bec est plombé, et cette couleur semble encore propre
aux pieds.

Le vanga cap-gris habite les forêts de la Nouvelle-Guinée,
aux alentours de Doréry, où les Papous le nomment *pitohui*.
(Ch. D.)

VANGERON. (*Ichthyol.*) Nom d'un corégone qui habite
le lac de Lausanne.

On donne aussi le même nom à un autre poisson des lacs
de la Suisse, qui paroit être un cyprin et probablement le
Gardon. Voyez ce mot. (H. C.)

VANGUIER, *Vanguieria*. (*Bot.*) Genre de plantes dicotylédones, à fleurs complètes, monopétalées, de la famille des
rubiacées, de la *pentandrie monogynie* de Linnæus, offrant
pour caractère essentiel : Un calice persistant, fort petit, à
cinq dents ouvertes; une corolle campanulée, un peu globuleuse, à cinq divisions, hérissée en dedans; cinq étamines;
les anthères oblongues, à peine saillantes; un ovaire inférieur; un style; un stigmate en tête. Le fruit est une grosse
baie, ombiliquée, non couronnée, à cinq loges, à cinq semences.

Vanguier comestible : *Vanguiera edulis*, Lamk., *Ill. gen.*, tab. 159; Poir., Enc.; *Vavanga edulis*, Vahl, *Act. soc. hist. nat. Hafn.*, 2, part. 1, page 208, tab. 7; vulgairement Voa-vanguier de Madagascar. Arbrisseau qui se présente presque sous la forme d'un *callicarpa*, mais qui en est très-différent par les caractères de sa fructification. Son tronc se divise en rameaux glabres, cylindriques, garnis de feuilles oppo-sées, médiocrement pétiolées, ovales, longues de trois à quatre pouces, larges au moins de deux, glabres à leurs deux faces, simples, entières, aiguës à leurs deux extrémités; les pétioles longs de deux ou trois lignes; les stipules lancéo-lées, acuminées, adhérentes par leur base. De l'aisselle des feuilles sortent des corymbes étalés, ramifiés, trois et quatre fois dichotomes, soutenant des fleurs nombreuses, presque réunies en cime, alternes, éparses, pédicellées, fort petites. Le calice est glabre, adhérent, très-petit, à cinq dents ai-guës; la corolle au moins une fois plus longue que le calice, monopétale, campanulée, régulière; le tube ventru, pres-que globuleux; l'orifice garni de poils en dedans; le limbe à cinq découpures ovales, aiguës; les étamines à peine sail-lantes, insérées sur le tube du calice; les filamens courts, alternes avec les divisions du limbe; les anthères oblongues. Le fruit est une baie globuleuse, assez grosse, charnue, en forme de pomme, ombiliquée, mais non couronnée par le limbe du calice, divisée en cinq loges, renfermant chacune une semence ovale, obtuse à ses deux extrémités en forme d'amande; quelques-unes avortent. Ce fruit est bon à manger. Cette plante a été découverte par Commerson à l'île de Ma-dagascar. (Poir.)

VANGUI-NANG-BOUA. (*Bot.*) Dans un herbier de Mada-gascar, donné par Poivre, nous trouvons sous ce nom un petit échantillon d'un *gardenia*, non rapporté aux espèces connues. Rochon, qui le cite, dit sa fleur blanche et ses feuilles vulnéraires. Il paroît très-voisin du *gardenia mada-gascariensis* de M. de Lamarck. (J.)

VANIERIA. (*Bot.*) Ce genre, établi par Loureiro, paroît se rapprocher beaucoup des *Procris* ou des *Bœhmeria*, auquel, peut-être, il devroit être réuni s'il étoit mieux connu; il appartient à la famille des *urticées*, à la *monoécie pentandrie* de Linnæus, offrant pour caractère essentiel : Des fleurs mo-

noïques ; les fleurs mâles réunies sur un réceptacle commun ;
un calice charnu, à quatre divisions ; point de corolle ; cinq
anthères presque sessiles ; les fleurs femelles mélangées avec
les mâles sur le même réceptacle ; un ovaire comprimé ; un
style ; un stigmate ; une baie composée de plusieurs fleurs
femelles.

Vanieria de la Cochinchine ; *Vanieria cochinchinensis*,
Lour., *Flor. Cochinch.*, 2, page 691. Arbuste peu élevé, dont
les tiges sont droites, nombreuses, hautes de trois pieds,
glabres, cylindriques, rameuses, armées de plusieurs aiguillons droits, roides, alongés. Les feuilles sont alternes,
ovales-lancéolées, glabres à leurs deux faces, très-entières.
Les fleurs sont axillaires, portées sur un pédoncule simple,
réunies en tête sur un réceptacle commun ; les mâles mélangées avec les femelles ; ces dernières, formant par leur réunion une sorte de baie arrondie, charnue, tuberculeuse en
dehors, parsemée de petites ouvertures ; chaque calice persistant, charnu, renfermant une semence glabre, lenticulaire. Cette baie est presque ronde, très-rouge, au moins
d'un demi-pouce de diamètre ; elle est d'une saveur douce
et bonne à manger. Cette plante croit à la Cochinchine,
parmi les buissons : on en forme des haies basses.

Vanieria de la Chine ; *Vanieria cochinchinensis*, Lour.,
loc. cit. Cet arbuste, plus petit que le précédent, a des tiges
droites, sans épines, à peine hautes d'un pied et demi, rameuses, garnies de feuilles fasciculées, lancéolées, très-glabres, entières. Les fleurs sont axillaires, réunies en une
tête globuleuse, à l'extrémité d'un pédoncule droit, simple,
alongé, solitaire. Le calice est charnu, à quatre découpures
conniventes. Les fleurs mâles renferment cinq étamines ; le
réceptacle commun est oblong, garni de paillettes. Cette
plante croit aux environs de Canton, parmi les buissons.
(Poir.)

VANILLE, *Vanilla.* (*Bot.*) Genre de plantes monocotylédones, à fleurs incomplètes, irrégulières, de la famille des
orchidées, de la *gynandrie diandrie* de Linnæus, offrant pour
caractère essentiel : Une corolle à cinq pétales ouverts ; un
sixième presque en capuchon, sans éperon ; une anthère
terminale, operculée, supportée par le pistil ; le pollen dis-

tribué en paquets granuleux ; un ovaire inférieur ; le gymnos-
tome élargi en un stigmate concave ; une capsule charnue,
bivalve, en forme de silique ; les semences nues.

Vanille aromatique : *Vanilla aromatica*, Swartz, *Fl. Ind.
occid.*, 3, page 1518 : *Epidendrum vanilla*, Linn., *Spec.*, *Fl.
med.*, 6, tab. 544 : Pluken., *Almag.*, tab. 520, fig. 4. Cette
plante a des tiges sarmenteuses, qui grimpent et s'attachent
par des vrilles aux arbres qu'elles rencontrent : elles sont
vertes, cylindriques, noueuses, de la grosseur du doigt,
remplies d'un suc visqueux. Les racines sont rampantes, très-
longues, tendres, succulentes, d'un roux pâle ; les feuilles
sessiles, alternes, distantes, ovales-oblongues, aiguës, lisses,
molles, un peu épaisses, longues de neuf ou dix pouces sur
environ trois de large, traversées par des nervures longitudinales ; les vrilles simples, plus courtes que les feuilles. Les
fleurs sont disposées, vers le sommet des tiges, en grappes
axillaires, pédonculées, de la longueur des feuilles ; la corolle grande, fort belle, blanche en dedans, d'un jaune verdâtre en dehors, composée de cinq pétales presque égaux,
très-ouverts, ondulés à leurs bords, souvent roulés vers leur
extrémité ; le sixième plus court, très-blanc, roulé en cornet.
Le fruit est une capsule pulpeuse, charnue, de la grosseur
du petit doigt, presque cylindrique, un peu arquée, s'ouvrant en deux valves, remplies d'un grand nombre de petites
semences noires et nues. On en distingue plusieurs variétés.
Cette plante croît aux lieux humides et ombragés, sur le
bord des sources et des ruisseaux, dans presque toutes les
contrées chaudes de l'Amérique méridionale.

Le fruit de cette plante, si connu sous le nom de *vanille*,
est remarquable par une odeur balsamique très-suave et par
une saveur chaude, piquante, fort agréable. On en retire
une huile volatile, très-odorante, et de l'acide benzoïque.
L'eau et l'alcool paroissent se charger également de ses principes actifs. On distingue trois sortes de vanille dans le commerce : la première, nommée *pompona* ou *bova* par les Espagnols, offre des gousses plus grosses que les autres, comme
renflées, et d'une odeur très-forte ; la seconde, beaucoup
plus estimée, est désignée sous le nom de *vanille de ley* ou
légitime. Ses gousses sont minces ; son odeur très-suave ; elle

doit être d'un rouge-brun foncé, ni trop noire, ni trop rousse, ni trop gluante, ni trop desséchée; il faut que ses siliques paroissent pleines, et qu'un paquet de cinquante pèse plus de cinq onces; celle qui en pèse huit, est la *sobre buena* (l'excellente). L'odeur en doit être pénétrante et agréable. Quand on ouvre une de ces siliques, bien conditionnée et fraîche, on la trouve remplie d'une liqueur noire, huileuse et balsamique, où nagent une infinité de petits grains noirs, presque imperceptibles, et il en sort une odeur si vive, que, respirée trop long-temps, elle assoupit et cause une sorte d'ivresse; enfin, la troisième espèce de vanille est la *vanille bâtarde*, la moins estimée de toutes. Il paroît que ces trois sortes de vanille ne sont que de simples variétés du même fruit, dépendant du terroir, de la culture, de l'exposition, de son degré de maturité, et peut-être aussi des préparations qu'on lui fait subir.

Voici, d'après Aublet, la préparation que les habitans de la Guiane font subir à la vanille, avant de la répandre dans le commerce. Lorsqu'on a réuni une douzaine de vanilles et plus, on les enfile en manière de chapelets à la partie postérieure, le plus près possible du pédoncule; on fait bouillir de l'eau dans un vase, et lorsqu'elle est bouillante, on y trempe les vanilles pour les blanchir : ce qui s'opère dans un instant. Cela fait, l'on tend et l'on attache par les deux bouts opposés, les fils où sont enfilées les vanilles, de manière qu'elles se trouvent suspendues à un air libre, où le soleil frappe pendant quelques heures du jour. Le lendemain, avec la barbe d'une plume ou avec les doigts, on enduit les vanilles d'huile, pour qu'elles se dessèchent avec lenteur, afin qu'elles ne se raccourcissent pas, et qu'elles se conservent toujours molles. On les entoure d'un fil de coton imbibé d'huile, pour empêcher la séparation de leurs valves. Tandis qu'elles sont ainsi suspendues pour être desséchées, il en découle par l'extrémité supérieure, qui est renversée, une surabondance de liqueur visqueuse ; on presse légèrement ces siliques pour faciliter l'écoulement de la liqueur. Quand elles ont perdu toute leur viscosité, elles se déforment, deviennent brunes, ridées, molles, à demi sèches, et diminuent au-delà des trois quarts de leur grosseur. Dans cet état, on les passe dans les mains ointes d'huile, et on les met dans un pot vernissé, afin de les conserver fraîchement. Il est bon de les visiter de temps à autre et de prendre garde à ce qu'elles ne soient pas trop enduites d'huile; ce qui altéreroit leur odeur suave.

En Amérique, et particulièrement sous la zone torride, la vanille est fort aisée à cultiver; mais elle est entièrement négligée. Les habitans se contentent de ramasser les fruits qu'ils trouvent sur des pieds qui viennent sans culture. La vanille, dit encore Aublet, indique elle-même sa culture : il n'y a qu'à observer les lieux où elle croit, la manière dont elle subsiste, et les moyens dont elle fait usage pour vivre, s'élever et se soutenir. En se conformant à toutes ses habitudes, l'on se procureroit, sans aucun doute, en peu de temps une plantation considérable de vanille et des récoltes surabondantes à la consommation qui s'en fait en Europe.

Ces vanilles ne se trouvent que sur les rives des criques et dans les lieux circonvoisins, sujets à être submergés par les grandes marées. Au bord de ces criques et dans les lieux circonvoisins viennent aboutir des forêts de haute-futaie, et souvent des mangliers et des palétuviers, arbres que l'on quitte à mesure qu'on s'éloigne du bord de la mer, en montant les rivières. On voit donc que cette plante aime à être arrosée par les eaux salées ou saumâtres, puisque ce n'est que dans les lieux inhabités, incultes, couverts de grands arbres, toujours humides et souvent inondés, qu'on trouve la vanille : on ne doit donc la chercher que dans de pareils lieux; elle fleurit au mois de Mai. On récolte ses fruits vers la fin du mois de Septembre. Cette opération dure jusqu'à la fin de Décembre. Les lieux où croît la vanille ne sont pas les seuls où elle puisse être cultivée. Tous les habitans de Cayenne et de la Guiane, qui ont des criques dans leur terrain, peuvent planter des vanilles, quoiqu'il ne soit pas submergé par les marées. Comme les terres sont basses et sablonneuses, les eaux des criques filtrent au travers, et en creusant tout au plus un pied, on trouve l'eau saumâtre. De pareilles terres conviennent à la végétation de la vanille : elles sont presque partout abandonnées par les habitans et couvertes d'arbres.

La vanille, à cause de la suavité de son odeur, est presque exclusivement réservée aux usages économiques; mais son emploi peut avoir beaucoup d'inconvéniens chez les jeunes gens, chez les sujets secs, ardens et très-irritables. Il seroit également nuisible aux personnes disposées aux inflammations, aux hémorrhagies, ou tourmentées par des maladies de la peau et autres irritations habituelles. Comme condiment, la vanille peut être utile aux personnes foibles, qui mènent une vie sédentaire, dont les fonctions digestives sont languissantes. Sous ce rapport, on l'associe avec avantage aux crèmes, aux gâteaux, etc., comme très-propre à favoriser la digestion. Les limonadiers s'en servent pour aromatiser le punch, les glaces, les sorbets : les confiseurs en préparent plusieurs liqueurs de table, des conserves, des bonbons. Mais la vanille est surtout d'un grand usage dans le chocolat, auquel elle donne une odeur et une saveur des plus agréables, en même temps qu'elle le rend plus facile à être digéré par les estomacs foibles et d'une sensibilité obtuse. Comme médicament, il est certain que la vanille exerce une action puissante sur l'économie animale, et justifie les titres de tonique, stimulante, stomachique, céphalique, etc., qu'on lui a donnés. L'impression vive et forte qu'elle détermine sur le système nerveux par son arome fragrant, et sur l'estomac, se transmet rapidement à tous nos organes, dont elle active plus ou moins les fonctions. Ainsi, lorsque le corps est dans un état d'atonie et de relâchement, la vanille peut faciliter la digestion, augmenter la transpiration cutanée, la sécrétion de l'urine, solliciter l'écoulement des règles, exciter des désirs vénériens, provoquer les contractions de l'utérus, résultats de son action tonique.

Vanille claviculée : *Vanilla claviculata*, Swartz, *Flor. Ind. occid.*, 53, p. 151; Sloane, *Jam. hist.*, 2, tab. 224, fig. 3 et 4. Cette espèce diffère de la vanille aromatique par la forme de ses feuilles et par plusieurs autres caractères. Ses tiges sont hautes de vingt à trente pieds, grimpantes, flexueuses, un peu rameuses, de la grosseur du doigt, renflées et comme articulées à l'endroit d'où partent les feuilles; elles émettent de petites racines en forme de vrilles opposées aux feuilles, avec lesquelles elles s'attachent au tronc des arbres. Les feuilles sont alternes, à demi amplexicaules, longues d'un pouce, glabres, lancéolées, concaves, acuminées. Les pédoncules sont axillaires, épais, solitaires, flexueux; les fleurs grandes et blanches, disposées en grappes, munies de bractées ovales. La corolle est composée de six pétales; trois extérieurs ovales, lancéolés, concaves; deux intérieurs lancéolés, obtus; le sixième tubulé à sa partie inférieure, adhérent à l'ovaire, un peu renflé à ses côtés, muni d'un sillon garni de cils rameux; le limbe étalé, grand, ovale, crêpu et ondulé à ses bords, roulé à son sommet; la capsule est fort grande, oblongue, cylindrique, à trois faces, rétrécie à sa base, charnue, à une seule loge, renfermant des semences nombreuses, fort petites, luisantes, un peu noirâtres. Cette plante croît dans l'intérieur des grandes forêts, aux Antilles, à la Jamaïque, à la Nouvelle-Espagne, dans les lieux arides, calcaires et montueux. (Poir.)

VANILLOPHORUM. (*Bot.*) Necker nommoit ainsi la plante qui porte la vanille. (J.)

VANNANAS, DAVANAS. (*Bot.*) Dans le Recueil des grands et petits voyages, par Théodore de Bry, on trouve sous ces noms indiens le bananier, *musa paradisiaca.* (J.)

VANNEAU, *Vanellus.* (*Ornith.*) Les oiseaux qui forment ce genre, d'abord établi par Brisson, ont long-temps après cet auteur été répartis parmi les *tringa* par Linné et Latham, et parmi les *parra* ou jacanas par Gmelin et de Lacépède. M. Cuvier les isola de nouveau des *squatarola* ou vanneaux-pluviers, et des *tringa*, dont il laissa le nom sans emploi. Les vanneaux appartiennent au 17.ᵉ ordre de la méthode de Brisson; à la quatrième classe ou les *grallæ* du *Systema naturæ*; au 57.ᵉ ordre du Système de feu de Lacépède; au 5.ᵉ ordre des *tenuirostres* ou *rampholites* de M. Duméril; aux *limicolæ* des *grallatores* d'Illiger; aux *échassiers pressirostres* de M. Cuvier; à la tribu des *tétradactyles* et la famille des *elonomes* de M. Vieillot, et au 13.ᵉ ordre de M. Temminck.

Les caractères génériques des vanneaux sont les suivans: Bec court, grêle, droit, comprimé, renflé à l'extrémité des deux mandibules; base de la mandibule supérieure très-évasée par le prolongement du sillon nasal; narines fendues en long dans la membrane du sillon; ailes aiguës; première rémige la plus courte ; quatrième et cinquième les plus longues ; poignet de l'aile muni parfois d'un éperon aigu ; tarses grêles, médiocres, ayant trois doigts devant et un pouce touchant à peine à terre.

Les vanneaux ont le corps massif et se ressemblent par le port. Ce sont des oiseaux qui vivent par troupes dans les prairies humides et sur le bord des rivières. Leurs mœurs sont assez analogues à celles des pluviers, c'est à dire qu'ils vivent de vers, de lombrics, de frai de batraciens et même de pousses d'herbes tendres.

Les habitudes des espèces étrangères ne sont point encore parfaitement connues. Il n'en est pas de même de celle d'Europe, qu'on sait être de passage dans nos contrées et vivre par grandes familles. On trouve ces oiseaux dans toutes les parties du monde.

On a séparé des vanneaux proprement dits le vanneau-pluvier, sous le nom de *squatarola*. Ce dernier a pour caractère distinctif d'avoir la première rémige la plus longue, et un pouce petit et rudimentaire, tandis que les vanneaux en ont un plus développé, et que les quatrième et cinquième rémiges sont les plus longues.

Le VANNEAU-PLUVIER : *Vanellus melanogaster*, Bechst., *in* Temm., Man., t. 2, p. 547 ; *Tringa squatarola varia* et *helvetica*, Gmel.; VANNEAU GRIS, Buff., Enl., 854 (jeune); VANNEAU VARIÉ, Buff., Enl., 923 (adulte), et VANNEAU SUISSE, Buff., Enl., 853 (plumage de noces).

Le vanneau-pluvier a été décrit sous trois noms par Gmelin et figuré trois fois dans les planches enluminées de Buffon, suivant les modifications qu'affecte son plumage, qui varie dans les divers âges de l'oiseau. L'adulte, en plumage d'hiver, a le front, la gorge, le milieu du ventre, les cuisses, le bas-ventre et les couvertures supérieures de la queue d'un blanc pur. Les sourcils, la partie antérieure du cou, les côtés de la poitrine et les flancs sont d'un blanc taché de cendré et de brun. Les parties supérieures sont noirâtres, tachées de jaune verdâtre, mais toutes les plumes sont terminées de cendré et de blanchâtre. Les couvertures inférieures de la queue sont marquées sur les barbes extérieures de petites bandes diagonales brunes. La queue est blanche, terminée de roussâtre et rayée de brun. Le bec est noir; l'iris brun, et les pieds cendrés. Sa longueur totale est de dix pouces.

Les jeunes avant la mue ressemblent plus ou moins aux vieux et aux jeunes en hiver, suivant M. Temminck. Ils en diffèrent parce que le front, les sourcils, les côtés de la poitrine et les flancs sont variés de taches plus ou moins grandes, mais plus pâles. La couleur des parties supérieures est d'une seule nuance de gris-clair varié de blanchâtre, et les raies transversales de la queue sont grises. Dans cet état c'est le *tringa varia*, Gmel.

Le vanneau-pluvier, à l'époque de l'union des sexes, change de livrée pour revêtir son plumage de noces. Les modifications qu'il présente alors à cette époque de la vie, sont d'avoir l'espace entre l'œil et le bec, la gorge, le devant du cou, le milieu de la poitrine, le ventre et les flancs d'un noir profond. Le front, ainsi qu'une large bande qui passe au-dessus des yeux, les parties latérales du cou, les côtés de la poitrine, les cuisses et le bas-ventre, sont d'un blanc pur. La nuque est variée de brun, de noir et de blanc. L'occiput, le dos et les couvertures sont d'un noir profond, chaque plume étant terminée par une tache blanche. Des bandes noires traversent obliquement les couvertures inférieures de la queue; les rectrices moyennes sont rayées de blanc et de noir.

Belon avoit figuré le vanneau squatarole sous le nom de *pluvier gris*, et Buffon lui appliqua le nom de *vanneau-pluvier*, pour peindre d'un seul trait les analogies qu'il a avec les espèces de ces deux genres. On pense que c'est de cet oiseau que parle Aristote sous le nom de *pardalis*, bien que l'auteur grec ait eu peut-être en vue le pluvier doré. Son nom de *squatarola* lui vient des Vénitiens.

Ce vanneau squatarole habite toute l'Europe, une portion de l'Asie et se retrouve dans une grande partie de l'Amérique septentrionale. Il habite les bords de la mer à l'embouchure des rivières et les bords fangeux des lacs salins; il est de passage dans toute l'Europe tempérée. Il se nourrit de vers de terre, de petits mollusques et d'insectes; il niche dans le Nord, où sa femelle pond quatre œufs d'un olivâtre très-clair, tachés de noir.

Les vanneaux proprement dits ont donc un pouce qui

touche à peine à terre, et les quatrième et cinquième rémiges les plus longues.

L'Europe n'en a qu'une espèce, qui est:

Le Vanneau huppé : *Vanellus cristatus*, Meyer; Temm., t. 2, p. 550 ; *Tringa vanellus*, Gmel. ; le Vanneau, Buff., Enl., 242. Le vanneau est un des oiseaux les plus remarquables de nos contrées, et par son plumage, et par la huppe élégante qui part de l'occiput et retombe avec grâce sur le dos en se relevant vers son extrémité. Cette huppe est composée de plumes très-longues, effilées, d'un noir brillant à reflets, ainsi que la tête, le devant du cou jusqu'à la poitrine. Les parties supérieures du corps sont d'un vert de cuivre chatoyant avec quelques reflets de fer spéculaire. Les côtés du cou, la région abdominale et la base de la queue sont d'un blanc pur. Les couvertures inférieures sont teintées de couleur de buffle. L'extrémité des rectrices, moins les deux externes, est marquée d'une grande tache noire. Le bec est noirâtre et les pieds sont d'un rouge brun. La femelle a les teintes noires de la gorge et de la poitrine moins foncées.

Le plumage du vanneau varie parfois d'un blanc pur au blanc jaunâtre. Celui du jeune âge est remarquable en ce que la huppe est moins longue, que le dessous des yeux est noirâtre, et qu'enfin la gorge est variée de blanc et de brun cendré, et que les plumes dorsales sont terminées de jaune ocreux. Les teintes du plumage de noces sont les mêmes que celles de la livrée de l'adulte; mais elles sont seulement plus vives et plus nettement décidées. La longueur totale du corps est d'environ douze pouces.

Le nom de vanneau a été donné à cet oiseau, sans doute, dit Buffon, par rapport au bruit que font ses ailes en volant; bruit qui imite assez bien celui que fait un van qu'on agite pour purger le blé. Les Anglois, par la même analogie, lui ont donné le nom de *Lapwing*. Les Grecs appeloient cet oiseau *œx* et *œga*, par rapport à son cri; mais ils le nommoient aussi ταὼς ἄγριος ou *paon sauvage ;* désignation que les Italiens ont conservée; car ils le nomment encore aujourd'hui petit paon ou *paonzello* ou *pavonzino*.

Dans plusieurs provinces de France on donne au vanneau, par analogie avec son cri, les noms de *dix-huit*, de *pivite* ou

kivite; cependant dans nos provinces de l'Ouest il est plus habituellement appelé *vanà.*

Le vanneau, en s'élevant de dessus terre et prenant son vol,
pousse un petit cri sec, dont les syllabes *dix-huit* rendent assez
bien le son. Son vol est puissant et de longue haleine, **et**
permet à l'oiseau d'atteindre à de grandes hauteurs. Lorsqu'il
parcourt les prairies, il est dans l'habitude de voleter ou de
s'élancer d'un endroit à un autre par petits sauts. « Cet oi-
« seau est fort gai, dit Buffon, il est sans cesse en mouve-
« ment, folàtre et se joue de mille façons en l'air; il s'y tient
« par instans dans toutes les situations, même le ventre en
« haut ou sur le côté et les ailes dirigées perpendiculaire-
« ment, et aucun oiseau ne caracole et ne voltige plus leste-
« ment. »

Les vanneaux arrivent en France par grandes troupes, qui
s'abattent dans les prairies, au commencement de Mars ou
dès la fin de Février. Leur nourriture consiste principalement
en lombrics terrestres, communs à cette époque, qu'ils savent
tirer de terre avec la plus grande adresse. Lorsqu'ils sont
repus, on les voit aller dans les fossés ou dans les mares laver
leur bec rempli de terre. Leurs mœurs sont très-farouches,
et ces oiseaux, toujours sur le *qui vive*, partent au moindre
bruit qu'ils entendent dans leur voisinage lorsqu'ils en igno-
rent la source, ou fuient à l'aspect de l'homme même éloigné
d'eux. Les mâles se disputent la possession des femelles avec
acharnement. Celles-ci, fécondées, pondent en Avril trois ou
quatre œufs oblongs, d'un vert sombre et tachetés de noir,
qu'elles déposent sur de petites mottes élevées au-dessus des
marécages qu'elles choisissent ordinairement. Ce nid est à découvert, et seulement l'oiseau est dans l'habitude de couper
les herbes et d'en former un petit espace arrondi de la dimension qu'il veut lui donner. Les vanneaux couvent leurs
œufs pendant vingt jours. Les jeunes, à peine éclos, courent
dans l'herbe ; lorsqu'ils sont plus forts, les troupes de vanneaux, éparpillés dans les marais par familles isolées, se réunissent pour former des bandes de cinq à six cents individus,
qui préludent à leur départ vers la fin du mois d'Octobre.
C'est dans ce mois que ces oiseaux sont très-gras, parce que
leur nourriture est plus abondante et peut être obtenue plus

aisément. D'après Olina, il paroîtroit que le vanneau reste
tout l'hiver en Italie.

La chair de cet oiseau est estimée, bien qu'elle soit généralement maigre et sèche. Quelques personnes sont parvenues
à l'élever en domesticité en le nourrissant avec du cœur de
bœuf coupé en filamens. Ses œufs ont, dit-on, une saveur
délicieuse.

Le vanneau ne se nourrit pas seulement de vers, il recherche les araignées, les chenilles, les petits limaçons et les
insectes de toute sorte, de manière qu'il rend de véritables
services à l'agriculteur, en purgeant le sol d'une foule de
petits animaux nuisibles.

Les vanneaux étrangers, sans être nombreux, offrent cependant une dizaine d'espèces intéressantes, répandues sur les
points les plus divers du globe. Ce sont les suivantes :

Le Vanneau de Cayenne : *Tringa cayanensis*, Lath.; *Parra
cayennensis*, Gmel.; le Vanneau armé de Cayenne, Buffon,
Enl., 836. Cet oiseau est de la taille du vanneau d'Europe,
mais ses tarses sont plus élevés. L'aile est aussi munie d'un
ergot.

La huppe qui retombe de l'occiput est courte, peu four-
nie, et ne se compose que de cinq à six brins effilés ; le
front et le menton sont d'un noir profond ; une calotte d'un
brun roux couvre la tête ; les joues et le cou sont d'un grisâtre clair ; le dos et le dessus des ailes sont d'un vert doré
variant au brun, une plaque bleuâtre couvre l'aile ; la poitrine
est d'un noir vif ; les parties inférieures sont d'un blanc pur ;
le bord de l'aile est blanc, de même que le bout des rectrices,
qui sont noires ; le bec et les tarses sont rougeâtres, mais la
base du bec n'a point de barbillons.

Ce vanneau est commun au Brésil et à la Guiane, et paroît
être le *teteu* ou *terutero* de d'Azara, du Paraguay.

Le Vanneau armé a calotte blanche ; *Vanellus albicapillus*,
Vieill., Dict., t. 35, p. 205. Cette espèce, dont la patrie est
inconnue, a la taille de la précédente. Une caroncule membraneuse, jaune, plate, remonte sur le front et descend de
chaque côté de la commissure sous forme de festons. Le sommet de la tête est recouvert par une tache blanche, et la
couleur de tout le reste du corps est d'un gris blanc. On re-

marque sur les joues, les côtés du cou et de la gorge, des
raies longitudinales blanches et noires. Les rémiges et les
rectrices sont noires; les tarses sont d'un jaune orangé, ainsi
que le bec, qui est noir à son extrémité.

Le Vanneau de la Louisiane : *Tringa ludoviciana*, Lath.,
Synops., spec. 6; *Parra ludoviciana*, Gmel.; *Vanellus ludovicianus armatus*, Brisson ; le Vanneau armé de la Louisiane,
Buff., Enl., 855 ; *Parra dominicana*, L.; *Vanellus dominicus
armatus*, Briss. Ce vanneau, long de onze pouces, beaucoup
plus grêle dans ses formes que notre vanneau, est aussi beaucoup plus haut monté. L'ergot qui arme le coude de son
aile est long de quatre lignes, et son bec est garni à la base
d'une bandelette membraneuse d'un beau jaune qui revêt
le front, et qui descend, après avoir entouré l'œil, sous
forme de lobes pendans sous la gorge. L'occiput de cette espèce n'a point de huppe, mais une calotte d'un noir vif s'y
dessine. Le plumage est généralement gris, excepté le dos,
qui est d'un brun rougeâtre, et la gorge et le devant du cou,
qui sont d'une couleur de chair fort tendre. Les rémiges et
les rectrices sont noires ; ces dernières sont terminées de
blanc, et toutes les parties inférieures sont de cette dernière
couleur. Le bec et les tarses sont d'un jaune vif.

Cet oiseau habite la Louisiane. Il est probable qu'on ne
doit pas en distinguer le vanneau armé de Saint-Domingue
ou le *vanellus dominicensis armatus* de Brisson, dont Gmelin a
fait son *parra dominica*, qui a toutes les couleurs du précédent,
avec quelques changemens dans leur disposition et dans leurs
teintes. Ce dernier se trouve dans toute la zone intertropi-
cale d'Amérique et aux Antilles.

Le Vanneau de Goa : *Tringa goensis*, Lath., *Synops.*, spec. 7;
Parra goensis, Gmel.; Vanneau armé des Indes ou de Goa,
Buff., Enl., 807 ; *Tringa goana*, Forster. Ce vanneau a de
longueur totale treize pouces. Une membrane charnue, rougeâtre, entourant les yeux, couvre le front. Ses tarses sont
élevés, grêles et jaunâtres; ses ailes sont munies d'un ergot;
le bec est jaunâtre, terminé de noir.

Les couleurs du plumage sont : le brun-noir sur la tête,
le derrière et le devant du cou jusqu'à la poitrine : le dos
et les couvertures des ailes sont d'un brun-olivâtre pourpré :

les parties inférieures sont entièrement blanches : mais ce qui distingue cette espèce, est la manière dont les teintes d'un blanc neigeux sont distribuées sur le cou, où une bandelette part de chaque côté depuis l'œil jusqu'à l'épaule, sur le milieu de l'aile, qu'elle traverse en bande formant union, et à la naissance de la queue ; celle-ci, noire, est terminée par une bordure assez large de couleur rousse, et les rémiges sont également noires.

Le vanneau de Goa se trouve sur tout le continent de l'Inde et peut-être aux îles Philippines.

Le Vanneau du Sénégal : *Tringa senegalla*, Lath., *Synops.*, spec. 8 ; *Parra senegalla*, Gmel. ; *Vanellus senegalensis armatus*, Briss. ; Vanneau armé du Sénégal, Buff., Enlum., 362. Ce vanneau a de longueur totale environ douze pouces. Son bec est recouvert à la base par une membrane charnue jaune, tombant sur la commissure du bec sous forme de deux festons pointus. Ses tarses sont longs et grêles, et de couleur verdâtre ; l'éperon de l'aile est aigu et long de deux lignes. Son plumage est d'un gris-brun clair, plus foncé en dessus, plus voisin du blanchâtre sur le front, sur les grandes couvertures et sur le bord de l'aile ; la gorge est d'un noir vif, ainsi que les rémiges ; la queue, d'abord blanche à sa première moitié, est noire, puis bordée de blanc.

Cet oiseau est très-commun sur la côte d'Afrique et au Sénégal surtout, où les François le nomment *criard* et les Nègres *net-net*. Il pousse des cris perçans aussitôt qu'il aperçoit un homme, et effraie tous les autres oiseaux qu'un chasseur essayeroit de surprendre.

Le Vanneau du Chili ; *Parra chilensis*, Molina, pag. 239 ; *Parra chilensis*, Lath., *Synops.*, spec. 11. Ce vanneau, dont nous avons apporté plusieurs individus du Chili, a beaucoup de rapports avec celui de Cayenne, représenté Enl., 836, et souvent il a été confondu avec lui. Il en diffère cependant d'une manière remarquable, et la description de Molina est exacte. Les Chiliens le connoissent sous le nom de *Thegel*.

Ce vanneau est de la grosseur de l'espèce d'Europe. Sa tête est noire, surmontée d'une huppe ; le cou, le dos et la partie antérieure des ailes sont d'un violet noirâtre intense, s'étendant jusqu'au milieu de la poitrine, et dégénérant sur

cette partie en une large plaque noire. Le ventre est blanc;
les rémiges et les rectrices, qui sont courtes, sont d'un brun
foncé; deux barbillons charnus, lobés, naissent de la base du
bec; les yeux sont bruns, à iris jaune; l'éperon de l'épaule
est conique, aigu, long de six lignes, et d'un beau rose.

Ce thégel, dont parle Frézier (page 74 de la Relation de
son voyage au Chili et au Pérou) sous le nom de *criard*,
paroit se servir de son ergot avec habileté pour se battre,
et avoir l'humeur querelleuse. On le trouve communément
dans les plaines rases des environs de Talcaguana, où il vit
d'insectes et de vers.

Cet oiseau construit son nid au milieu des herbes, et la femelle y pond quatre œufs fauves, piquetés de noir, et un peu
plus gros que ceux de perdrix. Le mâle et la femelle vont
habituellement ensemble et rarement par troupes.

Les Araucanos regardent le thégel comme une bonne sen-
tinelle, parce qu'aussitôt qu'il entend du bruit dans la nuit,
il ne manque jamais de crier.

Le Vanneau a écharpe: *Vanellus cinctus*, Less., Zool. de
la Coq., pl. 43; *Tringa Urvillii*, Garn., Ann. des sciences
nat., Janv. 1826. Ce petit vanneau, qui habite les îles dé-
sertes des Malouines, est très-familier. Il fréquente les vastes
prairies de ces îles antarctiques aussi bien que les rivages des
baies qui en morcellent le pourtour. Il aime à se placer sur
les singulières éminences que forme le *bolax* de Commerson,
l'hydrocotile gummifère des botanistes, en poussant, d'une
voix forte et pendant quelques instans, des cris vifs et pressés.

Du bout du bec à l'extrémité de la queue ce vanneau a
huit pouces de longueur totale. Le bec a huit lignes, les
tarses ont dix-huit lignes, le doigt du milieu est long d'un
pouce; les ailes, qui se terminent en pointe, sont plus
longues que la queue.

Sans être revêtu d'un plumage brillant, la livrée de ce
vanneau est cependant agréable. Le dessus du corps est en
entier d'un gris-brun fauve uniforme, qui s'étend sur le croupion et sur les pennes moyennes de la queue. Cette teinte
est plus foncée sur la tête, où elle forme une sorte de calotte.
Le front, à la base du bec, de même que les joues et la gorge,
sont d'un gris cendré. Un bandeau d'un blanc pur naît au-

dessus du front, contourne l'œil et se rend derrière la tête, sans se réunir à celui du côté opposé. Le bec est noir; l'iris rougeâtre. Sous les couvertures on remarque quelques plumes blanches, et les rectrices extérieures de la queue sont également blanches. Le dessous de ces parties, ainsi que les tectrices et le ventre, offrent également la teinte blanche, tandis que quelques plumes fauves enveloppent les jambes. La poitrine est d'un rouge ocracé et est séparée du blanc pur de l'abdomen par une ceinture assez large d'un noir vif. Les pieds sont verdâtres.

Le VANNEAU A SOURCILS; *Parra superciliosa*, Horsf., *Trans. soc. linn.*, tom. 13, p. 194. Cet oiseau a dix-sept pouces de longueur, et habite l'île de Java, où les naturels le nomment *pichisan*. Son plumage est d'un vert-noir brillant, passant à un olivâtre éclatant sur le dos et sur les ailes. Une ligne d'un blanc pur se dessine au-dessus des yeux, en formant une sorte de sourcil. Les rémiges sont noires, le croupion et la queue d'un ferrugineux violet éclatant; la base du bec en dessus est garnie d'une caroncule arrondie; l'éperon implanté dans le moignon de l'aile, est obtus. A ces détails, fournis par M. Horsfield, se borne ce que nous savons sur cette espèce, et peut-être appartient-elle plutôt aux Jacanas?

Le VANNEAU DE LA NOUVELLE-HOLLANDE; *Tringa lobata*, Lath., *Synops.*, *spec.* 47. Cette espèce, que Latham a ajoutée dans le supplément de son *Synopsis*, habite le bord des rivières de la Nouvelle-Hollande, et nous croyons l'avoir entrevue fréquemment sur les rives du Nepean et de la Macquarie, à la Nouvelle-Galles du Sud. Ses mœurs sont très-farouches, et jamais on n'en voit qu'un petit nombre d'individus réunis dans le même lieu. Ce vanneau a dix-neuf pouces de longueur totale. Il a des barbillons charnus à la base du bec; des ergots jaunes aux moignons des ailes. Son plumage est olivâtre ferrugineux en dessus et blanc en dessous. L'occiput est noir, et les rectrices et les rémiges sont de cette couleur. Le bec est jaunâtre. (Ch. D. et L.)

VANNEREAU. (*Ornith.*) Voyez ci-dessus l'article VANNEAU. (Desm.)

VANOCO. (*Entom.*) Voyez VANCOCHE. (C. D.)

VANRHEEDIA. (*Bot.*) Linnæus, en admettant ce genre

de Plumier, qui appartient aux guttifères, en a supprimé avec raison la première syllabe. (J.)

VANSIRE. (*Mamm.*) Nom spécifique d'une mangouste de Madagascar et de l'Isle-de-France. (DESM.)

VANTANE, *Vantanea.* (*Bot.*) Genre de plantes dicotylédones, à fleurs complètes, polypétalées, de la *polyandrie monogynie* de Linnæus, offrant pour caractère essentiel : Un calice monophylle, à cinq dents; cinq pétales oblongs, insérés sur un disque urcéolé; des étamines nombreuses, placées sur le même disque; un ovaire supérieur, entouré par le disque des étamines; un style; un stigmate simple; une capsule à cinq loges monospermes.

VANTANE DE LA GUIANE : *Vantanea guianensis,* Aubl., Guian., tom. 1, tab. 229; Lamk., *Ill. gen.,* tab. 471 ; *Lemnescia floribunda,* Willd., *Spec.,* 2, pag. 1172. Arbre élevé de quinze ou vingt pieds sur un tronc droit d'environ un pied de diamètre, revêtu d'une écorce brune et lisse. Son bois est blanchâtre, compacte; il pousse à son sommet un grand nombre de branches tortueuses, étalées en tout sens. Les rameaux sont garnis de feuilles médiocrement pétiolées, fermes, alternes, ovales, très-entières, de couleur verte, terminées en pointe, longues de quatre à cinq pouces, sur environ deux pouces de large : le pétiole est court. Les fleurs sont sétacées à l'extrémité des rameaux, disposées en un ample corymbe touffu, d'un rouge de corail. Le calice est concave, entier, à cinq dents un peu aiguës; la corolle composée de cinq pétales étroits, oblongs, aigus, recourbés au sommet, attachés par un large onglet à la base d'un disque charnu, jaunâtre, en forme de godet, qui entoure l'ovaire, et sur lequel sont également insérées des étamines nombreuses; les filamens sont capillaires plus longs que la corolle, terminés par des anthères petites, arrondies, à deux loges; l'ovaire est supérieur, arrondi, à cinq loges monospermes, surmonté d'un style alongé, filiforme; le stigmate obtus. Le fruit, imparfaitement connu, paroit être une capsule à cinq loges monospermes. Cet arbre croit dans la Guiane. Les Noiragues, nation de la Guiane, lui donnent le nom de *iouantan.* (POIR.)

VAORANTHE. (*Bot.*) C'est sous ce nom que nous possédons un fruit que M. Du Petit-Thouars a reconnu pour être

celui de son genre *Physena*, observé à Madagascar, et que
par inadvertance il nomme *Varonthe,* en nous citant. Comme
il n'y a pas dans ce Dictionnaire une mention du *Physena*,
nous le rappellerons ici d'après la description de l'auteur.
Son calice est petit, à cinq ou six divisions; il n'y a point
de corolle; ses étamines, au nombre de dix ou douze et
quelquefois plus. sont insérées au calice, qu'elles débordent
beaucoup ; les anthères sont longues et acuminées; l'ovaire,
dégagé du calice, est petit, contenant quatre ovules, surmonté de deux styles; il devient un fruit presque sphérique.
crustacé, à coque mince et fragile, uniloculaire, contenant,
par suite d'avortement, une seule graine, assez grosse, attachée au fond de la loge, couverte d'un tégument coriace.
charnu et blanc, tomenteux et marqué d'un côté dans sa
longueur d'une zone noirâtre; l'embryon, non périspermé,
a la radicule latérale et proéminente, et les lobes gros et
charnus.

Le *Physena* est un arbrisseau ou un petit arbre, à rameaux
et feuilles alternes, à fleurs axillaires, en grappes. M. du
Petit-Thouars le place parmi les genres apétales, hermaphrodites, non classés. Il auroit quelque rapport avec le *Celtis*
par sa fleur apétale et son double style; mais il en diffère
par ses étamines plus nombreuses, ses quatre ovules et son
embryon non contourné : son affinité est peut-être plus forte
avec le *Fothergilla.* (J.)

VAOTE. (*Bot.*) Voyez Aotus. (Poir.)

VAPEURS. (*Chim.*) Voyez Gaz et Vapeurs, tome XVIII,
page 210. (L. C.)

VAPPON, *Vappo.* (*Entom.*) M. Latreille, et par suite Fabricius, ont décrit sous ce nom de genre une espèce d'insecte
à deux ailes, voisine des sarges, famille des chétoloxes. C'est
le *pachygaster ater* de Meigen et le *nemotelus ater* de Panzer,
qui l'a figuré dans sa Faune d'Allemagne , cah. 54 , pl. 5.
(C. D.)

VAQUE-BATUÉ, VAQUE PETOUSE. (*Ornith.*) Noms provençaux du troglodyte. (Desm.)

VAQUERELLE. (*Bot.*) Voyez Actinote. (Poir.)

VAQUETTE. (*Bot.*) On donne vulgairement ce nom, dans
quelques cantons, à l'arum maculé. (L. D.)

VARA. (*Bot.*) Nom du fruit du vacoua, *pandanus* à Otaïti, cité par Forster. Les fleurs sont nommées *hinanno*. Les femmes de cette île répandent sur leurs cheveux la poussière des anthères, qui leur tient lieu de poudre. Les enfans et quelquefois les adultes suçent ses fruits, lorsque la récolte du fruit à pain, *artocarpus*, a manqué. (J.)

VARA-DE-JESÉ. (*Bot.*) La tubereuse porte ce nom en Espagne. (LEM.)

VARAF. (*Bot.*) Nom arabe d'un *sideroxylum* de Forskal, qui n'en détermine pas l'espèce. (J.)

VARAGOU. (*Bot.*) Le paspale froment, plante céréale de l'Inde, *paspalum frumentaceum*, est ainsi nommé dans la langue tamoule, suivant Leschenault, qui dit que ce grain, peu connu en Europe, est très-cultivé à Pondichéry, parce qu'il réussit dans les terrains les plus maigres, qu'il n'a pas besoin d'être arrosé, et que les cultivateurs paient avec ce grain les ouvriers attachés à leur service. Dans un herbier de la côte de Coromandel on trouve un *andropogon* sous le nom de *varangon*. (J.)

VARAIRE. (*Bot.*) Voyez VÉRATRE. (L. D.)

VARAM-MOULLY. (*Bot.*) On trouve sous ce nom dans un herbier de Pondichéry, le *barleria cristata*. (J.)

VARAN. (*Erpét.*) Un des noms vulgaires du TUPINAMBIS. Voyez ce mot. (H. C.)

VARANGON. (*Bot.*) Voyez VARAGOU. (J.)

VARAQUO. (*Bot.*) Voyez SIGER. (J.)

VARASCO. (*Bot.*) C'est le vérable blanc. (L. D.)

VARAUCOCO. (*Bot.*) Arbrisseau de Madagascar, cité par Flacourt, à tige grimpante, qui s'entortille autour des arbres. Son fruit, de la grosseur d'une pêche, renferme quatre noyaux, entourés d'une pulpe douce et bonne à manger, mais pâteuse. On fait avec son bois des cercles de seaux et autres petits vases, qu'il faut souvent renouveler. De son écorce suinte une gomme résine odorante. D'après ces indications très-vagues on peut seulement soupçonner que ce végétal appartient à la famille des guttifères. (J.)

VARCHAN. (*Bot.*) Le riz qui croit sur les montagnes porte ce nom à Madagascar. (LEM.)

VARD. (*Bot.*) Voyez UARD. (J.)

VARDELHEL, VERDELHEB. (*Bot.*) Noms anciens de la renoncule, cités par Mentzel. (**J.**)

VARDIOLE. (*Ornith.*) Nom du *muscicapa paradisœa* de Linné. (Ch. **D.** et **L.**)

VARE. (*Mamm.*) Ce nom, dans Gesner, désigne la variété de l'écureuil d'Europe, dont le pelage est d'un gris mêlé de blanc, ou le *sciurus varius* de Brisson. (Desm.)

VAREC et VARECH. (*Bot.*) On donne ces noms, sur les côtes de l'Océan, à toutes les plantes marines de la famille des algues, et notamment aux Fucus (voyez ce mot) qu'on y ramasse et dont on fait usage, après certaines préparations, pour engraisser les terres et pour fabriquer de la soude. Ce n'est pas le lieu ici d'entrer dans des détails sur ces deux emplois importans des varecs. Voyez Fucus, Algues et Thalassyophytes. (Lem.)

VAREC [Cendres, ou Soude de]. (*Chim.*) Sur les côtes de la Normandie on brûle les varecs, qui y croissent en abondance, et on emploie les cendres qui résultent de la combustion à plusieurs usages.

Ces cendres sont formées,

De sous-carbonates de soude et de potasse;

De chlorures de sodium et de potassium;

De sulfate de soude;

D'hyposulfite de soude;

D'iodure de potassium;

De sous-carbonates de chaux et de magnésie;

De silice.

M. Gautier de Claubry dit qu'elles contiennent du sulfate et de l'hydrochlorate de magnésie; mais l'existence de ces sels est incompatible avec les sous-carbonates de soude et de potasse. Le sous-carbonate de soude n'y est que dans la proportion de quelques centièmes. (Ch.)

VARECA (*Bot.*), Gærtn., *De fruct.*, 1, pag. 290, tab. 6. Genre établi par Gærtner pour un fruit de Ceilan qui a quelques rapports avec les cucurbitacées, mais qui en diffère par l'ovaire supérieur et les semences munies d'un périsperme. Ce fruit est une baie ovale, hexagone, longue de six lignes, marquée à la base d'un ombilic arrondi, à six crénelures; terminée par une pointe courte, à une seule loge, enveloppée d'une écorce mince et coriace, pourvue en dedans d'une chair membraneuse, spongieuse, divisée en cellules, à trois nervures saillantes, qui servent de réceptacle aux semences extérieures; les intérieures nichées dans la pulpe. Le périsperme est blanc, épais, charnu, un peu ovale, semblable aux semences; l'embryon comprimé, d'un jaune pâle, de la grandeur du périsperme; les cotylédons ovales ou arrondis, très-minces, plans, foliacés; la radicule longue, un peu cylindrique. (Poir.)

VAREGO. (*Bot.*) Nom vulgaire de la camélée, *cneorum*, aux environs de Gênes, suivant M. Poiret. (J.)

VAREMANGUE. (*Bot.*) Nom donné, suivant Flacourt, dans l'île de Madagascar, à une espèce de riz, dont il indique quatre variétés. Une autre espèce, nommée *vatomandre*, plus menue que la précédente, ne vient qu'en hiver; il prend le nom de *varehondre*, lorsqu'on le sème en été : on ne le cultive que lorsque l'autre a manqué, et il produit moins. (J.)

VARENNA. (*Bot.*) Voyez Viborgia. (J.)

VAREON-TALAM-CONDI. (*Bot.*) Dans un herbier de Pondichéry on trouve sous ce nom l'*apocinum frutescens* de Linnæus; *ichnocarpus* de M. R. Brown. (J.)

VARETTE. (*Bot.*) Voyez Adenanthos. (Poir.)

VARG. (*Mamm.*) Nom suédois et danois du loup. (Desm.)

VARGA. (*Ichthyol.*) Dans les îles Baléares on appelle ainsi la *muræna balearica* de Fr. Delaroche. Voyez Congre. (H. C.)

VARGADELLE. (*Ichthyol.*) Sur certains points de notre littoral on nomme ainsi les jeunes saupes. (H. C.)

VARGUGUM. (*Bot.*) Nom africain de la pulicaire, *psyllium*, suivant Ruellius et Adanson. (J.)

VARI. (*Mamm.*) Nom spécifique d'un mammifère quadrumane du genre Maki. (Desm.)

VARIA et VARIUS. (*Ornith.*) Sonnini rapporte que plusieurs auteurs latins ont désigné le chardonneret sous ces noms, qui indiquent la variété des couleurs du plumage de cet oiseau. (Desm.)

VARIADA. (*Ichthyol.*) Le sargue est ainsi appelé aux îles Baléares. (H. C.)

VARICES, *Variceæ*. (*Conchyl.*) Terme de conchyliologie, employé pour désigner les bourrelets ou renflemens noduleux du bord droit de certaines coquilles univalves, qui, s'étant conservées sur les tours de spire, les rendent ainsi variqueuses. Voyez Conchyliologie. (De B.)

VARICOSSY. (*Mamm.*) On nomme ainsi, suivant Flacourt (Hist. de Madag., p. 155), le vari, *lemur macaco*, Linn., dans le district de Manghabie à Madagascar. Le même auteur, qui écrivoit en 1661, dit que ces animaux sont méchans et difficiles à apprivoiser; que lorsque dans les bois il y en a deux qui crient, il semble qu'il y en ait un cent. (Lesson.)

VARIÉ. (*Ichthyol.*) Nom spécifique d'un labre, décrit dans ce Dictionnaire, tom. XXV, pag. 29. (H. C.)

VARINGA, (*Bot.*) Rumph désigne sous ce nom trois figuiers de l'Inde, *ficus indica*, *pumila* et *benjanina*. Son *grossularia domestica*, *ficus racemosa* de Linnæus, est aussi nommé *varinga* et *waringa* : c'est l'*isseputi* d'Amboine. (J.)

VARIOLARIA, *Variolaire*. (*Bot.*) Genre de la famille des hypoxylées ou de celles des champignons, établi par Bulliard pour y placer quelques espèces que les naturalistes rapportent presque toutes au *Sphæria*.

Les variolaires sont pour Bulliard des champignons coriaces, presque ligneux, uni- ou multiloculaires, qui naissent sur l'écorce des arbres morts ou languissans, et y restent enchâssés plus ou moins profondément, imitant par leur disposition celle des boutons de la petite vérole, d'où le nom générique; leurs semences sont mêlées à un suc glaireux, et renfermées dans les loges.

Ce genre, qui, en effet, se confond avec le *Sphæria*, doit lui rester réuni, à moins qu'avec Fries on ne veuille le regarder comme celui qu'il nomme Valsa (voyez ce mot), lequel comprend les *sphæria* dont les semences forment une masse gélatineuse. Parmi les huit espèces rapportées par Bulliard se trouvent :

1. Le *Variolaria melogramma*, Bull., pl. 492, fig. 2, ou *Sphæria melogramma*, Hoffm., décrit à l'article Sphæria, sous le n.° 22.

2. Le *Variolaria ellipsosperma*, Bull., Champ., pl. 492, fig. 3, ou *Sph. ellipsosperma*, Sow., décrit sous le n.° 35.

3. Le *Variolaria simplex*, Bull., 452, fig. 5, ou *Sph. serpens*, Pers., décrit sous le n.° 9.

.,. Le *Variolaria punctata*, Bull., pl. 452, fig. 2, ou *Sph.*, *asciformis*, Hoffm., décrit sous le n.° 13.

5. Le *Variolaria fugax*, Bull., pl. 452, fig. 5, maintenant le *Cytispora fugax* de Fries.

6. Le *Variolaria corrugata*, Bull., pl. 452, fig. 4, ou *Cenangium quercinum*, Fries. qui est aussi l'*hypoderma quercinum*, Decand. (décrit à l'article HYPODERME), et le *triblidium quercinum*, Pers., *Myc. eur.*, 1, 555.

Nous citerons encore le *variolaria salicis*, espèce ajoutée par MM. Mouguet et Nestler : c'est le *phoma saligna*, Fries, ou *ryloma salignum*, Pers., et sort par conséquent du genre *Variolaria* ou mieux *Valsa*, nom plus convenable à adopter, puisque celui de *variolaria* a été fixé plus anciennement à un autre genre, décrit ci-après. (LEM.)

VARIOLARIA. (*Bot.*) Ce genre, établi par Persoon dans la famille des lichens, a été adopté par Acharius, MM. De Candolle, Eschweiller, Fries, Fée, etc. Il est supprimé par Meyer, qui en partage les espèces entre ses genres *Porophora* et *Parmelia*, en quoi il est suivi par Sprengel. Les variolaires sont des lichens crustacés, caractérisés par leur thallus en forme de croûte plane, solide, étalée, adhérente et uniforme, offrant des conceptacles verruqueux, formés par le thallus, recouverts d'une poussière granuleuse, qui, par sa chute, laisse à nu une scutelle un peu concave, blanchâtre. Cette scutelle est d'abord, selon Acharius, un noyau nu, comprimé, cellulifère, caché dans la verrue qui la recouvre et dont elle est dégagée ensuite. Les espèces sont peu nombreuses, extrémement polymorphes, difficiles à déterminer. Acharius en décrit une dizaine, et M. Fée augmente ce nombre de deux espèces, observées par lui sur les écorces de *quinquina*. Elles se rencontrent sur les écorces des arbres, sur les rochers et sur les pierres, en croûte ou plaques anguleuses, larges, blanches, souvent comme lépreuses, et qui portent des tubercules dans lesquels on observe une ou plusieurs scutelles arrondies; celles-ci, désagrégées de la poussière qui les couvre, sont blanchâtres ou jaunâtres, et même rosées. Acharius donne comme l'un des caractères généraux des *variolaria*, la présence d'une lame proligère : mais, d'après M. Fée, cette lame manque dans toutes les espèces d'Europe.

1. Le Variolaria commun; *Variolaria communis*, Ach., *Syn.*, pag. 130. Croûte cartilagineuse, lisse, blanchâtre, puis très-irrégulière, grise, couverte de tubercules poudreux, blancs, épars, sans bordures; verrues scutellifères, sphériques, pulvérulentes; scutelles un peu membraneuses et un peu aplanies, de couleur pâle.

Cette espèce, très-commune dans les bois sur l'écorce des arbres et sur les pierres, partout en Europe, a été observée par M. Fée sur les écorces d'un quinquina (*cinchona lancifolia*) de l'Amérique méridionale.

Cette espèce offre un grand nombre de variétés; parmi elles on doit remarquer les suivantes, avec Acharius.

1.º La variolaire orbiculée (*verrucaria orbiculata*, Hoffm., *Pl. lich.*, pl. 7, fig. 2), dont la croûte est marquée de rides rayonnantes et limitées par une zone ou ligne d'un blanc grisâtre.

2.º La variolaire du hêtre (*variolaria faginea*, Pers., ou *verrucaria tuberculosa*, Hoffm., *Lich.*, pl. 2, fig. 4), dont la croûte, inégale, glabre, rugueuse, ridée, blanche, est couverte de tubercules farineux et d'un blanc très-vif. Cette variété est fort commune sur les écorces d'arbres, surtout sur le hêtre. On la rencontre aussi sur les rochers.

3.º La variolaire aspergille (*variolaria aspergilla*, Achar., Decand.), dont la croûte est de forme régulière, d'un gris glauque, avec le bord mince, lisse, rayonnant, légèrement fendillé; les tubercules sont poudreux, épars, plans et d'une couleur blanche, qui contraste avec celle de la base. On trouve cette variété sur les écorces d'arbres, selon Schleicher, et sur les rochers, d'après Acharius, M. De Candolle, etc.

Meyer veut que les *variolaria communis*, *multipunctata*, *faginea*, et d'autres lichens de divers genres, ne soient dues qu'à des développemens imparfaits des sporidies d'une même espèce. En conséquence on trouve dans Meyer, *Syst. veg.*, tous ces lichens réunis sous le nom spécifique de *porophora pertusa*. On y voit figurer aussi l'*isidium corallinum* ou *variolaria corallina*, Ach., décrit ci-après, n.º 3.

2. La Variolaire lactée : *Variolaria lactea*, Pers., Ach., *Meth. lich.*, Suppl., pl. 1, fig. 6; *Lichen lacteus*, Linn. En

larges plaques blanches comme du lait, très-adhérentes,
minces, gercées et comme réticulées; bord un peu rayonnant, crénelé et lobé; tubercules fructifères situés dans le
centre, hémisphériques ou un peu cylindriques, très-blancs
et farineux. On trouve cette espèce, dont les scutelles ne
sont point connues, sur les rochers et les pierres. Acharius
en décrit deux variétés. Curt Sprengel donne le *variolaria
lactea* pour la croûte stérile de l'*urceolaria scruposa*, Ach.,
qui est pour lui le *parmelia scruposa*.

3. Le VARIOLARIA CORALLINE : *Variolaria corallina*, Ach.,
Syn., p. 133; *Isidium corallinum*, Ach., *in Meth. lich.*, pl. 5,
fig. 7, D, E. En croûte tuberculeuse très-ridée, blanche,
couverte çà et là de papilles rameuses; les tubercules fructifères sont hémisphériques, un peu déprimés, et contiennent
des scutelles lenticulaires, recouvertes d'une légère poussière.
On trouve cette espèce sur les pierres et les rochers dans les
montagnes des Alpes. Elle est une des espèces réunies au *por-
phora pertusa* par Curt Sprengel.

4. La VARIOLAIRE AMÈRE : *Variolaria amara*, Ach., *Syn.*,
p. 131; Fée, *Ess.*, p. 101; *Lichen fagineus*, Sow., *Engl. bot.*,
pl. 1713. En croûtes cartilaginéo-membraneuses ou crusta-
cées, fendillées, irrégulières, un peu pulvérulentes, blanches
ou grisâtres; tubercules fructifères enfoncés, plans, même
un peu concaves, marginés, garnis de paquets pulvérulens
de même couleur. Cette espèce s'observe sur les écorces en
Europe; Acharius lui attribue une saveur extrêmement amère,
semblable à celle du quinquina. M. Fée a observé cette même
plante sur les écorces du quinquina jaune (*cinchona lancifolia*). Elle dénote par sa présence une mauvaise qualité.
(LEM.)

VARIOLATÆ. (*Foss.*) Klein a donné ce nom à ceux des
oursins fossiles qui ont de petits mamelons, et auxquels on
donne aujourd'hui le nom de *cidarites*. (D. F.)

VARIOLE. (*Ornith.*) Nom de l'alouette rousse, *alauda rufa*.
(CH. D. et L.)

VARIOLE. (*Ichthyol.*) Nom vulgaire de la *perca nilotica*
de Linnæus. Voyez CENTROPOME. (H. C.)

VARIOLINE. (*Min.*) Nom donné par Delamétherie à la base
de la variolite de la Durance. Nous avons regardé cette base

comme un Pétrosilex, et la roche comme une Amygdaloïde. Voyez ces mots. (B.)

VARIOLITE. (*Min.*) L'obscurité qui règne dans l'application de ce mot nous a déterminé à l'abandonner et à nommer spilite une des roches (la variolite du drac) qui portoient ce nom. Voyez Spilite. (B.)

VARMEOU, VARMILLOU. (*Bot.*) Les Provençaux nomment ainsi l'insecte kermès, qui vit sur le petit chêne, *quercus coccifera*, nommé dans ce pays *avaux*. (J.)

VARNAR. (*Ornith.*) Nom arabe du guépier. (Desm.)

VARO. (*Bot.*) Voyez Baru. (J.)

VAROLO. (*Ichthyol.*) Voyez Spigola. (H. C.)

VARONTHE. (*Bot.*) Voyez Vaoranthe. (J.)

VAROQUIER. (*Bot.*) Voyez Centrolepis. (Poir.)

VAROU. (*Bot.*) La plante ainsi nommée à Madagascar, est, suivant Rochon, une espèce de mauve : c'est peut-être l'*hibiscus tiliaceus*, qui est aussi nommé Varo ou Baru. Voyez ce mot. (J.)

VAROZA. (*Mamm.*) Ce nom est un de ceux que reçoit la marmotte ordinaire en Italie. (Desm.)

VARREKA. (*Bot.*) Nom du fruit de l'arbre à pain à Ceilan. (Lem.)

VARRENS. (*Entom.*) M. Bosc dit que ce nom est donné à la larve du hanneton ou ver blanc dans quelques provinces de France. (Desm.)

VARRONIA. (*Bot.*) Voyez Monjoli. (Poir.)

VARTINGUI. (*Bot.*) Dans un herbier de Pondichéry on trouve sous ce nom le bois de sapan, *cæsalpinia*. (J.)

VARVATTES, AMBARVATSI. (*Bot.*) Flacourt désigne sous ces noms le cajan ou pois d'Angole, *cytisus cajan* de Linnæus; *cajanus* des modernes. Flacourt dit que cette plante rapporte pendant sept ans, ce qui l'a fait nommer aussi pois de sept ans. Il ajoute qu'on nourrit les vers à soie avec ses feuilles. (J.)

VARVEINO. (*Bot.*) Nom provençal de la verveine, suivant Garidel. (J.)

VASA. (*Ornith.*) Nom spécifique d'un perroquet noir. (Desm.)

VASAVOLI. (*Bot.*) Voyez Pavate. (J.)

VASCULAIRE [Tissu]. (*Bot.*) Voyez Tissu organique des végétaux. (Mass.)

VASE JACQUELINE. (*Conchyl.*) Nom sous lequel on trouve quelquefois désigné, dans les anciens Catalogues de coquilles, le *voluta cymbium*, Linn. (De B.)

VASE A PUISER. (*Conchyl.*) Il paroit que l'on a employé quelquefois ce nom pour désigner le *murex haustellum*, à cause de la forme du corps de sa coquille et de son canal en forme de manche. (De B.)

VASECULIFERA de Petiver. (*Bot.*) Ce nom paroît désigner le *gerardia nigrina*, Linn. (Lem.)

VASI. (*Bot.*) Nom brame, cité par Rhéede, de l'*ily* du Malabar, qui est le bambou. Une variété, *nola-ily*, est le *vasinola* des Brames. (J.)

VASIET. (*Bot.*) Voyez Vaciet. (Lem.)

VAS-IGLE. (*Ichthyol.*) Un des synonymes du lamproyon. Voyez Ammocète. (H. C.)

VASKEBIORN. (*Mamm.*) Ce nom sert en Islande et en Danemarck à désigner le glouton. (Desm.)

VA-SOULE. (*Entom.*) Goedaërt, dans la 2.e partie des Métamorphoses naturelles des insectes, expérience 25, donne la figure d'une chenille qu'il a vu se nourrir de feuilles d'artichaut. Il représente aussi l'insecte parfait, qui paroit être un bombyce, quoiqu'il ne parle pas de son cocon. Voici, d'après ses propres termes, d'où il a tiré le nom. « J'ai donné le nom « de *va-soule* à la chenille mère de ce papillon, puisqu'étant « soule (c'est-à-dire repue), elle avoit accoutumé de faire « toujours quelques tours après le repas. » (C. D.)

VASSET. (*Conchyl.*) Adanson (Sénég., p. 182, pl. 12) a décrit et figuré sous ce nom la jolie coquille connue sous le nom de bouton de camisole, *trochus Pharaonis*, Linn. (De B.)

VASSINI. (*Bot.*) Nom brame du *kari-patsja* du Malabar, qui est, selon Burmann, une variété du *conyza odorata*. (J.)

VASSOURA. (*Bot.*) Voyez Tupitcha. (J.)

VASSUMBO. (*Bot.*) Voyez Væmbu. (J.)

VASTANGO. (*Ichthyol.*) Voyez Pastenaco. (H. C.)

VASTRÉ, *Sudis.* (*Ichthyol.*) M. Cuvier a ainsi nommé un genre de poissons malacoptérygiens abdominaux, de la famille des clupés, et assez voisin de celui des Erythrins de Gronow pour pouvoir être confondu avec lui par tous ses caractères, si ce n'est pourtant qu'ici les nageoires dorsale et anale, placées vis-à-vis l'une de l'autre et à peu près égales entre elles, occupent le dernier tiers de la longueur du corps.

Ce genre ne renferme encore que deux espèces, qui n'ont point été décrites.

Toutes deux vivent dans les eaux douces.

L'une a le museau court. Elle a été rapportée du Sénégal par Adanson.

L'autre, de très-grande taille et à museau oblong, à grandes écailles osseuses, à tête singulièrement rude, vient du Brésil. (H. C.)

VASULITE, *Vasulites*. (*Conchyl.*) Nom sous lequel Denys de Montfort avoit d'abord établi le genre qu'il a appelé depuis Bellerophe. (DE B.)

VATAIREA. (*Bot.*) Voyez DARTRIER. (POIR.)

VATEMAR. (*Ornith.*) Nom vulgaire en certains endroits de la bergeronnette. (CH. D. et L.)

VATEREAU. (*Bot.*) Voyez MITRASÆME. (POIR.)

VATÉRIA, *Vateria*. (*Bot.*) Ce genre, d'après plusieurs auteurs, doit être réuni à l'*Elæocarpus* (voyez GANITRE). Il comprend des arbres originaires des Indes orientales, que nous mentionnerons ici, ne l'ayant pas été à l'article GANITRE.

VATÉRIA DES INDES : *Vateria indica*, Linn., *Spec.*; Lamk., *Ill. gen.*, tab. 475; *Elæocarpus copalliferus*, Vahl, *Symb.*, 3, pag. 67; *Pænoe*, Rhéede, *Hort. malab.*, 4, tab. 15. Arbre très-élevé : il distille de son écorce une substance résineuse. Le tronc se divise en rameaux cylindriques, tomenteux, pulvérulens, couleur de rouille à leur partie supérieure. Les feuilles sont alternes, pétiolées, longues d'un demi-pied et plus, larges d'environ trois pouces, coriaces, lancéolées, glabres, arrondies à leur base, acuminées au sommet; les pétioles longs de deux pouces; les fleurs disposées en une panicule terminale, étalée, longue d'un pied, tomenteuse, pulvérulente; les pédicelles recourbés. Le calice est blanchâtre, tomenteux, persistant, à cinq folioles lancéolées, un peu coriaces, obtuses, velues en dedans : la corolle est composée de cinq pétales coriaces, glabres, oblongs, entiers, un peu plus longs que le calice; les étamines sont nombreuses,

presque sessiles ; les anthères subulées, blanchâtres, marquées
d'un sillon à leurs deux faces , plus courtes que la corolle ,
terminées par deux petites soies. L'ovaire est conique , supérieur , pileux, anguleux ; le style filiforme ; le stigmate aigu.
Le fruit, d'après Vahl, ressemble à celui du ganitre , *elœo-
carpus* , Linn.

Vatéria flexueuse ; *Vateria flexuosa* , Lour. , *Flor. Coch.* ,
1 , pag. 407. Grand arbre , dont les rameaux sont étalés ,
flexueux ; les feuilles glabres, alternes, lancéolées , très-entières. Les fleurs sont blanches, fort petites , disposées en
grappes lâches , terminales. Le calice est court, à cinq découpures aiguës, persistantes ; la corolle plus longue que le
calice , à cinq pétales oblongs, concaves, connivens ; environ
quarante étamines , à filamens presque de la longueur de
la corolle, insérés sur le réceptacle ; les anthères arrondies ;
l'ovaire supérieur à trois faces ; le style est subulé, de la
longueur des étamines , munis de trois stigmates oblongs ,
réfléchis. Le fruit est une capsule rouge, à une seule loge ,
à trois lobes, à trois valves, renfermant une semence arillée ,
un peu arrondie. Le caractère de son fruit suffiroit pour
former de cette plante un genre distinct. Elle croît dans
les forêts de la Cochinchine. Son bois est rougeâtre , dur ,
pesant, d'une longue durée. Il est employé dans la cons-
truction des grands édifices. (Poir.)

VATICA. (*Bot.*) Genre de plantes dicotylédones, à fleurs
complètes, polypétalées, régulières, de la famille des *guttifères* , de la *décandrie monogynie* de Linnæus, offrant pour caractère essentiel : Un calice à cinq divisions profondes ; cinq
pétales non onguiculés ; environ quinze étamines ; les anthères
sessiles, à quatre loges ; les deux loges extérieures terminées
par une pointe épineuse ; un ovaire supérieur, presque pentagone ; un style à cinq stries ; un stigmate. Le fruit n'est pas
connu.

Vatica de la Chine : *Vatica chinensis* , Linn., *Mant.* , 242 ;
Lamk., *Ill. gen.*, tab. 397 ; Smith, *Ic. ined.*, 1 , tab. 36. Arbrisseau qui a le port d'un citronnier, dont les rameaux sont
anguleux, striés, légèrement tomenteux ; les feuilles alternes,
pétiolées, glabres, ovales-oblongues , entières, échancrées en
cœur , obtuses, longues de six ou sept pouces , larges de trois ;

les pétioles longs d'un pouce. Les fleurs sont disposées en une panicule latérale, souvent terminale, axillaire, lâche, étalée, médiocrement rameuse; les rameaux grêles, presque simples, soutenant des fleurs peu nombreuses, pédicellées. Le calice est à cinq découpures profondes, droites, presque obtuses; la corolle au moins une fois plus longue que le calice, à cinq pétales oblongs, elliptiques, obtus, ponctués; les anthères sessiles, à quatre loges; les deux loges intérieures de moitié plus courtes et sans pointe épineuse; l'ovaire conique, à cinq faces; le style droit, cylindrique, à cinq stries; le stigmate obtus. Le fruit n'a point été observé. Cette plante croît dans la Chine. (Poir.)

VATO. (*Bot.*) Voyez Bato. (J.)

VATSONIA. (*Bot.*) Voyez Watsonia. (Lem.)

VATTAY. (*Bot.*) Nom du *crotalaria verrucosa* aux environs de Pondichéry. (J.)

VATTENHUND. (*Mamm.*) Dénomination suédoise du chien barbet; elle signifie chien qui va à l'eau. (Desm.)

VATTENSORK. (*Mamm.*) Ce nom suédois, qui signifie *souris d'eau*, est appliqué aux musaraignes. (Desm.)

VATTICH. (*Bot.*) Dans les *Observ. hierabotan.* de M. Lyngbie, dont le Bulletin des sciences naturelles fait mention, il est dit, d'après Hasselquist, que le pastèque, *cucurbita citrullus* de Linnæus, est nommé *vattich* chez les Égyptiens (Forskal l'écrit *battich*). L'auteur cherche à en conclure que le fruit égyptien que les Israélites regrettoient en fuyant dans les déserts de l'Arabie, et qu'ils nommoient *ahvattechim*, est le même dont le nom a été abrégé par les Égyptiens modernes, qui ont supprimé la première et la dernière syllabe. Nous nous contentons de citer cette assertion sans la rejeter ni l'adopter. (J.)

VATUS HALR. (*Ichthyol.*) Nom de la baleine franche en Islande. (Desm.)

VAUBIER. (*Bot.*) Voyez Hakéa. (Poir.)

VAUCHÉRIA. (*Bot.*) Genre de la famille des algues, ainsi nommé par M. De Candolle, mais établi par Vaucher, et nommé par lui *Ectosperma*. Ce nom, que l'on auroit dû conserver comme plus ancien, n'a pas été admis par les botanistes, qui ont préféré suivre le sentiment de M. De Candolle et consacrer ainsi ce genre à J. P. Vaucher, auquel on doit une histoire intéressante des conferves d'eau douce des environs de Genève, dans laquelle il a exposé des faits et des observations très-importantes sur ces plantes. M. Bory de Saint-Vincent conserve à ce genre son nom primitif d'*Ectosperma*, et désigne le *Prolifera* de Vaucher par celui de *Vaucheria*. Il ne sera question ici que du *Vaucheria* de M. De Candolle, admis sous ce nom par Nées, Lyngbye, Agardh, Steudel, Sprengel, etc.

Les *vaucheria* sont des plantes qui ont été confondues la plupart avec les conferves, dont elles ont en effet le port. Elles sont caractérisées par leurs filamens herbacés, cylindriques, simples ou rameux, tubuleux, sans aucune articulation ni cloison, plus ou moins transparens, mais colorés intérieurement par une poussière granuleuse, verte. Sur ces filamens sont des corps reproducteurs, nommés tubercules par Vaucher, coniocystes par Agardh; graines, gemmes, vésicules et capsules, par d'autres auteurs; placées à l'extérieur des filamens, sessiles ou pédicellées, solitaires, géminées ou rapprochées plusieurs ensemble, latérales, rarement terminales; contenant une poussière composée de corpuscules granuliformes. Ces tubercules ou coniocystes finissent par tomber et puis par produire de nouvelles plantes, comme l'a observé Vaucher un des premiers. Entre les coniocystes, ou à côté, on remarque des pointes ou des crochets diversement conformés, espèces d'appendices, considérés soit comme des pédicelles stériles, soit comme des espèces de bractées, et par Vaucher comme une sorte d'organe analogue aux anthères des étamines. La position extérieure de la fructification a suggéré à Vaucher le nom d'*ectosperma*, qui dérive du grec et exprime cette idée.

Les *vaucheria* sont des plantes confervoïdes vertes, qui vivent dans les eaux douces, les eaux des salines et dans la mer; elles croissent aussi simplement sur la terre, sur le bois, sur les pierres humides, etc. Les filamens des grandes espèces sont diversement agrégés et flottent dans les eaux. Les petites espèces, celles qui croissent à terre ou dans les lieux à peine inondés, forment des couches d'un vert soyeux, dont la surface est souvent hérissée d'une multitude de petites pointes aiguës, produites par les extrémités des filamens réunis en faisceaux redressés et aigus.

On trouve les *vaucheria* en automne, en hiver et dans les premiers jours du printemps.

Les naturalistes modernes ne sont pas d'accord sur la manière dont il faut considérer les *vaucheria*. Plusieurs auteurs avancent que ce sont des êtres végétaux-animaux, et qu'ils produisent des globules doués de mouvemens, c'est-à-dire des zoocarpes. On a même avancé que quelques-uns d'entre eux étoient une agglomération muqueuse d'infusoires, par exemple d'une espèce de monade (voyez Némazoones). Ce dernier mode de multiplication est fortement contesté; mais, quant au premier, il est plus conforme à ce que l'on observe dans le développement d'un grand nombre d'espèces des genres de la même famille.

Vaucher a décrit neuf espèces de ce genre; M. De Candolle, douze; Agardh, dans son *Species* et dans son *Systema*, en porte le nombre à une trentaine; mais ce nombre paroît exagéré, car la fructification d'une dizaine de celles décrites par Agardh, n'est pas connue. Curt Sprengel limite le nombre des espèces à treize, parmi lesquelles se trouvent presque toutes celles décrites par Vaucher et M. De Candolle, c'est-à-dire les plus anciennes connues et le vrai type du genre. M. Bory de Saint-Vincent porte à dix-huit ou vingt le nombre des espèces, et nous citerons à ce sujet son article *Ectosperme* du Dictionnaire classique d'histoire naturelle, où il a présenté dans quelle disposition ces espèces peuvent être classées, en en décrivant plusieurs nouvelles.

Les auteurs ont employé, pour classer les espèces, des caractères tirés de la disposition et de la manière d'être des tubercules fructifères ou coniocystes. M. De Candolle les range sous trois séries : celle à graines pédonculées; celle à graines sessiles; celle qui comprend les espèces imparfaitement connues. Agardh et Curt Sprengel les divisent en deux sections : dans la première ils placent les espèces à coniocystes ou vésicules fructifères solitaires, et dans la seconde celles dont les coniocystes sont géminés ou rapprochés plusieurs ensemble.

M. Bory de Saint-Vincent partage les ectospermes en six sections, dont voici les caractères :

1.° Capsules (coniocystes) solitaires , sessiles , obovales , latérales , épaisses , nues , c'est-à-dire dépourvues de toutes appendices qu'on puisse considérer comme des bractées avortées ; exemple : l'*ectosperma dichotoma* , Bory (voyez ci-après *Vaucheria dichotoma* , n.° 1).

2.° Capsules solitaires ou géminées , sessiles , rondes , latérales , accompagnées d'un appendice bractéiforme ; exemple : *Ectosperma sessilis* , Vauch. (voyez ci-après n.° 6).

3.° Capsules solitaires , pédicellées ; exemples : les *ectosperma ovata* et *terrestris* , Vauch. (*Vaucheria ovata* et *terrestris* , ci-après , n.°s 2 et 4); *hamata* , Vauch.

4.° Capsules géminées , sessiles , opposées vers l'extrémité de l'appendice bractéiforme qui les supporte ; exemples : *ectosperma geminata* , Vauch. (voyez *Vaucheria geminata* , ci-après n.° 7); *cæspitosa* et *cruciata* , Vauch.

5.° Capsules sessiles ou pédicellées , groupées en certain nombre sur les appendices bractéiformes ; exemples : *ectosperma multicornis* , *multicapsularis* et *racemosa*, Vauch. (voyez *Vaucheria multicornis* , ci-après , n.° 8).

6.° Capsules terminales , ovoïdes , donnant aux rameaux , à l'extrémité desquels on les voit , la forme de massue ; exemple : *ectosperma clavata*, Vauch. (voyez ci-après *Vaucheria*, n.° 3).

Les espèces que nous allons faire connoître , d'après cette division , ont été rapportées à ce genre par tous les auteurs , et sont présentées d'après Agardh.

§. 1.*er Coniocystes solitaires.*

1. VAUCHÉRIA DICHOTOME : *Vaucheria dichotoma*, Agardh , *Synops. et Sp. alg.*, 1 , p. 460 ; Lyngb., *Hydroph.* , p. 75 , pl. 19 ; *Flor. Dan.* , pl. 1724 , fig. 1 — 3 ; *Ceramium dichotomum* , Roth ; *Conferva dichotoma*, Dill. , *Musc.*, pl. 3 , fig. 9 ; Linn. , *Sp. pl.*, 1635 : Dillw. , *Conf.* , pl. 15 ; *Engl. bot.*, pl. 932 ; *Ectosperma dichotoma*, Bory de Saint-Vincent , Diclionn. class. d'hist. nat. , 6 , p. 65. Filamens sétacés , dichotomes , fastigiés ; coniocystes globuleux , sessiles et latéraux. Cette espèce , la plus grande du genre , forme dans les eaux des touffes d'un pied de diamètre. Ses filamens sont droits , libres ou moins embrouillés que dans les autres espèces , si ce n'est à la base ;

longs d'un pied, dichotomes et obtus à leur extrémité. Ces filamens ont été comparés par Dillenius à des soies de cochon; les coniocystes, ou tubercules, sont sessiles, globuleux, épars, brunâtres, entremêlés d'autres plus petits, translucides supérieurement. On trouve cette plante dans les fossés et les ruisseaux d'eau douce, en Allemagne, dans le Nord, en Angleterre, en France. Lyngbye en cite une variété qui croît dans les fossés, près de la mer, en Fionie, qui est l'*ectosperma littoralis*, Bory.

L'*ectosperma trichotoma*, Bory (*vaucheria boryana*, Agardh), est une autre espèce voisine, qui s'en distingue par ses rameaux trichotomes. Ce naturaliste l'a découverte dans des serres de Bruxelles, sur des pots de terre où l'on cultivoit, toujours inondé, le *nymphæa cœrulea*, provenu de plants apportés d'Égypte.

2. VAUCHÉRIA OVOÏDE : *Vaucheria ovata*, Dec., Fl. fr., 1, p. 65; *Ectosperma ovata*, Vauch., *Conf.*, p. 25, pl. 2, fig. 1; *Vaucheria bursata*, Agardh, *Spec. alg.*, page 461, et *Syst.*, p. 172. Filamens lâchement rameux; coniocystes solitaires, globuleux, pédonculés, à pédoncules horizontaux et simples. Cette espèce forme des touffes lâches dans les eaux douces en Europe, au premier printemps. Vaucher a observé que ces filamens sont divisés à leur sommet en deux branches, dont l'une porte un corpuscule ovoïde, qui en se détachant produit une nouvelle plante, et l'autre un corpuscule qui répand une poussière verdâtre, que Vaucher donne comme l'organe mâle.

3. VAUCHÉRIA EN MASSUE : *Vaucheria clavata*, Dec., Agardh; *Ectosperma clavata*, Vauch., *Conf.*, p. 34, pl. 3, fig. 10; *Conferva dilatata*, Roth, *Cat.*, 2, p. 194, et 3, p. 183. Les filamens sont simples ou rameux çà et là; les extrémités des rameaux sont renflés, en forme de massue ovale. Ce renflement est considéré comme un coniocyste ou la fructification de la plante, ce qui n'est pas prouvé. Vaucher considère ces massues terminales comme des anthères, c'est-à-dire comme étrangères aux tubercules reproducteurs qu'il a, le premier, reconnus dans ses ectospermes. Cette espèce forme sur le bois et sur les pierres, dans les eaux douces courantes et pures, des touffes d'un beau vert. Lyngbye l'indique dans les eaux

des marais qui bordent la mer, dans le Nord ; mais son *Vaucheria clavata* est peut-être différent de la plante de Vaucher.
Il s'en distingue par ses pédoncules courbés.

4. VAUCHÉRIA TERRESTRE : *Vaucheria terrestris*, Dec., Fl. fr.,
2 . p. 62 ; Agardh , *Sp.*, p. 465 ; *Ectosperma terrestris*, Vauch.,
Conf., p. 27 , pl. 2 , fig. 5. Filamens verts, courts, rameux ;
coniocystes latéraux, hémisphériques, portés sur le dos d'un
pédoncule prolongé en une petite corne courbée. On trouve
cette espèce sur la terre, sur les vieux murs humides, les
baignoirs, etc. Vaucher avoit cru y reconnoître le *byssus ve-
lutina*, Linn. Elle forme de petites couches vertes d'un pouce
et plus de largeur, dont les filamens ne sont pas très-forte-
ment entrelacés, mais seulement couchés.

Cette espèce ne doit pas être confondue avec le *vaucheria
Dillwynii* d'Agardh, comme le veut Sprengel : elle en diffère
par ses filamens flexueux et par ses coniocystes sessiles et globuleux. On peut voir dans Agardh et Sprengel sa synonymie
compliquée ; elle a été prise pour un *byssus* par Michéli,
pour un *conferva* (*conferva amphibia*) par Linnæus et divers
auteurs. C'est un *riccia* dans la Flore danoise, un *ceramium*
pour Roth, etc.

Elle croit aussi sur la terre nue, à l'ombre, au printemps
et à l'automne. Ses filamens ont un pouce et plus de long :
ils sont entrelacés et forment des couches déprimées, d'un
vert foncé, épaisses d'une ligne et demie environ.

5. VAUCHÉRIA RADICANT : *Vaucheria radicata*, Agardh, *Disp.
et Spec.*, p. 465 ; *Vaucheria granulata*, Lyngb., *Hydr.*, p. 78 ;
Tremella palustris. Dill., *Musc.*, pl. 10, fig. 17 ; *Tremella granulata*, Huds., Roth, *Engl. bot.*, pl. 524 ; *Linkia granulata*,
Wigg.; *Ulva granulata*, Linn.; *Fl. Dan.*, pl. 705 ; *Botrydium
argillaceum*, Wallr., *Ann. bot.*, p. 155 ; *Hydrogastrum granulatum*, Desv., *Ang.*, p. 19 ; *Coccochloris radicata*, Spreng.,
Syst., 4, part. 1, pag. 572. Filamens pendans, radicans ; coniocystes solitaires, terminaux, globuleux. Ses filamens sont,
d'après les descriptions d'Agardh, agrégés, très-courts, enfoncés et enracinés dans la terre, rameux et hyalins sous
terre, verts en dehors ; les coniocystes sont solitaires sur
chaque filament et plus épais, de la grosseur des graines de
moutarde, d'abord globuleux et remplis d'une humeur propre,

puis ils se détachent, tombent et deviennent concaves. Cette plante croît dans les lieux argileux, inondés. Elle forme des couches vertes, celluleuses, qui jaunissent après la chute des coniocystes.

Nous avons conservé cette espèce dans ce genre, par respect pour Lyngbye et pour Agardh; car l'opinion des naturalistes est très-partagée sur la manière de la considérer. Curt Sprengel voit dans cette plante le *byssus botryoides*, Linn.

Les *ectosperma hamata*, *clavata*, Vauch., Decand., appartiennent à cette première division.

§. 2. *Coniocystes géminés ou réunis plusieurs ensemble.*

6. Le Vauchéria sessile : *Vaucheria sessilis*, Decand., Fl. fr., 2, p. 63; Lyngb., *Hydrop.*, p. 88, pl. 22; *Fl. Dan.*, pl. 1725, fig. *l*, *e*; *Ectosperma sessilis*, Vauch., *Conf.*, pag. 31, pl. 2, fig. 7; *Ectosperma heteroclita*, Bory, Dict. class. d'hist. nat., *loc. cit.* Filamens capillaires, rameux, verts; coniocystes placés çà et là deux à deux, sessiles, ovales, séparés par une petite pointe crochue, que Vaucher prend pour une anthère. Cette espèce forme des touffes de filamens entrelacés et flottans dans les eaux douces stagnantes. Quelquefois les coniocystes sont solitaires.

7. Vauchéria géminé : *Vaucheria geminata*, Dec., Fl. fr.; Lyngb., *Hydrop.*, pl. 23; *Fl. Dan.*, pl. 1725, fig. 1, *a*, *d*; *Engl. bot.*, pl. 1766; *Ectosperma geminata*, Vauch. Filamens dichotomes; coniocystes ovoïdes, pédicellés, géminés et opposés au pied d'un pédoncule ou appendice en forme de corne. On la trouve dans les eaux stagnantes. Elle forme des coussinets denses, flottans. Ses filamens ont l'épaisseur d'un cheveu; ils sont tenaces et un peu redressés. Les pédoncules sont droits, perpendiculaires, cornus et recourbés à leur sommet; vers leur milieu sont insérés deux pédicelles opposés, mais dirigés un peu sur le même côté et portant chacun un coniocyste ovoïde, un peu en massue.

8. Vauchéria a plusieurs cornes : *Vaucheria multicornis*, Dec., Agardh; *Ectosperma multicornis*, Vauch., *Conf.*, p. 33, pl. 3, fig. 9. Filamens verts, rameux, portant des pédoncules divisés en plusieurs branches, dont trois ou quatre portent

chacune un coniocyste demi-ovale ou tronqué. Ces branches alternent avec d'autres qui ressemblent à de petits crochets. Cette espèce croît dans les eaux stagnantes.

Nous terminerons cet article par les observations suivantes :

1.º Le *Vaucheria infusionum*, Dec., ou la matière verte de Priestley, ne peut être conservé dans le genre *Vaucheria*. C'est une espèce d'oscillatoire que M. Bory de Saint-Vincent désigne par *oscillaria Adansonii*. (Voyez MATIÈRE VERTE et NÉMAZOONES.)

2.º Le *Vaucheria aponina*, Curt Sprengel, *Syst. veget.*, 4, part. 2, pag. 352, paroît s'éloigner aussi du genre *Vaucheria*. C'est une plante que Pollini, dans sa Flore de Vérone, a fait connoître le premier sous le nom de *conferva aponina*, et dont il a fait aussi son genre *Merizomyria* (*Bibl. ital.*, n.º 21, p. 420, pl. 7, fig. 4), auquel il fixe les caractères suivans : Tige cylindrique, opaque, fistuleuse, inarticulée, très-divisée en rameaux hyalins, également fistuleux, sans articulations et terminé en forme de cil. Le *merizomyria aponina*, Poll., se trouve dans les eaux chaudes des thermes Eugénéens, dans le Véronois. Il supporte trente à quarante degrés de chaleur au thermomètre de Réaumur, et forme sur les pierres inondées des gazons d'un vert gai. (LEM.)

VAUDOISE. (*Ichthyol.*) Voyez VANDOISE. (H. C.)

VAULU. (*Bot.*) Nom du bambou à Madagascar, suivant Mentzel. C'est le voulou de Madagascar, cité par Flacourt. (J.)

VAUQUELINIA. (*Bot.*) Genre de plantes dicotylédones, à fleurs complètes, polypétalées, de la famille des *rosacées*, de l'*icosandrie pentagynie* de Linnæus, offrant pour caractère essentiel : Un calice persistant, presque campanulé, à cinq divisions; cinq pétales insérés à l'orifice du calice, ainsi que les étamines, au nombre de douze environ; un ovaire supérieur; cinq styles; une capsule pentagone, entourée par le calice, à cinq loges bivalves, ou cinq coques; deux semences ailées au sommet dans chaque coque.

Ce genre porte le nom du célèbre et modeste chimiste, à qui nous devons un si grand nombre d'observations sur l'analyse des végétaux : il ne pouvoit être appliqué plus heureusement pour se réunir à l'immortalité qui attend le savant qui le porte. Le premier aspect du *vauquelinia*, dit M. Corréa, est celui d'une méliacée ; mais l'insertion des pétales et des étamines est semblable à celle des salicaires et des rosacées. Son fruit se rapproche des *spiræa*, mais l'attache de ses semences est inférieure, et leur forme les rapproche de celles des *lagerstræmia*; ainsi le *vauquelinia* réunit les rosacées aux salicaires : il appartiendroit aux dernières s'il n'avoit qu'un seul style.

Vauquelinia a corymbes : *Vauquelinia corymbosa*, Humb. et Bonpl., *Pl. æquin.*, 1, tab. 40; Poir., *Ill. gen.*, Suppl., tab. 962. Le vauquelinia est un arbre haut d'environ trente pieds. Son bois est blanc, peu compacte, mais très-flexible ; ses rameaux sont distans, très-ouverts, peu feuillés ; le sommet des jeunes rameaux est un peu incliné et d'une belle couleur rouge. Les feuilles sont alternes, pétiolées, lancéolées, aiguës, luisantes et d'un beau vert en dessus, plus pâles en dessous, longues de deux pouces, larges de huit lignes, dentées en scie, à dentelures très-aiguës, et veines nombreuses, presque parallèles ; les pétioles longs et rougeâtres ; les deux stipules fort petites, subulées, un peu velues. Les fleurs sont blanches, disposées en corymbe terminal, plus court que les feuilles. Le calice est partagé en cinq découpures ovales; son tube hémisphérique, velu à son orifice : la corolle blanche, à pétales ovales, un peu plus longs que le calice, alternes avec ses divisions ; on compte environ quinze étamines, de la longueur de la corolle, insérées, ainsi que la corolle, sur le tube du calice; les anthères sont ovales, et s'ouvrent latéralement en deux loges; l'ovaire, couvert d'un duvet soyeux, offre cinq styles, à stigmates globuleux. Le fruit est une capsule ovale, soyeuse, divisée en cinq loges ou cinq petites coques; chacune d'elles anguleuse en dedans, convexe en dehors, s'ouvrant en deux valves, renfermant chacune une semence ovale, comprimée, surmontée d'une aile membraneuse. Cette plante croit au Mexique, dans les contrées tempérées. (Poir.)

VAUQUELINITE. (*Min.*) C'est le nom que M. Berzelius a donné à la combinaison de plomb et de chrome à l'état d'oxide. Voyez Plomb Vauquelinite, tom. XLI, page 454. (B.)

VAUTOUR, *Vultur*. (*Ornith.*) Sous ce nom seul les anciens auteurs comprenoient un grand nombre d'oiseaux, qui sont aujourd'hui répartis en plusieurs genres; et par ce nom de vautour on ne peut plus entendre qu'une famille naturelle de rapaces qu'il est plus convenable de réunir par le nom de *vulturidées* : famille à laquelle doivent appartenir tous les caractères de l'ancien genre *Vultur* de Linné, de Latham et des premiers naturalistes.

Brisson avoit placé les vautours dans le 5.ᵉ ordre de son Ornithologie, dans le groupe qu'il caractérisoit par ces mots : *base du bec couverte d'une peau nue.* Linné, dans la 12.ᵉ édition du *Systema naturæ*, donnée par Gmelin en 1788, établit les caractères du 1.ᵉʳ ordre des oiseaux, qu'il nomma *accipitres*; mot que nous rendons par oiseaux de proie, et n'y plaça que quatre genres, à la tête desquels nous voyons les vautours, *vultur*, tandis que l'ensemble des oiseaux de proie diurnes, non admis dans ce premier genre, est réuni par le nom de *falco.* Linné embrassoit tous les accipitres nocturnes par le mot *strix*, et ajoutoit à tort les pie-grièches parmi les rapaces, *lanius*, que tous les modernes rangent dans le 2.ᵉ ordre ou celui des passereaux. Le genre *Vultur* de Linné renfermoit quatorze espèces. Latham ne s'écarta guère de la méthode linnéenne, et ses vautours sont encore placés par cet auteur à la tête des oiseaux terrestres. Cet arrangement ne fut point suivi par feu de Lacépède, qui publia, en 1799, un Essai de méthode analytique. Dans ce travail les oiseaux de proie ne sont classés que dans la deuxième division, et déjà cet auteur propose de démembrer le genre *Vultur* et d'en séparer des oiseaux qu'il nomme *griffons*, sous le nom de *gypaetos.* M. Duméril, en 1806, dans sa Zoologie analytique, place, sous le nom de rapaces, les vautours à la tête des oiseaux dans sa famille des *nudicolles* ou *ptilodères*, et sépare du genre Vautour une espèce sous le nom de *sarcoramphe*; puis il admet les griffons dans sa 2.ᵉ famille ou celle des *plumicolles* ou *eruphodères.*

Illiger, en 1811, dans son *Prodromus mammalium* et *avium*, ne fait des oiseaux de proie, *raptatores* ou ravisseurs, que le 5.ᵉ ordre de sa méthode, et place dans sa 18.ᵉ famille les *accipitrini*, le genre *Gypaetus*, et dans la 19.ᵉ, les *vulturini*, les genres *Vultur* et *Cathartes*, ce dernier proposé par Illiger pour quelques espèces américaines. M. Cuvier, dans le Règne animal, imprimé en 1817, adopte quatre genres dans les vautours; savoir : Vautour, Sarcoramphe, Percnoptère et Griffon. Déjà M. Savigny, dans un travail peu répandu, avoit proposé plusieurs distinctions caractéristiques dans cette famille. M. Vieillot, dont la Méthode ornithologique fut publiée vers la fin de 1816, réunit dans sa famille des vautourins plusieurs genres, pour plusieurs desquels il proposa de nouveaux noms, et il adopta les genres *Vautour*, *Zopilote*, *Gallinaze*, *Iribin*, *Rancaca* et *Caracara*. M. Temminck, dans son Analyse, 1815 et 1820, n'admit que les genres Vautour, Catharte et Gypaëte. Dans mon Manuel d'ornithologie, publié le 15 Mai 1828, j'ai réuni sous le nom de *vulturidées*, proposé par le naturaliste anglois Vigors, les genres Vautour, *Vultur*; Sarcoramphe, *Sarcoramphus*; Percnoptère, *Neophron*; Cathartes, *Cathartes*; Gypaëte, *Gypaetos*, et Iribin, *Daptrius*. C'est aussi l'ordre que nous suivrons dans l'énumération des espèces de vautours qui feront l'objet de cet article.

Les vautours ont pour caractères généraux d'avoir la tête et le cou plus ou moins nus ou dénués de plumes et revêtus d'un duvet court et peu serré, ou garnis de caroncules charnues. Le plus souvent la partie inférieure du cou est munie de plumes dites collaires, formant un rebord, et toutes alongées. Les yeux sont à fleur de tête; le bec est droit, plus ou moins robuste, comprimé sur les côtés, à mandibule supérieure fortement crochue ou terminée en crochet; la mandibule inférieure est droite, arrondie et légèrement inclinée vers la pointe; les narines sont ovalaires ou oblongues, percées obliquement sur les bords d'une membrane nommée *cire*; la langue est cartilagineuse, un peu aplatie et pointue, souvent bifide à son extrémité. Le corps est épais, robuste. oblong, terminé par une queue généralement courte, composée de rectrices égales; les ailes sont pointues, très-longues, dépassant l'extrémité de la queue et presque constamment à demi étendues dans le repos ou dans la marche. La quatrième rémige est la plus longue; la première la plus courte; les tarses sont robustes, réticulés ou garnis de petites écailles, nus ou emplumés, armés d'ongles foibles et peu longs par rapport à la taille. On compte douze ou quatorze rectrices.

Les vautours, dont le nom est passé dans le langage figuré,
sont des oiseaux voraces, affamés, làches. dont le goût dépravé se contente plutôt de charognes que d'animaux vivans,
qu'ils n'osent attaquer. Cependant ils ne dédaignent point la
chair palpitante, comme on le dit communément; mais ils
ne cherchent jamais à dévorer que quelques jeunes animaux
sans défense et éloignés de leurs père et mère. Vivant le plus
ordinairement réunis, leur vue perçante décèle bientôt
à quelque individu de la bande un cadavre gisant, sur lequel
il se dirige à l'instant, et donnant l'éveil à la troupe, qui
s'y précipite et fond avec rapidité pour en faire sa curée.
On a long-temps attribué cet instinct qu'ont les vautours de
reconnoître à de grandes distances les charognes dont ils
se repaissent, à la finesse de leur odorat; mais il paroît,
par des observations récentes, que cette perspicacité de sens
est bien loin d'être aussi parfaite qu'on l'a cru jusqu'à ce
jour, et que c'est à leur haut vol et à leur vue excellente
qu'ils doivent d'être instruits du lieu où gît une pâture, presqu'au même moment où elle y est jetée.

Cette grossière gloutonnerie, ces habitudes d'un instinct
dépravé, rendent en général les vautours lourds, peu intelli-
gens et stupides. Une affreuse odeur s'exhale sans cesse de
leur corps, et une humeur puante découle sans interruption
de leurs narines, comme si des habitudes vicieuses devoient
toujours porter avec elles le cachet de l'ignominie. Lorsque
les vautours sont repus, lorsqu'ils ont déchiqueté le corps
d'un animal, le bas de leur œsophage se gonfle outre mesure
sous forme d'une grosse vessie dénudée, qui saille d'entre
les plumes : c'est alors qu'ils digèrent et qu'ils sont dans un
état de repos qui contraste avec leurs habitudes affamées, et
qu'ils demeurent paisibles, la tête appuyée sur leur jabot.
Quelques espèces, lorsque la faim les aiguillonne, attaquent
cependant les petits animaux; et le condor, ce géant des oiseaux, ose même, dit-on, lorsque les cadavres de bêtes lui
manquent, descendre des Andes dans les plaines et attaquer
les vigognes, les chevaux, et jusqu'aux bœufs. D'autres vautours vivent de tout, et notamment les cathartes. On les voit
sur les bords de la mer, fouillant les immondices que les vagues rejettent. s'accommoder des poissons morts. des crabes,

des fucus, des mollusques mous, en un mot, de tout ce qu'ils trouvent. Ces habitudes leur ont attiré la protection des habitans; et, dans des pays brûlans, tels que l'Amérique méridionale, où l'indolence des hommes, unie à l'incurie, laisse séjourner au milieu des villes les matières les plus putrescibles, ces cathartes ont pour fonction de les en débarrasser et de purifier ainsi des lieux qui, sans eux, ne tarderoient pas à être des foyers de corruption.

Ce qui distingue surtout les vautours des aigles et des autres espèces belliqueuses de rapaces, est une série de caractères accessoires non à dédaigner. Posés, les vautours sont toujours dans une position demi-horizontale, qui peint la défiance. L'aigle, au contraire, se tient fièrement dans la position redressée, et a le sentiment de sa force et de son courage. Leur vol est pesant, lourd; à peine peuvent-ils prendre leur essor lorsqu'ils sont rassasiés; et ce qui leur est particulier avec le serpentaire, c'est qu'ils sont réduits à dévorer leur proie sur place, et qu'ils ne peuvent point l'enlever avec leurs serres trop foibles, ainsi que le pratiquent tous les autres oiseaux de proie.

Écoutons Buffon peindre avec un beau coloris les habitudes des vautours. « L'on a donné aux aigles le premier rang
« parmi les oiseaux de proie, non parce qu'ils sont plus
« forts et plus grands que les vautours, mais parce qu'ils sont
« plus généreux, c'est-à-dire moins bassement cruels; leurs
« mœurs sont plus fières, leur démarche plus hardie, leur
« courage plus noble, ayant au moins autant de goût pour la
« guerre que d'appétit pour la proie. Les vautours, au con-
« traire, n'ont que l'instinct de la basse gourmandise et de
« la voracité; ils ne combattent guère les vivans que quand
« ils ne peuvent s'assouvir sur les morts. L'aigle attaque ses
« ennemis ou ses victimes corps à corps; seul, il les pour-
« suit, les combat, les saisit. Les vautours, au contraire,
« pour peu qu'ils prévoient de résistance, se réunissent en
« troupes, comme de lâches assassins, et sont plutôt des vo-
« leurs que des guerriers, des oiseaux de carnage que des
« oiseaux de proie; car, dans ce genre, il n'y a qu'eux qui
« se mettent en nombre et plusieurs contre un; il n'y a qu'eux
« qui s'acharnent sur les cadavres, au point de les déchique-

« ter jusqu'aux os : la corruption, l'infection, les attirent
« au lieu de les repousser. Les éperviers, les faucons et jus-
« qu'aux plus petits oiseaux, montrent plus de courage ; car
« ils chassent seuls, et presque tous dédaignent la chair
« morte et refusent celle qui est corrompue. Dans les oiseaux
« comparés aux quadrupèdes, le vautour semble réunir la
« force et la cruauté du tigre avec la lâcheté et la gour-
« mandise du chacal, qui se met également en troupes pour
« dévorer les charognes et déterrer les cadavres; tandis que
« l'aigle a . comme nous l'avons dit, le courage, la noblesse,
« la magnanimité et la munificence du lion. »

Telles sont les opinions admises sur les vautours : nous les
avons toutes rapportées sans chercher à en affoiblir la force ;
et cependant nous permettra-t-on de dire que, dans les vues
sages de la nature, tout a été disposé pour le mieux ; que ces
vices et ces vertus que nous prêtons aux animaux, sont enfans
de nos préjugés ; que ce que nous appelons la magnanimité du
lion et de l'aigle, ne sont que le rejet de l'estomac rassasié
d'un animal essentiellement carnivore et sanguinaire ; que la
lâcheté des vautours ne peut pas plus être réputée lâcheté
que l'audace de l'aigle ne peut être réputée magnanimité. La
nature voulut qu'il existât des animaux carnassiers pour arrêter la trop grande multiplication de certains animaux et
établir une sorte d'équilibre. Elle voulut qu'il en existât pour
purger la terre des cadavres des êtres expirés de mort naturelle ou par accident, pour ne pas corrompre l'air de ceux
qui vivent d'après ses lois. L'un comme l'autre remplissent
les fonctions qui leur furent départies avec la vie.

Le nom de *vultur* auroit pour étymologie, suivant ce qu'on
lit dans Belon (p. 84), cette phrase latine d'un auteur inconnu : *Vultur à volatu tardo nominatus putatur, magnitudine quippè
corporis præcipites volatus non habet.* Les anciens ne connois-
soient, à ce qu'il paroit, que deux espèces, qu'ils confondoient
sous le nom grec de *gyps* ou la dénomination latine de *vultur*.
Belon, qui écrivoit en 1554, n'a décrit que deux vautours,
qu'il nommoit le *grand vautour cendré* et le *moyen vautour brun
ou blancâtre*, qui ne sont l'un et l'autre très-probablement
que le gypaète. Mais à l'époque où vivoit ce père de l'ornithologie françoise, il paroit que les vautours étoient recherchés

par les habitans de l'Égypte et des îles de l'archipel grec, qui employoient leur duvet pour faire des garnitures d'habits ou autres objets d'utilité, que l'édredon et le cygne servent à confectionner aujourd'hui.

« Les pelletiers, dit Belon (p. 84), savent tirer les plus « grosses plumes de la peau des vautours, laissant le duvet « qui est au-dessous, et ainsi la conroient, faisant pelices qui « valent grand somme d'argent; mais en France s'en servent « le plus à faire pièces pour mettre sur l'estomac, ou parures « de robe. »

Les vautours habitent toutes les contrées de la terre, mais ils sont plus répandus cependant dans les régions équatoriales et tempérées que dans le Nord. Ils se tiennent dans les plaines et même souvent au milieu des villes. Quelques espèces ne quittent guère les chaînes de montagnes, où elles construisent leur nid avec des buchettes, dans des lieux inaccessibles et au milieu des rochers. Les vautours, bien que répandus dans les pays septentrionaux, redoutent les froids intenses des hivers, et émigrent à cette époque vers les provinces plus méridionales. Quelques espèces cependant, quoique très-communes dans la portion la plus chaude de l'Amérique du Sud, se sont étendues jusque vers les limites du cap Horn, et par 55 degrés de latitude australe, sans que ces hautes latitudes refroidies paroissent avoir une influence défavorable sur elles. D'autres ne quittent point la région des neiges et ne descendent que très-accidentellement dans la plaine; tel est entre autres le condor.

Les vautours femelles ne pondent ordinairement que deux ou quatre œufs au plus, et les pères nourrissent les jeunes en leur dégorgeant dans le bec la nourriture qu'ils ont ramassée dans leur jabot. La mue n'a lieu qu'une fois dans l'année, et les sexes, dans leur état adulte, ont la même livrée. Mais il n'en est pas de même dans le jeune âge; le plumage varie de tant de manières, que nul genre d'oiseaux ne renferme peut-être plus d'erreurs que celui des vautours. Le nombre des espèces nominales est très-grand, et l'on ne sait pas encore trop bien quelles sont les limites où s'arrêtent les variations que plusieurs d'entre elles présentent. Les femelles ont une taille plus forte que les mâles. Leur cri est aigu, très-sonore, et leur vol est tellement étendu, que souvent les vautours disparoissent à la vue en s'élevant dans la région des nuages. Un trait assez distinctif qui les isole des autres rapaces, est leur petite tête, que supporte un cou grêle et long, qui paroit disproportionné avec le reste du corps.

Ce serait ici le cas de passer en revue les discussions auxquelles un grand nombre d'auteurs se sont livrés pour fixer le nombre et les caractères des diverses espèces. Mais cette révision nous entraîneroit trop loin et trouvera mieux sa place à la suite des espèces que nous admettrons.

Famille des VAUTOURS, VULTURIDÉES.

Le bec droit, recourbé seulement à l'extrémité, garni à la base d'une cire glabre ou poilue; tête nue, recouverte de membranes charnues ou de duvet; langue charnue et souvent bifide; le cou pouvant se replier dans une collerette de plumes alongées, qui entoure sa partie inférieure. Les tarses robustes, mais les ongles foibles.

Les vrais vautours et les percnoptères sont de l'ancien monde; les sarcoramphes appartiennent à l'Amérique méridionale, ainsi que les cathartes et les iribins, et le gypaète est plus particulièrement propre à l'Europe. La Nouvelle-Hollande seule a fourni la particularité de ne point avoir de vautours, et on y trouve à leur place les *caracaras* ou *polyborus*.

1.er Genre. VAUTOUR; *Vultur*, L. et auct.

Bec gros et fort, droit à la base, convexe; les narines nues et obliquement percées en dessus; la tête et le cou sans plumes, recouverts d'un duvet très-court; un collier de longues plumes au bas du cou; la première rémige courte, la sixième égale et la quatrième très-longue; douze ou quatorze rectrices. Les ongles émoussés; les ailes longues et pointues; la cire simple et nue.

Toutes les espèces de ce genre sont de l'ancien monde. L'Europe en possède deux, et les autres se trouvent en Afrique, dans l'Inde et même dans les îles de la Sonde.

Le VAUTOUR ARRIAN : *Vultur arrianus*, Picot de Lapeyr., Zool. des Pyrén.; Temm., Man., t. 1, p. 4.

Le VAUTOUR ou GRAND VAUTOUR, Buff., Enl., 425 (adulte);

le Vautour noir d'Égypte, Sav., Égypt., p. 14; *Vultur cine-reus*, Gmel., esp. 6; *Vultur bengalensis*, Gmel., Lath.

Le Vautour noir; *Vultur niger*, Vieill., Dict. d'hist. nat., t. 35, p. 253.

La synonymie de cette espèce européenne est extrêmement embrouillée. Ainsi, sous le nom de vautour noir, M. Vieillot admet un grand nombre d'espèces, qui sont : le chincou de Levaillant (véritable espéce, voyez Vautour impérial); le vautour proprement dit de Brisson; le grand vautour de Buffon (représenté avec des pieds d'aigle); le grand vautour cendré et noir de Belon, et le vautour moine ou vautour noir couronné d'Edwards, qui est le vautour impérial.

M. Cuvier donne pour synonymes à son vautour brun, *vul-tur cinereus*, Enl., 425, les noms de *vultur monachus*, Gmel.; vautour d'Arabie, Edw., pl. 290; le chincou de la Chine, Vieill.; l'arrian de La Peyrouse; les vautours noir et cendré.

Au sujet de cette espèce M. Temminck dit : « Le *vultur ci-* « *nereus* de Gmelin à doigts jaunes, à tarses emplumés jus- « qu'aux doigts, décrit par Brisson, Buffon, La Peyrouse et « autres, est-il autre chose qu'une espèce défigurée, un être « imaginaire, un vautour affublé des pieds d'un aigle royal? « et cependant c'est celui que cite Daudin sous le nom de « *vultur vulgaris*. »

Le mâle adulte du vautour arrian a de longueur totale en-viron six pieds six pouces. Il a la partie postérieure de la tête et la nuque dégarnies de plumes, et la couleur de la peau est bleuâtre. Un duvet fauve recouvre le reste du cou; à la partie inférieure de celui-ci s'élève une ample touffe de longues plumes à barbes déliées. Le plumage est généralement d'un brun tirant sur le noir et passant quelquefois au fauve. Le bec est noirâtre; la cire est violâtre; l'iris d'un brun foncé; les tarses à moitié emplumés et de couleur blanchâtre. Les ongles sont noirs.

La femelle a la taille un peu plus forte que le mâle et les teintes de son plumage sont plus sombres. Les jeunes ont tout le cou garni de duvet; toutes les plumes des parties supé-rieures sont terminées par une couleur plus claire.

M. Vieillot admet que son vautour noir, *vultur niger*, ne diffère point du vautour noir des auteurs, *vultur monachus*, et dit que l'arrian n'est que le premier qui a encore sa livrée de jeune âge.

On regarde comme une variété de l'arrian le vautour du Bengale. *vultur bengalensis*, Lath., figuré planche 1 du *Synopsis*. Les descriptions qu'on possède de cet oiseau lui donnent deux pieds six pouces de longueur totale; la base du bec plombée et sa pointe noire; l'œil d'un brun foncé; la tête et le cou dénués de plumes et recouverts seulement d'un duvet brun. L'occiput, la gorge et le devant du cou totalement nus; la peau de ces parties brune et parfois garnie de rides. Le bas du cou est entouré d'une espèce de fraise composée de plumes courtes. Le corps est en dessus d'un brun noir, plus pâle sur les ailes, dont les rémiges sont noires. Les parties inférieures du corps sont d'une teinte plus pâle, et les tiges des plumes sont blanches ou fauves. Les pieds sont d'un brun foncé, et les ongles noirs.

Le Vautour commun, *Vultur vulgaris*, ne diffère point de l'arrian, comme nous l'avons déjà dit. Daudin le décrivoit ainsi : Taille d'un gros aigle ; tête et haut du cou à duvet brun, ainsi que la gorge, qui a de plus une espèce de barbe formée de plumes effilées et comme poilues ; le plumage d'un brun noirâtre; les pennes des ailes et de la queue un peu cendrées; une envergure de près de huit pieds; les *jambes emplumées jusqu'au bas du tarse; les doigts jaunes;* les ongles noirs. Ce vautour, dit Daudin, habite les hautes montagnes de l'Europe et se nourrit principalement de cadavres; on pourroit en regarder comme une variété un vautour entièrement noirâtre de l'Arragon.

Le Vautour noir, *Vultur niger*, Daudin, t. 2, pag. 17, est encore l'arrian, bien que Cetti, Latham, Gmelin, en aient fait une espèce distincte. Les caractères qu'on assignoit à cette espèce étoient ceux-ci : Taille d'un gros aigle ; tête à duvet brun, avec le haut du cou nu et blanc, ainsi que la région oculaire ; plumage noir; pennes des ailes et de la queue brunes; taches à plumes noires et à duvet laineux blanc. Les individus décrits provenoient de l'Égypte et de la Sardaigne.

Enfin, il est probable que c'est encore à l'espèce qui nous occupe que doit appartenir le *vultur leporarius* de Gesner, dont Brisson, Gmelin et Latham ont fait leur *vultur cristatus*,

espèce fantastique qui n'a jamais été revue et que beaucoup
d'ornithologistes pensent être un aigle-pêcheur. Cet oiseau
est ainsi décrit par Daudin : Taille de l'orfraie; tête munie
sur les tempes de plumes redressables comme celles des ducs;
bec noirâtre; corps d'un roux noirâtre, à poitrine roussâtre.
Ailes ayant six pieds d'envergure; queue longue et droite;
tarses et pieds nus, jaunes; ongles noirâtres.

Ce prétendu vautour habiteroit les forêts épaisses et sauvages de l'Allemagne, nicheroit sur les arbres les plus élevés
et pondroit un œuf d'un blanc sale. Sa nourriture consiste-
roit en lièvres, en jeunes renards et en poissons, et il ne re-
léveroit jamais sa huppe que lorsqu'il est en repos.

Le vautour que l'on nomme arrian, du nom qu'il porte
dans quelques cantons des Pyrénées, se trouve donc répandu
dans les Pyrénées, d'où il descend au printemps pour se rendre
dans les plaines; dans les hautes montagnes et les forêts de
la Hongrie, du Tyrol, de la Suisse, de l'Espagne et de l'Italie.
Partout ailleurs il ne paroît qu'accidentellement. Les individus trouvés en Égypte, dans l'Inde, n'ont présenté avec ceux
d'Europe que de légères différences qu'on doit attribuer à l'âge.

L'arrian se présente parfois en Toscane, où on le nomme
vulgairement, suivant M. Savi, *avvoltojo*. Il vient des montagnes du royaume de Naples, de la Sicile et de la Sardaigne.

On ne connoît point la manière dont ce vautour se pro-
page; tout ce qu'on en sait, c'est qu'il vit d'animaux morts et
de charognes, et que le plus petit animal en vie, d'après le
dire de M. Temminck, lui inspire de la crainte. Cependant
M. Cuvier assure qu'il attaque souvent des animaux vivans.

Le VAUTOUR GRIFFON : *Vultur fulvus*, Linn., Gmel., esp. 11;
Vultur percnopterus, Lath., esp. 3; *Vultur fulvus*, Lath., esp. 12.

Le PERCNOPTÈRE des anciens, Buff., Enl. 426 (adulte); *Vultur leucocephalus*, Meyer; *Vultur percnopterus*, Daudin, t. 2,
p. 13; Sav., Égypt., p. 11; *Vultur trencalos*, Bechst.

M. Temminck, dans son Manuel d'ornithologie, a donné
à ce vautour plusieurs synonymes qui ne lui conviennent
point. C'est ainsi qu'il a regardé comme un jeune âge le *vultur Kolbii*, qui est le chasse-fiente de Levaillant, pl. 10, et qui
forme une véritable espèce.

Le percnoptère a été assez exactement décrit par Perrault,

qui pensoit qu'on devoit reconnoître en lui le grand vautour d'Aristote. Buffon partagea cette manière de voir, qu'il étaya de recherches nombreuses ; mais il fit du grand vautour, du griffon et du percnoptère trois espèces, tandis que sous ces trois noms il n'a eu que de légères variétés du griffon à peindre.

Le griffon a cela de remarquable que le duvet qui recouvre la tête et le cou est très-blanc et comme lanugineux. Des plumes effilées et très-longues forment au bas du cou une collerette très-fournie d'un blanc roussâtre, quelquefois pur ou brunâtre. Au milieu de la poitrine on remarque un espace garni d'un duvet blanc. Le plumage est généralement d'un fauve assez vif, tirant sur le gris-brun. Les rémiges et les rectrices sont d'un brun noirâtre ; le bec est d'un jaune livide ; la cire est de couleur de chair ; l'iris noisette, et les pieds sont gris.

Le griffon, dont le corps approche en grosseur de celui d'un cygne, a environ quatre pieds de longueur totale. La femelle est de plus forte taille que le mâle.

Suivant M. Vieillot, le plumage varie avec l'âge ; il a dans sa première jeunesse le corps fauve ; dans la seconde et la troisième année il est varié de gris et de fauve plus ou moins foncé en dessus, et dans un âge plus avancé il est totalement d'un joli cendré presque bleu.

Buffon, en parlant de son percnoptère, qui est notre griffon, s'exprime ainsi : « J'ai adopté ce nom tiré du grec, pour dis-« tinguer cet oiseau de tous les autres. Ce n'est point du « tout un aigle, et ce n'est certainement qu'un vautour, ou « si l'on veut suivre le sentiment des anciens, il fera le der-« nier degré des nuances entre ces deux genres d'oiseaux, « tenant d'infiniment plus près aux vautours qu'aux aigles. »

Aristote, qui l'a placé parmi les aigles, avoue lui-même qu'il est plutôt du genre des vautours, ayant, dit-il, tous les vices de l'aigle, sans avoir aucune de ses bonnes qualités, se laissant chasser et battre par les corbeaux, étant paresseux à la chasse, pesant au vol, toujours criant, se lamentant, toujours affamé et cherchant les cadavres. Il est d'une vilaine figure et mal proportionné ; il est dégoûtant par l'écoulement continuel d'une humeur qui sort de ses narines et des autres trous qui se trouvent dans son bec, par lequel s'écoule la salive.

Au reste, la description du percnoptère de Buffon s'accorde parfaitement bien avec celle du griffon, et c'est donc un double emploi que cet éloquent naturaliste a fait en donnant comme espèces distinctes son percnoptère, son griffon et même son grand vautour. Il est facile d'ailleurs de s'apercevoir que Buffon n'a jamais bien compris les espèces de vautours qu'il a décrites.

Le griffon est le *skania* des Grecs modernes et le *trencalos* des Espagnols de la Catalogne ; il est très-commun sur la chaîne des Alpes et des Pyrénees, en Turquie, dans l'archipel de la Grèce, dans les montagnes de la Silésie et du Tyrol, à Gibraltar, en Égypte et dans une grande partie de l'Afrique, même au cap de Bonne-Espérance. Dans le Levant les Turcs et les Grecs en font grand cas et se servent de sa graisse comme d'un excellent remède contre les douleurs rhumatismales. Les Italiens nomment ce vautour *grifone*, et il se trouve dans les Alpes du Piémont.

M. Risso dit qu'il est sédentaire sur les Alpes de Nice, où on le nomme *tamisié*.

Le griffon vit d'animaux morts, de charognes, de débris qu'il va chercher dans les voiries. Il niche sur les rochers les plus escarpés. Ses œufs sont gris-blanc et tachetés de blanc rougeâtre.

Le Vautour oricou : *Vultur auricularis*, Lath., *Ind.*, *Suppl.*, esp. 22 ; Levaill., Afriq., pl. 9 (fig. exacte du mâle adulte) ; Levaill., 2.ᵉ Voy. au Cap, pl. 18 ; Daudin, Ornith., tom. 2, p. 10 ; Ann. du Muséum, t. 2., pl. 20 ; Vieill., Dict., t. 35, p. 255. La connoissance de cette belle espèce de vautour est due à Levaillant, qui le premier en donna une description détaillée dans le tome 2, page 215, de son Deuxième voyage dans l'intérieur de l'Afrique. Comme rien ne peut remplacer les citations originales, nous reproduisons textuellement ce que ce voyageur ornithologiste en dit.

« Sur le cadavre d'un hippopotame étoit un magnifique vautour occupé avec beaucoup d'empressement à le dévorer.

« Jamais je n'en avois vu un si grand.....Je le blessai.....

« Quoique déjà gorgé d'une grande quantité de chair, puisque

« son gésier en renfermoit six livres et demie lorsque je le dis-
« séquai, cependant son acharnement et sa faim étoient tels,
« qu'en cherchant à s'envoler, il arrachoit encore sa proie
« avec le bec, comme s'il eût voulu l'enlever tout entière
« avec lui. D'un autre côté le poids des viandes qu'il venoit
« de dévorer l'apesantissoit, et ne lui permettoit pas de
« prendre son vol si facilement : nous eûmes le temps d'ar-
« river avant qu'il se fût enlevé, et nous cherchâmes à l'as-
« sommer à coups de crosse. Il se défendit long-temps avec
« toute l'intrépidité possible : il mordoit ou frappoit du bec
« nos fusils. Sa force étoit si grande encore qu'à chaque coup
« il érafloit les canons. Il succomba pourtant. »

« Ce vautour, sans contredit le plus beau de tous ceux
« de son genre, forme une espèce nouvelle. Il a plus de trois
« pieds de haut, et huit à neuf pieds d'envergure. Quant à
« sa force, s'il est permis d'en juger par ses tendons et ses
« muscles, elle doit avoir été considérable;.... ses plumes,
« dont le ton général est d'un brun clair, ont sur la poi-
« trine, le ventre et les côtés, un caractère particulier; iné-
« galement longues entre elles et pointues, elles sont con-
« tournées en lames de sabre et se hérissent en se séparant
« les unes des autres. Ces plumes, ainsi désunies, laisseroient
« apercevoir la peau, surtout le sternum, si elle n'étoit en-
« tièrement couverte d'un magnifique duvet blanc, très-
« touffu, que l'on voit aisément à travers ce plumage hérissé.
« Ce vautour a des cils autour des yeux et il porte sur la
« gorge des poils roides et noirs; toute la tête et une partie
« du cou sont dénuées de plumes; cette peau nue, d'une
« couleur rougeâtre, est nuancée en certains endroits par du
« bleu, du violet et du blanc. L'oreille, dans son contour
« extérieur, est circonscrite par une peau relevée, qui forme
« une espèce de conque arrondie, qui nécessairement doit
« augmenter, dans cette espèce, la faculté de l'ouïe. Cette
« sorte de conque se prolonge de quelques pouces en descen-
« dant le long du cou. C'est ce caractère, particulier à cette
« espèce, qui me la fait désigner par le nom d'oricou. »

Telle est la première description qu'on ait eue de l'oricou.
Depuis, Levaillant, dans son Histoire des oiseaux d'Afrique,
compléta ces renseignemens. Il en résulte que ce vautour a la

tête et la moitié du cou nues, colorées en incarnat, munies de quelques poils courts et rares, avec le conduit des oreilles bordé en devant d'une caroncule membraneuse, longue de quatre lignes et prolongée sur le cou. La gorge est noire et couverte de crins ou poils roides. Un duvet soyeux enveloppe le jabot. L'iris est brun ; le bec de couleur de corne, à cire jaunâtre. Les plumes sont en général d'un brun sombre, bordées d'une teinte plus claire. Celles de la nuque sont frisées et contournées, et forment une fraise. Les plumes du ventre, de la poitrine et du croupion sont longues, étroites, recourbées, dolabriformes, et recouvrent un épais duvet fauve et blanc. La queue est étagée, souvent usée à son extrémité. Les tarses sont bruns et robustes ; les ongles larges, recourbés, de couleur de corne.

Le jeune âge est remarquable par l'épais duvet blanchâtre qui revêt l'oiseau. Au sortir du nid, ses plumes sont d'un brun clair, bordées de roussâtre, et celles de dessous le corps ne sont pas encore développées.

L'oricou habite les rochers escarpés du pays des grands Namaquois, dans l'Afrique australe. Il vit en troupes nombreuses. Les colons hollandois du Cap le nomment *oiseau de charogne noir*, et les Namaquois *ghaip*. Ce vautour niche dans les crevasses des rochers et y pond deux ou trois œufs blancs, que la femelle couve, tandis que le mâle fait le guet à l'ouverture du trou. C'est au mois de Janvier que les petits éclosent.

Quelques auteurs ont placé l'oricou à côté des *sarcoramphes* ou vautours dont la base du bec est garnie de caroncules charnues, parce que la région auriculaire est munie d'une portion membraneuse : mais ce rapprochement est erronné ; car il n'y a rien de commun entre les formes et la nature des caroncules de la base du bec, avec cette sorte de pendeloque auriculaire.

Le VAUTOUR ROYAL : *Vultur pondicerianus*, Lath., *Synops.*, esp. 14 ; Sonner., Voy. aux Indes, pl. 104, p. 144, t. 4 ; Temm., Pl. col., 2 ; *Vultur pondicheranus*, Forst.

Commun au Bengale, à Java et à Sumatra, ce vautour a été confondu par quelques auteurs avec l'oricou, dont M. Temminck le sépare, en donnant les caractères distinctifs de

chacun d'eux. Cet ornithologiste s'exprime ainsi au sujet du
vautour royal.

« Les compilateurs ont fait naître des doutes sur les diffé-
« rences qui existent entre le *grand vautour royal* de Pondi-
« chéry, décrit et figuré par Sonnerat, et le vautour oricou,
« figuré dans les *Oiseaux d'Afrique* de M. Levaillant, deux es-
« pèces de rapaces très-distinctes, qui diffèrent par la taille,
« par la forme et par le plumage. L'oricou, de la taille du
« pélican, est le plus puissant des oiseaux de rapine ignobles ;
« il surpasse en grandeur le catharte condor, tandis que le
« vautour royal n'est guère plus grand qu'une oie. A ces dif-
« férences de taille on peut en ajouter d'autres, qui ont rap-
« port aux formes ; celle qui est la plus caractérisée se trouve
« dans l'espèce de membrane lâche, placée aux côtés du cou,
« dont les deux espèces sont pourvues : dans l'oricou la mem-
« brane entoure toute la partie postérieure du méat auditif,
« où elle forme une espèce de conque ; puis elle s'étend,
« en diminuant de largeur, sur le reste de la partie nue du
« cou. Dans le vautour royal la membrane est formée par
« un petit fanon qui prend son origine à près d'un pouce de
« distance au-dessous du méat auditif, et s'élargit en s'arron-
« dissant dans le milieu. Ces membranes, plus ou moins
« larges, plus ou moins lâches ou flottantes, sont des appen-
« dices que plusieurs espèces de vautours et de cathartes ont
« reçus en partage : elles sont absolument de la nature des fa-
« nons dont les dindons et les pénélopes sont pourvus, et con-
« sistent en des prolongemens de peau très-fine, réunis par
« des tégumens très-déliés. Le vautour royal a les ailes un peu
« plus courtes que la queue, tandis que l'oricou les a plus
« longues.

« L'adulte du vautour royal a toute la tête et le cou nus :
« ces parties sont colorées d'une teinte couleur de chair, et
« la peau est parsemée de quelques poils assez courts, dis-
« posés à claire-voie ; le petit lambeau ou appendice mem-
« braneux placé de chaque côté du cou, est également nu ;
« le jabot est couvert d'un petit duvet brun ; autour de cette
« partie règne un duvet blanc plus long ; toute la partie su-
« périeure du bas du cou, ainsi que les côtés, sont entourés
« d'une fraise de plumes courtes, arrondies ; le plumage est

« généralement coloré d'une teinte brune, noirâtre ; les ré-
« miges sont noires ; le bec est d'un noir bleuâtre, la cire
« jaunâtre, et les pieds d'un jaune foncé : longueur, deux
« pieds cinq pouces.

« Les jeunes ont la tête et le cou plus ou moins garnis d'un
« duvet court ; mais les adultes ont toutes ces parties nues ;
« les petits paquets de duvet dont le cou des vautours et des
« cathartes est couvert, indique toujours une livrée du jeune
« âge ; un autre indice de cet état se remarque dans le plu-
« mage plus ou moins varié : le plumage des adultes, dans
« toutes les espèces , est constamment coloré par grandes
« masses. »

Cette espèce, parfaitement décrite par M. Temminck, et
sur laquelle Sonnerat ne donne aucun détail autre qu'une
description de formes, a sans doute les mœurs de ses congénères.

Le Vautour a calotte: *Vultur galericulatus*, Temm. ; par
erreur le Chincou, pl. col., n.° 15 (adulte).

Cette espèce nouvelle a d'abord été primitivement confondue par M. Temminck avec le chincou, sous le nom de
vultur monachus. Plus tard, ayant reconnu cette erreur, il
proposa le nom de *galericulatus*. Ne connoissant cette espèce
que par ce qu'en dit Temminck, nous reproduisons la description de ce naturaliste.

« Le mâle de ce vautour adulte est partout d'une teinte
« brun-noirâtre assez uniforme ; les pennes secondaires des
« ailes sont cendrées ; celles qui se trouvent éloignées du
« corps ont une nuance plus sombre que celles plus proches ;
« les dernières sont à peu près blanches ; les couvertures des
« ailes sont variées, suivant l'âge, de brun, de fauve et de
« blanchâtre, comme dans nos vautours d'Europe ; le cou ,
« le dos, les scapulaires et le ventre, sont d'un blanc pur,
« souvent mêlé de quelques plumes fauves. Les vieux ont
« l'abdomen et les couvertures du dessous de la queue blancs ;
« la cire du bec est bleue, et la partie nue de la tête et du
« cou a des teintes rouges, roses ou blanchâtres, qui sont
« plus vives et plus pâles, selon que le sang est porté dans
« les vaisseaux qui servent a colorer la peau. Les jeunes ayant
« ces parties couvertes d'un duvet très-fin , on n'aperçoit

« pas de coloration distincte chez ceux-ci. Les pieds des
« adultes sont couleur de chair; ils sont cendrés chez les
« jeunes. Le bec est jaune.

« Le Muséum des Pays-Bas possède une femelle couverte
« d'une partie de la livrée propre au jeune oiseau, mêlée
« avec des plumes brunes et noirâtres de l'état adulte. Les
« parties de la tête et du cou conservent encore quelques
« vestiges du duvet; les parties supérieures du plumage sont
« irrégulièrement variées de plumes brunes sur un fond fauve
« blanchâtre ; les ailes sont brunes, avec quelques taches
« blanches; le duvet aux jambes est brun. La longueur du
« mâle, figuré sur la planche 15, est de deux pieds cinq
« pouces ; la femelle a plus de trois pieds de longueur totale.
« J'en ai vu une semblable vivant à Londres, qui avoit les
« mêmes dimensions. »

Ce vautour habite les parties occidentales et septentrionales
de l'Afrique.

Le VAUTOUR CHAUGOUN : *Vultur indicus*, Lath., esp. 15 ;
Temm., Pl. col., 26 (adulte); Levaill., Afr., pl. 11 (âge
moyen); *Vultur indus*, Forst.

M. Temminck, en figurant cette espèce et en la décrivant,
lui a donné pour synonyme le *grand vautour des Indes*, figuré
pl. 105 du Voyage aux Indes de Sonnerat. Dans la Révision
du genre Vautour, publiée plus tard, il regarde son vautour *chaugoun*, dont il a figuré un individu adulte, pl. 26,
et dont Levaillant a représenté l'âge moyen, pl. 11, comme
n'ayant rien de commun avec le grand vautour de Sonnerat,
qui ne diffère point du chasse-fiente, et que l'on reconnoît
aisément aux plumes longues et subulées de la collerette ;
tandis que celles du *chaugoun* sont rondes et courtes.

De peur d'augmenter la confusion, assez grande déjà, nous
citerons la description originale de l'ornithologiste hollandois.

« Les individus adultes ont la tête et le cou dénués de
« plumes; quelques-uns conservent pendant assez long-temps
« de petites mèches de duvet, qui disparoissent avec l'âge :
« on voit chez le plus grand nombre quelques poils rares et
« courts à la tête. Tout le plumage supérieur est d'un cendré
« isabelle, varié de brun et de blanchâtre; les parties infé-
« rieures sont d'un fauve très-clair, sans taches; un petit

« duvet court, serré et très-lisse, couvre la poitrine ; ce
« duvet est d'un brun foncé ; le bec est noir, mais la pointe
« est plus claire ; la peau nue de la tête est d'un cendré
« roussàtre. Sonnerat dit que l'iris est rouge : je l'ai trouvé
« blanchàtre sur un individu vivant. Les pieds sont d'un
« noir cendré ou bleuàtre ; la queue est un peu plus longue
« que les ailes ; elle est à pennes d'égale longueur, et sa cou-
« leur est noiràtre. Cette espèce est de la taille du dindon ;
« elle a trois pieds trois pouces en longueur totale.

« Les jeunes ont la tête et le cou garnis d'un duvet brun
« clair ; tout le plumage supérieur d'un noiràtre couleur de
« suie, bordé de gris sale ; toutes les parties inférieures de
« la même couleur que le dos, mais chaque plume marquée
« le long des baguettes par une raie blanchàtre, qui s'élargit
« vers le bout des plumes. On trouve sur quelques individus
« des indices de semblables tachés longitudinales sur les
« plumes des parties supérieures ; le bec est marbré de noir
« et de jaunàtre : la dimension des jeunes n'excède pas deux
« pieds dix pouces. »

On trouve cette espèce dans l'Inde, où on la nomme
chaugoun.

Le Vautour chasse-fiente : *Vultur Kolbii*, Daudin, tom. 2,
page 15 ; Aigle chasse-fiente. Kolbe, *It.* ; Urubu d'Afrique,
Buff., Levaill., Af., pl. 10 (adulte) ; le grand Vautour des
Indes, Sonnerat, Voy. aux Indes, tom. 4, page 145, pl. 95
(moyen âge).

Ce vautour, un peu moins gros que l'oricou, a la tête
d'un bleu clair et finement duvetée, ainsi que le cou, qui
est jaunàtre. Les yeux sont d'un brun foncé ; le bec est noiràtre ; le plumage d'un fauve clair ; les plumes humérales
sont plus foncées ; celles de la nuque longues, effilées et contournées ; les ailes sont presque aussi longues que la queue,
et les rémiges sont de couleur noiràtre ; les pieds et les ongles
sont bruns.

Sonnerat dit que son vautour des Indes est moins gros que
le vautour royal de Pondichéry. La tête, le cou et la poitrine,
sont nus, d'une couleur roussàtre. La tête est couverte d'un
petit duvet séparé, qui ressemble à du poil ; le cou est très-
long pour le corps ; il est garni, de distance en distance, de

plumes très-fines, placées par petits paquets ; les plumes de
la poitrine sont courtes, rudes et ressemblent à un poil ras ;
celles du bas du cou en arrière sont longues, étroites, terminées en pointes et d'un roux presque mordoré ; les petites
plumes des ailes, celles du dos et du croupion, sont couleur
de terre d'ombre, terminées par une bande d'une couleur
plus claire ; les rémiges et la queue sont noires ; l'iris est
rouge ; le bec et les pieds sont noirs.

Le chasse-fiente habite le pays des Hottentots et est très-
commun aux environs du cap de Bonne-Espérance. Il se
nourrit également de charognes, d'immondices, de coquil-
lages, de crabes, de tortues et même de sauterelles. Ses œufs
sont d'un blanc bleuâtre et au nombre de deux.

Le grand vautour des Indes de Sonnerat est, dit ce voyageur, très-vorace. Il habite pendant le jour le bord de la
mer, pour y prendre les poissons morts que les vagues jettent
sur le rivage. Il vit généralement de pourriture et déterre les
cadavres. Son vol est lourd, bien qu'il ait les ailes robustes.

Cet oiseau se trouve répandu en Afrique, dans l'Inde et
aussi à Java.

Le Vautour égyptien : *Vultur ægyptius* ; genre *Ægyptus* (Vautour noir), Sav., Égypt. ; Temm., pl. 407 (adulte). Cet oiseau, dont M. Savigny a fait le genre *Ægyptus*, a le plumage
fauve. Le duvet du cou et de la tête est gris : les rectrices
sont terminées par une pointe nue de la tige ; les plumes
du ventre sont très-lâches.

Cette espèce habite tout le nord de l'Afrique.

M. Temminck a figuré sous le nom de *vautour impérial* ou
chincou, pl. col., 426, un rapace de l'Inde, de l'Asie et du
nord de l'Afrique, qui nous est trop imparfaitement connu
pour que nous cherchions à le décrire.

Le Vautour cathartoïde : *Vultur angolensis*, Latham, esp.
17, *index* ; *Falco angolensis*, Gmel., esp. 57 ; *Angola vulture*,
Pennant, *Tour in wales*, pl. 19 ; *Gypaetos angolensis*, Daudin,
tome 2, page 27.

Voici les caractères de cette espèce au moins très-douteuse :
les orbites nus, larges et de couleur de chair ; l'iris jaunâtre ;
le bec alongé, blanchâtre, crochu seulement à son bout, et
muni à sa base en dessus d'une cire bleuâtre ; le plumage blanc ;

les pennes des ailes noires, ainsi que celles de la queue ; la poitrine gonflée, sacciforme ; les pieds écailleux et blanchâtres.

Cette espèce a été découverte à Angola par Pennant. Tout porte à croire que c'est un percnoptère en plumage parfait.

Plusieurs auteurs ont encore décrit sous le nom de vautour, *vultur*, des espèces d'oiseaux de proie qui appartiennent à des divisions systématiques différentes. Ainsi le *vultur ambustus* de Latham, que Gmelin nomme avec raison *falco ambustus*, est un *caracara*, très-commun aux îles Malouines. Quant au *vultur plancus* de la Terre-de-feu, nous pensons que c'est un *caracara* et le *falco Novæ Zelandiæ*. Il en est de même du *vultur cheriway*, qui est le *falco brasiliensis*, bien que Sonnerat l'ait supposé exister dans l'Inde. Le *vultur serpentarius* de Latham est le type du genre Messager, et le *vultur audax*, ou *bora-morang* de la Nouvelle-Hollande, est une espèce d'aigle.

Le vautour armé de Buffon, annoté si malheureusement par Sonnini, n'est indiqué que très-vaguement par Brown, voyageur anglois. Il en est de même du *vultur leucocephalos* de Schwenkfeld, qu'on ne sait à quoi rapporter ; quant au *vultur albicilla* de la Faune du Groënland de Fabricius, c'est le pygargue, *falco leucogaster*.

2.ᵉ Genre. SARCORAMPHE ; *Sarcoramphus*, Dumér., Zool. analyt.

M. Duméril proposa, en 1806, de séparer des vautours sous le nom de sarcoramphe, *sarcoramphus* (qui signifie bec charnu), le condor, le papa et l'oricou. Ce genre avoit pour principal caractère : d'avoir des crêtes ou caroncules charnues sur la tête ou la base du bec. Mais, comme on l'a vu, nous ne distinguons point l'oricou des vrais vautours, et le genre *Sarcoramphus* ne comprend, d'après notre manière de voir, que deux espèces d'oiseaux, qui sont le condor et le roi des vautours de Cayenne, des Planches enluminées. En 1811, Illiger, dans son *Prodromus avium*. separa les cathartes, *cathartes*, des vautours, et rangea sous ce nom les *vultur papa* et *aura* ; mais les *vultur aura* et *atratus* resteront comme types des cathartes, dont les sarcoramphes doivent être isolés. Enfin, M. Vieillot proposa, en 1816, dans son Analyse d'ornithologie élémentaire, le genre Zopilote, *Gypagus*, pour les sarcoramphes, et réserva

le nom de gallinaze, *catharista*, pour recevoir les vrais cathartes. Or le nom de *sarcoramphus*, bien antérieur à celui
de *gypagus*, doit avoir la priorité.

Les sarcoramphes ont pour caractères généraux : un bec
droit. robuste, à mandibule supérieure dilatée sur les bords
et crochue vers le bout; l'inférieure plus courte, droite, obtuse et arrondie. Les narines oblongues, ouvertes, situées vers
l'origine de la cire. Celle-ci garnie autour du bec et à sa base
de caroncules charnues, très-épaisses et diversement découpées, surmontant le front et la tête. La langue est cartilagineuse et membraneuse, et dentelée sur ses bords. Les doigts
sont forts et épais, à ongles presque obtus. La tête et le cou
sont nus ou garnis seulement de quelques poils très-rares. Les
ailes sont longues, et les deuxième, troisième et quatrième
rémiges les plus longues de toutes; mais ce qui distingue surtout les sarcoramphes, c'est d'avoir le pouce plus court que
les autres doigts, ainsi que l'ongle, qui est presque tronqué.

Les sarcoramphes appartiennent exclusivement au nouveau
monde, et des deux espèces qui composent ce genre, l'une
vit sur les sommets de la chaîne des Andes jusque par-delà les
limites du Chili, tandis que l'autre ne quitte point les régions équatoriales.

M. Vieillot a nommé Zopilote ce genre, parce que, suivant Hernandez, le nom de *tzopilotl* signifie au Mexique roi
des vautours.

Le Condor ou grand Vautour des Andes : *Sarcoramphus
condor; Vultur gryphus*, L.; Lath., esp. 1 ; de Humb., Mélang.
de zoolog., pl. 8; Temm., pl. 133 et 408; *Gypagus griphus*,
Vieill., Buff.; Molin., p. 247; Fréz., It., p. 111; La Condam.,
It., 175; Feuill., It.; Daud., t. 2, p. 8.

Long-temps relégué parmi les oiseaux fabuleux, le condor
avoit été doté de la taille et de la force les plus considérables,
et semblable au *roc* des Mille et une nuits, il pouvoit saisir
dans ses serres les plus grands quadrupèdes et les transporter
sans efforts jusque sur les sommets les plus escarpés du Chimborazo et du Pichincha. Son histoire dans Buffon est remplie
d'erreurs; il semble que ce sublime écrivain ait laissé som-
meiller son génie en la traçant : il le confond avec les grands
oiseaux du globe. quelle que soit la contrée où on les trouve;

il éprouve le besoin de le rencontrer dans tout oiseau sur lequel planent des idées superstitieuses ou des données popu-
laires, et le *Lœmmergeyer* des Alpes n'est, suivant lui, que
le condor. Mais il n'en est plus de même aujourd'hui, le condor n'a point été seulement étudié dans sa patrie, la France
le possède en ce moment en vie, et le dessin que l'on trouve
dans l'atlas de ce Dictionnaire, a été fait par M. Prêtre, d'après
le bel individu apporté du Chili par un officier de marine,
et qu'on voit dans la ménagerie du Muséum. M. Huet, peintre
d'histoire naturelle si habile, en a fait plusieurs vélins d'une
rare beauté, pour les collections de dessins du Muséum, et
l'un d'eux surtout représente avec le plus grand soin la tête
et les caroncules. « Il en est du condor, dit M. de Humboldt,
« comme des Patagons et de tant d'autres objets d'histoire
« naturelle descriptive : plus on les a examinés et plus ils
« se sont rapetissés. »

M. de Humboldt dit que le nom de condor est corrompu
du mot *cuntur* de la langue *quichua*, que parloient les anciens
Péruviens. Au Chili on le nomme *manque*, suivant le jésuite
Molina.

Le condor adulte a une très-grande taille ; cependant son
corps est infiniment moins gros que celui de l'autruche. On
lui a donné jusqu'à dix-huit pieds d'envergure, mais les véritables proportions, citées par des observateurs dignes de
foi, varient de onze pieds quatre pouces (père Feuillée),
douze pieds deux pouces (Strong), à treize pieds. Sa tête est
surmontée d'une crête charnue, de nature cartilagineuse,
très-résistante, qui occupe sa partie moyenne, depuis la
racine du bec jusqu'au commencement de l'occiput. Cette
crête, épaisse et dense à sa base, amincie en biseau au sommet, manque à la femelle, et se trouve libre en avant, où
elle forme un petit espace arrondi, au milieu duquel s'ouvrent les narines. Une autre membrane, épaisse, lâche,
couverte de rides, naît du demi-bec inférieur et descend
sur la partie antérieure du cou jusqu'au haut de la poitrine.
Ces deux sortes de caroncules sont de couleur violâtre et
très-remplies de sang. Le cou, les joues et le derrière de la
tête, sont revêtus d'une peau nue, c'est-à-dire qu'elle n'est
couverte que de touffes de poils courts, d'un rouge rosé ;

et elle est très-chargée de rides et de fronçures, qui forment
d'épais bourrelets longitudinaux et entrelacés sur les côtés.
L'oreille a une large ouverture extérieure, formée par un
repli de la membrane temporale. L'œil est oblong, cilié,
à iris gris : un collier très-fourni entoure la partie inférieure
du cou. Ce collier est composé d'un épais duvet, de nature
soyeuse, et d'un blanc de neige qui tranche avec le reste du
plumage du corps, qui est d'un noir bleu profond. Seulement
les moyennes rémiges et les grandes couvertures des ailes sont
d'un gris perlé fort agréable. Tout le reste est noir. Les ailes
sont presque aussi longues que la queue ; celle-ci est courte
et rectiligne. Les tarses sont robustes, très-forts, réticulés.
Les quatrième et cinquième rémiges sont noires, très-robustes;
les moyennes ne sont dans les premières années bordées que
d'un peu de blanc, et brunes dans le reste de leur étendue,
ce qui fait paroître l'aile mi-partie brune et blanche. Les
ongles sont très-longs, assez recourbés et noirâtres. Les doigts
paroissent être réunis entre eux par un rebord de la peau,
qui est très-dilaté et ressemble à une membrane. La femelle
du condor est, dit-on, plus grande que le mâle; sa tête seroit
privée de la crête charnue, et les rides de la peau nue du
cou seroient moins prononcées. Enfin, les moyennes rémiges,
au lieu d'être blanches ou d'un gris clair dans leur milieu,
seroient d'un brun sale. Le bec est noir à sa base et jaune
dans le reste de son étendue.

Les dimensions que M. de Humboldt donne de plusieurs
individus, mesurés par lui, sont : Longueur totale jusqu'à
trois pieds; bec, un pouce dix lignes; envergure, huit pieds
un à neuf pouces; queue, un pied un pouce; tarse, dix pouces;
ongles, près d'un pouce; épaisseur de la tête, trois pouces.

Les jeunes sont abondamment recouverts d'un duvet long
et floconneux, très-fin, blanchâtre, qui grossit singulièrement le corps. À deux ans leur plumage est brun, et ce sont
alors les *condor pardo* des habitans de Lima. Dans l'âge parfait
le plumage est noir, et ce sont les *condor negro*. Les femelles
ne prennent aussi leur collier blanc que dans l'âge adulte.

Puissant par le vol, puissant par sa force musculaire et
par son courage, le condor s'élève à des distances inouies
dans l'espace des airs, et n'aime vivre que sur les pitons es-

carpés des montagnes sourcilleuses de la chaîne des Andes. De là son œil perçant domine les plateaux secondaires des Cordillères, et scrute l'étendue des pampas, qui sont à leurs pieds. On a dit qu'il étoit assez puissant pour enlever des moutons, des lamas, des vigognes, et que, réunis au nombre de plusieurs, ils pouvoient tuer facilement des bœufs et même des enfans de dix à douze ans. Mais il est plus probable que le condor n'est poussé à cette extrémité que par la faim, et que sa proie la plus ordinaire consiste en quadrupèdes de la famille des rongeurs.

Suivant M. de Humboldt, le condor niche dans les endroits les plus solitaires, souvent sur la crête des rochers qui avoisinent la limite inférieure des neiges perpétuelles. Cette situation extraordinaire et la grande crête du mâle font paroître l'oiseau beaucoup plus grand qu'il ne l'est effectivement, et pendant long-temps M. de Humboldt dit s'être trompé et qu'il croyoit que le condor étoit d'une taille gigantesque, et que ce n'est que par une mesure directe de l'oiseau mort qu'il a pu se désabuser sur cette illusion occasionée par le mirage. Le condor vit donc uniquement sur la chaîne des Andes, à 16 ou 1700 toises de hauteur. Ces oiseaux se réunissent trois ou quatre ensemble sur la pointe des rochers, jusqu'à 2450 toises au-dessus du niveau de la mer; aussi les indigènes ont-ils fréquemment consacré sur ces hauts sommets les noms de *cuntur kahua*, de *cuntur patti*, de *cuntur huaxuna*, qui, dans la langue péruvienne, signifient *vedette*, *aire* ou *juchoir* des condors.

En général, le *vultur gryphus* ne se tient que très-rarement dans les plaines : il n'y va que pour y chercher sa proie. Il a le même goût et recherche les charognes, comme les espèces des autres parties du monde. Quant à son vol, qu'on a dit être susceptible de faire trembler et d'assourdir un homme, il est probable que tout bruyant qu'il puisse être, il faille beaucoup rabattre de l'intensité du bruit qu'il fait en battant l'air.

M. de Humboldt rapporte que le condor ne fait point de nid, qu'il se borne à déposer ses œufs sur la surface dénudée du rocher, sans même avoir le soin de les envelopper de quelques pailles ou de mousses de montagnes, qui croissent sur la limite des neiges. La ponte est, dit-on, de deux œufs, d'un blanc pur, et longs de trois à quatre pouces. La femelle paroîtroit conserver ses petits près d'elle pendant une année.

Le condor, lorsqu'il descend dans la plaine, va rarement se percher sur les arbres des forêts : il choisit toujours les surfaces unies, où il s'accroupit à la manière de certains gallinacés. Lorsqu'il est rassasié, il reste perché sur la cime des rochers, immobile et dans une attitude phlegmatique. Dans cette position, dit M. de Humboldt, il a un air de gravité sombre et sinistre.

Les Créoles de Quito et de Popayan s'adonnent à la chasse des condors, qu'ils nomment *corror buitres*. Cette chasse a pour eux les plus grands charmes, et ils s'y livrent avec ardeur. Pour prendre le condor vivant au lacs, on tue une vache ou un cheval, dont le cadavre est déposé dans un lieu choisi pour cela. Les condors sont bientôt alléchés par l'odeur qui s'en exhale et se jettent dessus avec une voracité étonnante. Les condors commencent toujours à dépecer un animal par les yeux et la langue, puis par le pourtour de la région anale, afin de parvenir plus facilement à manger les intestins. Lorsqu'ils sont bien repus, ils peuvent à peine s'envoler ; c'est alors qu'on les poursuit, en leur jetant des lacs, à la manière des gaouchos ; d'autres fois on se sert d'herbes vénéneuses, qui les privent de leurs facultés, et qu'on renferme dans le corps de l'animal.

Frézier, dans son Voyage à la mer du Sud, publié en 1732, parle ainsi du condor, page 111 : « Nous tuâmes un jour « un oiseau de proie appelé condor, qui avoit neuf pieds de « vol et une crête brune, qui n'est point déchiquetée comme « celle du coq. Il a le devant du gosier rouge, sans plumes, « comme le coq d'Inde ; il est ordinairement gros et fort à « pouvoir emporter un agneau. Pour les enlever du trou- « peau, ils se mettent en rond et marchent à eux les ailes « ouvertes, afin qu'étant rassemblés et trop pressés, ils ne « puissent se défendre ; alors ils les choisissent et les enlèvent. « Garcillasso dit qu'il s'en est trouvé au Pérou, et que cer- « taines nations d'Indiens les adoroient. »

Quant aux renseignemens fournis par Garcillasso, Démarchais, le père Feuillée et Molina, ils sont trop superficiels et trop en arrière des connoissances actuelles, pour que nous pensions devoir les rapporter.

Le Sarcoramphe papa : *Sarcoramphus papa*, Dum.; *Vultur papa*, Linn., Gmel., esp. 5 ; Lath., esp. 7 ; *Gypagus papa*, Vieill.; *Vultur elegans*, Gerini; Urubu ou Roi des vautours, Buff., Enl., 428 : *Rex vulturum*, Brisson ; *King of the vultures*, Edw., pl. 2 ; *Cozcaquauhtli*, Hernandez.

Le papa est, sans contredit, de tous les vautours celui dont le plumage est le plus vivement coloré. Sa tête, surmontée d'une sorte de diadème, lui a valu dans la langue de la plupart des peuples de l'Amérique méridionale le nom de *roi des vautours*, et il paroît même que le mot *cozcaquauhtli*, dans la langue des Mexicains, signifioit *roi des auras*, et que celui d'*iriburubicha*, usité chez les Guaranis du Paraguay, signifie aussi chef ou roi des *iribus*. Or, ces *auras* ou vautours *couroumous* de la Guiane, ainsi que les *ouroubous*, nom qu'on écrit *urubu*, passent dans l'opinion des Américains indigènes ou des Créoles pour obéir aux vautours papas, et que chaque troupe d'*ouroubous* ou d'*auras* étoit dirigée par un vautour d'espèce différente, que pour cela on a nommé le roi. Mais, ce vautour roi, *sarcoramphus papa*, différant dans son espèce, ne se réunit avec les autres vautours de l'Amérique chaude que pressé par les mêmes besoins et attiré par la même pâture. Les vautours vivent en républiques, que les charognes maintiennent en paix, mais qui ne se plient que sous un seul joug, celui des appétits alimentaires et reproducteurs. Le gris glacé de son plumage lui a mérité des Espagnols du Paraguay le nom de *corbeau blanc*.

Le sarcoramphe roi des vautours, dont il existe en ce moment (Juillet 1828) deux individus vivans dans la ménagerie du Muséum, est à peu près de la grosseur d'une petite dinde. Toutes les parties supérieures du corps sont d'un roux très-clair, teinté de carné et d'un luisant agréable et comme glacé. Toutes les parties inférieures du corps sont d'un blanc pur, quelquefois teinté de roux ; la poitrine est d'un blanc pur ; toutes les rémiges sont d'un noir foncé ; le collier de plumes qui entoure le bas du cou et qui est peu prononcé, est d'une teinte bleue ardoisée, qui tranche vivement avec les parties rouges du cou et le blanc carné du dessus du corps ; le bec

est droit à sa naissance, recourbé à son extrémité, d'abord
noir, puis rouge; un cercle d'un rouge vif entoure l'œil,
dont l'iris est blanc. Sur le front et à la base du bec s'élève
une crête orangée, charnue, adhérente par sa base à la cire,
divisée comme en deux lobes, hérissés de caroncules dentelées, formés d'une substance molle et sans consistance érec-
tile. Les fosses nasales sont très-grandes, de forme ovalaire et
percées dans une partie très-élevée de la cire; la tête et le
cou sont plus ou moins nus et teints des couleurs les plus vives
et les plus remarquables: ainsi la peau de la tête est violâtre,
couverte sur l'occiput de poils ardoisés, roides et courts;
de derrière l'œil partent de grosses rides, qui se joignent derrière la tête à des bandelettes charnues, nombreuses, saillantes et de l'orangé le plus vif; d'autres plis nombreux se
rendent sous la gorge, où ils forment une sorte de collier élastique. Dans les sillons de tous ces plis paroissent quelques petits
poils courts; mais toutes ces parties nues, diversement colorées, ont un éclat fort vif: c'est ainsi que les fronçures du
collier sont, suivant les endroits, peintes en rouge de feu, en
jaune doré ou en gris tendre: les joues sont rouges et pla-
quées de noir violâtre: le cou est sur les parties latérales d'un
rouge de cinabre, et d'un jaune d'or en avant; les tarses sont
assez forts, bleuâtres et réticulés. Il paroit que les individus
âgés ont le plumage blanc.

Les différences qu'il présente à l'âge de trois ans ne consistent que dans quelques couvertures supérieures des ailes,
qui sont noires au milieu des blanches. A deux ans il a la tête
entière et la partie nue du côté d'un noir tirant sur le violet,
avec un peu de jaune sur le cou; toutes les parties supérieures sont noirâtres: les inférieures pareilles, avec des taches
longues et blanches; la crête noire ne tombant d'aucun côté
et n'ayant son extrémité partagée qu'en trois protubérances
fort petites. Dans sa première année il est partout d'un bleuâtre
foncé, à l'exception du ventre et des côtés du croupion, qui
sont blancs; en soulevant les plumes sous le corps, on en voit
aussi de blanches; le tarse est verdâtre; la mandibule supérieure du bec d'un noir rougeâtre; l'inférieure d'un orangé
mêlé de noirâtre, avec des taches longues et noires; la partie
nue de la tête et du cou noire, et l'iris noirâtre, de même

que la crête, laquelle ne consiste à cet âge qu'en une excroissance charnue et solide.

Le sarcoramphe papa habite une grande partie de l'Amérique méridionale, entre les deux tropiques, dont il dépasse un peu les limites, soit au nord, soit au sud. On le trouve communément à la Guiane, au Brésil, au Paraguay, et aussi au Mexique et au Pérou. Il se nourrit de reptiles, d'immondices et de charognes. Il est assez rare dans les environs des établissemens, et se tient dans l'intérieur des terres, où il mange en été des poissons morts, que les lacs, desséchés par les rayons du soleil, laissent à découvert. Sa chair exhale une odeur tellement fétide, que les sauvages n'ont jamais été tentés d'en manger. Il paroît que son vol est si puissant qu'Hernandez dit que le papa résiste aisément au plus grand vent. Mais quant à la prétendue autorité qu'il exerce, dit-on, sur les autres vautours du genre Catharte, si elle existe, elle n'est que le résultat du pouvoir de la force et nullement un sentiment de supériorité.

Il paroît que ce n'est pas seulement comme variété du sarcoramphe papa, mais bien comme une espèce particulière, qu'il faut distinguer l'oiseau décrit par Bartram sous le nom de *white tailed vultur*, ou de vautour à queue blanche, espèce que M. Vieillot a décrite sous ce dernier nom dans son Histoire des oiseaux de l'Amérique septentrionale. Bartram nommoit encore ce rapace *vultur sacra* et vautour peint. (Voyage dans le sud de l'Amérique septentrionale, tom. 1, p. 265.)

Les principaux documens que nous possédons sur cette espèce, étant rapportés par M. Vieillot à l'article Zopilote du Nouveau Dictionnaire d'histoire naturelle, seront textuellement cités de cet ouvrage. « Latham ne me paroît pas, « dit M. Vieillot, très-fondé à rapprocher de cette espèce « le vautour dont parle William Bartram. En effet, il en « diffère essentiellement par sa queue, qui est blanche, cou- « leur qui n'existe pas sur celle du roi des vautours, à quel- « que âge qu'il ait. Ce vautour a le bec long et droit presque « jusqu'à l'extrémité, où il se courbe brusquement et devient « fort pointu. La tête et le cou sont nus presque jusqu'à l'es- « tomac, où les plumes commencent à couvrir la peau. Elles

« s'alongent peu à peu, formant une bouffette dans laquelle
« l'oiseau, en contractant son cou, le cache jusqu'à la tête ;
« la peau nue du cou est tachée, ridée et d'un jaune vif,
« mêlée d'un rouge de corail. La partie postérieure est pres-
« que couverte de poils épais et courts, et la peau de cette
« partie est d'un pourpre foncé, qui s'éclaircit et devient
« rouge en approchant du jaune des côtés et du devant :
« la couronne est rouge ; quelques appendices d'un rouge
« orangé sont sur la base de la mandibule supérieure ; son
« plumage est ordinairement blanc, à l'exception du fouet
« de l'aile et de deux ou trois rangs de petites plumes qu'ils
« recouvrent et qui sont d'un beau brun foncé. La queue est
« grande, blanche, et mouchetée de brun ou de noir. Les
« jambes et les pieds sont d'un blanc grisâtre ; l'œil est en-
« touré d'un iris couleur d'or, la prunelle est noire.

« Les Muscogulges font leur étendard royal avec les plumes
« de cet oiseau, auquel ils donnent un nom qui signifie queue
« d'aigle. Ils portent cet étendard quand ils vont à la guerre ;
« mais alors ils peignent une bande rouge entre les taches
« brunes. Dans les négociations et autres occasions pacifi-
« ques, ils le portent neuf, propre et blanc. On ne voit
« guère de ces oiseaux dans les Florides, que lorsque les
« herbes des plaines ont été brûlées, ce qui arrive fort sou-
« vent, tantôt en un lieu, tantôt en un autre, soit par le
« tonnerre, soit par le fait des Indiens qui y mettent le feu
« pour faire lever le gibier. On voit alors ces vautours arri-
« ver de fort loin, se rassembler de tous côtés, s'approcher
« par degrés des plaines en feu, et descendre sur la terre
« encore couverte de cendres chaudes. Ils ramassent les ser-
« pens grillés, les grenouilles, les lézards, et en remplissent
« leur jabot. Il est aisé alors de les tuer, car ils sont si oc-
« cupés de leur repas, qu'ils bravent tout danger, et ne
« s'épouvantent de rien. »

Peut-être cet oiseau n'est-il qu'une variété accidentelle du
papa de la Guiane et du Brésil ?

3.ᵉ Genre. CATHARTE ; *Cathartes,* Illig.

Sous ce nom Illiger, dans son *Prodromus,* sépara des vautours américains des espèces de l'ancien monde. Ce nom de

Cathartes vient du grec χαθαρτης, *qui purge*, parce qu'ils débarrassent le sol des charognes qui putréfient l'air. Mais Illiger rangea dans ses cathartes le *vultur aura*, qui appartient au genre Sarcoramphe, et l'*aura*, qui est un véritable catharte. Le professeur de Berlin donne pour caractères génériques aux cathartes d'avoir un bec médiocre assez épais, droit, garni d'une cire à sa base, d'avoir souvent des caroncules (caractère des sarcoramphes), à pointe comprimée et obtuse. Les narines placées dans la cire et situées à leur partie antérieure proche l'arête du bec, de forme ovalaire (*sarcoramphus*) ou longitudinales (*cathartes*); langue canaliculée, dentelée sur ses bords; la tête et le cou nus, rugueux ou caronculés; le cou est le plus souvent entouré d'un collier de plumes. Les tarses fort médiocres, nus; les ongles robustes, petits, aigus, recourbés. Les pieds réticulés, à doigts scutellés en dessus, à plante scabre.

Tels sont les caractères admis par Illiger. On conçoit qu'ils ont naturellement besoin d'être modifiés, puisqu'on en a distrait les sarcoramphes, et que les cathartes aujourd'hui ne comprennent plus que quelques espèces américaines, remarquables par les plus grands rapports de formes et de mœurs. M. Temminck conserve toutefois le genre d'Illiger intact, et il y ajoute même une espèce d'Europe. Il n'en est pas de même de M. Vieillot : il a cru avec juste raison qu'on devoit distinguer les vautours condor et papa des vautours aura et urubu; mais ce qu'il eut tort de faire, c'est le changement de noms : changement toujours fâcheux pour la synonymie. Ainsi, sans vouloir se rappeler le nom générique de *sarcoramphus*, depuis long-temps employé par M. Duméril, M. Vieillot proposa celui de zopilote, *gypagus*, et pour remplacer celui de *cathartes*, il décrivit les *aura* et *urubu* sous les noms de Gallinaze, *Catharista*.

Or, les caractères génériques du genre *Cathartes* doivent être aujourd'hui modifiés ainsi : la tête est en entier, avec le haut du cou, nue; le bec est grêle, alongé, droit jusqu'au-delà de son milieu, et convexe en dessus. La mandibule supérieure a ses bords droits. Les narines longitudinales, linéaires. La troisième rémige est la plus longue. Les rectrices sont au nombre de douze. Les ongles sont courts et obtus.

Les cathartes ne se trouvent qu'en Amérique, et leurs mœurs ne diffèrent de celles des autres vautours qu'en ce qu'ils sont moins forts, moins robustes, et qu'ils vivent préférablement de charognes et d'immondices.

Les cathartes aura et urubu sont protégés par les lois au Chili, et surtout au Pérou. Leurs habitudes sont tellement familières, qu'on les voit n'éprouver nulle crainte, et vivre comme des oiseaux de basse cour au milieu des rues et sur les toits de chaque maison. Leur utilité est d'autant mieux appréciée sous une température constamment élevée et sous un ciel habité par la race espagnole, que ces oiseaux semblent seuls chargés de l'exercice de la police relativement aux préceptes de l'hygiène publique, en purgeant les alentours des habitations des charognes et des immondices de toute sorte que l'incurie des habitans sème au milieu d'eux avec une indifférence apathique. On m'a dit qu'une amende assez forte étoit imposée à quiconque tuoit un de ces oiseaux, et le public en entier témoigna un assez vif mécontentement une fois que, cherchant à me procurer pour mes collections un de ces vautours, je tirai sur un groupe de plusieurs individus.

L'odeur qu'exhalent les cathartes est aussi extrêmement fétide.

CATHARTE URUBU : *Vultur atratus*, Wilson, *Ornith. amer.*, tom. 9, pl. 75, fig. 2; VAUTOUR DU BRÉSIL, Brisson, Buffon, Enl., 187; *Vultur brasiliensis*, Lath., esp. 8; *Catharista urubu*, Vieill., Amér. sept., pl. 2. COSQUANTLI des Mexicains.

L'urubu est de la taille d'une petite oie; la tête et le haut du cou sont à demi nus, ou seulement recouverts d'un duvet court, noirâtre et rude, sans avoir ni crête, ni caroncule, ni plis à la peau : la couleur de ces parties est d'un noir violâtre intense; l'iris est safrané; le bec est noirâtre à la base et blanc à son extrémité; son plumage est uniformément noir; le duvet qui protège la peau est blanc; les tarses sont couleur de chair; les ongles noirs et le doigt antérieur très-long.

L'urubu, que les premiers Espagnols du Pérou nommèrent *gallinaze*, par analogie avec le dindon, est extraordinairement commun dans toute l'Amérique chaude et tempérée.

Les Caraïbes de la Guiane lui ont donné le nom de *courou-
mou*, tandis que les Créoles, frappés par la couleur noire de
son plumage, lui ont donné celui de *conseiller*. Ce mot *urubu*
doit être prononcé *ouroubou*, et souvent les Indiens d'une
certaine portion de l'Amérique, et notamment de la Guiane,
lui donnent le nom d'*ouroua* ou *aura*. Les Mexicains l'appeloient *zopilotl*, et les François de Saint-Domingue, *le marchand*.

Les *urubus* sont les plus familiers de tous les oiseaux de
proie; ils vivent aussi en grandes troupes, dont la démarche,
les habitudes et l'ensemble des formes, imitent celles d'une
troupe de dindons. Ils affectionnent singulièrement les lieux
habités, les alentours des villes; les toits des maisons en sont
parfois couverts au Pérou, à la Guiane et au Brésil. Ils aiment
se tenir près des cabanes des Nègres ou des cuisines des maisons
de campagne, où ils se disputent, avec les canards, avec les
chiens et les chats, les débris de poissons ou d'autres animaux
qui en sont jetés. La chair des couroumous est extrêmement
puante et mauvaise; mais, malgré cela, il a fallu, dans certaines colonies, des défenses sévères pour empêcher que les
Nègres de race mandingue ne la mangeassent. On a cru que
les bandes d'urubus obéissoient à un chef, et notamment au
vautour papa; mais ce fait ne repose que sur des analogies
mal observées, et, à ce sujet, il est absurde d'adopter l'opinion suivante, que vient d'émettre un habitant de la Guiane.
« Dans une bande de couroumous il y a toujours un chef que
« les autres semblent reconnoître et respecter; celui-là est
« ordinairement plus beau, plus fier, plus courageux que
« les autres. Quand il s'est jeté sur une charogne, il ne
« souffre pas que les autres viennent partager sa proie : la
« troupe avide l'entoure et attend avec respect, mais non
« sans impatience, qu'il ait achevé de se repaître; aucun
« n'ose approcher, si ce n'est peut-être quelque femelle,
« à qui ce sultan permet de prendre part au festin. Si un
« téméraire, poussé par son appétit glouton, vouloit enlever
« quelque morceau, il seroit bientôt puni, et le despote le
« chasseroit impitoyablement à coups de bec; mais quand
« celui-ci a assouvi sa voracité, il abandonne dédaigneuse-
« ment au vil troupeau les restes du repas. »

Catharte aura: *Cathartes aura ; Vultur aura*, Linn., Lath., esp. 8 ; *Vultur iota*, Molina, Chili, p. 245 ; *Catharista aura*, Vieill., Amér. sept., pl. 2.

Cet urubu a long-temps été confondu avec l'espèce précédente, dont il ne diffère que par la taille, qui est moindre, et parce que la peau nue de la tête et du cou est toujours d'un rouge vif, au lieu d'être noire ; le plumage aussi est d'un noir beaucoup moins foncé et beaucoup moins brillant, et tire plutôt sur le brun enfumé.

L'aura est très-commun au Brésil, au Paraguay, aux îles Malouïnes, au Chili, au Pérou, où il est cependant plus rare que l'urubu, avec lequel il ne se mêle jamais. Du reste il a les mêmes mœurs et les mêmes habitudes, exhale une odeur infecte, est sans cesse en quête de sa nourriture.

Molina dit que son bec est gris à la base et noir à la pointe ; les tarses sont bruns : le plumage des jeunes est presque entièrement blanchâtre, et ne devient noir qu'à mesure que l'oiseau vieillit. L'aura n'attaque jamais aucun oiseau ; il ne vit que de reptiles et de cadavres ; il est extrêmement paresseux, et il reste souvent perché pendant un temps assez long sur les rochers ou sur les maisons, les ailes étendues et dans une immobilité parfaite, pour jouir de la chaleur du soleil. Son cri est foible ; il fait son nid sans aucun soin entre des rochers ou même sur la terre, au milieu de quelques feuilles sèches, réunies négligemment, et la femelle y pond, dit-on, deux œufs d'un blanc sale.

L'aura est nommé *carancrown* à la Louisiane, et *carrioucrown* ou *turkay-buzard* par les Anglois de la Caroline et des Florides. C'est l'*acabiray* de d'Azara, et l'*iribu acabiray* des Galibis du Paraguay.

Le *cathartes meleagrides* n'est que très-imparfaitement connu, d'après une seule tête.

Catharte de la Californie : *Cathartes vulturinus*, Temm., pl. 31 ; *Vultur californianus*, Lath., *Synops.*, esp. 25 ; Shaw, *Misc.*, tab. 10, pl. 301.

Ce catharte auroit, dit-on, la taille du condor, et un plumage généralement noir. Les rémiges secondaires sont blanches à leur extrémité, et les couvertures sont brunes ; la tête et le cou sont entièrement nus, lisses et de couleur rougeâtre ; une raie noire traverse le front et deux autres l'occiput ; le bas du cou est entouré par des plumes noires, étroites ; les ailes sont aiguës et plus longues que la queue ; les tarses sont noirs et en partie couverts par les plumes des jambes. Latham, dans son *Synopsis*, se borne dans la description de cet oiseau à ce peu de mots : « Noir ; bec blan-« châtre ; tête et cou pâles, sans plumes ; les plumes du col-« lier et de la poitrine lancéolées. De la taille à peu près « du condor. »

Il habite la Californie.

4.ᵉ Genre. Percnoptère ; *Neophron*, Savigny.

Les percnoptères diffèrent des autres vautours seulement par leur tête nue en devant et par quelques autres caractères, qui sont : le cou plumeux ; le bec assez grêle ; la mandibule supérieure plus longue que l'inférieure et très-crochue ; la mandibule inférieure un peu renflée à son extrémité ; les narines ne sont point en travers, comme dans les vautours ; elles occupent le milieu de la cire, et sont longitudinales, comme celles des sarcoramphes. Les ailes sont longues et pointues ; la troisième rémige est la plus longue ; la queue est formée de quatorze rectrices.

Les anciens paroissent avoir désigné ce vautour par le nom de *percnoptère*, qui signifie *ailes noires*. Il étoit célèbre chez les Égyptiens par les services qu'il leur rendoit en les débarrassant des immondices, dont la corruption est si dangereuse pour la santé des hommes dans les climats chauds. Les Européens fixés en Égypte lui ont donné le nom de *poule de Pharaon*. On ne connoît qu'une espèce de percnoptère, à moins qu'on ne réunisse à ce genre le catharte moine, qui est d'Afrique, et que M. Temminck a figuré pl. 222.

Les percnoptères vivent en troupes, se nourrissent de charognes et plus particulièrement d'immondices ; parfois cependant ils attaquent des petits animaux vivans.

La synonymie de la seule espèce qui constitue ce genre est fort embrouillée : la livrée des individus, changeant suivant les âges, a porté les naturalistes à créer plusieurs espèces nominales.

Percnoptère des anciens : *Neophron percnopterus*, Savigny ; *Vultur albus*. Ray : *Vultur percnopterus, leucocephalus et fuscus*, Gmel. ; le petit Vautour, le Vautour de Norwége et le Vautour de Malte, Buff., Enl., 427 et 429; *Vultur stercorarius*, ou Alimoche, La Peyr. ; *Cathartes percnopterus*, Temm., Man., tom. 1, pag. 8; le Rachamach ou Poule de Pharaon, Bruce, Voyage en Nubie, pl. 33 ; l'Ourigourap, Levaill., Afrique, pl. 14 : *Vultur albus* et *fuscus*, Daud., tom. 2, pag. 18 et 21; le Vilain, Picot de Lapeyr. ; le Percnoptère, Hasselquist, Voyage au Levant.

Cet oiseau, dans sa livrée adulte, a le plumage d'un blanc plus ou moins pur, excepté les premières rémiges, qui sont d'un noir profond. La tête, le devant du cou, sous la gorge, sont recouverts d'une peau nue d'un jaunâtre livide, sur laquelle paroissent quelquefois de légères touffes d'un duvet fin et rare ; le dessus de la tête et le cou sont garnis de plumes longues, effilées et désunies entre elles; le bec est couleur de corne noirâtre, très-mince et très-foible; la cire est orangée ; l'iris jaune ; les pieds d'un jaune livide, et les ongles noirs. Les pennes caudales sont d'un blanc roux, usées à leur extrémité et d'inégale longueur; la partie extérieure de la peau correspondant au jabot est nue et de couleur safranée. Le percnoptère, de la taille d'un moyen dindon, a deux pieds un ou trois pouces de longueur totale. La femelle a les dimensions un peu plus fortes: son plumage varie parfois du brun foncé, maculé de roussâtre, au gris-brun clair, varié de blanc et de fauve. Dans cette livrée, la partie nue de la tête est de couleur livide ; la cire d'un blanc légèrement teint d'orangé: l'iris brun, et les pieds d'un blanc livide. Dans cet état, c'est le vautour de Norwége des Planches enluminées et le corbeau blanc des habitans du cap de Bonne-Espérance. Ce nom de *corbeau blanc* lui a été donné par les colons établis au Cap, parce qu'ils ont cru lui trouver les allures du corbeau, son vol lourd, sa démarche pesante et gênée, et que, comme lui, il est omnivore.

Les jeunes percnoptères, dans la première année, sont, ainsi qu'on peut s'en faire une idée par l'oiseau figuré sous le nom de *vautour de Malte* (Enl., 427), entièrement d'un brun fuligineux; parfois cependant çà et là paroissent des plumes noirâtres ou blanchâtres ; la peau nue de la tête est livide et revêtue d'un duvet gris peu fourni ; la cire et les pieds sont cendrés.

Le percnoptère est un des vautours les plus communs, et est répandu dans un grand nombre de contrées. On le trouve dans les parties les plus froides de l'Europe, comme dans les régions les plus chaudes de l'Afriqne et de l'Asie ; mais il est beaucoup plus rare cependant dans les pays du Nord, tandis qu'il n'est nulle part plus abondant que dans l'Arabie, l'Égypte et la Grèce ; tout porte à croire même que c'est le petit vautour blanc des anciens Grecs. On le trouve encore dans la Norwége, en Espagne, en Sardaigne, à Malte, aux îles Canaries et dans l'Inde. Dans le pays des Namaquois il est peu farouche ; il va toujours par paire, et ne se réunit en troupes que pour dévorer les cadavres. Les Hottentots disent qu'il établit son nid dans les rochers et que la femelle pond jusqu'à quatre œufs. Dans les Pyrénées, son nid est toujours placé dans des lieux inaccessibles, dans les crevasses de rochers.

5.ᵉ Genre. GYPAËTE ; *Gypaetos*, Storr.

Les gypaëtes, dont M. Savigny a fait le genre *Phene*, ne comprennent qu'une espèce authentique, qui est le griffon, ou *Læmmergeyer*, le *vultur barbatus* des auteurs ; mais ce genre ne sera mentionné ici que pour mémoire, et l'on en trouvera une description complète au tome XX, pag. 162, de ce Dictionnaire.

6.ᵉ Genre. IRIBIN ; *Daptrius*, Vieill.

M. Vieillot, dans son Analyse d'ornithologie élémentaire, a proposé de former un genre appartenant à la famille des vautours, sous le nom d'Iribin, *Daptrius*, qu'il caractérise ainsi : Le bec est droit à la base, convexe en dessus ; la mandibule supérieure a les bords droits ; l'inférieure est anguleuse en dessous, échancrée vers le bout, qui est obtus ; la cire est recouverte de quelques petits poils ; le tour des yeux, la gorge et la région du jabot, sont recouverts d'une peau entièrement nue ; les ailes sont longues et les ongles pointus.

Ce genre ne renferme qu'une seule espèce , décrite par M. Vieillot sous le nom d'Iribin noir, *Daptrius ater*, que M. Temminck a figurée sous le nom de Caracara noir, *Falco aterrimus*, pl. 57 et 542. Comme son nom l'indique, cet oiseau est entièrement noir; seulement la queue est, à sa naissance et en dessus, blanche, marquée de deux rangs de points noirs; le tour des yeux est nu et de couleur de chair; les pieds sont jaunes, le bec et les ongles noirs; la cire cendrée. L'iribin est du Brésil et de la Guiane.

Plusieurs espèces d'oiseaux du genre Caracara de Marcgrave et de d'Azara , ou *Polyborus* de M. Vieillot, sembleroient devoir être placées proche des vautours. L'espèce surtout qui semble autoriser cette manière de voir , est le *petit aigle à gorge nue* de la pl. enlum. 417, dont M. Vieillot a fait le type de son genre Rancanca , *Ibycter*, d'un mot grec qui veut dire *vociférateur*. Ce genre Rancanca est ainsi caractérisé : Bec droit à la base , convexe en dessus ; mandibule supérieure à bords droits; l'inférieure échancrée vers le bout et un peu pointue; cire glabre; les joues, la gorge et le jabot nus ; les ailes longues et les ongles pointus. Mais le genre Rancanca ne s'éloigne, comme on voit, du genre Iribin que par des caractères de détails fort peu importans: il est donc plus naturel de les reléguer tous les deux à la suite du genre Faucon, *Falco*, et dans le genre Caracara proprement dit. (Ch. D. et Lesson.)

VAUTOURIN. (*Ornith.*) Daudin a nommé corbeau vautourin, l'oiseau que M. Vieillot appelle le corbeau corbivau. (Ch. D. et L.)

VAUTOURINS. (*Ornith.*) Famille d'oiseaux de proie diurnes, établie par M. Vieillot, et qui renferme les genres Vautour , Zopilote, Gallinaze, Iribin , Rancanca et Caracara. Voyez Vautour. (Desm.)

VAUTROT. (*Ornith.*) On a donné ce nom tantôt au geai, tantôt à un grèbe. (Ch. D. et L.)

VAVA. (*Entom.*) C'est ainsi qu'on nomme à Otaïti une très-grande espèce de phasme verte, dont les habitans ont horreur, et qu'ils croient dans leur mythologie être un des insectes maudits de leur dieu Oro. (Lesson.)

VAVAÏ. (*Bot.*) Le coton est ainsi nommé à Otaïti. Les naturels le recueillent actuellement pour payer le tribut annuel que leur ont imposé les missionnaires anglois qui les ont convertis à leur foi. (LESSON.)

VAVALLI. (*Bot.*) Les Brames nomment ainsi l'*elengi* du Malabar, *mimusops elengi.* (J.)

VAVANGA. (*Bot.*) Ce genre de Rohr et Vahl est le même que le vanguier, *vangueria,* de la famille des rubiacées. (J.)

VAYR-CADALÉ. (*Bot.*) Dans la langue tamoule on nomme ainsi l'arachide ou pistache de terre, *arachis hypogea,* suivant Leschenault. (J.)

VAZABU. (*Bot.*) Voyez VÆMBU. (J.)

FIN DU CINQUANTE-SIXIÈME VOLUME.

STRASBOURG, de l'imprimerie de F. G. LEVRAULT, impr. du Roi.